Bösel, Physiologische Psychologie

Rainer Bösel

# Physiologische Psychologie

## Einführung in die biologischen und physiologischen Grundlagen der Psychologie

2., neubearbeitete Auflage

Walter de Gruyter
Berlin · New York 1987

Prof. Dr. *Rainer Bösel*
Freie Universität Berlin
Fachbereich Philosophie und Sozialwissenschaften 1
Psychologisches Institut
Habelschwerdter Allee 45
1000 Berlin 33

Das Buch enthält 154 Abbildungen

*CIP-Kurztitelaufnahme der Deutschen Bibliothek*

**Bösel, Rainer:**
Physiologische Psychologie : Einf. in d. biolog. u. physiolog. Grundlagen d. Psychologie / Rainer Bösel. – 2. Aufl. – Berlin ; New York : de Gruyter, 1987.
ISBN 3-11-010962-X


Satz und Druck: Wagner GmbH, Nördlingen
Bindung: Lüderitz & Bauer GmbH, Berlin
Umschlagentwurf: Rudolf Hübler, Berlin.

# Vorwort zur zweiten Auflage

Die freundliche Aufnahme, die dieses Lehrbuch bei Lesern und Rezensenten gefunden hat, ermutigt mich, es in ergänzter und aktualisierter Form erneut vorzulegen. Gleich an dieser Stelle möchte ich allen Freunden und Kollegen danken, die mich auf Unzulänglichkeiten der ersten Auflage hingewiesen haben und Verbesserungen vorschlugen. Auch danke ich Herrn Dr. Bedürftig vom Verlag Walter de Gruyter dafür, daß er das Zustandekommen dieser zweiten Auflage so unbürokratisch gefördert hat.

Die zunächst nicht unumstrittene Konzeption, insbesondere die Integration biologisch orientierter Themen, die Entwicklung der Psychophysiologie ausgehend von peripheren Phänomenen, die Einordnung psychologischer Konzepte in eine eigenständige, physiologie-orientierte Systematik sowie das Prinzip der Querverweise wurde beibehalten. So bleibt der Gegenstand ein Beitrag zur kognitiven Anthropologie.

Verbessert wurden Fehler und mißverständliche Formulierungen. Ergänzt wurdc vor allem das Kapitel 4 im Hinblick auf die kardiovaskuläre Psychophysiologie. Außerdem wurden an mehreren Stellen neuere Ergebnisse im Bereich der Lateralisationsforschung, der Neurotransmitter, der Immunologie und der Aktivierungsforschung berücksichtigt. Einzelne Bezeichnungen (z. B. die ,,Effizienz" in der Handlungsregulations-Theorie) wurden dem internationalen Sprachgebrauch angeglichen. Auf vielfachen Wunsch wurde die Zahl der Literaturangaben vermehrt. Aktualisiert wurden vor allem methodische und pharmakologische Angaben.

Nach wie vor ist der Text in erster Linie an den Bedürfnissen der Studienplanung für das psychologische Grundstudium orientiert. Die vielen, bisher erhaltenen Zuschriften, für die ich mich herzlich bedanke, lassen mich auch weiterhin hoffen, Freunde aus der Medizin, der Biologie und den anderen Nachbarwissenschaften zu begrüßen. Ihrer aller Wohlwollen empfehle ich auch wieder diese zweite Auflage.

Berlin, November 1986 Rainer Bösel

# Aus dem Vorwort zur ersten Auflage

Die Physiologische Psychologie hat längst ihren festen Platz innerhalb der Humanwissenschaften. Sie ist Bestandteil des psychologischen Grundstudiums, darüberhinaus ist sie von zunehmendem Interesse für biologisch orientierte Verhaltenswissenschaftler, die hier Modelle und Anwendungsbereiche finden.

Um verschiedenartigen Anforderungen gerecht zu werden, wird hier daher ein vergleichsweise breit gefächertes inhaltliches Angebot vorgelegt. Physiologische Psychologie wird also im weitesten Sinn des Begriffs verstanden.

Die große Fülle des Stoffs gleichrangig zu bewältigen, war nicht einfach. Sicherlich müssen viele Wünsche nach Vertiefung in dem einen oder anderen Gebiet offen bleiben. Es gibt auch inhaltliche Einschränkungen: Zahlreiche Konzepte die mehr historisches Interesse besitzen, oder deren Stellenwert im Rahmen Physiologischen Psychologie zu kontrovers ist (wie dies z.B. bei Typologien oder manche humanethologischen Konzepte zutrifft), wurden ausgeklammert oder nur ganz kurz erwähnt. Der Spezialisierungsgrad ist an den Bedürfnissen des psychologischen Grundstudiums orientiert.

Die enge Verknüpfung aus so heterogenen Wissenschaften wie Biochemie, Biologie, Physiologie und Psychologie macht nicht nur eine geschlossene Darstellung schwierig, sondern wirft auch für den Studenten große Probleme auf. Abgesehen davon ist die Motivation von verhaltenswissenschaftlich orientierten Studenten, sich mit naturwissenschaftlichen Detailproblemen auseinanderzusetzen, erfahrungsgemäß gering. Einerseits sind daher erforderliche physikalische, chemische, biologische und physiologische Grundlagen ausführlich und z. T. stark vereinfacht dargestellt. Andererseits wird versucht, die Relevanz der biologischen und physiologischen Fragestellung an möglichst vielen Stellen transparent zu machen.

Um den Erwartungen eines möglichst großen Leserkreises gerecht zu werden, wurden an zahlreichen Textstellen Ergänzungen im Kleindruck eingefügt. Dabei handelt es sich einerseits um zusätzliche propädeutische Erläuterungen (z.B. über vorausgesetzte Kenntnisse aus Physik und Chemie) oder um Querverweise. Andererseits stehen im Kleindruck auch Randinformationen und marginale Bemerkungen (z.B. biologische und physiologische Exkurse, die eine Einordnung in ein naturwissenschaftliches Allgemeininteresse ermöglichen), aber auch weiterführende Gedanken, die über den Rahmen der Einführung hinausgehen (z.B.Verweise auf die psychologische Theorienbildung). Literaturstellen sind nur angegeben, wenn es sich um eine paradigmatische Untersuchung, um theoretisch weiterführende Befunde (v. a. in kontroversen Konzeptionen) oder um ein Originalzitat handelt. Die Literaturhinweise sind daher keineswegs repräsentativ.

Ein grundsätzliches Problem für ein Lehrbuch der Physiologischen Psychologie stellt die Art der Integration von biologischen, physiologischen und methodologischen Grundlagen und den aus den Verhaltenswissenschaften stammenden Kategorien menschlichen Verhaltens und Erlebens dar. Eine logische Gliederung könnte sich einfach an der Darstellung der Grundlagenfächer oder an den Phänomenbereichen orientieren. Gerade angesichts der konkurrierenden Auffassungen, nicht nur zwischen Medizin und Psychologie, sondern auch innerhalb der Psychologie, lohnt vielleicht der Versuch einer integrativen Darstellung besonders.

Die Aufteilung des Lehrbuchs in drei Teile entspricht drei großen Problemfeldern: Die biologische Herkunft des menschlichen Verhaltens (Vererbung und Verhalten), die peripheren Verhaltensphänomene (Autonome Regulationen) und die zentralen Steuermechanismen (Neuronale Informationsverarbeitung). Innerhalb der Problemfelder wurde jeweils eine umfangreichere theoretische Konzeption in den Vordergrund gestellt: Die genetisch-biochemische Verankerung von Verhaltenspotentialen und deren stammesgeschichtlicher Wandel, der hierarchische Aufbau von autonomen Mechanismen der Verhaltensregulation und die mikroskopische und makroskopische Organisation des Nervensystems aus funktionellen Netzwerken.

Damit die vorgelegte inhaltliche Systematik in Unterricht und Studium flexibel gehandhabt werden kann, ist der Text in kleine Lehr- bzw. Lerneinheiten unterteilt. Manche dieser Abschnitte, die sich unabhängig von der Inhaltsabfolge des Textes zu größeren logischen Einheiten (z. B. zu den Themenkreisen Streß oder Entspannungstechniken) zusammenfügen lassen, sind in der Überschrift entsprechend gekennzeichnet. Einzelne Abschnitte stellen Übersichten zusammen (z. B. Übersicht über die Probleme der Psychosenforschung oder über die Pharmakologie des Gehirns).

Die acht Abschnitte zum Thema Sexualität bilden für sich genommen ein eigenes Kapitel:

Biologische Grundlagen der Sexualität

Physiologie der sexuellen Reaktion
5.1.5. Gemischte Rückenmarksreflexe
6.2.3. Sexuelle Erregung
6.2.4. Orgasmus

Methodenfragen sind jeweils dort behandelt, wo sie relevant werden. Zehn Abschnitte haben jedoch schwerpunktmäßig Inhalte der Methodenlehre zum Thema:

Allgemeine Methodenlehre
4.2.4. Methodenüberblick 1: Polygrafie
11.1.5. Methodenüberblick 2: Die funktionelle Analyse des Gehirns
7.2.4. EEG 1: Grundaktivität
11.2.6. EEG 2: Langsame Potentiale

Spezielle psychophysologische Techniken
4.1.5. Erstes Beispiel einer Meßanordnung (beim Zahlenrateversuch)
4.1.6. Hauptparameter 2: Phänomene
4.1.7. Hauptparameter 2: Anwendungen
4.2.1. Zweites Beispiel einer Meßanordnung (beim Autogenen Training)
4.2.2. Kreislaufparameter 1: Plethysmogramm und EKG
4.2.3. Kreislaufparameter 2: Die Herzrate

Neuerdings faßt man Verhalten in Problemsituationen als Problemlöseverhalten im weitesten Sinne auf. Dabei wird Problemlösen als komplexe Verhaltenseinheit verstanden, bei der kognitive Prozesse in ihrer Wechselwirkung mit den anderen Komponenten des Verhaltens gesehen werden müssen. Psychophysiologische Aspekte dazu sind in den folgenden Abschnitten zu finden:

Komponenten des Problemverhaltens
6.1.1. Peripher-physiologische Emotionstheorien
6.1.2. Situationsspezifität
8.1.4. Situationswahrnehmung und Handlungsimpulse
15.2.2. Verhaltenstendenzen
10.2.5. Generalisierende Anpassungsmodelle
10.2.6. Problemlösen durch neuronale Informationsverarbeitung

Strategien des Problemverhaltens
8.2.1. Emotionale Belastung
8.2.2. Individualspezifische emotionale Reaktion
8.2.3. Der Begriff der Psychosomatik
8.2.7. Emotionale Fehlregulationen im Ernährungssystem
13.1.2. Die Probleme des Drogenmißbrauchs

Besonderes Augenmerk wurde auf Querverweise gelegt. Erfahrungsgemäß steht man als Leser vor der Alternative, einen Querverweis zu vernachlässigen oder die inhaltliche Erweiterung gründlich nachzulesen. Durch Verweis auf den gesamten entsprechenden Abschnitt sollte die Entscheidung dazu erleichtert werden.

Die didaktische Konzeption entstand überwiegend im Laufe meiner bisherigen Berliner Lehrtätigkeit an den beiden psychologischen Instituten der Freien Universität. Entsprechende Anregungen habe ich von den Studenten der beiden Institute erhalten, die sich mit den Inhalten zum Teil aus sehr unterschiedlichen wissenschaftstheoretischen Positionen heraus auseinandergesetzt haben. Ihnen allen möchte ich für ihr Interesse und ihre kritischen Stellungnahmen besonders danken. Weitere Anregungen werden mir auch in Zukunft eine wertvolle Hilfe sein.

# Inhalt

*Teil I Vererbung und Verhalten 1*
*(Genetische und biochemische Grundlagen)*

*Teil III Neuronale Informationsverarbeitung*
*(Das Nervensystem und die zentralen Prozesse)*

# Teil I Vererbung und Verhalten 1 (Genetische und biochemische Grundlagen)

# 1. Das Verhalten von Organismen

## 1.1 Biologische Grundprinzipien

### *1.1.1 Zum Verhältnis von Biologie und Psychologie*

Wir Menschen sind, biologisch gesehen, Organismen. Organismen sind Naturobjekte; mit Rücksicht auf den hohen Differenziertheitsgrad, mit dem man diese Naturobjekte untersucht und beschreibt, spricht man auch von Systemen. Von anderen Systemen unterscheiden sich Organismen dadurch, daß man ihnen „Leben“ zuschreibt.

Diese Art der Kennzeichnung ist jedoch trügerisch. Es ist schwierig, abstrakt zu formulieren, was „Leben“ heißt. Anders ist es einfacher: In der Regel ist es unbestritten, ein Naturobjekt als lebend zu bezeichnen oder nicht. Das Phänomen „Leben“ wird daher am besten durch alle uns bekannten lebenden Organismen gekennzeichnet. Alle lebenden Systeme sind übrigens mit hoher Wahrscheinlichkeit (stammesgeschichtlich) miteinander verwandt.

Die Biologie („die Lehre vom Leben“) ist die Wissenschaft von den Organismen. Die Vielzahl der methodischen und theoretischen Ansätze in der Biologie würde es zulassen, auch die Lehre vom menschlichen Verhalten mit all den in der Psychologie vertretenen Ansätzen als potentielle Teilbereiche der Biologie anzusehen. Die Biologie müßte dazu allerdings um die Kenntnis des spezifisch menschlichen Lernvermögens und seines durch gesellschaftliche Bedingungen und kulturelle Produktion geprägten Lebensraumes (= Biotops) erweitert werden („Psychobiologie“). Ähnliche Überlegungen gelten auch zwischen anderen Wissenschaften. Damit darf nicht die Pragmatik in Frage gestellt werden, durch Einzelwissenschaften Schwerpunkte zu setzen. Dies geschieht auch innerhalb der biologischen und psychologischen Teildisziplinen, ohne daß die Wichtigkeit einer Berücksichtigung von Gesamtzusammenhängen dadurch geschmälert wird.

Für die Biologie des Menschen interessieren wir uns im folgenden insoweit, als sie das Verhalten des Menschen betrifft. Man spricht in der Psychologie häufig von Organismus-Variablen („O-Variablen“), wenn man im Bedingungszusammenhang für bestimmte Verhaltensweisen neben aktualen situativen Bedingungen und den Bedingungen der individuellen Lernerfahrungen auch die durch den Körper gesetzten Randbedingungen kennzeichnen will. Meist denkt man dabei an Bedingungen, die durch die natürliche Begrenztheit der Sinne und der Bewegungsorgane, bzw. durch

Parameter der körperlichen Konstitution gegeben sind. Insofern spielt sich Verhalten innerhalb der Möglichkeiten zur passiven Anpassung an die Umwelt ab. Dazu kommt jedoch noch der Gesichtspunkt vom Verhalten als aktive Anpassung der Umwelt, für die es ebenfalls biologische Ressourcen gibt.

Der Aspekt der biologischen Einbettung der psychologischen Theorienbildung wird zunehmend wichtiger. Die Vielfalt der – einander mitunter erheblich widersprechenden – theoretischen Ansätze in der Psychologie läßt nach Kriterien zur Bevorzugung oder Ablehnung einer Theorie suchen. Dabei spielt die biologische Herkunft des Menschen eine wichtige Rolle.

Solange man die Psychologie bloß als Lehre von den Konstruktionen des menschlichen Erlebens ansieht, wird der Theorienstreit wohl vor dem Hintergrund des jeweils zugrundeliegenden Menschenbildes ausgetragen werden müssen. Das Übergewicht einer Meinung wird vielfach durch Faktoren der intersubjektiven Beeinflussung entschieden, die letztlich in einer Ausnutzung gesellschaftlicher Machtpositionen besteht. Andererseits hat ein Menschenbild auch die Chance, sich zu bewähren, indem es sich beharrlich gegen jede einseitige Reduktion durchsetzt. Die Gefahr, über die Körperfunktionen die eigenen Empfindungen zu vergessen, ist jedoch ebenso groß wie zu vergessen, daß wir nicht Körper haben, sondern Körper sind. Gerade diese Erfahrung scheint gegenwärtig wieder eine zentrale Position zu bekommen.

Bei einem anderen Psychologieverständnis wird man die Entscheidung über Theorien einer Methodenkritik der zugrundeliegenden Beobachtungen überlassen. Dies setzt jedoch zweierlei voraus: Einen Konsens über die methodischen Kriterien und eine Anzahl theoriebezogener Beobachtungen, die den zugrundegelegten methodischen Standards genügen. Das eine scheitert meist an der mangelnden Transparenz aller Implikationen, die sich aus der Anwendung strenger Kriterien ergeben, das andere scheitert meist an einfachen, praktischen Meßproblemen. Die Frage, wie realitätsnah kann noch, wie realitätsfern darf noch ein Experiment sein, ist nur eines dieser Probleme. Ein anderes ist die lapidare Feststellung, daß die Überprüfung mancher theoretischer Aussagen, die sich auf einen bestimmten Personenkreis beziehen, aus methodischen Gesichtspunkten an eben diesem Personenkreis nicht exakt möglich ist (ähnliche Probleme treten übrigens in der Humangenetik und in der Pharmaforschung auf). Wichtigster Gegenstand der Methodenkritik ist demnach die Frage nach der Angemessenheit einer Methode für ein bestimmtes Forschungsziel. Diese Frage kann jedoch nur mehr an inhaltlichen Außenkriterien entschieden werden. Mehr und mehr gewinnt in diesem Zusammenhang der Rückgriff auf Daten etablierter Nachbardisziplinen an Bedeutung, von denen die Biologie durch ihre ungleich längere Theoriengeschichte die am ehesten konsensfähigen Aussagen, d. h. die „härtesten Fakten" verspricht.

Schließlich kann eine Bewertung psychologischer Theorien eigentlich nur vor dem Hintergrund ihrer gesellschaftsgeschichtlichen Entstehung gesehen werden. Theoretische Aussagen werden hinsichtlich ihrer gesellschaftspolitischen Auswirkung gemessen; ein Vorgehen, das längerfristig so gut ist wie die zugrundeliegende Gesellschaftstheorie. Doch auch hier läßt sich die Beliebigkeit einschränken, wenn der Rekurs auf die historische Gewordenheit gesellschaftlicher Zusammenhänge nur konsequent genug durchgeführt wird. Dann ist man nämlich gezwungen, auch den evolutionstheoretischen Aspekt der biologischen Herkunft psychosozialer Phänomene mitzubedenken, sei es hinsichtlich der Menschwerdung in vorgeschichtlicher Zeit, sei es hinsichtlich der Besonderheiten, denen unsere Wahrnehmungs- und unsere Handlungsorgane unterliegen.

Alle genannten Aspekte, die integrative Sichtweise von Erleben und Verhalten, die Suche nach konsensfähigen Außenkriterien zur Interpretation von Daten, die unter methodischen Beschränkungen gewonnen wurden, und die kritische Würdigung theoretischer Aussagen vor dem Hintergrund der evolutiv-historischen Gewordenheit des Problemfeldes, scheinen in hohem Grade berücksichtigungswürdig.

Daraus ist nun keineswegs ein Primat der Biologie über die Psychologie abzuleiten. Die Biologie spielt in der Psychologie nie die Rolle einer Letztinstanz mit allgemeingültigen Basisaussagen. Vielmehr ist die Bedeutung ihrer Befunde stets nur in bezug auf das jeweilige Forschungsziel zu sehen.

Schließlich bleiben die Hauptgegenstände psychologischer Theorien die „Oberflächenphänomene" des Organismus, nämlich sein offenes Verhalten und seine Interaktionen. Nur ist es wünschenswert, die Ebene der Erklärungsansätze so „tief" wie möglich zu den Fakten der materiellen Grundlagen reichen zu lassen.

Nicht zuletzt ist es die große Bedeutung, die die Biologie für die psychologische Forschung haben kann, die immer mehr dazu führt, die Psychologie überhaupt als die Wissenschaft vom Menschen (mit Betonung der individuellen, intersubjektiven und umweltorientierten Aktivitäten) zu begreifen.

In einer Umkehrung der bisherigen Argumentation ist jede Verhaltensweise als Lebensäußerung zu interpretieren. Verhalten im weitesten Sinn wäre dann die Summe der Lebensäußerungen eines Organismus. Diese Sichtweise, bei der Psychologie als Verhaltenswissenschaft vom Menschen im umfassendsten Sinn verstanden wird, sei nun weiter verfolgt.

### *1.1.2 Organismen*

Die Lebensäußerungen, die jeden Organismus charakterisieren, sind durch eine Reihe von Funktionen repräsentiert, die sich zu drei Haupteigenschaften zusammenfassen lassen:

a. Jeder Organismus, auch der Mensch, besitzt eine gegen die Umwelt abgegrenzte Struktur. Ein Teil der an Organismen beobachtbaren Prozesse dienen der Aufrechterhaltung der Integrität dieser Grenzfläche. Auf der Verhaltensebene lassen sich hier Funktionen zuordnnen, die dem Schutz vor Verletzungen und vor Feinden dienen.

Die organismische Struktur kann auch, gemessen an den Verhältnissen unserer Erde, gegenüber erheblichen Schwankungen der Umweltbedingungen aufrechterhalten werden. Ein klassisches Beispiel dafür ist ein aus etwa 900 Zellen bestehender Wurm (das Rotator Brachionus), das in einem Temperaturbereich zwischen +30° und −270° C (d. h. auch nach längerem Aufenthalt in flüssigem Helium) zu überleben vermag. Von einem Einzeller (dem Flagellaten Euglena gracilis) ist bekannt, daß er sowohl in Säuren wie in Laugen leben kann. In der Chemie drückt man den Säuregehalt einer Flüssigkeit mit dem pH-Wert aus, der Werte zwischen 0 und 14 annehmen kann. Euglena überlebt zwischen pH 3,9 und 9,9. Unsere Körperflüssigkeiten besitzen mittlere (neutrale) Werte zwischen pH 6 und 8. In den Belegzellen der menschlichen Magenwand wird jedoch zur Desinfektion der Speisesubstanzen konzentrierte Salzsäure mit einem pH-Wert um 1 hergestellt, ohne daß die Körperzellen dadurch geschädigt werden.

b. Jeder Organismus, auch der Mensch, ist durch einen ständigen Stoff- und Energieaustausch mit der Umwelt gekennzeichnet (ohne, daß dadurch die erstgenannte und die folgende Eigenschaft beeinträchtigt würde). Ein Teil der an Organismen zu beobachtenden Prozesse dient der Aufrechterhaltung dieses Stoff- und Energieaustausches. Auf der Verhaltensebene lassen sich hier Nahrungsbeschaffung, Nahrungsaufnahme und die Abscheidung zuordnen.

Der Stoff- und Energieaustausch ermöglicht dem Organismus erst, sein inneres Milieu über die Zeit hinweg relativ konstant zu erhalten. Dieses durch steten Austausch erreichte relative Gleichgewicht des inneren Milieus bezeichnet man auch als Fließgleichgewicht. Die „Kosten" dieses Fließgleichgewichtes sind nicht hoch: Im menschlichen Körper werden täglich nur etwa 10 000 kJ an zugeführter Energie umgesetzt und wieder abgegeben (Joule [J] ist die physikalische Maßeinheit für Energie, 1 kJ = 1000 J). Das entspricht dem Energieumsatz einer 120 W Glühbirne (1 W = 1 J/sek). Hier muß jedoch bedacht werden, daß Glühbirnen nur bei Zufuhr eines sehr hochwertigen Energieträgers (elektr. Strom) brennen, der menschliche Körper seine Energie aber mittels aufwendiger Verfahren aus minderwertigen Energielieferanten gewinnen muß. Ähnlich sparsam arbeitet, trotz täglicher Nahrungsaufnahme und täglicher Stoffabgabe, der Organismus hinsichtlich seines Substanzumsatzes. Einzelne Elemente, wie z. B. Stickstoffatome, die in die Körpersubstanz eingebaut werden, verbleiben im Mittel etwa 70 bis 80 Tage im Organismus; Zellen leben im Durchschnitt 7 bis 8 Jahre. Der menschliche Körper hat eine Lebenserwartung von etwa 70 bis 80 Jahren.

c. Jeder Organismus, auch der Mensch, besitzt die Tendenz dazu beizutragen, daß sich Lebensformen zunehmend ausbreiten. Dies betrifft die Fähigkeit zur variierten (individuellen) Vermehrung und zur Anpassung an neue Lebensbereiche (wobei dann die Verbreitungstendenz nicht bloß auf eine individuelle Nachkommenschaft beschränkt ist). Nicht ausgeschlossen ist damit, daß Lebensformen miteinander in Konkurrenz treten können, oder daß sich Nahrungsketten ausbilden. Ein Teil der an Organismen beobachtbaren Prozesse dient der Aufrechterhaltung dieser Vermehrungstendenz. Auf der Verhaltensebene lassen sich hier Verhaltentsweisen im Umfeld der Fortpflanzung, der Aufzucht von Nachkommen und im Zusammenhang mit dem Aufsuchen und der Sicherung der Lebensräume sowie vielleicht der Schlaf zuordnen.

Es ist nicht einfach, sich eine anschauliche Vorstellung von der räumlich-zeitlichen Ausbreitung der Lebensformen zu machen. Rein biologisch gesehen scheint nämlich das Phänomen der individuellen Entwicklung (das für den Menschen so bedeutsam ist) für diesen Aspekt von untergeordneter Bedeutung zu sein. Wichtiger ist wohl die Tatsache, daß jedes Individuum Träger von Keim-Material ist, das es weitgehend unverändert von seinen Vorfahren übernommen hat und an seine Nachkommen weitergegeben wird. Über Generationen hinweg begründet dieses Keim-Material ein Verwandtschaftsverhältnis zwischen allen Organismen. Bereits verstorbene Träger des Keim-Materials, bzw. ausgestorbene Gruppen, haben ihren Beitrag zur Ausbreitung von Lebensformen geliefert, wenn auf sie viele, besonders überlebensfähige oder neuartige Individuen folgen können.

Die genannten Eigenschaften charakterisieren Organismen, ohne daß damit der Anspruch auf eine Definition von „Leben“ verbunden ist. Stets sind diese Eigenschaften an eine komplizierte chemische Struktur gebunden, in der sie realisiert sind. Organismen können jedoch in sehr verschiedenen chemischen Organisationsformen und in sehr verschiedenen Strukturen existieren.

### *1.1.3 Organisationsformen*

*Zelle.* Der wichtigste Grundtypus einer organismischen Organisationsform ist die Zelle. Die Zelle ist zugleich die kleinste Einheit für organismische Struktur, Stoffwechsel und Vermehrung. Mehrere oder viele Zellen können sich zu Strukturen zusammenschließen, die in ihrer Gesamtheit wieder Organismuseigenschaften besitzen.

*Individuum.* Jedes Individuum besteht also aus einer oder mehreren Zellen. Die Organisationsformen mehr- oder vielzelliger Individuen sind sehr vielgestaltig, lassen sich aber anhand vergleichsweise einfacher Kategorien beschreiben.

Anatomisch und funktionell abgrenzbare Regionen bezeichnet man als Organe. Eine Gruppe von Organen dient der Abgrenzung des Körpers; gleichzeitig lassen sie Kommunikation mit der Umwelt zu. Sie bilden die Oberfläche des menschlichen Körpers. Zu dieser Gruppe gehören die Haut, die Sinnes- und die Bewegungsorgane. Eine zweite Gruppe von Organen dient dem Material- und Energieaustausch, also dem Stoffwechsel. Zu ihnen gehören die Atmungs- und Verdauungsorgane. Sie sind nur

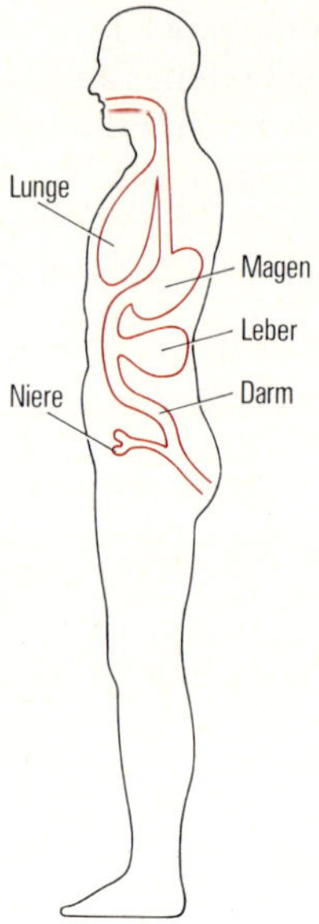


*Abb. 1* Die wichtigsten Stoffwechselorgane

bei den allereinfachsten Vielzellern ebenfalls Teil der Oberfläche; meistens ist durch Ausbildung eines Kanals ein Teil der Außenwelt in das Körperinnere verlagert, wo die Stoffwechselorgane fließbandartig die Außenweltstoffe bearbeiten können (s. Abb. 1). Eine dritte Gruppe von Organen dient der individuellen Vermehrung; dazu gehören die inneren und äußeren Fortpflanzungsorgane. Der Organkommunikation schließlich dient das Blutgefäß-, Nerven- und Hormonsystem.

Durch den Verdauungskanal wird eine Körperachse gebildet, die „vorne" und „hinten" festlegt. Zusammen mit der Richtung der Schwerkraft, die „oben" und „unten" determiniert, ergibt sich die (sich in unserem Weltbild widerspiegelnde) dreidimensionale Orientierung des Körpers im Raum. Es hat sich eine Reihe von lateinischen Bezeichnungen zur Kennzeichnung von Lagebeziehungen von Körperteilen eingebürgert, die die Abb. 2 veranschaulicht. Diese Vokabeln sind häufige Bestandteile anatomischer Bezeichnungen. Sie werden an späteren Textstellen mehrfach verwendet werden.

*Population.* Individuen können miteinander in Kontakt treten. Die wichtigste Einheit für Kontakt- oder Kooperationsstrukturen ist die Fortpflanzungsgemeinschaft, d. h. die Zahl von Individuen, zwischen denen unter ungestörten Bedingungen wechselseitiger Fortpflanzungskontakt stattfin-

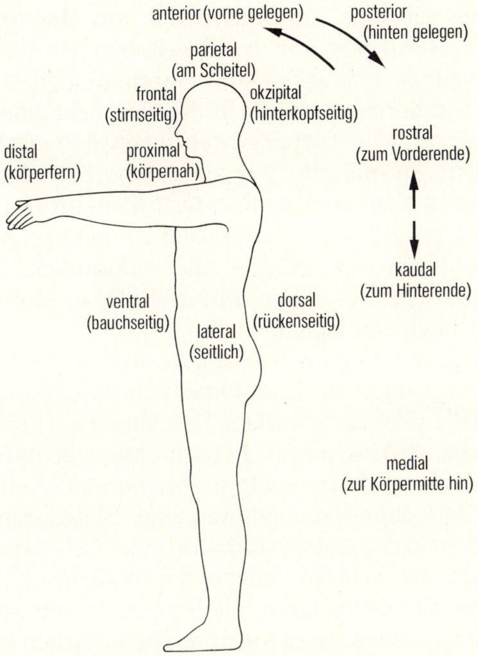


*Abb. 2* Einige Lagebezeichnungen

det. Solche real vorkommenden Fortpflanzungsgemeinschaften nennt man auch Populationen.

*Art.* Individuen, für die – zumindest theoretisch – Fortpflanzungskontakt möglich wäre, können in verschiedenen Populationen leben. Alle potentiell wechselseitig zu Fortpflanzungskontakt fähigen Individuen bilden in ihrer Gesamtheit die Art. Alle jetzt lebenden Menschen gehören, biologisch gesehen, zu einer Art.

### *1.1.4 Aufbau und Aufgaben von Zellen*

Einzellige Organismen, wie sie im Süß- oder Meerwasser leben, sind meist etwa 1/100 bis 1/2 mm groß. Die etwa hundert Billionen Zellen ($10^{14}$), aus denen der menschliche Körper besteht, sind durchweg ähnlich aufgebaut, jedoch meist nur wenige µm groß (1 µm = ein Mikrometer = ein Tausendstel Millimeter). Zu den größten Körperzellen gehören bestimmte Nervenzellen aus der Großhirnrinde (Betz-Zellen) und die menschliche Eizelle mit je etwa 0,1 mm Größe. Zellenverbände nennt man auch Gewebe.

Am besten stellt man sich eine Zelle als einen von einem dünnen Häutchen umgebenen Wassertropfen vor. Auch zwischen den Körperzellen befindet sich eine wäßrige Flüssigkeit; die einzelnen Zellen hängen mehr durch elektrische wie durch mechanische Kräfte aneinander. In all den Flüssigkeiten (der menschliche Körper besteht zu etwa 3/4 aus Wasser) befinden sich verschiedene Substanzen. Vor allem innerhalb der Zellen bilden die Körpersubstanzen mehr oder weniger feste Strukturen, die man, in Analogie zu den Körperorganen, Zellorganellen nennt (Abb. 3). Wichtige Zellorganellen, die in jeder Körperzelle vorkommen, sind der Zellkern, das endoplasmatische Retikulum, Mitochondrien, Mikrotubuli, sowie Bläschen mit verschiedenen Einschlüssen.

Die Zellhaut und die meisten Organellen (mit Ausnahme der Mikrotubuli) sind aus Membranen aufgebaut. Eine biologische Membran ist ein mehr oder weniger poröses, proteinverstärktes Fetthäutchen (Proteine = Eiweißstoffe s. a. die nächsten Abschnitte). Je nach Organelle unterscheidet man zwischen Zellmembran, Kernmembran, Membran des endoplasmatischen Retikulums, Mitochondrienmembran und Bläschenmembranen. Diese Membranen dienen der Aufrechterhaltung der Lebensprozesse. Die Zellmembran grenzt die Struktur gegen die Außenwelt ab, die Kernmembran umschließt das Erbmaterial, die übrigen Membranen und die anderen, in der Zellflüssigkeit (dem Zytoplasma) befindlichen Substanzen braucht die Zelle für Stoff- und Energiewechsel.

Für alle Prozesse, die an Organismen ablaufen, ist zweierlei unbedingt nötig: Enzyme und Energie.

Alle organismischen Prozesse beruhen auf Veränderungen im komplizierten chemischen Gefüge des Organismus; sie beruhen also letztlich auf Vorgängen, die chemischen Gesetzen folgen. Die meisten der erforderlichen chemischen Prozesse würden im Körper nicht oder nur zögernd

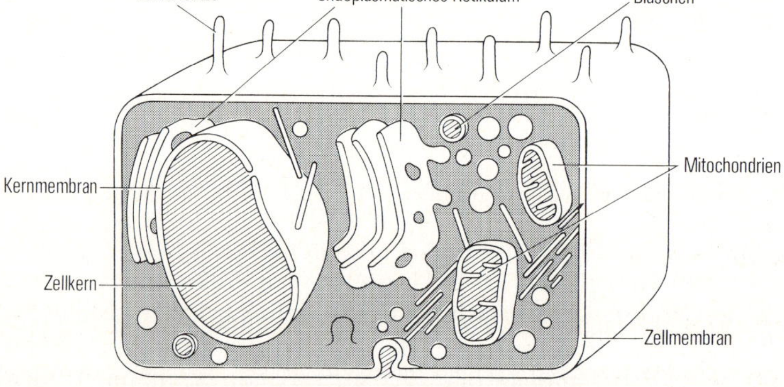


*Abb. 3* Die wichtigsten Organellen von Körperzellen

ablaufen, wenn es nicht Substanzen gäbe, die bestimmte chemische Prozesse in Gang setzen. Derartige Substanzen, in deren Gegenwart bestimmte chemische Prozesse überhaupt oder zumindest beschleunigt ablaufen, heißen Enzyme.

Zusätzlich verbrauchen jedoch die meisten Körperprozesse auch noch Energie. Man kann dabei zunächst an die Aufrechterhaltung der konstanten Körpertemperatur oder an die energieumsetzende Muskeltätigkeit denken. Aber schon die Herstellung der meisten körpereigenen Substanzen, auch der Enzyme, benötigt Energie.

Energie ist physikalisch definiert als das Vermögen, Arbeit zu leisten. Im täglichen Leben hat man es vor allem mit Energieträgern, wie z. B. dem elektrischen Strom oder Benzin zu tun, die man Maschinen zuführt, die wiederum mit deren Hilfe Arbeit verrichten. Außerdem ist noch eine Energieform bekannt, die meist als „Abfall-Energie" frei wird, nämlich Wärme, wie sie etwa beim Automotor oder bei der Glühbirne nebenbei anfällt. Auch die Zellen des menschlichen Körpers verfügen über Energieträger, sog. energiereiche Substanzen; auch bei Körperprozessen entsteht Wärme (als „Abfall-Energie"), man denke nur an die Gefahr der Erhitzung bei erhöhtem Energieumsatz.

Prozesse des Strukturaufbaues und des Baustoffwechsels sind eng mit Prozessen des Betriebsstoffwechsels (Enzymsynthese) und des Energieumsatzes verbunden. Gesteuert wird alles durch das Erbmaterial. Erbmaterial (oder „genetisches Material") befindet sich, wie bereits erwähnt, im Zellkern, aber auch in den Mitochondrien.

### *1.1.5 Der Zellstoffwechsel*

Aus seiner Umwelt, d. h. aus der Nahrung und der eingeatmeten Luft, entnimmt der menschliche Körper eine Reihe lebenswichtiger Substanzen. Dazu gehören Kohlenhydrate (z. B. Zucker oder Getreidestärke), Fette, Proteine (Eiweißstoffe), Vitamine und Sauerstoff. Außerdem verliert der Körper fortwährend einige Spurenstoffe und Wasser, was ebenfalls ersetzt werden muß.

Die mit der Nahrung aufgenommenen Kohlenhydrate werden nach Verdauung als Blutglukose über die Blutbahn an die Körpergewebe transportiert. In den Zellen wird aus Glukose Energie gewonnen. Dies geschieht in mehreren Schritten, der Glykolyse, dem Zitrat-Zyklus und der Atmungskette.

Der erste, energieliefernde Schritt ist die Glykolyse, d. h. ein Umbau von Glukose. Er endet bei der Substanz Laktat, falls der Zelle nicht genügend Sauerstoff zur Verfügung steht (anaerobe Glykolyse). Dies kann bei ungewohnter Beanspruchung der Muskulatur der Fall sein und führt bei großer Ansammlung von Laktat (d. i. die biologisch wirksame Form der Milchsäure) zum Muskelschmerz

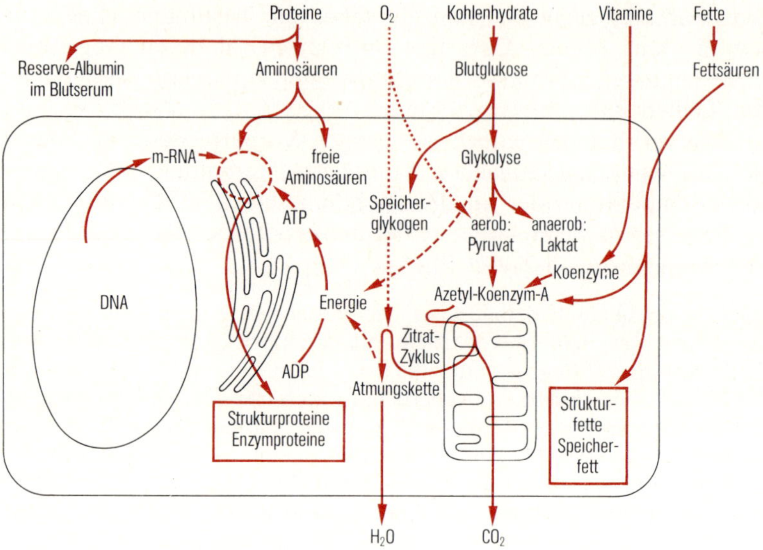


*Abb. 4* Überblick über einige Prozesse des Zellstoffwechsels

(„Muskelkater"). In Ruhe oder wenn während der Arbeit genügend Sauerstoff in der Zelle vorhanden ist (aerobe Glykolyse), führt die Glykolyse über die Substanzen Pyruvat und Azetyl-Koenzym-A in den Zitrat-Zyklus und weiter zur Atmungskette, wo letztlich unter Verwendung von $O_2$ (Sauerstoff) die Stoffwechsel-Endprodukte $CO_2$ (das Gas Kohlendioxid, das ausgeatmet wird) und $H_2O$ (Wasser) entstehen. Zitrat-Zyklus und Atmungskette sind Enzymsysteme, die imstande sind, jeweils Kettenreaktionen von chemischen Prozessen auszulösen, um dadurch eine größtmögliche Energieausbeute aus dem Glukose-Abbau zu gewährleisten. Diese Prozesse finden in den Mitochondrien-Membranen statt; die Mitochondrien kann man daher auch als „Kraftwerke" der Zelle bezeichnen.

Die bei der Glykolyse und in der Atmungskette freigesetzte Energie wird unmittelbar zur Herstellung energiereicher Substanzen verwendet. Die wichtigste dabei produzierte Substanz heißt ATP (Adenosin-Tri-Phosphat). Sobald ATP gebildet ist, verteilt es sich in der Zelle, so daß es in der Regel an allen Stellen zur Verfügung steht, wo Energie benötigt wird.

In geringen Mengen kann Zucker in Zellen auch gespeichert werden, vor allem in Leberzellen, nämlich in Form von Speicherglykogen.

ATP wird aus Adenosin-Di-Phosphat (ADP) unter Bindung von Phosphor gebildet. Außerdem bindet ein Molekül ATP etwa $4{,}8 \times 10^{-20}$ J (= Joule, physikalische Maßeinheit für Energie, s. 1.1.2 und 4.1.1). Daraus kann man errechnen, daß 1 g ATP etwa 59 J bindet, die nach Spaltung in ADP und Phosphor freigesetzt werden können. Für derartige Rechnungen muß man wissen, daß $6 \times 10^{23}$ ATP-Moleküle (= 1 Mol ATP) soviel Gramm wiegen, wie es das Molekulargewicht von ATP angibt (nämlich 488 g). Demnach enthält 1 g ATP $6 \times 10^{23} / 488$ Moleküle.

Von den Fetten der Nahrungsmittel werden die Fettsäuren im Zellstoffwechsel weiter verwendet. Diese können (übrigens ebenfalls in den Mitochondrien) mit Hilfe der sogenannten β-Oxidation auch zu Azetyl-Koenzym-A umgebaut und in die energieliefernden Enzymsysteme eingeschleust werden. Aus Fettsäuren neu aufgebaute Fette dienen dem Aufbau von Membranen. Außerdem können Fette gut gespeichert werden, viel besser als Kohlenhydrate. Damit stellen die Speicherfette die wichtigsten Energiereserven des Körpers dar. Kleinere Fetttröpfchen finden sich in den meisten Zellen. In den sog. Fettzellen besteht der Zellinhalt nurmehr aus dem Zellkern und dem Speicherfett.

Proteine sind große Kettenmoleküle. Die Einheiten, aus denen sie bestehen, heißen Aminosäuren. Jedes Protein besteht aus etwa 100 bis 600 Aminosäuren; kürzere Ketten bezeichnet man auch als Peptide. Durch die Verdauung werden die Proteine aus der Nahrung weitgehend zu Aminosäuren zerlegt; allenfalls Ketten bis zu 40 Aminosäuren können in die Blutbahn übernommen werden. Das Blutserum (das ist die Flüssigkeit, in der sich die roten und weißen Blutzellen befinden) ist zugleich auch der Ort, an dem Protein gespeichert werden kann, und zwar als Reserve-Albumin. Aminosäuren sind aber fester Bestandteil des Zytoplasmas. Aminosäuren, die in das Zellinnere gelangen, verteilen sich ebenso wie ATP-Moleküle frei im Zellwasser.

Aus Aminosäuren kann die Zelle körpereigene Proteine aufbauen. Dazu wird außerdem noch Energie benötigt, sowie eine Anweisung über die erforderliche Anordnung der Aminosäuren. Energie steht über ATP zur Verfügung. Die Anweisung kommt auf eine noch zu erklärende Weise aus dem Zellkern. Der Ort der Proteinsynthese (= Proteinherstellung) ist das endoplasmatische Retikulum. Die Proteinsynthese ist der für das Verständnis organismischer Funktionen bedeutsamste biologische Prozeß. Alle Zellvorgänge und damit indirekt alle Prozesse am Organismus (auch die, die letztlich unter dem Oberbegriff „Verhalten" zusammengefaßt werden) werden über Proteine vermittelt. Proteine verleihen der organismischen Struktur, vor allem den Membranen, ihre charakteristischen chemischen Eigenschaften, aus Proteinen bestehen die Enzyme, die die chemischen Vorgänge im Zellinnern ermöglichen.

# 1.2 Molekulare Genetik

## *1.2.1 Die Erbinformation*

Man kennt zur Zeit etwa 4000 Enzyme. Sicherlich existieren im Körper um ein Vielfaches mehr Enzyme. Die Information über die Anordnung der Aminosäuren in allen Enzymen, die im Körper gebraucht werden, ist in jeder Zelle gespeichert. Diese Information ist es auch, die mit den Keimzellen an die Nachkommen weitergegeben wird; man nennt sie deshalb auch Erbinformation. Die Erbinformation ist in Substanzen (dem „genetischen Material") gespeichert, die sich im Zellkern und in den Mitochondrien befinden.

Mit dem in den Mitochondrien befindlichen genetischen Material werden wir uns im folgenden nicht auseinandersetzen. Zwar liegt es im Zytoplasma und wäre Umwelteinflüssen durchaus zugänglich; soweit bekannt, enthält es jedoch nur die Information, die für die energieliefernden Prozesse in den Mitochondrien notwendig ist. Sie wird beim Menschen nur über die Samenzellen vererbt; Varianten in dieser Information würden zum Tod des Organismus führen.

Die im Zellkern gespeicherte Erbinformation enthält die Anweisung über die Anordnung von Aminosäuren in den Enzymen. Das materielle Substrat dieser Information ist die DNA (entsprechend einer internationalen Übereinkunft verwendet man diese Abkürzung, die von der englischen Bezeichnung stammt; der deutsche Name wäre Des-oxi-ribonuklein-säure).

Die DNA, eine Nukleinsäure (von Nukleus = Zellkern), ist ein Riesenmolekül, das ähnlich den Proteinen aus Untereinheiten zusammengesetzt ist. Abgesehen von Phosphorverbindungen und Zuckermolekülen, die den langen Strang der DNA stützen, besteht jede Untereinheit aus einem Paar von Basen.

Die Basen, um die es sich handelt, sind chemische Substanzen, die in der Abb. 5 nur mit je einem Großbuchstaben gekennzeichnet sind. Insgesamt hat die DNA nur vier derartige Bausteine: A (für Adenin), C (für Cytosin), G (für Guanin) und T (für Thymin). Je zwei verbinden sich zu einem Basenpaar: A-T oder T-A und C-G oder G-C. Andere Kombinationen sind nicht möglich (als Merkhilfe: Es paaren sich jeweils nur Buchstaben aus geraden Strichen und Buchstaben aus Bogenlinien). Basenpaare dieser Art hängen in der DNA in langen Ketten aneinander und bilden einen Doppelstrang (s. das Schema der Abb. 5).

Man kann feststellen, daß jeweils drei (auf einer Seite der Kette) aufeinanderfolgende Basen den Namen einer Aminosäure darstellen. Drei in der DNA aufeinanderfolgende Basen heißen Triplett. Jedes Triplett läßt sich einer Aminosäure zuordnen. Jede Aufeinanderfolge von Tripletts in der DNA entspricht einer Sequenz von Aminosäuren, wie sie in Proteinen vorkommen kann.

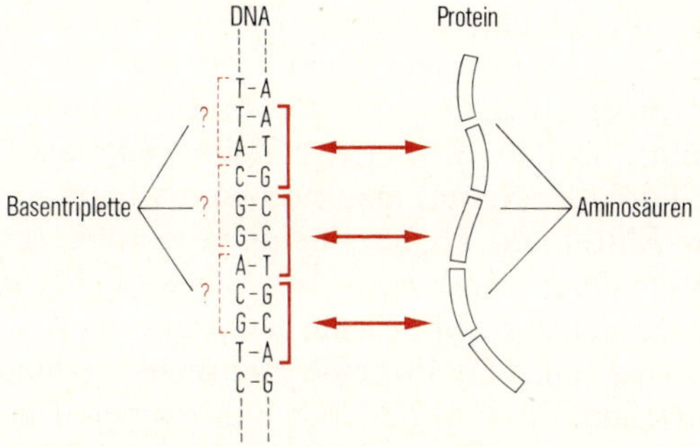


*Abb. 5* Das Prinzip des genetischen Codes

Die Tatsache, daß der genaue Bauplan aller Körperproteine (d. h. vor allem der Enzyme, die alle Körperprozesse steuern) in der Erbinformation enthalten ist, beruht auf der Möglichkeit der Übersetzung („Kodierung") von Triplettsequenz in Aminosäuresequenz. Man kann sich die Arbeitsweise dieses genetischen Kodes an einer Modellüberlegung veranschaulichen. Dem genetischen Kode stehen vier Einheiten, vier Buchstaben zur Verfügung. Nennen wir diese Buchstaben im Augenblick E, I, N, S. Aus diesen vier Buchstaben können nun verschiedene Tripletts, in unserem Fall Worte gebildet werden, z. B. SIE, NIE, EIN, EIS. Die Aufeinanderfolge dieser Worte determiniert einen Sinnzusammenhang. Im realen Fall wäre die Sequenz länger und es würde damit ein bestimmtes Protein charakterisiert. In unserem Fall entsteht ein Satz, der, im Beispiel auf eine etwas unbeholfene Weise, einen Sachverhalt mitteilt (etwa, „daß jemand kein Eis möchte").

Aus vier verschiedenen Basen können 64 verschiedene Tripletts zusammengestellt werden ($4^3$). Diese Zahl reicht völlig aus, um die 20 regelmäßig vorkommenden Aminosäuren zu kennzeichnen; zur Determinierung mancher Aminosäuren stehen sogar 4 verschiedene Tripletts zur Verfügung. Aminosäuren, die später noch öfters erwähnt werden müssen, sind z. B. das durch das Triplett ATG kodierte Tryptophan, Methionin wird durch TGG gekennzeichnet und TTC oder TTT bedeuten beide die Aminosäure Phenyl-alanin. Außerdem gibt es Tripletts, deren Aufgabe es ist, den Anfang (GTG = Start) oder das Ende (TAA = Stop) einer sinnvollen Sequenz zu kennzeichnen.

Die Frage übrigens, warum im Zellkern nicht einfach Protein-Urbilder gespeichert sind, ist rasch zu beantworten: Die Aminosäurekette der Proteine ist meist kompliziert verknäuelt; eine „Ablesung" würde einen je nach Protein verschiedenen Entwirrungsprozeß voraussetzen.

Auf Grund der im Zellkern vorhandenen DNA-Menge kann man errechnen, aus wievielen Basenpaaren das Erbmaterial besteht. Man erhält einen Wert von über $6 \times 10^9$ Basenpaaren (die Zehnerpotenz gibt an, wieviele Nullen man an die 6 hängen müßte; in diesem Fall bedeutet die Zahl sechs Milliarden). Wenn wir annehmen, daß nur eine Seite des DNA-Doppelstranges informationstragend ist (worüber man noch nichts Endgültiges sagen kann), so gibt es in jeder Zelle mehr als $2 \times 10^9$ informationstragende Tripletts. Nimmt man nun an, daß zur Kennzeichnung eines Proteins im Mittel 200 Tripletts benötigt werden, so wäre im Zellkern die Information über mindestens $10^7$, das sind 10 Millionen, verschiedene Proteine gespeichert. Mit Sicherheit kann man annehmen, daß die Informationen über einzelne Proteine mehrmals, vielleicht sogar tausendfach gespeichert sind.

## 1.2.2 Die Proteinsynthese

Wird für einen Körperprozeß ein bestimmtes Enzym benötigt, so sind zwei Vorgänge nötig, damit das Enzym hergestellt werden kann. Der erste Vorgang betrifft den Abruf der entsprechenden Information aus dem Kern (Transkription) und die Übersetzung in die betreffende Aminosäuresequenz (Translation).

*Transkription.* Zunächst reißt an der Stelle, an der sich die Information über das benötigte Protein befindet, der DNA-Doppelstrang auf; die Basenpaare trennen sich. Die Basen des verbleibenden Stranges suchen sich neue Partner. Diese Neubildung von Basenpaaren ist streng determiniert: Jede Base kann ja nur einen ganz bestimmten Partner binden.

Der damit neugebildete Halbstrang weist jedoch einige Besonderheiten auf. In ihm gibt es kein T, statt dessen wird die Base U (für Uracil) eingebaut (Merkhilfe: U, ein Buchstabe der zweiten Alphabethälfte ersetzt T, den bisher einzigen Buchstaben dieses Alphabetabschnitts). Die den Basenstrang begleitenden Zuckermoleküle weichen chemisch von denen der DNA ab und der Strang ist so aufgebaut, daß er als Halbstrang losgelöst von der DNA in der Zellflüssigkeit schwimmen kann. Man nennt diesen nach dem Muster der DNA-Basenpaare aufgebauten Halbstrang m-RNA (für Messenger-Ribo-nuklein-säure). Sie besteht nicht aus Basenpaaren, sondern aus einer Basen- bzw.Triplettsequenz. Den Vorgang der m-RNA-Synthese nennt man Transkription (Abb. 6).

Häufig müssen bei der Transkription gesonderte m-RNA-Stücke erst miteinander zu einem sinnvollen Ganzen verbunden werden (vgl. dazu Abschnitt 14.1.2).

*Abb. 6* Schema der Transkription

*Translation.* Die m-RNA, die nun die Information für das neuzubildende Enzym trägt (ihre Tripletts sind allerdings komplementär zu denen der DNA-Information), kann den Zellkern durch die Poren in der Kernmembran verlassen. Sie gelangt an den Ort der Proteinsynthese am endoplasmatischen Retikulum. An bestimmten Stellen dieses Membransystems befinden sich kugelförmige Proteinkörper (sog. Ribosomen), an denen die m-RNA vorbeizieht. Es bedarf nun weiterer Substanzen, damit an den Ribosomen des endoplasmatischen Retikulums gemäß der Aufeinanderfolge der m-RNA-Tripletts eine Sequenz von Aminosäuren synthetisiert werden kann. Es existieren „Schleppermoleküle", die an ihrem „Vorderende" ein Basentriplett tragen und am anderen Ende die (dem Kode entsprechende) zugehörige Aminosäure herbeischleppen. Diese „Schleppermoleküle" heißen t-RNA (für Transfer-Ribo-nuklein-säure). t-RNA-Moleküle sind imstande, mit ihrem „Vorderende" die ihnen entsprechenden Tripletts der m-RNA zu erkennen; sie ordnen sich nach der durch die m-RNA vorgegebene Triplett-Reihenfolge am Ribosom an und können auf diese Weise die entsprechenden Aminosäuren in der richtigen Abfolge aneinanderhängen. Diesen Vorgang nennt man Translation (Abb. 7).

## *1.2.3 Die Regulation der Enzymsynthese*

Transkription und Translation sind nicht nur biologisch bedeutsame Prozesse. Sie sind der Schlüssel zu den Randbedingungen, denen auch das menschliche Verhalten unterliegt. So befremdlich es klingen mag, es ist durchaus vertretbar zu sagen, daß es erstens ohne spezifische Syntheseprozesse kein überdauerndes Lernen gibt, und daß zweitens Stimmungen und Empfindungen davon abhängen, ob bestimmte Substanzen – zumindest im Gehirn – in richtiger Menge zur Verfügung stehen. Dies muß freilich noch im einzelnen begründet werden.

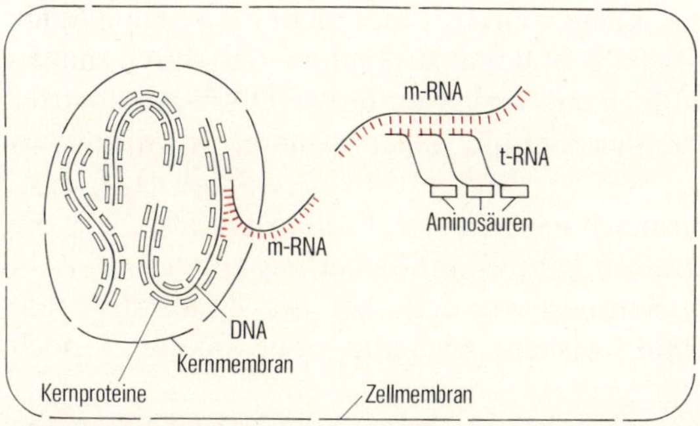


*Abb. 7* Schema der Translation

Reduziert man Verhalten auf das Wirken von Proteinen, so drängt sich der Gedanke an ein Gemälde auf, das von einem Farbenchemiker analysiert wird. Dieser Vergleich soll vor einer Verabsolutierung biologischer Aussagen in der Psychologie warnen. Dennoch bleibt er zu sehr an der Oberfläche. Die biologische Sichtweise ist eher als Versuch zu sehen, das Kunstwerk von seinem Verursacher her (nämlich aus den physikalischen Gesetzen und der historischen Gewordenheit) zu begreifen. Außerdem will man seine Elemente kennenlernen (die Noten, wenn man so will), um das konzertierte Zusammenspiel nachvollziehen zu können.

In diesem Abschnitt kommt es vor allem darauf an festzuhalten, daß die Enzymsynthese ein vom Erbmaterial abhängiger Vorgang ist. Allerdings kann man zu recht einwenden, daß es für den Ablauf bestimmter Körperprozesse nicht nur darauf ankommt, was für ein Enzym zur Verfügung steht, sondern auch, ob es überhaupt und in welcher Menge es produziert wird. Immer wieder wird im folgenden deutlich werden, daß diese Fragen tatsächlich besonders bedeutsam für das Verständnis menschlichen Verhaltens sind. Antworten darauf sind jedoch schwierig.

Zunächst einmal muß man davon ausgehen, daß an den allermeisten Stellen der im Zellkern befindlichen DNA zu einem bestimmten Zeitpunkt keine Transkription stattfindet. Nicht alle Enzyme müssen ständig neu hergestellt werden. Man nimmt daher an, daß die DNA in der Regel vor Zugriff geschützt ist. Dazu könnten Proteine dienen, in die die DNA im Zellkern eingepackt ist. Diese Kernproteine würden im Normalfall als sogenannte Repressoren die Transkription (d. h. die m-RNA-Produktion) verhindern.

Die Enzymsynthese würde erst ermöglicht, wenn die Repressoren durch Induktorstoffe entfernt würden. Solche Induktorstoffe könnten Hormone sein, oder bestimmte Stoffwechselprodukte, die im Überschuß vorhanden sind und die mit Hilfe des Enzyms abgebaut werden sollten (Abb. 8). Auch eine automatische Beendigung der Enzymsynthese ist denkbar, wenn man annimmt, daß eine Repressorwirkung durch Substanzen entsteht, die durch das Enzym hergestellt werden.

An der Regulation der Transkription – also dem Abruf genetischer Information – sind noch eine Reihe weiterer, hier nicht zu behandelnder Faktoren beteiligt. Diese hängen u. a. damit zusammen, daß durch Induktion und Entspiralisierungs-Mechanik weiter entfernte DNA-Abschnitte, die fördernden oder hemmenden Einfluß haben können, in Mitleidenschaft gezogen werden.

Neben diesen Regulationsmechanismen der Proteinsynthese, die die Transkription der DNA betreffen, gibt es mit Sicherheit eine große Zahl weiterer Faktoren, die am Syntheseort, d. h. bei der Translation am endoplasmatischen Retikulum, wirken. Sie sind aber bis jetzt noch weitgehend unerforscht.

Von den Drüsenzellen abgesehen haben übrigens die Nervenzellen von allen Körperzellen den höchsten Gehalt an RNA, d. h. daß sie offenbar

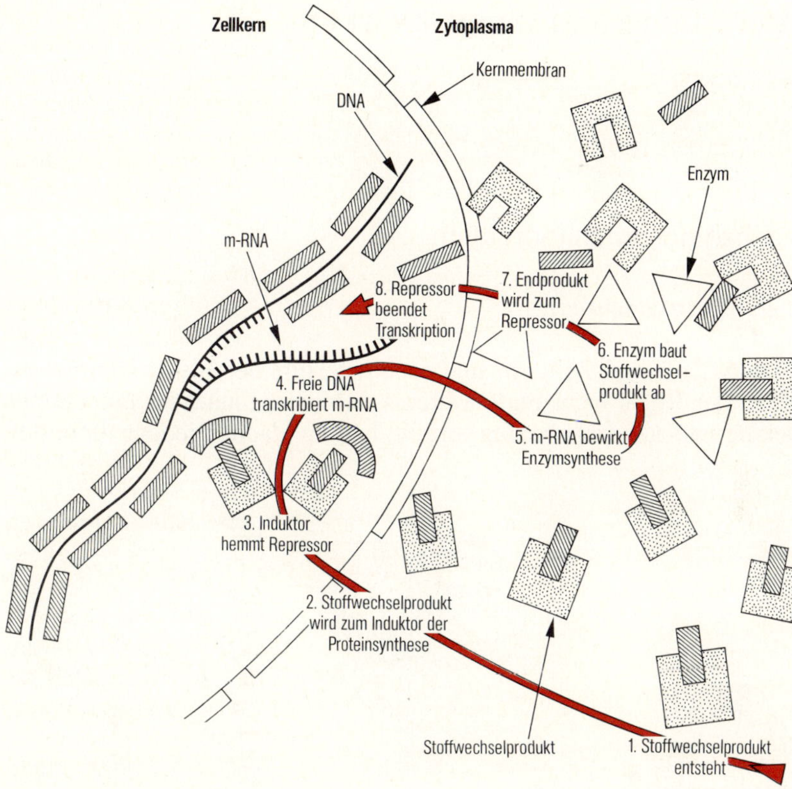


*Abb. 8* Einige Mechanismen der Enzymsynthese-Regulation

einen hohen Proteinumsatz besitzen. In der Tat hat man errechnet, daß in jeder Nervenzelle im Durchschnitt 15 000 Proteine pro Sekunde hergestellt werden.

# 2. Vererbung und Umweltwirkung

## 2.1 Chromosomenanomalien

### *2.1.1 Chromosomen*

Die DNA-Fäden im Zellkern sind auch mit Hilfe der Elektronenmikroskopie in der Regel nicht ohne weiteres sichtbar zu machen. Die dünnen Moleküle sind zu unregelmäßig verteilt. In dem Stadium jedoch, unmittel-

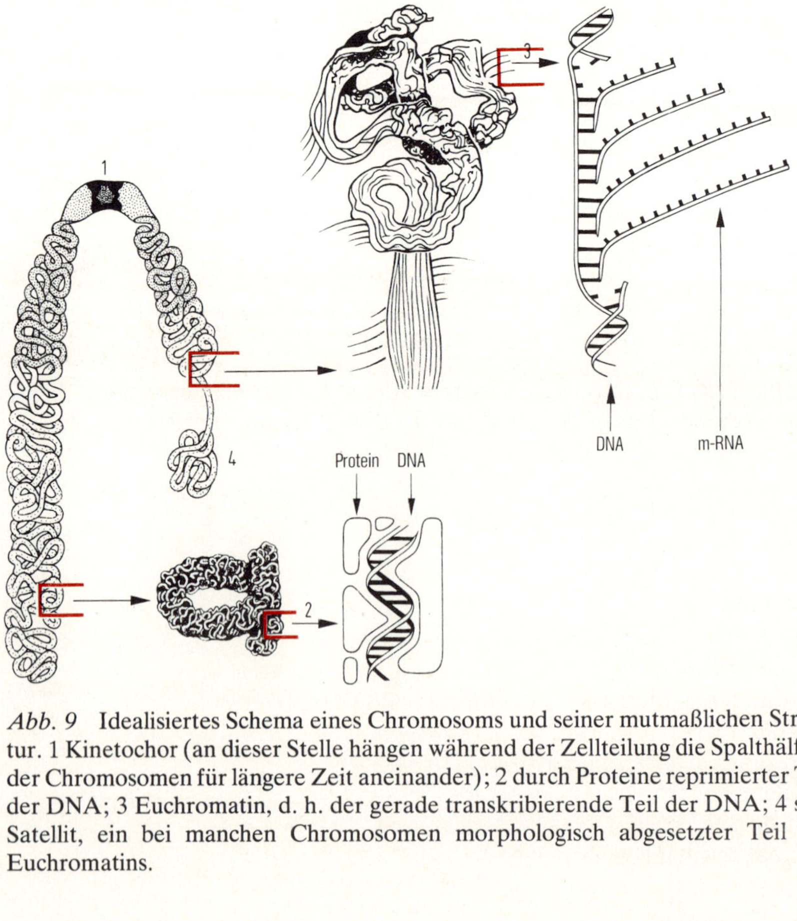


*Abb. 9* Idealisiertes Schema eines Chromosoms und seiner mutmaßlichen Struktur. 1 Kinetochor (an dieser Stelle hängen während der Zellteilung die Spalthälften der Chromosomen für längere Zeit aneinander); 2 durch Proteine reprimierter Teil der DNA; 3 Euchromatin, d. h. der gerade transkribierende Teil der DNA; 4 sog. Satellit, ein bei manchen Chromosomen morphologisch abgesetzter Teil des Euchromatins.

bar bevor eine Zelle sich teilt, ziehen sich die DNA-Fäden gemeinsam mit ihren Begleitproteinen spiralartig zusammen und verknäueln sich zu kompakten Strängen. Die daraus entstehenden wurstförmigen Strukturen des Teilungszellkerns nennt man Chromosomen (Abb. 9).

Während die DNA nur mit komplizierten biochemischen Methoden – oft nur an Bakterien oder gar nur im Reagenzglas – untersucht werden kann, lassen sich Chromosomen im Lichtmikroskop in nahezu jeder Körperzelle beobachten. Bevorzugt werden dazu Zellen verwendet, die sich häufig teilen, wie z. B. Schleimhautzellen. Reife Nervenzellen, die praktisch vom Kindesalter an existieren, teilen sich nicht mehr.

DNA, genauer gesagt das gesamte Erbmaterial, findet sich vollständig in jeder Körperzelle (Ausnahmen sind z. B. die roten Blutzellen, die keinen Zellkern besitzen). Dementsprechend besitzt – wenn sie sichtbar sind – fast jede Körperzelle die gleiche Menge an Chromosomen. Es sind beim gesunden Menschen 22 Paare von Autosomen und 2 Geschlechtschromosomen. Die Autosomen sind Chromosomen, die bei allen Menschen gleich aussehen; eines der beiden Geschlechtschromosomen (oder Gonosomen) sieht bei Männern anders aus als bei Frauen (sie bilden nur bei der Frau ein gleichartiges Paar).

Die Keimzellen (Ei- und Samenzelle) enthalten von jedem Chromosomenpaar nur einen Paarling. Aus der Verschmelzung von Ei und Samenzelle entsteht bei der Befruchtung die Zygote, die Urzelle des neuen Individuums, aus der durch wiederholte Zellteilung der Organismus aufgebaut wird. Die Chromosomenpaare der Zygote bestehen also aus einem von der Mutter und einem vom Vater stammenden Paarling. Bei jeder Zellteilung wird auch das Erbmaterial verdoppelt und den Tochterzellen mitgegeben, so daß auch sie die Chromosomenpaare enthalten. Die Paarlinge eines Chromosomenpaars sind homolog, d. h. sie haben prinzipiell gleichen Aufbau.

Liegt z. B. in einem Chromosom eine Information über die Augenfarbe, so liegt auch im homologen Chromosom an der gleichen Stelle eine Information über die Augenfarbe.

Während einer Zellteilungsphase ordnen sich die Chromosomen der Zelle in einer Ebene an (Metaphase). Zu diesem Zeitpunkt lassen sich die Chromosomen besonders gut untersuchen. Dazu wird der Chromosomensatz durch das Mikroskop fotografiert. Aus der Fotografie schneidet man die Bilder der Chromosomen aus, ordnet sie nach Paaren und sortiert die Paare nach Größe und Gestalt.

Allerdings sind auf den Chromsomenbildern aus der Zellteilungsphase auch die Chromosomen gerade in Teilung begriffen. Die neugebildeten Spalthälften hängen in der Phase der Sichtbarmachung in der Regel an einem Punkt zusammen. Dadurch erhält ein Chromosomenpaar in Chromosomenbildern etwa ein Aussehen, wie es die folgende Abb. 10 zeigt.

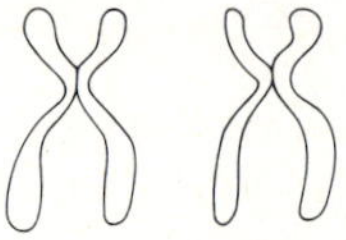

*Abb. 10* Die beiden homologen Chromosomen eines Chromosomenpaars sind gerade in Teilung begriffen.

Nach einer internationalen Übereinkunft werden die Chromosomenpaare des menschlichen Chromosomensatzes numeriert, und zwar der Größe nach. Das größte Autosomenpaar trägt die Nummer 1 und traditionellerweise (infolge eines historischen Irrtums) das kleinste die Nummer 21, während das zweitkleinste die Nummer 22 erhält. Außerdem lassen sich die Paare nach ihrer Gestalt (vor allem dem Ort der Verbindungsstelle zwischen den beiden Spalthälften) in 7 Gruppen (A, B, . . ., G) klassifizieren (Abb. 11). Chromosomenpaare einer Gruppe unterscheiden sich voneinander kaum, sie lassen sich nur mit sehr komplizierten Methoden identifizieren.

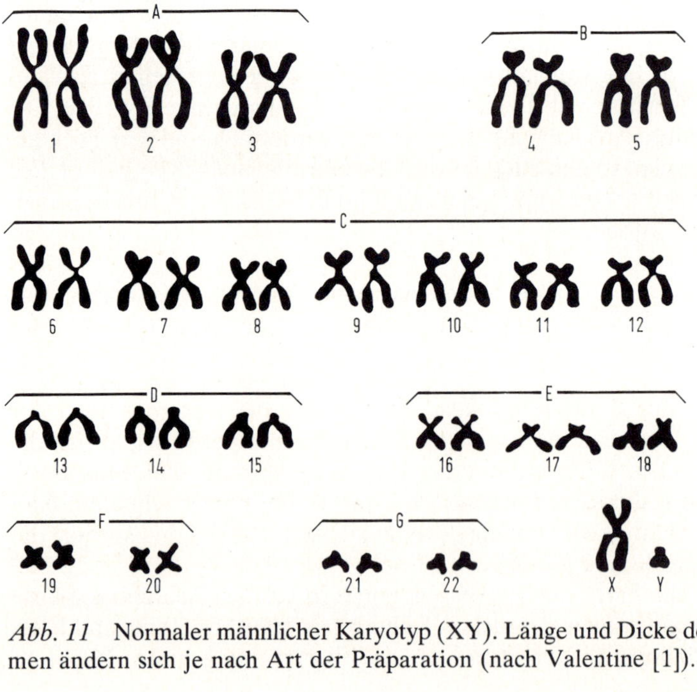


*Abb. 11* Normaler männlicher Karyotyp (XY). Länge und Dicke der Chromosomen ändern sich je nach Art der Präparation (nach Valentine [1]).

Von den Geschlechtschromosomen des Mannes wird das größere mit X und das kleinere mit Y bezeichnet. Bei Frauen (oder besser gesagt: Bei genetisch als Frauen determinierten Menschen) fehlt das Y-Chromosom. Sie besitzen dafür ein zweites X-Chromosom.

### *2.1.2 Anomalien des menschlichen Erbmaterials*

Nicht in allen Körperzellen und in jedem Lebensabschnitt werden alle Teile aller 46 Chromosomen gebraucht. Zu einem bestimmten Zeitpunkt transkribieren in einer bestimmten Körperzelle nur bestimmte DNA-Abschnitte (und zwar in besonders aufgelockerten Teilen, dem Euchromatin) an einigen Chromosomen.

Trotzdem ist in fast allen Zellen der komplette Chromosomensatz vorhanden. Das Erbmaterial scheint in seiner Gesamtheit ein wohlausgewogenes Gleichgewicht zu besitzen. Ein kleines Stück zuwenig oder zuviel stört dieses Gleichgewicht. Bei Veränderungen in der Zahl der größeren Autosomen oder wenn ein Autosom ersatzlos fehlt, stirbt der Organismus bereits während der Keimesentwicklung (meist innerhalb der ersten beiden Schwangerschaftsmonate). Nur bei einigen hochspezialisierten Zellen, wie bei den erwähnten roten Blutzellen, oder bei anderen (wie z. B. manchen Leberzellen), in denen der Chromosomensatz vervielfacht sein kann, gibt es eine Ausnahme.

Nicht nur die Frage, wann welche Chromosomenabschnitte transkribieren, d. h. Informationen für die Herstellung von Enzymen liefern, ist für das Verständnis des Verhaltens wichtig. Es gibt Varianten der menschlichen Erbinformation, die Varianten der morphologischen und funktionellen Struktur des Organismus bedingen und die damit zum Teil erheblich die Randbedingungen für menschliches Verhalten verändern.

Die Kenntnis derartiger Varianten ist aus drei Gründen bedeutsam:

- Je gleichartiger die Umwelt für alle Menschen gestaltet wird, einschließlich der Folgen der medizinischen Betreuung, der Ernährung, der frühkindlichen Sozialisation und einer falsch interpretierten Chancengleichheit in der schulischen Ausbildung, desto stärker werden individuelle Unterschiede durch genetische Unterschiede bestimmt.
- Die Analyse von Varianten im Erbgut gibt wichtige Hinweise auf die Arbeitsweise des komplizierten Bedingungsgefüges, das Erbinformation und das Spektrum der Verhaltensweisen (also das menschliche Potential) miteinander verbindet. Die zentralen Fragen dabei betreffen das Ausmaß der Beeinflussung des Potentials, quantitativ wie qualitativ, durch die genetische Determinierung der Enzymproduktion bzw. durch Randbedingungen der Umweltgegebenheiten.

- Die Frage, ob ein Defizit genetischen Ursprungs ist oder nicht, entscheidet auch über Strategien therapeutischer Intervention. Bei genetischen Krankheiten läßt sich die Krankheitsursache ja nicht beseitigen; sie liegt in jeder Körperzelle. Eine optimale Therapie kann nur eine günstige Kompensation bewirken. Sie müßte möglichst unmittelbar nach der Geburt einsetzen und sollte meist bis zum Erwachsenenalter, vielleicht sogar lebenslang andauern.

Varianten im Erbgut können Teile des Chromosomensatzes betreffen (Chromosomen-Anomalien) oder feinere Änderungen der DNA-Information, dann spricht man von Gen-Anomalien. Chromosomenanomalien bestehen in einer Vervielfachung oder im teilweisen oder gänzlichen Fehlen eines Chromosoms. Gen-Anomalien sind meist punktförmige Veränderungen in der Basensequenz der DNA. Dadurch ist ein bestimmtes Körperprotein abnorm oder funktionell unwirksam.

Einige Chromosomenanomalien, die im folgenden Abschnitt 2.1.3. unter dem Sammelnamen „Trisomien" zusammengefaßt werden, sind bei Kindern von älteren Müttern häufiger. Einige seltenere Erbkrankheiten, die auf einer spontanen, punktförmigen Veränderung in der Erbinformation (Mutation) beruhen, treten bei zunehmendem Alter des Vaters häufiger auf. Das Alter der Mutter scheint dabei keine Rolle zu spielen. Dazu gehören einige erbliche Blut- und Bindegewebskrankheiten, wie z. B. die A-chondro-plasie, die infolge von Knorpeldefekten zu Zwergwuchs führt. Die Wahrscheinlichkeit für Mutationen in den Keimzellen des Mannes, steigt vom 20. bis zum 40. Lebensjahr auf das Zehnfache. Allerdings sind Trisomien rund hundertmal häufiger als derartige Mutationen.

Es scheint eine große Zahl von weiteren Faktoren zu geben, die das Risiko für eine Veränderung in der Chromosomenstruktur oder in der Basensequenz der DNA erhöhen. Für kurzwellige Strahlen (z. B. Röntgenstrahlung) und eine große Zahl von chemischen Substanzen (Drogen bzw. Pharmaka) ist dies in biochemischen Versuchsanordnungen schon oft beobachtet worden. Die Körperzellen des Menschen sterben dann in großer Menge ab oder reagieren mit unkontrollierter Vermehrung (Krebs).

Ein Nachweis von Schädigungen der Geschlechtszellen des Menschen ist für die meisten derartigen potentiellen Risikofaktoren (dies gilt auch für die von außen kommende Kernstrahlung, außer für Dosen, die der Organismus ohnehin nicht überlebt) zur Zeit nicht eindeutig zu führen. Gefahren drohen jedoch von radioaktiven Substanzen, die aufgenommen und in den Körper eingebaut werden (z. B. Jod 131, Cäsium 137, seltener aber biologisch noch gefährlicher Strontium 90 und Plutonium 239).

*Mosaike.* Abschließend muß erwähnt werden, daß manche Personen in verschiedenen Körperzellen unterschiedliche Chromosomenstruktur aufweisen (Mosaikbildung). Die Gründe dafür sind im Einzelfall oft nur zu vermuten. Der Effekt ist jedenfalls, daß ein Teil der Körperzellen der betroffenen Person eine Anomalie aufweisen kann, die anderen nicht. Die Schwere des daraus resultierenden Syndroms ist dann von der Art und der Zahl anomaler Zellen abhängig.

## *2.1.3 Trisomien und erbbedingter Schwachsinn*

Die häufigste Form einer Unregelmäßigkeit im menschlichen Chromosomensatz besteht darin, daß von einem Chromosom nicht ein Paar, sondern ein Tripel vorhanden ist. Man spricht dann von einer „Trisomie" des entsprechenden Chromosomenpaars, z. B. von einer Trisomie 21, oder auch von einer Trisomie G1, da das 21. Paar das erste der Chromosomengruppe G ist.

Etwa $1/3$ aller Spontangeburten (Aborte) weisen Trisomien auf. Unter Lebendgeburten sind immerhin noch 3 bis 4 auf 1000 betroffenen. Diese weisen dann als Folge der Trisomie, die die Chromosomen 13, 18, 21 oder X betreffen kann, körperlich Defekte und meistens eine erhebliche Verzögerung der psychischen Entwicklung auf.

Auf andere Formen erbbedingten Schwachsinns wird in Kap. 3 (vor allem in Abschnitt 3.1.4.) eingegangen.

Trisomien entstehen als Fehler bei einer Zellteilung der Geschlechtszellen. Wenn sich Geschlechtszellen teilen, werden nicht Chromosomenspalthälften, sondern die ganzen Paarlinge der Chromosomenpaare auf die Tochterzellen aufgeteilt, so daß Ei- und Samenzelle nur mehr 23 Chromosomen besitzen. Dabei kann es vorkommen, daß bei einer derartigen Teilung einmal in eine Tochterzelle ein ganzes Chromosomenpaar gelangt, während die andere Tochterzelle von diesem Paar kein Chromosom erhält und abstirbt (Abb. 12). Derartige Aufteilungsfehler („non disjunction") sind bei Frauen mindestens doppelt so häufig als bei Männern [11]. Wird eine Keimzelle mit 24 Chromosomen, unter denen sich ein komplettes Paar befindet, befruchtet, so entsteht eine Zygote mit 47 Chromosomen und einer Trisomie.

Die Zahl der Aufteilungsfehler bei der Geschlechtszellen-Reifung nimmt bei Frauen mit dem Alter exponentiell zu. Als Grund nimmt man – mangels einer besseren Erklärung – einen Alterungsprozeß der Ei-Mutterzellen an. Diese existieren bei der Frau von Geburt an, während die Samen-Mutterzellen des Mannes ständig neu gebildet werden. Eine 30jährige Mutter muß, wenn sie schwanger ist, mit einem Risiko von etwa einem Promill (1:1000) damit rechnen, ein Kind mit einer Trisomie zu bekommen. Für eine 40jährige Mutter liegt das entsprechende Risiko bereits bei etwa einem Prozent (1:100). Die Risikokurve steigt bis zu einem Alter von etwa 35 Jahren schwach, danach steil an. Das Alter des Vaters spielt dabei keine Rolle, liefert aber ein eigenes Risiko (für 50jährige Männer etwa 1 Prozent). Es gibt auch (sehr seltene) Trisomien, die vom Alter der Mutter unabhängig sind.

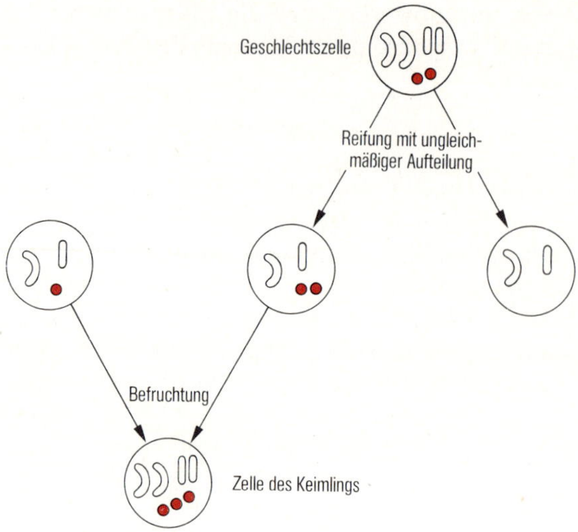


*Abb. 12* Schema für „non disjunction" und Entstehung einer Trisomie. (Der Übersichtlichkeit halber wurde das Schema auf fiktive Zellen mit nur drei Chromosomenpaaren bezogen.)

Gerade für die relativ häufigen Chromosomen-Anomalien wären geeignete Routineuntersuchungen zur Früherkennung wünschenswert. Da Chromosomenuntersuchungen weder an Föten (ungeborenen Kindern) noch an Neugeborenen routinemäßig durchgeführt werden, sind andere Methoden bedeutsam geworden. So hat man gefunden, daß das ohnehin genetisch bedingte Furchen- und Leistenmuster der Hautoberfläche bei Trisomen häufig charakteristische Veränderungen aufweist. Dadurch können Handlinien diagnostische Informationen für erbbedingten Schwachsinn liefern. Im folgenden sind vier Beispiele von Mustern angeführt, die bei Trisomen mit hoher Häufigkeit und bei Normalen selten zu beobachten sind.

Die Vierfingerfurche (Abb. 13). Üblicherweise laufen zwei große Beugefurchen quer über die Handinnenfläche. Kann man nur eine einzige große Querfurche erkennen, heißt sie Vierfingerfurche (oder Affenfurche, da sie bei manchen Affen regelmäßig auftritt). In einer Stichprobe von 200 Trisomen (v. a. mit einer Trisomie des Chromosoms Nr. 21) trat dieses Merkmal bei 40,2% auf, unter Normalen bei 4,1%.

Knickfurchen. Normale Kinder haben ausnahmslos mehr als eine Knickfurche an den Innenseiten der Fingergelenke. In 20,5% der Fälle hatten die beobachteten Trisomen nur eine einzige Knickfurche am kleinen Finger.

Schleifen. Auch das Hautleistenmuster der Fingerbeeren, wie es auch der Fingerabdruck zeigt, besitzt diagnostischen Wert. Es gibt sehr verschie-

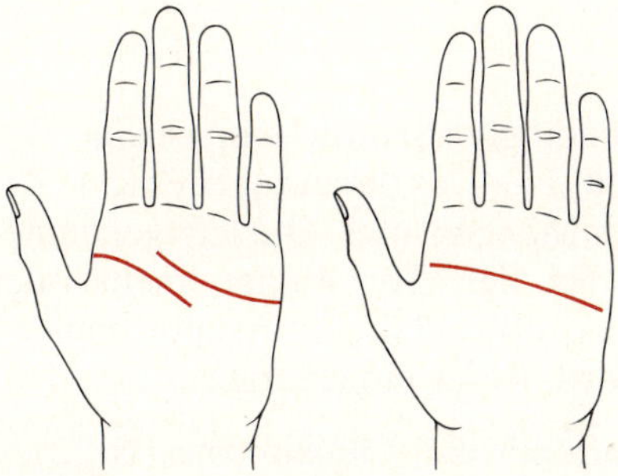

*Abb. 13* Links Handinnenfläche mit normalen Beugefurchen, rechts mit einer Vierfingerfurche.

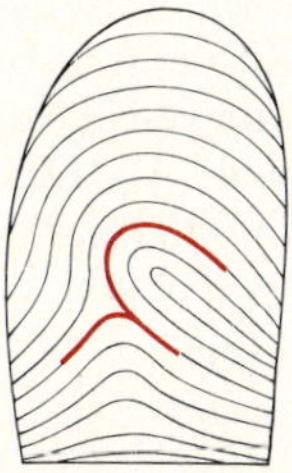

*Abb. 14* Bei ulnarer Schleife am linken Zeigefinger ist der Daumen linksseitig zu denken.

dene Fingerleisten-Figuren. Bei der Früherkennung von erbbedingtem Schwachsinn durch Trisomien wird vor allem den Schleifenmustern Aufmerksamkeit geschenkt, die insgesamt sehr häufig sind. Relativ selten ist jedoch eine Schleife an den Zeigefingern, deren Bogen in die Richtung des Daumens zeigt („ulnare Schleifen“, Abb. 14). Die Auftretenshäufigkeit einer derartigen Schleife am linken Zeigefinger ist 36,3% bei Normalen gegenüber 82,4% bei Trisomen. Für den rechten Zeigefinger sind die Zahlen 31,1% gegen 82,3%.

Es wurden Statistiken für Hautmuster in 16 charakteristischen Hautarealen aufgestellt. Aus den entsprechenden 16 Wahrscheinlichkeiten läßt sich ein Gesamtindex errechnen. Es existieren Tabellen, die zum Gesamtindex einen Wahrscheinlichkeitswert für das Vorliegen einer Trisomie und damit von erbbedingtem Schwachsinns-Risiko angeben. Die Eichung der Tabellen erfolgte jedoch durch die unbewiesene Annahme, daß den Mustern der einzelnen Hautareale verschiedene Erbinformationen zugrunde liegen. Vorsichtshalber ist daher auch schon bei einem geringen Tabellenwert eine weitere genetische Untersuchung angezeigt.

## *2.1.4 Die Trisomie 21*

Die häufigste Ursache für erbbedingten Schwachsinn ist eine Trisomie des Chromosoms Nr. 21 (siehe Abb. 15). Das daraus entstehende Krankheitsbild heißt Down-Syndrom oder Mongolismus. Die letztgenannte Bezeichnung bezieht sich auf eine bei den Betroffenen mehr oder minder ausgeprägte Lidform und hat sich, obwohl sie von Asiaten immer wieder als diskriminierend empfunden wird, leider eingebürgert.

Äußere Merkmale von Kindern mit drei Chromosomen Nr. 21 sind kurze Gliedmaßen mit überstreckbaren Gelenken, quadratische Hände und Ohren, flacher Kopf. Der Nasen-Rachen-Raum ist eng, die Nase ist infolge erhöhter Infektionsanfälligkeit häufig verstopft. Auch der Mundraum ist klein, dadurch wirken Zunge und Lippen relativ groß. Wegen der Infektionsanfälligkeit, aber auch wegen angeborener Herzfehler, haben Mongoloide eine geringe Lebenserwartung. Nur jeder zweite überlebt das 10. Lebensjahr. Vermutlich weist der gesamte Stoffwechsel einige geringfügige Besonderheiten auf; der Körpergeruch weicht von dem gleichernährter Personen ab. Man fand auch Veränderungen in Nervenzellen, die jedoch nicht zweifelsfrei interpretiert werden können. Als Kinder lernen Mongoloide verspätet laufen, die Sprache wird sehr schwer erlernt, in jedem Fall gibt es Artikulationsschwierigkeiten. Das Wachstum ist eingeschränkt; die Pubertät ist, wenn sie überhaupt eintritt, verspätet. Mongoloide Frauen können normale

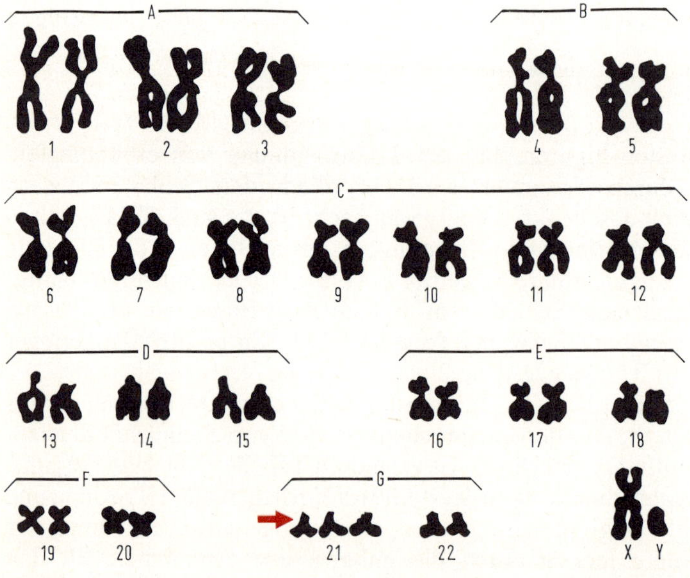


*Abb. 15* Karyotyp eines „trisomen Mongoloiden", dessen überzähliges Chromosom einem Paar der G-Gruppe angehört. Das Chromosom, das beim Mongolismus eine Rolle spielt, erhält gewöhnlich die Nr. 21 (nach Valentine [1]).

Kinder bekommen (jedoch stark erhöhtes Trisomie-Risiko). Mongoloide Männer sind vermutlich steril.

Mongoloide Kinder gelten als freundlich, dankbar und anschmiegsam. Ob dies so ist auf Grund einer Veranlagung oder auf Grund einer durch die körperlichen Symptome ausgelösten besonderen elterlichen Zuwendung, ist unbekannt. Vor allem aber ist bei Mongoloiden im Zusammenhang mit körperlichen Entwicklungsproblemen die intellektuelle Entwicklung stark verzögert.

Mongoloide können nicht geheilt werden, auch nicht durch eine Frischzellentherapie. Diese Methode, bei der ein Extrakt aus embryonalem Gewebe, das meist von Schafen stammt, mit der Hoffnung einer erneuernden Auffrischung gespritzt wird, bringt keine Milderung der Symptomatik. Dagegen besteht die Gefahr lebensbedrohender allergischer Reaktionen auf das körperfremde Eiweiß. Mongoloide brauchen eine besondere Unterstützung in Form bestimmter Lehrprogramme für alle Entwicklungsschritte.

Damit stellen die Mongoloiden nicht nur im Alltagsverständnis den Typus des Schwachsinnigen mit seinen Besonderheiten in bezug auf Aussehen und Verhalten. Sie werden auch zum Modellfall in der Diskussion um die Entwicklungsförderung, auf die deshalb an dieser Stelle paradigmatisch eingegangen werden soll.

Traditionellerweise versucht man, mindestens die Fähigkeiten zu entwickeln, die normalerweise im Einschulungsalter erreicht werden. Das bedeutet die Beherrschung einer minimalen sprachlichen Ausdrucksfähigkeit und einiger Fertigkeiten des alltäglichen Lebens, wie Körperpflege, Anziehen, Essen. Darüber hinaus werden, wenn möglich, einige speziellere Fertigkeiten auf der Ebene sensumotorischer Koordination eingeübt. Dadurch und wegen ihrer Ausdauer sind Mongoloide meist imstande, einfache Dinge zu sortieren oder aneinander zu befestigen oder z. B. Teppiche zu knüpfen. Manche lernen einfache Sätze zu schreiben und zu lesen oder einfache Maschinen zu bedienen.

*Problematik des Anomalie-Verständnisses.* Manche Praktiker vertreten die Ansicht, Mongoloide wären Menschen mit besonderer Konstitution, die nicht an der Durchschnittsnorm gemessen werden dürften. Ihre Eigenheiten wären zu respektieren, ebenso könne man ihre Vorzüge schätzen, und sich über ihre Liebenswürdigkeit und Ausdauer freuen. In letzter Konsequenz müßte man es ablehnen, eine Entwicklungsförderung durchzuführen, die sich an der Normalentwicklung orientiert. – Dieser Standpunkt mag überspitzt erscheinen. Dennoch zeigt die Erfahrung, daß sich Personen insgesamt schwerer emanzipieren können, die in einzelnen Bereichen stärker von der Norm abweichen.

*Problematik der Heimbetreuung.* Selbst wenn man die Notwendigkeit einer an den durchschnittlichen Lebensanforderungen gemessenen Entwicklungsförderung einräumt, treten bei der Erziehung und Ausbildung Mongoloider eine Reihe weiterer, grundsätzlicher Fragen auf. Eine Erziehung in Heimen bedeutet stets eine geringere Betreuungsdichte, anderseits setzt eine Erziehung im Elternhaus spezielle Fähigkeiten oder eine spezielle Ausbildung der Eltern voraus. Eine Ausbildung Mongoloider in „geschützten Werkstätten" hat den Vorteil einer intensiven Betreuung und den Nachteil einer Isolation (Ghetto). Sogenannte „gemischte Gruppen" (Mongoloide zusammen mit gesunden Kindern) werden häufig von den Eltern der Gesunden mit der Begründung abgelehnt, daß gesunde Kinder Verhaltensweisen der Kranken übernehmen könnten, und daß die Gesunden den Lernprozeß der Mongoloiden stören würden. Gemischte Gruppen haben jedoch verschiedene Vorteile: Mongoloide werden von den anderen Kindern auch unspezifisch verstärkt, d. h. unsystematisch belohnt oder zurückgewiesen, und gesunde Kinder können Erfahrungen mit behinderten (oder einfach: andersartigen) Partnern sammeln (Unbefangenheit und Problembewußtsein).

*Lernpsychologische Probleme.* Zu großes Entgegenkommen („Verwöhnen") vermindert die Lernerfolge. Konsequente Belohnung, und zwar nur des erwünschten Verhaltens, erhöht die Lernerfolge, führt jedoch zu rigidem, pedantischem und manchmal manieristischem Handlungsvollzug. Würde man versuchen, in sehr verschiedenen Bereichen eine Förderung (Belohnung) vorzusehen, so würden auch wichtige Fähigkeiten nicht in gewünschtem Maße erworben.

*Sozialpolitische und ethische Probleme.* Was sind wichtige Fähigkeiten? Sind es sensumotorische Koordinationen, die den alltäglichen Tätigkeiten zugrundeliegen, einschließlich einiger manueller Fertigkeiten, die in bestimmten Industriezweigen dem Erwerb des Lebensunterhaltes dienen können? Die bei Mongoloiden auftre-

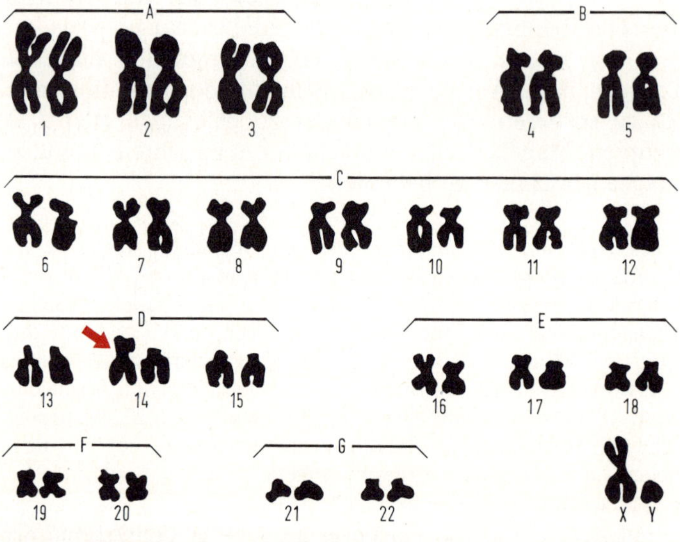


*Abb. 16* Karyotyp eines männlichen Translokations-Mongoloiden (nach Valentine [1]).

tenden Entwicklungsstörungen können individuell unterschiedlich sein. Wieviele (finanzielle) Mittel ist die Gesellschaft bereit zur Verfügung zu stellen, damit jeder Mongoloide genau die optimale Förderung bekommt; auch wenn das erreichte Ziel, gemessen am Bevölkerungsquerschnitt, mitunter weit unterdurchschnittlich ist?

Für das Verständnis des Mongolismus-Problems ist es bedeutsam, daß verschiedene genetische Varianten für die Verursachung des Krankheitsbildes bekannt sind. In jedem Fall gibt es ein überzähliges Chromosom Nr. 21. Dieses überzählige Chromosom kann, wie es Abb. 15 zeigt, frei im Chromosomensatz vorkommen, nur dann spricht man eigentlich von einer Trisomie 21. Es kann aber auch mit einem der beiden anderen Chromosomen Nr. 21 oder mit einem Chromosom der Gruppe D (siehe Abb. 16) verschmelzen. In den letztgenannten Fällen spricht man von einer Translokation.

Darüber hinaus ist bekannt, daß auch Mosaikbildungen vorkommen können, wobei die Trisomie dann nur bestimmte Körperzellen betrifft. Es sind Personen mit einem derartigen Mosaik bekannt geworden, die einige äußerliche Mongolismus-Merkmale aufwiesen, aber normale Intelligenz besaßen. Damit gibt es sehr verschiedene Varianten in der Ausprägung des Krankheitsbildes, die meist nur nach der Schwere der Symptome unterschieden werden. Das Wort „Mongolismus“ bezeichnet aber nur sehr summarisch ein Krankheitsbild.

Bei einer Intervention muß man versuchen, all den genannten Problemen gerecht zu werden. Ein wichtiger Schritt dazu bildet die Entwicklungstherapie [2]. Kennzeichen der Entwicklungstherapie sind (a) Begleitmaßnahmen erforderlichenfalls von Geburt an, (b) Integration von Diagnose und Therapiekontrolle durch schrittweise Überprüfung der Fähigkeiten in möglichst allen Bereichen, sowie (c) intensive und zugleich umweltintegrierte Betreuung durch Schulung der familiären Bezugspersonen. Zur Zeit befindet sich dieses Modell und die weiterführenden Förderungsmaßnahmen noch überwiegend im Versuchsstadium.

### *2.1.5 Sexualität 1: Varianten im genetischen Geschlecht*

Im Durchschnitt weisen etwa 3 von 1000 Neugeborenen eine abweichende Zahl von Geschlechtschromosomen auf. Die möglichen Varianten zeigt die Tab. 1. Zugleich werden damit die Bezeichnungen für die einzelnen Syndrome eingeführt, die im folgenden Text erwähnt werden.

In Gegenwart mindestens eines Y-Chromosoms werden männliche Geschlechtsorgane ausgebildet. Mehr als zwei Y-Chromosomen wurden bei Lebendgeburten nicht beobachtet. Mindestens ein X-Chromosom ist zum Überleben notwendig. Frauen mit dem Turner-Syndrom (XO) sind jedoch steril. Sie haben stets eine geringe Körpergröße, manchmal auch

*Tabelle 1* Anomalien der Geschlechtschromosomenzahl

| Gesamtzahl der Chromosomen | Geschlechts-chromosomen | Ausbildung der Geschlechts-organe | Häufigkeit in Promille | Bezeichnung des Syndroms |
|---|---|---|---|---|
| 45 | X | ♀ | 0,4 | Turner |
| 46 | XX | ♀ | 997 | |
| 47 | XXX | ♀ | 1,2 | Triple-X |
| 48 | XXXX | ♀ | ? | Tetra-X |
| 49 | XXXXX | ♀ | ? | Penta-X |
| 46 | XX/XY | ⚥ | 0,2 | „Hermaphrodit“ |
| 46 | XY | ♂ | 997 | |
| 47 | XYY | ♂ | 1,7 | „Supermen“ |
| 47 | XXY | ♂ | 1,4 | |
| 48 | XXYY | ♂ | 0,1 | |
| 48 | XXXY | ♂ | ? | Klinefelter |
| 49 | XXXYY | ♂ | ? | |
| 49 | XXXXY | ♂ | ? | |

besondere Körpermerkmale, z. B. Hautfalten an den Halsseiten. Anderseits sind auch Personen mit bis zu fünf X-Chromosomen bekanntgeworden.

Von mehreren X-Chromosomen bleibt jedoch nur eines voll aktiv. Das oder die anderen werden in den meisten Körperzellen ganz oder teilweise inaktiviert. Inaktive X-Chromosmen lassen sich mit einer einfach durchzuführenden Technik anfärben und werden dann als Chromatin-Körper im Mikroskop sichtbar. Chromatin-Körper werden in den Zellkernen der Mundschleimhaut als Barr-Körper und in den weißen Blutzellen als Drumsticks bezeichnet. In jeder dritten bis fünften Körperzelle findet man bei einer Frau mit zwei X-Chromosomen ein, bei einer Frau mit drei X-Chromosomen zwei inaktive X-Chromosomen. Männer, die, wie meistens der Fall, nur ein X-Chromosom in ihren Zellen haben, besitzen keine Chromatin-Körper.

Mit Zunahme der Zahl der Geschlechtschromosomen, vor allem aber mit der Zahl der – wenn auch teilweise inaktivierten – X-Chromosomen steigt das Risiko für eine Behinderung der geistigen Entwicklung. Chromatin-positive Jungen, sowie Mädchen mit zwei Chromatinkörpern in den Zellen, werden nämlich bei Serienuntersuchungen von nicht-ausgelesenen Neugeborenen etwa fünf- bis zehnmal seltener gefunden als unter Schwachsinnigen.

Allerdings gibt es unter den Triple-X-Frauen zahlreiche normal intelligente Mädchen und Frauen. Sie können übrigens auch normale Kinder bekommen; eventuelle XXX- oder XXY-Kinder von Triple-X-Müttern sterben vor der Geburt.

*Klinefelter.* Männer mit XXY-Chromosomen (Klinefelter-Syndrom) brauchen ebenfalls keine besonderen Intelligenzschwächen aufweisen. Diese Patienten leiden aber darunter, daß sie bereits als Kleinkinder langbeinig und, vielleicht im Zusammenhang damit, aktivitätsgehemmt sind. Kontakt- und Lernschwierigkeiten sind eine häufige Folge. Klinefelter-Patienten mit drei oder vier X-Chromosmen (bisher wurden erst knapp 50 Patienten untersucht) weisen stets Intelligenzschwächen auf. Darüber hinaus ist oft die Entwicklung der Geschlechtsmerkmale und (vielleicht daher) die Freude am Geschlechtsverkehr gestört. Diese Störungen lassen sich durch eine Hormontherapie günstig beeinflussen. Klinefelter-Patienten sind jedoch unfruchtbar, weil ihre Hoden keine Spermien produzieren.

*XYY-Syndrom.* Besonderes Interesse verdient das XYY-Syndrom. Die ersten Fälle wurden bei Untersuchungen an gewalttätigen Strafgefangenen bekannt. Daraus entwickelte sich die Vermutung, daß das überzählige Y-Chromosom nicht nur für vermehrte Produktion männlicher Sexualhormone, sondern auch für Aggressivität verantwortlich wäre. Allerdings wurden auch XYY-Männer mit unterentwickelten Geschlechtsorganen bekannt. Die zweite Vermutung, die sich auf vermehrte Aggressionstendenz bezieht, muß ebenfalls relativiert werden. Da XYY-Männer unter nicht gewalttätigen Strafgefangenen seltener zu finden sind als unter Gewalttätern, hat man Reihenuntersuchungen an unausgelesenen Stichproben vorgenommen. Dabei wurde festgestellt, daß auch nicht straffällige XYY-Männer regelmäßig durch Überregbarkeit und geringe Frustrationstoleranz auffallen [3]. Diese Befunde wurden bisher allerdings mit Hilfe „projektiver Tests“ gewonnen. Derartige Verfahren können mitunter bei Wiederholung der Untersuchung durch einen anderen Versuchsleiter andersartige Ergebnisse liefern. Wie riskant eine derartige Diagnose im Hinblick auf die Konsequenzen für den Betroffenen sein kann, liegt auf der Hand. Männer des XYY-Typs können Kinder bekommen, die nur in Ausnahmefällen das zweite Y-Chromosomen besitzen.

Auch für die Geschlechtschromosomen ist Mosaikbildung bekannt. In seltenen Einzelfällen kann ein Teil der Körperzellen XX-, der andere XY-Chromosomen aufweisen. Diese Personen bilden teils weibliche, teils männliche Organe aus (Hermaphroditen).

## 2.2 Erblichkeitsforschung

### *2.2.1 Das Prinzip der Rekombination*

Die in den Chromosomen befindliche Erbinformation wird von den Eltern der nächsten Generation über die Keimzellen weitergegeben. Dazu wird, wie bereits erwähnt, zuvor der Chromosomensatz bei der Keimzellenreifung halbiert, damit nach der Verschmelzung von Ei- und Samenzelle wieder ein normaler Chromosomensatz entsteht.

Die Halbierung des Chromosomensatzes im Zuge der Ei- und Samenreifung geschieht durch eine Zellteilung, bei der sich die Chromosomen ausnahmsweise nicht teilen, sondern als Ganze auf die entstehenden beiden Tochterzellen verteilt werden (Reifeteilung oder genauer: erste meiotische Teilung). Von jedem Chromosomenpaar erhält eine Tochterzelle einen Paarling. Das Prinzip einer derartigen Aufteilung kann man Abb. 12 in Abschnitt 2.1.3. entnehmen.

Von den Paarlingen jedes Chromosomenpaars stammte eines ursprünglich vom Vater, das andere von der Mutter. In die Keimzellen gelangt nun eine Mischung aus ehemals mütterlichen und ehemals väterlichen Chromosomen. Im Chromosomensatz der folgenden Generation befinden sich dann Chromosomenpaare, von denen der eine Paarling von einem Großelternteil mütterlicherseits und der andere von einem Großelternteil väterlicherseits stammt.

Diese Art der Durchmischung von Erbmaterial über die Generationen hinweg („Rekombination“) wird noch ergänzt durch einen weiteren Vorgang. Bevor während der Reifeteilung die Paarlinge auf die Tochterzellen verteilt werden, legen sich die zueinander gehörenden homologen Chromosomen eng aneinander (crossing over).

Dazu muß erwähnt werden, daß die Chromosomen auch während dieser Reifeteilung in Spalthälften geteilt sind, da an die Aufteilung der ganzen Paarlinge auf die Tochterzellen stets noch eine normale Zellteilung der Tochterzellen (mit einer Teilung der Chromosomen) anschließt. In der Ausgangsphase, in der sich die homologen Paarlinge eng aneinanderlegen, umwickeln sich gegenseitig die Spalthälften der Chromosomen. Wenn sich für die folgende Zellteilung ein Paar nicht mehr voneinander lösen kann, so kommt es zu einer ungleichmäßigen Aufteilung der Chromosomen („non disjunction“) und nach Befruchtung einer so entstandenen Keimzelle kann eine Trisomie entstehen.

An den Umschlingungsstellen (Chiasmata) können die Arme der homologen Chromosomen miteinander verschmelzen. Werden die Paarlinge zur Aufteilung in die neuentstandenen Tochterzellen voneinander getrennt, so reißen auch die Chiasmata auseinander. Dies geschieht so, daß der eine homologe Paarling das Chromosomenarm-Endstück des jeweils anderen behält (Faktorentausch; s. Abb. 17). Bei der Samenzellenreifung zählt man zwischen 44 und 59 Chiasmata pro Zelle, d. h. durchschnittlich 2 bis 3 Chiasmata pro Homologenpaar. Bei der Eizellenreifung sind es rund doppelt so viele. Zwischen X- und Y-Chromosom scheint es keine Chiasmata zu geben (sie sind auch keine homologen Chromosomen).

Durch den um die Chiasmata-Bildung ergänzten Prozeß der Rekombination von Erbmaterial in der Fortpflanzung, ist gewährleistet, daß nicht allzugroße Pakete aneinanderliegender Erbinformation unvermischt von den Großeltern auf die Enkel vererbt werden. Außerdem sind es Pakete, deren Größe von Generation zu Generation wechselt. Durch selten geteilte Gen-Pakete entsteht das Phänomen der Genkopplung (gene linking). Im Mittel stammt etwa 1/4 der Erbinformation von jedem Großelternteil. Mit den Eltern ist stets genau je die halbe Erbinformation identisch.

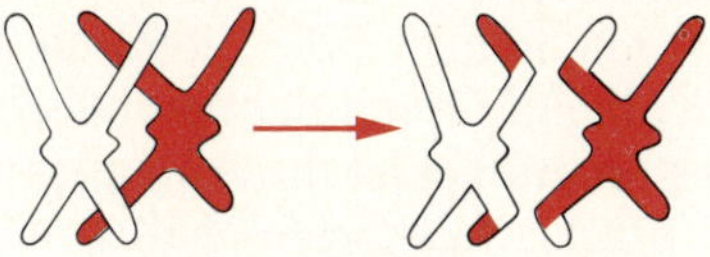

*Abb. 17* Faktorentausch

## 2.2.2 Erblichkeit von Merkmalen

Zwischen Kindern und Vorfahren gibt es Entsprechungen im Erbmaterial. Vergleichbare Entsprechungen zwischen Kindern und Eltern bzw. Großeltern gibt es auch in bezug auf Körpermerkmale.

Zahllose Beispiele lassen sich anführen, in denen Kinder ihren Eltern auch in Verhaltensgewohnheiten verblüffend ähnlich sind. Auffallend ist dies vor allem, wenn die gemeinten Verhaltensweisen im Bevölkerungsquerschnitt selten oder im Erfahrungsbereich sonst überhaupt nicht beobachtet werden. Dazu gehören „charakteristische" Körper- und Armhaltungen, der Gang, Sprechweisen (Redewendungen), aber auch Begabungen, also die Beherrschung von Fertigkeiten (und die Art, wie man eine Fertigkeit ausübt), Neigungen (auch im negativen Sinn: Trunksucht, übertriebene Eßgewohnheiten), Einstellungen und Persönlichkeitszüge, sowie spezielle Fähigkeiten (musikalische oder mathematische „Ader") und solche allgemeinerer Natur (Intelligenz).

Der Anthropologe F. Galton, ein Vetter Darwins, begann vor etwa 100 Jahren mit dem Vergleich von Verhaltensmerkmalen innerhalb von Volksstämmen, Familien und Zwillingsgeschwistern. Die überraschenden Ähnlichkeiten, die er dabei fand, veranlaßten ihn, für Nativismus (Verhaltenseigenschaften sind angeboren) und damit für Eugenik (Zuchtwahl) und Rassenhygiene einzutreten.

Allerdings sind Entsprechungen zwischen Verhalten der Kinder und dem der Eltern oft weitaus größer, als es die gemeinsame Erbinformation vermuten ließe. Vererbt werden ja nur die Voraussetzungen dafür, daß in bestimmten Körperzellen bestimmte Proteine gebildet werden können und andere nicht. Wenn Kinder einem Elternteil etwa hinsichtlich einiger Charakteristika des Ganges ähnlich sind, so bedarf dies einer besonderen Erklärung. Diesem Merkmal z. B. liegen ja Eigenschaften des Knochenbaues und der Konstitution ebenso zugrunde wie Eigenschaften des Rhythmuses und der Geschwindigkeit. Die letztgenannten Eigenschaften sind aber durch das Nervensystem vermittelt und werden in der Regel an verschiedene Situationen angepaßt. Wenn das nicht oder nur in geringem Ausmaß der Fall ist, liegen Gewohnheitsbildungen zugrunde.

Verblüffende Ähnlichkeiten in Verhaltensgewohnheiten zwischen Eltern und Kindern müssen also fast stets als Effekt von Lern- und Gewöhnungsprozessen erklärt werden, in denen die Eltern die Rolle von Vorbildern (Modellen) spielen. Wohl auf Grund der naturwissenschaftlichen Tradition unseres Weltbildes unterscheidet die Alltagssprache nicht präzise zwischen physischen und psychischen Eigenschaften der Persönlichkeit. Dies wird in Formulierungen wie „charakteristischer Gesichtsschnitt“ oder „mathematische Ader“ deutlich. So wichtig eine derartige Sichtweise für das Verständnis menschlichen Verhaltens sein kann, so irreführend kann sie werden, wenn die theoretischen Zusammenhänge nicht klargelegt sind. Die Tatsache etwa, daß es in der nächsten Verwandtschaft von J. S. Bach zwölf hervorragende Musiker und 36 weitere hochmusikalische Personen gab, darf nicht dazu führen, dafür ein etwa gemeinsam vorhandenes Erbmaterial (musikalische Ader) verantwortlich zu machen. Der Komponist R. Schumann, der mit einer Pianistin verheiratet war, hatte acht Kinder, von denen keines musikalisch war.

Zwischen der Herstellung von Proteinen (also dem, was das Erbmaterial unmittelbar steuert) und den Prozessen, die als Verhalten am Organismus beobachtbar sind, hat man sich eine komplizierte Wirkkette vorzustellen (s. Abb. 18). Diese Wirkkette erstreckt sich lokal über verschiedene Bereiche

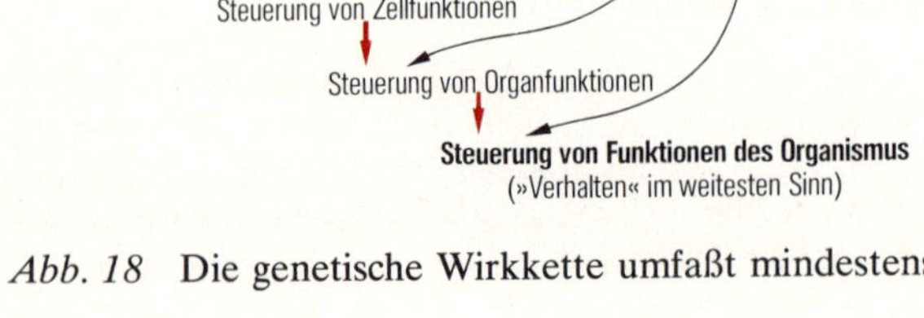


*Abb. 18* Die genetische Wirkkette umfaßt mindestens diese Glieder.

des Körpers und zeitlich über verschiedene Phasen von Verhaltensabläufen und Entwicklungsprozessen. Genetische Faktoren sind notwendige, nicht aber hinreichende Bedingungen für das Zustandekommen von Zell-, Organ- und Körperfunktionen. Wir können höchstens sagen, daß „Verhaltenspotentiale“ vererbt werden.

### *2.2.3 Der Gen-Begriff*

Zwischen beobachtbaren Körpereigenschaften, vor allem aber zwischen Funktionen des Gesamtorganismus („Phänotyp“) und der genetischen Information („Genotyp“) gibt es in der Regel nur sehr komplizierte Zusammenhänge.

Nicht die Natur, sondern der Beobachter legt fest, welche Summe von Einzelfunktionen eine Eigenschaft oder ein Merkmal darstellt. Man muß davon ausgehen, daß für die meisten beobachtbaren Merkmale (wie z. B. Körpergröße, Sehschärfe, die Neigung zu Fettleibigkeit oder zu motorischer Unruhe) der Einfluß der verschiedenen Umweltbedingungen, einschließlich der Ernährungs- oder Klimafaktoren, kaum exakt angegeben werden kann. Nur in Ausnahmefällen, nämlich wenn ein Merkmal nur durch ein Protein oder durch einige wenige Enzyme determiniert ist, läßt sich ein Zusammenhang zwischen beobachtbarem Merkmal und genetischer Information mit hoher Sicherheit aufweisen.

Es ist daher nicht sinnvoll, das genetische Material danach zu klassifizieren, für welche Eigenschaften des Organismus es verantwortlich wäre. Vielmehr faßt man die Stücke der DNA-Basen-Sequenz, die zur Determinierung eines Proteins oder einiger stets gleichzeitig transkribierender Proteine dienen, zusammen mit den zur Regulation gehörenden Teilen, als Einheiten der Erbinformation auf und nennt sie Gene. Gene sind also die DNA-Teile und damit auch die Orte an den Chromosomen, an denen die Information für ein oder einige stets gemeinsam verwendete Proteine liegt. Nach der Rechnung am Ende von Abschnitt 1.2.1 kann man von 50–100000 Genen im menschlichen Erbmaterial ausgehen.

Jedes Gen kommt im Chromosomensatz eines Zellkerns stets an zwei Orten (Loci) vor, nämlich an einander entsprechenden Stellen an den jeweils homologen Chromosomen. Nimmt man an, daß ein Gen die Information für genau ein Protein enthält, dann gibt es diese Information also an zwei Stellen des Erbmaterials.

Für jedes Gen existieren aber bei verschiedenen Menschen meist verschiedene Varianten, die Allele genannt werden. Verschiedene Allele (Varianten) eines Gens determinieren also ähnliche, meist bis auf wenige Aminosäuren gleiche Proteine, die im Organismus (von verschiedenen Menschen) die gleiche Aufgabe erfüllen sollen. An den beiden Orten eines Gens (in den homologen Chromosomen eines Chromosomenpaars) können sich identische oder verschiedene Allele des Gens befinden. Besitzt man verschiedene Allele eines Gens, so werden im Organismus zwei verschiedene Arten von Proteinen des gleichen Funktionstyps produziert. Dies ist wohl bei den meisten Genen der Fall.

Sind die beiden Allele eines Gens identisch, so nennt man das Erbmaterial bzw. den Betroffenen homozygot in bezug auf das Gen. Hat der Chromosomensatz bzw. der Betroffene für ein bestimmtes Gen zwei verschiedene Allele, so heißt er heterozygot für dieses Gen.

Im heterozygoten Zustand transkribieren die beiden verschiedenen Allele eines Gens meist unterschiedlich. Im allgemeinen produziert dann ein Allel mehr Protein als das andere. Das vergleichsweise aktivere Allel von beiden nennt man auch dominant gegenüber dem anderen. Das relativ inaktivere wird als rezessiv gegenüber dem aktiveren bezeichnet. In seltenen Fällen sind zwei verschiedene Allele des gleichen Gens gleich aktiv. Dann spricht man von Kodominanz.

Ist ein dominantes Allel defekt (z. B. auf Grund einer Mutation, s. Abschnitt 2.1.2.), so führt dies immer zu beobachtbaren Störungen. Defekte rezessive Allele führen meistens erst dann zu beobachtbaren Störungen, wenn bei de Chromosomen des betreffenden Chromosomenpaares das defekte rezessive Allel besitzen.

Ein einfaches Beispiel dazu liefern die Antigen-Substanzen des Blutes („Blutgruppen") nach dem ABO-System. Zum Aufbau der Antigen-Substanzen sind drei Enzyme verantwortlich, die der Einfachheit halber mit A, B und H bezeichnet werden sollen. Für das entsprechende Gen gibt es drei Allele (AH, BH und H), die jeweils zwei oder auch nur eines dieser Enzyme determinieren. Entsprechungen von „Genotyp" und „Phänotyp" bei den erblichen Blutgruppenmerkmalen zeigt Tab. 2. Die Allele AH und BH sind kodominant, jedes dieser Allele dominiert aber über das Allel H.

*Tabelle 2* Vererbung der Blutgruppen

| „Genotyp" Durch Allelenpaare festgelegte Enzymkombinationen | Dadurch produzierte Antigen-Substanzen | „Phänotyp" Blutgruppe der roten Blutzellen |
|---|---|---|
| AH, AH | A, A | A |
| AH, H | A, – | A |
| BH, BH | B, B | B |
| BH, H | B, – | B |
| AH, BH | A, B | AB |
| H, H | –, – | O |

An diesem Beispiel können auch die einfachsten Vererbungsgesetze veranschaulicht werden, wie sie zutreffen, wenn ein Merkmal durch ein Gen determiniert wird (für das es in diesem Fall drei Varianten gibt; Abb. 19). Viel komplizierter sind die Möglichkeiten von Erbgängen bei Merkmalen, für die mehrere Gene Enzyme liefern müssen.

*Expressivität.* Selbst wenn bekannt ist, daß ein einziges, vielleicht sogar dominantes Gen ein bestimmtes körperliches Merkmal determiniert, so kann dieses Merkmal bei verschiedenen Personen in unterschiedlichem Umfang oder in unterschiedlicher Schwere ausgeprägt sein. Dies ist z. B. in auffälliger Weise bei dem durch ein stets dominantes Gen verursachten Nagel-Patella-Syndrom der Fall, bei dem die Fingernägel und manche Knochen pathologisch verändert sind. Man spricht dann von wechselnder Expressivität eines Merkmals. Sie schwankt offenbar je nach Einwirkung der (individuell variierenden) übrigen Erbinformation und der Umwelt. Gegenstand der Psychologie ist es, den Einfluß von Umweltbedingungen auf das menschliche Verhalten zu analysieren.

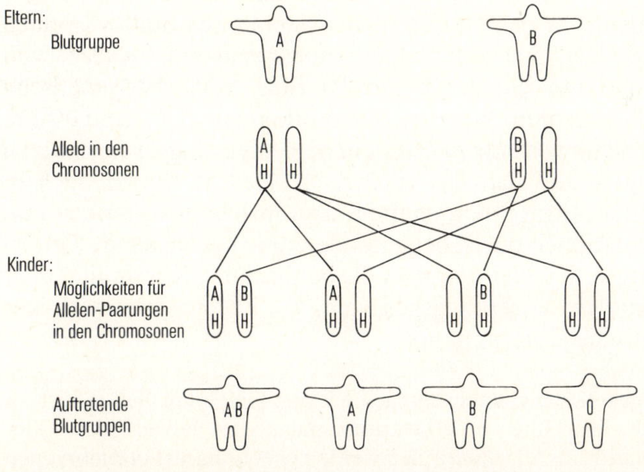


*Abb. 19* Beispiel für die Vererbung eines Merkmals, das durch ein Gen determiniert wird (monogene Vererbung). Bei den Blutgruppen des ABO-Systems gibt es für das verantwortliche Gen drei verschiedene Varianten (drei Allele). Wegen der Kodominanz zweier Allele und der Rezessivität eines Allels gibt es für den Phänotyp vier Möglichkeiten. Das Beispiel ist so gewählt, daß in der Nachkommenschaft alle Möglichkeiten des Phänotyps gleichwahrscheinlich auftreten. Bei einer anderen Allelenkombination bei den Eltern ändert sich natürlich dieses Bild.

### *2.2.4 Genetische Komponenten des Verhaltens*

Ist es denkbar, daß ein bestimmtes beobachtetes Verhaltensmerkmal durch ein Gen (genau einen genetischen Faktor) determiniert wird? Man würde in einem solchen Fall von monogener (monofaktorieller) Vererbung sprechen. Die Expressivität des Gens, und damit auch den modifizierenden Einfluß der Umweltfaktoren, würde man in einer solchen Überlegung zunächst einmal ausklammern.

Immerhin ist es möglich, daß ein genetischer Faktor, d. h. ein Enzym oder ein Enzymsystem, eine Reihe von Merkmalen bedingt. Man bezeichnet das als Pleiotropie (ein Gen verändert viele Merkmale). Dies ist nicht selten, da etwa eine Stoffwechselvariante viele Auswirkungen haben kann. Nun ist es theoretisch möglich, daß mehrere Merkmale das Verhalten in einer Weise determinieren, daß spezifische Verhaltensweisen auftreten. Ein Gen würde dann eine spezifische Verhaltensweise determinieren.

Eine derartige Hypothese müßte freilich an Hand der Wahrscheinlichkeitsgesetze überprüft werden, nach denen die Vererbung genetischen Materials verläuft. Der wichtigste Ausgangspunkt für die Analyse dieser Gesetze ist die Tatsache der geschlechtlichen Fortpflanzung, d. h. daß jeweils das genetische Material zweier Individuen für die genetische Ausstattung der Tochtergeneration verantwortlich ist.

Eine vollständige systematische Beobachtung dazu ist aber in der Regel nicht möglich. Individuen paaren sich nicht systematisch und es ist auch nicht gewährleistet, daß aus jedem Paar eine genügende Anzahl von Kindern hervorgeht, um die durch die Paarung mögliche genetische Variation voll zu beobachten. Wie man leicht erkennen kann, sind exakte genetische Untersuchungen nur in biologischen Kreuzungsexperimenten möglich. Allerdings kann man das Auftreten eines Merkmals auch in natürlichen Fortpflanzungsgemeinschaften, also in Familien, Sippen und abgegrenzten Populationen durch begleitende oder rückblickende Untersuchungen sorgfältig erfassen. Entspricht die beobachtete Kontinuität über Folgegenerationen den Vererbungsgesetzen, so ist dies ein wichtiger Hinweis auf genetische Determination.

Neuerdings sind genetische Untersuchungen mit sog. klonierten Genen auch an Säugetieren möglich. Mit Hilfe von Bakterienpopulationen vervielfältigte (klonierte) DNA-Abschnitte aus Säugetierzellen werden dazu zunächst in Embryonen der Spenderart zurück-injiziert. Mit einer gewissen Wahrscheinlichkeit gelangt das unterschobene Gen in eine Keimzelle und ist dann bei den betroffenen Nachkommen in allen Körperzellen vorhanden, sodaß die Auswirkungen der kontrollierten Genmanipulation an den entsprechenden Tochtertieren beobachtet werden können. So erzielt man allerdings keinen Genaustausch, sondern nur eine Hinzufügung (und die erfolgt nicht durch systematische Integration in das Erbmaterial, sondern durch eine zufällige Anfügung). Solche Gene arbeiten also nicht „normal“. An Methoden gezielter Genveränderung in vivo wird geforscht. Allerdings helfen mitunter zusätzlich eingeschleuste Gene bereits, defekte Gene zu kompensieren.

Nun sind einfache (monofaktorielle) Erbgänge bei Merkmalen, die sich auf ganz bestimmte Verhaltensweisen beziehen, kaum zu erwarten. Dennoch konnte man bei Tieren (Würmern und Insekten) in Einzelfällen monogene Vererbung von einfachen Verhaltensweisen durch Kreuzungsexperimente nachweisen (Verhaltensgenetik).

Es ist immer von theoretischer, aber auch von großer therapeutischer Bedeutung, wenn ein beobachtbarer Komplex von Symptomen (ein Syndrom) auf die Veränderung eines einzigen Genortes zurückgeführt werden kann. Unter den monogenen Merkmalen, die für den Menschen bekannt sind, gibt es freilich auch solche, die das Verhalten beeinflussen. Allerdings determinieren sie nie Verhaltensweisen, sondern stets nur einzelne Komponenten verschiedener Verhaltensweisen. Es handelt sich, entsprechend dem molekularbiologischen Genbegriff, dabei um spezielle Enzyme oder Enzymgruppen. Derartige einfache genetische Defekte können bei den Betroffenen Auswirkungen auf größere Bereiche, z. B. der kognitiven Leistungsfähigkeit haben.

Bis jetzt sind an die 4000 monogene Krankheiten bekannt. Etwa die Hälfte davon wird durch rezessive Allele verursacht, die andere Hälfte durch dominante. Derartige monogene Störungen treten, wie gesagt, meist pleiotrop in Erscheinung, d. h. das defekte Gen verändert mehrere Merkmale.

Dominante anomale Allele produzieren meist ein funktionell abnormes Protein. Die Folge ist in der Regel eine morphologische Störung oder Mißbildung. Würde ein „dominantes" Allel ein funktionell völlig unwirksames Genprodukt herstellen, so könnte der Defekt durch das zugehörige „rezessive" Allel zumindest teilweise ausgeglichen werden und die Genwirkung wäre nicht mehr dominant.

Rezessive anomale Gene produzieren meist ein funktionell nicht wirksames Protein. Erst wenn beide homologe Allele eines Chromosomenpaars kein wirksames Genprodukt herstellen, kommt es zum Defekt. Die Folge ist in der Regel eine auf Enzymmangel beruhende Stoffwechselstörung. Hier treten also mitunter Dysfunktionen auf, ohne daß ein Organdefekt vorliegen muß. In einzelnen Fällen macht sich die Dysfunktion erst im Verhalten (z. B. als Schwachsinn) bemerkbar. Erst genauere Untersuchungen liefern dann Hinweise auf eine biochemische Störung.

Somit blockieren monogene Störungen, die psychologisch relevant sind, entweder bestimmte verhaltenssteuernde Mechanismen und müssen durch andere biologische Funktionen ersetzt werden. Oder es führen die körperlichen Anomalien zu Anpassungsproblemen, die auf der Verhaltensebene kompensiert werden müssen.

Einzelne monogene Anomalien werden in späteren Abschnitten ausführlicher behandelt. An dieser Stelle sollte nur die Frage diskutiert werden, ob ganz bestimmte Verhaltensweisen durch ein Gen determiniert werden können.

Dies ist theoretisch möglich. Man muß jedoch davon ausgehen, daß auch einfache Merkmale am Erscheinungsbild des Organismus Folgen eines Zusammenspiels mehrerer Erbanlagen sind. In diesen Fällen spricht man von polygener (multifaktorieller) Verursachung des Merkmals oder von Polygenie (viele Gene verändern ein Merkmal). Dies trifft vor allem dann zu, wenn Merkmale beobachtet werden, die in der Wirkkette des Schemas von Abb. 18 mehr am Ende stehen. Für die Determination von Proteinen können wir in der Regel einen Genort verantwortlich machen. Charakteristika von Zell- und Organfunktionen sind jedoch meistens bereits komplexerer Natur. Dies gilt um so mehr für Verhaltensweisen oder so umfassende Merkmale wie etwa intellektuelle Fähigkeiten.

## *2.2.5 Polygenie*

Eine Analyse multifaktorieller Erbgänge ist außerordentlich schwierig. Schon bei einfachen Erbgängen weiß man nicht, wie viele Varianten (Allele) ein Gen besitzen kann. Für eine Häufigkeitsanalyse muß man bei monogener Vererbung nur die (voneinander abhängigen) Wahrscheinlichkeiten für das Auftreten einer Variante an einem Genort berücksichtigen. Bei polygener Vererbung (Polygenie) müssen zusätzlich noch die (davon unabhängigen) Wahrscheinlichkeiten für das Auftreten von Varianten an anderen Genorten berücksichtigt werden.

Es sei z. B. ein Merkmal betrachtet, für das nur zwei Genorte verantwortlich sind (digenes Merkmal). Ferner seien für jeden der beiden Genorte nur zwei mögliche Varianten zugelassen (z. B. „normal“ und „defekt“). Dann gibt es $2 \times 2 = 4$ genetische Varianten des Chromosoms (s. Abb. 20). Für das Chromosomenpaar (und damit für den Chromosomensatz), bzw. für das zu beobachtende Merkmal, gibt es damit schon $4 \times 4 = 16$ genetisch bedingte Varianten (s. Abb. 21). Eine Reihe der in dieser Abb. dargestellten Varianten sind allerdings paarweise äquivalent, da die Chromosomen eines Paares in ihrer Funktion in der Regel austauschbar

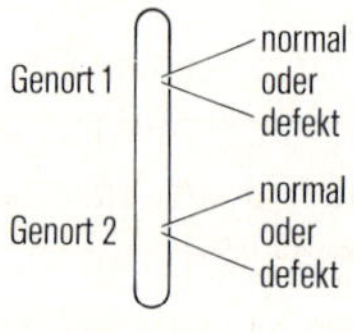


*Abb. 20* Im Fall einer digenen Vererbung mit je zwei Allelen gibt es für das betroffene Chromosom vier verschiedene Varianten.

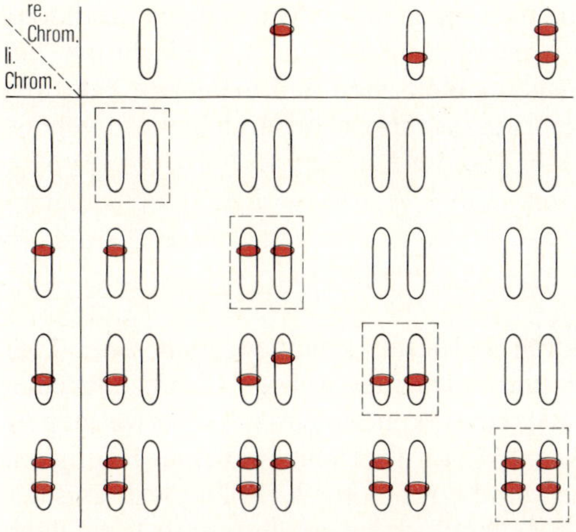


*Abb. 21* Für Chromosomenpaare gibt es im Fall digener Vererbung mit je zwei Allelen 16 verschiedene Kombinationsmöglichkeiten.

sind. Sind die Varianten in einer Population gleichverteilt, so gibt es bereits beim einfachsten Fall digener Vererbung Merkmalsvarianten, die bei nur 6,25% ($^1/_{16}$) der Population vertreten sind. Diese Zahlenverhältnisse können sich noch geringfügig durch Chiasmabildungen verändern, die zu Faktorentausch führen. Dennoch ist ein solches Modell empirisch unter bestimmten Voraussetzungen gerade noch überprüfbar, kompliziertere genetische Modelle in der Regel jedoch kaum mehr.

Man hat daher andere Methoden zur Erforschung der Erbbedingtheit (Heredität) von Verhaltensweisen entwickelt. Dazu gehören die Methoden der vergleichenden Verhaltensforschung. Für die Forschung am Menschen ist darüber hinaus die Zwillingsforschung von Bedeutung geworden. Dabei geht man davon aus, daß eineiige Zwillinge notwendigerweise gleiches Erbgut besitzen, aber Verhaltensweisen aufweisen können, die dann umweltbedingt sein müssen.

Wie dem (sehr stark vereinfachenden) Schema der genetischen Wirkkette (Abb. 18) zu entnehmen ist, üben exogene Faktoren auf sehr verschiedenen Ebenen Einflüsse aus, die sich sowohl quantitativ (hinsichtlich ihrer Intensität) wie qualitativ (und hier möglicherweise in verschiedenen Modalitäten) auswirken können.

Häufig genug wird jedoch nur gefragt: Zu wieviel Prozent ist ein Merkmal (Verhalten) genetisch bedingt und zu wieviel Prozent ist es (im Laufe der Entwicklung) erworben worden? Man reduziert damit also das Vererbungs-Umwelt-Problem auf eine Dimension, nämlich auf ein quantitatives Verhältnis. Dadurch erhofft man sich eine Aussage über das Ausmaß an genetischer Determination dort zu gewinnen, wo eine exakte

Analyse der Bedingungsfaktoren nicht möglich ist. Mit welchen Methoden im Rahmen der Zwillingsuntersuchungen man dennoch versucht hat, das komplizierte Wechselspiel zwischen genetischen und exogenen Faktoren durch eine einfache Verhältniszahl auszudrücken, behandeln die folgenden Abschnitte.

### *2.2.6 Zwillinge*

Doppelgeburten können dadurch zustande kommen, daß zwei Eier zugleich reifen (Polyovulation) und befruchtet werden. Dann entstehen (mit einem rassisch und individuell schwankenden Risiko etwa zwischen 1/2 und 1%) zweieiige Zwillinge (ZZ). Es kann aber auch (mit einer Häufigkeit von 0,3 bis 0,4%) sein, daß sich ein befruchteter Keimling während der Entwicklung teilt (Blastozysten-Teilung) und zwei getrennte Individuen entstehen. Geschwister, die aus einem Keimling entstanden sind (eineiige Zwillinge, EZ), haben meist gleiches Erbgut.

Es sind Ausnahmen bekannt geworden, in denen eindeutig eineiige Zwillinge verschiedenes Erbgut hatten. So gibt es EZ, wo ein Geschwister von einem Erbleiden (Turner-Syndrom, Mongolismus) betroffen war und das andere nicht. Dies ist möglich, wenn auf Grund von Aufteilungsfehlern bei den ersten normalen Zellteilungen eine Mosaikbildung entstand, noch bevor sich der Keimling teilte.

EZ erkennt man an der Übereinstimmung in allen möglichen Merkmalen, die üblicherweise individuell stark variieren. Besondere Sicherheit liefert der Vergleich von Fingerbeerenleisten (v. a. des rechten Zeigefingers) und der elektrischen Aktivitäten des Gehirns (EEG). Wechselseitig vorgenommene Hauttransplantationen heilen bei Zwillingen, die nicht übereinstimmendes Erbgut haben, so gut wie nicht an. Wichtigster Beweis für Eineiigkeit ist ein gemeinsames Zottengewebe in der Nachgeburt oder sogar eine gemeinsame Eihaut.

Die Übereinstimmung von EZ, die früh getrennt wurden, ist paradoxerweise mitunter größer als die gemeinsam aufgewachsener. – Oskar S. ist katholischer Ingenieur in Deutschland, Jack Y. jüdischer Textilhändler in Amerika. Sie sind als EZ im Alter von sechs Monaten getrennt worden und waren 47 Jahre alt, als sie sich wieder begegneten. Besondere Ähnlichkeiten fielen vor allem im Aussehen, in der Sprache und einigen Nahrungsvorlieben auf [12].

Eine Übereinstimmung von EZ in der Ausprägung (Expressivität) bestimmter Merkmale beruht auf der Wirkung von genetischen oder umweltbedingten Faktoren. Wenn sich EZ in bestimmten Punkten unterscheiden, muß dies dem Umwelteinfluß zugeschrieben werden. EZ liefern also Hinweise auf die Umweltstabilität von Merkmalen.

*Probandenkonkordanz*. Es ist beeindruckend, daß man für Merkmale, für die man einen hohen Grad an Erblichkeit erwartet, mitunter starke

Umwelteinflüsse feststellen muß. Dazu kann man die Probandenkonkordanz bestimmen. Man listet auf, in wievielen der beobachteten EZ-Paaren beide Partner das Merkmal aufweisen (Konkordanz), und in wievielen Fällen nur ein Partner eines Paares betroffen ist (Diskordanz). Zwillingspaare, in denen das Merkmal nicht vorkommt (negativ konkordant), bleiben dabei unberücksichtigt.

Zur Ermittlung der Probandenkonkordanz sucht man meistens unter den Patienten mit einer bestimmten Krankheit, z. B. Epilepsie, nach EZ. Angenommen, man findet in der Stichprobe elf Personen, die ein eineiiges Geschwister besitzen. Sechs dieser Patienten haben ein krankes Geschwister, weil 3 Paare konkordant betroffen waren. Fünf haben ein gesundes Geschwister, fünf Paare sind also diskordant betroffen. Das Risiko, bei einem kranken eineiigen Geschwister selbst krank zu werden, ist also nur in 6 von 11 Fällen gegeben. Umweltfaktoren besitzen hier also ein erstaunliches Gewicht.

*Paarkonkordanz.* Ein Vergleich zwischen EZ- und ZZ-Paaren sollte noch etwas mehr Information bringen. Die Umweltbedingungen, so könnte man annehmen, die EZ ähnlich machen (gleiche Eltern, gleiches Alter), machen auch ZZ ähnlich. Dies ist aber im allgemeinen nicht der Fall. Da das Erbmaterial von ZZ mehr Unterschiede aufweist als bei EZ, sind ZZ schon im Aussehen viel weniger ähnlich als EZ. Daher werden EZ in viel größerem Ausmaß von der Umwelt als eine Person gesehen, verwechselt und gleichbehandelt als ZZ.

Der Vergleich mit ZZ kann eigentlich nur dazu dienen, große Konkordanzzahlen bei EZ zu relativieren. Hohe Konkordanz bei EZ kann ja nicht nur durch Umweltfaktoren, sondern auch durch das Erbmaterial verursacht sein. Nur wenn bei ZZ auch hohe Konkordanzen vorliegen, muß die Ähnlichkeit auf Umwelteinflüsse zurückgeführt werden. Eine Umkehrung dieses Schlusses ist allerdings wegen der obengenannten Gründe nicht möglich. Trotz niederiger Konkordanz bei ZZ können auf EZ wirkende Umwelteinflüsse dort zu hoher Konkordanz führen.

Stellt man den Zahlen für positive Konkordanz und Diskordanz bei EZ entsprechende Werte für ZZ gegenüber, spricht man von Paarkonkordanz. Für das Merkmal „manisch-depressive Psychose“ zeigt die Tab. 3 eine

*Tabelle 3* Gegenüberstellung von Krankheitsvorkommen bei EZ und ZZ am Beispiel des Merkmals „manisch-depressive Psychose“

| Paarkonkordanz | positive Konkordanz<br>+ + | Diskordanz<br>+ − |
|---|---|---|
| EZ | 48 | 12 |
| ZZ | 31 | 134 |

derartige Auflistung. Die bei polygener Vererbung nicht zu erwartende hohe Zahl positiv konkordant betroffener Paare unter ZZ zeigt, daß die hohen Konkordanzzahlen weniger auf gemeinsames Erbmaterial als auf die gemeinsame Umwelt zurückzuführen ist.

Allerdings gibt es, nicht zuletzt wegen der fehlenden Angaben für negativ konkordante, also nicht betroffene Paare, keine statistische Methode, um den Grad des Einflusses quantitativ anzugeben. Außerdem muß bezweifelt werden, ob die meisten psychologisch diagnostizierten Merkmale – wenn die Diagnose überhaupt zuverlässig ist – als alternativ im Sinne von vorhanden oder nicht vorhanden zu verstehen sind.

### *2.2.7 Globalmaße für die Erblichkeit kontinuierlich variierender Merkmale*

Meist treten Merkmale nicht alternativ verteilt auf, sondern sind in unterschiedlich hohem Maße ausgeprägt. Dies gilt für eine Vielzahl von somatischen Variablen, vor allem aber auch für psychometrisch erfaßbare Variablen. Alle folgenden Beispiele beziehen sich dabei auf Merkmale, die nur in einer Dimension, d. h. meistens hinsichtlich eines Meßwerts, variieren. Eine repräsentative Zusammenstellung der möglichen Varianten eines kontinuierlich verteilten Merkmals setzt also eine möglichst umfassende (für Zwillingspaare: eine möglichst vollständige) Erhebung voraus. Nur in manchen Ländern werden aber Zwillingsgeburten für eine solche Untersuchung systematisch registriert (z. B. in Dänemark).

Zwillinge, vor allem EZ, sind nicht nur deshalb interessant, weil Unterschiede bei ihnen mit Sicherheit umweltbedingt sind. Man kann sie auch als Vergleichsgruppe gegenüber Populationen verwenden, die vergleichsweise viel gemeinsame Umwelt haben: Personen einer Kultur- oder einer Berufsgruppe, im Extremfall sogar gemeinsam aufgewachsene ZZ. Die Umweltfaktoren müßten sich in gleicher Richtung auswirken, wenn die Personen nicht verschiedenes Erbmaterial besäßen.

ZZ besitzen, wie andere Geschwister auch, genau zur Hälfte verschiedenes Erbmaterial. Das bedingt trotz gleicher Umwelt einen Unterschied. Will man Umwelt- und Genwirkungen in ein rechtes Verhältnis zueinander bringen, so müßte dieser Unterschied bei optimaler Messung und Quantifizierung genau 50% betragen. Abweichungen würden auf ungleiche Umwelt hinweisen. Geringere Werte bedeuten ungleiche Chancen, höhere eine (zufällige) Kompensation der genetischen Ungleichheit.

Mit einem derart „geeichten“ Meß- und Quantifizierungsverfahren kann man nun den Einfluß verschiedener Umwelten auf EZ studieren. Liegen die Werte für EZ nahe bei 50%, so hat die Umwelt sehr großen Einfluß. Dieser Einfluß entspräche dann dem der genetischen Durchmischung im Generationenwechsel. Stimmen EZ im beobachteten Merkmal zu fast 100% überein, so ist entweder die Umweltwirkung auf dieses Merkmal bei beiden Geschwistern identisch oder das Merkmal ist unbeeinflußbar.

Um einen Vergleich zwischen umweltbedingter und erbbedingter Variation eines Merkmals zu ermöglichen, hat man verschiedene statistische Größen eingeführt. Sie fassen eine Reihe von Meßdaten in einem einfachen Zahlen-Kennwert zusammen und können daher als Globalmaße bezeichnet werden.

*Unterschieds- u. Zusammenhangsmaße.* Zunächst kann man bei kontinuierlichen Merkmalen die Unterschiede zwischen den Zwillingspartnern als Zahlen auflisten. Über eine größere Population von Geschwistern kann man dann einen mittleren Unterschied errechnen (Tab. 4).

Diese Zahlen geben jedoch keine Auskunft über die Verteilung des Merkmals. Ein aus welchen Gründen auch immer extrem gleiches EZ-Paar drückt den Unterschieds-Mittelwert bei sonst sehr verschiedenen Paaren. Besser vergleichbar sind Zusammenhangszahlen, die die Verteilung der Merkmale hinsichtlich ihrer mittleren Variationsbreite berücksichtigen. Eine solche Zahl ist der Produkt-Moment-Korrelations-Koeffizient. Er wird aus der Paar-Varianz (Kovarianz) errechnet, die angibt, wie sehr sich die Paar-Unterschiede voneinander unterscheiden. Der Korrelations-Koeffizient hat die Eigenschaften, die eingangs zur Kennzeichnung von Erblichkeit gefordert wurden. Ein Wert von 0.5 bedeutet großen Umwelteinfluß; die Umwelt bewirkt soviel Unähnlichkeit, wie sonst nur die genetische Ungleichheit von Geschwistern. Ein Wert nahe bei 1 bedeutet, daß die verschiedenen Umwelten nicht imstande waren, dieses Merkmal unterschiedlich zu beeinflussen. Die in Tab. 5 angeführten Werte für ZZ sind „Eichwerte". Die EZ-Werte lassen sich nur interpretieren, wenn die ZZ-Werte nahe bei 0.5 liegen.

Die Frage, ob das statistische Verfahren der Korrelationsrechnung auf Zwillingspopulationen angewandt werden darf, ist umstritten. Diese Art Zweifel berühren jedoch wahrscheinlich nicht den Kern der Aussagen, zu denen man auf Grund bisheriger Berechnungen gelangte. Weitaus wichtiger sind Argumente, die man gegen eine vorschnelle, weitergehende Interpretation der Zahlen vorbringen kann. Wie gültig und wiederholbar

*Tabelle 4* Ausgewählte Unterschiedsmaße (Zahlen nach Shields [4])

| Durchschnittlicher Unterschied | getrennt aufgewachsen EZ | gemeinsam aufgewachsen ZZ |
|---|---|---|
| Körperhöhe | 2,1 cm | 4,5 cm |
| Intelligenz | 9,5 Punkte | 13,4 Punkte |

*Tabelle 5* Ausgewählte Korrelationskoeffizienten. Zahlen hauptsächlich nach Shields [4]. Die Werte für die Intelligenz-Korrelation bei getrennt aufgewachsenen EZ sind ergänzt nach Juel-Nielsen [5], Jensen [6], und Burt [7, 8]. Vom letztgenannten Autor stammen die höchsten Intelligenz-Korrelationen. Allerdings hat Burt (unter Verwendung von Schätzwerten) unzulässig extrapoliert. Da er den Eindruck erweckte, er berufe sich dabei auf empirische Befunde, sind die Zahlen heute ohne Wert und er wurde als unseriös bezeichnet (Kamin 1974 [9])

| Korrelation | getrennt aufgewachsen EZ | gemeinsam aufgewachsen ZZ |
|---|---|---|
| Augenfarbe | 1.00 | 0.50 |
| Gesamtzahl der Fingerleisten | 0.95 | 0.49 |
| Intelligenz | 0.62 bis 0.86 | 0.51 |
| Körperhöhe | 0.82 | 0.44 |

ist die zugrundeliegende Messung? Für welche Bereiche wurde der Einfluß gemeinsamer Umweltfaktoren auf EZ ausgeschlossen? Wie gut können die Faktoren der subjektiven Umwelt überhaupt objektiviert werden?

Die Frage nach der gemeinsamen Umwelt darf aber nicht überbewertet werden. Natürlich spielen sich die meisten psychologischen Fragestellungen vor dem Hintergrund einer gegebenen kulturellen Struktur ab und sollen auch nur vor diesem Hintergrund beantwortet werden. Freilich darf dann nicht mehr von Erblichkeit im Sinne genetischer Determination gesprochen werden. Vielmehr geht es um die Modifizierbarkeit durch Umweltbedingungen, die in bezug auf den gegebenen kulturellen Hintergrund relativ verschieden aussehen können, die aber im Hinblick auf die genetischen Potentiale nahezu gleiche Effekte ausüben können.

*Heritabilität.* Um den Unterschied zwischen scheinbarer und auf das genetische Potential wirksamer Verschiedenheit von Umwelteinflüssen quantifizieren zu können, hat man eine weitere Größe eingeführt, die Heritabilität (Tab. 6).

*Tabelle 6* Auf Grund des Vergleichs zwischen EZ und ZZ haben verschiedene Autoren unter anderem folgende Heritabilitätswerte gefunden (Intelligenzwert nach Jensen [6])

| | |
|---|---|
| Augenfarbe | 0.96 |
| Intelligenz | 0.70 |
| Körpergröße | 0.64 |

Die Heritabilität beinhaltet einen geeigneten Vergleich der Befunde von EZ und ZZ. Sie besteht aus dem Verhältnis der „genetischen Variation“ (errechnet aus der ZZ-Paar-Varianz $s_Z^2$ minus der EZ-Paar-Varianz $s_E^2$) zur „phänotypischen Variation“ (nämlich der ZZ-Paar-Varianz $s_Z^2$):

$$H = h^2 = \frac{s_Z^2 - s_E^2}{s_Z^2}$$

Man kann Heritabilitätswerte auch mit Paaren aus beliebigen Populationen (etwa ausgewählt nach gleichem Geschlecht und Alter) berechnen, die man EZ-Paaren gegenüberstellt. Nach Kalkulationen an den getrennten EZ-Paaren, die sorgfältig untersucht wurden, ist mit Rücksicht auf Geschlecht und Trennungsgrad die Heritabilität der Intelligenz wahrscheinlich doch nur mit .50 anzugeben [13].

### *2.2.8 Die psychologische Bedeutung von Hereditätsuntersuchungen*

Häufig fragt man nach der Erblichkeit (Heredität) von Verhaltensmerkmalen und unterstellt dabei, daß Merkmale, die in hohem Grade durch das Erbmaterial determiniert (heritabel) sind, durch Umwelteinflüsse schwer modifiziert werden können. Eine solche Aussage ist jedoch unabhängig von einer Diskussion um die Ziele und über die Qualität der modifizierenden Methoden nicht möglich. Es kann sein, daß umweltlabile Merkmale als heritabel gelten, weil der modifizierende Faktor noch nicht bekannt ist.

Programmatisch stellte 1930 der Behaviorist J. B. Watson eine berühmt gewordene Behauptung auf: ,,Geben Sie mir ein Dutzend gesunder Kinder, wohlgebildet, und meine eigene besondere Welt, in der ich sie erziehe! Ich garantiere Ihnen, daß ich blindlings eines davon auswähle und es zum Vertreter irgendeines Berufs erziehe, sei es Arzt, Richter, Künstler, Kaufmann oder auch Bettler, Dieb, ohne Rücksicht auf seine Talente, Neigungen, Fähigkeiten, Anlagen, Rasse oder Vorfahren!“ [14]. Er gilt damit als extremer Vertreter des Empirismus (Verhaltensmerkmale sind erfahrungsbedingt). – Gestützt wird der empiristische Standpunkt z. B. durch Befunde an Kindern schwachsinniger Mütter, deren Intelligenzdefizit erst mit dem Zeitraum des Verbleibs bei der Mutter zunimmt [15], sowie durch die Rechnung, daß bekannte genetische Störungen nur wenige Prozent der tatsächlich auftretenden Intelligenzdefizite erklären [16].

Genetische Wirkmechanismen aufzuklären, ist für die Medizin von sehr großer Bedeutung. Meist sind Genwirkungen ja pleiotrop, d. h. ein Gen beeinflußt mehrere am Erscheinungsbild des Organismus beobachtbare Merkmale. Besitzt z. B. ein Kind mehr als ein halbes Dutzend hellbrauner, münzgroßer Flecken auf der Haut, so hat es mit höchster Wahrscheinlichkeit eine Krankheit (Neurofibromatose), die Knochenoperationen verbietet. – Durch rechtzeitiges Erkennen von Erbkrankheiten im Kindesalter kann man aber auch in vielen Fällen rechtzeitig therapeutische Maßnahmen einführen, um unerwünschten Symptomen im Erwachsenenalter vorzubeugen.

Manchmal wird die Frage nach der Erblichkeit auch im Zusammenhang mit einer genetischen Modifikation gestellt. Eine genetische Korrektur bei intellektuellen oder personalen Merkmalen hat jedoch nur eine geringe Chance. Zum einen handelt es sich dabei um Merkmale mit größerer Variabilität, wo eine einfache und scharfe Abgrenzung zwischen erwünschten und unerwünschten Varianten in der Regel nicht möglich ist. Zum anderen sind solche Merkmale wohl auch polygen bedingt, so daß diesbezüglich eine genetische Manipulation oder ein biochemischer Eingriff, trotz der fortgeschrittenen Technik auf diesem Gebiet, auch in Zukunft nur geringe Realisierungschancen hat.

Die Bedeutung der Wirkung von genetischen Faktoren liegt darin, daß sie bei Variation von Umweltbedingungen im jedem Fall beobachtbar sein muß. Das entsprechende Phänomen wird in der Biologie mitunter als „Reaktionsnorm" bezeichnet. Reaktionsnormen für psychologisch bedeutsame Merkmale sind jedoch wegen der Fülle von gleichzeitig zu berücksichtigenden möglichen Umwelteinflüssen, die z. T. nur in bestimmten Entwicklungsabschnitten wirken, nur in sehr eingeschränktem Umfang zu erwarten (s. Abschnitte 14.2.1. und 14.2.2.).

An dieser Stelle ist es erforderlich, auf die biologisch wichtige Trennung von genetischen Unterschieden zwischen verschiedenen Arten oder zwischen Individuen einer Fortpflanzungsgemeinschaft hinzuweisen. Genetische Ähnlichkeiten oder Unterschiede zwischen artverwandten Individuen werden mit genetischen Methoden untersucht. Genetische Ähnlichkeiten oder Unterschiede in Verhaltensweisen verschiedener Arten untersucht vor allem die Ethologie. Allerdings gibt es Überschneidungen: Die Verhaltensgenetik untersucht Erbbedingtheit von Verhaltensweisen im genetischen Experiment mit Tieren verschiedener Unterarten ode sogar Arten. Teilbereiche der Humanethologie suchen durch ethologischen Vergleich zwischen Rassen, oder sogar nur Teilpopulationen, nach genetischen Grundlagen des Verhaltens.

Der Begriff „Reaktionsnorm" stellt eine operationale Bestimmung des ethologischen Begriffs „Erbkoordination" (Instinktbewegung) dar und kann daher als Synonym verstanden werden. Vor allem in der humanethologischen Forschung sucht man nach Reaktionsnormen beim Menschen, z. B. bei Bewegungen des Grüßens oder Lächelns. Selbst wenn hier im Kulturvergleich und im Vergleich mit Verhaltensweisen bei Menschenaffen Ähnlichkeiten auftreten, ist der Schluß auf eine Erbkoordination noch immer problematisch. Vielmehr kann eine ähnliche Lebensweise das Entstehen bestimmter, zu Konvergenzen führenden, Traditionen begünstigen. Vor allem für den Menschen gilt, daß er unter verschiedenen ökologischen Bedingungen ähnliche Umweltstrukturen selbst herstellt. Dann würde sich die erbliche Grundlage vor allem auf die hohe Anpassungsfähigkeit beziehen.

Selbst wenn einige, wenige komplexe Bewegungen des Menschen erbkoordiniert sein sollten, wie es z. B. sicherlich für einfache Greifbewegungen gilt, so besitzt die Bewegungsabfolge in der Regel keine psychologische Relevanz. In der Psychologie werden vor allem Verhaltensweisen untersucht, die auf Grund von Umwelteinflüssen individuell variieren, oder es interessiert die Frage, unter welchen Bedingungen bestimmte, vielleicht sogar angeborene, Bewegungen erfolgen. Die letztgenannte Frage ist unter der Bezeichnung „Instinkt-Dressur-Verschränkung" auch Gegenstand ethologischer Forschung (s. Abschnitt 14.2.3.).

Die Bedeutung von Heritabilitätswerten, wie sie im vorigen Abschnitt 2.2.7. vorgestellt wurden, ist daher in der Psychologie nicht allzu groß. Historisch gesehen waren derartige Berechnungen auch nur zur Überprüfung von Züchtungserfolgen bei Haustieren entwickelt worden. Die Interpretation der dabei gewonnenen Zahlen sei daher nocheinmal an einem Beispiel wiederholt.

Aufgrund des Vergleichs zwischen EZ und ZZ nimmt man für Intelligenzwerte einen maximalen Heritabilitätswert von 0.70 an. Je nach Standpunkt kann man diesen Wert für vergleichsweise hoch oder vergleichsweise niedrig halten. Er ist hoch, wenn man meint, daß geistige Tätigkeiten nichts mit körperlichen Prozessen zu tun haben. Er ist niedrig, wenn man neben den unbestreitbaren genetischen Voraussetzungen zusätzlich den allen Probanden gemeinsamen kulturellen Hintergrund berücksichtigt. Dieser Spielraum erweitert noch den ohnehin schon großen Raum für das Wirken von Umweltfaktoren, den die Zahlen ausweisen. Unter diesem Gesichtspunkt kann man erst würdigen, welche Rolle Lernerfahrungen für intelligentes Verhalten spielen können. Mit Sicherheit ist dieser Raum erst zu einem geringen Teil systematisch erforscht.

Angesichts dieser Tatsachen und der später noch zu besprechenden, enormen biologischen Bedeutung von Gendurchmischung wird der Unfug von Samenbanken zu ,,Züchtungszwecken" beim Menschen deutlich. – Die Behauptung, Genies der Vergangenheit wären auch dann angesehen, würden sie heute leben, ist reine Spekulation. Selbst wenn deren berühmte Begabungen genetisch verankert waren, so ist doch fraglich, ob ihre Fähigkeiten zur Ausnutzung dieser Begabungen unter veränderten Entwicklungs- und Rahmenbedingungen nützlich wären.

Der Spielraum, den die ererbten Potentiale den Umwelteinflüssen offenlassen, d. h. also das Ausmaß der Modifizierbarkeit, muß im Einzelfall empirisch untersucht werden.

### *2.2.9 Die Unterstützung ererbter Potentiale*

Die empirische Auslotung des genetische Potentials ist gerade dann besonders von Interesse, wenn die genetischen Voraussetzungen bekannt sind. Seit dem Ende der 50er Jahre werden entsprechende Tierexperimente durchgeführt. Dabei ist es möglich, je einen Stamm von „klugen" und einen von „dummen" Ratten zu züchten (und zwar jeweils bezogen auf Orientierungsleistungen in einem Labyrinth).

Es ist für die folgenden Überlegungen unerheblich, welches Konstitutionsmerkmal (etwa Bewegungsdrang) für die „Klugheit" von Ratten in diesem Fall verantwortlich ist. Wichtig ist, daß sich die Tiere beider Stämme in ihrer Lernleistung nur so lange unterscheiden, als sie beide in einer „normalen“ Umgebung gehalten werden. Wachsen beide Stämme in einer Umgebung auf, die den Erwerb von Erfahrungen beschränkt, so hat dies auf die Lernleistungen der „klugen“ Ratten einen besonders starken, negativen Effekt. Dieser Effekt ist größer als der, der sich bei den „Dummen“ bemerkbar macht. Die Leistungen der beiden Gruppen sind unter diesen Bedingungen identisch. Umgekehrt fördert eine vielfältig strukturierte Umgebung die Lernleistung der „dummen“ Ratten in hohem Maße (s. dazu auch Abschnitt 11.2.1.). Deren Förderung ist stärker als die der „Klugen“, die in dieser „reichen“ Umgebung aufwachsen, so daß sich auch hier eine Annäherung in der Leistung beider Stämme ergibt (s. Abb. 22).

In Generalisierung dieses Ergebnisses könnte man nun sehr verschiedene Standpunkte vertreten:

– Bei Ratten, die sich offenbar (genetisch) unterscheiden, führt eine strukturierte Umgebung auf jeden Fall zu guten Leistungen. Man sollte daher nur für eine optimale Umgebung sorgen und der genetische Unterschied wäre ausgeglichen.

– Was von den Untersuchern als strukturierte Umgebung bezeichnet worden ist, hat nur bei den „dummen“ Ratten wesentlich bessere Leistungen erbracht. Offenbar war es für die „klugen“ Ratten keine besonders förderliche Umgebung.

– Will man jedem die gleichen Startchancen geben, muß eine gemeinsame Umgebung gefunden werden, in der die „Dummen“ die Möglichkeit haben, die „Klugen“ in ihren Leistungen einzuholen.

– Will man jedem gleiche Startchancen geben, so müssen die „Klugen“ ebenso die Chance haben, ihre Leistungen zu verbessern, wie die „Dummen“.

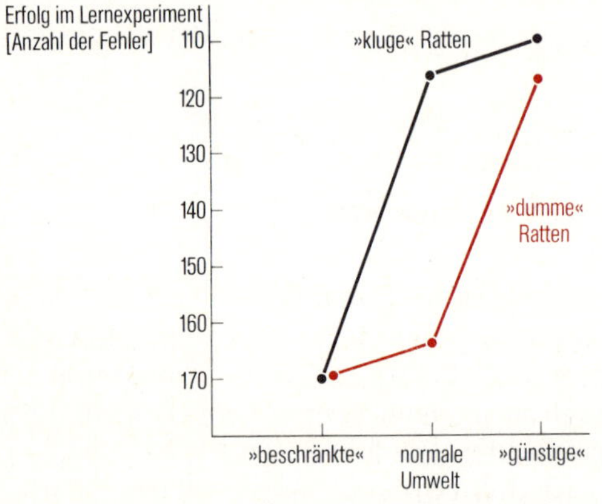


*Abb. 22* Graphische Darstellung der Ergebnisse von Cooper und Zubek [10]. Erklärungen im Text.

Kontrovers (und zu problematisieren) ist in diesem Fall weniger die Hereditätsfrage als die Konsequenzen, die man daraus ziehen will. Das Problem ergibt sich jedoch auch dann, wenn die Ausgangsbedingungen aufgrund von Umweltfaktoren ungleich gelagert sind. Im Zweifelsfall ist es sinnvoll, unabhängig von einer Hereditätsfrage das Ausmaß der Modifizierbarkeit und verschiedene Modifikationsmethoden zu prüfen und gegeneinander abzuwägen.

Glücklicherweise gibt es beim Menschen nicht bloß eine Leistung, um die alle konkurrieren.

## *Literatur*


[1] Valentine, G. H.: Die Chromosomenstörungen. Springer, Berlin, Heidelberg, New York 1968

[2] Schamberger, R.: Frühtherapie bei geistig behinderten Säuglingen und Kleinkindern. Beltz, Weinheim 1978

[3] Noël, B., Duport, J. P., Revil, D., Dussuyer, I.,Quack, B.: The XYY syndrome: Reality or myth? Clin. Genetics 5 (1974) 387-394

[4] Shields, J.: Monozygotic twins – brought up apart and brought up together. Univ. Press, Oxford 1962

[5] Juel-Nielsen, N.: Individual and Environment. A Psychiatric-Psychological Investigation of Monozygotic Twins Reared Apart. Munksgaard, Kopenhagen 1965

[6] Jensen, A. R.: Educability and group differences. London 1973

[7] Burt, C.: The inheritance of mental ability. Amer. Psychol. 13 (1958) 1-15

[8] Burt, C.: The genetic determination of differences in intelligence: A study of monozygotic twins reared together and apart. Brit. J. Psychol. 57 (1966) 137-153

[9] Kamin, L.: The science and politics of IQ. London 1974

[10] Cooper, R., Zubek, J.: Effects of enriched and restricted early environments on the learning ability of bright and dull rats. Canad. J. Psychol. 12 (1958) 159-164

[11] Stene, J., et al.: Paternal age and Down's syndrome. Human Genetics 59 (1981) 119–124

[12] Holden, C.: Identical twins reared apart. Science 207 (1980)

[13] Farber, S. L.: Identical Twins Reared Apart: A Reanalysis. New York: Basic Books 1981

[14] Watson, J. B.: Behaviorismus. Köln: Kiepenheuer 1968

[15] Speer, G. S.: The mental development of children of feebleminded and normal mothers. 39th Yearbook of the National Society for the Study of Education. Bloomington: Public School Publ. 1940

[16] Ritter, H., Engel, W.: Genetik und Begabung. In: Begabung und Lernen (H. Roth Hg.), S. 99-128. Stuttgart: Klett 1968

# 3. Enzymstörungen

## 3.1 Genanomalien

### *3.1.1 Sexualität 2: Geschlechtsgebundene und geschlechtsdeterminierende Genanomalien*

Gerade da, wo auf Grund genetischer Ursachen ungünstigere Startchancen gegeben sind, können Umweltbedingungen in Form gezielter Interventionen relativ große Wirkungen erzielen und somit einen Ausgleich bewirken (Kompensation). Unter diesen Voraussetzungen ist für eine effektive Intervention allerdings die Kenntnis genetischer Wirkmechanismen förderlich, die meist nur bei monogenen Syndromen hinreichend untersucht sind.

Am Beispiel von genetischen Varianten, die Geschlechtsunterschiede betreffen, soll in diesem Abschnitt gezeigt werden, wie einzelne genetische Veränderungen zu unregelmäßiger psychischer Entwicklung oder zu auffälligem Verhalten führen können.

*Farbenblindheit.* Die wohl bekanntesten geschlechtsgebundenen Genanomalien bewirken Formen der sogenannten Farbenblindheit. Beide Arten, die seltenere Rotschwäche (Protanopie) und die häufigere Grünschwäche (Deutanopie), beruhen auf je einem Gendefekt. Beide Gene liegen am Ende des langen Arms des X-Chromosoms. Somit treten sie bei Männern stets „dominant" und bei Frauen „rezessiv" auf. Farbblindheit ist daher bei Männern weitaus häufiger.

Da bei den Betroffenen die Farberkennung erschwert ist, muß gegebenenfalls die jeweilige Farbe auf Grund anderer Hinweise (Helligkeit, Anordnung, Form) erschlossen werden (Verkehrsampeln!).

Die für die beiden X-Chromosomen der Frau unabhängige Auftretenswahrscheinlichkeit der Grünschwäche von 0,06, die etwa der Manifestationshäufigkeit bei Männern entspricht, reduziert sich für Frauen zu einer Manifestationshäufigkeit von 0,0036 (Wahrscheinlichkeit, daß beide X-Chromosome zugleich betroffen sind). Die entsprechenden Zahlen für die Rotschwäche sind 0,02 (Auftretenswahrscheinlichkeit des Gens = Manifestationshäufigkeit bei Männern) und 0,0004 (Manifestationshäufigkeit bei Frauen).

Männer haben ein besseres räumliches Vorstellungsvermögen als Frauen. Dies findet man auch im Kulturvergleich. Ältere Untersuchungen unterstellen daher eine X-chromosomale Vererbung von Komponenten dieser Fähigkeit.

Im Zusammenhang damit wird die Frage gestellt, ob diese Fähigkeit zur historischen Entwicklung geschlechtsspezifischer Arbeitsteilung beigetragen hat, z. B. durch bessere Orientierungsleistungen in bezug auf Tätigkeiten „außer Haus“. Allerdings kann umgekehrt rollenspezifisches Verhalten auch die Ausbildung geschlechtsspezifischer Fähigkeiten begünstigt haben, sei es durch genetische Selektion, oder auch nur infolge entsprechender geschlechtsspezifischer Sozialisation. Die Annahme einer genetischen Selektion dieser Fähigkeit durch entsprechende Partnerwahl wird neuerdings im Zusammenhang damit diskutiert, daß gute räumliche Vorstellungsleistungen möglicherweise auf die Wirkung mittlerer Konzentrationen von männlichem Sexualhormon zurückzuführen ist (s. Abschnitt 7.1.4.).

*Hyper-urikos-urie* (Lesch-Nyhan-Syndrom). Besonderes Interesse hat man einer seltenen geschlechtsgebundenen Genanomalie geschenkt, die bestimmte Verhaltensweisen determiniert, die man als aggressiv bezeichnen kann. Es geht um ein Gen in der Mitte des langen Arms des X-Chromosoms. Dessen anomales Allel führt dazu, daß die betroffenen Jungen (bei Mädchen nur „rezessiv“) sich selbst verstümmeln. Sie beißen, je nach Schwere des Syndroms, sich im Alter von zwei bis drei Jahren Teile der Lippen und Fingerglieder ab. Sie gelten auch anderen gegenüber als aggressiv. Die Kinder sterben meist vor Eintritt in die Pubertät.

Der Name der Krankheit, Hyper-urikos-urie, weist darauf hin, daß bei den Patienten die Ausscheidung von Harnsäure (urikum) durch den Urin (urie) erhöht ist. Harnsäure ist das Endprodukt des biologischen Abbaus von Nukleinsäuren (DNA, RNA). Meistens ist aber ein vollständiger Abbau der Nukleinsäuren nicht vorgesehen. Die elementaren Bausteine der Nukleinsäuren, z. B. die Purin-Basen, werden in der Regel mit Hilfe eines Enzyms (einer Phospho-ribosyl-transferase) zum großen Teil wieder zur Resynthese (Neuzusammensetzung) von Nukleinsäuren verwendet. Wenn das entsprechende Enzym fehlt, kann keine Resynthese stattfinden. Statt dessen erfolgt ausschließlich Abbau der Purin-Basen zu Harnsäure. Außerdem sind die genannten selbstzerstörerischen Verhaltensweisen zu beobachten.

Der Enzymdefekt ist also mit Verhaltensauffälligkeiten gekoppelt. Da dem Enzymdefekt eine genetische Anomalie zugrundeliegt, muß man auch die genannten Anomalien im Verhalten als genetisch determiniert bezeichnen.

*Adreno-genitale Syndrome.* Nicht geschlechtsgebunden, sondern autosomal rezessiv werden einige geschlechtsdeterminierende Enzymanomalien vererbt („autosomal“ heißt: Auf einem Chromosom, das kein Geschlechtschromosom ist). Bei mehreren dieser genetischen Varianten werden in den Nebennieren (adren) vermehrt Androgene (männliche Sexualhormone) gebildet.

Normalerweise produziert vor allem der Hoden Androgene, die u. a. das Wachstum des Penis, des Schultergürtels, der Stimmbänder und des Bartes steuern.

In den Nebennieren entstehen ebenfalls Androgene in geringer Menge, auch bei Frauen. Bei den adreno-genitalen Enzymdefekten ist diese Produktion stark vermehrt.

Adreno-genitale Syndrome (Häufigkeit 2 bis 10 auf 1000 Geburten) entstehen in der Regel bereits während der vorgeburtlichen Entwicklung. Kinder mit XX-Chromosomen bilden ein Geschlechtsorgan (Genitale) mit penis-ähnlicher Klitoris aus. Kinder mit XY-Chromosomen haben kaum entwickelte Hoden, weisen jedoch frühzeitig äußere Merkmale der Pubertät auf (Pseudopupertas praecox).

Bei XX-Kindern mit adreno-genitalem Enzymdefekt sollte möglichst bald entschieden werden, welche Geschlechtsintensität durch operative und hormonelle Eingriffe und in der Sozialisation unterstützt werden sollte.

Bei einer frühzeitigen Intervention wird man sich an dem Grad der Störung und der vorgeburtlichen Ausbildung des Genitals orientieren. Bei einer späteren Korrektur muß die bisherige Sozialisation berücksichtigt, sowie das Verhalten von Bezugspersonen (Eltern und Lehrern) miteinbezogen werden.

*Testikuläre Feminisierung.* Von den adreno-genitalen Syndromen zu unterscheiden ist ein anderer seltener Enzymdefekt, bei dem ein XY-Kind ein weibliches Genitale ausbildet. Diese (X-chromosomal vererbte) Variante beruht vermutlich auf einer Unempfindlichkeit der Körperzellen für „männliche" Hormone (Androgen-Resistenz). Sie ist in der Regel unproblematischer: Die weibliche Geschlechtsidentifizierung ist trotz XY-Chromosomen eindeutig. Unter Androgenresistenten gibt es Fotomodelle und Mütter adoptierter Kinder.

## *3.1.2 Sexualität 3: Genetisches und soziales Geschlecht*

Je nach genetisch determinierter Hormonproduktion und Hormonempfindlichkeit können auch XX-Kinder Jungen und XY-Kinder Mädchen werden. Die Geschlechtsidentifikation ist aber nicht nur von den Geschlechtschromosomen und von der Hormonwirkung abhängig. Auch Umwelteinflüsse können die Geschlechtsidentifikation und die sexuelle Aktivität bestimmen. Es gibt also verschiedene Begriffe von Sexualität. Die wichtigsten sollen im folgenden kurz zusammengefaßt werden.

Die biologische Zuordnung zu einem Geschlecht erfolgt durch die Geschlechtschromosomen („genetisches Geschlecht"). Häufig wird darauf hingewiesen, daß die genetischen Geschlechter wegen der unterschiedlichen Chromosomen auch verschiedenen Genbestand aufweisen. Daher unterscheiden sie sich auch in Konstitutionsmerkmalen (s. Farbenblindheit; möglicherweise differierender Nukleinsäure-Abbau; variierende Hormonempfindlichkeit der Zellen; die beiden letztgenannten Faktoren machen sich wohl auch in Unterschieden beim Eiweißstoffwechsel bemerkbar; s. auch Abschnitt 10.2.3.). Die Auswirkungen derartiger genetischer Merkmale auf das geschlechtsspezifische Verhalten sind jedoch indirekt, so daß man (zumindest bis einzelne Wirkmechanismen genauer bekannt sind) besser davon absieht, von einer genetischen Determinierung der Geschlechterrolle zu sprechen.

Gestalt und Funktion der Geschlechtsorgane werden durch das genetische Geschlecht, vor allem aber durch das Wirken einer Reihe von (z. T. autosomalen) Genen determiniert, die die Hormonwirkung steuern („hormonelles Geschlecht“; s. dazu auch testikuläre Feminisierung). Vor allem die Gestalt der Geschlechtsorgane hat Auswirkungen auf die Zuweisungen zum „sozialen Geschlecht“. Bei Hermaphroditen ist eine derartige Zuweisung wegen einer chromosomalen Variation nicht möglich (XX/XY-Mosaik; die Betroffenen müssen häufig eine diskriminierende Rolle als Schauobjekt spielen). Bei anderen Formen der (durch Genanomalien verursachten) Intersexualität ist die Zuweisung zum sozialen Geschlecht wegen der unreifen Form der Geschlechtsorgane schwierig (z. B. adrenogenitale Syndrome). In solchen Fällen erfolgt die Zuweisung zum sozialen Geschlecht oft auf Grund der Lage der Harnröhrenöffnung (von der wieder die Stellung beim Wasserlassen abhängt).

Die Zuweisung zum sozialen Geschlecht hat in der Regel zur Folge, daß die jeweilige Geschlechterrolle übernommen wird. Es gibt allerdings Ausnahmen: Transvestiten z. B. bevorzugen die andere Geschlechterrolle, die nicht ihrer ursprünglichen Zuweisung entspricht (meist sind es Männer, die sich bevorzugt wie Frauen verhalten und als solche akzeptiert werden wollen). Manche Personen leiden unter der Diskrepanz zwischen ihrem durch die Gestalt der Geschlechtsorgane festgelegten sozialen Geschlecht und ihrer Geschlechtsrollen-Identifikation. Wenn es so scheint, daß diese Diskrepanz durch eine medizinische Korrektur (Operation und Hormonbehandlung) behoben werden kann, spricht man von Transsexualität.

Transvestitismus ist als (sexuell getöntes) Bedürfnis nach Verkleidung zu verstehen. Transsexualität ist in der Regel weniger durch Sehnsucht nach dem anderen Geschlecht, sondern mehr durch das Bedürfnis nach Trennung vom bisherigen bedingt. Das kann im Extremfall zur Selbstverstümmelung führen. Trotz psychischer Ursachen drängen die Betroffenen zur Operation, auch wenn sie nur unvollkommen und in jedem Fall irreversibel ist. Freilich existieren Rollenprobleme auch nach der Operation.

Sowohl genetisches Geschlecht, wie die Übernahme einer Geschlechterrolle, lassen geschlechtsspezifisches Sexualverhalten erwarten. Die Wahl des Sexualpartners wird jedoch nicht allein durch genetisches und soziales Geschlecht bestimmt. Manche Personen zeigen bevorzugten Sexualkontakt mit Personen gleichen Geschlechts. Dieses Phänomen nennt man Homosexualität.

Tierexperimente legen die Vermutung nahe, daß vorgeburtlicher Androgenmangel bei männlichen Föten (4.–7. Schwangerschaftsmonat) bzw. entsprechender Überschuß bei weiblichen Föten Homosexualität begünstige [10]. Wenn überhaupt, dürfte diese Ätiologie (Ursachenerklärung) nur für einen Teil der Homo- oder Bisexuellen gelten. – Über den bedenklichen Versuch, sexuell abweichendes Verhalten durch Operation eines Gehirn-Areals zu verändern, wird im Abschnitt 6.2.2 berichtet.

### *3.1.3 Der Stoffwechsel dreier Aminosäuren*

Es gibt Stoffwechselstörungen, die verschiedene Grade von Schwachsinn verursachen. Umgekehrt vermuten manche Forscher hinter bestimmten psychischen Krankheiten eine biochemische Ursache. In allen diesen Fällen stehen biochemische Substanzen im Mittelpunkt der Untersuchungen, die sich vor allem von Aminosäuren ableiten.

Aminosäuren sind die Bausteine der Proteine. Von den 20 häufig vorkommenden Aminosäuren müssen wir mindestens acht mit der Nahrung (z. B. durch Fleisch) zu uns nehmen. Aus ihnen und den anderen essentiellen Bestandteilen der Nahrung (wie bestimmten Fettsäuren, Vitaminen, Spurenelementen und einem Minimum an kalorienliefernden Kohlenhydraten) baut der Körper seine Wirk- und Baustoffe auf.

Die Abb. 23 veranschaulicht noch einmal die Zusammenhänge zwischen Erbinformation, Enzymen und dem Aufbau von anderen Wirkstoffen. Während bisher vor allem darauf hingewiesen wurde, daß Aminosäuren dem Aufbau von Enzymen dienen, soll jetzt die Rolle der Aminosäuren als Muttersubstanzen für andere Wirkstoffe (z. B. Hormone) besprochen werden.

Die Zusammenfassung von einigen Syntheseschritten im Stoffwechsel (chemischen Umbau) dreier wichtiger essentieller Aminosäuren ist in Abb. 24 dargestellt. Dieses Bild stellt das Grundgerüst für eine schrittweise Besprechung verschiedener Stoffwechselprozesse in den nächsten Abschnitten dar. Außerdem wird in späteren Kapiteln über Hormone, neurochemische Prozesse und Rauschdrogen auf diese und die in den

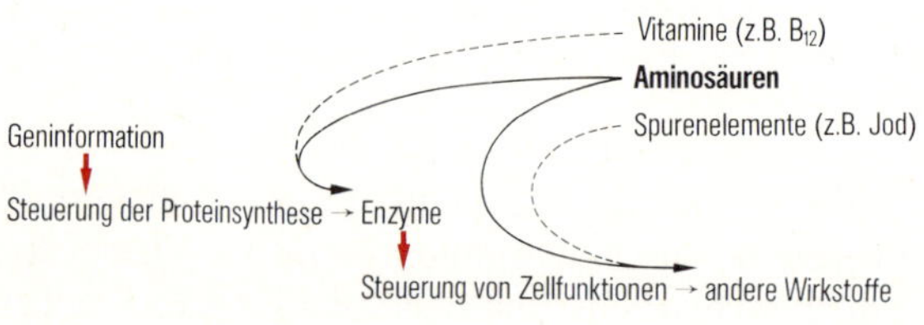


*Abb. 23* Erbinformation greift über Enzymwirkungen in den Stoffwechsel ein (hier als Beispiel: Aminosäure-Stoffwechsel). Dargestellt ist ein Ausschnitt aus der genetischen Wirkkette von Abb. 18.

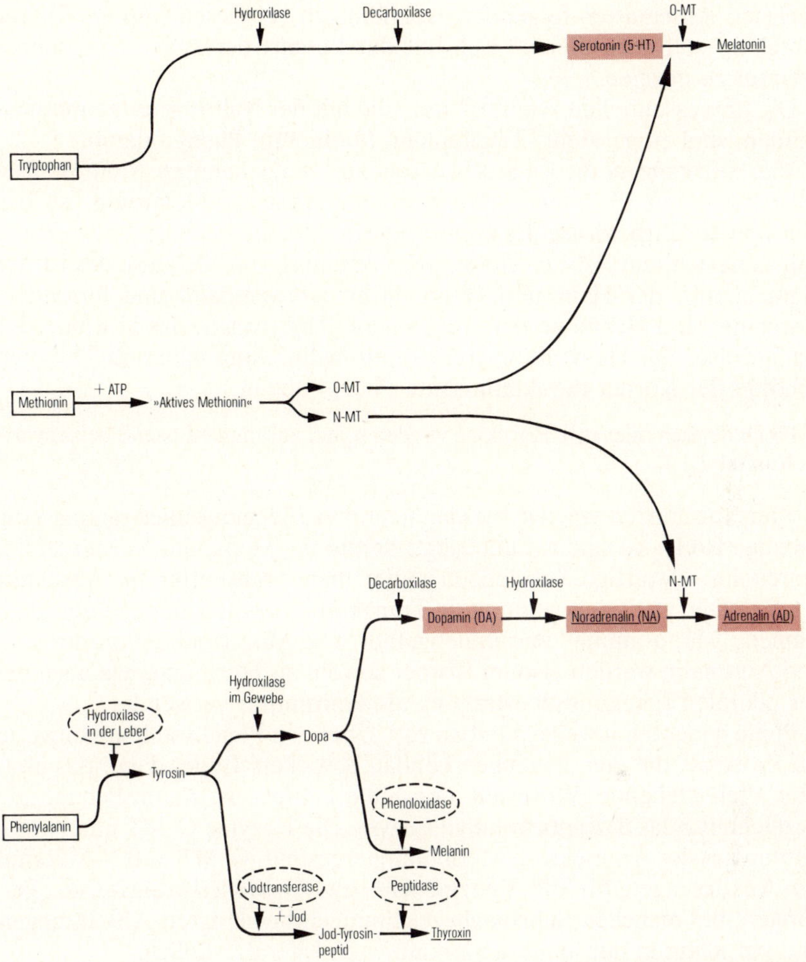


*Abb. 24* Überblick über den Stoffwechsel dreier essentieller Aminosäuren.

nächsten Abschnitten folgenden Abbildungen verwiesen werden. Dieser Abschnitt soll dazu dienen, sich mit der Leseart derartiger Diagramme vertraut zu machen.

Die drei essentiellen Aminosäuren, die mit der Nahrung aufgenommen werden, sind eingerahmt: Tryptophan, Methionin, Phenyl-alanin.

Vier Substanzen, die im Stoffwechsel aus den genannten Aminosäuren entstehen, sind Hormone. Sie sind unterstrichen: Melatonin ist das Hormon der Zirbeldrüse. Es bremst bei Kindern die sexuelle Entwicklung und steuert zumindest bei Tieren die Verteilung von Melanin, das ist der Pigmentstoff, der Haut und Haare färbt. Noradrenalin und besonders Adrenalin sind Hormone der Nebenniere. Thyroxin ist das Hormon der Schilddrüse. Zur Herstellung von Noradrenalin, Adrenalin und Thyroxin benötigt der Körper die Aminosäure Phenyl-alanin.

Psychologisch relevante Hormone werden später zusammenfassend besprochen (s. Kapitel 7.1.).

Vier Substanzen spielen bei der neuralen Erregungsübertragung eine wichtige Rolle, sie sind rot unterlegt: Serotonin, Dopamin, Noradrenalin, Adrenalin. Derartige Substanzen nennt man Transmitter (s. Abschnitt 9.1.5.). Die vier hier genannten Transmitter werden auch unter dem Namen „Mono-amine" zusammengefaßt. Die Monoamine Noradrenalin und Adrenalin werden also im Körper sowohl als Hormone, wie auch bei der neuralen Erregungsübertragung als Transmitter verwendet.

Pfeile bedeuten jeweils „Umbau zu". Über den Pfeilen stehen Hinweise auf Prozesse, die den jeweiligen Umbau bewirken. Endet dabei das über dem Pfeil stehende Wort mit der Silbe „-ase", so kennzeichnet die Bezeichnung das dazu notwendige Enzym. Die Enzyme O-MT und N-MT werden aus der Aminosäure Methionin hergestellt. O-MT und N-MT sind die Abkürzungen für die Enzyme O- bzw. N-Methyl-transferase. Die übrigen, bei manchen Substanzbezeichnungen beigefügten Abkürzungen sind vor allem in der anglo-amerikanischen Literatur üblich.

Zum Beispiel ist zur Melaninsynthese, d. h. also zur Herstellung des wichtigsten Pigmentstoffs, das Enzym Phenol-oxidase erforderlich. Fehlt es infolge einer Genanomalie, so weisen die Betroffenen einen Pigmentmangel auf (Formen des Albinismus). Andere genetische Defekte können die Produktion der Enzyme Jod-transferase oder Jod-tyrosin-peptidase verhindern. Die betroffenen Kinder produzieren bereits fötal zuwenig Thyroxin. Sie zeigen allgemein schwere Entwicklungsstörungen und lernen nicht oder nur schwer sprechen (Formen des erblichen Kretinismus).

Der folgende Abschnitt 3.1.4. behandelt eine erbbedingte Störung der Leber-Hydroxilase, die zu Schwachsinn führen kann (Phenyl-keton-urie). Manche biochemische Theorien interpretieren auch psychotische Symptome als Folge von Enzymdefekten. Mit diesen Theorien setzt sich der zweite Teil dieses Kapitels auseinander.

## *3.1.4 Phenyl-keton-urie*

Solange eine Stoffwechselstörung nur die Funktion einzelner Farbrezeptoren im Auge behindert (wie bei den genetisch bedingten Farbschwächen), ist die Konsequenz für den Betroffenen vergleichsweise unbedeutend. Es gibt jedoch auch Stoffwechselkrankheiten, die die Funktion der nervalen Erregungsleitung in weiten Bereichen beeinträchtigen. Dazu gehört die Phenyl-keton-urie. Die Folge ist meist leicht bis stark verminderte Intelligenz.

Die Ursache für die Phenyl-keton-urie ist ein rezessiver Gendefekt. Rezessiv bedeutet: Nur wenn das betreffende Gen in beiden Paarlingen des entsprechenden Chromosomenpaars („homozygot") defekt ist, leidet der Betroffene unter einer Krankheit. Dies ist bei der Phenyl-keton-urie für einen von etwa 20 000 Neugeborenen der Fall. Man kann daraus errechnen, daß im Durchschnitt eine von 150 Personen für die Phenyl-keton-urie „heterozygot" ist. In diesem Fall ist das für das Syndrom verantwortliche Gen in einem Chromosom defekt, ohne daß der Betreffende deshalb sichtbar krank ist.

Bei der Phenyl-keton-urie ist das Gen defekt, das für die Produktion genau jenes Enzyms verantwortlich ist, das Phenyl-alanin in Tyrosin umwandelt. Es handelt sich um eine Hydroxilase, die normalerweise in der Leber vorkommt. Bei einem Leber-Hydroxilase-Defekt stehen eine Reihe von Stoffwechselprodukten im Körper vermindert zur Verfügung: Adrenalin, Melanin, Thyroxin (s. Abb. 25). Man muß von einer Verminderung sprechen, da diese Stoffwechselprodukte in geringen Mengen wohl auch auf anderen Wegen hergestellt werden können. Vor allem das Adrenalin ist ein Wirkstoff, der für eine Reihe von Funktionen bestimmter Nerven- und Muskelzellen verantwortlich ist. Dieser Wirkstoff ist bei der Steuerung von peripheren (nämlich energiemobilisierenden) und zentralen (nämlich aufmerksamkeitsfördernden) Antriebsmechanismen unentbehrlich. Melanin sorgt für Pigmentierung. Thyroxin (das Schilddrüsenhormon) steuert eine Reihe von Entwicklungsprozessen.

Schwere Fälle von Phenyl-keton-urie-Patienten fallen durch verminderte Pigmentierung von Haut, Haar und Iris auf (Melaninmangel). Sie leiden unter Krämpfen und halten ihre Finger oft starr („manieristisch"). Sie zeigen lebhafte Reflexe und mitunter erhöhten Bewegungsdrang. Diese motorischen Symptome werden auf den Adrenalinmangel bzw. auf eine nervale Überkompensation des Adrenalinmangels zurückgeführt. Die Patienten zeigen schwere Entwicklungsstörungen (auch: Thyroxin-Mangel). Sie sind hochgradig schwachsinnig (Idiotie).

Freilich kann die Substanz Tyrosin, die selbst eine Aminosäure ist, mit der Nahrung zugeführt werden. Das Hydroxilase-Gen scheint jedoch die Funktion einer Reihe weiterer Enzyme zu beeinflussen. So ist auch der Transport von Tyrosin durch biologische Membranen und der wichtige Umbau von Tyrosin zu Dopa

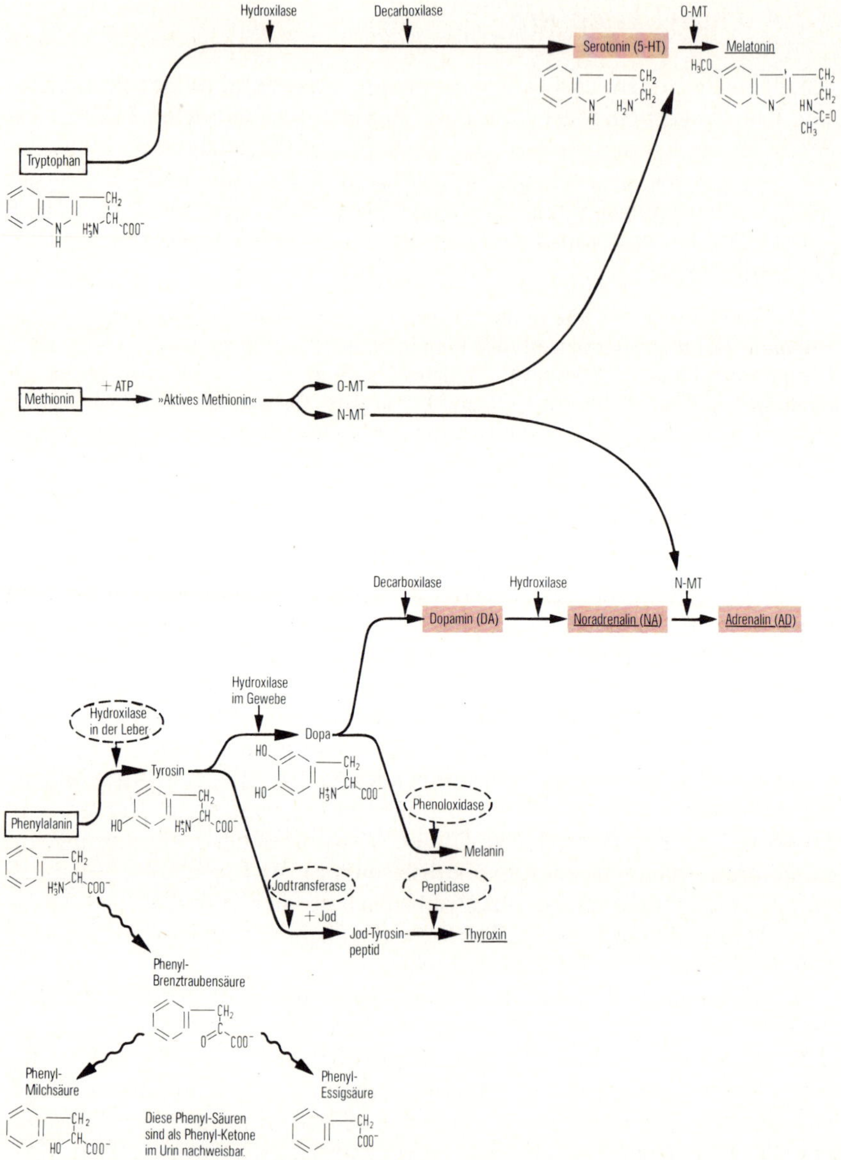


*Abb. 25* Der Phenyl-alanin-Stoffwechsel.

behindert. Sogar die Synthese von Serotonin aus Tryptophan scheint in Mitleidenschaft gezogen.

Die Ursache des Schwachsinns liegt z. T. in einer verminderten Bereitstellung von Dopamin, Noradrenalin und Adrenalin. Das sind Substanzen, die ja auch für die neurale Erregungsübertragung wichtig sind (Transmitter). Daneben scheint die erhöhte (weil nicht abgebaute) Phenyl-alanin-Konzentration im Gehirn die Isolierschichten (Myelinscheiden) der Nervenfasern zu zerstören. Vielleicht gibt es auch Vergiftungen durch Stoffwechselprodukte, die anfallen, wenn der Organismus „Umwege" in der Adrenalin-Produktion versucht. Das Hydroxilase-Gen liefert ein Beispiel für pleiotrope Erblichkeit: Ein Gen ist für viele Merkmale verantwortlich.

Es gibt auch Varianten (Allele) des Hydroxilase-Gens, die ein Enzym mit nur wenig verminderter Aktivität produzieren. Dann kann trotz leicht behinderten Phenyl-alanin-Umbaus die Intelligenz normal sein.

In allen Fällen von Hydroxilase-Störungen steigt die Konzentration von (nicht umgebautem) Phenyl-alanin im Blut an, in schweren Fällen bis auf das 60fache der Normalwerte. Ausscheidungsprodukte von Phenyl-alanin (die Phenyl-ketone) findet man vermehrt im Urin, daher der Name der Krankheit. In Abb. 25 bezeichnen die Wellenlinien biologische Abbauwege.

Auf Grund von Blutuntersuchungen ist eine Früherkennung möglich. Entsprechende Tests (Guthrie-Test) an Neugeborenen werden teilweise bereits routinemäßig durchgeführt. Allerdings ist auf Grund dieser Tests eine Früherkennung bei Jungen leichter möglich als bei Mädchen, weil beim Hydroxilase-Defekt aus noch unbekannten Gründen die Phenyl-alanin-Konzentration im Blut neugeborener Mädchen langsamer ansteigt als bei Jungen.

Kernstück einer Therapie ist phenyl-alanin-arme Nahrung (zumindest in der Entwicklungszeit bis zum Schulalter; später einsetzende Diät bleibt erfolglos). Kinder von Personen mit Phenyl-keton-urie, auch wenn die Symptome erfolgreich behandelt wurden, sind in jedem Fall Träger des defekten Hydroxilase-Allels.

## 3.2 Biochemische Psychosenforschung

### *3.2.1 Biochemische Psychosenforschung*

Mit dem Begriff Psychosen bezeichnet man eine Reihe von Denk- und Gefühlsstörungen mit charakteristischen Symptomen. Derartige Störungen führen dazu, daß sich der Patient in der Realität kaum mehr zurechtfindet und einfachen Lebensanforderungen nicht mehr entsprechen kann.

Zu den möglichen Symptomen gehören solche, in denen der Patient zwischen Ideenflucht und krasser Selbstüberschätzung einerseits und absoluter Handlungsunfähigkeit andererseits schwankt. Andere psychotische Symptome zeigen sich darin, daß in Verfolgung eines Ziels nebensächliche und nicht zielführende Dinge überragende persönliche, auch affektive Bedeutung bekommen. Gedankengänge werden häufig unterbrochen. Der Körper zeigt Anzeichen hoher Erregung bis zur völligen Bewegungshemmung. Die meisten psychotischen Symptome können von Verfolgungsvorstellungen begleitet sein.

Psychotische Symptome treten oft in wechselndem Schweregrad auf, wobei Phasen mit geringer, durch Phasen mit schwerer Symptomatik („Schübe") abgelöst werden können.

Psychotische Symptome treten nicht selten familiär gehäuft auf. Auf Grund dieser Tatsache wurden verursachende Gendefekte vermutet. Ein monogenes Vererbungsschema läßt sich jedoch in keinem Fall nachweisen. Polygene Vererbungsmodelle sind theoretisch fast immer denkbar; sinnvollerweise wird man sie nur auf Grund zusätzlicher Informationen diskutieren (s. Abschnitt 2.2.5.). Die familiäre Häufung psychotischer Symptome kann auch lern- bzw. sozialpsychologisch erklärt werden. Kinder erhalten von ihren Eltern nicht nur Gene, sie lernen von ihnen auch Verhaltensweisen.

Eine Reihe von psychologischen Theorien versuchen die Entstehung psychotischer Symptome durch Lernen von Reaktionen auf spezifische Verhaltensweisen der Umwelt (vor allem der Eltern) zu erklären. Manche dieser Konzepte fügen sich gut in bestehende und bestätigte Theorien des Verhaltens aus der Lern- und Sozialpsychologie ein. Da die psychologischen Konzepte außerdem die Hoffnung wecken, daß durch eine geeignete Intervention die Störungsursache (und nicht nur, wie bei rein genetischen Defekten, das Symptom) verändert werden kann, wird man ihnen den Vorzug geben.

Freilich ist die genetische Mitverursachung psychotischer Symptome im Sinne einer Begünstigung durch angeborene Stoffwechselbesonderheiten nicht auszuschließen. Allerdings ist sie mit den bisherigen Methoden nicht eindeutig nachzuweisen. Die Hypothese eines „Depressionsgens", d. h. einer Korrespondenz zwischen Depression und bestimmten Zellmembran-Proteinmustern, führte zu sehr uneinheitlichen Ergebnissen [11].

Man kann Untersuchungen an Zwillingen und an Kindern heranziehen, die nicht bei ihren leiblichen Eltern aufwuchsen. Danach sollen eineiige Zwillinge häufiger psychotische Symptome aufweisen, wenn auch ihre Geschwister betroffen sind (s. Tab. 3 in Abschnitt 2.2.6), und Ziehkinder sollen häufiger schizophren werden, wenn es auch ihre leiblichen Eltern waren. Sowohl die statistischen wie die diagnostischen Methoden, die bei diesen Untersuchungen angewandt werden, lassen sich kritisieren. Auch Argumente, die sich auf geringere Manifestationen bei Pflegekindern psychotischer Eltern beziehen, kann man psychologisch entkräften. Ebenso läßt es sich als sozialpsychologisches Phänomen interpretieren, daß man in der Verwandtschaft von Schizophrenen auffällige Reaktionen auf Drogen (LSD) beobachten konnte.

Aus der Idee heraus, daß psychotische Symptome eine genetische Ursache in Form einer Enzymstörung haben könnten, hat man umfangreichere biochemische Untersuchungen an Psychotikern vorgenommen. Derartige Forschungen wurden durch Psychologen oft von ihrem Ansatz her in Frage gestellt. Es bestünde die Gefahr, daß man auf der Suche nach biochemischen Veränderungen und deren pharmakologischer Behandlung die psychische Komponente vernachlässigt. Diese Gefahr besteht auch deshalb, weil sich biochemische Befunde – nicht zuletzt wegen der weiterentwickelten pharmakologischen Technologie – rascher für eine Erprobung in der Therapie umsetzen lassen als psychologische Befunde.

Dennoch ist es auch für die Theorienbildung in der Psychologie bedeutsam, daß sich bei Psychotikern einige biochemische Besonderheiten zeigen. Die Bedeutung dieser Befunde liegt vor allem in zwei Feststellungen:

1. Bestimmte Formen von sozialer Interaktion können das biochemische Gleichgewicht des Gehirns meßbar verändern, wobei nicht auszuschließen ist, daß eine hereditäre Komponente diesen Prozeß begünstigen kann.

2. Verhaltensauffälligkeiten, die eine meßbare neurochemische Komponente aufweisen, sind mit psychologischen Methoden vergleichsweise schwer zu verändern; eine zumindest anfängliche pharmakologische Unterstützung der psychologischen Intervention hat sich in der Regel als erforderlich erwiesen.

### *3.2.2 Endogene Depression: Biochemische Theorien*

Syndrome, bei denen vor allem der Wechsel von übersteigerter, zielloser Aktivität und völlig tatenloser Niedergeschlagenheit im Vordergrund steht, faßt man unter dem Begriff der manisch-depressiven Psychose zusammen. Da manische Phasen in der Regel seltener sind oder ganz fehlen können, spricht man auch nur von endogener Depression. Die depressiven Phasen der endogenen Depression unterscheiden sich nur durch die Schwere der Symptome von anderen Formen der depressiven Verstimmtheit.

Bei endogen Depressiven hat man Auffälligkeiten im Serotonin- und Dopamin-Stoffwechsel beobachtet. Daher sind in Abb. 26 nocheinmal ausführlicher einige Stoffwechselschritte aus Abb. 24 wiederholt. Serotonin, Dopamin, Noradrenalin, aber auch Adrenalin werden unter der biochemischen Sammelbezeichnung Monoamine zusammengefaßt. Die Monoamine haben vor allem die Funktion von Transmittern, d. h. sie gehören zu der Gruppe von Substanzen, die der neuralen Erregungsüber-

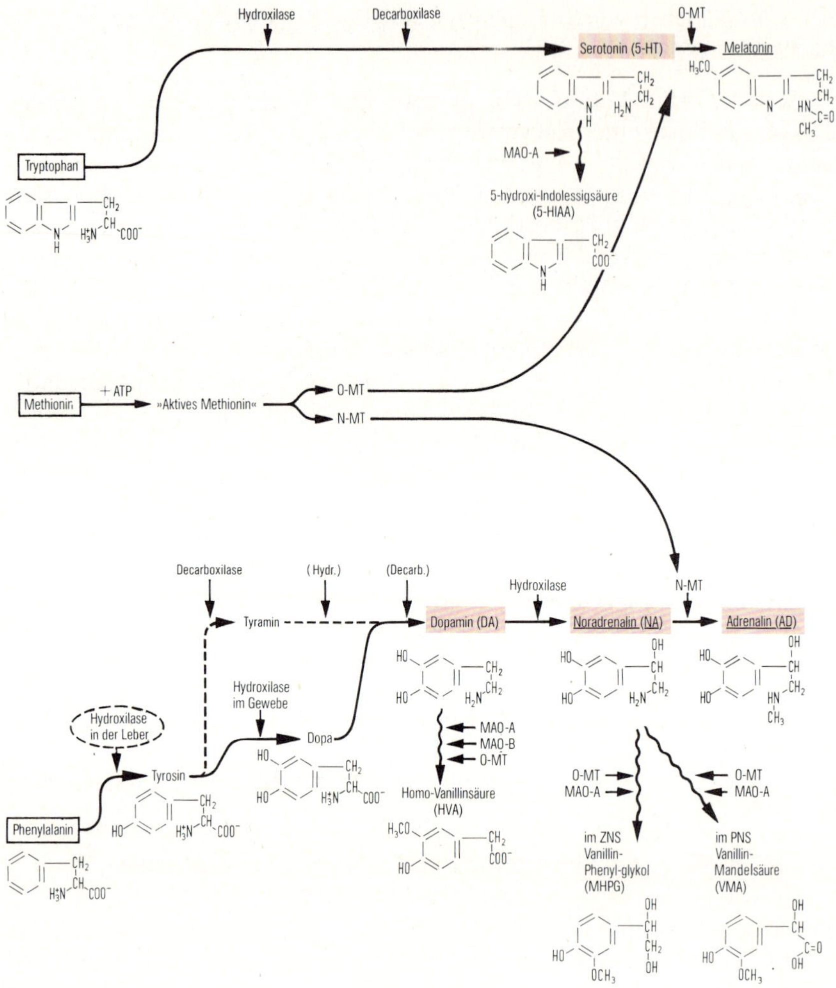


*Abb. 26* Der biologische Monoamin-Stoffwechsel.

tragung dienen. In dem Diagramm sind auch die biologischen Abbauprodukte von Serotonin, Dopamin und Noradrenalin eingezeichnet, die zum Nachweis der jeweiligen Transmitteraktivität dienen (die Abkürzungen beziehen sich wieder auf die englischen Namen). Je nachdem, welche Nachweismethode angewandt werden kann, findet man diese Abbauprodukte in Hirngewebe oder Blutserum.

Man muß davon ausgehen, daß die Transmitterwirkungen zueinander in einem ausgewogenen Gleichgewicht stehen. Zum Verständnis der Bedeutung von Transmitter-Stoffwechselsfunktionen und Transmitterstörungen sei zunächst eine rein somatische Krankheit besprochen, die *nicht* zum Formenkreis der endogenen Depression gehört.

*Parkinson-Syndrom.* Das Parkinson-Syndrom (= Schüttellähmung, Paralysis agitans) ist eine Transmitter-Krankheit mit familiärer Häufung und charakteristischem biochemischen Befund, jedoch vor allem mit körperlichen Symptomen. Es handelt sich um Symptome der Bewegungshemmung bei angespannter Muskulatur.

Die Krankheit tritt meist zwischen dem 40. und 60. Lebensjahr auf. Die Patienten haben steife Muskeln, sie zittern (z. B. Pillendrehbewegungen der Finger), können nur schwer gehen (unterstützende Mitbewegungen fehlen), sie haben Artikulationsstörungen und vermehrte Speichel- und Tränensekretion.

Vor allem die Bewegungssymptome weisen auf eine Störung in der motorischen Steuerung (des extra-pyramidal-motorischen Systems) hin. Tatsächlich ist eine bestimmte motorische Bahn des Gehirns erkrankt. Diese zieht von einem dunkel pigmentierten Teil des Mittelhirns (Substantia nigra) zum Großhirn (genauer: zum Striatum). Dieses nigro-striatale System (s. auch Abschnitt 8.1.1.) überträgt motorische Erregungsimpulse mit Hilfe von Dopamin.

Ursache der motorischen Fehlfunktion bei Parkinson-Kranken ist eine Störung der Dopamin-Produktion im Gehirn. Man kann die Symptomatik mit Hilfe von Dopa-Tabletten mildern. Dopa kann über die Verdauungs- und Blutwege ins Gehirn gelangen und kann dort zu Dopamin umgebaut werden.

*Manische Psychose.* Es gibt Patienten mit überdurchschnittlich hoher Dopamin-Aktivität. Dabei handelt es sich um sogenannte Maniker, deren Symptome zum Formenkreis der endogenen Depression gezählt werden. Symptome manischer Psychose sind neben motorischer Lebhaftigkeit und übersteigerter Erregung Verhaltensweisen emotionaler Affektivität, deren Ursachen schwer deutbar sind. Denkprozesse sind durch erhebliche Selbstüberschätzung und leichte Ablenkbarkeit gekennzeichnet. Hohe Konzentrationen von Dopamin-Abbauprodukten hat man vor allem bei solchen Patienten gefunden [1], bei denen die manischen Phasen vorherrschen und nicht oder nur selten von depressiven abgelöst werden.

*Manisch-depressive (= bipolar zyklothyme) Psychose.* Bei manchen Patienten wechseln manische Phasen mit depressiven ab. In diesem Fall spricht man von zirkulärer Verlaufsform („manisch-depressive Psychose"). Die Phasen können unmittelbar aufeinanderfolgen oder durch ein symptomfreies Intervall getrennt sein. Dabei können manische Phasen wesentlich seltener auftreten als depressive. Bei Patienten mit zirkulärer endogener Depression scheint die Dopamin-Aktivität unauffällig zu sein, obwohl man annehmen muß, daß der Umbau von Dopamin zu Noradrenalin behindert ist [1]. Dies spricht dafür, daß es (wenn auch seltene) Phasen geben kann, in denen es zu einem Dopaminstau kommen kann. Vor allem aber hat man beobachtet, daß zirkulär endogen Depressive verminderte Serotonin-Aktivität besitzen [2].

Einige Untersuchungen weisen darauf hin, daß bei manisch-depressiven Patienten Störungen im täglichen Rhythmus von biologischen und Selbstbeschreibungsvariablen vorliegen dürften [12, 13]. Diese Berichte, die letztlich beachtenswerte Aussagen über die biologische Einbettung emotionaler Prozesse versuchten, sind in letzter Zeit methodisch stark kritisiert worden [14, 15].

*Unipolar depressive Psychose.* Die verminderte Serotonin-Aktivität sieht man als wichtigstes biochemisches Korrelat depressiver Symptomatik an. Viele Patienten weisen nämlich nur Symptome depressiver Psychose auf, man bezeichnet sie auch als unipolar Depressive. Bei diesen Patienten fand man stets niedrige Konzentrationen von Serotonin-Abbauprodukten. [2]. Die Dopamin-Werte sind normal oder sogar leicht vermindert; die Noradrenalin-Werte sind ebenfalls normal oder sogar leicht erhöht.

Die Aktivität des Serotonin-Systems im Gehirn gilt als biochemisches Korrelat des subjektiv empfundenen Wohlbefindens (Entspannung und Euphorie), die Aktivität des zentralnervösen Noradrenalin-Systems als Korrelat von Angst (s. dazu später Abschnitt 8.1.2.). Danach würden depressive Patienten vor allem an ihrer Unfähigkeit zur Freude leiden (damit fehlen ihnen Tätigkeiten, die sie gerne machen würden). Dieser Zustand kann zu Angsgefühlen führen.

Übrigens kann mit der Noradrenalin-Aktivität im Gehirn eine Aktivität der hormonproduzierenden Nebenniere gekoppelt sein. Deren verhaltenssteuernde Eigenschaften werden in Abschnitt 7.1.5. besprochen.

### *3.2.3 Endogene Depression: Pharmakologie*

Für die pharmakologische Forschung an der endogenen Depression ist ein Zufallsbefund bedeutsam geworden. In der inneren Medizin wird nämlich zur Senkung von überhöhtem Blutdruck das Pflanzengift Reserpin verwendet. Dabei hat man als unerwünschte Nebenwirkung bei etwa jedem siebten Patienten depressive Symptome beobachtet. Reserpin verhindert die Speicherung von Monoaminen (Noradrenalin und Serotonin).

Daher konnte man die durch Reserpin hervorgerufene Depression auch als ,,Modellpsychose“ bezeichnen.

Die meisten der vor allem im letzten Abschnitt angeführten Befunde fallen in den Untersuchungen jedoch nicht immer eindeutig aus und sind daher nicht unumstritten. Dies hängt z. T. damit zusammen, daß am lebenden Organismus nur sehr indirekte Nachweismethoden möglich sind.

Nicht weniger als drei verschiedene Monoamine sind als mögliche Kandidaten für die Symptomverursachung in der Diskussion. Dabei ist eines davon, das Noradrenalin, an sehr verschiedenen Stellen des Nervensystems in höchst unterschiedlichen Funktionen zu finden. Außerdem muß man davon ausgehen, daß der Begriff der endogenen Depression eine diagnostische Zusammenfassung ähnlicher Phänomene darstellt, denen unterschiedliche psychologische und biochemische Prozesse zugrunde liegen können.

*Serotonin-Präkursoren.* Die bisher zum Serotonin-Stoffwechsel zitierten Befunde bekommen durch weitere Beobachtungen zusätzliches Gewicht. Man hat nämlich festgestellt, daß bei körperlich ermüdeten Personen und bei Personen, denen die Möglichkeit des Tiefschlafs entzogen wurde, die Serotonin-Produktion in einem bestimmten Gehirnabschnitt steigt (und zwar in den Nuclei raphe, s. Abschnitt 7.2.5). Depressive wiederum klagen häufig über Einschlafstörungen. Depressive Schübe kündigen sich bei Psychotikern oft an. In manchen Fällen konnte man bei psychotischen Patienten durch vorherigen Schlafentzug depressive Schübe verhindern oder zumindest erheblich mildern.

Die theoretische Bedeutung dieser Beobachtung ist dennoch unklar. Das emotionale Geschehen, das für den depressiven Zustand verantwortlich zu machen ist, wird wohl durch das limbische System gesteuert. Dort ist ebenfalls Serotonin wirksam. Es ist neurobiologisch nicht zweifelsfrei geklärt, wie die Nuclei raphe mit dem limbischen System zusammenarbeiten.

Serotonin wird (wie z. B. auch die opiatähnlichen Enkephaline und andere neuroaktive Substanzen) außerhalb des Gehirns in größeren Mengen von Dünndarm-Zellen produziert, in der Regel aufgrund von Darmdehnung. Manche Ärzte sehen hier einen Zusammenhang mit dem Gefühl der wohligen Sättigung. Das Dünndarm-Serotonin beschleunigt die Darmbewegungen, fördert die Bauchspeichel-Sekretion und bremst die Säure-Ausscheidung im Magen.

Kalorienreiche Nahrung bei geringem Blutzuckerspiegel oder – im Extremfall – die Insulinanregung durch pathologischen oder therapeutischen, akuten Blutzuckermangel geht gelegentlich mit euphorischen oder rauschartigen Gefühlen einher (s. auch Abschnitt 8.2.7). – Ähnliches wird für Säuremangel-Syndrome (Alkalose) berichtet, z. B. beim Abfall der $CO_2$-Sättigung im Blut durch übermäßige Steigerung der Atmung (Hyperventilation). Es könnte sich hierbei um einen Nebeneffekt des vorsorglich ausgestoßenen Dünndarm-Serotonins handeln. Die Zunahme des Säuregehalts in Körperausscheidungen gilt als Angstindikator (s. Abschnitt 5.2.1).

Es wurde beobachtet, daß sich die Serotonin-Ausscheidung (normalerweise 1 bis 15 mg/24 Std.-Urin) erhöht, wenn vermehrt tryptophanhaltige Nahrungsmittel (z. B. Bananen, Tomaten, Walnüsse) oder auch Tee, Kaffee, Schokolade, Zucker oder Alkohol konsumiert werden. Es läge nahe, diese Substanzen oder auch Serotonin selbst zur antidepressiven Therapie zu verwenden. Serotonin kann jedoch von den Nervenzellen des Gehirns nicht aus der Blutbahn aufgenommen werden, sondern nur Serotonin-Vorstufen (sog. Präkursoren), z. B. L-Tryptophan (vgl. Abb. 26). Diese werden aber zu einem Teil bereits im Blut decarboxiliert, sodaß eigentlich noch eine physiologisch schwer zu realisierende Art Decarboxilase-Hemmung erforderlich wäre [16]. Dennoch wird L-Tryptophan und 5-Hydroxi-l-tryptophan zur Depressionstherapie verwendet.

*MAO-Hemmer.* Auf Grund des vermuteten Zusammenhangs zwischen biochemischen und Verhaltensprozessen hat man Strategien pharmakologischer Intervention bei depressiven Patienten entwickelt. Eine der ältesten und bis vor kurzem am weitesten verbreitete Methode besteht darin, den biologischen Abbau der Monoamine Serotonin und Noradrenalin zu blockieren. Dadurch kann vorhandenes Monoamin vermehrt aktiv bleiben. Die Enzyme, die den biologischen Abbau der Monoamine in Gang setzen, heißen Mono-amin-oxidasen (MAO, s. Abb. 26). Pharmaka, die diese Enzyme blockieren und damit den Abbau verhindern, heißen MAO-Hemmer. Ein derartiger MAO-Hemmer ist z. B. Phenelzin (Clorgylin hemmt spezifisch MAO-A, Deprenyl hemmt spezifisch MAO-B). Man hat MAO-Hemmer mit gewissem Erfolg vewendet, allerdings nur bei unipolar Depressiven, da sie auch die Dopamin-Aktivität fördern und damit die Gefahr manischer Phasen erhöhen. Außerdem haben sie wegen ihrer großen Wirkungsbreite an allen Monoaminen sehr viele unangenehme Nebenwirkungen.

*Trizyklische Antidepressiva.* Später hat man Pharmaka entwickelt, die die Wirkungsdauer von Monoaminen an ihrem Wirkort an den Nervenzellen verlängern. Auch sie wurden und werden z. T. noch als trizyklische Antidepressiva in der pharmakologischen Symptombehandlung bei endogen depressiven Psychosen verwendet (der Name „trizyklisch" bezieht sich auf die chemische Struktur dieser Pharmaka). Die trizkylischen Antidepressiva sind eine Familie von biochemisch ähnlichen Substanzen, die mehr spezifisch auf einzelne Transmitter wirken. Die tertiären trizyklischen Amine (hierher gehört das Medikament Imipramin, IMI) hemmen den Abtransport von Serotonin. Man kann damit bei den meisten Formen endogener Depression Symptomverbesserungen erzielen. Die sekundären trizyklischen Amine (hierher gehört das Medikament Desmethyl-Imipramin, DMI) hemmen den Abtransport von Noradrenalin. Man hat damit Erfolge bei Manisch-Depressiven erzielt.

*Lithium.* In neuerer Zeit verwendet man kleinere Dosen von Salzen des seltenen Metalls Lithium in der pharmakologischen Depressionstherapie. Lithium beeinflußt auf noch unbekannte Weise Enzymsysteme (cAMP und IP3, s. dazu Abschnitt 7.1.1), die ihrerseits andere Enzyme aktivieren. Diese zellinneren Aktivierungsprozesse spielen vor allem bei der Hormon- und bei der Transmitterwirkung eine wichtige Rolle. Lithium soll die Wirkorte von Serotonin, aber auch von Noradrenalin sensibilisieren (cAMP-Förderung) und die Dopamin-Freisetzung bremsen, vielleicht greift es auch in den Tryptophan-Stoffwechsel ein. Leider beeinflußt es aber auch die hormonelle Steuerung der Schilddrüsen und Nierentätigkeit. Trotz dieser unerwünschten Nebenwirkungen scheint Lithium eine behutsame Methode der Symptombehandlung zu sein.

Für eine Erhöhung der Spezifität müßte allerdings der Wirkmechanismus noch genauer geklärt werden. Ähnliche Wirkungen soll übrigens auch der in der asiatischen Volksmedizin verwendete, aus einem Lippenblütler der Taubnessel-Verwandtschaft gewonnene Wirkstoff Forskolin haben. Die durch Lithium erreichte Stabilisierung reicht aber bereits aus, um die Patienten für eine psychologische Intervention handlungsfähig zu machen. Die Noradrenalin-Biosynthese und die c-AMP-Wirkung wird durch den Wirkstoff Rolipram gefördert.

### *3.2.4 Unspezifische Methyl-transferase-Störungen*

Die Monoamine sind Stoffe, die für die neurale Erregungsübertragung im Gehirn eine wichtige Rolle spielen. Man kennt zahlreiche andere Stoffe, die den Monoaminen chemisch eng verwandt sind, die aber im Körper normalerweise nicht vorkommen. Bei künstlicher Zufuhr einiger dieser verwandten Stoffe (Drogen) wird offenbar die neurale Erregungsübertragung gestört.

Fünf dieser Drogen, nämlich Adrenolutin, Amphetamin, Bufotenin, Dimethyl-tryptamin und Meskalin sind mit ihren chemischen Formeln (die die Verwandtschaft zeigen sollen) in Abb. 27 eingetragen. Alle diese Stoffe beeinflussen einschneidend Denk- und Vorstellungsprozesse; man rechnet sie zu den Halluzinogenen.

Abb. 27 ist eine Erweiterung der Abb. 26. Sie zeigt zusätzlich einige Stoffwechselwege, die durch punktierte Pfeile eingezeichnet sind. Diese Stoffwechselwege werden von manchen Autoren bei pathologischen Zuständen vermutet, sind aber im menschlichen Organismus nicht nachgewiesen worden.

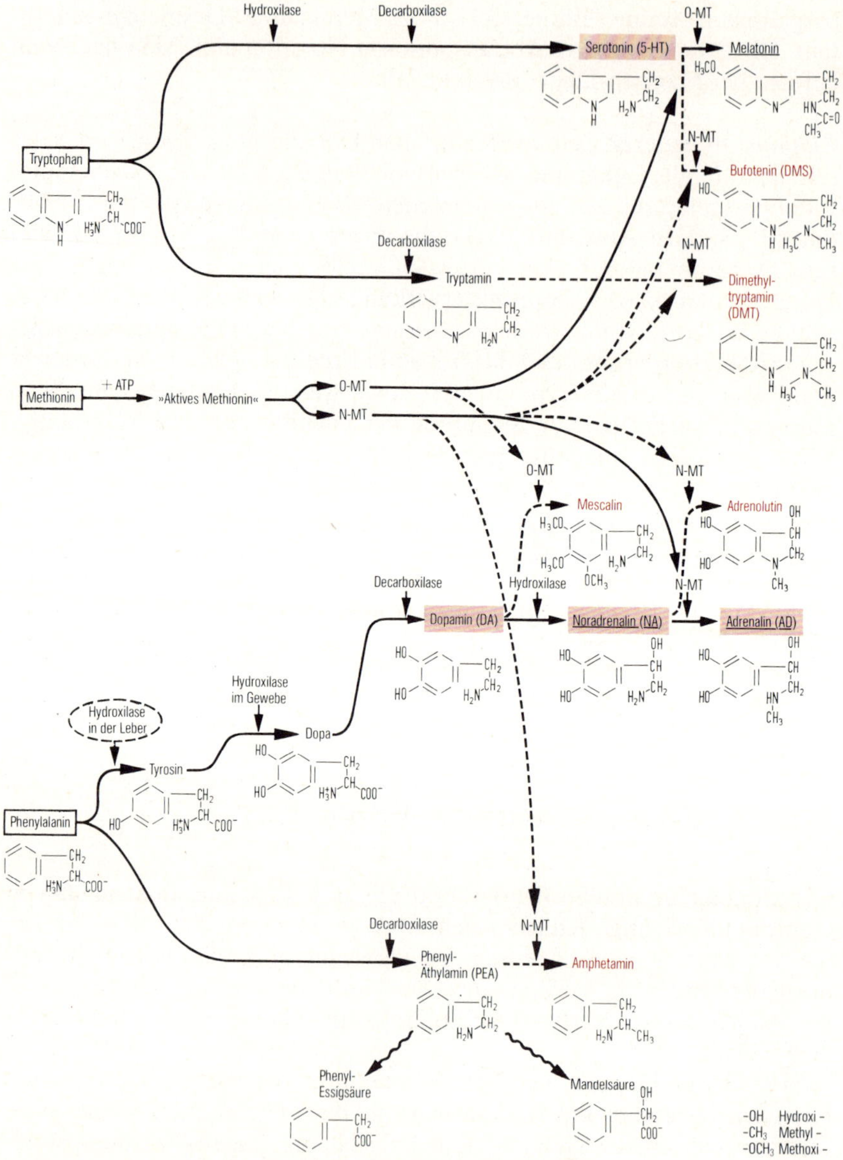


*Abb. 27* Die Funktion der Enzyme O-MT und N-MT.

Beigefügte Abkürzungen beziehen sich wieder vor allem auf die englischsprachige Literatur. Außerdem werden die für den Nachweis wichtigen Abbauprodukte gezeigt, soweit sie nicht schon in Abb. 26 vorgestellt wurden. Abbbauwege, die zu Stoffwechsel-Endprodukten führen, sind wieder durch Wellenlinien gekennzeichnet. Zum Verständnis von Abb. 27 sei noch angeführt, daß Tryptamin und Phenyl-Äthylamin biologische Abbauprodukte der jeweiligen Aminosäuren sind. Sie scheinen für den Körper unentbehrlich zu sein, wenngleich ihre genaue Funktion noch unbekannt ist (s. auch Abschnitt 13.2.4.).

Daß für manche psychotische Symptome biochemische Besonderheiten des Gehirns verantwortlich wären, nahm man – historisch gesehen – zunächst deshalb an, weil man erbliche Enzymstörungen vermutete (s. Abschnitt 3.2.1.). Die Idee, daß bei manchen Psychoseformen jedoch Substanzen wirksam werden könnten, die den Halluzinogenen ähnlich sind, entstand erst nach genauerer Beobachtung der Halluzinogenwirkung (s. dazu auch Abschnitt 13.2.3.). Körperliche Wirkungen hat man mit stärkeren Dosen auch im Tierexperiment untersucht.

Folgende Symptome können sowohl bei manchen Psychoseformen (aus dem Formenkreis der Schizophrenie) auftreten, wie nach Genuß mancher Rauschdrogen (aus der Gruppe der sog. Halluzinogene):

- Überaktivierung der adrenalin-vermittelten zentralnervösen Erregungsprozesse
- Manierismen (bizarre Bewegungen)
- starre Beibehaltung von Körperstellungen (Katatonie)
- Denkstörungen
- von der Realität abgehobene Vorstellungen (Verfolgungs-Vorstellungen)
- Identifikations-Probleme (Ich-Störungen)
- Verstärkung der bisher genannten Symptome unter emotionaler Belastung (Streß)

Freilich zeigen verschiedene Drogen verschiedene Wirkungen, die auch individuell variieren können. Auch Symptome, die man unter dem Begriff der schizophrenen Psychose zusammenfaßt, variieren je nach Verlaufsform z. T. erheblich.

Man unterscheidet mindestens vier verschiedene Verlaufsformen der Schizophrenie. Bei der hebephrenen Form (die meist im Anschluß an die Pubertät manifest wird) stehen Grimassieren, Manierismen, grundlose Heiterkeit (Kichern) und stereotype Redensarten im Vordergrund. Bei der katatonen Form fallen vor allem die Bewegungsstörungen mit starker Erregung und starrer Beibehaltung von Körperhaltungen auf. Die paranoide Form ist von Wahnindeen beherrscht, die sich auf eine nicht nachvollziehbare Bedrohung oder Manipulierung der eigenen Person bezieht, z. B. Verfolgungsvorstellungen. Die akute oder halluzinatorische Form ist durch eine Phase starker, emotionaler Unruhe gekennzeichnet, die in Beziehung mit unvollständigen und traumhaften Wahrnehmungen steht.

Trotz der Formenvielfalt psychotischer und halluzinogener Symptome hat man nach Fremdstoffen im Gehirn Schizophrener gesucht. Einige halluzinogene Substanzen wären ja mit körpereigenen Stoffen nicht nur eng verwandt, sondern theoretisch sogar durch einfache Umbauprozesse herstellbar. Eine derartige Theorie gewinnt an Plausibilität, wenn man die Art des theoretisch postulierten Umbaus näher betrachtet. Dazu wäre nämlich in fast allen Fällen ein Enzym erforderlich, das in Abb. 27 mit N-MT bezeichnet ist. Ein derartiges Enzym gibt es im Gehirn.

N-MT wird benötigt, um Adrenalin aus Noradrenalin herzustellen. Im übrigen Monoamin-Stoffwechsel tritt meistens das sehr ähnliche Enzym O-MT in Aktion. Es baut Serotonin um und, wie Abb. 27 zeigt, Dopamin und Noradrenalin ab.

N-MT ist die Abkürzung für N-Methyl-transferase (der eigentliche biochemische Name ist S-adenosyl-Methionin). N-MT hängt $CH_3$-Gruppen an N-Atome. O-MT ist die Abkürzung für O-Methyl-transferase (der eigentliche biochemische Name ist 5-methyl-Tetrahydro-Folsäure). O-MT hängt $CH_3$-Gruppen an O-Atome.

Beide Enzyme, O-MT und N-MT, werden aus der Aminosäure Methionin hergestellt. Die Vorstellung, daß sich unter bestimmten Umständen das Enzymgleichgewicht zugunsten des normalerweise selteneren N-MT verschieben kann, wird durch den Befund gestützt, daß N-MT das Abbauenzym O-MT hemmt [3]. Damit wäre es denkbar, daß unter verstärkter N-MT-Wirkung im Organismus halluzinogen-ähnliche Substanzen aus Monoaminen oder Monoamin-Vorstufen produziert werden können (Methyl-transferase-Theorie, Theorie der Fehlmethylierung).

Unter diesem Gesichtspunkt scheidet körpereigenes Meskalin als biologischer Symptomverursacher aus. Es müßte ja mit Hilfe von O-MT entstehen. Gerade die Meskalin-Wirkungen hatten jedoch der einschlägigen Forschung die entscheidenden Impulse gegeben. In diesem Zusammenhang hat man darauf hingewiesen, daß in Meskalin-Halluzinationen visuelle, bei schizophrenen Symptomen hingegen auditive Wahrnehmungen im Vordergrund stehen.

### *3.2.5 Schizophrenie: Biochemische Befunde*

Wenn die Arbeitshypothese einer enzymatischen Fehlsteuerung bei Psychotikern (s. vor allem Abschnitt 3.2.4.) auch angreifbar ist, so hat die empirische biochemische Forschung an Schizophrenen einige interessante Befunde geliefert.

So haben mehrere Untersuchungen ergeben, daß Methioningaben schizophrene Symptome spezifisch verschlimmern [4] (keine Wirkung in Kontrollgruppen). Methionin ist die Muttersubstanz für N-MT und damit die Voraussetzung der von der Methyltransferase-Theorie postulierten Prozesse.

Es gibt auch Angaben über geringe Melatonin-, Niacin- und Prostaglandin-Werte bei Schizophrenen. Die Produktion dieser Substanzen hängt eng mit der Aktivität des Tryptophan-Abbaus und des Enzyms O-MT zusammen.

Ferner hat man bei Schizophrenie-Kranken vermehrt Abbauprodukte (Phenyl-Äthylamin-ähnliche Substanzen) nachweisen können, die nicht normale Abbauprodukte der Monoamine sind. Vor allem eine bestimmte Gruppe solcher Abbauprodukte (Methoxi-phenyl-äthylamine) würden vermehrt zu erwarten sein, wenn im Gehirn halluzinogenähnliche Substanzen produziert würden. Die Ergebnisse derartiger Untersuchungen sind jedoch sehr uneinheitlich. Für Gegner biochemischer Psychosentheorien gilt die Fehlmethylierungs-Hypothese wegen der stark variierenden Ergebnisse bereits als widerlegt. Von ihren Befürwortern wird darauf hingewiesen, daß der Vielfalt schizophrener Syndrome vielleicht eine größere Zahl biochemischer Varianten zugrunde liegt.

Gehirne toter Schizophrener enthalten überdurchschnittlich viel angestautes Dopamin. Auch hier ist die Deutung schwierig, da man biochemische Veränderungen durch den Sterbevorgang unterstellen kann. Falls der Befund Rückschlüsse auf die Gehirnprozesse vor dem Tode zuließe, würde er sich gut einordnen lassen. Er würde hochgradige motorische Erregungszustände erklären (s. manische Psychose) und lieferte die Voraussetzung für einen vermehrten Umbau durch Methionin-Enzyme. Bemerkenswerterweise sind andere Enzyme, die für den Dopamin- oder Noradrenalin-Abbau zuständig sind (nämlich MAO-A und MAO-B), nicht vermehrt tätig [5], im Blut Schizophrener sogar vermindert zu finden.

Die Voraussetzungen für eine vermehrte N-MT-Tätigkeit im Umbau der Monoamine wären gegeben. Abbauprodukte sind schwer zu deuten. Dem Nachweis von halluzinogen-ähnlichen Substanzen im Gehirn sind methodische Grenzen gesetzt. Es wären beim Lebenden Substanzen im Gehirn nachzuweisen, von denen nur einzelne aus einer großen Gruppe zu erwarten sind, und die wahrscheinlich nur in ganz geringen Konzentrationen auftreten. Tatsächlich konnte aber in Einzelfällen zunächst die Substanz Bufotenin im Urin gefunden werden [6]. Gerade von dieser Substanz ist aber die genaue Wirkung auf das Verhalten nicht bekannt, da sie nicht experimentell über den Blutweg ins Gehirn gebracht werden kann. Andere Autoren haben jedoch das Halluzinogen Dimethyl-tryptamin im Urin [8] und im Blut [7] einiger Schizophrener nachgewiesen.

Ein interessanter Befund ist auch, daß paranoide Symptome (Verfolgungsvorstellungen) durch eine ganz bestimmte Droge sehr spezifisch erzeugt werden können, nämlich durch Amphetamin. Gibt man diese Droge Schizophrenen, so berichten diese übereinstimmend, daß sie das

Empfinden haben, ihre Symptome würden sich verstärken. Amphetamin fördert u. a. die Transmitterausschüttung. Bei anderen Drogen (z. B. LSD) kann die Drogenwirkung von der eigenen Symptomatik unterschieden werden.

Nach den bisher berichteten Befunden hätten die schizophrenen Symptome ihr biochemisches Korrelat in mindestens drei Komponenten: Hohe Dopaminaktivität; halluzinogen-ähnliche Substanzen, die durch N-MT aus Monoaminen entstehen; amphetamin-ähnliche Substanzen, die durch N-MT aus dem Abbauprodukt Phenyl-Äthylamin entstehen.

Ein wichtiger Prüfstein einer biochemischen Psychosentheorie ist die Spezifität der Wirkung bestimmter Pharmaka. Schon seit längerer Zeit versucht man, Schizophrene mit dem Medikament Chlorpromazin zu behandeln. Chlorpromazin hat zwei wichtige pharmakologische Eigenschaften. Es behindert die Dopaminfreisetzung und -wirkung, es blockiert aber auch durch N-MT entstehende Substanzen. Man kennt mittlerweile viele andere Pharmaka, die ähnliche Eigenschaften aufweisen. Jedoch nur Chlorpromazin verbindet beide Wirkungen in hohem Ausmaß [9]. Chlorpromazin-Behandlung von schizophrenen Patienten scheint nun tatsächlich erfolgreicher zu sein als konventionelle, individuelle Psychotherapie. Dabei muß der Erfolg in einer Reduzierung der Schübe und in einer Milderung der Symptome gesehen werden. Vieles weist darauf hin, daß man die besten Ergebnisse mit einer Kombination aus individueller Psychotherapie und einer Behandlung mit Chlorpromazin-ähnlichen Substanzen erzielt.

Chlorpromazin gehört in die Gruppe der Phenothiazin-Medikamente. Andere Substanzen, die in der pharmakologischen Symptombehandlung Schizophrener verwendet werden, sind die Butyrophenone (hierher gehört das Pharmakon Haloperidol) oder Medikamente mit Depotwirkung (wie das Pharmakon Fluspirilen). Neuroleptika hemmen meist nur die Herstellung der zellinneren Wirksubstanz cAMP vor allem nach Dopamineinwirkung. Zur Wirkstoffgruppe der Ergoline gehören ebenfalls Substanzen, die die Dopaminwirkung nicht nur ersetzen, sondern auch hemmen können.

Chlorpromazin-ähnliche Substanzen wirken vor allem erregungsdämpfend, sie sind sogenannte Neuroleptika. Neuroleptika sind Medikamente, die zur großen Gruppe der Psychopharmaka gehören. Leider bewirken sie eine mehr oder minder massive Beeinträchtigung der gesamten Nervenfunktionen. Von den unerwünschten Nebenwirkungen sind solche Symptome am augenfälligsten, die die Bewegungssteuerung betreffen. So wird u. a. das extrapyramidal-motorische System stark beeinträchtigt, wobei es zu Symptomen der Zitterlähmung kommt (ähnlich wie bei der Parkinson-Krankheit, s. Abschnitt 3.2.2.). Meist versucht man, die vordergründigsten Nebenwirkungen durch zusätzliche Medikation (z. B. durch das Medikament Biperiden) zu mildern, wodurch noch sekundäre Nebeneffekte entstehen können.

Nur bei sehr geringer Dosierung vermag die pharmakologische Symptombehandlung mit Neuroleptika eine psychologische Intervention zu unterstützen. Bei hohen Dosen hemmen die Psychopharmaka die Handlungsfähigkeit der Patienten.

## *Literatur*


[1] Schildkraut, J. J.: Current Status of the Catecholamine Hypothesis of Affecitve Disorders. In: Psychopharmacology (Lipton, DiMascio, Killam Eds.), p. 1223-1234. Raven, New York 1978

[2] Murphy, D. L., Campbell, I., Costa, J. L.: Current Status of the Indoleamine Hypothesis of the Affective Disorders. In: Psychopharmacology (Lipton, DiMascio, Killam Eds.), p. 1236-1247. Raven, New York 1978

[3] Kutzbach, C., Stokstad, E. L. R.: Feedback inhibition of methylene-tetrahydrofate reductase in rat liver S-adenosyl-methionine. Biochemica et Biophysica Acta 139 (1967) 217-220

[4] Antun, F. T., Burnett, G. B., Cooper, A. J., Daly, R. J., Smythies, J. R., Zeally, A. K.: The effects of L-methionine (without MAOI) in schizophrenia. J. Psychiatric Res. 8 (1971) 63-71

[5] Schwartz, M. A., Wyatt, R. J., Yang, H. Y., Neff, N. H.: Multiple forms of brain monoamine oxidase in schizophrenic and normal individuals. Archives Gen. Psychiatry 31 (1974) 557-560

[6] Tanimukai, H., Ginther, R., Spaide, J., Bueno, J. R., Himwich, H. E.: Occurence of bufotenin in urine of schizophrenic patients. Life Sciences 6 (1967) 1697-1706

[7] Tanimukai, H., Ginther, R., Spaide, J., Bueno, J. R., Himwich, H. E.: Detection of psychotomimetic N, N-dimethlated indoleamines in the urine of four schizophrenic patients. Brit. J. Psychiatry 117 (1970) 421-430

[8] Narasimhachari, N., Heller, B., Spaide, J., Hascovec, L., Meltzer, H., Strahilevitz, M., Himwich, H. E.: N,N-dimethylated indoleamines in blood. Biological Psychiatry 3 (1971) 21-23

[9] Fielding, S., Lal, H.: Behavioral Actions of Neuroleptics. In: Handbook of Psychopharmacology (Iverson, Iverson, Snyder Eds.), Vol. 10, p. 91-128. Plenum, New York–London 1978

[10] Dörner, G.: Hormones and sexual differentiation of the brain. Ciba Foundation Symposium 62. Amsterdam: Excerpta Media 1979

[11] Maugh, Th. H.: Is there a gene for depression? Science 214 (1981) 1330–1331

[12] Papousek, M.: Chronobiologische Aspekte der Zyklothymie. Fortschr. Neurol. Psychiatr. 43 (1975) 381–440

[13] Supprian, U.: Stimmung und Antrieb. Stuttgart: Thieme 1978

[14] Aschoff, J.: Wie gestört ist der circadiane Rhythmus bei Depressiven? In: Neue Perspektiven der Depressionsforschung (H. Heimann, H. Giedke Hg.). Bern: Huber 1980

[15] Richter, P.: Zur Chronopathologie endogener Depression. Nervenarzt 55 (1984) 154–161

[16] van Praag, H. M.: Management of depression with serotonin precursors. Biol. Psychiatry 16 (1981) 291–310

# Teil II Autonome Regulationen (Psychophysiologie im engeren Sinn)

# 4. Grundlagen der Psychophysiologie

## 4.1 Energieumsatz und Energiebereitstellung

### *4.1.1 Energieumsatz*

Jeder Organismus besitzt eine gegen die Umwelt abgegrenzte Struktur. Diese erhält er gegenüber wechselnden Umwelteinflüssen aufrecht durch ständigen Stoff- und Energieaustausch. Darüber hinaus besitzt er die Möglichkeit, dazu beizutragen, daß sich Lebensformen zunehmend ausbreiten (vgl. Abschnitt 1.1.2.).

Jede der genannten Eigenschaften ist nicht ohne die anderen verständlich. So ist der Baustoffwechsel und der Energiestoffwechsel Grundlage für Struktur und (systemreplizierende) Fortpflanzung. Darüber hinaus ist er mit den Phänomenen der aktiven (motorischen) und passiven (sensiblen) Reagibilität des Organismus verbunden. In Kapitel 3 (vor allem in Abschnitt 3.1.3.) wurde versucht, Zusammenhänge zwischen Bau- und Wirkstoffwechsel einerseits und Verhalten anderseits aufzuzeigen. In den folgenden Abschnitten soll dies für den Energiestoffwechsel versucht werden.

Unter Energie versteht man meistens die Fähigkeit zur Arbeit. Eine derartige Vorstellung liegt auch dem physikalischen Energiebegriff zugrunde, der Energie und Arbeit mit gleichem Maß mißt (nämlich mit der Maßeinheit Joule, abgek. J). Es gibt Prozesse, die Energie liefern, z. B. bestimmte chemische Reaktionen. Andere Prozesse verbrauchen Energie, z. B. wenn ein Gegenstand bewegt wird.

Ein physikalisches Gesetz besagt, daß Energie normalerweise nie verloren geht (die einzige „Ausnahme", nämlich der sog. Energieverlust durch Wärmeabgabe, wird im Abschnitt 4.1.4 erwähnt werden). Energie wird nur stets verlagert („umgesetzt"). Das Produkt eines energieverbrauchenden Prozesses (z. B. das Heben eines Hammers) kann also wieder dazu benützt werden, um Energie zu liefern (Wucht zum Nageleinschlagen). Sogenannte freie Energie (Strahlung, Bewegung) kann dazu benutzt werden, um Arbeit zu leisten (Bretter anzunageln). Energie kann auch dazu dienen, anderen Kräften entgegenzuwirken (z. B. dem Wind standzuhalten).

Materie- und Energieaustausch sind im Stoffwechsel der Organismen nicht voneinander zu trennen. Bestimmte Substanzen, die vom Organismus aufgenommen werden, ermöglichen energieliefernde chemische Reaktionen. Nicht mehr benötigte Substanzen werden abgegeben. Die (über energiereiche Substanzen) zugeführte Energie wird größtenteils in Bewegung umgesetzt (der Organismus kann „Arbeit" vollbringen).

Ein geläufiges Beispiel für Energieumsatz liefert der Automotor. Hochwertige Substanzen (Benzin, Sauerstoff) reagieren nach elektrischer Zündung miteinander chemisch und liefern Energie. Abfallstoffe werden als Auspuffgase abgegeben. Die Energie wird vor allem in Bewegung umgesetzt.

Stoffe, die vom menschlichen Organismus aufgenommen werden, sind vor allem Eiweiße, Fette und Kohlenhydrate. Die genannte Reihenfolge entspricht ihrer Bedeutung als Baustoffe der organismischen Struktur. Sie können aber auch zur Energiegewinnung herangezogen werden, hier allerdings stehen an erster Stelle die Kohlenhydrate. Fette müssen zur Energiegewinnung erst in Kohlenhydrate umgewandelt werden. Das gleiche gilt für Eiweiße, allerdings geschieht dies nur in Ausnahmefällen. Eine weitere, energieliefernde und lebensnotwendige Substanz ist der Sauerstoff, ein in der Luft enthaltenes Gas.

Kohlenhydrate können nur in Form von Glukose der Energiegewinnung dienen; in diese Zuckerart werden sie vor der Energieerzeugung umgewandelt. Davon verbraucht der menschliche Körper täglich etwa 625 g. Zusätzlich benötigt er meist $^1/_3$ l Sauerstoff (= $O_2$) pro Minute, das sind täglich etwa 480 l. Durch einen in Abschnitt 1.1.5. näher beschriebenen Prozeß reagieren Glukose und Sauerstoff chemisch miteinander und als Endprodukt entstehen Kohlendioxid ($CO_2$; es ist ein Gas, das ausgeatmet wird) und Wasser ($H_2O$). Außerdem wird Energie frei, und zwar täglich etwa zwischen 7000 und 20 000 kJ (1 kJ = 1000 J; s. dazu auch Abschnitt 1.1.2.).

Nach den in Abb. 28 angegebenen Mittelwerten kann man errechnen, daß 1 g Glukose dem Körper etwa 16 kJ Energie liefert. Da wir aber nicht reine Glukose essen, liefert diese Zahl keine Information über den tatsächlichen Energieverbrauch. Zur Energiegewinnung ist aber auch Sauerstoff erforderlich (der in reiner Form aufgenommen wird). Daraus läßt sich nun der Energieverbrauch folgendermaßen bestimmen: 1 l $O_2$ liefert 21 kJ. Diesen Wert nennt man auch „kalorisches Äquivalent". Allerdings ist auch diese Größe nur ein Näherungswert, der von der Art der Nahrung abhängt; man verringert ihn bei Mischnahrung nach Messung des ausgeatmeten $CO_2$.

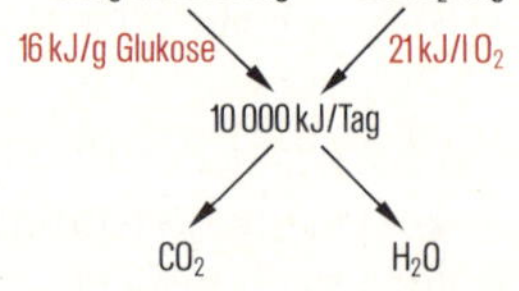


*Abb. 28* Bilanz des menschlichen Energieumsatzes.

Soll der Energieumsatz gemessen werden, macht man sich die Tatsache zunutze, daß der $O_2$-Verbrauch (korrigiert nach Messung der $CO_2$-Abgabe) ein Maßstab für den Energieverbrauch ist. Die Geräte, die die Atemluft analysieren, heißen Respirometer, z. B. der Douglassack oder das Ergotest-Gerät.

In Abschnitt 1.1.5. wurde erwähnt, daß die in den Körperzellen gewonnene Energie in ATP-Molekülen gespeichert wird. Letztlich ist nicht die Menge an zugeführter Energie entscheidend, sondern die Frage der Energieausbeute. Aus dem Wert von 16 kJ/g Glukose kann man errechnen, daß ein Glukose-Molekül theoretisch etwa $5 \times 10^{-18}$ J Energie liefern könnte. Außerdem weiß man, daß beim Abbau eines Moleküls Glukose etwa 35 bis 40 Moleküle ATP aufgebaut werden. Diese können zusammen aber nur etwa $2 \times 10^{-18}$ J speichern (s. Abschnitt 1.1.5.) Das ergibt eine Energieausbeute von $^2/_5$ oder 40%, was durchaus der Leistung von energieumwandelnden Kraftwerken entspricht (Wasserkraftwerke, Atomkraftwerke). Bei 59 J/g ATP (s. Abschnitt 1.1.5.) und mindestens 4000 kJ/Tag umgesetzter Nutzenergie werden täglich mindestens 67 kg ATP gebildet und wieder verbraucht.

## *4.1.2 Arbeitsumsatz und Wirkungsgrad*

Mit Hilfe einer Messung des Sauserstoff-Verbrauchs kann man ermitteln, wieviel Energie der Körper umsetzt. Dies wechselt in Abhängigkeit von den Tätigkeiten, die ausgeführt werden. Bei schwerer körperlicher Arbeit wird mehr Energie umgesetzt, bei leichter weniger. Ein Teil des Energieumsatzes dient unabhängig von ausgeführten Bewegungen der Aufrechterhaltung der Körperstruktur gegen ständig vorhandene physikalisch-chemische Umwelteinflüsse.

Energie kann, wie erwähnt, dazu dienen, anderen Kräften entgegenzuwirken. Ein Teil der im Automotor freigesetzten Energie wird verbraucht, um die Reibungskräfte an den Rädern und die des Luftwiderstandes zu überwinden. Theoretisch wirkt Energie immer anderen Kräften entgegen. Bewegungsenergie überwindet dann eben Trägheitskräfte. Strukturschaffende Tätigkeiten des Organismus wirken, so gesehen, einer ausgleichenden Zufallskraft („Entropie") entgegen.

Der zur Aufrechterhaltung der Körperprozesse selbst bei Ruhe erforderliche Energieumsatz heißt Ruheumsatz. Er wird bei körperlicher Untätigkeit, ruhenden Verdauungsprozessen (nüchtern) und behaglicher Umgebungstemperatur gemessen.

Der unter entsprechend standardisierten Bedingungen gemessene Ruheumsatz heißt auch Grundumsatz. Der Meßwert des Grundumsatzes variiert mit der Körperoberfläche (diese wird aus Größe und Gewicht geschätzt und liegt beim Erwachsenen durchschnittlich zwischen 1,7 und 1,9 $m^2$). Natürlich verändert sich der Grundumsatz mit dem Alter (er ist bei 10jährigen um 20% höher, bei 50jährigen um 10% niedriger als bei 25jährigen). Es gibt Tabellen für Normalwerte. Abweichungen vom Tabellenwert um mehr als 10% weisen in 2 von 3 Fällen auf eine Krankheit hin.

Der Grundumsatz unterscheidet sich aber auch zwischen den Geschlechtern beträchtlich. Umgerechnet auf den täglichen Verbrauch pro $m^2$ Körperoberfläche beträgt der Grundumsatz von Männern zwischen 20 und 30 Jahren etwa 3800 kJ, der von gleichalten Frauen etwa 3500 kJ. Es scheint also, daß es einen (von der Körpergröße unabhängigen) geschlechtsspezifischen Stoffwechselparameter gibt (s. dazu auch Abschnitt 14.2.2.). In funktionellem Zusammenhang damit steht wahrscheinlich der Befund, daß der Fettanteil am Körpergewicht bei Frauen (unabhängig vom Alter) um 13% höher liegt, als bei Männern. Fettgewebe ist in der Regel nicht sehr stark durchblutet. Auch eine Reihe von Eigenschaften des Blutes (Menge bezogen auf das Körpergewicht und Zellenzahl pro Mengeneinheit) differieren zwischen den Geschlechtern.

Zusätzlich zum Ruheumsatz gibt es bei Bewegung den Leistungsumsatz (Leistungszuschlag). Die Höhe des Leistungsumsatzes hängt von der Art der Tätigkeit, den Arbeitsbedingungen und vom Training ab (hier gibt es also keine biologischen Geschlechtsunterschiede). Bei Umsatzmessungen unter Leistungsbedingungen erhält man die Summe aus Ruhe- und Leistungsumsatz, die man auch als Tätigkeitsumsatz (Arbeitsumsatz) bezeichnet.

Ohne besondere körperliche Tätigkeit liegt der durchschnittliche Tagesumsatz bei 9000 kJ, bei mittelschwerer körperlicher Tätigkeit beträgt er etwa 16 000 kJ, bei Schwerarbeit etwa 20 000 kJ (das ist das Dreifache des Ruheumsatzes). Hochleistungssportler können den Energieumsatz kurzfristig auf das Siebenfache des Ruheumsatzes steigern.

Die Anpassungsleistungen des Organismus werden dadurch deutlich, daß er imstande ist, bei Bedarf mehr Energie umzusetzen, oder Energie für bestimmte Funktionen bereitzustellen. Je nach der Größe des Widerstandes, gegen den eine Bewegung auszuführen ist, wird die bereitzustellende Energiemenge variieren (Art der Tätigkeit). Allerdings schwankt der Energiebedarf auch je nachdem, wie gut die Bewegungsorgane eingesetzt werden können, oder welche Hilfsmittel zur Verfügung stehen (Arbeitsbedingungen). Schließlich stellt es auch eine Anpassungsleistung dar, wie geschickt das körperliche Vermögen zur Energieumsetzung ausgenützt werden kann (Training).

Häufig wird als Faktor, der die Höhe des Energieaufwandes beeinflußt, auch die Zahl der bei der Bewegung beteiligten Muskeln genannt. Man sollte aber sehen, daß diese Zahl einerseits durch Training bis zu einem gewissen Grad erhöht werden kann, anderseits oft durch die Arbeitsbedingungen limitiert ist. Damit hat aber übrigens jedes Training zwei Aspekte: Verbesserte Ausschöpfung von Energiequellen und bessere Anwendung bereitgestellter Energie.

Sieht man einmal von der Art der Tätigkeit und vom individuellen Training ab, so lassen sich Arbeitsbedingungen danach klassifizieren, wie energiesparend oder energieaufwendig die verlangten körperlichen Tätigkeiten ausgeführt werden können. Ein Maß dafür liefert der Wirkungsgrad. Er ist der (standardisierte) Quotient aus sichtbarer, äußerer Arbeit und umgesetzter Energie.

Die äußere Arbeit wird in Leistung mal Zeit (Wattsekunden) gemessen, die umgesetzte Energie in Joule. Multipliziert man den Quotienten mit 100, so erhält man den Wirkungsgrad in Prozenten. Nach den in Abschnitt 4.1.1 gemachten Feststellungen über die Energieausbeute des Körpers, kann der Wirkungsgrad einen theoretischen Wert von 40% nicht überschreiten.

Der Wirkungsgrad beträgt beim Heben 5 bis 10%, beim Tragen und Ziehen 10 bis 15%, beim Kurbeln 20% und beim Radfahren etwa 25%. Bei Haltearbeiten ist der Wirkungsgrad 0; trotz eines Energieaufwandes, der vom Gewicht abhängt, ist keine Arbeit meßbar. Meist machen körperliche Arbeiten mit hohem Wirkungsgrad subjektiv mehr Freude (dies ist jedoch keine logische, sondern eine psychologische Feststellung, die im Einzelfall empirisch nachgeprüft werden muß). Generell aber kann man sagen, daß der Einsatz von Maschinen um so ökonomischer wird, je geringer der Wirkungsgrad beim Einsatz von Muskelkraft ist.

Ob eine Tätigkeit „leicht" oder „schwer" ist, kann nicht an der äußeren Arbeit abgelesen werden. Dennoch ist, völlig ungerechtfertigt, der Umfang an äußerer Arbeit oft maßgeblich dafür, ob an einem Arbeitsplatz Frauen eingesetzt werden. Mancher Selbstbedienungsladen liefert dafür ein Beispiel. Das Heranbringen von Warenpaketen mit Paletten und Rollwagen erledigen Männer (Wirkungsgrad etwa 15%). Die gleiche Warenmenge muß einzeln in die Regale sortiert werden, was meist Frauen tun (Wirkungsgrad etwa 5%). Das Verhältnis wäre ausgeglichen, wenn ihnen, je nach Art der von den Männern bedienten Transportgeräte, mindestens die dreifache Zeit zur Verfügung stünde. Dies ist meistens nicht der Fall. Ähnliches gilt für Haltearbeiten, wo häufig Frauen eingesetzt werden, oder für die Tätigkeiten des Kassierens, wo große Warenmengen (oft unter Zeitdruck) einzeln mit der Hand weitergereicht werden.

Allerdings wäre es ungerechtfertigt, Lohngruppen ausschließlich nach dem Energieumsatz am Arbeitsplatz festzulegen. Bei gleichem Leistungsumsatz haben Frauen (wegen des geringeren Ruheumsatzes) stets niedrigeren Arbeitsumsatz als Männer. Außerdem verbrauchen Anfänger (die auch mehr Fehler machen) immer mehr Energie bei körperlicher Tätigkeit als Geübte. (Schlechte Schwimmer vergeuden im Vergleich zu Spitzenschwimmern bis über 90% ihrer Energie durch mangelhafte Schwimmtechnik.)

### *4.1.3 Belastende Tätigkeit*

Das Quantum der durch Körperkraft zu erbringenden Leistung ist durch die Arbeitsdauer begrenzt. Höchstleistungen sind nur drei bis vier Minuten lang möglich. Dabei wird Energie vorübergehend ohne Sauerstoff (anaerob; s. Abschnitt 1.1.5.) und ohne zeitraubende Glukosemobilisierung aus dem im Muskel gespeicherten Zucker gewonnen. Hochleistungen sind durch das Tempo des Sauerstoff-Transportes begrenzt. Wenn nämlich kein Gleichgewicht zwischen Antransport und Bedarf an Sauerstoff erreicht wird, steigt die Pulsfrequenz langsam an. Die Arbeit muß abgebrochen werden, wenn der Puls nach etwa 20 bis 30 Minuten einen bedrohlichen Maximalwert erreicht hat (je nach Alter 140 bis 180 pro Minute).

Sogenannte forcierte Leistungen sind über einen Zeitraum von drei bis vier Stunden möglich. Dabei stellt sich zwar ein Gleichgewicht zwischen Sauerstoff-Antransport und Sauerstoff-Verbrauch ein, die Aufrechterhaltung des Gleichgewichts (man spricht hier auch von Scheingleichgewicht) geht aber auf Kosten der Ausschöpfung aller Reserven (genauer gesagt: der ATP-Speicher in den Zellen). Muß forcierte Leistung oft erbracht werden, so werden energiebereitstellende Prozesse im Körper dauermobilisiert (s. auch Abschnitte 4.2.5. und 7.2.2.), was zu Spätschäden führen kann.

Sogenannte Dauerleistungen, wie sie über Stunden hinweg aufrecht erhalten werden können, hängen von der Förderleistung des Herzens und damit vom Trainingszustand ab.

Mit der trainierbaren Förderleistung des Herzens schwankt die Sauerstoffaufnahme (s. auch den folgenden Abschnitt 10.2.5.). Sie beträgt bei arbeitenden Untrainierten etwa 1 l $O_2$/Min. Die Leistungsaufnahme beträgt also 21 000 J/Min oder 350 W (1 W = 1 Watt = 1 J/sek). Als Leistungsabgabe kommen davon höchstens 25% in Frage (Wirkungsgrad beim Radfahren), also etwa 85 W. Bei Frauen liegt dieser Wert wegen der geringeren Förderleistung des Herzens niedriger. Die Sauerstoffaufnahme kann bei maximaler Pulsfrequenz von Untrainierten auf 2,5 l $O_2$/Min (= ca. 200 W Leistungsabgabe), von Trainierten auf 5 l $O_2$/Min (= ca. 400 W Leistungsabgabe) gesteigert werden. Die in Klammern genannten Werte werden auch als „Arbeitskapazität“ bezeichnet.

Immer dann, wenn der tatsächliche Energieverbrauch größer ist als die im Äquivalent geförderte Sauerstoffmenge, sind Pausen erforderlich. Eine Differenz zwischen vorhandenem und theoretisch notwendigem Sauerstoff kann ja zum Teil durch Energiereserven gedeckt werden (Sauerstoffschuld). Diese Reserven werden in Arbeitspausen wieder aufgefüllt. Daher ist z. B. der Herzschlag nach beendigter körperlicher Arbeit oft noch eine Stunde und länger beschleunigt (dies wird auch subjektiv als Belastung erlebt, s. Abschnitt 4.2.3.). Eine Tätigkeitspause sollte so lange dauern, bis der Ruhepuls wieder erreicht ist. Durch häufigere kurze Arbeitspausen wird man der Ökonomie des Körpers gerechter, als durch wenige lange.

Außer der Bestimmung der Sauerstoffaufnahme gibt es noch eine andere Methode, forcierte Leistung zu erkennen. Man zählt die Pulsschläge nach Arbeitsende bis zur Erreichung des Ruhepulses. Von dieser Zahl zieht man für jede inzwischen verflossene Minute die Zahl 70 ab. Der verbleibende Wert heißt Erholungspulssumme. Er sollte nicht über 100 liegen.

Bis jetzt ist nur der muskuläre Aspekt von Arbeit berücksichtigt worden. Jede Form von Tätigkeit setzt aber voraus, daß Steuerungsprozesse im Körper ablaufen, die die Bewegungen lenken und koordinieren. Dies ist Aufgabe des Nervensystems. Darüber hinaus können bei jeder Tätigkeit Gedanken und Gefühle auftreten, die die Steuerung der Bewegungen unterstützen oder behindern. Auch das ist auf die Aktivität des Nervensystems zurückzuführen.

Wieso es unter bestimmten Bedingungen zu bestimmten Gedanken und Gefühlen kommt, ist Untersuchungsgegenstand der Psychologie. Soweit die Analyse von Körperprozessen diese Fragen bereits beantworten kann, werden sie in späteren Kapiteln behandelt. Dazu gehört auch die Analyse von Belastungsfaktoren, die tätigkeitsbegleitend auftreten können, z. B. Unter- oder Überforderung. Ebenso ist die Wirkung bestimmter Aktivitäten des Nervensystems auf Körperprozesse Gegenstand späterer Kapitel.

Bereits hier aber muß die Frage gestellt werden, ob Denken und Fühlen nicht ebenfalls energieverbrauchende Tätigkeiten sind. Dies ist Gegenstand der folgenden Abschnitte (und auch noch des Abschnitts 11.2.3.).

Das Gehirn erhält etwa 15% der im Körper kreisenden Blutmenge und dies entspricht auch ungefähr seinem Anteil am Gesamtenergieumsatz. Da einige Gehirnteile einen sogar unterdurchschnittlichen Sauerstoffverbrauch haben (Fasergebiete), gelten Nervenzellen als besonders stoffwechselaktiv. Die Sauerstoff-Versorgung des Gehirns wird weitgehend unabhängig von sonstigen Körperprozessen reguliert und auf einen annähernd konstanten Wert gehalten.

Wechselnder Blutdruck oder Blutfülle beim Kopfstand werden für das Gehirn automatisch weitgehend ausreguliert. Die Durchblutung des Gehirns hängt offenbar nur von dem $CO_2$-Gehalt des Blutes ab. Manche Prozesse, die das Blut mit $CO_2$ anreichern, wie z. B. Affektzustände oder auch der Schlaf, führen zu einer Durchblutungssteigerung im Gehirn. Wird der relative Anteil an $CO_2$ gesenkt, z. B. durch eine hohe Sättigung des Blutes mit Sauerstoff, so kommt es zu einer Minderung der Gehirndurchblutung mit Schwindelgefühl und Bewußtseinstrübung.

Die Aktivität des Gehirns steigt beim Denken nicht an, es erfolgt nur eine Umverteilung von Aktivität (s. Abschnitt 11.2.3.). Das gilt auch für Gehirnprozesse während des Schlafs. Durch Denken verbraucht das Gehirn also nicht mehr Sauerstoff (über die Untersuchung lokaler Änderungen im Gehirn s. Abschnitte 11.1.5. und 11.2.1.).

Der Energieverbrauch des Radioapparates ist unabhängig davon, ob er nur ein Pausenzeichen oder einen wissenschaftlichen Vortrag abgibt. Sein Energieverbrauch steigt allerdings, wenn man ihn lauter stellt.

Geistige Tätigkeit ist dennoch mit energieverbrauchenden Prozessen verknüpft. Geistige Tätigkeit besteht nämlich nicht nur aus Denkprozessen, die im Gehirn ablaufen, sondern auch aus Gefühlen und Handlungsimpulsen. Es wird Aufgabe des Kapitels 6 sein zu zeigen, daß das Wort „Gefühl“ meistens ein Zusammenspiel aus Denkprozessen, energiebereitstellenden Prozessen und energieverbrauchenden Handlungsimpulsen bezeichnet.

Hier sei festgehalten, daß Gefühle mit unspezifischen Körperprozessen zusammenhängen können, die ebenso wie zielgerichtete Handlungsimpulse die meisten Denkprozesse begleiten. Daher gibt es parallel zu Denkprozessen meistens energiebereitstellende und energieverbrauchende Körperprozesse, z. B. Muskelspannungen, aber auch erhöhten Herzschlag. Denk- und Körperprozesse stehen miteinander in enger Wechselwirkung. Wichtige Informationen gehen verloren, wenn sie unabhängig voneinander untersucht werden.

*Arbeitswissenschaften.* Arbeitsbedingungen zu erforschen, die die körperliche und geistige Arbeitstätigkeit unterstüzten, ist Gegenstand der Ergonomie. Hierher gehört die Frage nach der Gestaltung von Werkzeugen ebenso wie (z. B. im Bereich der Software-Ergonomie) die Menschlichkeit kognitiver Anforderungen und schließlich die Gestaltung des gesamten Arbeitsablaufs. Wichtige Grundlagen dafür liefert die Erforschung der Handlungsstrukturen.

Ein weiteres wichtiges Problemfeld stellen Umgebungsfaktoren wie Lärm, Zeitdruck und Rollenkonflikte dar, die Risikofaktoren in der Epidemiologie (der Ursachenforschung für die Verbreitung) von Berufs-Folgekrankheiten darstellen. Beispiele dafür werden in Abschnitt 8.2.3 erwähnt werden. Für diese angewandten Fragestellungen ist die Belastungs- und Bewältigungsforschung grundlegend. Sie ist mit Gegenstand des vorliegenden Teils II und baut auf der Kenntnis autonomer Regulationen auf.

### *4.1.4 Energiebereitstellende Prozesse*

Die Versorgung des Körpers mit Energie ist eine der wichtigsten Aufgaben unserer Organe. Bereits im Abschnitt 1.1.4. wurde darauf hingewiesen, daß die meisten Organe des Körperrumpfs diesem Ziel dienen. Eine Vielzahl von Vorgängen, die nahezu ununterbrochen ablaufen und auch erheblich das Verhalten beeinflussen, dienen der Energiebereitstellung. Einige seien im folgenden ausgeführt.

Nahrungsaufnahme und Atmung sorgen für die Bereitstellung der Rohstoffe zur Energiegewinnung. Während Sauerstoff direkt durch die Lungen aufgenommen wird, muß Glukose erst hergestellt werden. Meistens erfolgt dies über ein Zwischenprodukt, nämlich Glykogen, das in den meisten Körperzellen, vor allem aber in der Leber, gespeichert werden kann. Voraussetzung für die Energiegewinnung ist, daß Glukose und Sauerstoff allen energieverbrauchenden Zellen zur Verfügung steht. Beides kann über den Blutweg transportiert werden. Dadurch spielt das Blutgefäßsystem eine zentrale Rolle in der energetischen Versorgung aller Körpergebiete (s. Abb. 29).

Untersuchungen über den Beitrag einzelner Organe für energiebereitstellende Prozesse bei erhöhtem Tätigkeitsumsatz nimmt man an eigens dafür konstruierten Trimmgeräten vor. Diese Geräte heißen Ergometer (z. B. Fahrradergometer, Laufband-Ergometer).

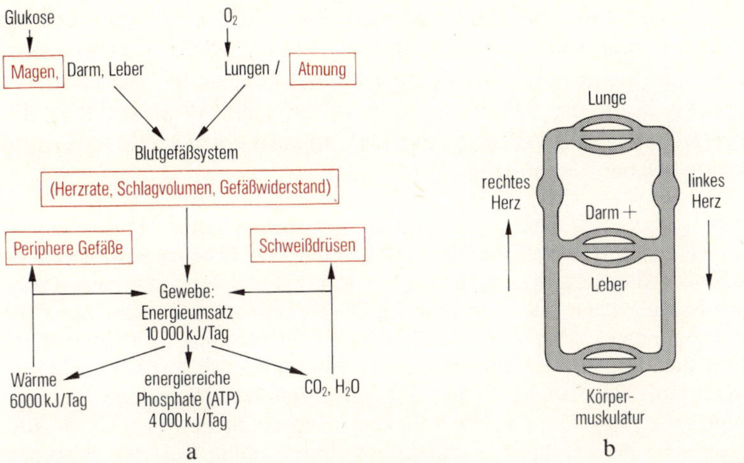


*Abb. 29* a. Die Bilanz des Energieumsatzes und Indikatoren für Stoffwechselprozesse. b. Grundschema des Blutkreislaufs.

In der psychophysiologischen Aktivierungsforschung (s. Abschnitt 7.2.1) denkt man meistens ganz allgemein an Prozesse der energetischen Mobilisierung [19, 20], wenn man von Aktivierung spricht. Eine entsprechende Befindensdimension (energetische Aktiviertheit) findet man aber auch im Selbstbericht. Sie weist nach einem süßen Imbiß, noch mehr aber z. B. nach einem Spaziergang erhöhte Werte auf [21].

Das Blutgefäßsystem besitzt einen geschlossenen Kreislauf, durch den gewährleistet wird, daß ständig Sauerstoff an die energieverbrauchenden Körperteile (natürlich sind dies alle Organe, vor allem aber die Muskeln) gebracht wird und $CO_2$ abtransportiert wird (Abb. 30). Eine kurzschließende Querverbindung stellt sicher, daß je nach Angebot und Bedarf auch Nahrungsstoffe im Blut kreisen können. Rechtes und linkes Herz sind miteinander verwachsen und arbeiten synchron.

Im Blutgefäßsystem kreisen etwa 5 l Blut (Frauen haben 60 bis 70 $cm^3$/kg Körpergewicht, Männer 70 bis 80 $cm^3$/kg). Zirkulationsgeschwindigkeit und Verteilung des Blutes in den Körperorganen variieren je nach Anforderung in bezug auf Energiebereitstellung. Drei Faktoren bestimmen Geschwindigkeit und Verteilung: Herzrate, Schlagvolumen und Gefäßwiderstand.

*Die Herzrate* gibt an, wie oft das Herz pro Minute schlägt. In Ruhe beträgt die Herzrate etwa 70/Min. Unter Schlagvolumen versteht man die Blutmenge, die pro Herzschlag aus dem Herzen ausgeworfen wird. Das Schlagvolumen in Ruhe beträgt etwa 70 $cm^3$ (körperlich Trainierte mit Sportherz haben ein bis doppelt so großes Schlagvolumen). Daraus kann man errechnen, daß unter den angeführten Bedingungen das Herz eine

Pumpleistung von 4900 $cm^3$/Min, das sind etwa 5 l/Min erbringt. Diesen Wert bezeichnet man auch als Herzminutenvolumen (HMV). In Ruhe wird also pro Minute die gesamte Blutmenge einmal umgewälzt. Bei körperlicher Tätigkeit kann das HMV auf den sechsfachen Wert steigen. Bei Untrainierten geht die Erhöhung des HMV in stärkerem Maße zu Lasten der Herzrate als bei Trainierten.

Das Wort „Herzrate“ kann synonym zur gebräuchlicheren „Pulsfrequenz“ verstanden werden. Puls bezeichnet die z. B. an Gelenken tastbare Kreislauftätigkeit. Frequenz ist die Bezeichnung für eine konstante Rate. Nachrichtentechnisch ist das Wort Frequenz hier also nicht zulässig. Die Kombination „Pulsfrequenz“ ist sogar verwirrend, da es „Pulse“ auch in der Nachrichtentechnik gibt. Psychophysiologisch ist die Herztätigkeit auch besser interpretierbar als deren Wirkung im übrigen Kreislauf. Die mechanischen Eigenschaften der Blutgefäße gleichen nämlich Unregelmäßigkeiten der Herztätigkeit bis zu einem gewissen Grade aus. Das kann zu einer geringfügigen Verfälschung führen, wenn man den zeitlichen Abstand zwischen zwei Herzschlägen am Puls bestimmen will.

*Peripherer Widerstand.* Die Verteilung des Blutes im Körper wird durch den inneren Durchmesser der Blutgefäße festgelegt. Muskeln in den Gefäßwänden können diesen Durchmesser gegebenenfalls verkleinern (erschlaffen sie, so drängt das Blut die Gefäßwände wieder auseinander). Die Meßgröße, die der Blutverteilung entspricht, ist der mechanische Widerstand, den die Gefäßweite dem Blutfluß entgegensetzt. Normalerweise ist der Gefäßwiderstand in den Hautgefäßen groß, im Verdauungstrakt und in der Muskulatur gering. Bei körperlicher Tätigkeit nimmt der Widerstand im Verdauungstrakt zu und in der Muskulatur weiter ab. Umgekehrtes gilt während der Verdauung. Reicht eine Umverteilung in der genannten Art nicht aus, werden auch die Hautgefäße (weiter) verengt.

Der Gesamtwiderstand (TPR) des Blutgefäßsystems beträgt 150 kPa.s/l. Physikalisch ist der mechanische Widerstand ein Druck (gemessen in Kilo-Pascal kPa), der einer Durchflußmenge (l/s) entgegenwirkt. Früher hat man Drucke in Millimetern Quecksilbersäule (= mm Hg) angegeben. In dieser Einheit wären es

$$\frac{19 \text{ mm Hg}}{\text{l/Min}} \quad (1 \text{ mm Hg} = 0{,}133 \text{ kPa}).$$

*Der Blutdruck* ist eine durch verschiedene Faktoren bedingte Größe. Er ist also ein Epiphänomen der Kreislaufdynamik und damit ein natürlicher Indikator der Stoffwechsel-Gesamtbeanspruchung. Weil seine Messung in psychologischen Untersuchungen eine unliebsame Störung bedeutet, besaß er bislang keine große psychophysiologische Bedeutung. Physikalisch ist er das Produkt aus Herzminutenvolumen und Gefäßwiderstand.

Das Herzminutenvolumen (HMV) in Ruhe beträgt etwa 5 l/Min. Für den Gesamtwiderstand (TPR) des Blutgefäßsystems wurde ein Wert von

$$\frac{19 \text{ mm Hg}}{\text{l/Min}}$$

angegeben. Das Produkt HMV × TPR gibt den mittleren Blutdruck in Ruhe, in unserem Beispiel 95 mm Hg. Dieser Wert kann als arithmetisches Mittel zwischen einem („diastolischen") Entspannungsdruck von 70 und einem („systolischen") Auswurfdruck von 120 mm Hg angesehen werden. In physikalischen Einheiten entsprechen 95 mm Hg einem Druck von 12,6 kPa. Verengen sich die Blutgefäße aufgrund altersbedingter Ablagerungen (Sklerose) oder wegen einer gewohnheitsmäßigen Anspannung der Gefäßmuskulatur, so steigt der Blutdruck.

Für psychologische Fragestellungen wird der Blutdruck in der Regel mit Hilfe einer Oberarm-Manschette nach Riva-Rocci („RR") gemessen. Die Manschette wird zunächst bis über den systolischen Druck hinaus aufgepumpt und unterbindet vorerst die Blutzirkulation. Dann läßt man den Druck langsam absinken, bis durch die Oberarmarterie Blut fließen kann. Die Pulswellen erzeugen in den deformierten Arterien Geräusche. Auftreten und Verschwinden dieser sog. Korotkow-Geräusche (z. B. durch ein an die Arteria brachialis angelegtes Stethoskop) signalisiert die Dauer der Zirkulations-Behinderung. Damit ist feststellbar, ab wann das Blut gegen den Manschettendruck zu strömen beginnt (systolisch) und bis zu welchem Druck die Pulswellen noch auf deformierte Arterienwände treffen (diastolisch).

Mehrfachmessungen ergeben ein Bild des Blutdruckverlaufs (Abb. 30). Zum Nachweis kurzzeitiger Blutdruckschwankungen kann man auch indirekte Verfahren anwenden (s. Abschnitt 4.2.2).

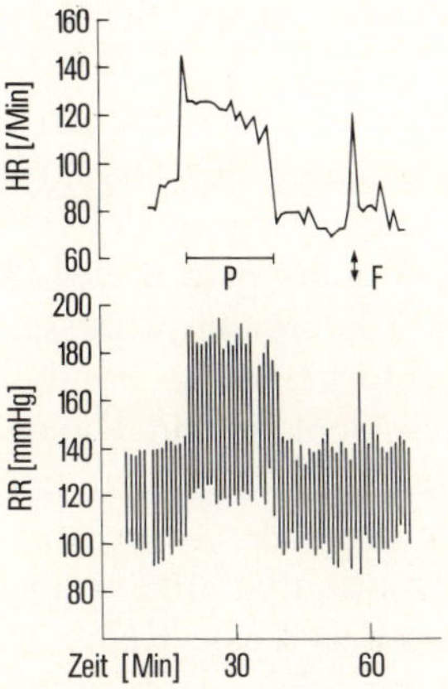


*Abb. 30* Kreislaufreaktionen eines Studenten im Examen [22]. P ... Zeit der persönlichen Prüfung, F ... unerwartete Frage.

*Temperatur.* Jede Form von vermehrter Energiebereitstellung ist gleichzeitig mit einem Überhitzungsschutz gekoppelt. Das wird nur verständlich, wenn man sich erinnert, daß nur 40% der zugeführten Energie als Nutzenergie verwendet werden kann. 60% werden als Wärme frei. Ein Teil der Wärme dient der Aufrechterhaltung der konstanten Körpertemperatur. Diese wieder begünstigt bei stoffwechselaktiven Organismen den reibungslosen Ablauf chemischer Umsetzungen. Vor allem bei erhöhtem Energieumsatz (bei körperlicher Arbeit) bestünde jedoch die Gefahr der Überhitzung. Dann muß Wärme an die Umgebung abgeleitet werden.

Wärme ist gewissermaßen Abfallenergie. Sie entsteht regelmäßig bei Energie-Umsetzungsprozessen und ist nur selten erwünscht (s. Glühbirne, Automotor; Ausnahme: Heizkörper). Wärme-Energie geht meistens verloren, sie strahlt an die Umgebung ab und kann nur schwer in andere Energieformen umgewandelt werden (wie z. B. in der Dampfmaschine, wo die Wärme in Bewegung von Wasserteilchen umgesetzt wird). Ist Wärme unerwünscht, wie beim Automotor, so müssen gegebenenfalls zusätzliche Kühlsysteme den Wärmetransport begünstigen.

Der menschliche Körper kann auf zwei wichtige Arten Wärme abgeben. Einmal kann körperwarmes Blut vermehrt in die Hautgefäße gepumpt werden, wo es an der Oberfläche abkühlt (Hautröte bei „Erhitzung"). Oder es wird Körperwärme abgeführt, indem sie zur Verdunstung von Flüssigkeit (Schweiß) benutzt wird. Dies setzt allerdings voraus, daß die Schweißdrüsen ständig Schweiß erzeugen.

Um sich die Bedeutung der Schweißdrüsenaktivität klar zu machen, sollte man überlegen, daß selbst bei einem vergleichsweise geringen Energieumsatz von 10 000 kJ/Tag Wärme im Umfang von rund 6000 kJ anfällt. Rund ein Drittel davon ist unerwünscht. Dieser Wärmeanteil wird durch Verdunstung von etwa 1 l Wasser täglich abgegeben. Bei höherem Energieumsatz und erhöhter Umgebungswärme muß erheblich mehr Wasser verdunstet werden (bis zu 1,6 l/Stunde).

*Psychophysiologie.* An den in der Abb. 29a hervorgehobenen Stoffwechselorganen kann man ohne größere Belästigung des Organismus Meßwerte erheben, die Kenngrößen (Parameter) für energiebereitstellende Prozesse liefern. Derartige Parameter verwendet man in der Psychophysiologie zur Charakterisierung körperlicher Erregungsprozesse.

Auf diese Weise erhofft man sich Informationen darüber, welche körperlichen Auswirkungen menschliches Denken und Handeln besitzt und in welcher Weise Denken und Handeln durch den körperlichen Zustand beeinflußt wird.

Wir werden im folgenden Haut- und Kreislaufparameter ausführlicher besprechen. An den Hautparametern lassen sich eine Reihe grundsätzlicher methodischer Probleme beispielhaft darstellen. Nicht zuletzt deshalb werden sie seltener verwendet. Kreislaufparameter spielen in der Psychophysiologie eine zentrale Rolle, da sich aus kardiovaskulären Meßgrößen

(d. h. aus der Herz-Gefäßsystem-Dynamik) eine größere Anzahl von Kreislaufparametern vergleichsweise einfach gewinnen läßt, die für die vegetative Reagibilität repräsentativ sind.

### *4.1.5 Erstes Beispiel einer Meßanordnung (beim Zahlenrateversuch)*

*Prozedur.* Einer Person, die sich bequem gesetzt hat, werden zunächst Meßplättchen an der Hand befestigt. Dann wird sie gebeten, eine Zahl zwischen 1 und 10 zu wählen (nicht die Zahl 5) und – ohne sie zu nennen – sich auf diese Zahl zu konzentrieren. Dann werden die Zahlen zwischen 1 und 10 (angefangen mit 5) in bunter Folge abgefragt. Der Proband hat jedoch die Aufforderung erhalten, stets mit „Nein" zu antworten, auch wenn nach der Zahl gefragt wird, auf die er sich konzentriert.

Dieser Demonstrationsversuch sollte vor einer Gruppe vorgenommen werden. Die beobachtenden Personen erhalten Gelegenheit, die physiologischen Reaktionen des Probanden, so wie sie über die Meßplättchen abgenommen werden, auf einem Bildschirm zu verfolgen. Auch ohne weitere Instruktionen können die meisten Beobachter die Reaktionen „interpretieren". Die Gruppe kann meistens angeben, auf welche Zahl sich der Proband konzentriert hat.

*Elektroden.* In diesem Demonstrationsversuch werden Hautreaktionen beobachtet. Dazu wird die Haut mit Meßplättchen (Elektroden) verbunden. Die Elektroden bestehen aus einer kleinen Metallplatte (meist aus einer Silber/Silberchlorid-Legierung mit einer Kontaktfläche von 50–80 $mm^2$), von der ein Kabel abgeht. Um den Kontakt zwischen Meßplättchen und Haut zu verbessern, wird die Haut zuvor etwas gereinigt (mit feinem Sandpapier und mit Benzin oder Seifenlauge). An die Elektroden kommt etwas Elektrodenpaste (das ist eine für Meßzwecke geeignete Hautcreme). Da die Hautreaktionen auf elektrischem Weg gemessen werden sollen, muß man zwei Elektroden anlegen, zwischen denen dann eine geringfügige elektrische Spannungsdifferenz aufgebaut wird (0,2 Volt).

Die Ableitstelle darf nicht mit Alkohol gereinigt werden, es sei denn, es wird anschließend ausreichend Elektrodenpaste mit 0,7% Kochsalz-Anteil [23] einmassiert. Ansonsten würde der Haut Wasser entzogen und der Übergangswiderstand erhöht werden. Zuviel Paste beeinträchtigt den Elektrodensitz.

Es gibt auch eine Meßart, die ohne äußere Spannungsquelle auskommt (s. dazu Abschnitt 4.1.6.).

Die Messung ist völlig ungefährlich und nicht weiter spürbar. Die Haut setzt pro $cm^2$ der elektrischen Spannung von 0,2 V einen Widerstand zwischen 30 und 100 kΩ entgegen (1 kΩ = 1000 Ohm). Dabei entstehen Ströme zwischen 7 und 1 µA/cm² (1 µA = 1 Millionstel Ampere; die Dimension µA/cm² nennt man Stromdichte). Bei 50–80 mm² Elektrodenfläche durchfließt die Haut ein Strom von etwa 2 µA. Ströme dieser Größenordnung entsprechen der von den Schweißdrüsen selbst erzeugten elektrischen Aktivität.

Die beiden Meßelektroden werden mit speziellen Kleberingen am besten an der Handinnenseite (hier gibt es viele Schweißdrüsen) im Abstand von wenigen cm auf die Haut geklebt. Dann werden die zugehörigen Kabel mit einem Meßverstärker (Koppler) verbunden (Abb. 31).

Bei empfindlichen Messungen (s. dazu auch Abschnitt 4.1.6.) sollten Meßverstärker und Proband auch noch über eine Erdleitung verbunden sein. Dazu muß

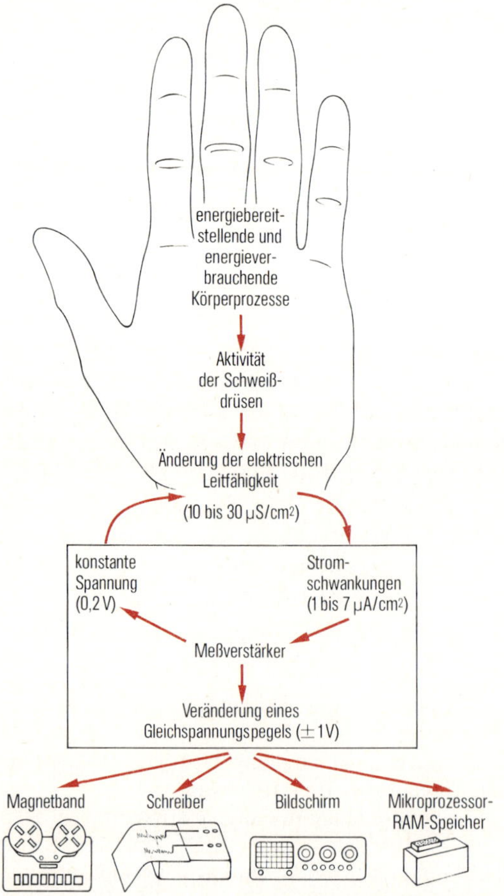


*Abb. 31* Schema der Hautleitfähigkeits-Messung.

dann noch eine dritte Elektrode irgendwo an der Haut befestigt werden. Mißt man bei sehr geringen Stromdichten, muß eine elektrisch „indifferente" Stelle gefunden werden. Das sind meist Hautstellen dicht über einem Knochen (Ellbogen, Knie). Übrigens kann auch bei unsachgemäßer Bedienung weder durch die Meßkabel noch durch die Erdleitung gefährlicher Strom fließen, wenn der Meßverstärker nach außen hin (vor allem gegen die Netzspannung) elektrisch entkoppelt ist. Dies ist bei allen modernen Geräten der Fall, neuerdings meist durch eine zwischengeschaltete optische Signalleitung (Optokoppler, Glasfaserkabel).

*Meßverstärker.* Im Meßverstärker werden die konstante Spannung von 0,2 V erzeugt und Änderungen im Stromfluß abgegriffen. Der Stromfluß variiert mit der elektrischen Leitfähigkeit der Haut. Der Meßverstärker mißt also letztlich die Hautleitfähigkeit. Physikalische Maßeinheit für elektrische Leitfähigkeit ist Siemens (1 S). Die Leitfähigkeit der Haut liegt im Bereich von 10 bis 30 μS/cm$^2$ (1 μS = 1 Millionstel Siemens).

Die Leitfähigkeit in μS stellt rechnerisch den Kehrwert des Widerstandes in kΩ dar. 30 μS entsprechen etwa 30 kΩ, 10 μS sind 100 kΩ.

Die Hautleitfähigkeit verändert sich fortwährend um geringe Beträge (skin conductance level SCL). Spontan oder reizabhängig kommt es auch zu kurzfristigen stärkeren Veränderungen (skin conductance reaction SCR). Im Meßverstärker (Abb. 32) werden die der Hautleitfähigkeitsmessung zugrunde liegenden geringfügigen Stromschwankungen in Schwankungen einer Gleichspannung umgesetzt, die im Bereich von 2 V (d. h. von

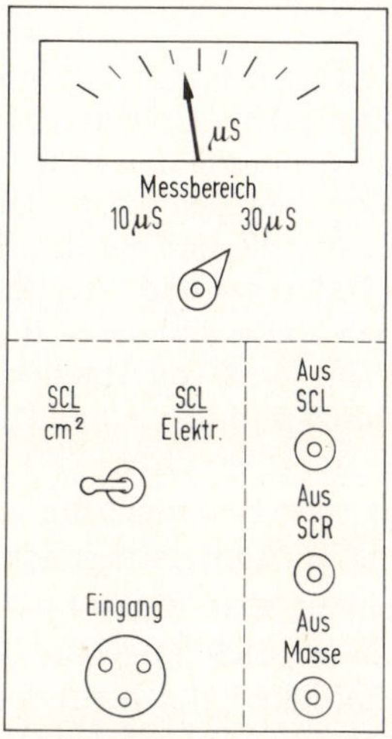


*Abb. 32* Hautleitfähigkeits-Meßverstärker

– 1 V bis + 1 V) oder von 5 V (d. h. von 0 bis 5 V) variiert. Derartige große Spannungsschwankungen kann man benützen, um große Anzeigeinstrumente (Zeigerinstrument, Schreiber, Bildschirm) oder sogar kleine Elektromotoren (für eine weitere Versuchssteuerung) zu betreiben.

Ein moderner Meßverstärker für Hautleitfähigkeitsmessung (Abb. 32) hat neben der Eingangsbuchse für die zwei (oder drei) Elektrodenkabel einen Wahlschalter für Strommessung (bezogen auf die Fläche der jeweils verwendeten Elektrode) oder – bei Verwendung von Standard-Elektroden – für Stromdichtemessung (d. h. die abgegriffenen Stromschwankungen werden gleich in $\mu A/cm^2$ umgerechnet). In Abhängigkeit davon und je nach Beschaffenheit der beobachteten Haut wird ein Meßbereich ausgesucht. Wird er zu eng gewählt, so liegen Reaktionswerte möglicherweise außerhalb des Bereichs. Wählt man ihn zu weit, so führen vorhandene Veränderungen nur zu geringfügigen Ausgangsschwankungen.

*Das Ausgangssignal.* Meist haben Meßverstärker für Hautleitfähigkeitsmessung drei Ausgänge. An einem kann man Spannungsschwankungen abgreifen, die den langsamen Veränderungen der Hautleitfähigkeit (SCL) entsprechen. Selbstverständlich sind hier auch kurzfristige Schwankungen zu beobachten, wenn sie auftreten. Sie sind jedoch geringfügig im Vergleich zur Gesamtleitfähigkeit. Meist wird dieser Ausgang benützt, wenn man das Signal für eine spätere rechnerunterstützte Auswertung auf ein Magnetband aufnehmen will. Der zweite Ausgang liefert den Differentialquotienten des SCL. Das heißt, daß langsame Veränderungen unterdrückt werden (der Ausgang liefert meist konstante Ausgangsspannung). Nur die raschen Veränderungen der SCR werden verstärkt wiedergegeben (kurzfristiger Spannungsanstieg, meist 10fach überhöht).

Diese Ausgangsspannung kann man für eine Darbietung an einem Bildschirm benützen. Am besten verwendet man einen Zweistrahl-Oszillographen. Oszillographen sind Geräte, durch die man einen Elektronenstrahl mit Hilfe zugeführter elektrischer Spannungen auf einem Bildschirm bewegen kann. Die Abtast-Geschwindigkeit des Oszillographen wird so eingestellt, daß auf dem Bildschirm Linien erscheinen. Der eine Strahl dient als Referenz- oder Ausgangslinie im unteren Drittel des Bildschirms. An den anderen Strahl wird die SCR-Ausgangsspannung des Meßverstärkers gelegt. In Abhängigkeit von Hautleitfähigkeits-Reaktionen bewegt sich die entsprechende Bildschirm-Linie auf und ab.

Der dritte Ausgang (den man meist für eine Beobachtung über einen Schreiber benützt) liefert ebenfalls das SCR-Signal. In jeder Sekunde enthält der Ausgang jedoch einen kurzzeitigen Spannungsimpuls, der der Höhe des SCL-Wertes entspricht. Damit lassen sich langsame (SCL) und rasche Veränderungen (SCR) der Hautleitfähigkeit gleich gut beobachten. Zur Interpretation dieser Phänomene nimmt der nächste Abschnitt Stellung.

### *4.1.6 Hautparameter 1: Phänomene*

*Elektrische Eigenschaften der Haut.* Die elektrischen Eigenschaften der Haut werden durch die Aktivität der Schweißdrüsen verändert. Die Schweißdrüsen der gesamten Körperoberfläche sind ständig geringfügig aktiv. Diese latente Aktivierung weist ständige Veränderungen auf, die sich durch Veränderungen der elektrischen Hauteigenschaften beobachten läßt (ektodermale Aktivität EDA). Es gibt langsame („Level L") und rasche Veränderungen („Reaction R").

Die Schweißdrüsen, und damit die Haut, weisen zwei Arten von elektrischen Eigenschaften auf. Zum einen sind sie selbst elektrisch aktiv („endosomatische Spannungsquelle"). Sie erzeugen Spannungsschwankungen, das Hautpotential (skin potential SP). Sie können von speziellen Meßverstärkern (die selbst keinen Strom erzeugen) abgegriffen werden. Bei den üblichen Meßverstärkern für Hautphänomene wird wegen der Spannungsstabilisierung diese Aktivität gewöhnlich durch eine Stromschwankung im Bereich unter 2 $\mu A/cm^2$ meßbar. Zum anderen verändert die Aktivität der Schweißdrüsen die Hautleitfähigkeit (skin conductance SC). Höhere Schweißdrüsenaktivität bewirkt eine höhere elektrische Leitfähigkeit, und zwar um etwa 1 bis 7 $\mu A/cm^2$.

Langsame oder spontane Veränderungen der Hauteigenschaften (Abb. 33 unten) machen sich bei der Leitfähigkeitsmessung (SCL) durch langsame Schwankungen bemerkbar. Bei der Messung muß darauf geachtet werden, daß alles, was zwischen Haut und Verstärker als elektrischer Widerstand wirken könnte (Kontaktfläche Haut-Elektrode, Vorwiderstände des Verstärkers) gegenüber dem Hautwiderstand relativ geringfügig ist. Mißt man langsame Veränderungen über das Hautpotential (SPL), so sind hier zahlreiche spontane Aktivierungen zu beobachten. Dazu ist es allerdings erforderlich, daß eine „indifferente" Elektrode an der beobachteten Person befestigt wurde (s. Abschnitt 4.1.5.).

Rasche, reizabhängige Veränderungen der Hauteigenschaften (Abb. 33 oben) sind ebenfalls bei Leitfähigkeitsmessung (SCR) oder bei Potentialmessung (SPR) zu beobachten. In beiden Fällen muß man die Reaktionen jedoch von SPL-Phänomenen trennen, die auch bei SCR-Messung mit geringen Stromdichten durchschlagen.

Früher hat man oft konstanten Strom zur Leitfähigkeitsmessung verwendet, weil dies technisch leichter zu realisieren war. Die Ergebnisse variieren jedoch dann zwischen verschiedenen Ableitorten auf der Hautoberfläche. Außerdem können bei längeren stromkonstanten Messungen die elektrischen Eigenschaften der Haut durch die Messung verändert werden.

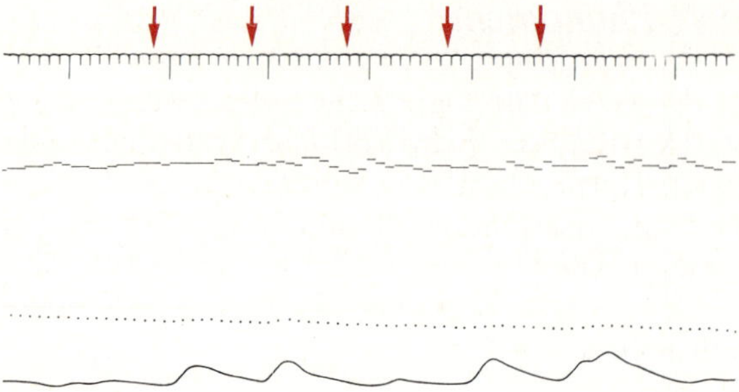

*Abb. 33a* Zahlenrateversuch. Etwa alle 10 Sek. (s. Sekundenmarkierungen) wurde eine Zahl abgefragt (Pfeile). Die Antwort wurde meist in der darauffolgenden Sekunde gegeben. Nach drei weiteren Sekunden hatte der Hautleitfähigkeits-Wert (SCR am unteren Schreiber) seinen Gipfel. In der Sekunde darauf folgte der Herzschlag schneller als bisher (Herzrate am oberen Schreiber). Die fünfte Frage betraf die kritische Zahl. Die Punkte über der SCR-Linie markieren das SC-Grundniveau. Schwankungen sind kaum erkennbar.

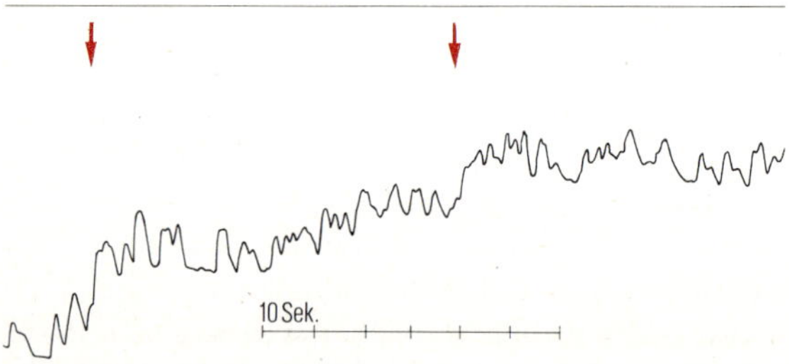


*Abb. 33b* SCL-Registrierung bei hoher Verstärkung. Versuchssituation wie oben (allerdings andere Registrier-Geschwindigkeit, s. Zeitmarken unten). Die Pfeile markieren diesmal nur das Abfragen der kritischen Zahl. (Verwendete Geräte: Oben ZAK Psycho-Physio-Graph; unten ZAK Hautwiderstands-Biofeedbackverstärker und Philips Comprecorder PM 8010).

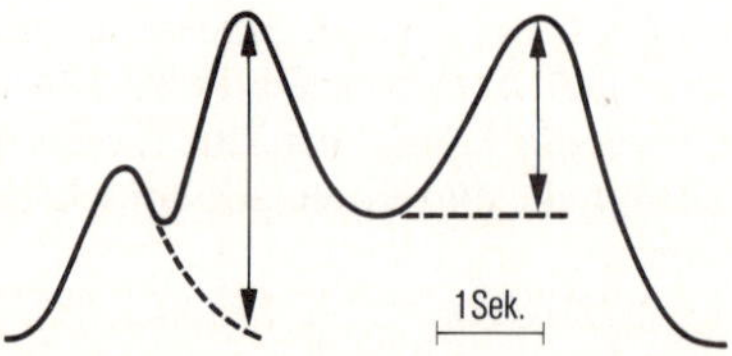


*Abb. 33c* Amplitudenbestimmung bei SCR-Verläufen.

*SCR-Parameter.* Verwendet werden Anzahl, Amplitude, Latenz (Zeit zwischen Reiz und Reaktion, etwa 1,3 bis 2,5 Sek.) und Abklingzeit (bis 50% der Maximalamplitude) von SCR-Ausschlägen (> .01 μS). Dabei ist u. a. die Störung von Anzahl und Amplitude durch Atmungs-verursachte Ausschläge zu berücksichtigen.

Mitunter überlappen sich SCR-Ausschläge (Abb. 33c). Dann ist es üblich, die Amplitude nur bei weiter auseinanderliegenden Ausschlägen (> 2 Sek.) von der Grundlinie ab zu messen. Bei dicht folgenden Ausschlägen sollte der vermutete Abfall des ersten Ausschlags als Bezugslinie gewählt werden [24].

*Habituation und Sensibilisierung.* Man kann beobachten, daß verschiedene Reaktionen, so auch die der Hautleitfähigkeit, bei Reizwiederholung zunächst intensiver werden und später immer schwächer ausfallen [25]. Eine Reaktions-Intensivierung aufgrund von Reizwiederholung, mitunter jedoch auch schon eine verzögerte Abschwächung, nennt man „Sensibilisierung" [26], den häufig zu beobachtenden Abschwächungsprozeß „Habituation".

Da Gewöhnung im weitesten Sinn auf zellulärem Niveau ebenso existiert (s. Abschnitt 12.2.2) wie auf kognitivem, dürfte sie als wissenschaftliches Grundkonzept wenig Erklärungskraft besitzen. Das Phänomen selbst muß jedoch bei der Interpretation von Meßserien fast stets berücksichtigt und ggf. auch sein Verlauf oder sein Ausbleiben gesondert diskutiert werden.

*Der Ausgangswert.* Gerade bei Hautparametern treten jedoch in Serienuntersuchungen Auswertungsprobleme auf. Da kommt es nämlich auf einen Vergleich zwischen Personen oder verschiedenen Reaktionen der gleichen Person an. Verschiedene Personen unterscheiden sich aber in bezug auf die elektrische Leitfähigkeit der Haut. Personen mit trockener Haut haben eine geringe Leitfähigkeit, feuchte Haut leitet gut. Wenn bei Personen mit trockener Haut die Schweißdrüsen aktiviert werden, hat dies eine große Veränderung der Leitfähigkeit zur Folge. Eine zusätzliche Aktivierung von hochaktiven Schweißdrüsen hat meist nur einen geringen Effekt. Leitfähigkeitsdifferenzen müssen daher in Relation zum jeweiligen Ausgangswert beurteilt werden. Ähnliche Probleme treten auch bei anderen physiologischen Meßdaten auf.

Den systematischen, statistischen Zusammenhang zwischen Reaktionswert Y und Ausgangswert X zeigt die Regression $r_{XY}$. Das Produkt $r_{XY}X$ liefert dann einen scheinbaren Reaktionswert, der aber für alle Personen der Stichprobe in gleicher Weise zu erwarten ist. Die individuelle Reaktion R besteht dann erst in der Differenz zwischen gemessener Reaktion Y und dem statistischen Erwartungswert $r_{XY}X$ (z. B. Kovarianzanalyse). Viele Autoren verwenden als Kenngröße einer psychophysiologischen Reaktion den standardisierten Wert, den man erhält, wenn man den Wert $R = Y - r_{XY}X$ noch durch den Standardschätzfehler $\sqrt{1 - r^2_{XY}}$ dividiert (autonomic lability score ALS) [2]. Meist genügt es jedoch, mit standardisierten Reaktions- [27] oder Unterschiedswerten (Y – X) zu arbeiten.

Für bestimmte Fragestellungen ist es möglich, die Variationsbreite (= range; $Y_{max} - Y_{min}$) der möglichen physiologischen Reizantworten für eine Person als konstant oder zwischen Personen als theoretisch vergleichbar anzusehen. Dann ist es sinnvoll, die Unterschiedswerte ($Y - Y_{min}$) relativ zur Variationsbreite zu beurteilen, also mit dem Quotienten

$$\frac{Y - Y_{min}}{Y_{max} - Y_{min}}$$ zu arbeiten [3].

Die Berücksichtigung einer möglichen Ausgangswertabhängigkeit psychophysiologischer Meßdaten ist nicht generell zu lösen, sondern muß ebenso wie alle anderen, in Betracht kommenden Anpassungs-, Orientierungs- und Gewöhnungsprozesse von Fall zu Fall in ihrer Bedeutung diskutiert werden.

Insbesondere in bezug auf Herzraten-Veränderungen konnte gezeigt werden, daß Ausgangswertabhängigkeiten in der eben beschriebenen, adaptiven Weise durchaus bei Messungen an derselben Person („within") auftreten können. Benützt man aber diese Messungen für einen Gruppenvergleich („between"), so werden Reaktionswerte mit zunehmendem Ausgangswert mitunter (im Sinne eines generellen Stabilisierungseffektes) sogar größer [28].

### *4.1.7 Hautparameter 2: Anwendungen*

Ein Anstieg der Hautleitfähigkeit (oder des Hautpotentials) ist auf zunehmende Aktivität der Schweißdrüsen zurückzuführen. Schweißdrüsenaktivierung begleitet energiebereitstellende und energieverbrauchende Körpervorgänge (s. Abschnitt 4.1.4). Man kann dieses Phänomen daher im Zusammenhang mit sehr verschiedenen Zuständen des Körpers beobachten, z. B. unmittelbar vor Leistungssituationen und während muskulärer Anspannung.

Unabhängig von einer theoretischen Begründung hat man versucht, Beziehungen zwischen Hautreaktionen und subjektiven Befindlichkeiten der Person aufzuweisen. Dabei findet man hohe Leitfähigkeitswerte bei Schreck, bei erhöhter Aufmerksamkeit, bei freudiger oder ängstlicher Anspannung, bei latenter Angst, sowie bei tonischer (vorbereitender) und phasischer (leistender) Muskeltätigkeit. Man sieht die langsamen Veränderungen als Ausdruck für latente Aufmerksamkeit, Anspannung oder Angst an. Die raschen Veränderungen (SCR) gelten als Reaktionen der aktuellen Aufmerksamkeitszuwendung, der Ängstlichkeit oder der Anstrengung.

Für die in Abschnitt 4.1.5. geschilderte Situation beim Zahlenrateversuch sind mehrere Gründe für Hautreaktionen (Abb. 33) denkbar. Eine Interpretation wäre, daß Angst vor den Folgen einer Lüge so anerzogen ist, daß sie auch in dieser Spielsituation wirksam wird. Eine andere Interpretation könnte man von der Tatsache ableiten, daß sich der Proband beobachtet weiß. Er kontrolliert aufmerksam, ob seine Reaktionen irgendeinen Effekt auslösen. Manche Probanden versuchen sogar, ihre Körperreaktionen bei der kritischen Zahl aktiv zu kontrollieren. Das kann eine größere Anspannung und damit indirekt einen größeren Effekt bewirken. Diese Liste an vermuteten Wirkzusammenhängen ließe sich sicherlich noch erweitern. Welche Interpretation im Einzelfall zutrifft, läßt sich nicht ohne weiteres sagen. Vermutlich spielen meist mehrere Wirkzusammenhänge gleichzeitig eine Rolle, wodurch das Phänomen auch unter verschiedensten Bedingungen reproduzierbar bleibt.

Bei einer Untersuchung, die Wirkzusammenhänge genauer aufdecken soll, muß man selbstverständlich hypothesengeleitet vorgehen, mehr Informationen sammeln und mutmaßlich zweitrangige Einflußgrößen systematisch variieren.

Die Hautparameter liefern neben den Kreislaufparametern die wichtigsten psychophysiologischen Variablen, da sie ohne größere Belästigungen der Person leicht kontinuierliche Informationen über energiebereitstellende Prozesse geben können. Darüber hinaus weisen sie eine Parallelität zur erlebten Anspannung auf (sie kovariieren logarithmisch). Dabei sind geringe Stoffwechselveränderungen im Erleben überproportional repräsentiert [1]. Hautparameter sind vor allem in der Grundlagenforschung und hier im Rahmen von Emotions- und Umweltpsychologie von Bedeutung.

Hautparameter werden immer wieder als Angstindikatoren verwendet. Man sollte dabei die methodischen Schwierigkeiten bei der Kennwertebildung nicht übersehen. Darüber hinaus gibt es Gründe zur Annahme, die EDA-Reaktivität vor allem im Zusammenhang mit sog. verhaltenshemmenden Mechanismen zu sehen [29]. Diese werden auch, aber nicht ausschließlich bei Angstreaktionen aktiviert (s. Abschnitt 8.1.2).

*Entspannungsgeräte.* Es gibt im Handel einfache Geräte für den Hausgebrauch, die die elektrische Leitfähigkeit der Haut abgreifen. Sie geben beim Überschreiten eines vorwählbaren kritischen Wertes einen Ton ab und signalisieren so eine Art „Übererregung". Sie sollen einerseits vor zu großer Anspannung schützen und anderseits in Entspannungssituationen hilfreich sein. Aus drei Gründen sind sie in der Regel für den angekündigten Zweck untauglich: 1. Meistens sind sie (wegen zu großer serialer Widerstände) technisch nicht in der Lage, die Hautleitfähigkeit exakt abzugreifen. 2. Doch selbst wenn sie es tun, signalisieren sie nicht unbedingt schädliche Anspannung. Der Schluß von der Befindlichkeit auf die Hautreaktion ist nicht umkehrbar. Die Hautreaktion steht im Dienste vieler Befindlichkeiten. 3. Selbst wenn es gelingt, mit einem derartigen „Entspannungsgerät" die Leitfähigkeit der Haut unter Kontrolle zu halten, ist damit keineswegs die Gefahr einer Übererregung beseitigt. Anspannung und Ängstlichkeit kann auch ohne nennenswerte Hautreaktionen auftreten.

*Lügendetektoren.* Hautleitfähigkeitsmessungen spielen eine zentrale Rolle bei sogenannten Lügendetektoren. Dabei handelt es sich um übliche Meß- und Registriergeräte, wie sie in jedem psychophysiologischen Labor stehen (Polygrafen, s. Abschnitt 4.2.4.). Unter dem Namen „Lügendetektor" versucht man sie dazu zu verwenden, vorsätzlich falsche Zeugenaussagen von ehrlichen zu unterscheiden. Dies ist bis zu einem gewissen Grade auch tatsächlich möglich. Die

Anwendung setzt das Einverständnis des Befragten voraus. In jedem Fall kann die Messung durch die Einnahme von Beruhigungsmitteln bzw. durch Bewegungen oder Atempressen willkürlich gestört werden. Drei schwerwiegende Gründe sprechen gegen eine Verwendung vor Gericht: 1. Es ist nicht möglich, von einer Veränderung der Hautleitfähigkeit eindeutig auf die Ursache dafür rückzuschließen. Das ändert sich auch nicht bei Verwendung zusätzlicher Meßgrößen. Eine Frage kann aversive Reaktionen auslösen, ohne daß die Antwort vorsätzlich falsch ist. 2. Bei entsprechender sozialer Einstellung (aber auch bei entsprechender Übung) sind Aussagen auch dann von keinen Hautreaktionen begleitet, selbst wenn sie in der gegebenen Situation anders ausfallen als unter anderen Bedingungen (verschiedene Wahrheiten für verschiedene Frager). 3. Hautreaktionen sind auch stark von der Art der Gesprächsführung abhängig. Bis zu einem gewissen Grad beeinflußt es der Fragende, ob eine Antwort von einer Reaktion begleitet sein wird oder nicht.
Die Problematik ändert sich nicht, wenn Täuschungsindikatoren z. B. aus dem Bereich der Stimm- und Mimikanalyse herangezogen werden (z. B. Anheben der inneren Augenbrauenteile, Asymmetrie des Lächelns oder generell verminderte Mimik). Die meisten Publikationen über die psychophysiologische Erkennung von Täuschung und Lügen lassen eine ausführlichere Diskussion von psychischen Bewältigungsprozessen (vgl. Abschnitte 8.1.4 bis 8.2.2) zugunsten einer Zensurierung von Verhaltensweisen vermissen.

*Kontrolle der Angsttherapie.* Hautleitfähigkeits-Messungen können in der psychologischen Intervention, z. B. zur Kontrolle der Effektivität von Angsttherapien, eingesetzt werden. Ein körperlich entspannter Zustand wird als angenehm empfunden und gilt als unvereinbar (inkompatibel) mit ängstlicher Anspannung. Meist hat die Intervention zum Ziel, daß auch unangenehme Situationen entspannt bewältigt werden. Dann ist es erforderlich, daß energiebereitstellende und energieverbrauchende Prozesse vom Therapeuten kontinuierlich kontrolliert werden. Es wird berichtet, daß die Rückfallhäufigkeit nach Abschluß einer Angst-Therapie höher liegt, wenn sich der Therapeut bei der Kontrolle der ängstlichen Anspannung nur auf die Aussagen des Klienten verlassen hat [4]. Umgekehrt kann man selbstverständlich auf eine sorgfältige Befragung nicht verzichten.

## 4.2 Anwendungen psychophysiologischer Techniken

### *4.2.1 Zweites Beispiel einer Meßanordnung (beim Autogenen Training)*

*Prozedur* [5]. Der Proband sitzt bequem mit angelehntem Kopf, aufgestützten Armen und geschlossenen Augen. Er konzentriert sich auf die Formel: „Der rechte Arm ist ganz schwer.“ Sie wird sechsmal in Gedanken wiederholt und mit der Vorstellung verbunden: „Ich bin ganz ruhig.“

Dabei verteilt sich bei Personen, die im Autogenen Training geübt sind, vom Arm ausgehend ein Schweregefühl über den ganzen Körper.

Anschließend erfolgt die Konzentration auf die, ebenfalls sechsmal still wiederholte Formel: „Der rechte Arm ist ganz warm", ebenfalls verbunden mit dem Gedanken „Ruhe".

Hat sich eine Wärme-Empfindung über den Körper ausgebreitet, werden weitere formelhafte Konzentrationsübungen angeschlossen: „Herz schlägt ganz ruhig und kräftig" – „Ruhe", sowie „Atmung ganz ruhig, es atmet mich" – „Ruhe". Fortgeschrittene versuchen danach, über weitere Konzentrationsübungen die Stoffwechselorgane (Eingeweide) zu entspannen und den Kopf abzukühlen: „Sonnengeflecht strömend warm" – „Ruhe", und „Die Stirn ist angenehm kühl" – „Ruhe". (Über die Bedeutung des Sonnengeflechts für die Stoffwechselorgane s. Abschnitt 5.1.2.)

Die Übung wird durch das in Gedanken vorgesprochene Kommando „Arme fest! Tief atmen! Augen auf!" abgeschlossen.

*Messung der Gefäßentspannung (Plethysmografie).* Es mag zweifelhaft erscheinen, ob durch eine gedankliche Konzentration auf Formeln der genannten Art körperliche Veränderungen in der gewünschten Richtung zu erzielen sind. Theoretisch gut begründbar, leicht zu messen und regelmäßig beobachtbar ist jedoch der Wärme-Effekt (Abb. 34).

Einige Effekte sind schwer nachzuweisen, da sie mehr das Erleben als den Körper betreffen. Das „Herzerlebnis" der Herzübung korreliert nicht mit der Herzrate (diese kann dabei unverändert bleiben, ansteigen oder, was unerwünscht ist, sogar abfallen). Ebenso ist der körperliche Effekt bei der Sonnengeflechts-Übung nicht eindeutig.

Das Blut stellt den Wärmespeicher des Körpers dar. Temperaturanstieg eines Organs kann durch stärkere Durchblutung bei sinkendem Gefäßwiderstand erreicht werden. Es liegt nahe, den Wärme-Effekt beim Autogenen Training durch Messung der Durchblutungsmenge zu überprüfen. Dies ist für die oberflächlichen Blutgefäße leicht möglich. Dazu beleuchtet man eine kleine Hautpartie. Von den verschiedenen Hautschichten, vor allem auch von den Gefäßwänden, wird ein kleiner Teil des Lichtes reflektiert und kommt als Lichtschimmer wieder an die Oberfläche zurück (Abb. 35). Die Färbung dieses reflektierten Lichtschimmers wird von einer rotempfindlichen Fotozelle gemessen (Foto-Plethysmografie). Rotes Licht aus der Haut ist ein Zeichen für reichliche Hautdurchblutung. Die elektrische Aktivität der Fotozelle wird in einem Meßverstärker verstärkt und in Schwankungen eines Gleichspannungspegels umgesetzt (s. dazu auch Abschnitt 4.1.5.).

Zwar hängt die Rotfärbung des Blutes auch von der Zahl der Blutkörperchen und deren Sauerstoffgehalt ab. Diese Faktoren wechseln aber nicht so rasch wie die

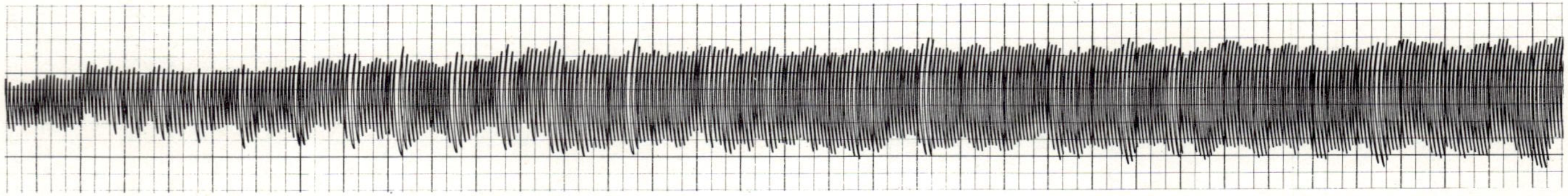

*Abb. 34a* Zunahme des Fingerpuls-Volumens bei der Wärme-Übung des Autogenen Trainings. (Verwendetes Gerät: ZAK Psycho-Physio-Graph.)

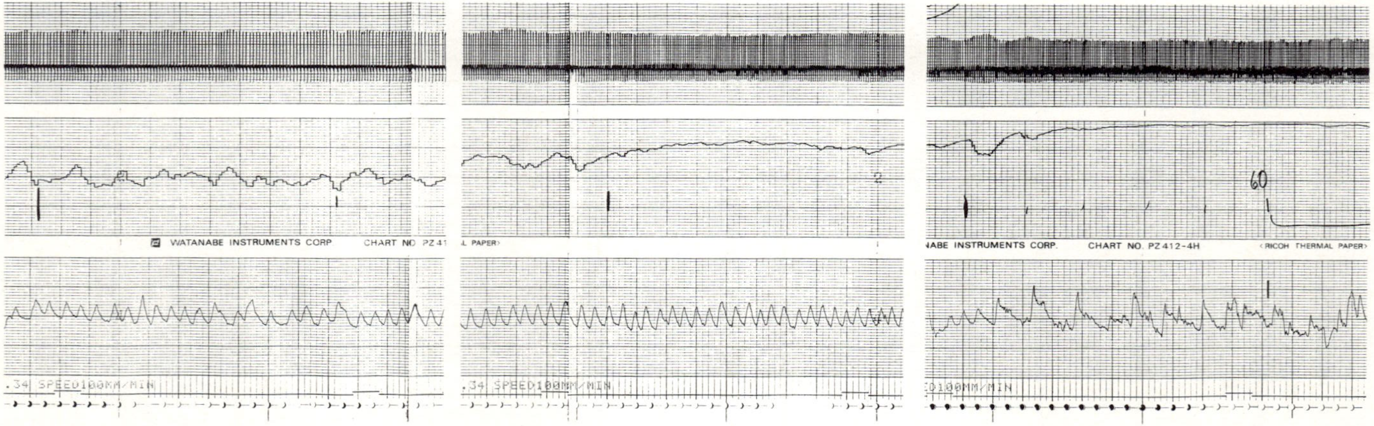


*Abb. 34b* Herzratenveränderung bei psychischer Beanspruchung. Oben EKG-Rohsignal; die zugehörigen Interbeat-Intervalle (IBI) wurden simultan in Herzraten-Werte (HR) umgerechnet, die darunter als Amplituden eines treppenförmigen Verlaufs mitgeschrieben wurden (Kardiotachometer-Kurve). Unten Atmungs-Kurve. In der ersten Phase wurde dem Probanden ein neutraler Film vorgespielt (HR-Mittel 95/Min, IBI-Varianz 2332, Atmung 18/Min.). In der zweiten Phase hatte er eine Aufgabe vorzubereiten (HR-Mittel 148/Min., IBI-Varianz 425, Atmung 23/Min.). In der dritten Phase hielt er eine freie Rede (HR-Mittel 172/Min., IBI-Varianz 234). Die Daten stammen aus einem Versuch von J. Otto (Geräte: Coulborn-Verstärker, Watanabe-Schreiber).

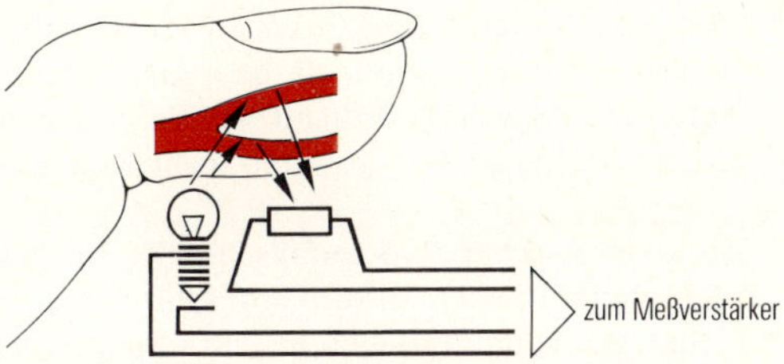


*Abb. 35* Schema der plethysmographischen Meßwerterfassung.

Gefäßweite. Über Pulsmeßverstärker und die genauere Beschreibung des Ausgangssignals s. den folgenden Abschnitt 4.2.2.

*Interpretationen.* Die Blutverteilung ist eine der wichtigsten organisatorischen Aufgaben bei der Steuerung von Körperreaktionen (s. dazu Abschnitt 4.1.4). Zunehmende Gefäßweite in der Haut (Abb. 34a) erhöht einerseits die Hauttemperatur (bei der Wärme-Übung des Autogenen Trainings steigt die Oberflächentemperatur des Armes um einige Zehntelgrade). Dadurch entsteht ein Wärmegefühl, so lange bis Gegenregulationen einen Wärmeverlust verhindern müssen. Die Haut spielt aber auch die Rolle eines Blutspeichers. Dieser Speicher entleert sich bei körperlicher Tätigkeit in die Muskulatur und ist in Ruhe gefüllt. Mit weiten Hautgefäßen ist das subjektive Empfinden der Ruhe und Behaglichkeit verknüpft.

Sicherlich handelt es sich hier um ein „Konstruktionsprinzip" des Organismus. Dennoch muß angenommen werden, daß Lernerfahrungen auch bei der Regulation der peripheren Durchblutung eine Rolle spielen. So gehört es zur Erfahrungswelt der meisten Kleinkinder, daß körperliche Ruhe und behagliche Wärme zusammengehören (z. B. beim beruhigenden Körperkontakt). Natürlich kann im Laufe des Lebens auch Umgekehrtes gelernt werden: Das Empfinden von Selbstsicherheit oder soziale Anerkennung kann oft mit körperlicher Anspannung gekoppelt sein. Dann vermittelt eher periphere Gefäßverengung bis zu einem gewissen Grad ein Gefühl von Ausgeglichenheit. Dies kann aber zu Problemen in der physiologischen Regulation führen.

Das Pulsvolumen (das ist die „Hüllkurve" des plethysmografischen Signals) ist ein guter Indikator für körperliche Entspannung. Er reagiert aber sehr leicht auf Störreize von außen. Dabei korreliert die Amplitude ungefähr mit der Intensität des Störreizes (z. B. bei Schallereignissen, die als störender Lärm gelten [6]). Außerdem zeigt die Fingerpulsamplitude kaum eine Gewöhnung (Habituation) auf Störreize, d. h. sie verändert sich auch bei mehrfacher Reizwiederholung immer wieder.

*Die Orientierungsreaktion.* Durch Beobachtung des Pulsvolumens an Hand und Schläfe hat man versucht, Störreize danach zu klassifizieren, ob sie nur die

Aufmerksamkeit auf sich lenken („Orientierungsreaktion“) oder Abwehrverhalten vorbereiten („Defensivreaktion“). Es ist jedoch theoretisch schwer begründbar, daß eine derartige Unterscheidung bloß anhand des Pulsvolumens möglich sein soll. Einzelne, viel diskutierte Ergebnisse konnten nicht eindeutig repliziert werden [8].

Die Orientierungsreaktion selbst scheint jedenfalls bereits ein komplizierter Vorgang zu sein (s. auch Abschnitt 15.2.1). Informationsaufnahme und Reizbeantwortung lassen sich an Herzratenveränderungen bei der Orientierungsreaktion unterscheiden (s. Abschnitt 4.2.3, Abb. 40). Über Veränderungen im Hirnstrombild bei Aufmerksamkeitsreaktionen wird in Abschnitt 11.2.4 berichtet werden.

Über das Wechselspiel von nervaler und hormoneller Steuerung der peripheren Gefäßweite unter verschiedenen Bedingungen s. Abschnitt 7.1.5.

## *4.2.2 Kreislaufparameter 1: Plethysmogramm und EKG*

*Puls-Meßverstärker.* Meßverstärker für die in Abschnitt 4.2.1 beschriebene Foto-Plethysmografie (Abb. 36a) müssen die Versorgungsspannung für das Lämpchen liefern und die Signale der Fotozelle abgreifen können. Letzteres geschieht meistens in einem Meßvereich bis 10 mV. Da die Signalstärke von individuellen Faktoren, z. B. der Hautdicke, abhängt, muß noch die Möglichkeit bestehen, den Grad der Verstärkung zu verändern; meist wählt man an der Empfindlichkeits-Einstellung einen passenden Mittelwert. Außerdem haben solche Meßverstärker eine Einrichtung („Balance“), mit der man das mittlere Niveau der Durchblutung (das ist der Indikator für das Niveau des Mitteldrucks) in die Mitte des Meßbereichs (d. h. z. B. in die Mitte des Registrier-Papierstreifens) legen kann.

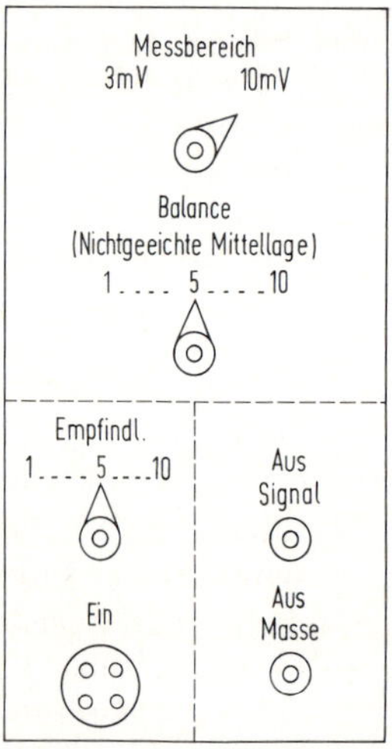


*Abb. 36a* Puls-Meßverstärker.

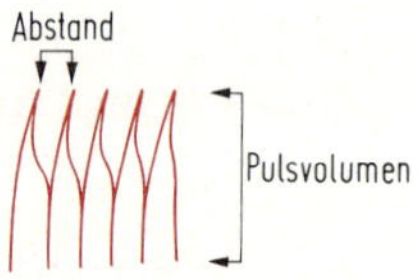


*Abb. 36b* Das Puls-Signal.

*Das plethysmografische Ausgangssignal.* Die Blutgefäße sind nicht gleichmäßig mit Blut gefüllt. Sie werden mit jedem Herzschlag durch eine Blutwelle gedehnt. Zwischen den Herzschlägen verengen sich die Gefäße wieder. Das Plethysmogramm besteht daher nicht aus einer kontinuierlich an- und absteigenden Kurve, sondern zeigt auch den Herzrhythmus (Abb. 36b).

Der zeitliche Abstand zwischen den Kurvenzacken ist ein Maß für die Pulsfrequenz (für deren Interpretation s. Abschnitt 4.2.3). Die Höhe (Amplitude) der Kurvenzacken ist ein Maß für die Blutfüllungsunterschiede während des Pulsschlages (Pulsvolumen). Das Pulsvolumen ist bei schlaffen Gefäßen größer, bei straffen Gefäßen geringer (zur Interpretation s. Abschnitt 4.2.1).

*Blutdruckschwankungen.* Die Abwärtskurve des phethysmografischen Signals weist eine kleine Verzögerung auf. Diese dikrote Welle entsteht durch unelastische Widerstände gegeüber der Druckausbreitung. Sie repräsentiert in peripheren Gefäßen etwa den Mitteldruck, so daß am Plethysmogramm auch Blutdruckschwankungen beobachtet werden können.

Ein etwas besseres Maß zur Messung kurzzeitiger Blutdruckschwankungen liefert die Laufzeit (transit time) der Pulsschläge vom Herzen bis zu einem peripheren Gefäß (Arteria radialis am Handgelenk, Arteria carotis externa am Hals). Die Gefäßerweiterung wird plethysmografisch, besser durch piezoelektrische Druck- oder Schallaufnehmer bestimmt. Die Herztätigkeit muß dafür zusätzlich über das EKG gemessen werden.

Meist ist es einfacher, die Informationen über Blutdruckschwankungen direkt aus der Variabilität der Herzschlagrate zu gewinnen (s. Abschnitt 4.2.3).

*Das EKG.* Der zeitliche Abstand zwischen zwei Pulszacken im Plethysmogramm kann als Maß für die Herzrate genommen werden. Es ist aber auch möglich, die Muskeltätigkeit des Herzens durch die dabei auftretenden elektrischen Phänomene direkt zu erfassen. Dies geschieht über das Elektro-kardio-gramm (EKG).

Zur EKG-Messung werden entweder an der Brust oder an den Gelenken von Armen und Beinen Elektroden befestigt. Dabei wird darauf geachtet, daß die elektrische Erregungsausbreitung im Herzen (die in der Brust etwa von rechts oben nach links unten verläuft) gut abgegriffen wird.

Da das EKG in der psychologischen Forschung fast ausschließlich nur der Herzratenmessung dient, ist die exakte Auswahl von Ableitorten nicht so wichtig wie in der medizinischen EKG-Registrierung. Allerdings sollte zumindest darauf geachtet werden, daß die Austreibungstätigkeit der Herzkammern gut von anderen Phänomenen, z. B. dem elektrischen Korrelat der Erregungsrückbildung, unterscheidbar ist. Die Entscheidung für Extremitäten- oder Brustwandableitung trifft man je nach Untersuchungssituation.

Bei der bipolaren Extremitätenableitung wird üblicherweise eine Elektrode am rechten Handgelenk und eine am linken Fußgelenk befestigt. Gemessen werden Spannungsunterschiede gegen eine indifferente Elektrode am linken Handgelenk.

Im psychologischen Bereich ist wegen der geringen Belästigung der Probanden durch die Messung eine Brustwandableitung vorzuziehen. Dazu wird eine Plus-Elektrode unter der linken Brustwarze (unterhalb der Schlüsselbein-Mitte) in Höhe des Brustbeinendes (zwischen 5. und 6. Rippe) befestigt (Standardposition V4, medioclavicular links über dem 5. Intercostalraum). Von hier aus mißt man gegen einen dazu im neutralen oder negativen Teil des elektrischen Feldes gelegenen Punkt, z. B. über dem rechten Brustbeinrand etwa in Brustwarzenhöhe (Standardposition V1). Die Plus-Elektrode kann aber auch etwas weiter nach links an die Brustwandseite über die 5. Rippe gesetzt werden (Standardposition V5) und die negative Elektrode kann am oberen Teil des Brustbeins oder am rechten Schlüsselbein befestigt werden.

Den Ort der für eine Differenzmessung erforderlichen Referenzelektrode wird man bei psychophysiologischen Brustwandableitungen im elektrisch neutralen Bereich senkrecht zur Richtung der Erregungsausbreitung wählen. Sie kann z. B. in der Mitte des rechten Schlüsselbeins (mindestens 15 cm Abstand zur Minus-Elektrode) oder unter der rechten Brustwarze gegenüber der Plus-Elektrode (Standardposition Vr4) geklebt werden.

Bei einer (wie im Kleindruck erklärten) Standardableitung hat das EKG-Signal eine Gestalt nach Abb. 37. Es weist drei Ausschläge in positive Richtung auf: P-Welle, R-Zacke und T-Welle. Dazwischen liegen zwei Ausschläge nach unten: Q-Zacke, S-Zacke. Der Signalteil vor der R-Zacke entsteht durch die Erregung der Herz-Vorhöfe (Vorhof-Periode, ca. 0,2 Sek.). Der Rest entsteht beim Zusammenziehen (R,S) und Entspannen (T) der Herzkammern (Kammerperiode, ca. 0,3 bis 0,4 Sek.). Der zeitliche Abstand zwischen zwei R-Zacken heißt Herzperiode (R-R-Intervall oder engl. interbeat-interval IBI).

Zum Begriff der Herzrate s. Abschnitt 4.1.4. Der zeitliche Abstand zwischen zwei Herzschlägen (Herzperiode, IBI) ist der Herzrate umgekehrt proportional. Wird der zeitliche Abstand IBI in Sekunden gemessen, so ist die Herzrate pro Minute (BPM (engl. beats per minute) aus dem Quotienten BPM = 60/IBI zu errechnen.

*EKG-Meßverstärker.* Als Meßverstärker verwendet man einen Biosignal-Verstärker (Abb. 38a). Für das EKG-Signal wird man einen Meßbereich bis 3 mV wählen (die R-Zacke ist etwa 1 mV hoch). Außerdem müssen Filter eingesetzt werden. Es wird hier ja eine Wechselspannung abgegriffen (die über 1/Sek liegt). Wechselspannungs-Verstärker besitzen Filter, um Wechselspannungs-Störsignale auszuscheiden, wie sie z. B. durch die Netz-Wechselspannung einstreuen können. Extrem langsame Schwankungen (etwa unter 1/Sek) und Frequenzen über 30/Sek brauchen nicht verstärkt zu werden. Langsame Störsignale verhindert der Hochpaßfilter (über die Zeitkonstante, das ist der Kehrwert der gerade noch erlaubten Frequenz, in unserem Fall also 1 Sek). Rasche Störsignale verhindert der Tiefpaßfilter, an dem statt der Bezeichnung „pro Sekunde“ meist die identische Bezeichnung Hz für Hertz = $Sek^{-1}$ steht.

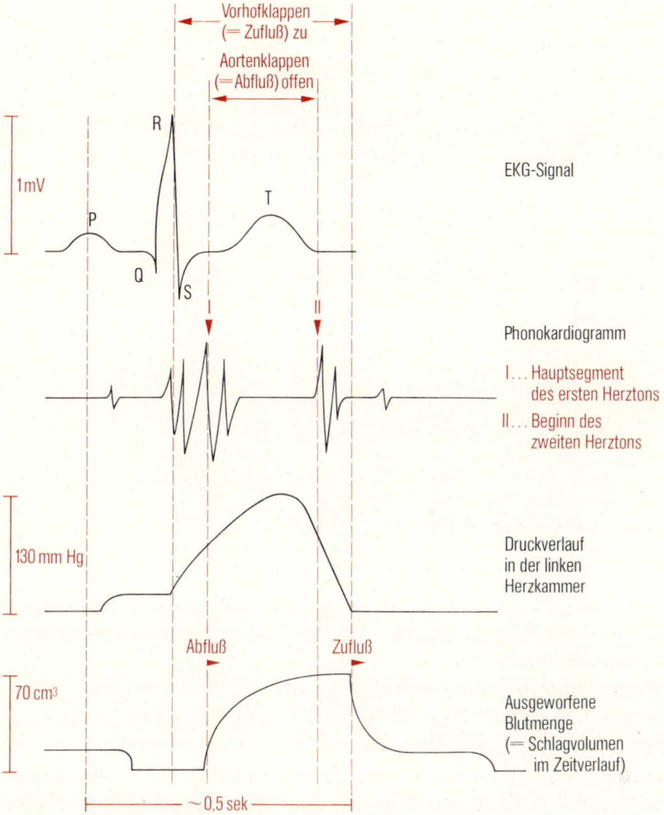


*Abb. 37* Das EKG-Signal.

*Herzraten-Meßverstärker (Kardio-Tachometer).* Zur Herzratenmessung kann man entweder Fingerpuls-Signale oder EKG-Signale verwenden. Normalerweise führt man das verstärkte Signal (also das Ausgangssignal des Puls- oder EKG-Verstärkers) in ein Zählgerät. In der Psychophysiologie verwendet man aber sehr häufig Herzraten-Meßverstärker, die das unverstärkte Puls- oder EKG-Signal aufnehmen.

Herzraten-Meßverstärker werden also direkt mit den Elektroden-Kabeln von Probanden verbunden, so daß eigene Puls- oder EKG-Verstärker überflüssig sind. Übrigens können Herzraten-Meßverstärker auch mit verstärkten Signalen arbeiten, wenn diese durch Reduzier-Widerstände wieder entsprechend abgeschwächt werden. Dies ist z. B. bei gleichzeitiger Pulsvolumen- und Herzraten-Messung möglich.

Am Herzraten-Meßverstärker (Abb. 38b) wird der Meßbereich durch Einstellung eines Puls-Mittelwertes (z. B. 70/Min.) gewählt. Am Eingang muß außerdem

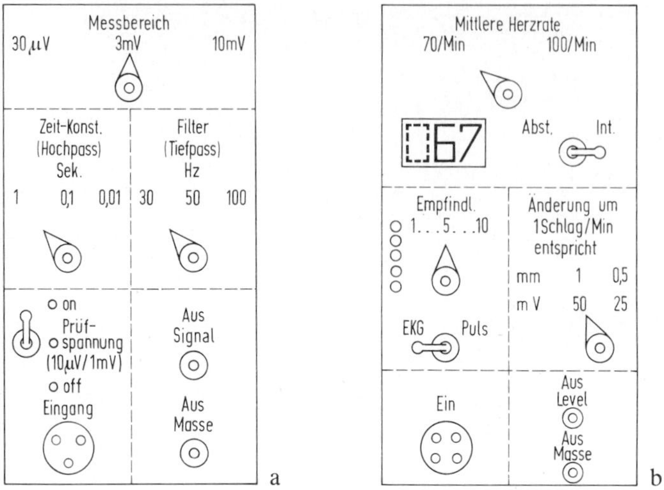


*Abb. 38* a Biosignal-Verstärker, b Kardio-Tachometer.

die Verstärkung des Puls- oder EKG-Signals so gewählt werden, daß der Herzraten-Zähler genau bei den Spitzenwerten, die den Herzschlag repräsentieren, weiterzählt („Empfindlichkeit").

Oft gibt es als Einstellungshilfe eine optische Anzeige für den Verstärkungsgrad oder – was den gleichen Effekt hat – für die Höhe der Ansprechschwelle. An einer Anzeige des gemessenen Herzraten-Wertes kann man Fehleinstellungen (die oft entweder zu doppelten oder halben Werten führen) leicht ablesen. Das Ausgangssignal zeigt an, um wieviel Schläge pro Min. der Meßwert von der vorgewählten Mittellage abweicht. Meistens kann man hier noch die Codierung wählen, d. h. welcher Sprung in der Ausgangsspannung einer Herzratenänderung um einen Herzschlag pro Minute entspricht (bzw. für die Anzeige am Schreiber: Wieviel mm Auslenkung entspricht einer Abweichung um 1/Min).

In der Regel können Herzraten-Meßverstärker zwei Arten von Ausgangssignalen liefern. Das eine entspricht einer Abstandsmessung zwischen zwei Herzschlägen. Das andere mittelt die Herzrate über 8 bis 9 Herzschläge („Integralmessung"). Für eine rechnerunterstützte Auswertung interessiert jedoch in der Regel nur die ursprüngliche, unveränderte Abfolge der R-R-Abstände (IBI), aus der dann alle gewünschten Mittelwerts- oder Variabilitätsmaße errechnet werden können.

*Psychophysiologische Verwendung.* Die Herzrate beträgt in Ruhe zwischen 60 und 90 Schläge pro Min. Geringere Werte (Bradykardie) und höhere Werte (Tachykardie) bedürfen einer gesonderten Erklärung. Die Herzrate gilt als guter Erregungsindikator, da sie mit der erlebten Erregung nahezu linear korreliert [9]. Außerdem kann sie ohne größere Belästigung erhoben werden. Als Indikator ist sie auch bei längerdauernden Ereignissen verwendbar und zeigt, besonders bei Brustwandableitungen, eine geringe Störanfälligkeit gegenüber Körperbewegungen.

Das abgeleitete Signal kann auch gut über Funk (telemetrisch) an eine entfernte Beobachtungsstation gesendet oder als Zahlenfolge in einen tragbaren Digitalmodul abgespeichert werden (s. Abschnitt 4.2.4).

### *4.2.3 Kreislaufparameter 2: Die Herzrate*

*EKG-Langzeitverläufe.* Bei Beobachtungen über längere Zeit hinweg, z. B. in Situationen der Alltagstätigkeit oder in Gesprächs- und Interviewsituationen, tritt das Ausgangswertproblem oft in einer schwer lösbaren Form auf (s. dazu Abschnitt 4.1.7). Meist reicht es aber aus, nur die Augenblicke zu kennzeichnen, in denen die Herzrate über den Nachbarwerten liegt, also höher ist als im vorangegangenen und nachfolgenden Zeitabschnitt. Diese „relativen Maxima" im Herzratenverlauf sollen Momente überschießender individueller physiologischer Erregung kennzeichnen. Unter anderen Anordnungen, insbesondere wenn der situative Einfluß hypothesengeleitet überprüft werden soll, ist man vor der Auswertung eher an einer Glättung des individuellen Verlaufs interessiert (meist durch den gleitenden Mittelwert aus drei aufeinanderfolgenden Intervallen [10]). Die durch die Herzrate gekennzeichnete Erregung kovariiert mit der subjektiv erlebten Schwierigkeit einer Aufgabe, vor die sich ein Proband gestellt sieht [11].

Im Tierversuch eignet sich die Herzrate als Indikator für Antwortreaktionen im Zusammenhang mit aktiver Annäherung oder aktivem Vermeiden. Beim Menschen kovariieren Herzrate und subjektive Erregung und diese steht weiter in engem Zusammenhang mit aktualer Angst („State-Angst") und/oder erlebter Anstrengung („effort"). Daher kann die Herzrate auch zur Kennzeichnung dieser Erlebnisdimensionen dienen, wie sie bei Redehemmungen bei Diskussionen auftreten. Hinterher lassen sich die entsprechenden Momente zeitlich gut mit Tonbandaufzeichnungen der Gesprächssituation zur Deckung bringen. Die Herzrate von Piloten steigt besonders beim An- und Abflug, von Schauspielern bei Monologen (jeweils auf etwa 170/Min., vgl. auch Abb. 34b).

Psychologisch bedeutsam ist, daß bereits vorgestellte Tätigkeiten die Herzrate erhöhen können. Es wurden sogar kardiovaskuläre Unterschiede für eine Reihe von verschiedenen vorstellungs-induzierten Zuständen beobachtet [30]. Dazu kann man Beschreibungen (Skripts) von entspannenden oder aktivierenden Situationen benützen. Der Emotionspsychologe Lang [31] forderte in einem Trainingsprogramm Probanden auf, teils objekt- teils reaktionsspezifische Teile solcher Beschreibungen weiter auszuführen. Herzratenerhöhungen wurden nur bei reaktionstrainierten Personen beobachtet, die sich Beschreibungen von aktivierenden Situationen vergegenwärtigten. Allerdings war eine Voraussetzung dabei, daß in der Beschreibung nicht das aktivationsauslösende Objekt (Fahrrad, Schlange), sondern die aktivationsauslösende Tätigkeit (Treten, Fliehen) betont wurde (Abb. 39).

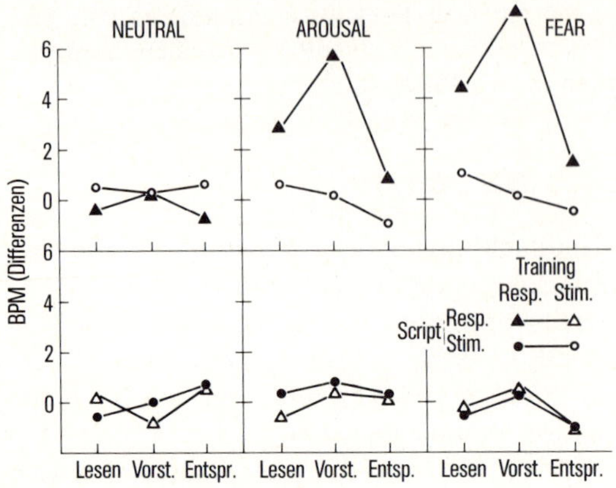


*Abb. 39* Herzratenveränderungen (Differenz zum Ruhewert) bei der Vorstellung von neutralen und aktivierenden Situationen (nach [31]). Zwei Gruppen, die entweder auf eine Ausschmückung des berichteten Reizes oder der berichteten Reaktion trainiert waren, wurden reizorientierte bzw. reaktionsorientierte Beschreibungen vorgelegt. BPM ... Herzschläge pro Minute (beats per minute).

Vergleichbare Effekte sind in der bildenden und darstellenden Kunst als ,,fruchtbarer Augenblick" oder ,,erregendes Moment" bekannt.

*Phasische Herzschlagreaktionen.* Bei Beobachtungen, die sich auf kürzere Zeiträume (wenige Sekunden) erstrecken, ist zu beachten, daß sich die Herzrate auch parallel zur Atmung verändert. Der Puls wird beim Einatmen langsamer, beim Ausatmen schneller. Mehr oder weniger unabhängig davon gelten kurzzeitige Schwankungen der Herzrate, die nur bei einer Schlag-zu-Schlag-Abstandsmessung beobachtet werden können, als Indikatoren für Informationsverarbeitungsprozesse [12]. In Phasen konzentrierter Informationsaufnahme soll sich der Puls verlangsamen [13], in Phasen konzentrierter Reizbeantwortung soll sich der Puls beschleunigen [14]. Die Abb. 40 zeigt die Aufeinanderfolge zweier phasischer Herzschlagreaktionen (Dezeleration vor dem Reizbeginn, Akzeleration danach) in einer Reaktionszeitaufgabe.

Die originalen Herzschlag-Intervalle (,,Herzzeit", b) wurden in abstandsgleiche Herzratenwerte (,,Realzeit", c) umgerechnet. Obwohl beide Ebenen der Datengewinnung zusammenhängen und statistisch weitgehend gleiche Eigenschaften aufweisen [32], wird man im mikroskopischen Bereich Herzzeit-Analysen vorziehen [33]. Hier könnte nämlich der Informationsverlust durch die Mittelung die Einbußen durch Vergleiche ungleich langer Zeiten überwiegen.

Die Veränderung der Herzrate im Verlauf von Informationsverarbeitungsprozessen läßt sich auch biologisch interpretieren. Atemtätigkeit und Herzschlag führen zu einer mechanischen Unruhe des Körpers. Dies kann an Filmen beobachtet werden, die aus freier Hand gedreht wurden. Wahrnehmungsprozesse

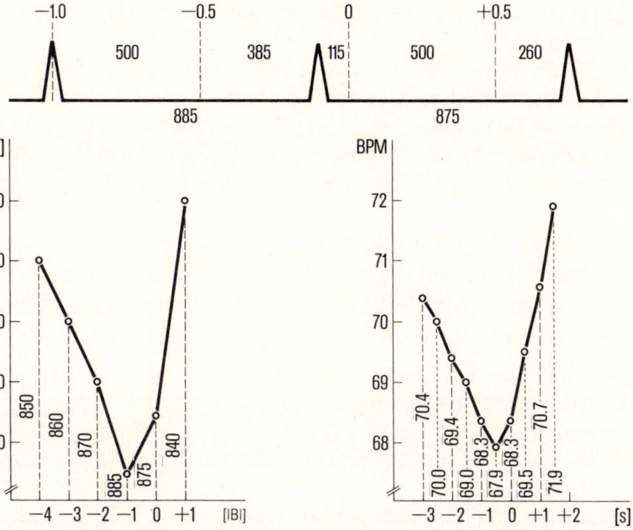


*Abb. 40* Beispiel von phasischen Herzschlagreaktionen in einer Reaktionszeitaufgabe. IBI ... Interbeat-Intervalle, BPM ... Schläge pro Minute (beats per minute), ms ... Millisekunden, s ... Sekunden.
a. Oben: Beispiel von „Herzzeit"-Ereignissen im „Realzeit"-Ablauf.
b. Links Darstellung der Herzperioden (cardiac time): Interbeat-Intervall-Dauern der aufeinanderfolgenden Herzperioden. Das Herzschlagintervall, in das der Reizbeginn fiel, erhielt die Nummer 0. Es begann zum Zeitpunkt −0.115 und dauerte 875 ms bis zum Zeitpunkt 0.760. Dies entspricht einer „momentanen" Herzrate von 68.6 BPM.
c. Rechts Darstellung derselben Reaktion im Herzratenverlauf (real time): mittlere Herzrate für überlappende 1-Sekunden-Intervalle im Abstand von 0.5 Sek. Die Zeitskala wurde so gewählt, daß der Zeitpunkt t = 0 auf den Reizbeginn gelegt wurde. In das Intervall zwischen −0.5 und +0.5 Sek. fiel für die Dauer von −0.115 bis + 0.5 das oben erwähnte 0te Herzschlagintervall (875 ms), sowie zuvor noch ein Teil (0.385 Sek.) der −1ten Periode, die 885 ms dauerte. Dem Intervall um die Sekunde 0 wird das gewogene Mittel 0.385 × 885 + 0.615 × 875 = 879 zugeordnet (siehe a). Das entspricht einer „mittleren" Herzrate von 60 000/879 = 68.3 BPM.

könnten durch diese Unruhe beeinträchtigt werden. Zusätzlich tritt bei Änderung dieser Prozesse eine Bremsung elementarer physiologischer Regulationsprozesse ein. Auch das kann als Störungsschutz bei der Informationsverarbeitung gedeutet werden.

Ein drastisches Beispiel dazu ist das Atemstocken des Kleinkindes in Schrecksituationen, das eine natürliche Reinigung der Atemwege bei etwaiger Verlegung durch Nahrungsteile begünstigt. Bei jedem Schock werden Atem- und Kreislaufaktivität gebremst. Das bedeutet eine Minimierung von Stoffwechselprozessen in Augenblicken massiver Umwelteinwirkungen. Oft ist es biologisch sinnvoll, daß der Organismus zögert, bevor er mit zielgerichteten Aktivitäten beginnt, um den Einwirkungen zu entgegnen.

Erst wenn die Verarbeitung der Information zu Handlungsimpulsen führt, folgt auf den Schock die Gegenschockphase (s. auch Abschnitt 7.2.1). Die Kreislauftätigkeit nimmt erheblich zu. Energiebereitstellende Prozesse werden zur Unterstützung zielgerichteter Tätigkeiten in Gang gesetzt. Ähnliches gilt wohl – in nicht ganz so auffälligem Maße – für jede Phase der Reizbeantwortung [15].

*Variabilität.* Konzentrierte Denktätigkeit, z. B. bei schweren Denkaufgaben [16] oder infolge hoher Testangst [34], soll die Variabilität in der Herzrate senken. Geringere Variabilität kennzeichnet eine Stabilisierung der Stoffwechselprozesse durch Beanspruchung (vgl. Abb. 34b).

Ein für derartige Fragestellungen geeignetes Variabilitätsmaß wird am besten aus den Unterschieden zwischen jeweils zwei aufeinanderfolgenden Herzschlagintervallen (IBI) gewonnen [17]. Von den Quadraten dieser Reaktionswert-Unterschiede ist dann der Mittelwert zu bilden (sucessive difference mean square SDMS [18]).

Es gibt Einflußfaktoren auf die Herzperioden-Variabilität, die gesonderte Aufmerksamkeit verdienen: die bereits erwähnte Kopplung mit der Atmung und Auswirkungen von Blutdruckschwankungen. Druckfühler im Schlagadersystem reagieren nämlich auf Blutdruckanstiege und wirken u. a. auf die Herzrate regulierend zurück (Barorezeptoren-Reflex).

Während im Mittel etwa alle 3 Sekunden ein Atemzug erfolgt, wird die Herzschlagfolge durch die Blutdruckregulation innerhalb von etwa 10-Sekunden-Spannen beeinflußt. Man kann die Folge der Herzschlagintervalle einer Art Frequenzanalyse unterziehen, die einander überlagernde Schwankungsrhythmen trennt. Im Frequenzdiagramm zeigen sich dann entsprechende Maxima [36, 37] im Bereich von 0.07–0.14 (Blutdruck) bzw. 0.15–0.05/Sek. (Atmung). Dadurch werden zusammen mit einem durch Körpertemperaturschwankungen erzeugten Maximum (0.025/Sek.) bereits 82% der in der Herzperioden-Variabilität enthaltenen Signalenergie erklärt [38].

*Das Schlagvolumen.* Unabhängig von der Herzrate wird unter Belastung die Schlagkraft und damit das Schlagvolumen des Herzens gesteigert. Dieser Parameter ist schwer zu messen und wird meist nicht berücksichtigt, obwohl er ein direktes Maß für Energiebereitstellung liefert. Ein Indikator für die Schlagkraft soll die Amplitude der T-Welle sein [35]. Für kurzzeitige Schwankungen, wie sie psychophysiologisch relevant sein können, läßt sich jedoch annehmen, daß das Schlagvolumen mit der Austreibungszeit variiert; sie verursacht etwa die Hälfte der Varianz.

Multipliziert man die Austreibungszeit (in Sek.) mit einem Faktor, der zwischen 350 und 400 ($cm^3$/Sek) liegt, so erhält man einen groben Schätzwert für das Schlagvolumen (in $cm^3$). Der Faktor ergibt sich aus der Annahme, daß die Stromstärke des Blutes bei der Austreibung einen konstanten Zeitverlauf hat (Abb. 37). Genauer läßt er sich bei der Impedanzkardiographie ermitteln, die sich aber nur für intraindividuelle Vergleiche eignet.

Die Austreibungszeit erstreckt sich nicht über die gesamte Kammerperiode (Systole), wie sie das EKG zeigt. Sie beginnt erst mit der Öffnung der Herzklappen (das sind in diesem Fall die Aortenklappen) und endet mit deren Verschluß. Die Öffnung erfolgt nach Ende der S-Zacke und endet mit dem Abklingen der T-Welle. Exakter läßt sich die Austreibungszeit an den Herzgeräuschen messen (Elektro-Phono-Kardie). Die Austreibungszeit beginnt mit dem Spitzenwert („Hauptsegment") des ersten Herztons und endet mit dem Beginn des zweiten Herztons.

### *4.2.4 Methodenüberblick 1: Psychophysiologische Methoden*

*Meßtechnik.* Bei fast allen psychophysiologischen Untersuchungen ist es erforderlich, mehrere Meßdaten vom Körper (Biosignale) gleichzeitig zu erheben, um spezifische Körperreaktionen hinreichend genau zu kennzeichnen. Derartige Mehrfachmessungen von Biosignalen nennt man Polygrafie. Die dabei benützten Geräte sind im wesentlichen die verschiedenen Meßverstärker, die mit einem Registriergerät (Schreiber) in einem eigenen Gehäuse (Polygraf) stecken. Moderne Mehrfachmessungen benützen allerdings noch zusätzliche technische Hilfen, die im folgenden beschrieben werden.

*Telemetrie.* Die am Probanden befestigten Elektroden werden oft nicht direkt mit den Meßverstärkern verbunden. Statt dessen werden die Biosignale schon in einem Kleingerät, das der Proband in einer Tasche trägt, vorverstärkt. Durch die Körpernähe sind die meist empfindlichen Biosignale besser vor Störungen geschützt, die auf dem Weiterleitungsweg auftreten können. Die Vorverstärker sind schwache Meßverstärker, ihnen fehlt nur die Endstufe. Schließlich werden die vorverstärkten Biosignale per Funk an die Endverstärker und Registriergeräte der Beobachtungsstation gesendet (Telemetrie). Man braucht keine Verbindungskabel, der Proband kann sich frei bewegen.

Technisch problematisch ist die Telemetrie bei Signalen, für die kein elektrisch-neutraler Nullpunkt definiert ist. Besonders problematisch ist die Hautleitfähigkeitsmessung, die zusätzlich noch eine konstante Spannungsquelle voraussetzt. Prinzipiell werden bei der Telemetrie vom Sender eine oder mehrere Trägerfrequenzen erzeugt, auf die das Biosignal moduliert wird.

Der Empfänger enthält auch gleich die Endverstärkung, so daß man vom Telemetrie-Empfänger direkt Schreiber und Bildschirme ansteuern oder Magnetbänder bespielen kann.

*Felderhebung.* Will man psychophysiologische Daten „im Feld", d. h. im Alltagsleben erheben, so sind meist auch telemetrische Methoden ungeeignet. Statt dessen kann man die vorverstärkten Biosignale in einem tragbaren, keinen Halbleiter-Speicher (RAM) sammeln. Dazu muß das Signal digitalisiert, d. h. in eine Folge von Zahlenwerten zerlegt werden.

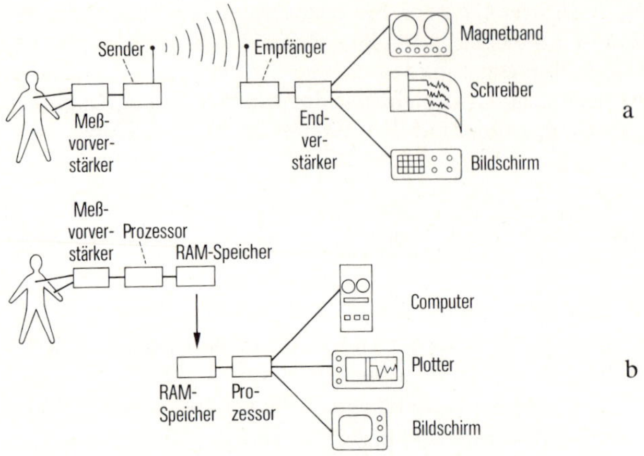


*Abb. 41* a. Telemetrie. b. Digitale Biosignal-Erfassung.

Dadurch geht (meist irrelevante) Information verloren, und zwar umsomehr, je weniger Zahlenwerte pro Zeiteinheit bei länger dauernden (z. B. einen Tag langen) Ableitungen gespeichert werden können.

Die digitale Biosignal-Speicherung setzt eine sorgfältige Versuchsplanung voraus, da bereits bei der Datenerhebung ein Teil der (normalerweise erst bei der Auswertung vorgenommenen) Datenreduktion vorweggenommen wird. Diese wird von einem Mikroprozessor geleistet, der zwischen Vorverstärker und Speicher eingefügt wird und entsprechend der beabsichtigten Auswertung programmiert sein muß.

*Online-Versuchssteuerung.* Mit Hilfe eines Rechners können physiologische Daten sehr rasch ausgewertet werden. Meist muß dabei ermittelt werden, ob ein erwartetes Reaktionsmuster eingetreten ist oder nicht. Wenn dies im statistischen Vergleich über Personengruppen geschehen soll, ist die Rechnerunterstützung in der Regel ohnehin unerläßlich. Der Einsatz eines Rechners ist zur Entscheidungsfindung auch erforderlich, wenn eine Reaktion in Abhängigkeit von vorher oder zwischendurch erhobenen psychologischen Maßen erwartet wird.

Ist ein Rechner als sogenannter Prozeßrechner in die Versuchsanordnung integriert, so können Zwischenergebnisse sogar schon während der Untersuchung errechnet werden. In diesem Fall kann man den Untersuchungsverlauf in Abhängigkeit vom Zwischenergebnis abändern. Diese Art der Versuchssteuerung nennt man Online-Versuchssteuerung (Abb. 42).

Bei Online-Betrieb werden Biosignale von den Meßverstärkern über einen speziellen Anpassungsteil (Interface) direkt in den Rechner geführt.

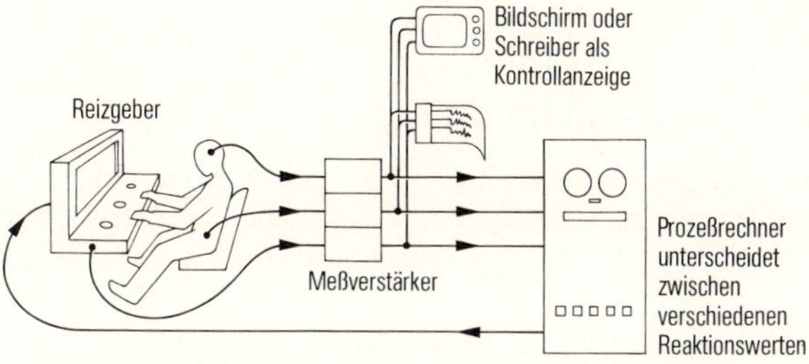


*Abb. 42* Psychophysiologische Prozeßsteuerung.

Der Rechner ermittelt aus den anfallenden Reaktionsdaten einen geeigneten Produktwert („Composite-Score"). Dieser Produktwert wird mit vorgegebenen, gespeicherten Daten, z. B. kritischen Werten, Schwellenwerten, Kriterien, verglichen. In Abhängigkeit davon steuert der Rechner den weiteren Verlauf der (von einem Reizgeber, z. B. einem Diaprojektor produzierten) situativen Bedingungen.

Ein nicht-psychophysiologisches Alltagsbeispiel für eine derartige Online-Versuchssteuerung, die letztlich der Voraussage einer „Schachspiel-Fertigkeit" dient, ist der Schachcomputer. Er setzt „Reize" in unmittelbarer Abhängigkeit der „Probandenreaktion". Nach Erreichen des Abbruchkriteriums (Matt oder Patt) kann der „Versuchsausgang", die „Versuchsdauer" (Zahl der Züge) und der Verlauf (Zuggüte in Bauerneinheiten) einer Gewinnvorhersage für Schachturniere dienen.

*Polygrafische Meßgrößen.* In der Psychophysiologie werden bevorzugt solche Meßgrößen zur Kennzeichnung eines Körperzustandes verwendet, die ohne große Behinderung erhoben werden können. Ein zweites Kriterium ist selbstverständlich die Interpretierbarkeit vor dem besonders in den Abschnitten 4.1.4, 5.1.2 und 8.2.2 ausgeführten biologisch-physiologischen Hintergrund.

Dabei handelt es sich um Hautparameter (Abschnitte 4.1.6 und 4.1.7) und um Kreislaufparameter (Abschnitte 4.1.4, 4.2.2 und 4.2.3). Plethysmografie im Genitalbereich kann zur groben Kontrolle sexueller Reaktionen dienen. Außerdem ist bereits die Phonokardiografie (Abschnitt 4.2.3) und die Messung der Hauttemperatur (Abschnitt 4.2.1) erwähnt worden. Über eine Temperaturmessung in der Atemluft (Atemfühler) oder über eine Dehnungsmessung über dem Brustkorb (Atemgürtel) kann man Messungen der Atmung vornehmen.

Eine Reihe von Verfahren messen verschiedene Muskelbewegungen. Mit Hilfe bioelektrischer Messungen ähnlich dem EKG kann man Skelettmuskelbewegungen (Elektro-myo-grafie EMG), Augenbewegungen (Elektro-okulo-grafie EOG, s. dazu auch Abschnitt 12.1.3.), Lidschlagrate und Magenbewegungen (Elektro-gastro-grafie EGG) registrieren. Biosignale dieser Art sind allerdings schwächer als das EKG-Signal (unter 1 mV). Ihre Messung ist daher entsprechend störanfälliger.

Die Messung der Nervenleitgeschwindigkeit (NLG) wird in Abschnitt 9.1.4. erwähnt werden. Auf die polygrafische Erfassung der elektrischen Gehirnaktivität (Elektro-encephalo-gramm EEG) wird in den Abschnitten 7.2.4. und 11.2.4. eingegangen.

*Andere psychophysiologische Meßgrößen.* Mit Hilfe spezieller Fernseh-Techniken kann man die Pupillengröße messen (Abschnitt 5.2.3). Von den biochemischen Indikatoren aus Körperflüssigkeiten muß die Konzentration von Monoaminen und ihrer Stoffwechselprodukte erwähnt werden (Abschnitte 3.2.2 bis 3.2.5), sowie ihr Säuregehalt (Abschnitt 3.2.2 und 5.2.1).

### *4.2.5 Entspannungstechniken 1: Physiotherapeutische Techniken*

Energiebereitstellende Prozesse treten als Folge von körperlichen Belastungen auf. Sie können aber auch in Erwartung von körperlichen Belastungen einsetzen. Dies sind dann Phänomene, die man bereits als psychische Belastung ansieht (da sie eine höhere Informationsverarbeitung voraussetzen). Energiebereitstellende Prozesse können über längere Zeit aufrechterhalten bleiben, z. B. nach körperlichen Belastungen, bei längerdauernden psychischen Belastungen, auf Grund von außergewöhnlichen Lernprozessen.

Damit können energiebereitstellende Prozesse selbst zur Belastung werden.

Im folgenden wird an das Vorverständnis von Erregung und Entspannung angeknüpft, da Entspannungstechniken ohnehin unter sehr verschiedenen (theoretischen) Voraussetzungen empfohlen werden.

Gründe für längerdauernde oder immer wieder (z. B. situationsgebunden) auftretende Spannungs- oder Affektzustände werden in Kapitel 8.2. systematisch besprochen. Die in diesem Zusammenhang relevanten Lernprozesse betreffen nicht Wissensaneignung, sondern die langfristige Formung des Verhaltens. Als einfachsten Modellgedanken dazu stellt man sich am besten vor, daß einmal intensiv oder öfters eingeleitete Körperprozesse auch „hängenbleiben" können.

Therapiebegleitend (oder je nach Krankheitsauffassung auch einfach nur zur Symptombehandlung) kann man bestimmte Techniken einsetzen, um unnötige energiebereitstellende Prozesse zu dämpfen (Entspannungstechniken). Diese Funktion haben normalerweise die Phasen des Ausruhens (z. B. wegen Verdauung oder Mittagshitze) und für intensive

Entspannung der Schlaf (s. Abschnitt 7.2.5.). Tätigkeitspausen (s. Abschnitt 4.1.3.) dienen übrigens auch der Energiebereitstellung, sie sind keine Entspannungsphasen. In außergewöhnlichen Fällen kann es erwünscht sein, im Wachzustand intensive Entspannung zu erreichen.

Die meisten Entspannungstechniken entstammen ursprünglich der Naturheilkunde, d. h. sie sind meist nicht von naturwissenschaftlich geschulten Medizinern oder Psychologen entwickelt worden. Oft werden mit derartigen Techniken Wirkungen erzielt, die man nur schwer theoretisch begründen kann. Das hat in vielen Fällen dazu geführt, daß Anwender sich auf Erklärungen berufen, die nach näherer Prüfung widerspruchsvoll oder logisch zirkulär sind. Meist handelt es sich dabei um eine zwar plausibel erscheinende, durch Ergebnisse von Serienuntersuchungen aber nicht zu bestätigende „Persönlichkeitstheorie". Derartige Konzepte werden im folgenden nicht dargestellt. Das gleiche gilt für umfassende Theorien, die bestimmten Entspannungstechniken zugrundeliegen, die aber nur vor dem Hintergrund eines bestimmten philosophischen oder religiösen Lehrgebäudes (östlicher Kulturen) interpretierbar sind.

Es gibt eine Reihe von naturheilkundlichen Verfahren, die aus dem Gleichgewicht gekommene Körperprozesse wieder einloten können. Dazu gehört Entspannung und Entkrampfung, Stabilisierung, sowie Rehabilitationsunterstützung nach Krankheiten. Sie werden bei Kurbehandlungen, auf Grund von unspezifischen „vegetativen Störungen" und bei der Krankengymnastik eingesetzt. Es hat sich eingebürgert, sie unter der Sammelbezeichnung „Physiotherapie" zusammenzufassen. Viele dieser Techniken dienen der Beruhigung von überflüssigen energiebereitstellenden Körperprozessen. Die im folgenden angeführten physiotherapeutischen Methoden können als Entspannungstechniken dienen.

*Atemübungen.* Eine wichtige Rolle in der Energiebereitstellung spielt die Atmung. Atemübungen können daher bei Herz- und Kreislaufschwächen eingesetzt werden, aber auch bei Schleimhautveränderungen und bei Stimmbandschäden. Ausgangspunkt jeder Atemübung sollte eine genaue Bestimmung der bisherigen Atemgewohnheiten (Atemstatus) sein. Dies erfolgt am besten auf Grund von Messungen der Brust und der Atemvolumina. Je nach Befund kann man Thoraxübungen (die direkt am Brustkorb ansetzen), Körperbewegungsübungen (Rumpfbewegung aus verschiedenen Stellungen heraus) und Phonotationsübungen durchführen (lautes Atmen, Sprechen, Rufen).

Auf die Bedeutung der Atmung in der Regulation der psychophysiologischen Befindlichkeit wird in Abschnitt 5.2.1 eingegangen werden.

*Massagen.* Muskelmassagen werden angewandt, um die Muskelspannung zu erhöhen oder – in der Mehrzahl der Fälle – um sie zu verringern. Auch bei inneren Krankheiten kann es auf Grund von Reflexen zu Muskelspannungen in bestimmten Körperpartien kommen (s. Abschnitt 5. 1.5), aber auch zu Bindegewebsverdickungen. Derartige Spannungen oder Verdickungen können unangenehm oder schmerzhaft sein. Lokale Bindegewebsverdickungen (zwischen Unterhaut und Muskelhülle) sind auch im Zusammenhang mit einer Fehlregulation der Energiebereitstellung beobachtet worden. Man kann sie mit speziellen Bindegewebsmassagen behandeln.

Entsprechende, von der Biochemikerin Rolf ausgebaute Techniken (Rolfing) sollen zu einer verbesserten Körperhaltung und damit zu einem entspannten seelischen Gleichgewicht beitragen.

*Periostbehandlung.* Den Massagetechniken äußerlich ähnlich, in Technik und Wirkungsweise aber grundverschieden, ist die mechanische Reizung der Knochenhaut (Periost). Die Knochenhaut ist von vielen Nervenendigungen durchzogen und schmerzempfindlich. Ein Druck auf die Knochenhaut an ausgewählten Stellen erzeugt Schmerzen, die imstande sind, andere oder latente Schmerzempfindungen im Organismus zu blockieren.

Außerdem ist bekannt, daß bei schmerzfreien Personen nach Abklingen der Wirkung von zugeführten Schmerzmitteln starke Schmerzen entstehen (s. Abschnitt 13.1.3.). Umgekehrt kommt es zu einem kurzen, angenehmen Zustand beim Aufhören von Schmerzen.

*Haltungs- und Bewegungsübungen.* Zur Entspannung bei erhöhtem Muskeltonus verwendet man außer Massagen besonders erfolgreich Haltungs- und Bewegungsübungen. Der Katalog derartiger – meist als Krankengymnastik bekannter – Übungen umfaßt eine Reihe passiver, entspannender oder kräftigender Maßnahmen, die auf verschiedenen Grundstellungen aufbauen. Es gibt aber auch aktive Maßnahmen (isometrische Übungen, Dehnungen, Halten gegen Widerstand), die zugleich entspannen, kräftigen und Stoffwechsel und Kreislauf stärken können. Je nach Übungsform können Haltungs- und Bewegungsübungen mehr der Stärkung oder der Dämpfung von energieliefernden Körperprozessen dienen.

Haltungs- und Bewegungsübungen gibt es auch im indischen Joga, im chinesischen Tai-chi-chuan (bei der Aussprache liegt die Betonung auf dem u) und im japanischen Aikido. Sie weisen Ähnlichkeiten in manchen Techniken auf und gehen von der Wirkung einer Lebensenergie aus, die ,,Prana“ (ind.), ,,Chi“ (chin.) oder ,,Ki“ (jap.) heißt. Sie werden aber kaum im Zusammenhang mit psychologischer Intervention verwendet.

Ohne Zweifel geht es in diesen alten Traditionen nicht nur um Tanz oder Kampf, sondern um die Einübung des gewohnheitsmäßigen Einsatzes von und der Balance zwischen verschiedenen Formen von Aktiviertheit (s. Abschnitt 6.1.3). Nach bisher unpublizierten Daten ist ,,Ki“ beim Aikido mit besonderen Hirnwellenmustern (6.5 Hz-EEG-Dominanz [39], vgl. Abschnitte 6.1.3 und 7.2.4) und damit mit einer besonderen Form von Erwartungsspannung assoziiert. Eine Joga-Meditationstechnik wird im Abschnitt 7.2.7 beschrieben.

*Bioenergetische Übungen.* Auf der Theorie, daß viele psychische Beschwerden auf die Unterdrückung sexueller Bedürfnisse zurückzuführen sind (nach W. Reich), bauen Therapieformen auf, die physiotherapeutische Techniken verwenden. Die dabei ausgewählten Techniken werden ,,bioenergetische Übungen" genannt (zur Problematik triebenergetischer Konzepte s. Abschnitt 15.1.4). Es handelt sich um einfache Atemübungen, meistens jedoch um Haltungsübungen und Bewegungsübungen, manchmal werden auch kurze Massagen (z. B. am Hinterkopf) oder ein Periostdruck (z. B. am Unterkieferwinkel) angewandt. Der (von W. Reich selbst beschriebene) Orgasmusreflex ist eine Atemübung, bei der Mitbewegungen des Rumpfes koordiniert werden (in der Krankengymnastik auch als Rumpfübung zur Atemtherapie zu bezeichnen). Es kommt dabei nicht zum Orgasmus.

*Progressive Muskelentspannung nach Jacobson.* Gezielte Muskelspannungs- und -entspannungsübungen dienen vor allem der Entspannung bei längerdauernd erhöhter Muskelgrundspannung (Muskeltonus). Hoher Muskeltonus dient natürlich auch der Energiebereitstellung: Vorspannung begünstigt Anspannung. Dabei handelt es sich nicht nur um einen Bereitstellungsprozeß, der leicht wahrgenommen wird und häufig zu Beschwerden und sogar zu Gelenkschmerzen führen kann, sondern auch um einen Vorgang, der leicht zur Gewohnheit wird, z. B. dauerhafte Muskelspannung am Zahnarztstuhl.

Muskelspannung ist aber nicht nur (wie z. B. Schwitzen) eine lästige Begleiterscheinung von vielen Gefühlen. Angespannte Muskeln können auch (aufgrund von Erfahrung) die Entstehung negativer Gefühle begünstigen.

Die Technik der progressiven Muskelentspannung besitzt gegenüber anderen Entspannungstechniken einige Anwendungsvorteile. So wird zur Anwendung keine Anamnese benötigt, da der Reihe nach alle wichtigen Muskelpartien entspannt werden. Weiters benötigt man keinerlei besondere Maßnahmen; die Instruktion kann vom Tonband erfolgen und die Anweisungen sind leicht auszuführen. Der Erfolg der Entspannungsversuche wird vom Übenden selbst kontrolliert. Dazu übt er zugleich auch die Wahrnehmung seiner muskulären Tätigkeit, indem er sich vor jedem Entspannungsschritt auf das Nachlassen der Spannung nach willkürlicher Anspannung konzentriert. Diese Entspannungstechnik wird zur Zeit in der psychologischen, v. a. verhaltenstherapeutischen Intervention am häufigsten benutzt.

### 4.2.6 *Biofeedback*

Viele Körperprozesse können im Zuge von Gefühlen (Emotionen) auftreten (zur Begriffsklärung s. Abschnitt 6.1.1.). Einige davon haben die Eigenschaft, daß sie bei manchen Personen intensiv ablaufen und sogar unter Bedingungen in Gang gesetzt werden, die nur eine oberflächliche Ähnlichkeit mit gefühlsauslösenden Situationen haben. Solche leichtreagierende und zugleich gut meßbare Körperprozesse sind Muskelspannungen, Verengungen der Hautgefäße, Reaktionen der Schweißdrüsen und reizabhängige, rasche Veränderungen in der elektrischen Aktivität des Gehirns.

Außerdem wurde bereits darauf hingewiesen, daß derartige Körperprozesse ihrerseits das Zustandekommen von Gefühlen begünstigen können. Die Selbst- oder Fremdbeobachtung von Körperprozessen spielt immer dann eine größere Rolle, wenn Gefühle Gegenstand psychologischer Intervention sind (s. auch Abschnitt 4.1.5, aber auch 8.1.5).

Wenn überschießende Körperprozesse die Handlungsfähigkeit einer Person einschränken, ist es wichtig, derartige Prozesse bereits in den Anfangsstadien zu erkennen. In der Fremdbeobachtung kann dies nur über Meßgeräte erfolgen. In der Selbstbeobachtung genügt meist die Selbstwahrnehmung über die Sinnesorgane, die Körperprozesse registrieren (dazu gehören die viszeralen Afferenzen, s. Abschnitt 5.1.2.). Entsprechende Wahrnehmungen sind Herzklopfen, Wärme- und Kältegefühl, feuchte Hände, Steifwerden.

Gerade bei gewohnheitsmäßiger Überreaktion bleibt jedoch häufig die Intensität der Rückmeldung durch die Sinnesorgane hinter der tatsächlichen Intensität der physiologischen Ereignisse zurück (wahrscheinlich eine Form von Adaptation der Körpersinne, s. Abschnitte 10.2.3 und 12.2.2). In solchen Fällen kann es nützlich sein, auch zur Selbstbeobachtung ein Meßgerät zu benützen. Bei entsprechender Anwendung kann es dem gleichen Zweck dienen, wie die Selbstbeobachtung über die körpereigenen Sinnesorgane, nämlich zu einer Rückmeldung über beginnende oder stattfindende Körperprozesse. Außerdem soll mit dem Einsatz von Rückmeldegeräten im Fall einer zu geringen Empfindlichkeit der Körpersinne eine Wahrnehmungssteigerung (Sensibilisierung) erreicht werden. Eine (Rück-)Meldung von Körperprozessen (zusätzlich zur etwaigen Wahrnehmung durch die Körpersinne) mit Hilfe eines Meßgeräts, das die Vorgänge den Hauptsinnesorganen (Auge, Ohr) zugänglich macht, nennt man Biofeedback (Feedback über Biosignale). Zugleich hat Biofeedback auch Indikationsfunktion. Es kann Situationen signalisieren, auf die der Körper außergewöhnlich reagiert. Es ist möglich, daß solche Situationen als bedrohlich wahrgenommen werden.

Die Rückmeldung erfolgt im allgemeinen durch einen Zeigerausschlag am Meßgerät, besser noch durch ein Licht- oder Tonsignal (Feedbackgeber). Meistens gibt es in Biofeedbackgeräten einen Schwellenwert, von dem ab überhaupt erst ein Feedback gegeben wird. Dieser Schwellenwert kann vom Versuchsleiter vorgegeben werden oder er wird (z. B. in Laborexperimenten) von einem Prozeßrechner in Abhängigkeit von der jeweiligen Tätigkeit des Betreffenden verstellt (s. Abb. 43).

Klinisch bedeutsam ist bis jetzt eigentlich nur die Rückmeldung über Muskelspannungen geworden, und hier vor allem für die Kopfschmerzerzeugenden Spannungen des Stirnmuskels.

Kopfschmerz kann verschiedene Ursachen haben. Eine Ursache ist eine Verengung der Blutgefäße des Kopfes ( vasomotorischer Kopfschmerz beim Kater, z. B. unter andauernder Nikotinwirkung und/oder als Alkohol-Gegenregulation). Eine andere Ursache ist die krampfartige, gewohnheitsmäßige Muskelspannung im Kopfbereich infolge psychischer Belastung (Spannungskopfschmerz).

Verspannte Stirn-, Gesichts- oder Halsmuskeln können als Folge von Muskelbewegungen auftreten, die mit Emotionen einhergehen. Eine rechtzeitige Rückmeldung über eine derartige emotional-motorische Reaktion in charakteristischen Situationen kann das Auftreten von unerwünschten Muskelspannungen (nicht jedoch das gesamte Gefühl) dauerhaft verhindern.

Eine andere Anwendung des Biofeedback ist die Rückmeldung der Schweißdrüsenaktivität (Entspannungsgeräte). Man kann ein einfaches Hautleitfähigkeits-Biofeedback-Gerät auch ohne viel Aufwand selbst bauen. Es gibt jedoch nur beschränkte Möglichkeiten für einen sinnvollen Einsatz (s. Abschnitt 4.1.7.).

Große Effekte hat man mit einer Rückmeldung der elektrischen Gehirnaktivität erzielt. Im entspannten Wachzustand arbeitet das Gehirn anders (α-Aktivität) als im aktiven Wachzustand und wieder anders in der tiefen Meditation (ϑ-Aktivität, s. Abschnitte 7.2.4. bis 7.2.7.). Bei entsprechender Rückmeldung kann im Wachzustand auch ohne die Anwendung von Meditationstechniken α- und ϑ-Aktivität im Gehirn hergestellt werden. Der Wirkmechanismus dabei ist allerdings völlig

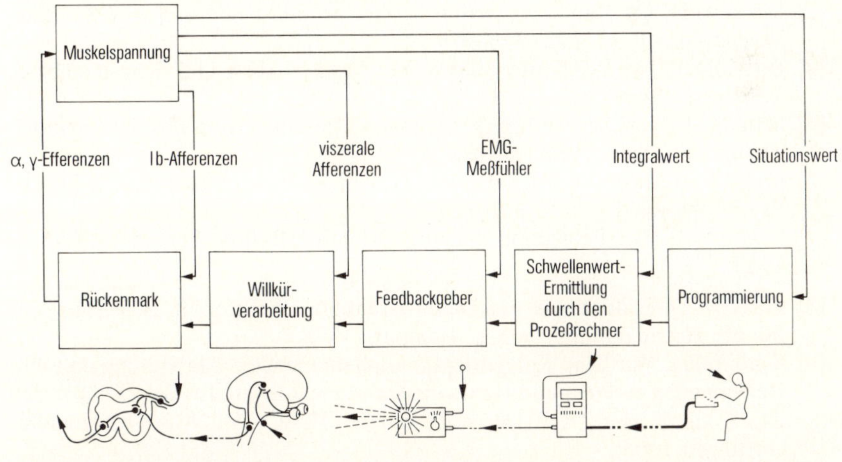


*Abb. 43* Biofeedback. Regeltechnisch gesehen kann über Biofeedback die Regulation eines Körperprozesses (hier im Beispiel die Spannung eines bestimmten Muskels) durch zusätzliche Meßfühler, die Hilfsregelgrößen abgreifen, verbessert werden. (Die reflektorische Regulation über Ib-Afferenzen und α- und γ-Efferenzen wird in Abschnitt 9.2.3. besprochen werden.)

unklar. Vermehrte $\vartheta$-Aktivität tritt auch auf, wenn das Biofeedback von einem Zufallsgenerator gesteuert wird und nicht den tatsächlichen Meßwerten entspricht (s. dazu auch Abschnitt 8.1.5).

Ruheaktivität des Gehirns kann zwar (wenn man es weiß) willentlich durch Verdrehen der Augen nach oben erzeugt werden (dies geschieht vor dem Einschlafen unwillkürlich), nicht jedoch $\vartheta$-Aktivität.

Theoretisch bedeutsam ist vielleicht der Befund, daß sich Personen darin unterscheiden, wie gut sie mit Hilfe von Biofeedback lernen können, die langsamen Gleichspannungs-Änderungen in der elektrischen Gehirnaktivität willkürlich zu beeinflussen (s. dazu Abschnitt 6.1.1.).

Grundsätzlich gilt, daß auf Grund von Biofeedback nur der rückgemeldete Körperprozeß kontrolliert werden kann. Weitergehende körperliche Veränderungen sind nicht zu erwarten. Damit ist auch der psychophysiologische Effekt von Biofeedback-Training eingeschränkt.

## *Literatur*

[1] Schönpflug, W.: Eine Kategorienskala phänomenaler Aktivierung und ihre Beziehungen zu Puls- und Hautwiderstandswerten. In: Bericht über den 24. Kongreß der DGP (H. Heckhausen Hrsg.), S. 281–288. Hogrefe, Göttingen 1965

[2] Lacey, J. I.: The evaluation of autonomic responses: Toward a general solution. Ann. N. Y. Acad. Sci. 67 (1956) 123–164

[3] Lykken, D. T.: Range correction applied to heart rate and to GSR data. Psychophysiol. 9 (1972) 373–379

[4] Birbaumer, N.: Psychophysiologie der Angst. Urban und Schwarzenberg, München, Wien 1975

[5] Schultz, I. H.: Das Autogene Training. Konzentrative Selbstentspannung. Thieme, Stuttgart 1935, 15. Aufl. 1972

[6] Uno, T., Grings, W. W.: Autonomic components of orienting behavior. Psychophysiol. 1 (1965) 311–321

[7] Sokolov, E. N.: Perception and the Orienting Reflex. Pergamon, Oxford 1963

[8] Guski, R.: Orientierungs- und Defensivreaktion. In: Streß (R. Bösel, Hrg.), S. 50–60. Hoffmann und Campe, Hamburg 1978

[9] Schönpflug, W.: Eine Kategorienskala phänomenaler Aktivierung und ihre Beziehungen zu Puls- und Hautwiderstandsmessungen. In: Bericht über den 24. Kongreß der DGP (Heckhausen, H. Hrsg.), S. 281–288. Hogrefe, Göttingen 1965

[10] Opton, E. jr., Rankin, N. O., Lazarus, R. S.: A simplified method of heart rate measurement. Psychophysiol. 2 (1966) 87–97

[11] Dahl, H., Spence, D. P.: Mean heart rate predicted by task demand characteristics. Psychophysiol. 7 (1971) 369–376

[12] Jennings, J. R., Averill, J. R., Opton, E. M., Lazarus, R. S.: Some parameters

of heart rate change: Perceptual versus motor task requirements, noxiousness, and uncertainty. Psychophysiol. 7 (1971) 194–209

[13] Lacey, J. I.: Somatic response patterning and stress: Some revisions of activation theory. In: Psychological stress (M. H. Appley, R. Trumbull Eds.) p. 14–36. Appleton, New York 1967

[14] Hare, R. D.: Orienting and defense responses to visual stimuli. Psychophysiol. 10 (1973) 453–464

[15] Miezejeski, Ch. M.: Relationship between behavioral arousal and some components of autonomic arousal. Psychophysiol. 15 (1978) 417–421

[16] Walter, G. F., Porges, St. W.: Heart rate and respiratory response as a function of task difficulty: The use of discriminant analysis in the selection of psychologically sensitive physiological response. Psychophysiol. 13 (1976) 563–571

[17] Heslegrave, R. J., Ogilvie, J. C., Furedy, J. J.: Measuring baseline-treatment differences in heart rate variability: Variances versus sucessive difference mean square and beats per minute versus interbeat intervals. Psychophysiol. 16 (1979) 151–157

[18] Bennet, C. A., Franklin, N. L.: Statistical analysis in chemistry and the chemical industry. Wiley, New York 1954

[19] Duffy, E.: The concept of energy mobilization. Psychol. Rev. 58 (1951) 30–40

[20] Leventhal, H., Tomarken, A. J.: Emotion: Today's problems. Ann. Rev. Psychol. 37 (1986) 565–610

[21] Thayer, R. E.: Energy, tiredness, and tension. Effects of a sugar snack vs. moderate exercise. J. Pers. Soc. Psychol. (in press)

[22] Wick, E.: Kreislaufuntersuchungen an Studenten unter emotionellen Belastungen. In: Funktionsabläufe unter emotionellen Belastungen (K. Fellinger Ed.), S. 94–102. Basel: Karger 1964

[23] Hygge, S., Hugdahl, K.: Skin conductance recordings and the NaCl concentration of the electrolyte. Psychophysiol. 22 (1985) 365

[24] Edelberg, R.: Electrical activity of the skin. In: Handbook of Psychophysiology (N. S. Greenfield, R. A. Sternbach Eds.). New York: Holt, Rinehart and Winston 1972

[25] Hölzl, R., Wilhelm, H., Lutzenberger, W., Schandry, R.: Galvanic skin response: Some methodological considerations on measurement, habituation, and classical conditioning. Archiv Psychol. 127 (1974) 1–22

[26] Thompson, R. F., Glanzmann, D. L.: Neural and behavioral mechanisms of habituation and sensitization. In: Habituation (T. J. Tighe, R. N. Leaton Eds.). Hillsdale: Erlbaum 1976

[27] Ben-Shakar, G.: Standardization within individuals: A simple method to neutralize individual differences in skin conductance. Psychophysiol. 22 (1985) 292

[28] Scher, H., Furedy, J. J., Heslegrave, R. J.: Individual differences in phasic cardiac reactivity to psychological stress and the law of initial value. Psychophysiol. 22 (1985) 345

[29] Fowles, D. C.: The three arousal model: Implications of Gray's two-factor learning theory for heart rate, electrodermal activity, and psychopathology. Psychophysiol. 17 (1980) 87–104

[30] Schwartz, G. E., Weinberger, D. A., Singer, J. A.: Cardiovascular differ-

entiation of happiness, sadness, anger, and fear following imagery and exercise. Psychsom. Med. 43 (1981) 343–364

[31] Lang, P. J.: A bio-informational theory of emotional imagery. Psychophysiol. 16 (1979) 495–512

[32] Graham, F. K.: Normality of distributions and homogeneity of variance of heart rate and heart period samplex. Constrains on measuring heart rate and period sequentially through real and cardiac time. Psychophysiol. 15 (1978) 487–491, 492–495

[33] Khachaturian, Z. S., Kerr, J., Kruger, R., Schachter, J. A.: Comparison between period and rate data in studies of cardiac function. Psychophysiol. 9 (1972) 539–545

[34] Holroyd, K. A., Westbrook, T., Wolf, M., Badhorn, E.: Performance, cognition, and physiological responding in test anxiety. J. Abnorm. Psychol. 87 (1978) 442–451

[35] Bunnell, D. E.: T-wave amplitude as a measure of sympathetic myocardial effects: Relationship to indices of contractile force. Psychophysiol. 17 (1980) 292

[36] Wesseling, K. H., Settels, J. J.: Baromodulation explains short-term blood pressure variability. In: The Psychophysiology of Cardiovascular Control (J. F. Ortlebeke, G. Mulder, L. J. P. van Doornen Eds.). New York: Plenum Press 1985

[37] Mulder, G., Mulder, L. J. M., Veldman, J. B. P.: Mental tasks as stressors. In: Clinical and Methodological Issues in Cardiovascular Psychophysiology (A. Steptoe, H. Rüddel, H. Neus Eds.), pp 30–44. Berlin, Heidelberg: Springer 1985

[38] Sayers, B. McA.: Analysis of heart rate variability. Ergonomics 16 (1973) 17–32

[39] Die Angaben stammen aus einer Erhebung, die M. Kranz-Raphaélian bei uns durchführte.

# 5. Die vegetative Steuerung

## 5.1 Grundprinzipien neuronaler Steuerung

### *5.1.1 Die Steuerung von Körperfunktionen*

Fast alle Organfunktionen, jedenfalls aber alle Körperfunktionen, werden durch ein System von Nervenzellen gesteuert.

*Nervenzellen.* Nervenzellen sind hochspezialisierte Körperzellen. Die meisten Nervenzellen (Neurone) bestehen aus einem Zellkörper (Soma) und einer Nervenfaser (Axon). Der Zellkörper kann Verzweigungen besitzen, die dann Dendriten heißen. Auch die Nervenfaser kann sich verzweigen, nämlich in sogenannte Kollaterale (Abb. 44a). Die Somata sind wenige bis viele Tausendstel mm (μm) groß. Ähnliches gilt für die Dendritenlänge. Axone dagegen können sehr lang werden (einige reichen von der Scheitelgegend bis zum Ende des Rückenmarks, andere von dort bis in die Zehen). Der Durchmesser eines Axons liegt meist unter 1 μm.

Nervenfasern (Axone) durchziehen den gesamten Körper. Meist sind sie zu dicken Strängen gebündelt, den peripheren Nerven. Die zugehörigen Zellkörper (Somata) liegen ebenfalls meist in Gruppen dicht gepackt beieinander, das sind die Ganglien (Abb. 44b).

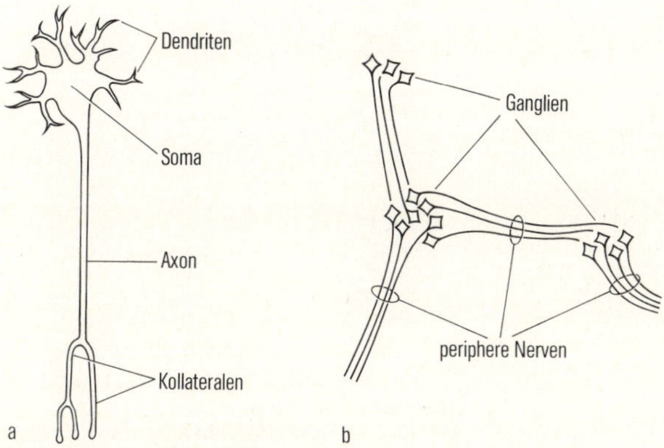


*Abb. 44* Nervenzellen

*Nervensystem.* Die meisten Nervenzellen des menschlichen Körpers liegen jedoch in einem eigenen Organ, dem zentralen Nervensystem (ZNS). Das ZNS ist von Schädel- und Wirbelknochen umgeben. Der im Schädel liegende Teil des ZNS heißt Gehirn. Der von den Wirbelknochen geschützte, längliche Teil des ZNS heißt Rückenmark. Abb. 45 zeigt das Schema einer Lateralansicht des ZNS (also von der Körperseite her gesehen). Auch innerhalb des ZNS liegen die Zellkörper in Gruppen zusammen (Kerngebiete oder graue Substanz) und die Nervenfasern bündeln sich zu Strängen (Faserzüge oder weiße Substanz).

Die außerhalb des ZNS liegenden Teile des Nervensystems faßt man auch als peripheres Nervensystem (PNS) zusammen. Teile des peripheren Nervensystems leiten Informationen von den Sinnesorganen (Rezeptoren) zum ZNS (afferente Nervenfasern). Andere Teile des peripheren Nervensystems (efferente Nervenfasern) leiten Informationen vom ZNS zu Muskeln und Drüsen (Effektoren; s. Abb. 46).

Nervenzellen, deren Fasern Informationen zu Kerngebieten oder Ganglien leiten, heißen ebenfalls afferent, manchmal auch präganglionär. Nervenzellen, deren Fasern Informationen aus Hirnkernen oder Ganglien fortleiten, heißen efferent oder postganglionär.

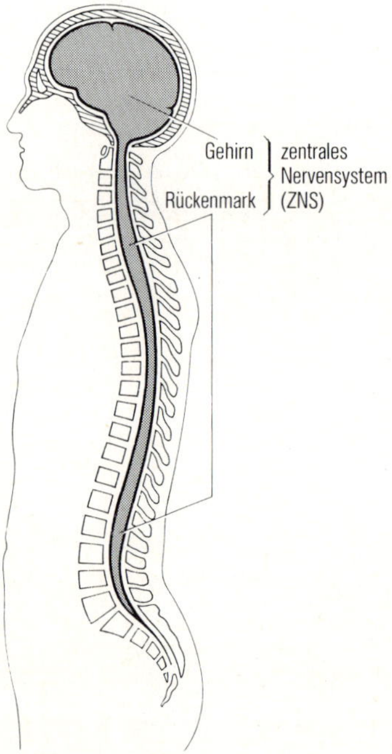


*Abb. 45* ZNS

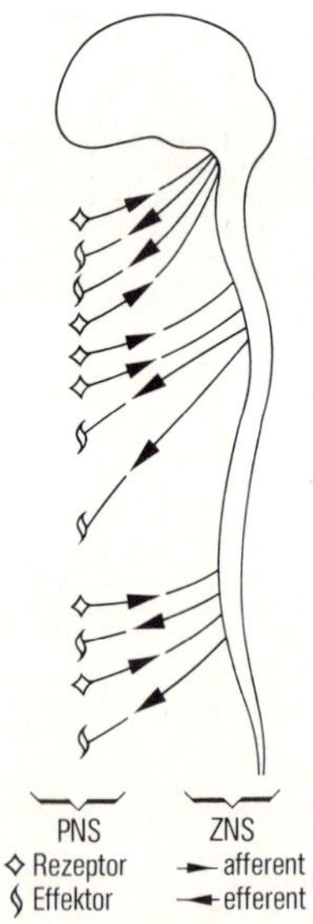


*Abb. 46* PNS

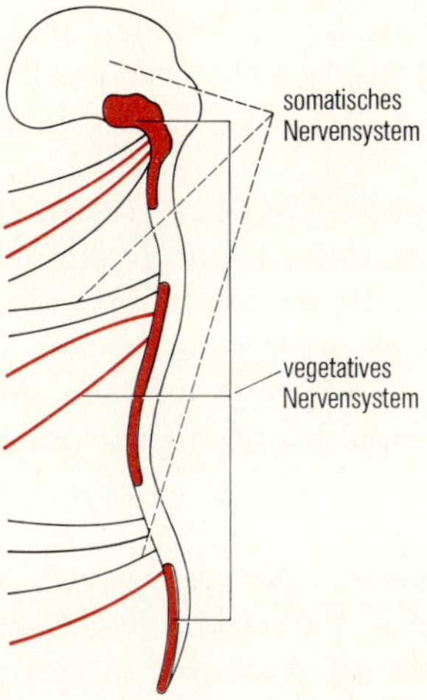


*Abb. 47* Somatisches und vegetatives Nervensystem

Die Stoffwechselorgane des menschlichen Körpers (s. Abschnitt 10.2.5.) werden durch einen Teil des Nervensystems gesteuert, den man vegetatives Nervensystem (VNS) nennt. Zum vegetativen Nervensystem gehören Teile des ZNS ebenso wie des PNS (Abb. 47). Diese Teile sind eindeutig erkennbar, wo sie funktionelle oder anatomische Besonderheiten aufweisen. An manchen Stellen sind sie nicht eindeutig identifizierbar.

Die Teile des Nervensystems, die nicht zum VNS zu rechnen sind, faßt man unter der Sammelbezeichnung „somatisches Nervensystem" zusammen. Das somatische Nervensystem verarbeitet Informationen aus allen Sinnesorganen und steuert vor allem Bewegungen der Skelettmuskulatur. Das vegetative Nervensystem steuert vor allem die Eingeweide- und Kreislaufmuskulatur sowie die Tätigkeit vieler Drüsen.

### *5.1.2 Parasympathische und sympathische Erregung*

Periphere vegetative Nerven bringen Steuerimpulse zu den Stoffwechselorganen. Die Somata der entsprechenden Axone liegen teils in Ganglien, teils in Kerngebieten des ZNS. Diese Kerngebiete, von denen vegetative Nerven in die Körperperipherie ziehen, heißen auch (vegetative) Ursprungskerne des peripheren VNS.

Ein Teil des Gehirns weist in seinem Aufbau noch weitgehend Ähnlichkeiten mit der Anatomie des Rückenmarks auf. Dieser Teil des Gehirns heißt Hirnstamm (Details s. Abschnitte 5.2.1. und 11.1.4.). Die Grenze zum Rückenmark liegt dort, wo das ZNS durch das Hinterhauptsloch in der

Schädelbasis aus der Schädelkapsel austritt. Im Rückenmark unterscheidet man verschiedene Abschnitte, je nachdem von welchen Wirbelknochen es umgeben ist. Danach unterteilt man es in Hals-, Brust-, Lenden- und Kreuzmark.

Abb. 48 zeigt das Schema einer Dorsalansicht des Nervensystems (also von der Rückenseite her gezeichnet). Vegetative Ursprungskerne liegen im unteren Hirnstamm, im unteren Brust- und im oberen Lendenmark sowie im Kreuzmark. Die meisten Stoffwechselorgane sind doppelt innerviert. D. h., daß sie einerseits Steuerimpulse vom Hirnstamm oder vom Kreuzmark, andererseits gleichzeitig Steuerimpulse vom Brust- oder Lendenmark erhalten.

*Parasympathischer Anteil des vegetativen Nervensystems.* Von den Ursprungskernen im Hirnstamm und im Kreuzmark ziehen Axone zu fast allen Stoffwechselorganen. Dort nehmen die Axone der Ursprungskerne Kontakt mit organnahen Ganglien auf. Diese Ganglien leiten über kurze postganglionäre Axone die Steuerimpulse an die Effektoren weiter. Dieser Teil des peripheren vegetativen Nervensystems heißt parasympathisch („Parasympathikus“). Er fördert die Aktivität der Eingeweidemuskulatur und der Verdauungsdrüsen sowie die Ausscheidung. Er senkt die Herzrate und verengt die Luftröhre (bei der Ausatmung) und die Pupillen.

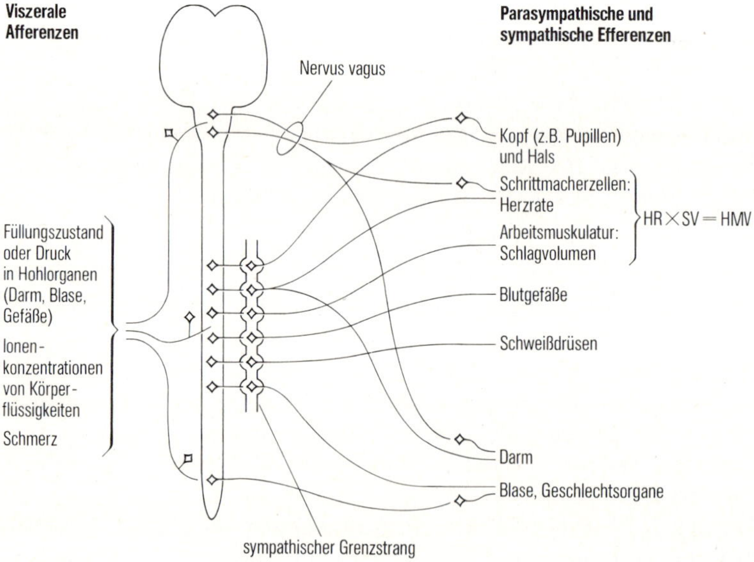


*Abb. 48* Parasympathischer und sympathischer Anteil des vegetativen Nervensystems.

*Sympathischer Anteil des vegetativen Nervensystems.* Die Axone der vegetativen Ursprungskerne im Brust- und Lendenmark ziehen zu Ganglien, die dicht neben der Wirbelsäule liegen. Diese Ganglien sind untereinander eng verbunden und bilden die anatomische Struktur des sympathischen Grenzstranges.

Der sympathische Grenzstrang ist in Abb. 48 nur rechtsseitig eingezeichnet. Er ist aber, ebenso wie alle anderen peripheren Strukturen des NS, paarig zu denken (d. h. in beiden Körperhälften symmetrisch).

Von den Grenzstrang-Ganglien aus leiten postganglionäre Axone Steuerimpluse an alle Stoffwechselorgane weiter. Dieser Teil des peripheren vegetativen Nervensystems heißt sympathisch („Sympathikus"). Er fördert Kraft und Geschwindigkeit der Herztätigkeit und verengt die Blutgefäße. Er hemmt Eingeweidetätigkeit und Ausscheidung und erweitert die Luftröhre (bei der Einatmung) und die Pupillen. Darüber hinaus aktiviert er (z. B. bei Wärme) die Tätigkeit der Schweißdrüsen und stellt (z. B. bei Kälte) die Körperhaare auf („Gänsehaut"). Er nimmt mit Leber- und Fettzellen Kontakt auf und steuert auch Funktionen der inneren Geschlechtsorgane.

Nicht alle präganglionären Sympathikusfasern werden im Grenzstrang umgeschaltet. Einige ziehen am Grenzstrang vorbei, bilden eigene Nerven und ziehen zu weiter peripher gelegenen Ganglien, den prävertebralen Ganglien, die miteinander Gangliengeflechte bilden. Die wichtigsten prävertebralen sympathischen Gangliengeflechte hießen Plexus coeliacus (der zusammen mit einem benachbarten Geflecht auch als „Sonnengeflecht" bezeichnet wird) und der Plexus hypogastricus. Der Plexus coeliacus versorgt Herz und Lunge, der Plexus hypogastricus die Geschlechtsorgane.

*Vegetativer Antagonismus.* Parasympathischer und sympathischer Teil des peripheren vegetativen Nervensystems bestehen aus efferenten Nervenfasern, die energieliefernden und -bereitstellenden Effektoren Steuerimpulse senden. Für Darmbewegungen, bei Ausscheidung und Atmung und in bezug auf die Herzrate üben parasympathischer und sympathischer Anteil des VNS gegensätzliche („antagonistische") Wirkungen auf die Effektoren aus.

Das bedeutet keineswegs, daß die Stoffwechselorgane zu einer Art „Austragungsort" des vegetativen Antagonismus werden. Vielmehr können durch dieses Prinzip der „doppelten Innervierung" Regulationsprozesse, die an den Stoffwechselorganen ablaufen, spezifisch optimiert werden. Dies betrifft Vorgänge, die mit dem Aussondern und Auswerten von energieliefernden Stoffen zu tun haben. Andererseits regelt das VNS energiebereitstellende Prozesse (vor allem durch den Sympathikus). Steuerung der Nahrungssuche und Umsetzen von Energie ist Sache des somatischen Nervensystems.

Zwischen parasympathisch- und sympathisch-vegetativer Steuerung gibt es jedoch noch einen bisher nicht erwähnten Unterschied. Vegetative

Erregungsprozesse, die in den Ursprungskernen ihren Ausgang nehmen, erreichen die Effektoren im parasympathischen Teil über lange, direkt zu Organganglien ziehende Axone. Die Erregung wirkt meist spezifisch für ein Organ oder einen Körperteil. Im sympathischen Teil wird die von den Ursprungskernen ausgehende Erregung zunächst an den Grenzstrang weitergegeben.

Von da weitergeleitete Erregungen wirken meist spezifisch für eine Gesamtfunktion (z. B. Kälteschutz). Sie beziehen meistens viele Organe ein und produzieren zusätzlich im gesamten Körper eine unspezifische Erregung.

Unspezifische Energiebereitstellung ist Aufgabe des sympathischen vegetativen Nervensystems. Eine Reihe von Stoffwechselfunktionen wird auch nur sympathisch gesteuert: Kontraktionskraft des Herzens, Verengung der Blutgefäße (die Erweiterung erfolgt, ausgenommen in der Muskulatur, passiv durch den Blutdruck), Wärmeregulationen (Schweißdrüsen und Herzmuskulatur), Glykogen-Mobilisierung (Leber- und Fettgewebe).

Messungen an Organen, die nur sympathisch innerviert sind, gelten daher als gute Indikatoren für Körpervorgänge, die mit der Energiebereitstellung zu tun haben. In den Abschnitten 4.1.5 und 4.2.1 sind zwei derartige Messungen vorgestellt worden. Man kann damit Aktivierung (Schweißdrüsenaktivität) oder Entspannung (Weite der Hautgefäße) kennzeichnen. Körperfunktionen, die nur vom Sympathikus in Gang gesetzt werden, sind offenbar auch Gegenstand des eigenen Erlebens. Sie werden als Erregung oder Entspannung empfunden.

### *5.1.3 Die Eigendynamik von Organen*

Auch unabhängig von der Existenz oder Aktivität peripherer vegetativer Nerven haben viele Organe, vor allem Stoffwechselorgane eine reizabhängige und/oder reizunabhängige Eigendynamik.

Diese Tatsache hat psychologisch keine Bedeutung und wird nur als theoretischer Baustein für das Verständnis vor allem der folgenden Abschnitte erwähnt.

Die Entdeckung der Eigendynamik von Organen hat auch die Entstehung von theoretischen Konzeptionen begünstigt, die darin ein Energiepotential sehen, das durch die Tätigkeit des Nervensystems vor allem gehemmt und gegebenenfalls in nutzbringende Richtungen gelenkt werden müsse. Diese Sichtweise hat man dann auch auf Teile des Nervensystems ausgedehnt, die spontan aktiv sind. Spontane Aktivitäten des Organismus und Vorstellungen über deren Steuerung (vor allem deren Hemmung) haben schließlich zur Entstehung von biologisch interpretierten Triebtheorien beigetragen (s. Abschnitt 15.1.1.).

Die hier zu erwähnende Eigendynamik von Stoffwechselorganen ist auf eine Eigenschaft der glatten Muskulatur und der Herzmuskulatur zurückzuführen („myogen"). Diese Muskeln bilden Hohlorgane (ausgenommen die Muskulatur der Augenlinse und der Körperhaare). In den Wänden der Hohlorgane liegen spezielle Muskelzellen (Schrittmacherzellen), die eine autonome Aktivität entwickeln und deren Erregung sich durch elektrische Kopplung über die gesamte Wandmuskulatur ausbreitet („intramurales System").

*Beispiele für myogene autonome Aktivität.* Die Höhlungen der Stoffwechselorgane (in Darm, Blase, Blutgefäßen und Herz) werden durch Füllung (mit Speisebrei, Harn bzw. Blut) passiv gedehnt. Eine Dehnung der Schrittmacherzellen führt dazu, daß Impulse zur Verengung weitergegeben werden. Darüber hinaus besitzt das Herz spezielle Schrittmacherzellen und ein eigenes Reizleitungssystem für einen Kontraktions-Eigenrhythmus. Auf ähnliche Weise kommt es im Darm zur „Peristaltik" (schrittweise Verengung zur Weiterbeförderung des Speisebreies). In der Blase gibt es unter Umständen die Möglichkeit der Spontanentleerung nach Erreichung einer bestimmten Füllungsmenge (s. Abschnitt 5.2.2.). Das Herz erhöht (unabhängig von der Herzraten-Steuerung) automatisch die Kontraktionskraft nach vermehrter Füllung.

*Arbeitskurven des Herzens (Herzzyklus).* Ein Beispiel für die Zusammenarbeit zwischen Organ-Eigendynamik und vegetativer Steuerung liefert die Herztätigkeit. Für eine genauere Auswertung von Herzmeßdaten (EKG) ist es erforderlich, dieses Zusammenspiel und damit den Mechanismus von Dehnung (Füllung) und Zuckung (Entleerung) des Herzens im Detail zu analysieren.

Die schwarzen Linien in Abb. 49 veranschaulichen die Herztätigkeit, wie sie ohne vegetative Steuerimpulse ablaufen würde (Frank-Starling-Mechanismus). Am besten beginnt man, das Diagramm im Koordinatenursprung zu lesen. An

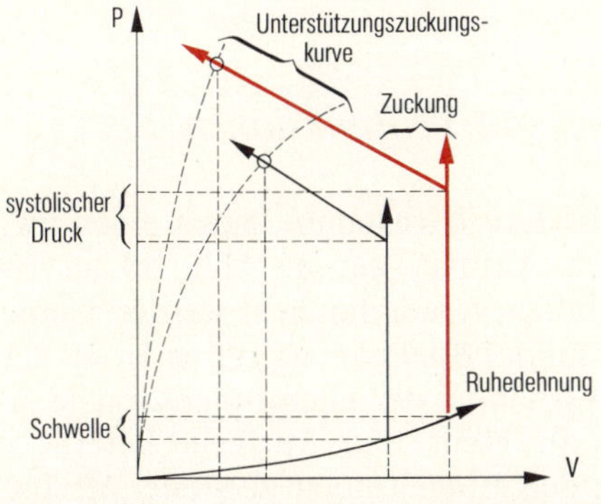


*Abb. 49* Arbeitskurven des Herzens. Erklärung im Text.

diesem Arbeitspunkt befindet sich das Herz, wenn auf die Blutfüllung des Hohlorgans kein Druck (P) ausgeübt wird, ja sich sogar kein Blut (Volumen V) im Herzen befindet. Wird das Herz jetzt mit Blut gefüllt (V nimmt zu), so weichen die Herzwände leicht auseinander und es entsteht nur ein geringer Druck (durch die „Ruhedehnung"). Mit zunehmendem Druck wird in der Folge ein bestimmter Schwellenwert für die Schrittmacherzellen überschritten und der Herzmuskel kontrahiert sich („Zuckung"). Der sprunghafte Anstieg des Innendrucks, der einen weiteren Zufluß sofort unterbindet, hält so lange an, bis sich die Aortenklappen öffnen. Die Aortenklappen sind gewissermaßen die „Türen", die Herz und Blutgefäßsystem miteinander verbinden. Die Klappen öffnen sich, wenn der Innendruck den Außendruck erreicht und übersteigt. Dieser Punkt hängt vom peripheren Widerstand ab und ist der („systolische") Auswurfdruck. Die Kontraktion des Herzens ist damit noch nicht beendet. Der Muskel zieht sich kontinuierlich weiter zusammen, allerdings steigt bei offenen Aortenklappen der Innendruck im Herzen nur noch geringfügig an („Unterstützungszuckung"). Die Kontraktion des Herzmuskels wird beendet, wenn etwa das halbe Füllungsvolumen ausgeworfen ist. Der Innendruck im Herzen sinkt dann sofort bis zu dem Druck ab, den das noch vorhandene Blutvolumen auf die Gefäßwände ausübt. Dieser Druck liegt weit unterhalb der Schrittmacher-Schwelle und steigt erst mit erneuter Füllung des Herzens an.

Die roten Linien in Abb. 49 zeigen die Arbeitskurve des Herzens im Druck-Volumen-Diagramm. Diesen Verlauf nehmen sie unter Belastung, und zwar unter dem Einfluß der sympathischen Innervation. Die Ruhedehnungskurve ist steiler, weil der Blutandrang bereits größer ist. Nur bei Trainierten bleibt die Ruhedehnungskurve flacher, da sie ein größeres (und damit im Effekt dehnbareres) Herz besitzen. Eigentlich müßte unter Belastung die Schrittmacher-Schwelle früher erreicht sein. Allerdings werden bei vermehrtem Blutandrang auch die Muskelzellen passiv stärker vorgedehnt, so daß dann die Zuckungsschwelle erst bei höheren Drücken liegt. Die Zuckung selbst (also das Zusammenziehen des Herzmuskels) erhöht den Innendruck über die Ruhewerte hinaus, wenn der zu überwindende, periphere Widerstand größer wird. Dies ist unter Belastung oft der Fall, so daß der Blutdruck steigt. Auf jeden Fall ist bei erhöhter Sympathikuswirkung die Unterstützungszuckung kräftiger. Eine steilere „Unterstützungszuckungs-Kurve" ist Folge größerer Kontraktionskraft. Dadurch wird das Herz vergleichsweise stärker entleert. Das Restvolumen ist kleiner als das halbe Füllungsvolumen.

### *5.1.4 Die Koordination von Teilfunktionen*

Das Rückenmark und der untere Hirnstamm haben einen im Vergleich zum Gehirn übersichtlichen Aufbau, der in Abb. 50 an Hand eines schematischen Querschnittbildes veranschaulicht werden kann.

Afferente Informationen für das Rückenmark stammen aus allen Sinnesorganen des Körpers mit Ausnahme der Hauptsinnesorgane Auge, Ohr, Nase, Zunge. Rezeptoren in Haut und Muskeln liefern somatische Afferenzen, Rezeptoren in den Eingeweiden viszerale Afferenzen. Alle afferenten Nervenfasern des Rückenmarks besitzen Zellkörper in einem

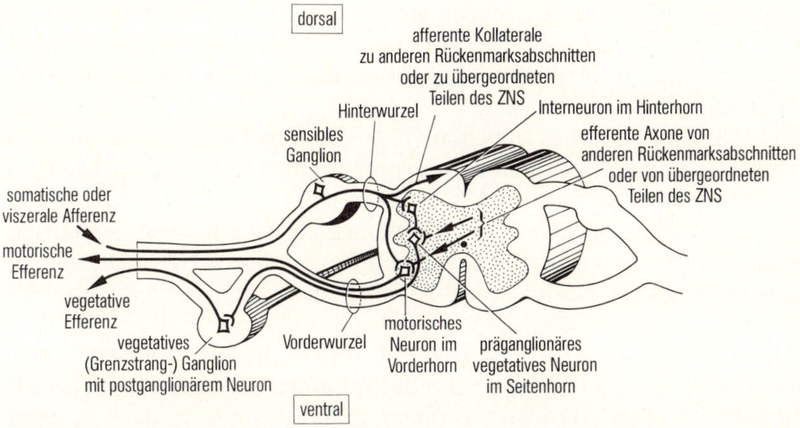


*Abb. 50* Schematischer Querschnitt durch das Rückenmark

spinalen Ganglion (sensibles Ganglion, Hinterwurzelganglion). Die von dort kommenden Axone treten in dicken afferenten Rückenmarksnerven (Hinterwurzel) in die Dorsalseite des Rückenmarks ein.

Afferente Axone der Hinterwurzel spalten sich meist in mehrere Kollateralen auf. Im einfachsten Fall zieht eine Kollaterale bis zum ventralen Bereich des Rückenmarks (Vorderhorn). Spätestens dort nimmt sie Kontakt zu einer weiteren Nervenzelle auf, der sie die afferente Erregung mitteilt. Dies ist z. B. beim Kniereflex (Patellar-Sehnen-Reflex, s. Abschnitt 9.2.3.) der Fall. Die Zellen im Vorderhorn des Rückenmarks sind bereits efferent. Im genannten Fall übertragen sie die Erregung über efferente Axone an einen Muskel und führen so zu einer Bewegung. Daher heißen diese Zellen auch motorische Vorderhornzellen. Die efferenten Axone gehören zum somatischen peripheren Nervensystem.

In den meisten Fällen nehmen Kollaterale (somatisch oder viszeral) afferenter Axone schon im dorsalen Teil des Rückenmarks (Hinterhorn) Kontakte mit weiteren Nervenzellen (Interneurone) auf. Da hier vor allem die Steuerung der Stoffwechselorgane und insbesondere die Steuerung energiebereitstellender Prozesse interessiert, soll dieser Fall näher betrachtet werden.

Die parasympathische oder sympathische vegetative Steuerung beginnt in den (übrigens präganglionären) Somata der vegetativen Ursprungskerne. Diese liegen im Seitenteil des Rückenmarks (Seitenhorn). Sie sind mit kleinen Schaltneuronen (Interneurone) mit afferenten Axonen verbunden. Die präganglionären vegetativen Seitenhornzellen senden ihre Axone zu den vegetativen Ganglien, die für den parasympathischen Teil organnah, für den sympathischen Teil im Grenzstrang liegen (s. Abschnitt 5.1.2.).

Derartige überschaubare Verbindungen afferenter Axone mit efferenten Nervenzellen, die rasche Reaktionen auf afferente Reizung ermöglichen, nennt man Reflexbögen. Die daraus resultierenden Steuerungsprozesse heißen Reflexe.

Abb. 50 soll deutlich machen, daß die vegetative Steuerung von somatischen wie von viszeralen Afferenzen abhängt. Umgekehrt können Afferenzen von den Stoffwechselorganen nicht nur vegetative, sondern auch somatische (motorische) Efferenzen bewirken. Die somatisch-vegetativen und die viszeral-motorischen Reflexe bezeichnet man auch als gemischte Reflexe. Beispiele dafür finden sich im nächsten Abschnitt 5.1.5.

Außerdem soll die Abb. 50 zeigen, daß kein Reflexbogen ohne eine enge Einbettung in übrige Teile des NS gedacht werden kann. Es ist eingezeichnet, daß von allen afferenten Bahnen Kollateralen in andere Rückenmarksabschnitte, insbesondere aber auch in funktionell übergeordnete Teile des ZNS führen können. Ebenso gibt es Axone, die von übergeordneten Teilen des ZNS zu den effektorischen Nervenzellen des Rückenmarks ziehen.

Einzelne Beispiele für einfache somatische Steuerungen durch das Rückenmark (somato-motorische Reflexe) bringt der Abschnitt 14.2.5. Zusammenfassend kann man feststellen, daß Rückenmark und unterer Hirnstamm wichtige Funktionen bei der Aufrechterhaltung des Muskeltonus zum Tragen des eigenen Körpergewichts besitzt (Stellreflexe). Außerdem wird die Muskelspannung in Abhängigkeit von der Art der Körperstellung verändert (Haltereflexe). Eine Anpassung der Muskelspannung an Umweltreize erfolgt auf dieser Regulationsebene nicht (ein Tier, dem das Gehirn bis auf den unteren Hirnstamm entfernt wurde, kann stehen, fällt jedoch bei einem geringfügigen Stoß um).

Viszeral-vegetative Rückenmarksreflexe sind z. B. erforderlich, wenn auf Grund von Verdauungstätigkeit die Darmdurchblutung steigen soll. Bei Entzündungen im Magen-, Gallen- oder Darmbereich kann es sogar zu einer Mehrdurchblutung in Hautbezirken kommen, die vom gleichen Rückenmarksabschnitt vegetativ versorgt werden (viszero-cutaner Reflex).

Eine komplizierte Organisation von Rückenmarksverschaltungen wirkt bei der Blasenentleerung mit. Zunächst übt die Eigendynamik der Harnblasen-Wandmuskulatur ab einem bestimmten Füllungsgrad einen Druck auf den (quergestreiften) äußeren Schließmuskel aus. Zu einer Spontanentleerung kommt es normalerweise jedoch nicht, da dieser dauererregt ist. Die Blasenentleerung wird sekundär über einen Reflexbogen im Kreuzmark gesteuert, der das intramurale System aktiviert und den Schließmuskel hemmt. Allerdings ist der dabei beteiligte viszeral-parasympathische Reflexbogen nur bei Kleinkindern aktiv. Afferente Kollateralen führen zu übergeordneten Teilen des ZNS, von wo aus absteigende Axone die efferenten Neurone mitbeeinflussen (s. Abschnitt 5.2.2.).

## *5.1.5 Sexualität 4: Gemischte Rückenmarks-Reflexe*

Im Rückenmark werden Afferenzen aus Haut und Muskeln (somatisch) und aus den Eingeweiden (viszeral) zu efferenten Nervenzellen geleitet, die Impulse an die Muskulatur (motorisch) und an die energieliefernden Organe (vegetativ) abgegeben.

Bei Reflexen gibt es überschaubare nervale Verbindungen und rasche Reaktionen. Reflexe sind jedoch nur im Zusammenhang mit jeweils übergeordneten Funktionen des Nervensystems biologisch interpretierbar. Gemischte Reflexe verbinden somatische Afferenzen mit vegetativen Efferenzen oder viszerale Afferenzen mit motorischen Efferenzen.

Somatische Afferenzen, die zu vegetativen Reaktionen führen können, stammen oft von der Muskulatur oder den Temperatur-Rezeptoren der Haut. Effekte sind dabei lokale Durchblutungssteigerung oder -senkung und Aktivierung der Schweißdrüsen oder der glatten Hautmuskulatur („Gänsehaut", harte Brustwarzen und zusammengezogener Hodensack bei Kälte). Erwärmungen der Haut bremsen die lokale Eingeweidetätigkeit, was man zur Ruhigstellung bei Magen-, Leber- oder Darmentzündungen therapeutisch nutzen kann. Umgekehrt gibt es viszeromotorische Reflexe, die bei Entzündungen im Körperinnern, vielleicht als Schutz, zu Muskel- und Bindegewebsversteifungen führen. Magen-, Gallen- und Darmentzündungen verhärten die Bauchdecke, eine Gehirnhautentzündung die Nackenmuskulatur.

*Erektionsreflex* (durchgezogene schwarze Bahnen in Abb. 51). Sensible Axonendigungen in der Klitoris- oder Penishaut produzieren bei mechanischer Reizung eine Erregung. Diese Erregung wird vor allem über den Nervus pudendus in das Kreuzmark geleitet. In Kreuzmark-Abschnitten, die mit S2 und S3 bezeichnet werden, gibt eine Kollaterale über ein Interneuron die Erregung an parasympathische Nervenzellen weiter. Deren Axone ziehen über den Plexus hypogastricus inferior zum Ganglion pelvinum. Dort wird die Erregung auf postganglionäre Neurone umgeschaltet. Die Nervenfasern dieser postganglionären parasympathischen Neurone werden als Nervi erigentes (Nervi splanchnici pelvini) bezeichnet. Sie ziehen, im Plexus uterovaginalis bzw. prostaticus eingebettet, zu den Arterien der Schwellkörper (Corpora cavernosa, s. Abschnitt 6.2.3). In diesen Arterien („Rankenarterien") erschlafft die Gefäßmuskulatur und es strömt mehr Blut in die Venen der Schwellkörper als abfließen kann. So kommt es bei beiden Geschlechtern zu einem Blutstau („Vasokongestion") in den Geschlechtsorganen. Infolge der dadurch entstehenden Versteifung (Erektion) wird der Abfluß noch weiter behindert. Schon wenn der Blutabfluß aus den Schwellkörpern mechanisch, z. B. durch Blasenfüllung, gebremst wird, kann es zu einer Erektion kommen.

*Die präorgasmische Reaktion* (rote Bahnen in Abb. 51). Nervenfasern, die von der Eichel der Klitoris bzw. des Penis kommen und über den Nervus

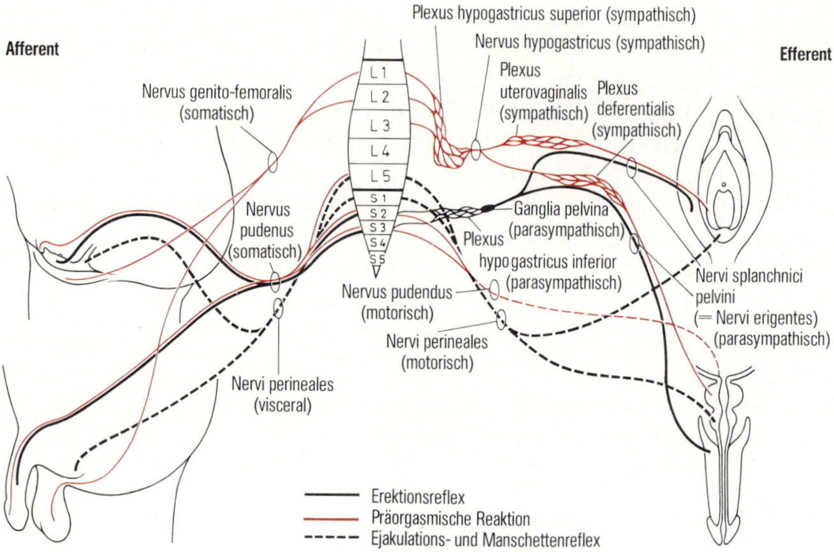


*Abb. 51* Afferente und efferente Schenkel der sexuellen Rückenmarksreflexe. In Klammern ist angegeben, welche Anteile der peripheren Nerven Afferenzen oder Efferenzen der sexuellen Reflexe enthalten. Obwohl eine grafische Darstellung dieser Art den Eindruck erweckt, als würde sie nur für siamesische Zwitter zutreffen, wurde sie gewählt, um die Vergleichbarkeit der Innervation zwischen beiden Geschlechtern hervorzuheben.

pudendus zum Rückenmark ziehen, treten auch in das untere Lendenmark ein (in den Abschnitt L5). Dort nehmen sie über Interneurone Verbindung mit motorischen Vorderhornzellen in anderen Rückenmarksabschnitten und mit präganglionären Sympathikuszellen auf. Ähnliches gilt für Axone, die vom Hodensack bzw. den großen Schamlippen kommen und über den Nervus genito-femoralis in das obere Lendenmark (und zwar in die Abschnitte L1 und L2) eintreten. Klitoris- und Peniseichel, sowie Hodensack und große Schamlippen, sind jeweils anatomisch homolog.

Die meisten Reaktionen, die vom Lendenmark aus gesteuert werden, lassen sich nur sehr indirekt erschließen. So kann man beobachten, daß unmittelbar vor dem Orgasmus eine willkürliche Beeinflussung der sexuellen Reaktion nicht mehr möglich ist. Außerdem erhöht sich die Muskelspannung im Beckenbereich. Beides könnte damit erklärt werden, daß bei einem bestimmten Erregungsniveau absteigende, d. h. von übergeordneten zentralnervösen Instanzen kommende, somatische Efferenzen gehemmt werden (zur Muskelspannung s. Abschnitt 5.1.4.).

Eine Störung der Sexualfunktion durch absteigende Erregungen kann (bei einer Symptomtherapie) dadurch gemildert werden, daß die Muskelspannung im Beckenbereich (Bauchdecke, Gesäß) vor dem Orgasmus willkürlich erhöht wird.

Eine weitere Nervenverbindung bezieht auch den (quergestreiften) äußeren Schließmuskel der Blase in die präorgasmische Reaktion mit ein. In Abschnitt 5.1.4. wurde erwähnt, daß dieser Schließmuskel vermutlich durch parasympathische Erregung gehemmt (erweitert) werden kann. Die motorischen Axone, die ihn steuern, ziehen übrigens mit dem Nervus pudendus, der die Afferenzen von den äußeren Geschlechtsorganen zum Rückenmark bringt. Da die wichtigsten präorgasmischen Reaktionen sympathisch vermittelt sind, kann der äußere Schließmuskel vielleicht auch durch sympathische Erregung gehemmt werden. Jedenfalls erweitert sich unmittelbar vor dem Orgasmus der obere Teil der Harnröhre.

Dieses Phänomen ist beim Mann stärker ausgeprägt, da dort der äußere Blasenmuskel umfangreicher ausgebildet ist. Wenn jedoch Frauen unmittelbar vor dem Orgasmus mitunter einige Tropfen Urin abscheiden, so ist dies vielleicht auf die präorgasmische Reaktion zurückzuführen. Bei Männern wird dies durch die Tätigkeit der Prostata verhindert.

Gleichzeitig mit der Erweiterung des oberen Harnröhrenteils (Bulbus) beim Mann werden einige Sympathikus-Reaktionen ausgelöst, die über den Plexus hypogastricus superior weitergeleitet werden, wo auch die Umschaltung auf das postganglionäre Neuron erfolgt. Die wichtigsten dieser Reaktionen betreffen die Kontraktion von Samenbläschen, Samenleiter und Prostata. Dadurch kann der Bulbus mit Samenflüssigkeit (Spermien und Prostatasekret) gefüllt werden. Bei der Frau erweitert sich die Vagina und bildet die orgastische Manschette (ringförmiger Wulst am Ausgang der Vagina). (Zur anatomisch-physiologischen Gleichwertigkeit der Reaktionen in beiden Geschlechtern s. Abschnitt 6.2.3.)

*Ejakulations- und Manschettenreflex* (gestrichelte Bahnen in Abb. 51). Während die bisher beschriebenen sexuellen Rückenmarksreflexe somatische Afferenzen besaßen, setzt nun ein Reflex ein, der vermutlich durch viszerale Meldungen in Gang gesetzt wird. Die entsprechenden sensiblen Axone versorgen den Bulbus des Penis (oberer Harnröhrenteil) und den Scheidenausgang (entspricht anatomisch dem Bulbus, s. Abschnitt 6.2.3.) Sie leiten Erregungen über den Füllungsdruck im Bulbus bzw. der orgastischen Manschette über die Nervi perineales, die sich auch dem Nervus pudendus anschließen, ins untere Lenden- und obere Kreuzmark. Druck auf die Peniswurzel hinter dem Hodensack oder auf die hintere Innenwand des Vagina-Ausgangs, wie er bei Eindringen des Penis entsteht, kann den Orgasmus beschleunigen oder die sexuelle Empfindung erhöhen. Ähnliches geschieht bei tiefem Analverkehr. Die viszeral-afferenten Fasern nehmen Kontakt mit motorischen Vorderhornzellen auf. Diese bewirken über motorische Fasern der Nervi perineales ein Zusammenziehen des äußeren Blasen-Schließmuskels und anderer quergestreifter Beckenmuskeln, z. B. des Musculus bulbo-spongiosus; Ejakulations- bzw.

Manschettenreflex. Dadurch wird beim Mann die Peniswurzel und bei der Frau der Scheidenausgang rhythmisch verengt. Die Selbstwahrnehmung dieser Muskeltätigkeit ist ein Bestandteil der Orgasmus-Empfindung.

Der Orgasmus selbst ist ein komplexeres Phänomen, in dem die genannten Reflexe nur einen Bestandteil darstellen (s. Abschnitt 6.2.4.).

## 5.2 Die Steuerung von Organsystem-Funktionen

### *5.2.1 Der obere Hirnstamm*

Der Hirnstamm ist der rückenmarksanaloge Teil des Gehirns. Er besitzt anatomisch drei Abschnitte (Abb. 52): Mittelhirn, vor allem das Tegmentum, Brückenhirn (Pons) und verlängertes Mark (Medulla oblongata). Funktionell ist der untere Hirnstamm vom oberen zu unterscheiden. Im unteren Hirnstamm, hauptsächlich im verlängerten Mark, befinden sich parasympathisch-vegetative Ursprungskerne. Im oberen Hirnstamm, überwiegend im Brücken- und Mittelhirn, befinden sich vegetative Koordinationszentren, die nicht mehr Teilfunktionen, sondern komplette Organfunktionen steuern.

*Idiotrope Funktionen.* Die Afferenzen des oberen Hirnstamms lassen sich nicht mehr wie bisher nach somatisch und viszeral, die Efferenzen nach motorisch und vegetativ unterteilen. Diese Einteilung wird zwar mitunter auch hier noch verwendet, ist streng genommen jedoch nicht mehr zutreffend. Viele „vegetative" Funktionen, die vom oberen Hirnstamm gesteuert werden, beziehen nämlich Tätigkeiten quergestreifter Muskula-

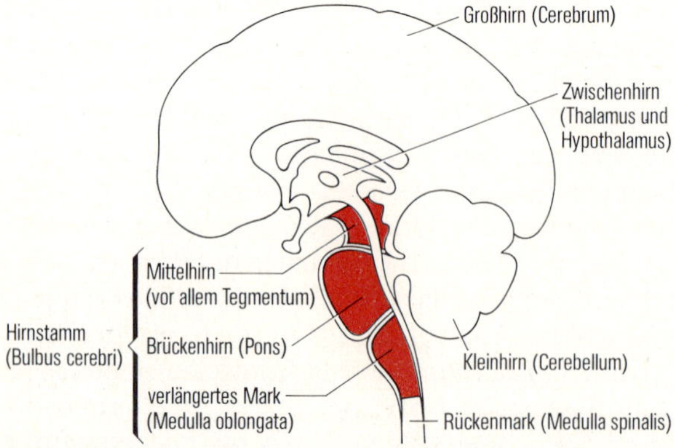


*Abb. 52* Hirnstamm

tur, also nicht mehr nur die glatte Muskulatur der Stoffwechselorgane, ein. Anderseits sind viele „somatomotorische"Funktionen, die vom oberen Hirnstamm gesteuert werden, nicht ohne die begleitende Tätigkeit von Stoffwechselorganen, z. B. des Gefäßsystems, zu denken. Statt dessen hat man neue Begriffe eingeführt, die Organfunktionen unabhängig von dem Anteil kennzeichnen, den die Stoffwechselorgane dabei tatsächlich ausüben. Man unterscheidet einerseits Funktionen, die den Kontakt (Reizaufnahme und Reaktion) mit der Umwelt betreffen und nennt sie „oikotrop". Anderseits nennt man Funktionen „idiotrop", die die Steuerung der körperinneren Prozesse (Reizaufnahme und Reaktion) betreffen. Den entsprechenden Kerngebieten – d. h. den Stellen, wo die Zellkörper der entsprechenden Neurone liegen – lassen sich analog den Verhältnissen im Rückenmark abgegrenzte anatomische Strukturen zuordnen (s. Abb. 53).

Rein oikotrope (überwiegend somato-motorische) Funktionen, die vom oberen Hirnstamm koordiniert werden, sind die Stell- und die Gleichgewichtsreflexe. Diese bewirken, daß die Muskelspannung an Armen und Beinen, die der Körperhaltung dienen, den Umweltgegebenheiten angepaßt wird. Dies ist ohne den oberen Hirnstamm nicht möglich (s. Abschnitt 5.1.4.). Tiere, die über ein intaktes Stammhirn verfügen, können ihre Körpergrundstellung aus allen möglichen Lagen heraus wieder einnehmen, auch wenn ihnen die übergeordneten Teile des Gehirns fehlen. Außerdem wird die Orientierung des Kopfes – als Träger der Hauptsinnesorgane – zum Rumpf koordiniert und umgekehrt.

Eine wichtige, rein idiotrope (überwiegend viszero-vegetative) Funktion des oberen Hirnstamms ist die Regulation des Blutdrucks. Afferenzen von eigenen Druckrezeptoren aus Aorta und Halsschlagader, ziehen zum Kreislaufzentrum. Dort nehmen sie Kontakt mit den parasympathischen Ursprungskernen im unteren Hirnstamm auf, die die Herzrate verlangsamen können. Verbindungen mit den sympathischen Ursprungskernen im Brustmark sorgen dafür, daß gegebenenfalls Herzrate, Herzvolumen und peripherer Widerstand erhöht werden können (s. auch Abschnitt 4.1.4.).

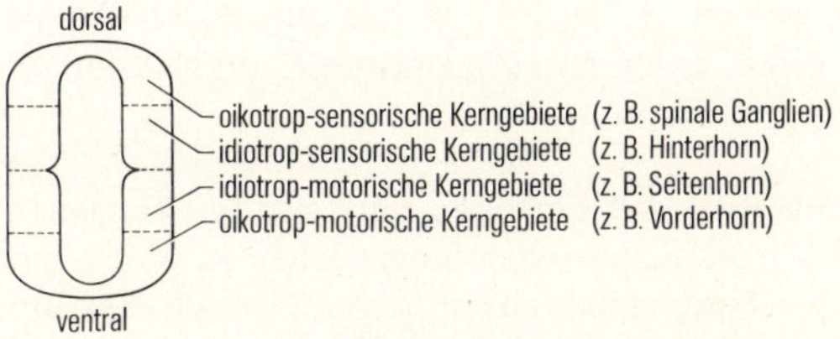


*Abb. 53* Idealisierter Querschnitt durch einen embryonalen Hirnstamm. Der Hohlraum in der Mitte ist flüssigkeitsgefüllt. Er ist im Rückenmark als dünner Kanal, im Gehirn in Form untereinander verbundener Kammern ausgebildet. In den Klammern wird auf die (morphologisch homologen) Verhältnisse im Rückenmark verwiesen.

*Atmung.* Für die Atmung existiert ein Koordinationszentrum – es liegt neben dem motorischen Ursprungskern des IX. Hirnnervs – das anatomisch zum verlängerten Mark gerechnet wird. Es ist aber funktionell ein Teil des oberen Hirnstamms. Die Atmung ist eine gemischte Regulation. Afferente Bahnen kommen vor allem von $CO_2$-Rezeptoren, deren Erregung das Atemvolumen bestimmt. Zusätzliche Informationen kommen von Säure-(pH-)Rezeptoren, Lungendehnungs-Rezeptoren und von $O_2$-Rezeptoren. Diese regulieren zusätzlich bei sauerstoffarmer Luft und bei Lungenfunktionsstörungen. Im Atemzentrum gibt es drei Klassen von Nervenzellen: bei der Einatmung aktive, bei der Ausatmung aktive und regulatorische. Ihr Zusammenspiel ist noch nicht geklärt.

Der Säuregehalt der Körperflüssigkeiten (vgl. auch Abschnitt 3.2.3) ist in engem physiologischen Zusammenhang mit der Atmung zu sehen. Darüber hinaus gibt es Befunde, die eine Zunahme des Säuregehalts von Körperabscheidungen unter dem Zustand von Angst belegen. Es gibt signifikante Zusammenhänge zwischen dem entsprechenden Angstbericht bei einer Hochschulprüfung und dem pH-Wert von Haut, Speichel und Urin [1]. Dem Atemzentrum im verlängerten Mark ist der sog. Locus coeruleus im Brückenhirn funktionell übergeordnet. Er wird später im Zusammenhang mit Angstreaktionen des offenen Verhaltens zu besprechen sein (s. Abschnitt 8.1.2).

Vegetativ-efferent werden Lungendurchblutung und Bewegungen der Luftröhre (s. Abschnitt 5.1.2) gesteuert. Vor allem aber wird die Atemmotorik in Bewegung gesetzt. Bei der Ruheatmung wird der Brustkorb durch quergestreifte Halsmuskeln (Musculi scaleni) angehoben, zusätzlich flacht das Zwerchfell etwas ab. Bei der Ausatmung erschlaffen diese Muskeln. Bei der Arbeitsatmung kontrahiert vor allem das Zwerchfell stärker. Dies gilt für körperliche Arbeit ebenso wie beim Singen und Lachen. Außerdem werden die Rippen durch die äußeren Zwischenrippen-Muskeln angehoben. Beim Senken des Brustkorbs können die inneren Rippenmuskeln zum Auspressen helfen. Bei einer willkürlichen Unterstützung der Atmung sollte jedoch die Zwerchfellarbeit und vor allem dessen Entspannung gefördert werden. Dies kann durch Anspannen der Bauchmuskeln geschehen. In engem Zusammenhang mit der Atmungsregulation stehen Nies- und Hustenreflex.

Es ist nicht auszuschließen, daß Personen mit schlaffen Bauchmuskeln und geringer Neigung zu Lachen, Rufen oder Singen eher zu Verspannungen des Zwerchfells und damit zu Atemfehlhaltungen neigen (s. auch Abschnitt 4.2.5).

Gemischte Regulationen, bei denen somatische Afferenzen durch Vermittlung des oberen Hirnstamms zu idiotropen Reaktionen führen, sind z. B. die Koordination von Saugen und Schlucken. In diese Kategorie gehört aber auch das Phänomen, daß eine willkürliche Verminderung der Muskelspannung zu einer Beruhigung im Bereich der (unwillkürlichen) Energiebereitstellungs-Prozesse führt. Weitere Steuerleistungen des oberen Hirnstammes, die somato-vegetativen Reflexen entsprechen, sind die Kontrolle der Blasenentleerung (Abschnitt 5.2.2) und der Pupillentätigkeit (Abschnitt 5.2.3).

## *5.2.2 Blasenentleerung*

Im oberen Hirnstamm, im Brückenhirn und wahrscheinlich zusätzlich im Mittelhirn, gibt es ein Steuerzentrum für die Blasenentleerung. Im Abschnitt 5.1.3. wurde erwähnt, daß die Harnblase eine gewisse Eigendynamik besitzt. In Abschnitt 5.1.4. wurde ein viszeral-parasympathischer Rückenmarksreflex beschrieben, wie er wahrscheinlich bei Kleinkindern wirkt. Eine Kollaterale der viszeralen Afferenzen von der Blase reicht bis in den unteren Hirnstamm. Dort wird der Rückenmarksreflex mit anderen Körperprozessen koordiniert. Die wichtigste Hemmung der Blasenentleerung erfolgt bei Aktivierung energiebereitstellender Prozesse durch den Sympathikus (Abb. 54).

Bei Kindern, die nur nachts unkontrolliert Harn lassen, dürfte diese Regulation übergewichtig sein. Wenn die Hemmung der Spontanentleerung vor allem durch eine Sympathikus-Erregung erfolgt, so kommt es eben zur Entleerung, wenn diese Erregung nachläßt. Bei einer Überaktivierung energiebereitstellender Prozesse kommt es dann wohl erst während des Schlafs zu einer Entspannung. – Über die Rolle des „Wasserhormons" Adiuretin bei Angstreaktionen s. Abschnitte 7.1.2. und 8.1.2.

Eine Förderung der Blasenentleerung durch den oberen Hirnstamm kann bei Angst erfolgen (Miktionsreflex). Eine Blasenentleerung kann aber auch durch Koordination mit einem Willkürimpuls eingeleitet werden, der die Bauchdecke strafft. Die letztgenannte Koordination im Brückenhirn kann durch Übung erlernt werden.

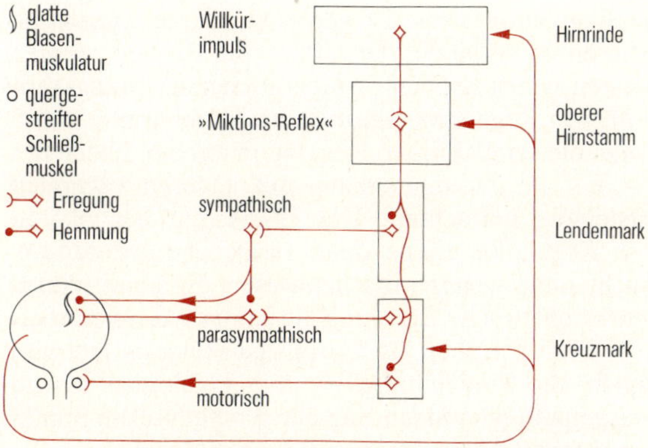


*Abb. 54* Schema der Blasenentleerungs-Regulation

Natürlich muß angenommen werden, daß afferente Kollateralen zu weiteren, übergeordneten zentralnervösen Instanzen, nämlich bis zur Hirnrinde führen, wo der Füllungsdruck der Blase erlebt werden kann und von wo aus absteigende Efferenzen den Entleerungsimpuls geben können.

Von manchen Tiefenpsychologen wird zur Bettnässer-Therapie empfohlen, den Miktionsreflex zu fördern. Ausgehend von der Vorstellung, daß Bettnässer unter Angst leiden, wird vermutet, daß der Miktionsreflex tagsüber unterdrückt wird und dafür nachts nachgeholt wird. Kann er tagsüber bei Angst stattfinden, so würde nachts das Einnässen aufhören. Eine derartige Therapie mag erfolgreich sein, vermutlich aber nicht, weil dadurch die Erregung abgebaut wird. Vielmehr wird die Betätigung (Lockerung) des quergestreiften Schließmuskels im Zusammenhang mit hohem Blasendruck geübt. Bei mangelhafter, tiefenpsychologischer Therapie wird die Miktion im angstarmen Zustand, d. h. sogar bei geringem Blasendruck geübt, was paradoxerweise den Therapieerfolg erhöhen kann. Eine derartige Übung ist auch das Ziel verhaltenstherapeutischer Maßnahmen. Bei jüngeren Kindern, die nachts einnässen, kann es auch spontan zum Aufhören kommen. Dies führt man dann darauf zurück, daß das Kind ein Geborgenheitsgefühl entwickeln konnte und sich die Energiebereitstellungs-Prozesse beruhigten.

### *5.2.3 Visuelles System 1: Pupillenmotorik*

Die Pupillen sind die Öffnungen in den Iris-Muskeln der Augen. Durch die Pupillenöffnungen tritt Licht in die Augen ein. Die Pupillenweite reguliert drei Faktoren der visuellen Informationsaufnahme: die Beleuchtungsdichte im Auge, die Abbildungsschärfe und den Abbildungskontrast auf der Netzhaut.

Die Steuerung der Pupillen erfolgt vom obersten Teil des Hirnstammes (prätektale Region) aus. Die Regulation selbst ist gemischt, da sie somatische Afferenzen und vegetative Efferenzen verbindet. Die afferenten Bahnen zweigen vom Sehnerv ab. Efferente Bahnen ziehen zu einem sympathischen Ursprungskern im Brustmark und einem idiotropen Regulationszentrum im Mittelhirn.

Streng genommen müßte man die sympathische Regulation auf der Ebene des Rückenmarks gesondert bzw. nur im Zusammenhang mit anderen viszeralen Prozessen der Energiebereitstellung betrachten. Die Efferenzen des oberen Hirnstammes wären für diese Regulationsebene dann zusätzliche Afferenzen. Aufsteigende Bahnen sind nicht ohne weiteres nachzuweisen. Es kann jedoch angenommen werden, daß eine sympathische Erregung die Informationsverarbeitung in der Sehbahn bereits ziemlich peripher (im Corpus geniculatum laterale) beeinflußt. Es ist jedoch üblich, die Pupillentätigkeit vom Phänomen her zu erklären und die idiotrop-parasympathische Steuerung der sympathischen Steuerung antagonistisch gegenüberzustellen. Dann ergeben sich zwei Regelkreise, die im oberen Hirnstamm miteinander verbunden sind.

Die Iris besteht aus zwei Muskeln, einem Schließmuskel (Sphinkter) und einem Pupillenöffner (Dilatator). Der Sphinkter ist überwiegend idiotrop-parasympathisch innerviert, der Dilatator überwiegend sympathisch. Beide regulieren antagonistisch die Weite der Pupille und damit bis zu einem gewissen Grad den Lichteinfall ins Auge (Adaptation).

Die Lichtstärke (physikalisch gemessen in Candela) pro Flächeneinheit bezeichnet man als Leuchtdichte. Die Leuchtdichte bei hellem Sonnenschein unterscheidet sich von der in dunkler Umgebung um den Faktor $10^{11}$. Einen Sprung von zwei bis drei Zehnerpotenzen kann das Auge durch Einsatz verschieden empflindlicher Rezeptoren (Stäbchen, Zapfen) ausgleichen. Die Rezeptoren selbst können sich an eine Leuchtdichte-Variation von ebenfalls zwei bis drei Zehnerpotenzen anpassen. Dabei dauert allerdings die Anpassung an hohe Leuchtdichten bis etwa eine Minute, an geringe Leuchtdichten sogar bis etwa eine Stunde. Nicht kompensierte Leuchtdichteunterschiede bewirken Erregungsveränderungen in den afferenten Nervenzellen. Dabei kann es aber auch innerhalb von Minuten zu einer Gewöhnung kommen, so daß im wesentlichen nur mehr relative Leuchtdichteunterschiede wahrgenommen werden.

Wenn das Auge an einen bestimmten Leuchtdichtebereich angepaßt (adaptiert) ist, treten durch die Blickbewegungen immer noch nicht-informationstragende Leuchtdichte-Sprünge um den Faktor 30 auf. Diese müssen rasch (im Bereich von Sekunden) ausreguliert werden, um konstante Wahrnehmungsprozesse zu ermöglichen. Dies geschieht durch die Pupillen. Bei Jugendlichen kann der Pupillendurchmesser zwischen 1,5 und 8 mm variieren. Das entspricht einer Querschnittsänderung zwischen 1,8 und 50 $mm^2$. Die Adaptationszeit der Iris liegt unter einer Sekunde.

Ein wichtiger idiotroper Servomechanismus der Pupillensteuerung sorgt für gleichbleibende Abbildungsschärfe der Lichtstrahlen beim Fixieren in Nähe und Ferne (akkomodationsbegleitende Pupillenreaktion, Konvergenzreaktion). Beim Nahsehen ist die Augenlinse stärker gekrümmt. Daher können Lichtstrahlen, die in größerem Abstand von der Linsenmitte am Rand der Linse eintreten (achsenferne Randstrahlen), leicht zu Abbildungsfehlern führen, wenn sie nämlich schräg auf die Linse treffen. Diese Gefahr wird durch eine selbsttätige Verengung der Pupillen bei Nahfixierung ausgeschlossen.

Die bisher geschilderten Phänomene treten auch beim Fotoapparat auf. Die Iris entspricht dabei den Blendenlamellen, die Pupille der Blendenöffnung. Setzt man die Pupillenweite (1,5 bis 8 mm) mit der Brennweite des Auges (23 mm) ins Verhältnis, erhält man Öffnungswerte etwa zwischen $1/_{16}$ und $1/_{2,8}$.
Diese Öffnungswerte entsprechen üblichen Fotoblenden-Werten.

Je nach Verwendungszweck wählt man zum Fotografieren Filme verschiedener Empfindlichkeit (vgl. verschiedene Rezeptoren), die übrigens in geringem Bereich durch geeignete Entwicklung noch einmal empfindlicher gemacht werden können (vgl. Anpassungsfähigkeit der Rezeptoren). Bei vorgewählter Filmempfindlichkeit wird der Lichteinfall beim Fotoapparat durch die Blendenöffnung der tatsächlich vorhandenen Leuchtdichte angepaßt.

Bei Nahaufnahmen kann jedoch eine weite Blendenöffnung (kleine Blendenzahl, z. B. 2,8) einen Informationsverlust bewirken. Die Tiefenschärfe wird nämlich bei großen Blenden wegen der störenden Randstrahlung geringer. Dies spielt bei Fernaufnahmen keine Rolle. Strahlen aus großer Entfernung kommen ohnehin nahezu parallel an. Bei Nahaufnahmen, wo auch schräge Strahlen verarbeitet werden sollen, wird dies aber zum Problem.

Die afferenten Bahnen dieses Pupillenregelkreises kommen vermutlich vom Zentrum der Netzhaut (Fovea). Die efferenten Bahnen ziehen vom Ursprung des IV. Hirnnerven (Nucleus accessorius nervi oculomotorii) zum Ganglion der Augenhöhle (Ganglion ciliare) und versorgen von dort Linsen- und Irismuskeln. Zentrale Umschaltungen erfolgen vielleicht schon bei der Abzweigung der Afferenzen vom Sehnerv (in der Radiatio hypothalamica und/oder im Corpus geniculatum laterale), sowie in der prätektalen Region des oberen Hirnstamms.

Die dritte Funktion der Pupille betrifft die Regulation des Abbildungskontrastes auf der Netzhaut. Die Pupille verengt nicht das Gesichtsfeld wie es eine Luke in größerem Abstand von der Linse machen würde. Vielmehr schirmt sie achsenferne Randstrahlen ab. Die meisten Objekte werden dadurch bei enger Pupille kontrastreicher abgebildet. Bei zu enger Pupille nimmt der Kontrast natürlich wieder ab, da die Helligkeitsunterschiede nicht mehr gegeben sind. Allerdings trägt jeder Lichtstrahl potentiell Informationen. Bei enger Pupille wird also ein Informationsverlust zugunsten größeren Kontrastes in Kauf genommen.

Beim Fernsehapparat hat man die Möglichkeit, den Kontrast unabhängig von der Bildhelligkeit zu verstellen. Dadurch wird der Effekt augenfällig. Bei zu hohem Kontrast geht viel Information, die die Zwischentöne liefern, verloren. Bei zu geringem Kontrast wird das Bild flau („Grau in Grau"). Natürlich gilt ähnliches auch beim Fotoapparat. Enge Blenden machen die Bilder brillianter. Wo es auf viel Information ankommt, z. B. bei Porträtbildern, muß die Blende eher etwas weit genommen werden. Etwaige Helligkeitsungenauigkeiten können dann beim Kopieren korrigiert werden. Damit heißt das Problem Kontrast versus Information (oder genauer: wenige deutliche gegen viele undeutliche Informationen). Dieses Problem ist auch jedem Mikroskopiker wohlbekannt. Die Aperturblende des Mikroskops ist eine Pupille. Ist sie zu klein gewählt, geht Information verloren. Mitunter verschmelzen Umrisse zu Strukturen, die dann fehlgedeutet werden. Ist die Apertur zu groß, werden relevante Strukturen überstrahlt.

Die Pupille des Auges wird durch sympathische Regulation verengt. Die efferenten Bahnen kommen vermutlich von der Netzhautperipherie, wo zu hoher Kontrast besonders leicht wahrgenommen werden kann. Die efferenten Ursprungskerne liegen im oberen Brustmark, von wo die präganglionären Fasern zum obersten Ganglion des Grenzstranges (Ganglion cervicale craniale) ziehen. Von dort wird der Dilatator innerviert. Zentrale Umschaltungen erfolgen vielleicht schon bei der Abzweigung vom Sehnerv (in der Radiatio hypothalamica), vermutlich auch in einem Kerngebiet unterhalb der prätektalen Region.

Die Weite der Pupille ist daher, unabhängig von der Leuchtdichte-Regulation, ein Kennzeichen für die Art der Aufmerksamkeit, die einem

Objekt zugewendet wird. Allgemeine Aufmerksamkeitserhöhung, die mit unspezifischer Erregung und Bewegungsimpulsen verbunden ist, führt über Sympathikuserregung zu einer Erweiterung der Pupillen. Die Kontrastbildung wird hier ausschließlich den neuronalen Filtermechanismen überlassen (s. Kapitel 10.1 und 12.1). Dies ist z. B. bei Schreck, bei Wahrnehmung sexueller Stimuli, aber auch bei der Formulierung syntaktisch schwieriger Sätze der Fall. Aufmerksamkeits-Konzentration auf ein bestimmtes Objekt im Zusammenhang mit Informationsaufnahme, was erfahrungsgemäß von einer körperlichen Entspannung begleitet sein kann (s. auch die Abschnitte 4.2.3, 7.2.5 und 7.2.7), führt über Sympathikushemmung zu einer Verengung der Pupillen. Dies geschieht z. B. beim Lesen.

Es wird auch behauptet, daß die Pupillen bei Liebeserklärungen bzw. bei der Verabredung zum Sexualkontakt weit gestellt sind. Das gleiche soll vor dem sexuellen Höhepunkt zu beobachten sein (in beiden Fällen sympathische Aktivierung). Dagegen sollen beim unverbindlichen, entspannten Flirt bzw. beim sexuellen Vorspiel, während der Erregungsphase, die Pupillen eng sein (in beiden Fällen parasympathische Aktivierung).

Da die Augen das Hauptsinnesorgan tragen und die Blickrichtung an den Augenbewegungen gut erkennbar ist, haben diese eine besondere Signalwirkung. Dies trifft auch für die Pupillen zu. Weite Pupillen vermitteln den Eindruck von gesamtkörperlicher, engagierter Aufmerksamkeit; sie erwecken Sympathie.

Dies läßt sich experimentell überprüfen. Dazu stellt man von einer Porträtfotografie zwei Kopien her und retuschiert auf der einen die Pupillen weit, auf der anderen eng. Beide Kopien werden gleichzeitig einer Probandengruppe vorgelegt. Die Darbietung muß aber kurzzeitig (tachystoskopisch) erfolgen, damit die Übereinstimmung der Bilder nicht festgestellt werden kann. Auf die Frage, welche der beiden Personen sympathischer wirkt, wird das Bild mit den weiten Pupillen genannt. Wenn die Probandengruppe nur aus Männern oder nur aus Frauen besteht, und die Person auf dem Foto das andere Geschlecht besitzt, ist der Effekt stets eindeutig.

Unter der Einwirkung des Tollkirschen- und Stechapfel-Giftes (Atropin) werden die Pupillen, da die Erregungsübertragung von den postganglionären parasympathischen Axonen auf die Muskulatur blockiert ist, weit. In der Renaissance-Zeit hat man das Gift unter dem Namen „Belladonna" als Schönheitsmittel verwendet; der Stechapfel galt als Symbol für Sympathie. Mancherorts ist diese Mode auch heute wieder üblich. Dies ist gefährlich, wenn das Gift dabei in den Körper aufgenommen wird. Leider besteht die Tendenz dazu, weil Atropin auch ein Rauschmittel ist (s. Abschnitt 13.2.5.). Es kann vergleichsweise leicht beschafft werden, da es in üblichen Asthma-Medikamenten enthalten ist. Bei den für einen Rausch notwendigen Mengen ist Atropin jedoch schwer dosierbar und daher heimtückisch. Neben unangenehmen Begleiterscheinungen (trockene Schleimhäute, Pulsjagen, Angst) kann es zu spontaner Atem- oder Herzlähmung kommen.

## *Literatur*

[1] Sandin, B., Chorot, P.: Changes in skin, salivary, and urinary pH as indicators of anxiety level in humans. Psychophysiol. 22 (1985) 226–230

# 6. Die Koordination peripherer Körperreaktionen (Physiologie der Motivation)

## 6.1 Die afferente Koordination

Das Wort „Gefühl" wird im Alltag unter mindestens drei Bedeutungen verwendet, nämlich synonym für Tastgefühl, für eine Ahnung oder für eine Färbung unserer Denkprozesse. Im folgenden sei unter Gefühl ein komplexer Körpervorgang verstanden, der als Zusammenspiel aus Denktätigkeit, energiebereitstellenden Prozessen und energieverbrauchenden Handlungsimpulsen aufgefaßt werden kann. Um Mißverständnisse auszuschalten, wird dafür meist das Wort „Emotion" verwendet.

Für viele Phänomene wird mit dieser Begriffsbestimmung „Emotion" und Verhalten gleichgesetzt [1]. Umgekehrt bezeichnet das Wort Verhalten oft emotionale Prozesse; manchmal kennzeichnet es auch nur Teilprozesse komplexerer Körpervorgänge. In Ausnahmefällen ist es sinnvoll, Emotionen als Ursache für Verhaltensweisen (Motivation) anzusehen. Gerade dieser Aspekt ist Gegenstand des vorliegenden Kapitels 6.

Länger andauernde emotionale Erregungen, die man im Selbstbericht als Stimmungen wiederfindet, erschweren oder begünstigen den Aufbau von bestimmten Regulationsstrategien und haben insofern motivationalen Charakter.

Was sind unter diesem Gesichtspunkt die „Informationsquellen" für afferente Meldungen in der organismischen Koordination? In diesem Abschnitt wird die peripher-physiologische Erregung selbst als Ursache für emotionale Äußerungen und für Verhaltensweisen diskutiert. Im nächsten Abschnitt werden physiologische Erregungen aufgrund situativer Besonderheiten und situationsbezogener Gedanken als Quelle emotionaler Information behandelt.

In der neueren Emotionsforschung werden Emotionen primär als Reaktionen verstanden (s. Kapitel 8), die auch andauern oder je nach Reiz wiederbelebt werden können. Die ältere Emotionsforschung hat von vornherein den Umweg über den motivationalen Ansatz gewählt.

Im Erleben mag sich eine Emotion als Denkprozeß zusammen mit einer bestimmten Färbung manifestieren. Dabei kann man davon ausgehen, daß die im Erleben wahrgenommene Färbung (Erregung, Wärme usw.) auch durch vegetative und motorische Körpervorgänge hervorgerufen wird. Diese werden von Gehirnteilen unterhalb der Großhirnrinde (subkortikal) koordiniert. Zunächst soll die Frage offengelassen werden, ob Emotionen durch die Steuerung oder durch die Wahrnehmung der subkortikal verursachten Prozesse entstehen.

Die emotionale Färbung der Denkprozesse ist sicherlich durch die afferente Rückmeldung über stattfindende Körperprozesse und deren Wahrnehmung beeinflußt. Die Impulse zur Steuerung dieser Prozesse haben ihren Ursprung in der Großhirnrinde. Historisch stellte sich die Frage, ob diese Impulse, und damit die emotional gefärbten Denkprozesse selbst, als Teil der Emotion anzusehen sind. Nach der oben gegebenen Definition sind diese Denkprozesse Teil der Emotion. Danach ist es evident, daß Emotionen sowohl die Steuerung wie die Wahrnehmung subkortikal koordinierter Körperprozesse beinhalten [22].

### *6.1.1 Peripher-physiologische Emotionstheorien*

*William James.* Bereits im vorigen Jahrhundert wurde in der Physiologie die Bedeutung der Wahrnehmung subkortikal verursachter Prozesse erkannt. Damals ging man davon aus, daß die dadurch entstehende Färbung der Denkprozesse die Emotion darstellt: „Our feeling of the same [bodily] changes as they occur is the emotion" (James 1884) [2]. In erster Linie machte man Veränderungen im Kreislauf-System für die emotionale Färbung (und auch für ihre Qualität) verantwortlich (Lange 1887) [3]. Die Bedeutung motorischer Impulse wurde erst im Zusammenhang mit der Untersuchung sexueller und angstbegleitender Reaktionen in den Vordergrund gerückt (s. Abschnitte 5.1.5. und 8.1.2.). Motorische Veränderungen dürften für Emotionen jedoch ebenso wichtig sein, wie Veränderungen im Kreislaufsystem, zumindest bei Angst und Schreck [4].

*Intensität von Emotionen.* Die Intensität von Emotionen variiert mit der Menge afferent rückgemeldeter Körperveränderungen. Patienten mit Rückenmarksverletzungen erhalten geringere Rückmeldungen über periphere Prozesse. Die Menge an Körperempfindung hängt davon ab, in welchem Rückenmarksabschnitt die aufsteigenden Bahnen unterbrochen sind. Man hat derartige Patienten aufgefordert, emotionale Erlebnisse mit ähnlichen Situationen vor ihrer Verletzung zu vergleichen. Die größten Unterschiede wurden von Patienten mit Verletzungen in oberen Rückenmarksabschnitten berichtet. Bei diesen sind nur wenige viszeral-aufsteigende Bahnen intakt. Sie erleben die Situation zwar als emotional, sie berichten z. B. von Angst, aber sie empfinden die Emotion nur „als ob", sie „fühlen" die Emotion nicht (sie spüren keine Spannung) [5]. Bei gesunden Personen korelliert die Intensität der empfundenen Erregung mit der Intensität einiger Stoffwechselprozesse (s. Abschnitte 4.1.7., 4.2.3 und 8.1.5.).

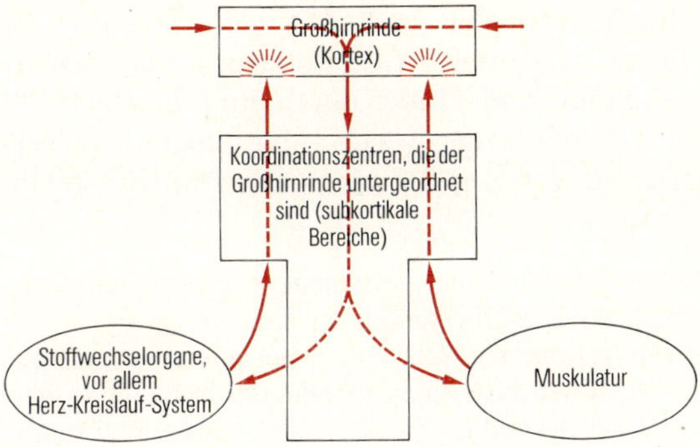


*Abb. 55* Rückmeldung peripherer Prozesse

In diesem Zusammenhang ist vielleicht auch der folgende Befund bedeutsam. Unmittelbar vor einer zielgerichteten motorischen Handlung verändert sich die gehirnelektrische Gleichspannungsaktivität (s. Abschnitt 11.2.4.). Versucht man, diese Gleichspannungsaktivität mit Hilfe von Biofeedback willkürlich unter Kontrolle zu bringen, so tritt eine Schwierigkeit auf. Wird nämlich der Lernprozeß durch peripher-physiologische Tätigkeit unterstützt, so stört gerade das zentralnervöse Korrelat dieser Tätigkeit die gehirnelektrische Gleichspannungsaktivität. Nur Personen, die ihre Aufmerksamkeit und ihre gedanklichen Prozesse ohne periphere Tätigkeiten konzentrieren können, erlernen die willkürliche Kontrolle der Gleichspannungsaktivität. Gerade diese Personen scheinen jedoch (zumindest nach der Anhedonie-Skala) vergleichsweise selten positive Emotionen zu erleben.

*Qualität von Emotionen.* Wenn Emotionen nur durch die Rückmeldung subkortikal koordinierter Körperprozesse entstehen würden, müßte ihre Qualität durch die Art der körperlichen Veränderungen bedingt sein. In der ersten Hälfte unseres Jahrhunderts wurde dieser theoretische Standpunkt weiter verfolgt [6, 7].

Selbst wenn man davon ausgeht, daß zu Emotionen auch spezifische Denkprozesse gehören, ist die genannte Problemstellung interessant. Eine Hypothese wäre, daß die Konfiguration von peripheren Körperprozessen die Qualität von Emotionen ja zumindest mitbestimmen könnte. Eine solche Hypothese ist jedoch nur mit einer Zusatzannahme fruchtbar. Es muß vorausgesetzt werden, daß die subkortikale Koordination bis zu einem gewissen Grade eine von der kortikalen Denktätigkeit unabhängige Eigendynamik entwickelt. Würden die kortikalen Denkprozesse die Art subkortikaler Erregungsprozesse vollständig determinieren, so brächte die Rückmeldung keine neue Information mehr, höchstens eine Erhöhung der Intensität.

Eine besonders reizvolle Variante der Emotionsforschung eröffnet die Frage, ob sich ein Muster wahrgenommener Körpersymptome einem Emotionsetikett zuordnen läßt. Tatsächlich wurden bei semantisch ähnlichen Emotionen gleiche Symptomprofile gefunden [23]. So ist z. B. Verlegenheit und Scham durch „Erröten", Begeisterung durch „Herzklopfen" und Niedergeschlagenheit und Trauer durch ein „Engegefühl" charakterisiert. Allerdings bleibt die Frage, welche physiologischen Veränderungen und welche Erwartungen und Bewertungen zum Entstehen von Körpersymptomen beitragen.

Ein anderer Aspekt beinhaltet die Hoffnung, verschiedene Emotionen durch eindeutig zuordenbare Körperprozesse meßtechnisch zu charakterisieren. Dies setzt voraus, daß sich die kortikalen Denkprozesse von den peripheren Vorgängen qualitativ nicht unterscheiden. Nach den bisherigen Überlegungen bedeutet das, daß die kortikalen Steuerprozesse die subkortikale Koordination vollständig determinieren. Die Rückmeldung aus der Körperperipherie erhöht höchstens die Intensität der Emotion. Ein solches Modell ist aber zu einfach und wird den physiologischen Gegebenheiten (insbesondere den subkortikalen Regulationsprozessen) mit Sicherheit nicht gerecht.

Die Qualität von Emotionen hat einen subjektiven und einen objektiven Aspekt. Die subjektive Qualität von Emotionen ist schwer zu messen. Jedenfalls darf der Selbstbericht nicht als kompletter und zuverlässiger Ausdruck der Hirnrindentätigkeit bei der emotionalen Informationsverarbeitung angesehen werden (s. Abschnitt 8.2.2). Gleiches gilt für andere Formen des (nonverbalen) emotionalen Ausdrucks, die als Abbild der Empfindung in Frage kämen. Die objektive Qualität von Emotionen muß über die Situation festgemacht werden, in der sich die Person befindet (Situationsspezifität). Tatsächlich kann man zumindest peripher-physiologische Reaktionsmuster beobachten, die den gesamten Körper betreffen und die mit der Situation zusammenhängen.

### *6.1.2 Situationsspezifität*

Eine Reihe von experimentellen Untersuchungen legen den Verdacht nahe, daß auf Grund peripherer Körperprozesse nicht nur Aussagen über die Intensität der erlebten Emotion möglich sind. Körperreaktionen weisen darüberhinaus auch eine gewisse Situationsspezifität auf [8]. Ein wichtiges Beispiel dafür sind die körperlichen Veränderungen bei der sexuellen Reaktion (s. Abschnitte 6.2.3. und 6.2.4.), die von spezifischen Emotionen begleitet sind.

In einer klassischen Versuchsanordnung konfrontiert man Probanden mit psychophysiologischer Meßtechnik. Dabei simuliert man einen Kurzschluß und täuscht vor, daß dadurch für den Probanden die Gefahr eines bedrohlichen elektrischen Schlages besteht. Eine derartige Situation nennt man furchtinduzierend und geht davon aus, daß beim Probanden die Emotion Furcht manifest wird.

Es ist zu erwarten, daß in einer furchterzeugenden Situation beim Probanden Handlungsimpulse zur Befreiung aus der Situation entstehen. Diese sind von einer allgemeinen Aktivierung energiebereitstellender Prozesse begleitet. Das bedeutet vor allem, daß spontane (phasische) Muskeltätigkeit einsetzt und die Muskulatur insgesamt gut durchblutet wird. Zugleich werden die Schweißdrüsen latent aktiviert. Der Gefäßwiderstand in der Muskulatur sinkt ab und damit sinkt der gesamte periphere Widerstand. Es ist aber zusätzlich zu erwarten, daß wegen der Energiebereitstellung das Atemvolumen und das Herzminutenvolumen steigt (d. h. die Herzrate und/oder das Schlagvolumen). Der Blutdruck bleibt daher im Effekt etwa konstant. Daraus resultiert das folgende Körpersyndrom [9, 10]: Anstieg der phasischen Muskeltätigkeit, Anstieg des Hautleitfähigkeits-Niveaus (SCL), Anstieg des Atemvolumens, jedoch unveränderter Blutdruck. Gerade dieses Syndrom entsteht auch, wenn man dem Körper die Wirksubstanz Adrenalin einspritzt (s. Abschnitt 7.1.5.). Man spricht auch von einer adrenalin-ähnlichen Reaktion bei Furcht im Verlauf psychischer Belastung.

Eine völlig andere Situation entsteht z. B., wenn man Probanden auffordert, eine Hand für eine Minute in Eiswasser zu tauchen (Cold-pressure-Test). Diese Prozedur ist schmerzhaft und ebenfalls von typischen Reaktionen begleitet. Die wichtigste Reaktion ist, daß sich die Blutgefäße in der Haut zusammenziehen. Dadurch erhöht sich der periphere Widerstand. Meist setzt auch eine Gegenregulation ein, die darin besteht, daß das Herzminutenvolumen gesenkt wird. Dennoch steigt im Effekt der Blutdruck an. Dieses Syndrom [10] entsteht auch, wenn man die Wirksubstanz Noradrenalin spritzt (s. Abschnitt 7.1.5). Man spricht daher auch von einer noradrenalin-ähnlichen Schmerz-Reaktion im Verlauf physischer Belastung.

Situationsspezifische Reaktionen sind jedoch in der Regel nur selten rein zu beobachten. Sie werden durch andere Faktoren meist überdeckt und sind nur über größere Personengruppen statistisch auszuweisen. Die beiden wichtigsten Faktoren für eine abweichende Reaktion ist eine spezielle Situationswahrnehmung oder eine eigentümliche Gewohnheit der Situationsbeantwortung. Diese beiden zusätzlich zu berücksichtigenden Faktoren, sind oft nur schwer voneinander zu trennen. Man bezeichnet sie gemeinsam als „Individualspezifität“. Theoretisch könnte man einen kortikal-kognitiven Faktor (der Wahrnehmung) von einem subkortikal-physiologischen Faktor (der peripheren Reaktionsmuster-Koordination) unterscheiden (s. Abschnitt 8.2.2.).

Die forschungsstrategische Entscheidung, die Qualität von Emotionen an der Situation festzumachen, in der sich die Person befindet, hat eine Reihe von theoretischen Konsequenzen. Situationsfaktoren stellen hierbei die unabhängigen Variablen dar. Faktoren, die die Situationsspezifität von Person zu Person verändern, sind Störfaktoren. Methodisch gesehen, muß man individualspezifische Moderatoren annehmen. Traditionellerweise trennt man hier zwischen psychologischen und psychophysiologischen Variablen.

Die Abb. 56 ergänzt Abb. 55 und versucht (in Anlehnung an die Cognition-Arousal-Theorie [11]), einige dieser moderierenden Variablen aufzuzählen, ohne dabei vollständig zu sein. Psychologische Moderatoren betreffen Situations- und

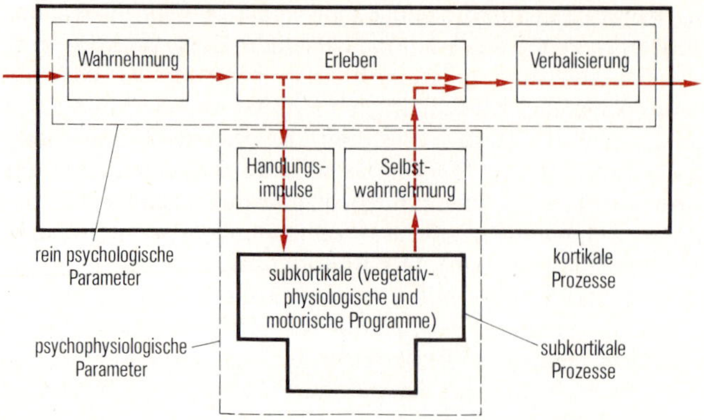


*Abb. 56* Die Wechselwirkung zwischen kortikalen und subkortikalen Prozessen

Selbstwahrnehmung, sowie die Handlungsimpulse und die Impulse zur Verbalisierung. Die zweite Gruppe der individualspezifischen Moderatorvariablen betrifft die vegetative Persönlichkeit (also das vegetative Programm), sowie motorische Gewohnheiten und motorische Programme des Ausdrucks.

Selbsteinschätzung der eigenen Kompetenz und der Umgang mit der situationsspezifischen Erregung sind zentrale Variablen im emotionalen Prozeß.

Reagierendes System ist die Gesamtperson. Die abhängigen Variablen sind auf allen phänomenologischen Ebenen des Verhaltens zu suchen (kognitiv, vegetativ-physiologisch und motorisch). Allerdings befinden sich auf allen diesen Ebenen die genannten Störfaktoren, so daß als einzige abhängige Endstrecke das Erleben der Emotion übrigbleibt. Davon auszugehen, ist heuristisch sinnvoll.

Es bleibt die Frage, wie die erlebte Emotion erfaßt werden kann. Nach dem bisher Gesagten stehen zwei Wege offen. Der „psychologische" Weg ist, nach dem Erleben zu fragen und dabei Faktoren zu berücksichtigen, die die Verbalisierung beeinflussen können. Dieser Weg hat sich als schwierig erwiesen. Der zweite, „psychophysiologische" Weg ist, die subkortikalen (vegetativ-physiologischen und motorischen) Programme zu registrieren und dabei Faktoren der Situations- und Selbstwahrnehmung zu kontrollieren. Auch dieser Weg ist nicht einfach, so daß sich wohl beide Wege ergänzen müssen.

Geht man vom Konzept situationsspezifischer emotionaler Reaktionsmuster aus, dann erwartet man, daß zumindest in bezug auf die peripheren Körperreaktionen ein Vergleich zwischen verschiedenen Personen bis zu einem gewissen Grad möglich ist. Dies setzt jedoch voraus, daß es im Nervensystem Instanzen gibt, die einzelne Organfunktionen zu einer (situationsspezifischen) gesamtkörperlichen Aktivität integrieren. Diese Art spezifischer Reaktionen des gesamten Körpers werden von Gehirnteilen gesteuert, die zwischen Hirnrinde und Hirnstamm liegen.

Es ist nicht verwunderlich, daß in dem Bedürfnis, physiologische Korrelate einfacher Erlebnis- oder Verhaltensdimensionen zu finden, Schwierigkeiten auftreten. Sie sind den Problemen der Gen-Phän-Korrelation in der Erbpsychologie analog (siehe z. B. die Abschnitte 2.2.3 und 2.2.4).

Psychisches Geschehen ist jedoch ohne eine entsprechende physiologische Aktivität nicht denkbar. Besondere Beachtung werden wir in Kapitel 8 der Frage schenken, welche psychophysiologischen Verhaltenseinheiten als typische Reaktionen zu erwarten sein werden, u. zw. in Interaktionen, die durch ganz bestimmte Situationseigenschaften in Verbindung mit Besonderheiten der wahrnehmenden, planenden und handelnden Persönlichkeit charakterisiert sind.

Zuvor muß aber auf das einschlägige Repertoire solcher integrativer, psychophysiologischer Verhaltenseinheiten und ihrer Steuermechanismen eingegangen werden.

### *6.1.3 Die Hierarchie der autonomen Regulationen*

Die Eigendynamik von Stoffwechselorganen (Abschnitt 5.1.3.) wird durch die Aktivität des peripheren vegetativen Systems (Abschnitte 5.1.4. und 5.1.5.) den jeweiligen Erfordernissen von Energiebereitstellung und Energieverbrauch angepaßt. Die Ursprungskerne des peripheren vegetativen Systems im Rückenmark und unteren Hirnstamm sind Teil von Regulationseinheiten, die Afferenzen von den Stoffwechselorganen selbst, aber auch über somatisch-afferente Bahnen und über Bahnen aus anderen Abschnitten des ZNS erhält. Auf der Ebene des Rückenmarks kommen afferente Signale von den Rezeptoren. Sie werden im Hinterhorn umgeschaltet und geben von dort Kollateralen an andere Rückenmarksbereiche

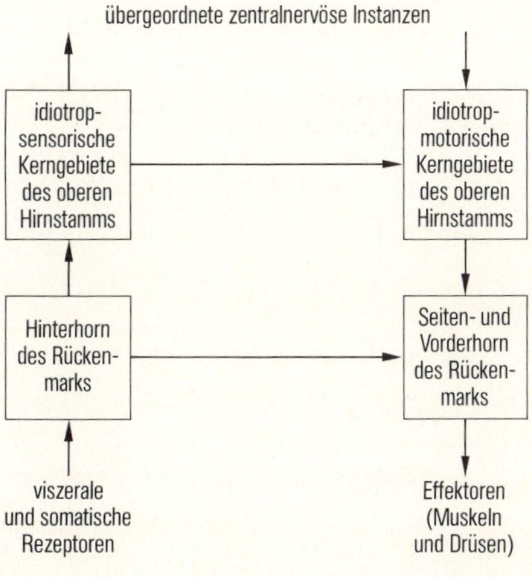


*Abb. 57* Die untere Ebene der autonomen Regulationszentren

ab. Interneurone verbinden das Hinterhorn mit Seiten- und Vorderhorn. Die vegetativen Seitenhornzellen und die motorischen Vorderhornzellen empfangen jedoch auch Signale aus dem oberen Hirnstamm. Sie geben efferente Signale an die Effektoren. Der obere Hirnstamm (Abschnitte 5.2.1. bis 5.2.3.) reguliert Funktionen, bei denen verschiedene Organteile, meist sogar Teile verschiedener Organe, kooperieren müssen.

Manche organismische Funktionen erfordern den („konzertierten") Einsatz des gesamten Körpers oder zumindest vieler Organe des Körpers. Sie sind charakteristisch für die Situation, in der sich der Organismus befindet. Derartige Funktionen werden durch die höhere Informationsverarbeitung des Organismus in Gang gesetzt. Sie werden jedoch von zentralnervösen Instanzen kontrolliert, die zwischen der Hirnrinde und dem Hirnstamm liegen.

Im embryonalen Gehirn stellen diese Hirnteile den vordersten Bereich des Gehirns dar („Prosenzephalon"). Aus ihm wachsen dann im Laufe der Entwicklung die Großhirnhemisphären mit der Großhirnrinde aus. Die Anatomie des erwachsenen Gehirns weist in diesem Bereich komplizierte räumliche Strukturen aus. Die anatomische Konfiguration gibt hier weniger Auskunft über die funktionelle Gliederung als in anderen Teilen des ZNS. Die vier wichtigsten der im folgenden erwähnten anatomischen Strukturen zeigt Abb. 58.

Auch funktionell erweist sich der fragliche Gehirnteil als außerordentlich kompliziert. Es ist jedoch möglich, das bisherige Denkschema anzuwenden: Afferente Informationsverarbeitung mit der Verzweigung in aufsteigende und querverbindende Bahnen, sowie efferente Informationsverarbeitung mit Steuerleitungen, die Informationen von übergeordneten Hirnteilen bringen, und solchen, die zu untergeordneten Instanzen efferente Impulse senden.

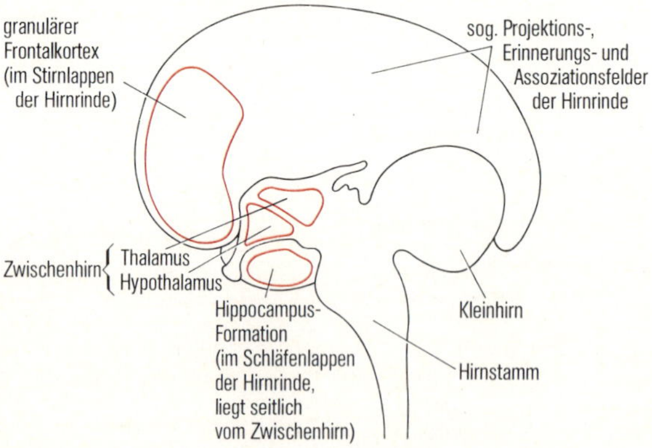


*Abb. 58* Einige Gebiete des Vorderhirns

Der Hypothalamus ist funktionell den vegetativ-efferenten Regulationszentren und Ursprungskernen in Hirnstamm und Rückenmark übergeordnet. Er wird auch als oberstes Koordinationszentrum der vegetativ-efferenten Steuerung angesehen. Er erhält Afferenzen vor allem aus Großhirnbereichen, und zwar aus dem Frontalkortex (das ist der stirnseitig gelegene Teil der Großhirnrinde) und der Hippocampus-Formation. Die Hippocampus-Formation erhält zahlreiche viszerale, vor allem aber auch somatische Afferenzen und steuert den Hypothalamus. Außerdem steht die Hippocampus-Formation mit dem Thalamus in Verbindung, den man als sensorisches Vorzimmer der Großhirnrinde bezeichnet. Die so beschriebenen Verhältnisse der autonomen (körperinneren) Regulationen faßt Abb. 59 zusammen. Dieses Schema wird der tatsächlichen Struktur noch nicht gerecht. Es soll jedoch eine erste Orientierungshilfe für das Verständnis der nachfolgenden Abschnitte darstellen.

*Bewegungs- und Aufmerksamkeitsverhalten.* In der Besprechung der Hierarchie der autonomen Regulationen ist nun ein Integrationsniveau erreicht worden, auf dem vegetative Prozesse nicht mehr unabhängig vom Bewegungs- und Aufmerksamkeitsverhalten gesehen werden können.

Auf spezielle gesamtkörperliche Koordinationen werden wir im Kapitel 6.2 einzugehen haben. An dieser Stelle soll in Ergänzung des Schemas von Abb. 59 auf die Rolle der Hippocampus-Formation auch in der Regulation von motorischen und perzeptiven Funktionen hingewiesen werden. Pribram und McGuinness [24] sehen hier sogar die im Zusammenhang mit ,,effort" (Anstrengung) aktive Instanz lokalisiert. Sie kontrolliere motorische ,,Go"-Funktionen (activation) und perzeptive ,,Stop"-Funktionen (arousal; vgl. dazu auch die Abschnitte 4.1.4, 7.2.5 und 8.1.2). Auf entsprechende Charakterisierungen von Verhaltensklassen in ethologischen Konzeptionen wird in Abschnitt 15.2.2 eingegangen. Die Verbindung von Wahrnehmung und Handeln in der makroskopischen Verhaltensregulation beim Menschen wird ab Abschnitt 8.1.4 weiterbehandelt werden.

Im Zusammenhang mit ,,instrumentellen Verhaltensweisen", also Laufen, etwas Anfassen oder Kopfwenden, die vor allem im Zusammenhang

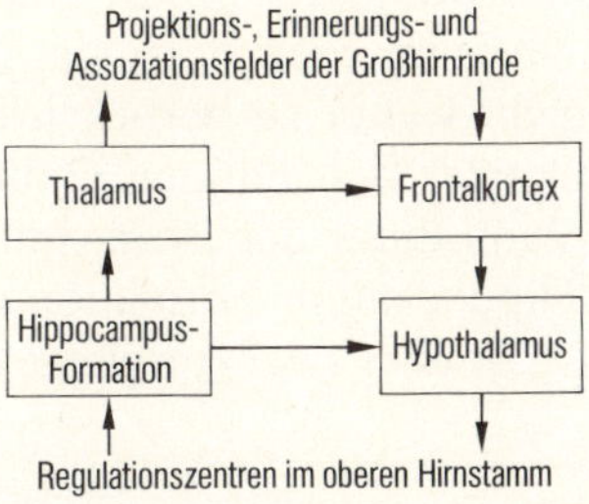


*Abb. 59* Die obere Ebene der autonomen Regulationszentren

mit Suchen oder Explorieren eingesetzt werden, findet man bei elektrischen Ableitungen aus der Hippocampus-Formation von Ratten [25] regelmäßige Spannungsschwankungen im Rhythmus von etwas über 8/Sek. (sog. Typ 1-Verhalten). Bei automatisch-respondenten Verhaltensweisen wie Kratzen, Kauen, Urinieren und Ejakulieren ist die entsprechende Hippocampus-Aktivität unregelmäßig (Typ 2-Verhalten).

Durch Verbindungen der Hippocampus-Formation über den Frontalcortex zu den Projektions-, Erinnerungs- und Assoziationsfeldern der Großhirnrinde ist sie auch mit der Steuerung der Aufmerksamkeit assoziiert (s. Abschnitt 11.2.3). Selbst stimuliert durch tiefere Gehirnteile produziert sie extrem langsame (unter 7/Sek.) und von Irregularitäten überlagerte Aktivität bei unbewegter, orientierender Aufmerksamkeit (s. Abschnitt 7.2.5) bzw. einen Rhythmus von mittlerer Geschwindigkeit (7.7/Sek.) bei angespannter Aufmerksamkeit, die der Unsicherheits-Reduktion dienen soll (s. Abschnitt 8.1.2).

*Aufmerksamkeitsdefizite und Hyperaktivität.* Nicht selten sind bei Kindern im Grundschulalter Impulsivität und Ablenkbarkeit mit auffälliger Bewegungsunruhe verbunden. In schweren Fällen spricht man vom hyperkinetischen Syndrom. Es handelt sich offensichtlich um ein funktionelles Aktivierungs-Ungleichgewicht, das noch nicht näher zu lokalisieren ist. Rein phänomenal weist es auf eine Dominanz von Explorations-Verhaltensweisen, insbesondere unter Anforderungs- und Konkurrenzbedingungen, gegenüber automatisch-respondetem Verhalten hin. Es wird oft mit aufmerksamkeitsfördernden Psychostimulantien (s. Abschnitt 13.1.1) behandelt.

## *6.1.4 Das limbische System*

Die Hippocampus-Formation (oder auch kurz: der Hippocampus) ist ein längliches Kerngebiet, das anatomisch zum Großhirn gerechnet wird. Es befindet sich links und rechts an der Innenseite der Schläfenlappen (vgl. Abb. 58 und 121 in den Abschnitten 6.1.3 und 11.1.3). Die Hippocampus-Formation gilt als phylogenetisch alt, weil sie im Unterschied zu anderen Großhirnregionen bereits bei niederen Wirbeltieren (z. B. Reptilien, s. Abschnitt 14.1.5) wohlausgebildet ist, übrigens ebenso wie der Hypothalamus. Sie wird neben einigen, hier nicht weiter zu berücksichtigenden Teilen des medialen Kortex als Archikortex den übrigen Gebieten der Großhirnrinde gegenübergestellt, die dann unter der Bezeichnung Neokortex zusammengefaßt werden. Die Hippocampus-Formation erhält afferente Fasern über zwei Eingänge und gibt über zwei Ausgänge efferente Fasern ab (Abb. 60).

Die Zellschichten der Hippocampus-Formation unterteilt man nach Ammonshorn, Fascia dentata und Induseum griseum. Außerdem gehören zur Hippocam-

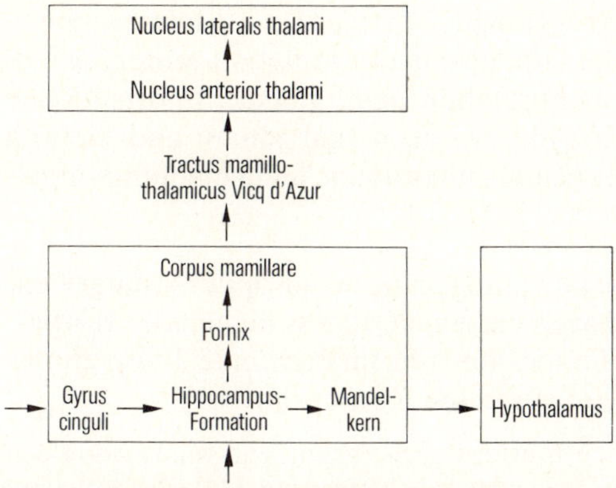


*Abb. 60* Bahnverbindungen im limbischen System

pus-Formation noch zwei längsverbindende Fasersysteme, die Fimbria und der Alveus.

*Afferente Systeme.* Ein dickes Faserbündel, das vor allem bei niederen Wirbeltieren in auffälliger Weise das Zwischenhirn seitlich durchzieht und in das basale Großhirn eintritt, ist das mediale Vorderhirnbündel (medial forebrain bundle MFB). Es enthält Fasern, die vom Hirnstamm, teilweise über die Septalkerne zur Hippocampus-Formation ziehen. Diese Fasern bringen afferente Informationen über alle körperinneren Prozesse [12], d. h. über Vorgänge der Energiebeschaffung, der Energiebereitstellung und des Energieverbrauchs.

Da das mediale Vorderhirnbündel sehr verschiedene Fasern enthält, sollte man es nicht als anatomische Einheit ansehen. Unter anderem enthält es die später noch zu erwähnenden Fibrae cortico-hypothalamicae und Fibrae amygdalo-hypothalamicae, also wichtige Afferenzen des Hypothalamus. Außerdem zieht hier noch eine motorische Bahn vom oberen Hirnstamm zu motorischen Zentren des Großhirns (Tractus nigro-striatalis). Bei elektrophysiologischen Reizungsexperimenten im medialen Vorderhirnbündel ist oft nicht klar, ob Afferenzen der Hippocampus-Formation, des Hypothalamus oder von motorischen Großhirnzentren stimuliert werden (s. dazu auch Abschnitte 8.1.1. und 8.1.2.).

Die über das mediale Vorderhirnbündel ziehenden afferenten Fasern der Hippocampus-Formation heißen Tractus olfacto-hippocampalis (oder „Riechbündel des Hippocampus"), was jedoch erst recht verwirrend ist, da diese Fasern vermutlich keine Riechempfindungen vermitteln.

Die Großhirnoberfläche weist zahlreiche Windungen auf. An der Basis des Großhirns liegt eine Windung (Gyrus), die als Gyrus cinguli bezeichnet wird. Sie stellt das zweite afferente System der Hippocampus-Formation dar. Von vielen Bereichen der Großhirnrinde ziehen absteigende Fasern an die Basis des Großhirns zum Gyrus cinguli. Dort werden die Informationen gesammelt, reduziert und an die Hippocampus-Formation weitergeleitet. Damit erhält die Hippocampus-Formation auch globale Informationen über alle Prozesse, die den Kontakt zwischen Individuum und Umwelt betreffen (Wahrnehmungen der Hauptsinnesorgane und Handlungsimpulse).

*Efferente Systeme.* Während die im vorangegangenen Kapitel 5. dargestellte Informationsverarbeitung jeweils einzelne Organsysteme oder Körperfunktionen betraf, stellt die Hippocampus-Formation eine Integrationsstelle für Informationen aus dem gesamten Körper dar [14].

Diese Integration ist offenbar auch erforderlich, wenn neue Information den kortikalen Verarbeitungsmechanismen eingeprägt werden soll [26] (Patienten mit einer Zerstörung der Hippocampus-Formation können bei gutem Altgedächtnis Neues nur schwer behalten, s. Abschnitt 12.2.1).

Die Lehre von der integrativen Rolle der Hippocampus-Formation ist von den Physiologen Papez und MacLean begründet worden. Man kann sich leicht vorstellen, daß ein derartiges Integrationszentrum die wichtigste Informationsquelle für die Steuerung von Vorgängen ist, die den Einsatz des gesamten Körpers erfordern. Außerdem erhalten von dort die übergeordneten kortikalen Prozesse ihre Hintergrundinformation.

Insbesondere gibt es Hinweise darauf, daß die Hippocampus-Formation je nach Stimulierung Kontext-Information abruft [27], die Orientierung an irrelevanten Reizen unterdrückt [28] und unerwarteten Reizen eine besondere Aufmerksamkeit zukommen läßt [29].

Steuerzentrum für Prozesse, die die funktionelle Koordination verschiedener Organsysteme erfordern, ist der Hypothalamus. Er erhält seine Informationen aus dem Mandelkern (Corpus amygdaloideum, kurz: Amygdala), dem Ausgabeorgan der Hippocampus-Formation. Der Mandelkern, der an das Vorderende der Hippocampus-Formation anschließt, besteht aus zwei Teilen [15]. Der eine Teil, die kortikomediale Kerngruppe, veranlaßt den Hypothalamus, nach außen gerichtete Tätigkeiten des Körpers zu aktivieren, z. B. Fressen, sexuelles Verhalten, Angriff. Der andere Teil, die basolaterale Kerngruppe, übt einen dämpfenden Einfluß aus und fördert eher energieaufbauende, als energieverbrauchende Prozesse.

Elektrische Reizungen der Mandelkerne sind auch beim Menschen vorgenommen worden. Eine Frau, die ansonsten wenig emotionalen Ausdruck zeigte, äußerte nach Reizung die Befürchtung, daß sie etwas schlagen oder zerreißen wolle. Sie zerriß einen ihr zur Verfügung gestellten Stapel Papier [16]. Dem betreuenden Arzt gegenüber war sie nicht aggressiv geworden. Dies spricht für eine übergeordnete Kontrollinstanz, die sich vermutlich an sozialen Strukturen orientiert. In anderen Experimenten (die übrigens bei Epileptikern durchgeführt wurden, um deren Anfälle zu kontrollieren) berichten die Patienten über angenehme Empfindungen, die mit sexuellen Vorstellungen oder sogar mit dem spontanen Wunsch verbunden sind, den betreuenden Arzt zu heiraten [17].

Für alle hierarchischen Ebenen der autonomen Regulationen gilt, daß aufsteigende Faserverbindungen an übergeordnete zentralnervöse Instanzen Informationen weitergeben und von dort über absteigende Faserverbindung Informationen erhalten. Dies gilt auch für die Hippocampus-Hypothalamus-Ebene. Über ein zweites Ausgabeorgan, das Corpus mamillare, sendet die Hippocampus-Formation aufsteigende Fasern zum Thalamus, dem „sensorischen Vorzimmer“ der Großhirnrinde (Abb. 60).

Das Corpus amygdaloideum liegt dicht an der Hippocampus-Formation im Schläfenlappen des Großhirns. Das Corpus mamillare dagegen befindet sich außen am Zwischenhirn. Wie bereits im vorigen Abschnitt 6.1.3. erwähnt, sind alle diese Gebiete Teil des embryonalen Prosenzephalon. Aus dem Prosenzephalon wachsen im Laufe der Entwicklung links und rechts die Großhirn-Hemisphären aus. Bei diesem Entwicklungsprozeß wird das Corpus mamillare von der Hippocampus-Formation getrennt. Die verbindenden Fasern bilden beim Erwachsenen ein mächtiges, in großem Bogen um das Zwischenhirn führendes Bündel, die Fornix.

Zwischen vielen bisher genannten Gehirnbereichen gibt es Kurzschlußwege und rückläufige (Feedback-) Verbindungen. Sie sind nicht aufgezählt worden. Eine dieser rückläufigen Verbindungen ist bereits seit über einem halben Jahrhundert bekannt. Der vordere Teil des Thalamus ist nämlich mit dem Gyrus cinguli verbunden, so daß zwischen Hippocampus-Formation und Thalamus ein geschlossener Neuronenkreis existiert („Papez-Kreis“). Die Bedeutung dieser Feedback-Schleife ist im Einzelnen nicht bekannt.

Die Hippocampus-Formation wird zusammen mit den (im medialen Vorderhirnbündel liegenden) Septalkernen, dem Gyrus cinguli, dem Corpus amygdaloideum und dem Corpus mamillare als limbisches System bezeichnet. Viele Autoren rechnen auch noch den gesamten Hypothalamus dazu. Alle genannten Regionen gibt es übrigens paarig, d. h. es liegen links und rechts im Gehirn spiegelbildlich symmetrisch identische Kerngebiete. Das limbische System umgibt wie ein Gürtel oder eine Borte (lat. limbus) das Zwischenhirn.

## 6.2 Die efferente Koordination

### *6.2.1 Der Hypothalamus*

Im oberen Teil des Zwischenhirns liegt der Thalamus. Er ist in vieler Hinsicht das Eingangsorgan der Großhirnrinde. Der Hypothalamus bildet den trichterförmigen, ventralen (d. h. rachenseitig gelegenen) Teil des Zwischenhirns (Abb. 61).

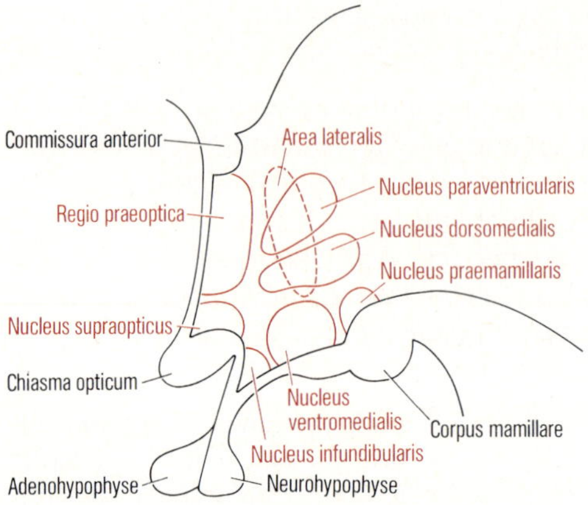


*Abb. 61* Die Kerngebiete des Hypothalamus

An der Spitze des Zwischenhirntrichters liegt, eingebettet in die Schädelbasis, eine wichtige Hormondrüse, die Hypophyse. Sie wird zum Teil vom Gehirn gebildet („Neurohypophyse"). Von vorne ziehen die Sehnerven an das Zwischenhirn heran. Sie tauschen über der Hypophyse Fasern aus („Sehnerven-Kreuzung") und ziehen dann außen am Hypothalamus schräg zum hinteren Thalamus. Von dort aus treten sie in die Hirnrinde ein. An der Hinterwand des Trichters liegen die beiden Corpora mamillaria. Diese sind gewissermaßen die Ausgabeorgane der Hippocampus-Formation. Sie leiten integrierte, afferente Informationen über gesamtkörperliche Aktivitäten an den Thalamus.

Eine funktionelle Gliederung des Hypothalamus läßt sich nach mehreren Gesichtspunkten vornehmen. So verbindet z. B. der Hypothalamus neuronale und hormonelle Regulationen (s. Abschnitt 7.1.2). Ein wichtiges Einteilungskriterium bildet aber die Herkunft der afferenten Informationen für den Hypothalamus. Ein anderes Kriterium betrifft die Frage, welche efferenten Effekte resultieren, wenn bestimmte Teile des Hypothalamus erregt sind. Bemerkenswerterweise scheint es auf Grund dieser beiden Kriterien in gleicher Weise möglich zu sein, im Hypothalamus zwei funktionelle Bereiche zu unterscheiden: einen ventro-oralen und einen dorso-caudalen (Abb. 62).

Eine spezielle experimentelle Technik hat zum Ziel, durch elektrische Stimulation bestimmte Gehirnbereiche zu aktivieren. Man nimmt an, daß eine so erzeugte Aktivierung der natürlichen Aktivität des betreffenden Gehirnbereichs bei neuronaler Stimulation ähnlich ist. Bei derartigen Reizungsexperimenten beobachtet man Reaktionen des Organismus. Die Veränderungen am Organismus unter Reizung bestimmter Hirnteile sollen Aufschlüsse über den Beitrag des gereizten Gebietes zum Verhalten liefern (Abb. 63). Über die dabei angewandte Technik s.

Abschnitt 11.1.5. Klassische Reizungsexperimente sind im Hypothalamus vorgenommen worden, u. zw. durch Hess [18] an Katzen, durch von Holst [19] an Hühnern, durch Valenstein [20] an Ratten und durch Delgado [21] an Affen (Makaken).

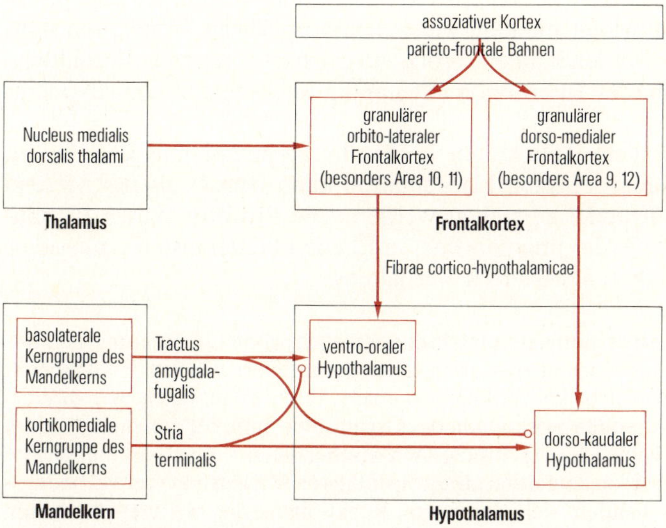


*Abb. 62* Schema der hypothalamischen Afferenzen

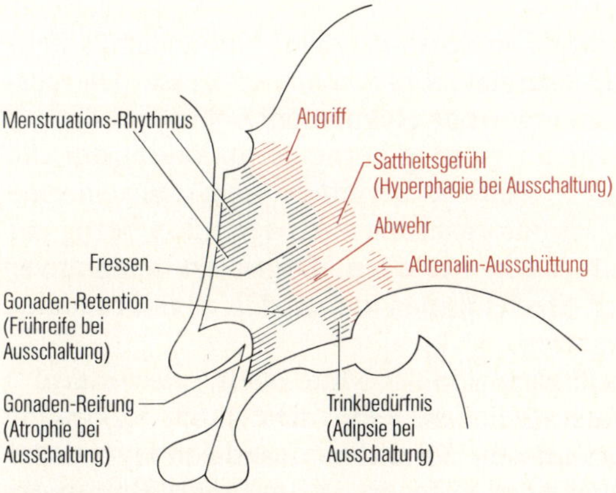


*Abb. 63* Funktionelle Gliederung des Hypothalamus nach einigen Reizungs- und Ausschaltungs-Experimenten.

### *6.2.2 Gesamtkörperliche Tätigkeiten*

Jede Verhaltensweise ist bis zu einem gewissen Grad körperinnere Ursache (Motivation) für nachfolgendes Verhalten. Dennoch nimmt man eine je nach Betrachtungsart wechselnde, stets aber nur beschränkte Zahl von Körperfunktionen als Motive für die große Vielfalt an möglichen Verhaltensweisen an. Für jede Verhaltensweise gibt es nämlich nur ein beschränktes Spektrum an Möglichkeiten, wie gesamtkörperliche Tätigkeiten sinnvoll koordiniert werden können. Trotzdem existiert eine große Verhaltensvielfalt, da Verhalten Interaktion mit ständig wechselnden Umweltbedingungen ist.

Gesamtkörperliche Tätigkeiten werden im Hypothalamus koordiniert. Die Art der hier geleisteten Koordination kann bereits als motivierend (verhaltensbedingend) angesehen werden. Die Struktur dieser Regulationsebene und die der übergeordneten Ebenen bilden also die physiologischen Grundlagen motivierten Verhaltens.

Man könnte zu den motivierenden Prozessen auch schon Orientierungsreaktionen zählen, wie sie vom oberen Hirnstamm koordiniert werden (s. Abschnitt 5.2.1.). Es ist zwar nicht üblich, hier von einem Trieb zu sprechen, wie dies bei anderen koordinierenden Funktionen des Organismus mitunter geschieht (s. dazu Abschnitte 15.1.1. bis 15.1.4.). Ethologisch gesehen gehört die Taxiskomponente (s. Abschnitt 15.2.1.) jedenfalls auch zur instinktiven Verkettung von Verhaltensweisen. Und es handelt sich dabei um Reaktionen, die weiteres Verhalten bestimmen, die spezifisch für die Situation sind, in der sich der Organismus befindet, und die zwischen Personen gut vergleichbar sind. Man sollte aber Benennungen eher vorsichtig als beliebig verwenden. Daher wird im folgenden von „Motivation“ nur bei Koordinationsleistungen gesprochen, deren neurophysiologisches Korrelat oberhalb des Hirnstamms zu suchen ist.

*Der dorso-caudale Hypothalamus.* Der dorso-caudale Hypothalamus steuert energiebereitstellende und energieverbrauchende Prozesse. Die entsprechenden Impulse aktivieren ergotrope Regulationszentren im oberen Hirnstamm und die sympathischen Ursprungskerne. Reaktionsmuster, die vom Hypothalamus koordiniert werden, betreffen nicht nur einzelne Organe. Sie wirken auf den Gesamtorganismus aktivierend in bezug auf Tätigkeiten, die den Umweltkontakt betreffen. Diese Art integrativer Steuerung leistungssteigender Mechanismen durch den dorso-caudalen Hypothalamus nennt man ergotrop.

Aus Gebieten, die im Hypothalamus in der Mitte oben („perfornical“) und seitlich unten (ventro-lateral) liegen, kann man durch elektrische Reizung Angriff und Abwehr auslösen. Vom dorso-caudalen Hypothalamus werden auch andere Tätigkeiten gesteuert, die mit einer Blutdruck- und Atemvolumserhöhung einhergehen. Außerdem hat man dort ein Gebiet gefunden, bei dessen Aktivierung der Organismus die Nahrungsaufnahme abbricht. Ist dieses Gebiet zerstört, tritt übermäßige Eßlust ein.

Der dorso-caudale Hypothalamus erhält erregende Impulse aus der kortikomedialen Kerngruppe des Corpus amygdaloideum (Abb. 62). Die drei wichtigsten Kerngebiete, die anatomisch zum dorso-caudalen Hypothalamus gehören (Abb. 61), sind der Nucleus paraventricularis, der Nucleus dorso-medialis, sowie der ventrale Teil des lateralen Hypothalamus.

*Aggression.* Es muß festgestellt werden, daß die unter den Namen „Angriff" und „Abwehr" zusammengefaßten Körperreaktionen kaum mit dem Begriff der Aggression zusammenhängen. Wie auch immer Aggression definiert wird, so legt sie weniger bestimmte Verhaltensweisen als eine (im Einzelfall zu operationalisierende) Intention zugrunde. Das heißt, daß Personen unter Umständen aggressiv handeln, wenn sie nichts tun, z. B. einen für andere bedrohlichen Vorgang nicht unterbrechen. Angriff und Abwehr haben mit Körperbewegungen zu tun, die bei tierischen Verwandten des Menschen in der Auseinandersetzung mit anderen (artgleichen oder artfremden) Individuen Verwendung finden. Bemerkenswerterweise variieren diese Bewegungen, soweit sie vom Hypothalamus aus ausgelöst werden können, von Tierart zu Tierart. Es wird daher eine artspezifische hypothalamische Koordination ergotroper und wahrscheinlich auch trophotroper Mechanismen angenommen. Über die Bedeutung artspezifischer Hormonverhältnisse für Angriffs- oder Verteidigungsverhalten s. Abschnitt 6.1.2.

Jedenfalls können sich aber im dorso-caudalen Hypothalamus keine Aggressionen anstauen (s. dazu auch Abschnitt 15.1.3.). Dennoch kann Angriff oder Abwehr auf Grund einer Summation erfolgen, allerdings von kortikalen Prozessen (Frustration und Mißmut). Selbst wenn von hier entsprechende Impulse abgegeben werden, muß, bevor der Hypothalamus aktiv wird, eine Integration in den übrigen Verhaltensablauf erfolgen. (Dafür ist vermutlich der dem dorso-caudalen Hypothalamus übergeordnete granuläre dorsomediale Frontalkortex zuständig, s. Abb. 62).

Der Einsatz oder die Nichtanwendung der hypothalamischen Programme kann erlernt werden.

*Der ventro-orale Hypothalamus.* Elektrische Stimulation im ventro-oralen Hypothalamus aktiviert Mechanismen der Regeneration, d. h. die Beschaffung, Auswertung und Speicherung energiereicher Substanzen. Das bedeutet, daß von diesem Hypothalamus-Teilen aus Steuerimpulse zu den idiotropen Regulationszentren im oberen Hirnstamm und zu den parasympathischen Ursprungskernen gehen. Durch die integrative Funktion des Hypothalamus werden jedoch nicht einzelne Organtätigkeiten, sondern bestimmte Reaktionsmuster des Gesamtorganismus in Gang gesetzt. Diese Art integrativer Steuerung regenerativer Mechanismen nennt man trophotrop.

Darunter fallen Einzelreaktionen wie Blutdruck- und Atemabfall, Nahrungsaufnahme (einschließlich Kau- und Drüsentätigkeit), Blasen- und Darmentleerung. Für den Wasserhaushalt wird Flüssigkeit gespeichert und das Trinkbedürfnis gefördert. Außerdem wird von hier die Aktivität der Keimdrüsen (Gonaden) gesteuert.

Von der kortiko-medialen Kerngruppe des Corpus amygdaloideum zieht ein Faserbündel (die Stria terminalis) zum ventro-oralen Hypothalamus (Abb. 62). Die hier übermittelten Impulse haben hemmenden Einfluß. Erregende Impulse kommen von der baso-lateralen Kerngruppe. Die beiden wichtigsten Kerngebiete, die anatomisch zum ventro-oralen Hypothalamus gehören (Abb. 61), sind die Regio praeoptica und der Nucleus ventro-medialis, der den Tuber bildet. Wahrscheinlich muß auch der dorsale Teil des lateralen Hypothalamus dazugerechnet werden.

*Psychochirurgie bei Triebtätern.* Zur Erklärung von sexuell auffälligem Verhalten spricht man häufig von einem abnormen Sexualtrieb. Vor diesem Hintergrund erscheint eine Reduzierung des Sexualtriebes bei Personen wünschenswert, die Gefahr laufen, bei Ausübung ihrer Sexualität straffällig zu werden. Dies gilt vor allem, wenn das sexuelle Verhalten eine Belästigung, Verletzung oder Verstümmelung anderer Personen einschließt. Ein Effekt in der gewünschten Richtung kann bei sexuellen Gewalttätern durch Antiandrogene (Cyproteron) erreicht werden, aber auch wenn der Tuber (und damit der Nucleus ventromedialis) in einer stereotaktischen Operation durch gezieltes Einführen einer hitzeerzeugenden Sonde zerstört wird. Die operierten Patienten weisen noch alle sexuelle Reaktionen auf, soweit sie vom Hirnstamm und vom Rückenmark aus reguliert werden (s. Abschnitt 5.1.2). Die Integration der Sexualität in einen gesamtkörperlichen Ablauf ist durch diese Operation irreversibel aufgehoben.

Dieser „Effekt" der Antriebsminderung kann dadurch gesteigert werden, daß auch noch benachbarte Teile des Hypothalamus zerstört werden (s. in Abb. 67 die noradrenalin-korrelierten Gebiete und in Abb. 63 die Abwehr und Angriff regulierenden Hypothalamus-Regionen).

Ein derartiger Eingriff ist weder physiologisch noch moralisch zu rechtfertigen. Bei der hierarchischen Struktur der autonomen Regulationen scheint die Auswahl der hypothalamischen Ebene für eine Intervention reichlich willkürlich. Die Integration der Sexualität in das übrige Verhalten erfolgt mit Sicherheit erst in übergeordneten kortikalen Instanzen. Dort aber ist eine psychologische Intervention weitaus eher angezeigt. Die Ansicht, daß der Hypothalamus der Sitz der Triebe wäre, ist physiologisch indiskutabel, weil es keine physiologische Triebtheorie gibt. Selbst wenn der Effekt ausreichen würde, um die Absicht eines Eingriffs zu rechtfertigen, ist er moralisch zu verwerfen, weil er zu massiv und nicht wieder gutzumachen ist. Es handelt sich um eine irreversible, in ihrer Qualität nur schwer vorauszusagende Veränderung der Gesamtpersönlichkeit.

Demgegenüber sind die methodischen Mängel beinahe zweitrangig. Erstens ist der genaue Ort nicht bekannt. Es wird in einer Gegend des Hypothalamus operiert, deren genaue funktionelle Anatomie unbekannt ist. Man faßt sie unter der Globalbezeichnung „Hypophysiotrope Zone" zusammen. Neben anderen Hormonen (ACTH) werden auch Sexualhormone von dort gesteuert. Schließlich gibt es technische Probleme. Es kann nicht ausgeschlossen werden, daß auch der benachbarte Nucleus dorso-medialis verletzt wird und die Patienten nach der Operation übermäßig essen.

### *6.2.3 Sexualität 5: Die sexuelle Erregung*

Sexuelle Reaktionen treten nicht nur an den Geschlechtsorganen auf („genital"), sondern in weiten Bereichen des Körpers („extragenital"). Dazu gehören vor allem Veränderungen im Herz-Kreislauf-System. Die Herzrate nimmt zu und an vielen Stellen der Körperoberfläche kommt es zu Mehrdurchblutung und zu Blutansammlungen.

*Erregungsphase.* Sexuelle Reaktionen können durch körperliche Reizung oder durch Denktätigkeit (Wahrnehmungen, Vorstellungen, Phantasien) ausgelöst werden. In jedem Fall steigt die Herzrate an und bildet die Grundlage für den wahrgenommenen Erregungsanstieg (s. Abschnitt 4.2.3.). Die sexuelle Färbung erhält die Erregung nach Beginn der Mehrdurchblutung im Genitalbereich (zum Erektionsreflex s. Abschnitt 5.1.5.). Das hat beim Mann ziemlich unmittelbar (nach 3 bis 25 Sek) eine Erektion des Penis zur Folge (d. h. eine Versteifung und eine Verlängerung um rund die Hälfte). Bei der Frau setzt meist etwas verzögert (im Mittel nach 10 bis 30 Sek) eine Flüssigkeitsabsonderung aus der Vagina-Wand ein (vaginale Lubrikation, auch als Transsudation oder als Schwitzen bezeichnet). Bei Masturbation (manuelle Stimulierung der Genitalien, z. B. beim Onanieren) kann die Lubrikation ausbleiben, bei längerem Koitus kann sie sich verstärken. Die spontane Lubrikation korreliert mit dem Wunsch nach sexueller Vereinigung (Kohabitation).

Die Peniserektion wird durch die Schwellkörper des Penisschaftes bewirkt (Corpora cavernosa). Dem entspricht physiologisch eine Schwellung des Klitoris-Körpers (Corpus et crura clitoridis).

Offenbar gibt es auch „sexfreie" Erektionen, z. B. während des Schlafs (auch ohne sexuelle Träume) oder bei Affen als Drohgebärde (s. dazu auch später Abschnitt 8.1.2.).

*Frühe Plateauphase.* Sexuelle Erregung kann kurzfristig auftreten und auch wieder verschwinden. Bei Aufrechterhaltung der sexuellen Stimulierung kommt es zu einem anhaltenden Blutstau in den Geschlechtsorganen. Dieser ist von einer Mehrdurchblutung (Hyperämie, hervorgerufen durch Vasokongestion, d. h. Erschlaffen der Arterien) in anderen oberflächlichen Körperpartien begleitet. Man spricht dann von einer Plateauphase. Äußeres Kennzeichen der Plateauphase ist bei der Frau ein Anschwellen des Brustwarzen-Hofes (Areolae), beim Mann eine Schwellung des Eichelrandes (Corona glandis).

Außer den bereits genannten Schwellkörpern des Penisschaftes besitzt der Penis einen weiteren Schwellkörper (das Corpus spongiosum), der die Harnröhre begleitet. Dieser besitzt zwei Verdickungen, nämlich vorne eine, die die Eichel (Glans) bildet und eine am oberen Abschnitt der Harnröhre (Bulbus). Diesen beiden Verdickungen des Harnröhren-Schwellkörpers beim Mann entsprechen zwei Schwellkörper bei der Frau (Abb. 64). Der eine, sehr kleine bildet die Klitoris-Kappe (Glans clitoridis). Nur jede zweite Frau reagiert mit diesem Organ. Der andere Schwellkörper ist der größte der Frau (Bulbus vestibuli). Er sitzt unter den Schamlippen am Scheidenausgang. Reaktionen dieses Schwellkörpers bei der Frau (der in dieser Phase die kleinen Schamlippen anhebt, s. u.) entsprechen physiologisch der Eichelschwellung beim Mann.

Die Mehrdurchblutung in der frühen Plateauphase kann sich vor allem bei der Frau auf sehr verschiedene Körperbereiche erstrecken. Sie kann zu Schwellungen (Tumeszenz) in verschiedenen Organen führen. Bei drei von vier Frauen tritt ein sogenannter sex flush auf. Das ist eine Hautrötung, die am Oberbauch auftritt und sich von dort aus über fast den ganzen Körper ausbreiten kann. Regelmäßig ist auf Grund von größerer Blutfülle eine Volumenzunahme der weiblichen Brust zu beobachten. Dies gilt bis zu einem gewissen Grade auch für die Lippen und die Ohrläppchen. Natürlich führt die Blutfülle vor allem im Genitalbereich zu Schwellungen, und zwar in dieser Phase zu einer Vergrößerung der großen Schamlippen. Bei Frauen, die bereits Kinder geboren haben, ist dieses Phänomen besonders auffällig. Ist dies nicht der Fall, so dominiert eine andere Reaktion: Die kleinen Schamlippen drängen die großen zur Seite.

Beim Mann vergrößern sich die Hoden geringfügig. Außerdem werden sie hochgezogen, meistens (bei 85%) der rechte stärker als der linke. Damit rücken die Hoden zur Mittellinie des Körpers und können im visuellen Eindruck den aufgerichteten Penis vergrößern.

Es ist ungewiß, ob es sich dabei um ein stammesgeschichtliches Erbe handelt, das im Zusammenhang mit sexueller Werbung oder mit Signalfunktionen bei der Rivalität zwischen Vormenschengruppen stand (s. Abschnitt 8.1.2.).

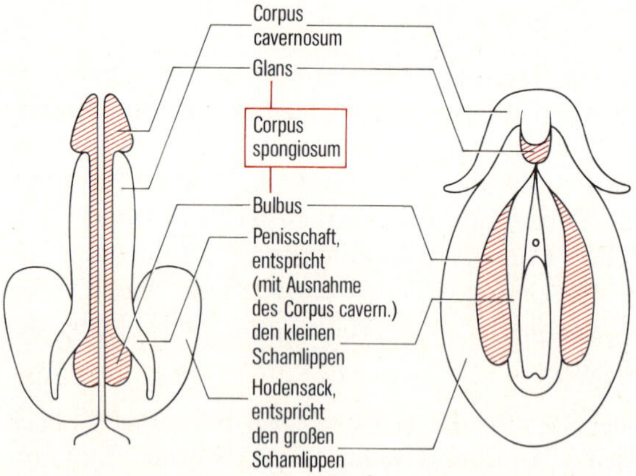


*Abb. 64* Entsprechungen zwischen männlichem und weiblichen Genitale

### 6.2.4 *Sexualität 6: Der Orgasmus*

*Späte Plateauphase.* Bei anhaltender sexueller Stimulierung treten an den Geschlechtsorganen Reaktionen auf, die wohl der Vorbereitung der Fortpflanzungsfunktionen des Sexualkontaktes dienen. Zunächst bekommen die kleinen Schamlippen ihre typische rote Sexfärbung („sex skin"). Die Vagina verlängert sich um rund ein Drittel. Auch die Penis-Eichel kann ihre Farbe wechseln. Die Bartholini-Drüsen der Frau scheiden Duftstoffe ab, die Cowper-Drüsen des Mannes reinigen die Harnröhre von Harnsäure-Resten.

Dann sind die Schwellen für die Reizaufnahme so weit erniedrigt, daß die präorgasmische Reaktion eintreten kann (s. Abschnitt 5.1.5.). Dabei füllen sich die Bulbus-Schwellkörper (Bulbus corporis spongiosi bzw. Bulbus vestibuli). Das führt beim Mann zu einer Erweiterung der Harnröhre und bei der Frau zur Bildung eines Wulstes am Scheideneingang („orgastische Manschette"). Herz- und Atemrate steigen weiter an.

Wie bereits erwähnt, ist der Schwellkörper am oberen Harnröhrenteil beim Mann homolog dem Schwellkörper am Scheidenausgang bei der Frau. Beide heißen auch Bulbus. An beiden setzen homologe, quergestreifte Muskeln an (Musculi bulbo-spongiosi).

*Orgasmusphase.* Eingeleitet von einem Gefühl intensiven sexuellen Erlebens beginnen sich Muskeln der Genitalgegend zusammenzuziehen („Orgasmusphase"). Dadurch verengt sich rhythmisch die orgastische Manschette bzw. kommt es zu den Ejakulationsbewegungen (Ejakulations- und Manschettenreflex, s. Abschnitt 5.1.5.). Die jeweiligen Kontraktionen erfolgen mit etwa 0,8 Sek. Abstand. Nach den ersten 3–4 Kontraktionen nimmt Frequenz und Intensität rasch ab.

Bei der Frau können zusätzlich Kontraktionen des Uterus (Gebärmutter) auftreten (die als „Saugbewegungen" interpretiert werden können). Bei einem von vier Männern tritt während der Orgasmusphase ein sex flush auf.

Der sexuelle Höhepunkt (Orgasmus) ist physiologisch durch den Maximalwert der Herzrate (bei etwa 150 bis 160 pro Minute, s. Abb. 65), aber auch von Blutdruck und Atemfrequenz gekennzeichnet. Damit korreliert das Orgasmus-Erleben. Der Ejakulations- oder Manschettenreflex findet meist am sexuellen Höhepunkt statt, kann jedoch auch erst verzögert eintreten oder sogar – trotz Orgasmus-Erleben – ganz fehlen. Bei den meisten Menschen unterstützt der Ejakulations- oder Manschettenreflex die Intensität des Orgasmus-Erlebens. Anderseits können bei bewußter Vermeidung dieses Reflexes 10 bis 20 (weniger intensive) Höhepunkte hintereinander erlebt, und auf diese Weise der Orgasmus verlängert werden (wie dies in der Hindu-Literatur empfohlen wird).

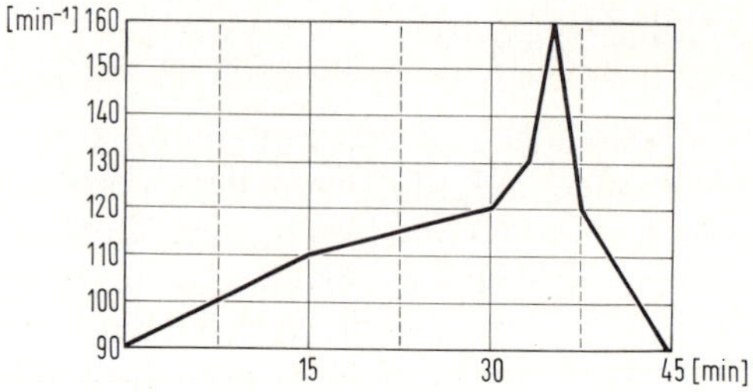


*Abb. 65* Idealisierte Verlaufskurve der Herzrate während der sexuellen Reaktion.

Ein Orgasmus kann auch von Personen erlebt werden, bei denen aus Krankheitsgründen kein Ejakulations- oder Manschettenreflex ablaufen kann (z. B. bei Querschnittsgelähmten oder bei Personen mit einer Schädigung des Nervus pudendus). Dabei kann die Vorstellung sexuell aktiver Personen, und zwar wie von beiden Geschlechtern berichtet wird, vor allem aktiver Frauen, sowie eine Stimulierung am Oberkörper auslösend wirken. Der Orgasmus ist somit kein genitales (d. h. an die Geschlechtsorgane gebundenes) Phänomen, sondern ein zentrales (d. h. vor allem von der Tätigkeit der Hirnrinde abhängig). Gesamtkörperliche Prozesse (repräsentiert durch die Herzrate) tragen zur Intensität des Erlebens bei.

Über den bedenklichen Versuch, sexuell abweichendes Verhalten durch Operation eines Hypothalamus-Areals zu verändern, ist im Abschnitt 6.2.2. berichtet worden.

Trotz vieler anatomischer und physiologischer Parallelitäten zwischen Mann und Frau muß man davon ausgehen, daß wegen der vorhandenen biologischen Unterschiede der Geschlechtsorgane, aber auch wegen geschlechtsspezifischer psychosozialer Faktoren der Orgasmus bei Mann und Frau eine andere Qualität besitzt. Dies ist mit Unterschieden in Dauer und Intensität physiologischer Erregungskomponenten assoziiert.

Bei Tieren ist dieser Unterschied meist ausgeprägter. Nur von Makaken (das ist eine Affenart) ist bekannt, daß beide Geschlechter beim sexuellen Verkehr einen vergleichbaren Höhepunkt aufweisen.

*Rückbildungsphase.* Die Veränderungen, die auf Grund der sexuellen Erregung am Körper aufgetreten sind, bilden sich nach dem sexuellen Höhepunkt im allgemeinen wieder zurück. Schnelligkeit und Beeinflußbarkeit der Rückbildung ist von zahlreichen Faktoren abhängig, unter anderem vom Alter und von der Art, Dauer und Intensität vor- und nachorgasmischer Stimulierung.

Bei der Frau verschwindet nach dem Orgasmus rasch die Sexfärbung der kleinen Schamlippen, die Warzenhöfe schwellen rasch ab und werden faltig. Frauen, für die die Frage zum Problem wird, ob sie einen Orgasmus nach allgemeinem Verständnis erlebt hatten, können das rasche Abschwellen der Warzenhöfe als Kriterium ansehen. Der Muttermund bleibt übrigens bis zu einer halben Stunde nach dem Orgasmus geöffnet.

Obwohl Frauen vor dem sexuellen Höhepunkt durch nichtsexuelle Stimuli leicht abgelenkt werden können, ist die Bereitschaft zu weiterer Sexualbetätigung nach dem Höhepunkt im allgemeinen größer als bei Männern. Physiologische Gründe dafür sind auch in der Bereitstellung von Samenflüssigkeit zu suchen. Psychologische Gründe dafür liegen vor, wenn der Sexualkontakt vor allem vom Mann gelenkt wurde.

### *6.2.5 Durst und Hunger*

Die komplexen Koordinationsleistungen des Hypothalamus sind dadurch gekennzeichnet, daß in ihrem Dienst spezifische wie unspezifische Verhaltensweisen auftreten können. Einige dieser Koordinationsleistungen werden vom Hypothalamus weitgehend autonom geregelt. Das bedeutet, daß nur in Ausnahmefällen eine Steuerung durch übergeordnete Instanzen Bedeutung erlangt. Zu solchen weitgehend autonomen hypothalamischen Regulationen gehört die Durst- und die Hungerstillung.

Durst und Hunger entstehen also eher als andere hypothalamische Koordinationsleistungen neben afferenten Erregungen aus dem limbischen System auch aus Afferenzen, die der Hypothalamus unmittelbar erhält. Andere derartige Regulationen werden im folgenden Kapitel 7 besprochen.

*Durst.* Der menschliche Körper besteht zu etwa drei Vierteln aus Wasser (s. dazu auch Abschnitt 1.1.4.). Wassermangel tritt bereits ein, wenn der Körper eine Wassermenge verloren hat, die mehr als ein halbes Prozent seines Gesamtgewichtes ausmacht. Bestimmte Nervenzellen des vorderen Hypothalamus (Osmorezeptoren) reagieren auf einen Verlust von Zellwasser.

Unter dem Gesichtspunkt der Verhaltensregulation ist interessant, daß die von den Osmorezeptoren erzeugte Durstempfindung unmittelbar nach dem Trinken nachläßt. Man hört zu Trinken auf, noch bevor das Wasser im Körper verteilt ist und die hypothalamischen Zellen ihre ursprüngliche Zellwassermenge wiederhergestellt haben (präresorptive Durststillung). Im Tierversuch entspricht dennoch die aufgenommene Flüssigkeitsmenge ziemlich exakt der benötigten. Die Begrenzung der Flüssigkeitsaufnahme erfolgt zum Teil auf Grund der dabei stattfindenden Magendehnung. Zumindest bei Säuglingen ist die Anzahl der Schluckbewegungen auch ein Faktor für die Sättigung.

Die Flüssigkeitsaufnahme im täglichen Leben erfolgt meistens „vorsorglich“, d. h. wegen trockener Schleimhäute oder auf Grund von Gewohnheiten und ohne hypothalamische Durstempfindung.

Die hormonelle Regulation des Wasserhaushalts und deren Rolle bei Angstreaktionen („trockener Mund“) wird in den Abschnitten 7.1.2. und 8.1.2. besprochen.

*Hunger*. Eßverhaltensweisen sind ebenfalls hypothalamisch koordiniert. Die Hungerempfindung scheint ähnlich wie die Durstempfindung ihre Ursache in einer unmittelbaren Erregung des Hypothalamus zu besitzen. Dennoch ist Essen in weit höherem Maße, als dies für Trinken zutrifft, von übergeordneten Steuerimpulsen abhängig.

Es ist daher auch schwierig, den eigentlich hungerauslösenden Reiz zu bestimmen. Vermutlich spielt ein Meßwertvergleich von Meldungen aus Darmwand-, Leber- und Hypothalamus-Rezeptoren eine Rolle. Diese Chemorezeptoren können Zufuhr, Vorrat und Verbrauch von Glukose bestimmen (das ist die organismische Transportform des energieliefernden Zuckers; vgl. dazu auch die in Abschnitt 3.2.3 besprochene Serotonin-Funktion). Bei abnehmender Verfügbarkeit von Glukose entstehen Hungerempfindungen (und die funktionell schwer zu deutenden Leerkontraktionen des Magens).

Die Nahrungsaufnahme selbst ist wieder eine gesamtkörperliche Tätigkeit, deren hypothalamische Koordination wieder typischerweise von Steuerimpulsen aus dem limbischen System abhängt. Ob, wie oft und wie viel man ißt, ist eine Frage von Gewohnheit und Erwartung.

Gewohnheiten entstehen aus Erfahrungen. Mit Sicherheit hat die Einstellung zur Nahrungsaufnahme ihre Wurzeln in den frühkindlichen Erfahrungen. Diese können z. B. darin bestehen, daß jede Form von Erregung und Unruhe durch Nahrung „gestillt“ wurde.

Auch Erwartungen entstehen aus Erfahrungen. Essen findet oft in Gemeinschaft mit anderen statt, deren Gegenwart angenehm (gelöste Unterhaltung) oder unangenehm sein kann (Auseinandersetzungen am Familientisch). Essen kann erwünschte Folgen (entspanntes Sattheitsgefühl) oder unerwünschte haben (Hantieren mit Speiseresten oder nachfolgende Übelkeit). Außerdem ist die Nahrungsaufnahme von einer Reihe von Sinneseindrücken beeinflußbar wie Aussehen, Geruch, Geschmack, Konsistenz und Temperatur potenieller Nahrungsstoffe.

Umgangssprachlich wird mit „Appetit“ mitunter sowohl die Hungerempfindung (der eine Appetenz im ethologischen Sinn korreliert ist), als auch die Hinwendung zur Nahrung benannt (das wäre eine Taxis im ethologischen Sinn). „Essen“ bezeichnet mitunter die Taxis wie die Endhandlung, d. h. Einführen, Kauen und Schlucken der Nahrung (s. dazu auch die Abschnitte 15.2.1. und 15.2.2.).

Die Art unserer täglichen Nahrungsbeschaffung (Einkaufen) und unserer Eßsitten (zu Tisch gehen) täuscht ein wenig darüber hinweg, daß letztlich ein Großteil unserer Tätigkeit in mehr oder weniger entferntem Zusammenhang mit dem biologischen Stoffaustausch steht.

Es mag als erstrebenswertes Ziel gelten, daß die Aufmerksamkeit weniger auf die Versorgung und mehr auf die Richtung der Umsetzung der biologischen Energie gelenkt sei (d. h. nicht wie werde ich satt, sondern was tue ich, wenn ich satt bin). Unter biologischer Sichtweise würde diese Energie aber auch wieder biologischen Zwecken dienen, wie sie jeweils in den ersten Abschnitten der Teile I, II, und IV aufgeführt werden. Einer der wichtigsten Zwecke wäre dabei wieder der das Fließgleichgewicht aufrechterhaltende Materie- und Energieaustausch.

## *Literatur*

[1] Lazarus, R. S.: Emotions and adaptation. In: Nebraska Symposium on Motivation (W. J. Arnold Ed.), p. 200. Univ. of Nebraska Press, Lincoln 1968
[2] James, W.: What is an Emotion (1884), zit. nach James, W.: The Principles of Psychology. New York: Holt 1890 und Lange, G., James, W.: The Emotions. Holt, New York 1922
[3] Lange, W.: Über Gemütsbewegungen. Eine psycho-physiologische Studie. Leipzig 1887
[4] Panse, G. W.: Angst und Schreck. Thieme, Stuttgart 1952
[5] Hohmann, G. W.: Some effects of spinal cord lesions on experenced emotional feelings. Psychophysiology 3 (1966) 143–156
[6] Arnold, M. B.: Physiological differentiation of emotional states. Psychol. Rev. 52, (1945) 35–48
[7] Alexander, F.: Psychosomatische Medizin. de Gruyter, Berlin 1951
[8] Engel, B. T.: Response specificity. In: Handbook of Psychophysiology (N. S. Greenfield, R. A. Sternbach Eds.), p. 571–576. Holt, Rinehardt and Winston, New York 1972
[9] Ax, A. F.: The physiological differentiation between fear and anger in humans. Psychosom. Med. 15 (1953) 433–442
[10] Schachter, J.: Pain, fear and anger in hypertensives and normotensives. Psychosom. Med. 19 (1957) 17–29
[11] Leventhal, H.: Emotions. In: Social Psychology (C. Nemeth Ed.). Mc Nally, Chicago 1974
[12] MacLean, P. D.: The limbic brain in relation to the psychosis. In: Physiological Correlates of Emotion (P. Black, Ed.). Adacemic Press, New York 1970
[13] Olds, J.: Drives and Reinforcements. Raven, New York 1977
[14] Heppner, F.: Das Limbische System. Wiener Med. Wschr. 107 (1957) 719
[15] Eleftherion, B. E.: The neurobiology of the amygdala. Pelnum, New York 1972
[16] King, H. E.: Psychological effects of excitation in the limbic system. In: Electrical Stimulation of the Brain (D. E. Sheer Ed.), p. 477–486. Univ. Texas Press, Austin 1961
[17] Delgado, J. M. R.: Physical Control of the Mind. Harper and Row, New York 1969
[18] Hess, W. R.: Das Zwischenhirn. Schwabe, Basel 1954
[19] Holst, E. v., Saint Paul, U. v.: Vom Wirkungsgefüge der Triebe. Naturwiss. 47 (1960) 409–422

[20] Valenstein, E. S., Cox, V. C., Kakolewski, J. W.: Modification of motivated behavior elicited by stimulation of the hypothalamus. Science 159 (1968) 1119–21

[21] Delgado, J. M. R.: Emotional behavior in animals and humans. Psychiat. Res. Rep. 12 (1960) 259–271

[22] Kleinginna, P. R., Kleinginna, A. M.: A categorized list of emotion definitions, with suggestions for a consensual definition. Motivation and Emotion 5 (1981) 345–379

[23] Schmidt-Atzert, L., Kutscher, R., Reizammer, J.: Körpersymptome bei semantisch ähnlichen und unähnlichen Emotionen. Z. exp. angew. Psychol. 30 (1983) 458–473

[24] Pribram, K. H., McGuinness, D.: Arousal, activation, and effort in the control of attention. Psychol. Rev. 82 (1975) 116–149

[25] Vanderwolf, C. H., Kramis, R., Gillespie, L. A., Bland, B. H.: Hippocampal rhythmic slow activity and neocortical low-voltage fast activity: Relations to behavior. In: The Hippocampus, Neurophysiology and Behavior (R. L. Isaacson, K. H. Pribram), Vol. II, p. 101–128. New York: Plenum 1975

[26] Kornhuber, H. H.: Neural control of input into long-term memory: Limbic system and amnestic syndrome in man. In: Memory transfer of information (H. P. Zippel Ed.). New York: Plenum 1973

[27] Hirsh, R.: The hippocampus and contextual retrieval of information from memory: A theory. Behavioral Biology 12 (1974) 421–444

[28] Solomon, P. R.: Temporal versus spatial information processing theories of the hippocampal function. Psychol. Bull. 86 (1979) 1272–1279

[29] Gray, J. A.: Multiple book review of the neurophysiology of anxiety: An inquiry into the functions of the septo-hippocampal system. Beh. Brain Sci. 5 (1982) 469–534

# 7. Hormone und physiologische Aktivierung

## 7.1 Hormone

### *7.1.1 Das System der Botenstoffe*

*Botenstoffe.* Viele Körperzellen sind imstande, einen oder mehrere sogenannte Botenstoffe zu produzieren. Dabei handelt es sich um Substanzen, die aus der Zelle ausgeschleust werden und im jeweiligen Gewebe oder sogar im ganzen Körper zirkulieren. Schließlich regen sie entfernte Zellen dazu an, einen Teil ihrer Stoffwechseltätigkeit zu verändern.

Ein derartiges chemisches Kommunikationsnetz kann vielen Zwecken dienen. Vermutlich wird z. B. während der Embryonalentwicklung durch Botenstoffe bestimmter Zellen die Entwicklung und Spezialisierung anderer Zellen beeinflußt, und damit die Zell- und Organdifferenzierung koordiniert. In bestimmten Lebensabschnitten produzierte Botenstoffe können an vielen Körperstellen gleichzeitig Entwicklungs- und Wachstumsprozesse anregen. Im reifen Organismus benützen z. B. Nervenzellen bestimmte Botenstoffe (Transmitter), um ihren Erregungszustand an andere Nervenzellen zu übertragen (s. dazu Abschnitt 9.1.5.). Schließlich sind manche Botenstoffe dazu bestimmt, als Duftstoffe den Körper zu verlassen und an Rezeptorzellen eines anderen Organismus der gleichen biologischen Art eine informationshaltige Erregung auszulösen (Pheromone z. B. als Sexuallockstoff oder zur Markierung eines Territoriums, s. auch Abschnitt 15.2.3.).

Mit Ausnahme von Substanzen, die an Nerven- oder Rezeptorzellen eine Erregung auslösen, nennt man Botenstoffe auch Hormone. Meistens werden im reifen Organismus Hormone von Zellen gebildet, die ausschließlich dafür spezialisiert sind und sich oft zu eigenen Organen, sogenannten endokrinen Drüsen, zusammenschließen. Die Verteilung im Körper erfolgt meist über den Blutweg. Werden Hormone von Zellen gebildet, die auch für andere Funktionen spezialisiert sind, oder wenn die Ausbreitung einfach durch Diffusion in den Spalträumen zwischen den Zellen erfolgt, spricht man mitunter auch von Gewebshormonen.

*Chemische Eigenschaften von Hormonen.* Für den erwachsenen menschlichen Körper sind mehr als 50 verschiedene Hormone bekannt. Ein Teil davon besteht aus Umbauprodukten einer Aminosäure (z. B. Adrenalin, s. Abschnitt 3.1.3.) oder aus einer kurzen Aminosäurekette (Peptidhormone). Andere Hormone werden aus Cholesterin hergestellt, einem Endprodukt des Fettstoffwechsels (Steroidhormone).

Die Wirkkonzentrationen der Hormone in den Körperflüssigkeiten liegen außerordentlich niedrig (zwischen 1 Million und 1 Milliarde Moleküle pro Kubikmillimeter).

Wenn Peptidhormone an einer Zielzelle wirksam werden sollen, so setzt dies spezielle Rezeptormoleküle an der Zellmembran der betreffenden Zelle voraus. Nicht jedes Hormon kann also an jeder Zelle wirken. Die Wirkung der Peptidhormone auf den Zellstoffwechsel der jeweiligen Zellen ist jedoch in der Regel recht einheitlich: Energiemobilisierung, Aktivierung der zellspezifischen Proteine und Intensivierung gerade stattfindender, zellspezifischer Proteinsynthese. Hormone, die aus Aminosäuren oder Aminosäure-Abkömmlingen bestehen, wirken rasch und oft nur kurzdauernd (Abb. 66).

Die Wirkung der Peptidhormone wird im Zellinnern durch die Substanzen cAMP (zyklisches Adenosin-Mono-Phosphat) bzw. IP3 (Inosit-tri-Phosphat, [29]) vermittelt. cAMP wird an der Zellmembran-Innenseite freigesetzt, wenn an der Membran-Außenseite ein Peptidhormon-Molekül oder ein Monoamin (vgl. Tab. 11) auf ein Rezeptormolekül trifft. Die cAMP-Wirkung auf den Stoffwechsel kann durch Enzyme, die gerade in der Zelle vorhanden sind, leicht abgeändert werden. Intrazelluläres Kalzium fördert viele Wirkungen von sekundären Botenstoffen. Das antidepressiv wirkende Lithium und die Substanz Forskolin fördern

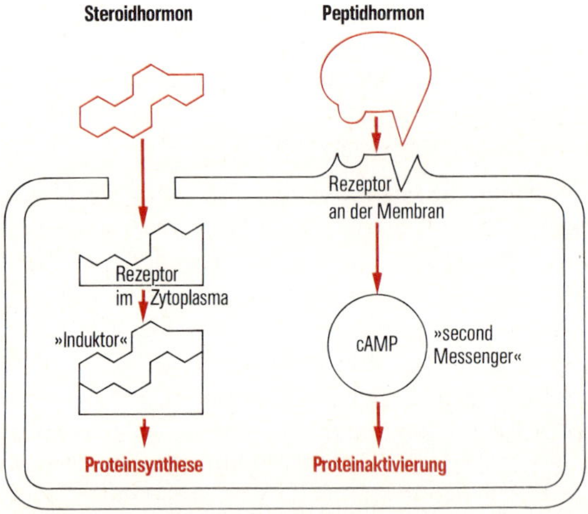


*Abb. 66* Biochemie der Hormonwirkung. Steroidhormone induzieren spezifisch die Proteinsynthese. Wirksubstanz in der Zelle ist dabei der „Induktor", der aus einem Hormon- und einem Rezeptormolekül zusammengesetzt ist. Peptidhormone aktivieren zellspezifisch Proteine mit Hilfe der Wirksubstanz cAMP. Diese wird auf Grund der Hormonwirkung hergestellt und wirkt auf alle in der Zelle gerade vorhandenen inaktiven Proteine.

die cAMP-Herstellung (vor allem an serotoninergen und noradrenalinergen Nervenzellen). Koffein und das Bronchial-Medikament Theophyllin fördern die cAMP-Wirkung durch Hemmung des Abbaus von cAMP. Neuroleptika senken die cAMP-Herstellung (dabei interessiert besonders ihre Wirkung auf dopaminerge Nervenzellen).

IP3 wird z. B. durch Azetylcholin, Adiuretin oder Serotonin stimuliert und aktiviert seinerseits u. a. zellinnere Ca-Ionen und die erregungsfördernde Wirksubstanz cGMP. Es wird durch Lithium (im Hinblick auf dessen antidepressive Wirkung unklarerweise) gehemmt.

Steroidhormone können in die Nervenzelle eindringen, wo sie im Zellinnern ein Rezeptormolekül vorfinden müssen, um wirksam werden zu können. Der Hormon-Rezeptor-Komplex kann nämlich in den Zellkern vordringen und veranlaßt dort an bestimmten Stellen der DNA eine m-RNA-Synthese (Induktion spezifischer Transkription, s. Abschnitt 1.2.3.). Damit ist die Voraussetzung zur Synthese spezifischer Enzyme gegeben. Steroidhormone steuern oft langsame Veränderungen im Körper.

*Hierarchie der Hormone.* In vielen Fällen kann man beobachten, daß die Hormonproduktion bestimmter Drüsenzellen erst einsetzt, wenn diese Drüsenzellen selbst durch andere Hormone dazu stimuliert werden. Einige Hormone werden auf Grund neuronaler Erregung produziert. Diese stehen dann gewissermaßen an der Spitze einer Hierarchie der Hormone.

### *7.1.2 Die Hormone des Zwischenhirns*

Auf Grund von nervalen Erregungen werden vier Gruppen von Hormonen produziert: Das Epiphysenhormon, die Releasing-Hormone, die Hinterlappen-Hormone und die Hormone des Nebennieren-Marks. Die ersten drei Gruppen werden im Zwischenhirn (vgl. Abschnitt 55) erzeugt. Aber selbst die Hormonausschüttung im Nebennieren-Mark (die in Abschnitt 7.1.5. behandelt wird) unterliegt letztlich der Steuerung durch Zwischenhirngebiete (s. Abb. 67).

*Die Epiphyse* (Zirbeldrüse) ist ein Gehirnteil mit weitgehend unbekannten Funktionen am Dach des Zwischenhirns. Unter anderem findet man dort mehr oder weniger verkümmerte Seh-Rezeptorzellen (!) und Nervenzellen, die den Botenstoff Serotonin herstellen (wegen der Bedeutung von Serotonin s. auch Abschnitt 3.2.3.). Die Epiphyse erhält auf dem Umweg über das vegetative Nervensystem Erregungen aus der Sehbahn. Möglicherweise in Abhängigkeit davon (z. B. je nach Dämmerungs- oder Rotlichtanteilen) produziert die Epiphyse das Hormon Melatonin. Melatonin wirkt hemmend auf die Teile des Zwischenhirns, die für die Sexualhormon-Produktion verantwortlich sind.

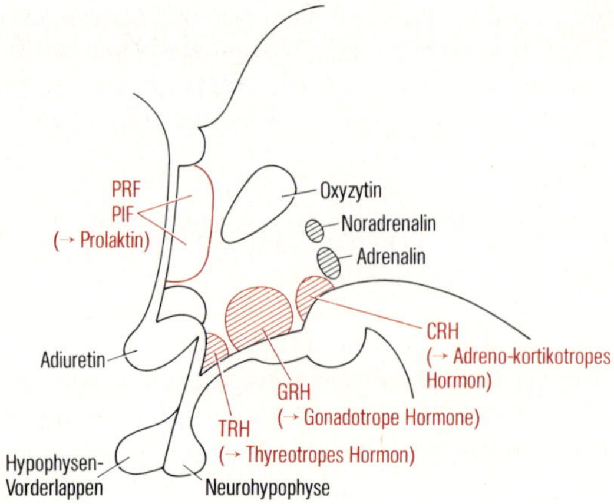


*Abb. 67* Hormone des Hypothalamus. Die Ursprungsorte der Releasing-Hormone (RH) sind rot gekennzeichnet. Rot schraffierte Gebiete produzieren die RH der glandotropen Vorderlappen-Hormone: TRH im Nucleus infundibularis, GRH im Nucleus ventromedialis, CRH im Nucleus praemamillaris. Außerdem sind die Hypothalamus-Gebiete gekennzeichnet, mit deren Erregung die Ausschüttung der Hormone Noradrenalin und Adrenalin korreliert ist. Die Herstellungsgebiete der durch die Neurohypophyse abgegebenen Hormone sind schwarz eingezeichnet. S. zu dieser Abb. auch die Abbildungen in Abschnitt 6.2.1.

Damit hängt der Eintritt in die Pubertät von der Epiphysensteuerung ab. Dieser Zeitpunkt hat sich in den letzten 30 Jahren vor allem in den Industriestaaten vorverschoben. Dafür werden drei mögliche Gründe genannt: Späte Pubertät ist Folge minderwertiger Ernährung [1]. Frühe Pubertät ist Folge der durch vermehrte Kunstlicht-Nutzung verlängerten Tages-Lichtdauer [2]. Durch Abbau von örtlich isolierten „Paarungs-Inseln" werden Reifungsprozesse beschleunigt.

*Die Neurohypophyse.* Im Nucleus supraopticus des Hypothalamus im ventralen Teil des Zwischenhirns (s. Abschnitt 6.2.1. und Abb. 67) produzieren Nervenzellen das Hormon Adiuretin. Im Nucleus paraventricularis des Hypothalamus wird Oxytozin erzeugt. Beide Hormone wandern als Sekrettröpfchen entlang der Axone bis in den untersten Teil des Zwischenhirns, wo das Gehirn eine drüsige Auftreibung bildet, die Neurohypophyse (Hypophysen-Hinterlappen). Dort werden Adiuretin und Oxytozin in die Blutbahn abgegeben.

Adiuretin (Vasopressin) hemmt die Wasserausscheidung (Diurese) und erhöht in hohen Dosen den Blutdruck. Unter bestimmten Umständen kann Adiuretin zur Angstlösung und damit zur Steigerung von Gedächtnis- und Konzentrationsleistungen beitragen (s. dazu später Abschnitt 8.1.2.). Oxytozin (Oxyzytin) wird nach der Geburt von der Mutter erzeugt, wenn ein Reiz an den Brustwarzen entsteht. Es bewirkt noch in der gleichen Minute das Ausschießen der Milch.

*Releasing-Hormone und Vorderlappen-Hormone.* In vielen Teilen des Hypothalamus werden von Nervenzellen Releasing-Hormone (RH) erzeugt (Abb. 67). Diese regen im vorderen Abschnitt der Hirnanhangsdrüse (Hypophysenvorderlappen, Adenohypophyse) die Produktion anderer Hormone an („releasing factors“ RF oder „Liberine“) oder hemmen sie („inhibiting factors“ IF oder „Statine“).

Die im Hypophysenvorderlappen hergestellten Hormone (Tab. 7) wirken entweder direkt auf den Stoffwechsel in verschiedenen Körpergebieten (somatotrope Hormone; soma = Körper) oder sie regen ihrerseits eine dritte Gruppe von hormonbildenden Geweben zur Sekretion an (glandotrope Hormone; glandula = Drüse).

*Tabelle 7* Hypothalamo-hypophysäres System: Die Vorderlappenhormone. Da die Releasing-Hormone den Hypophysenvorderlappen-Hormonen zugeordnet werden können, tragen sie Kurzbezeichnungen, die von den Namen der zugehörigen Vorderlappenhormone abgeleitet sind. Releasing-Hormone (RH) bestehen aus einem fördernden (RF) und/oder einem hemmenden Faktor (IF)

| Kurzbezeichnung der hypothalamischen Releasing Hormone | Hormone des Hypophysenvorderlappens | Wirkung |
|---|---|---|
| **Somatotrope Hormone** | | |
| S–RH (SRF+SIF) | ⇉ Somatotropin (STH) | → Knochenwachstum; Mobilisierung der Fett- und Glykogen-Reserven |
| M–RH (MRF+MIF) | ⇉ Melanozytenstimulierendes Hormon (MSH) | → unbekannt |
| P–RH (PRF+PIF) | ⇉ Prolaktin (LTH) | → Milchbildung; bei Tieren Brunst |
| **Glandotrope Hormone** | | |
| *Gonadotrope Hormone* | | |
| FSH–LH/ICSH–RH (GRF) | → Follikelstimulierendes Hormon (FSH) | → Entwicklung und Reifung der Geschlechtszellen |
| | → Luteinisierendes und zwischen zellstimulierendes Hormon (LH/ICSH) | → Bildung der Sexualhormone in Eierstock und Hoden |
| *Metabolotrope Hormone* | | |
| T–RH (TRF) | → Thyreotropes Hormon (TSH) | → Bildung von Schilddrüsenhormonen |
| C–RH (CRF) | → Adrenokortikotropes Hormon (ACTH) | → Bildung von Rindenhormonen in der Nebenniere |

Die somatotropen Hormone des Vorderlappens werden vom Hypothalamus durch je einen RF und einen IF gesteuert. Das wichtigste Hormon ist das Somatotropin (STH). Es mobilisiert während der Jugendentwicklung und in Zeiten starker körperlicher Belastung Glykogen- und Fettreserven (s. Abschnitt 1.1.5.) und fördert das Knochenwachstum.

Auf das somatotrope Hormon Prolaktin wird in Abschnitt 7.1.4. eingegangen.

Die glandotropen Hormone des Vorderlappens werden durch RF's des Hypothalamus zur Ausschüttung gebracht. Sie wirken ihrerseits auf Drüsen, die Sexual- oder Stoffwechselhormone produzieren. Man kann sie daher nach „gonadotrop" (Gonaden = Geschlechtsdrüsen; s. Abschnitte 7.1.3. und 7.1.4.) und „metabolotrop" (Metabolismus = Stoffwechsel; s. Abschnitt 7.1.5.) unterscheiden. Die durch Vorderlappenhormone angeregten innersekretorischen Drüsen heißen auch effektorische Drüsen. Dabei handelt es sich um Eierstock und Hoden, sowie um die Schilddrüse und die Nebennieren-Rinde.

## *7.1.3 Sexualität 7: Weibliche Sexualhormone*

Im vorigen Abschnitt wurde das gonadotrope Releasing-Hormon GRH und die beiden gonadotropen Hormone FSH und LH/ICSH erwähnt. Das „follikelstimulierende" FSH regt die Ei- und Samenzellreifung im Eierstock bzw. im Hoden an. In der ersten Hälfte des weiblichen Zyklus steuert FSH die Bildung eines Follikels (d. h. einer flüssigkeitsgefüllten Blase um eine Eizelle, in der das Ei reifen kann). LH/ICSH fördert die Produktion der eigentlichen Sexualhormone im Eierstock und im Hoden. Diese von den inneren Geschlechtsorganen (Gonaden, Geschlechtsdrüsen) erzeugten Sexualhormone im engeren Sinn gehören nach biochemischer Klassifikation zu den Steroidhormonen (s. auch Abschnitt 7.1.1.).

*Die Steroidhormone* besitzen eine räumliche chemische Struktur (daher der Name), deren Grundgerüst in ebener Darstellung die Abb. 68 zeigt. Zu der Familie dieser Hormone gehören außer den Sexualhormonen auch noch

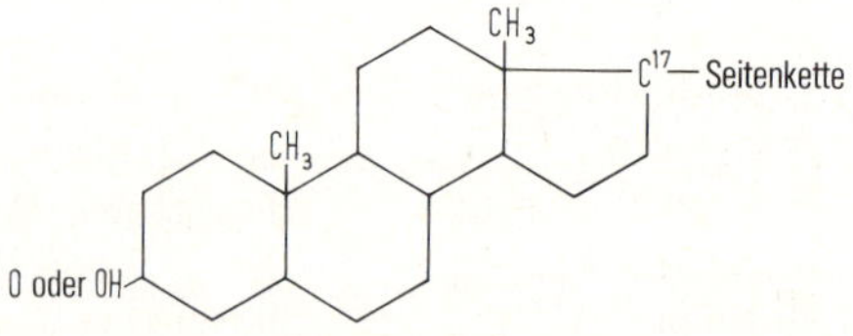


*Abb. 68* Grundgerüst der Steroidhormone

andere Hormone (z. B. Gluko-Kortikoide), die in der Nebennieren-Rinde gebildet werden. Bei der Herstellung eines Steroidhormons fallen in geringen Mengen auch die anderen an. So wird in der Nebennieren-Rinde in beiden Geschlechtern das männliche Sexualhormon Androstendion gebildet. Östrogene werden vor allem vom Eierstock, in geringen Mengen auch vom Hoden produziert. Die Hoden stellen hauptsächlich Androgene her (Abb. 69). Ein Nebennierengeschwür kann den natürlichen Androgenspiegel heben (das ist bei Frauen besonders auffallend); ein Leberdefekt, z. B. Zirrhose, kann den natürlichen Östrogenabbau behindern (das ist bei Männern besonders auffallend).

*Die Östrogene* (besonders Östradiol und Östron) werden unter dem Einfluß des gonadotropen Hormons LH/ICSH vom reifenden Follikel (Eibläschen) im Eierstock gebildet. Umgekehrt stimuliert Östradiol ($E_2$) die LH/ICSH-Ausschüttung, bis es in der Mitte des Zyklus zum Eisprung kommt, der die Östradiol-Produktion unterbricht. Statt dessen wird vom Restfollikel, der sich zum Gelbkörper umbildet, in der zweiten Zyklushälfte das Gestagen Progesteron hergestellt. Progesteron erhöht den Energieumsatz und die Körpertemperatur und hemmt LH/ICSH (unter Progesteronwirkung kommt es zu keinem Eisprung). Die Minimalkonzentrationen weiblicher Sexualhormone am Zyklusende entsprechen etwa dem Vorkommen dieser Hormone beim Mann (sonst ist es die 7 bis 40fache Menge). Die geringen Konzentrationen führen zu einer Minderdurchblutung der Uterusschleimhaut, die sich ablöst. Über zyklusbedingte Befindensschwankungen s. Abschnitt 8.2.5.

Unter Dauerlicht verkürzt sich meist der Monatszyklus. Durch periodisch auftretende Phasen, in denen die Umgebung auch zur Nachtzeit hell ist (wie es natürlicherweise in den Vollmondtagen der Fall ist), kann die Eisprungphase

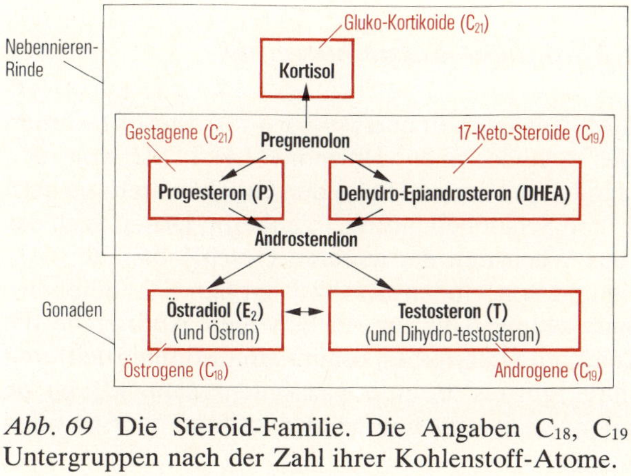


*Abb. 69* Die Steroid-Familie. Die Angaben $C_{18}$, $C_{19}$ und $C_{21}$ kennzeichnen Untergruppen nach der Zahl ihrer Kohlenstoff-Atome.

synchronisiert werden. Welche Rolle dabei die Epiphyse spielt (s. Abschnitt 7.1.2.), ist unklar.

Falls sich in der Uterusschleimhaut ein befruchtetes Ei eingenistet hat, erzeugt der Uterus ein Hormon (Chorion-gonadotropin HCG; HCG-Nachweis als Schwangerschaftstest). HCG veranlaßt den Gelbkörper zu weiterer und sogar verstärkter Progesteronproduktion. Dies gilt etwa für das erste Schwangerschaftsdrittel. In dieser Zeit hat HCG die Hormonproduktion in der mütterlichen und fetalen Nebennieren-Rinde angeregt. Aus diesen Hormonen stellt der Uterus im weiteren Verlauf der Schwangerschaft weibliche Sexualhormone her. Aus dem mütterlichen Nebennieren-Pregnenolon wird vom Uterus Progesteron und aus dem fetalen (!) DHEA wird Östradiol gebildet.

Beide Sexualhormone, Östradiol und Progesteron, wirken während der Schwangerschaft auf den Fetus zurück. Haben sich dort jedoch unter dem Einfluß des Y-Chromosoms Hoden entwickelt, so wird in den Hoden Progesteron zu Testosteron umgebaut.

In beiden Geschlechtern fördern die Östrogene Wachstum und Pigmentierung der Brustwarzen und der Warzenhöfe. Während der Jugendentwicklung von Mädchen bewirken Östrogene die Entwicklung der Milchgänge in der weiblichen Brust, das Wachstum des Beckengürtels und regulieren den Körperfett-Anteil. Eine bestimmte Mindestmenge an Körperfett scheint für Einleitung und Erhaltung regelmäßiger Zyklen notwendig zu sein. Bei der erwachsenen Frau wirken sie bei der Verteilung des Depotfetts mit und unterstützen das Blutgefäßwachstum in den äußeren Geschlechtsteilen. Östrogene beeinflussen unmittelbar weder die Libido (d. h. die Freude am Sexualkontakt) noch die genitale Erregbarkeit der Frau.

Beim Mann führen hohe Östrogendosen (wie sie z. B. zur Behandlung von Prostata-Krebs verwendet werden) zu einem Lust- und Potenzverlust.

## *7.1.4 Sexualität 8: Männliche Sexualhormone*

Die Androgene (vor allem Testosteron und Dihydro-testosteron) werden unter dem Einfluß des gonadotropen Hormons LH/ICSH von den Zwischenzellen in den Hoden produziert. In beiden Geschlechtern fördern die Androgene Achsel- und Schambehaarung, in höheren Dosen auch das Bartwachstum, sowie das Wachstum der äußeren Geschlechtsteile (d. h. von Penis bzw. Klitoris und von Hodensack bzw. großen Schamlippen). Während der Jugendentwicklung von Jungen bewirken Androgene die Größenzunahme im Kehlkopf (Larynx; es kommt zum Stimmbruch) und das Wachstum des Schultergürtels. Beim erwachsenen Mann wirken sie beim Eiweißaufbau in der Muskulatur und bei der Reifung der Spermien mit.

Androgene erhöhen in beiden Geschlechtern das Bedürfnis nach sexuellem Kontakt. Diese Tatsache wurde auch von Frauen mit Brustkrebs bestätigt, die zur Hemmung des Gewebswachstums in der Brust mit Testosteron behandelt werden.

Eine Erhöhung des sexuellen Interesses, vermutlich durch vermehrte Androgenproduktion, kann beim Mann durch das gonadotrope Releasing-Hormon GRH erreicht werden, wenn es als Nasenspray durch die Nasenschleimhaut aufgenommen wird [3, 30].

Werden bei sexuellen Gewalttätern die GRH-produzierenden Gehirnteile (im Tuber des Hypothalamus, in dem der Nucleus ventro-medialis liegt) durch eine stereotaktische Operation ausgeschaltet, so führt dies zu einer Reduktion der sexuellen Bedürfnisse. Genitale Reflexe bleiben meist erhalten. Zur Problematik eines derart psychologiefernen Eingreifens in Persönlichkeit und Verhalten s. Abschnitt 6.2.2.

Androgene werden bei Jungen ab dem 3. Monat der vorgeburtlichen Entwicklung von den Hoden produziert. Sie haben während der Jugendentwicklung mit hoher Wahrscheinlichkeit einen Einfluß auf die Ausbildung von Funktionen einzelner Gehirnteile. Anders wäre es nicht zu erklären, daß Mädchen einen ausgeprägten Rhythmus der hypothalamischen Releasing-Hormon-Produktion besitzen (Zyklus). Wird im Fötus ein Testosteronkristall implantiert, bleibt der Zyklus aus.

Über die Theorie, vorgeburtliche Androgeneinflüsse könnten die Neigung zur Homosexualität erklären, s. Abschnitt 3.1.2.

Eine andere Testosteronwirkung auf das Gehirn soll die Grundlage für das bei Männern ausgeprägtere räumliche Vorstellungsvermögen liefern [4] (s. dazu Abschnitt 3.1.1.). Auch Frauen mit hohen Androgenwerten sollen gute räumliche Fähigkeiten besitzen. Männer mit sehr hohen Androgenwerten dagegen liegen in bezug auf Orientierungsfähigkeiten im Raum unter dem männlichen Durchschnitt [5]. Für diese Fähigkeit gibt es auch ein gehirnanatomisches Korrelat: Die Rindenschichten der rechten Großhirnhälfte. Diese sind bei Männern oft schon von Geburt an umfangreicher als in der linken Großhirnhälfte [6].

Dieser anatomische Befund gilt auch für Linkshänder, bei denen die Fähigkeiten zur räumlichen Orientierung in der linken Großhirnhälfte ausgebildet werden. Tatsächlich besitzen linkshändige Jungen diese Fähigkeit auch in geringerem Maße.

Ohne die Wirkung von Testosteron entwickelt sich meist die linke Hälfte des Großhirns stärker als die rechte. Das wäre die anatomische Grundlage für die in vielen Testverfahren gefundenen besseren sprachlichen Fähigkeiten von Frauen.

Die Befunde an Linkshändern scheinen dies auch zu bestätigen [7]. Linkshändige Mädchen, deren räumliche Orientierung von links gesteuert wird, weisen hier gute Leistungen auf und besitzen geringere sprachliche Fähigkeiten. Linkshändige Jungen, deren rechtes Großhirn geschlechtsspezifisch gut entwickelt ist, haben gute sprachliche Fähigkeiten.

Mit Sicherheit handelt es sich hier nur um Prädispositionen. Das heißt, daß der Ausnutzungsgrad der vorhandenen anatomischen Grundlage davon abhängt, wie und was man lernt. Mathematische Leistungen werden übrigens je nach spezieller Thematik sowohl durch sprachliche wie durch nichtsprachliche Fähigkeiten bestimmt. Für die selten vorkommende Mathematik-Spezialisierung bei Frauen dürfte daher weniger die einschlägige genetische Ausstattung, sondern ein (im Rahmen des Rollenverhaltens) geringer ausgeprägtes Interesse verantwortlich sein [31].

Männliches Sexualhormon übt im Gehirn noch weitere Wirkungen aus. Mädchen mit adreno-genitalem Syndrom (s. Abschnitt 3.1.1), die hohe Androgenwerte aufweisen, bevorzugen meist ,,Knabenspiele", obwohl die Eltern bemüht sind, gerade sie zu ,,richtigen Mädchen" zu erziehen [8]. Dabei spielen allerdings sehr viele sozialpsychologische Prozesse eine Rolle, die bisher nicht kontrolliert wurden.

Zur Hypothese, daß das männliche Sexualhormon Testosteron aggressive Verhaltensweisen begünstige, gibt es zahlreiche, z. T. widersprüchliche Befunde. In Experimenten mit Tieren, die im Zuge ihrer sexuellen Aktivität auch Rang- oder Rivalenkämpfe ausführen müssen, zeigen sich eindeutige Korrelationen. In einer methodisch übersichtlichen Untersuchung an 36 Strafgefangenen lagen die Testosteronwerte von körperlich-aggressiven und sozial-dominanten Personen höher als bei den anderen [9]. Neuerdings wird vermutet, daß Testosteron aggressive Reaktionen auf Bedrohung begünstige. Es ist aber zu berücksichtigen, daß eine Verminderung des Testosterongehalts im Blutplasma (z. B. bei subdominanten oder kastrierten Mäusen) in der Regel mit einer Vermehrung der freien Testosteron-Bindungsstellen im Gehirn verbunden ist. Schließlich darf bei der Interpretation aller dieser Ergebnisse nicht vergessen werden, daß die Hormonproduktion selbst wieder von Umweltfaktoren beeinflußt wird. Über Untersuchungen an Personen mit zwei Y-Chromosomen wurde im Abschnitt 2.1.5 berichtet.

Einige physiologische Geschlechtsunterschiede, die wohl auch auf Hormonwirkungen zurückzuführen sind, werden in Abschnitt 4.1.2 erwähnt.

*Prolaktin.* Die Funktionen des somatotropen Hormons Prolaktin beim Menschen sind nicht ganz geklärt. Es wird jedenfalls vermehrt ausgeschüttet, wenn die Konzentrationen an weiblichem Sexualhormon, vor allem Östradiol, plötzlich absinken. Dies ist beim Eisprung und nach einer Geburt der Fall. Nach einer Geburt fördert Prolaktin die Milchbildung in den Brustdrüsen. Die Zeit um den Eisprung bildet eine Phase erhöhter Konzeptionsbereitschaft, d. h. es kann leicht zu einer Befruchtung eines Eies kommen. Bei Tieren verändert sich in dieser Zeit infolge der Prolaktin-Wirkung auch das Verhalten (Brunst). Für den Menschen ist nur bekannt, daß ein Geschwür im oder unmittelbar neben dem vorderen Hypothalamus, wo der Prolaktin-Hemmfaktor erzeugt wird, zu einem gesteigerten Bedürfnis nach sexueller Aktivität führt [10].

Die Sekretion des somatotropen Sexualhormons Prolaktin wird durch den Botenstoff Dopamin gehemmt und durch den Botenstoff Serotonin gefördert. Diese Substanzen treten als Transmitter in Nervenbahnen auf, die vom Hirnstamm zum Vorderhirn ziehen und die offenbar bei bestimmten emotionalen Zuständen eine wichtige Rolle spielen (s. dazu auch die Abschnitte 7.2.5 und 8.1.1.).

### *7.1.5 Stoffwechselhormone*

Ein Teil des peripheren sympathischen Nervensystems bildet eine Hormondrüse, das Nebennierenmark. Sie wird durch sympathische Erregungen veranlaßt, ihre Hormone, die Katecholamine Adrenalin und Noradrenalin, in die Blutbahn abzugeben. Die Katecholamine unterstützen die sympathisch vermittelten Energiebereitstellungsprozesse (s. Abschnitt 5.1.2.). Dabei handelt es sich insbesondere um Glukose- und Sauerstoffbereitstellung. Die Schilddrüsenhormone (Trijod-thyronin und Thyroxin) erhöhen längerfristig (d. h. mit einer Latenzzeit von einigen Tagen) die Ansprechbarkeit der Körperzellen auf die Katecholamine. Die Schilddrüsenhormone werden unter dem Einfluß des Hypophysenhormons TSH produziert. Die hormonelle Unterstützung der energiebereitstellenden Prozesse soll anhand der Adrenalin-Wirkung näher besprochen werden. Adrenalin (Synonym: Epinephrin) hat vier wichtige Funktionen: Zuckermobilisierung, Kreislaufförderung, Umsatzsteigerung und zentrale Erregung.

1. Adrenalin setzt Speicherglykogen aus der Leber in Blutglukose um, d. h. es mobilisiert Reserven und erhöht den Blutzuckerspiegel. Damit wird Adrenalin zum wichtigsten Gegenspieler des Bauchspeicheldrüsen-Hormons Insulin. Dieses sorgt dafür, daß überschüssiger Zucker dem Blut entzogen und in Leberzellen gespeichert wird.

2. Adrenalin erhöht Schlagrate und Schlagkraft des Herzens. Es fördert die Durchblutung der Skelettmuskulatur und verengt die Hautgefäße (Abb. 70).

Noradrenalin (Synonym: Norepinephrin) verdrängt das Blut aus der Skelettmuskulatur und hebt den diastolischen Blutdruck. Außerdem erweitert Noradrenalin die Bronchien und steigert die Atemtiefe (s. auch die Funktionen bei Unterkühlung, Abschnitt 6.1.2, und bei der Geburt, Abschnitt 15.2.5). Da auch einige Anpassungsreaktionen im offenen Verhalten noradrenalinunterstützt sein dürften (s. Kleindruck bzw. Abschnitt 8.1.2), sieht man Noradrenalin als Indikator für physische Belastung an.

Im menschlichen Nebennieren-Mark wird etwa viermal soviel Adrenalin als Noradrenalin ausgeschüttet. Dieses Verhältnis wird durch die Aktivität eines Enzyms bestimmt. Dabei handelt es sich um eine N-Methyltransferase (N-MT, s. Abschnitt 3.1.3. bzw. Abb. 27).

Einen hohen Anteil an Noradrenalin hat man bei Raubtieren gefunden. Noradrenalin wirkt weder zentral erregend, noch beschleunigt es den Herzschlag oder erhöht den Blutzuckerspiegel. Hauptsächlich steigert es den Blutdruck und

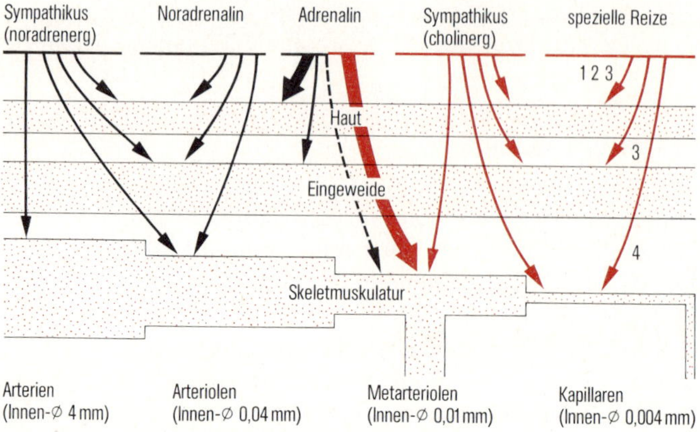


*Abb. 70* Die Wirkungen von vegetativer Erregung und Katecholaminen auf arterielle Blutgefäße. Schwarze Pfeile bedeuten Gefäßverengung (Konstriktion), rote Pfeile bedeuten Gefäßerweiterung (Dilatation). Die gestrichelte Linie symbolisiert die konstriktive Wirkung von hohen Adrenalin-Dosen auf Metarteriolen. Spezielle Reize sind: 1 lokale Hautreizung, 2 Blutwärme-Anstieg, 3 Blutdruck-Anstieg, 4 $CO_2$-Anstieg. Nicht eingezeichnet ist die dilatierende Wirkung des cholinergen Parasympathicus auf die Blutgefäße im äußeren Genitale (s. Abschnitt 5.1.5.). Ebenfalls nicht eingetragen ist die Tatsache, daß sich bei $O_2$-Mangel die Arteriolen erweitern.

fördert die Atemtiefe. Diese energiesparende Anpassung ermöglicht einen sprunghaften Einsatz von energieliefernden Prozessen bei Bedarf, d. h. zu einem vom Angreifer bestimmten Zeitpunkt.

Wale, die in kaltem Wasser (s. Abschnitt 6.1.2) ohne Wärmestau und bei hoher Sauerstoffsättigung ihre Körpertemperatur aufrechterhalten müssen, besitzen eine hohe Noradrenalin-Reagibilität.

Bei Tieren mit einer Tendenz zur Bevorzugung von Flucht- und Vermeidungsreaktionen unter Belastung, z. B. Hasen, ist das Enzym N-MT besonders aktiv und verschiebt das Verhältnis der Katecholamine zugunsten von Adrenalin. Die Atmung ist flacher, die peripheren Gefäße werden verengt (gleichsam als Verletzungsschutz) und die Herzrate ist hoch (gleichsam ständig leistungsbereit, falls ein Angriff erfolgt). Die Aufmerksamkeit für Umweltreize ist erhöht. Personen, bei denen eine gesteigerte N-MT-Aktivität vermutet wird, leiden häufig an Verfolgungsvorstellungen (s. Abschnitt 3.2.4).

Medikamente, die die periphere Noradrenalin- und Adrenalinwirkung bremsen (Betablocker, s. Tab. 11 in Abschnitt 9.1.5), werden daher von manchen Ärzten nicht nur bei hohem Blutdruck, sondern in niederen Dosen auch zur Symptombehandlung in angstauslösenden Situationen empfohlen, z. B. als Vorbeugung gegen Prüfungsängste. Dagegen ist einzuwenden, daß der Aufbau von kognitiven Bewältigungsstrategien gerade für Situationen, die im Alltag immer wiederkehren können, einem pharmakologischen Eingriff in den Organismus vorzuziehen ist (auch wenn dieser Weg schwieriger erscheint; durch den Griff zur Tablette wird er möglicherweise weiter erschwert).

3. Adrenalin erhöht den Energieumsatz um 30%. Es fördert damit auch die Wärmeproduktion und erhöht die Körpertemperatur. Unter der Einwirkung der Schilddrüsenhormone, vor allem von Trijodthyronin $T_3$, kann der Ruheumsatz auf fast das Doppelte erhöht werden. Bei $T_3$-Mangel kann er auf die Hälfte des Normalwertes absinken.

Bei der Basedow-Krankheit wird im Organismus eine TSH-ähnliche Substanz erzeugt, die die Hormonproduktion in der Schilddrüse ungehemmt anregt. Wichtigstes Symptom einer Schilddrüsen-Überfunktion (Hyperthyreose) ist die gesteigerte motorische und geistige Unruhe.

Schilddrüsen-Unterfunktion (Hypothyreose; meist infolge von Jodmangel) vermindert die körperliche und geistige Aktivität. Trifft dies schon, infolge eines erblichen Defektes, für die vorgeburtliche Entwicklung zu, so führt das zu einer schweren Störung der geistigen Entwicklung (Kretinismus, s. auch Abschnitt 3.1.3).

4. Adrenalin wirkt auch „zentral erregend". Darunter versteht man eine Stimulierung der Formatio reticularis (eine langgestreckte Hirnstruktur im Innern des Hirnstamms, s. Abschnitt 7.2.5). Durch eine derartige Stimulierung verändert sich die Aktivität der Gehirnrinde (hochfrequente EEG-Wellen), Aufmerksamkeit und Konzentration wird bis zu einem gewissen Grad erhöht (zu hohe Dosen desorganisieren das Verhalten) und subjektiv tritt das Gefühl der Erregtheit auf. Unter extremen Bedingungen läßt sich dieser subjektiv erlebten Belastung ein entsprechend erhöhter Wert der Adrenalinausscheidung linear zuordnen [32]. Insofern gilt Adrenalin als Indikator für psychische Anspannung.

## 7.2 Physiologische Aktivierung und Biorhythmik

### *7.2.1 Streß 1: Die Notfallreaktion*

Zahlreiche Beobachtungen an Klinikpatienten und an Labortieren führten zu der Vermutung, daß bei vielen Arten der Belastung des Organismus eine Anzahl von unspezifischen, stereotypen Reaktionen des Körpers auftreten [11]. Unter dem Gesichtspunkt der Gleichförmigkeit vieler Belastungsreaktionen wäre es angemessen, den auslösenden Belastungsfaktoren eine gemeinsame Bezeichnung zu geben. Der Physiologe Hans Selye nannte sie „Stressoren". Dazu gehören größere Verletzungen, extreme Kälte oder Hitze, Infektionen, schwere körperliche Arbeit oder Bewegungsbehinderung, Überflutung oder Minimalisierung von Sinnesreizen (Schall), aversive oder freudige Zustände. Die dabei auftretenden unspezifischen Belastungsreaktionen (Streß) hätten außerdem einen typischen Zeitverlauf [12].

Im Verlauf der Belastungsreaktionen kommt es neben dem stereotypen Streß (unspezifische Reaktionen) auch zu Anpassungsphänomenen (also spezifischen Belastungsreaktionen). Streß und Anpassung bilden zusammen ein charakteristisches Syndrom, das Selye „Allgemeines Adaptations-Syndrom" (AAS) nennt [13]. Dabei werden drei Phasen unterschieden: Die Alarmreaktion, geteilt in Schock und Gegenschock, die Resistenzphase und das Erschöpfungsstadium.

*Die Alarmreaktion.* Der Zustand des Streß beginnt gewöhnlich als intensive Störung des innerorganismischen Gleichgewichts. Diese Phase wird auch als Schock bezeichnet. Sie ist gekennzeichnet durch einen Abfall des Blutdrucks, eine Verengung der Arteriolen und eine Verdickung des Blutes. Dadurch wird Blut aus der Körperperipherie verdrängt (wichtig bei Verletzungen) und die lebenswichtigen Organe Herz, Gehirn, Leber werden gut versorgt. Die Schockphase soll bei massiven Schäden das Überleben sichern.

Kommt z. B. bei stark blutenden Verletzungen keine Hilfe von außen, so werden nach einiger Zeit die peripheren Blutgefäße wieder geöffnet, sonst stirbt das periphere Gewebe ab. Dadurch fällt der Blutdruck noch weiter ab, was zur Bewußtlosigkeit führen kann. Um die Durchblutung zu sichern, steigt die Herzrate. Der Tod tritt ein, wenn lebenswichtige Organe zu wenig Sauerstoff erhalten.

Im allgemeinen wird die Schockphase meist bald von der Gegenschockphase (Counterschock) abgelöst. Der Organismus bereitet sich für Abwehr oder Flucht vor. Die in dieser Phase ablaufenden Reaktionen sind (vom Physiologen W. B. Cannon) auch als „Notfallreaktion" bezeichnet worden [14]. Die vegetative Steuerung setzt energiebereitstellende Prozesse in Gang. Sie dienen auch bei differenzierteren Reaktionen der Bewältigung oder Vermeidung des Stressors.

Die Bedeutung von energiebereitstellenden Prozessen ist in Abschnitt 4.1.4. ausgeführt worden. Die Funktionen des sympathischen Nervensystems und der sympathisch korrelierten Hormone wurden in den Abschnitten 5.1.2. und 7.1.5. besprochen. Schließlich wurde in den Abschnitten 6.1.4. und 6.2.2. darauf hingewiesen, daß diese peripheren Prozesse durch den kortiko-medialen Mandelkern in Gang gesetzt und durch den dorso-kaudalen Hypothalamus koordiniert werden. – Unter Umständen kann durch hohe Katecholamin-Ausschüttung das Reizleitungssystem der Herzmuskelzellen beschädigt werden.

Neben den adrenergen (d. h. durch Sympathikus und Katecholamine gesteuerten) Reaktionen werden während der Gegenschock-Notfall-Phase noch andere Mechanismen in Gang gesetzt. So veranlaßt der Hypothalamus (neben den adrenergen Reaktionen) die Produktion des Releasing-Hormons C-RH (s. Abb. 71). Dieses soll bereits selbst die Wachheit erhöhen [33, 34]. Es regt in der Hypophyse die Ausschüttung des adrenokortiko-tropen Hormons ACTH an. Der ACTH-Spiegel im

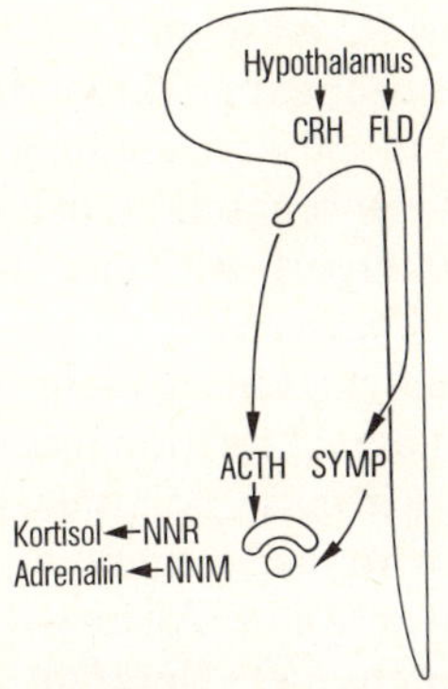


*Abb. 71* Die Steuerung der Streßhormone. CRH kortikotropes Releasing-Hormon, FLD Fasciculus longitudinalis dorsalis (das ist die Nervenbahn, über die der Hypothalamus mit den Sympathikus-Kernen im Rückenmark in Verbindung steht), ACTH adrenokortikotropes Hormon, SYM präganglionäre Sympathikusfasern, NNR Nebennieren-Rinde, NNM Nebennieren-Mark.

Blut steigt und bewirkt, daß die Nebennieren-Rinde ihre Hormone herstellt und abgibt.

Neben ACTH wird in der Hypophyse auch die Substanzgruppe der Endorphine produziert. Zu ergänzen ist, daß im Nebennieren-Mark außer Adrenalin und Noradrenalin auch Neuropeptide (s. Tab. 11) und die in ihrer Wirkung noch unerforschten Chromogranine freigesetzt werden. Zu den Neuropeptiden gehören die Endorphine, insbesondere die Enkephaline. Das sind Hormone, die die Schmerzempfindung herabsetzen und vermutlich auch das subjektive Wohlbefinden heben können (s. dazu auch Abschnitt 13.1.3). Möglicherweise fördern sie eine gewisse Art der „Unbekümmertheit" im Verhalten, da einer ihrer Wirkorte auch im Belohnungssystem des Vorderhirns liegt (s. Abschnitt 8.1.1).

Die Hormone der Nebennieren-Rinde (Rindenhormone oder Kortikoide) sind Steroid-Hormone (s. Abschnitt 7.1.3.). Zu ihnen gehören Kortisol, Kortikosteron und Aldosteron, in geringen Mengen auch Androgene. Vor allem die Kortisol-Wirkung dient dem Organismus zur Vorbereitung auf eine Phase längerdauernder Leistungsfähigkeit.

Aldosteron sorgt für sparsame Ausscheidung von $Na^+$-Ionen (s. dazu auch Abschnitt 9.1.2.). Über die Bedeutung der Nebennieren-Androgene und deren Wirkungen bei pathologischer Überproduktion wurde in den Abschnitten 3.1.1. und 7.1.3. berichtet.

*Psychophysiologische Aktivierung.* Die von Cannon (s. o.) beschriebenen Erregungsprozesse wurden sehr bald als Ursachen oder Begleiterscheinungen von Emotionen angesehen. Cannon selbst war an den noch zu besprechenden Differenzierungen interessiert (s. Abschnitt 8.1.3). Dagegen hielten andere Autoren [35] an einem Konzept von Aktiviertheit fest, das Ausdruck einer universellen, körperlichen Gesamterregung sein soll [36]. Gleichsam in abgeschwächter Form würden schon bei geringen Formen von Beanspruchung viele periphere körperliche Teilsysteme vorsorglich im Sinne der Energiebereitstellung reagieren.

Der Aktivation wurden motivierende Eigenschaften zugeschrieben, die sich in guten Leistungen äußern sollen, wenn die Aktivation nicht zu hoch ist bzw. die zu lösende Aufgabe nicht zu schwierig ist (umgekehrt-U-förmige Beziehung [37]). Bis in jüngste Zeit wird nach vegetativ-physiologischen Indikatoren von Aktivierung gesucht, etwa im Anstieg des Hautleitfähigkeitsniveaus und seiner Fluktuationen, der Herzrate und des Muskeltonus bzw. in der Abnahme des Fingerpulsvolumens [38].

Allerdings bleibt stets die Frage zu klären, inwieweit situationsspezifische (s. Abschnitt 6.1.2), personspezifische (s. Abschnitt 8.2.2) und/oder damit gerade nichterklärte Variationsanteile von Aktivierung in einer konkreten Fragestellung zu berücksichtigen sind. Auch innerhalb des interessierenden Erregungsanteils ist neben Ausgangswert-, Decken- und Bodeneffekten (vgl. Abschnitt 4.1.7) zu berücksichtigen, daß physiologische Variationen nicht unabhängig voneinander erfolgen, sondern in unterschiedlichem Ausmaß Kopplungen und Fraktionierungen aufweisen [39, 40].

Methodische Schwierigkeiten bei der Erfassung von Aktivation weisen darauf hin, daß das Konzept in vielen Fällen nicht ausreicht. Insofern versucht man heute, verschiedene Qualitäten von integrativer körperlicher Erregung zu unterscheiden. Dieser Gedanke wird in Kapitel 8.1 weiterzuverfolgen sein. Zuvor aber soll anhand der energiebereitstellenden, d. h. also sympathisch-adrenergen Aktivierung, der Zusammenhang zu körperlichen Streßfolgeerscheinungen (Abschnitt 7.2.2), endogener Rhythmik (Abschnitt 7.2.3), Aufmerksamkeit und Entspannungsreaktionen besprochen werden.

## 7.2.2 *Streß 2: Physiologische Resistenz*

*Die Resistenzphase.* Bei wiederholtem Streß bleibt die Notfallreaktion aus („Habituation"). Wenn der Stressor aber weiter andauert, z. B. weil er im Zuge der Alarmreaktion nicht beseitigt werden konnte, wird die nerval induzierte Leistungsbereitschaft durch eine allmähliche Verschiebung der organismischen Gleichgewichte abgelöst. Ziel der veränderten organismischen Reaktionslage ist es, durch Preisgabe von Reserven den Körper widerstandsfähig zu machen. Die entsprechenden Veränderungen setzt das Nebennieren-Rindenhormon Kortisol in Gang (s. Tab. 8).

Kortisol wird als Gluko-kortikoid bezeichnet, weil es, im Gegensatz zum Kortikoid Aldosteron, vor allem in den Zuckerhaushalt eingreift. Während das sympathisch korrelierte Hormon Adrenalin Zuckerreserven mobilisiert, sorgt das hypophysär gesteuerte Kortisol für eine Zuckerneubildung

*Tabelle 8* Die Streßhormone

| Adrenalin | $T_3$ | Kortisol |
|---|---|---|
| mobilisiert Zuckerreserven | | stellt Zucker aus Aminosäuren her |
| erhöht Schlagrate und Schlagkraft und verengt Hautgefäße | | unterstützt die schlagkraftstärkende Adrenalin-Wirkung und die allgemein gefäßverengende Noradrenalin-Wirkung |
| erhöht den Energieumsatz | unterstützt die stoffwechselbeschleunigende Adrenalin-Wirkung | |
| wirkt zentral erregend | | verstärkt Magensaftproduktion und wirkt entzündungshemmend |

(Glukoneogenese) aus anderen Körpersubstanzen, vor allem aus Aminosäuren. Dazu werden beim ständigen Ab- und Aufbau von Körperproteinen die Aminosäure-verbrauchenden Aufbauprozesse gehemmt, so daß längerfristig der Abbau überwiegt (katabole Wirkung). Außerdem sensibilisiert Kortisol die Blutgefäße auf die verengende Wirkung von Noradrenalin.

Kortisol hemmt eine Reihe von unspezifischen Abwehrreaktionen des Körpers. Dazu gehört die Hemmung der Antikörperbildung und eine Verminderung der Lymph-Funktionen. Man kann dieses Phänomen als Folge der reduzierten Proteinproduktion (keine Antikörper) und der vermehrten Energiegewinnung sehen (Entlastung von Leber und Milz, wo sonst auch Lymphzellen hergestellt werden). Sicherlich stellen aber Immunreaktionen (also Reaktionen des Organismus auf körperfremdes Eiweiß), sowie entzündliche und eitrige Prozesse eine zusätzliche Belastung des Körpers dar, die unter Streß vermieden wird.

Wichtigster Prozeß bei der Immunreaktion ist die Herstellung von Antikörpern. Das sind Proteine, die körperfremdes Eiweiß, z. B. körperfremde Enzyme, wirkungslos machen. Dabei kann es oft auch zu organbeeinträchtigenden Überreaktionen kommen (Allergie s. Abschnitt 8.2.4).

Wichtigste Träger des Abwehrsystems sind die weißen Blutzellen (insbes. Lymphzellen und Granulozyten); sie beseitigen eindringende Bakterien und Viren. Ein Teil der Granulozyten vermehrt sich streng gegenläufig zum Kortisolspiegel. Kortisol senkt auch die Lymphzellenzahl und wirkt hemmend auf deren Produktions- und Differenzierungsorte (Thymus, Lymphknoten). Gewebshormone aus der Interferon-Gruppe sollen die unspezifische Abwehr fördern und Gegenspieler des Kortisol sein.

Ein Teil der Lymphzellen, die sog. B-Zellen, trägt spezifische Rezeptormoleküle an seiner Zelloberfläche, u. zw. jede Zelle nur einen von vielen Millionen ($10^8$–$10^9$) verschiedenen Typen. Wird von einem B-Zell-Rezeptor Fremdeiweiß gebunden, so hat dies mehrere Konsequenzen zur Folge: Die B-Zelle produziert einen spezifischen Antikörper und sie vermehrt sich, so daß ihr Typ häufiger wird. Insofern vermindert auch spezifische Resistenz die unspezifische Abwehr (weil die Chance abgefangen zu werden, für ein anderes Fremdeiweiß geringer wird).

Mehrere Untersuchungen berichten über verminderte Antikörperproduktion einige Wochen nach dem Verlust eines Partners oder nach einer Fehlgeburt [46, 47]. Noch Tage nach einem Examen zeigen Studenten veränderte Werte von Noradrenalin und Immun-Proteinen [48].

Bei einer Überproduktion von Rindenhormonen dominieren die Kortisolwirkungen (Morbus Cushing), bei einer Unterproduktion stört vor allem der Aldosteronmangel (Morbus Addison).

Während der Resistenzphase kann der Organismus spezifische morphologische oder physiologische Besonderheiten ausbilden, die dem Stressor entgegenwirken. Man kann sagen, daß eine Zeitlang die unspezifische Abwehrfähigkeit abnimmt und dafür die stressorspezifische Resistenz erhöht ist (vgl. dazu auch Symptome emotionaler Fehlregulation, Abschnitt 8.2.4).

*Erschöpfungsstadium.* Falls der Stressor über lange Zeit hinweg andauert oder immer wieder auftritt, kommt es zu einer Schädigung des Organismus. Diese Schäden können zweierlei Ursachen haben: Entweder hat die mangelnde unspezifische Abwehr auftretende Gefahren (z. B. Infektionen) nicht abwehren können, oder die fortdauernde bzw. immer wieder erforderliche spezifische Anpassung hat den Organismus überfordert (z. B. Kreislauf-Schäden).

Vor der Erschöpfung kommt es in der Regel kurzfristig noch einmal zu einer nerval vermittelten Mobilisierung, die die äußeren Anzeichen einer Notfallreaktion besitzt. Letztliche Todesursache ist entweder ein nicht abgewehrter äußerer Faktor oder Herzversagen.

*Polymorphie der Streßreaktionen.* Eine Reihe von Untersuchungen hat gezeigt, daß zumindest für höhere Säugetiere das Postulat einer uniformen Streßreaktion nur theoretische Gültigkeit besitzt. Zustandsveränderungen unter Belastung sind weitgehend stressorspezifisch. Je nach Stressor tritt nur ein Teil des Reaktionssyndroms auf. Streßparameter, wie Noradrenalin-Ausscheidung oder Kortisol-Plasmakonzentration, können bei typischen Stressoren sogar unternormal sein (z. B. bei extremer Hitzebelastung).

Für das biologische Streßkonzept bleibt demnach im wesentlichen die Vorstellung eines Streßsyndroms, das unter Belastungsbedingungen mehr oder weniger realisiert sein kann.

Doch auch diese Vorstellung muß relativiert werden. Belastungsreaktionen variieren erwartungsgemäß erheblich je nach Zusatzbedingungen und Befindlichkeit des Organismus. Also nicht einmal stressorspezifische Reaktionen verlaufen stereotyp.

Die Überlebenschance von Ratten unter Kältestreß verschlechtert sich erheblich, wenn man sie zusätzlich in ihrer Bewegung einengt [15]. Nicht die mangelnde motorische Aktivität oder der zusätzliche biologische Stressor „Bewegungsbehinderung" erhöhen die Todesrate. Vielmehr verändert eine durch die Einengung induzierte Aktivität des sympathischen Nervensystems den innerorganismischen Zustand. Spritzt man unter den genannten Bedingungen einen Sympathikus-Blocker, so erhöht sich die Überlebenschance [16].

Zusammenfassend muß festgehalten werden, daß es einen verläßlichen physiologischen Universal-Indikator dafür, daß der Organismus unter einer Belastung leidet, nicht gibt [17].

Insbesondere gilt auch z. B. für den „Belastungsindikator" Adrenalin, daß emotional stabile Personen (mit geringen Ängstlichkeitsmerkmalen, guten Testleistungen und rascher Erholbarkeit) mitunter wider Erwarten hohe Adrenalin-Werte unter Ruhebedingungen aufweisen [41].

Belastungsreaktionen sind, schon bei Tieren, erfahrungsabhängig. Es ist unmittelbar einsichtig, daß zumindest Reaktionen des vegetativen Nervensystems von Umwelterfahrungen abhängen können. Die vegetative Reaktionslage spielt jedoch eine große Rolle für die Art der organismischen Belastungsreaktion. Damit sind Reaktionen auf Belastungen, auch auf Stressoren im obengenannten Sinn, auch Gegenstand psychologischer Forschung. Erfahrungsabhängige Belastungsreaktionen beim Menschen werden in Abschnitt 8.2.1. weiterbehandelt.

Wilde Ratten schwimmen oft tagelang, wenn man sie in ein Wasserbecken setzt, bevor sie vor Erschöpfung sterben. Haben sie unmittelbar zuvor in einer anderen Streßsituation (Bewegungsbehinderung) die Erfahrung gemacht, daß ihnen eine sympathisch gesteuerte Energiemobilisierung keinen Erfolg bringt, so ertrinken sie viel früher [18]. Dazu braucht man die Ratten, ehe man sie ins Wasser setzt, nur so lange fest in der Hand zu halten, bis sie nicht mehr zappeln. Aber auch diese („hoffnungslosen") Ratten können wieder lernen, im richtigen Augenblick erneut aktiv zu sein, indem man sie anfangs immer nur für ein paar Sekunden schwimmen läßt und erst nach einigen Versuchen das Dauerschwimmen beginnt.

Ähnliche Mechanismen der physiologischen Konsequenzen von „Hoffnungslosigkeit" vermutet man auch beim plötzlichen Tod von Menschen auf Grund magischer Prophezeiungen (z. B. beim Voodoo-Zauber der Bantus). Eine ältere Untersuchung berichtet von einer erheblich erhöhten Sterbensrate von Witwern im ersten Jahr nach dem Tod ihrer Frau [42]. In einer Untersuchung an Personen, die in akuten Streßsituationen verstarben, war in 30% der Fälle Angst oder drohende Gefahr und in 21% eine Nachricht vom Tode eines nahen Angehörigen verantwortlich zu machen; bei 6% war es Glück oder eine frohe Botschaft [50].

Herzrhythmusstörungen können in ihrer schweren Form zu Kammerflimmern und plötzlichem Herzversagen führen. In der einfachen Form tachykarder Extrasystolen treten sie bei manchen Menschen unter körperlicher Belastung, vor allem aber beim Arbeiten unter Zeitdruck auf [51].

Nicht nur „Hoffnungslosigkeit" kann gelernt werden. Umgekehrt kann man unter Umständen eine Art Kreuztoleranz für Streß-Unanfälligkeit nachweisen. Lernen Ratten Elektroschocks zu ertragen, so überstehen sie auch leichter einen Kältestreß [19].

### 7.2.3 *Biorhythmik*

In der ersten Hälfte unseres Jahrhunderts wurde häufig die Frage gestellt, ob es eine physiologische Grundlage für spontane (d. h. nichtreaktive) Verhaltensweisen gibt (s. dazu auch später Abschnitt 15.1.1.). Im Zuge dieser theoretischen Überlegungen erhalten Untersuchungen an rhythmischen Prozessen eine besondere Bedeutung. Tatsächlich sind eine Reihe rhythmisch ablaufender, d. h. periodisch spontan in Gang gesetzter, physiologischer Abläufe bekannt geworden. Diese Tatsache an sich besitzt bereits Relevanz auch für das menschliche Verhalten. Darüber hinaus werden die biologischen Rhythmen teilweise durch Umweltreize synchronisiert.

*Jahresrhythmen.* Es gibt physiologische Prozesse, die mit Jahreszeiten korreliert sind. Bestimmte Meereswürmer (Eunice viridis) werden einmal jährlich bei einer bestimmten Mondphase geschlechtsreif. Beim Menschen erhöht sich, je nach Jahreszeit, die Anfälligkeit für bestimmte Krankheiten (Virusinfektionen, Herzkrankheiten), aber auch die Selbstmordrate (nicht nur zu Feiertagen, sondern auch in den Frühjahrsmonaten). Auch die Zahl der Einweisungen in psychiatrische Anstalten steigt im Frühjahr regelmäßig an. Klimafaktoren und vielleicht auch die Tageslänge spielen dabei eine Rolle. Einerseits soll dadurch die Drüsenaktivität verändert werden, zum anderen vermutet man eine kritischere Selbstwahrnehmung in Zeiten zunehmender Aktivität im Freien und in der Öffentlichkeit. Jahresrhythmen im eigentlichen Sinn gibt es wohl nicht.

*Monatszyklus.* Rhythmische Erregungsprozesse in der sogenannten Regio praeoptica des Hypothalamus (s. Abschnitt 6.2.1.) veranlassen bei Frauen etwa alle 21 bis 35 Tage eine vermehrte Ausschüttung des gonadotropen Releasing-Hormons G-RH (FSH-LH/ICSH-RH, das im Nucleus ventromedialis produziert wird, s. Abschnitt 7.1.2.). Die daraus resultierenden zyklischen Prozesse („Monatszyklus") wurden im Abschnitt 7.1.3. behandelt.

Immer wieder wurde versucht, dem etwa 28tägigen weiblichen Zyklus einen männlichen gegenüberzustellen. Der Arzt Wilhelm Fließ postulierte gegen Ende des vorigen Jahrhunderts einen 23tägigen männlichen Zyklus [20].

Die Zahl 28 wird oft im Zusammenhang mit den je nach dem Stand von Erde und Sonne wechselnden („synodischen") Mondphasen gesehen, die sich alle 29,53 Tage wiederholen (s. dazu auch Abschnitt 7.1.3.). Diesem synodischen Mondmonat wird oft ein „Sonnenmonat" von einem Zehntel Jahr (36,52 Tage) gegenübergestellt. So konnte nachträglich die der 28 gegenübergestellte Zahl 23 gerechtfertigt werden:

23 steht mit 28 etwa im gleichen numerischen Verhältnis, wie die Dauer von Mond- und Sonnenmonat (Quotient etwa 0,8).

Beide Zyklen sollen bis zu einem gewissen Grade in beiden Geschlechtern die physische und damit auch psychische Leistungsfähigkeit bestimmen. Jeweils die erste Hälfte jedes Zyklus hätte einen positiven, fördernden Einfluß, die zweite einen negativen. Durch Überlagerung beider Zyklen könnte es zu Tagen mit besonderem Leistungshoch bzw. Leistungstief kommen.

Es werden dafür auch, in der Regel schlecht dokumentierte, empirische Belege angeführt. In Einzelfällen werden biographische Besonderheiten bekannter Persönlichkeiten mit rückgerechneten Periodengipfeln korreliert. Außerdem wurde bereits mehrmals davon berichtet, daß in einem Betrieb Angestellte regelmäßig vor errechneten Leistungstiefs gewarnt wurden. Die zu Achtsamkeit Aufgerufenen hatten tatsächlich weniger Arbeitsunfälle, ohne daß diese Untersuchungen einen Beleg für das biorhythmische Konzept von Fließ darstellen.

*Wochenzyklus.* Mit vergleichsweise aufwendigen Methoden (Zeitreihenanalysen von Labor- und Selbstbericht-Daten) hat man den trivialen Sachverhalt bestätigen können, daß es bei einem geringen Prozentsatz von Männern eine siebentätige Wiederkehr einer sexuell aktiven Phase gibt [21, 22]. Den Angaben ist zu entnehmen, daß in diesen Fällen die sexuell aktive Phase an Wochenenden liegt; die Annahme eines endogenen biologischen Zyklus kann nicht als bestätigt angesehen werden.

In der Literatur finden sich auch Angaben über männliche erotische Zyklen mit einer mittleren Periodendauer von 14, 21, 28 und 91 Tagen.

*Zirkadiane Perioden.* Die hypothalamische Produktion des kortiko-tropen Releasing-Hormons C–RH (im Nucleus praemamillaris) besitzt eine tageszeitliche Schwankung. Sie erreicht ein Minimum um Mitternacht und ein Maximum etwa um 6 Uhr morgens. Dementsprechend schwanken auch die Konzentrationen von ACTH und des Stoffwechselhormons Kortisol im Blutplasma.

Zu den physiologischen Wirkungen von Kortisol s. auch Abschnitt 7.2.2. Der geringe nächtliche Kortisolspiegel schützt und unterstützt restaurative Prozesse in einer Phase motorischer Untätigkeit.

Einen etwas anderen Rhythmus, wenn auch mit gleicher Periodendauer, weist die ebenfalls vom hinteren Hypothalamus aus gesteuerte Körpertemperatur auf. Sie ist in den frühen Morgenstunden am tiefsten und liegt am frühen Abend etwa um 1° C über dem Tagesdurchschnitt.

Außerdem wiederholt sich täglich der Schlaf-Wach-Zyklus. Dieser Zyklus wird auch bei Dauerlicht beibehalten. In Isolationsexperimenten ist ein autonomer Aktivitätsrhythmus zu beobachten, dessen Periodendauer für jede Person charakteristisch ist [23]. Zwischen verschiedenen Personen variiert die Periodik aber erheblich; die Differenzen zwischen extremen Periodenlängen können mehr als 24 Stunden betragen. Im Mittel dauern die bisher beobachteten Schlaf-Wach-Zyklen etwa 25 Stunden (circadian von lat. circa = etwa und lat. dies = Tag).

Unter Isolationsbedingungen erfolgt das Aufwachen in der Phase ansteigender Körpertemperatur. Die Schlafdauer richtet sich kaum nach der Dauer der vorangegangenen Wachperiode, sondern eher nach dem Einschlafzeitpunkt. Ohne äußere Beeinflussung wird er meist zum Temperaturminimum gewählt, was eine Schlafdauer von etwa 8 Stunden zur Folge hat [43]. Schläft man beim Temperaturmaximum ein, so beginnt man später zu träumen und ein ungestörter Schlaf kann dann über 14 Stunden dauern.

Es gibt noch mehr rhythmische Körperprozesse mit zirkadianer Periodik. Die meisten sind mit den bisher genannten korreliert. Alle können durch Umweltfaktoren beschleunigt oder verlangsamt werden.

Am leichtesten geht dies beim Schlaf-Wach-Rhythmus, die Körpertemperatur z. B. ist konservativer. Am langsamsten soll sich die ebenfalls zirkadian schwankende Ausscheidung von Kalium-Ionen veränderten Verhältnissen anpassen (Kalium-Ionen bilden zusammen mit den Zellproteinen ein ganz bestimmtes elektrochemisches Milieu, an dem alle Zellprozesse abgestimmt sind; s. Abschnitt 9.1.2). Über vermutete Rhythmusanomalien im Zusammenhang mit Stimmungsstörungen s. Abschnitt 3.2.2.

Erfahrungsgemäß haben sich die Hauptmahlzeiten als gute Synchrongeber erwiesen, wenn die zirkadianen Perioden einem veränderten Rhythmus angeglichen werden sollen. Für die meisten zirkadian-periodischen Körperprozesse genügt ein Minimum an Reizen aus der Umwelt, um sie im gewohnten Rhythmus zu halten, auch bei Schlafentzug oder bei Verschiebung der Schlafphase. So ist bei Nachtarbeit in der Regel keine vollständige Umstellung möglich. Das Risiko von Arbeitsunfällen ist auch bei Erfahrenen in den frühen Morgenstunden, in denen auch die Körpertemperatur ihr Minimum erreicht, am höchsten (vgl. dazu auch den Kleindruck von Abschnitt 8.2.3).

*90-Minuten-Phase.* Etwa alle 1,5 Stunden hat man während des Schlafs eine Phase bildhafter Träume. Dabei nimmt für 15 bis 30 Minuten Herzrate, Atemfrequenz und Atemtiefe zu. Außerdem treten rasche Augenbewegungen auf (rapid eye movements, REM; s. Abschnitt 7.2.6.). Tagsüber findet etwa alle 90 Minuten eine Phase mit vermehrten Magenkontraktionen statt [24]. In einer psychoanalytisch motivierten Studie über spontane Aktivitäten in einer behaglichen Umgebung mit wenig Neuigkeitswert fand man, daß die meisten Menschen sich mit einer Vorzugsfrequenz von ca. 100 Minuten etwas in den Mund steckten (Essen, Trinken, Zigarette, Finger, Schreibstift) [25].

*ϑ-Rhythmus.* Man kann mit Meßplättchen außen am Kopf die elektrische Aktivität der Nervenzellen in der Hirnrinde abgreifen (EEG, s. Abschnitt 7.2.4.). Bemerkenswerterweise schwillt diese Aktivität rhythmisch an und ab. Dieser Rhythmus wird je nach Wachheitsgrad schneller oder langsamer. Für bestimmte Vorzugsfrequenzen macht man einzelne Schrittmacherzellen im basalen Vorderhirn bzw. im Zwischenhirn verantwortlich. In der Scheidewand des Vorderhirns (Septum) liegen Nervenzellen, die eine spontane Erregung mit einer Periode von etwa 0,2 Sek produzieren (4 bis

7/Sek, sogenannter ϑ-Rhythmus). Mit dieser Periode synchronisieren sie auch die Erregung von Nervenzellen in der Hippocampus-Formation (s. dazu Abschnitt 8.1.1.).

*α-Rhythmus.* Eine andere Vorzugsfrequenz des EEG liegt bei einer Periodendauer von etwa 0,1 Sek (d. h. 8 bis 13/Sek). Man hat im Thalamus (vor allem an der Stelle, wo linker und rechter Thalamus in der Mittellinie des Gehirns zusammenstoßen) Nervenzellen gefunden, die eine spontane Erregung in diesem Rhythmus produzieren (α-Rhythmus). Daneben gibt es noch andere spontan aktive Nervenzellen im Thalamus, die in ihrer Gesamtheit die Erregung der Nervenzellen in der Hirnrinde synchronisieren können. Die Thalamuszellen werden ihrerseits durch die Formatio reticularis (s. Abschnitt 7.2.5.) in ihrer Aktivität gefördert oder gehemmt.

## *7.2.4 EEG 1: Grundaktivität*

Mit Hilfe geeigneter Verstärkungstechniken ist es möglich, die elektrische Aktivität der Nervenzellen in der Hirnrinde außen am Schädel abzugreifen. Man nennt diese Technik Elektroenzephalografie (oder kurz EEG, womit dann auch das Ergebnis der Prozedur, nämlich das Enzephalogramm bezeichnet wird).

*Elektroden.* Ebenso wie beim EKG oder EMG die elektrische Aktivität der Herz- bzw. Skelettmuskulatur über Elektroden abgegriffen wird (s. die Abschnitte 10.2.6. und 11.1.3.), so kann man die elektrische Aktivität der Hirnrinde mit Hilfe von Schädelelektroden registrieren. Durch den Schädel hindurch bleiben nur noch sehr geringe Spannungsschwankungen meßbar. Eine störungsfreie Messung ist daher nur möglich, wenn Körper und Meßgerät sehr fest miteinander verbunden sind, d. h. geringer Übergangswiderstand und kein Einstreuen fremder Signale. Man verwendet deswegen Elektroden, die an der Kopfhaut mit Zellulose (Kollodium) oder mit Kunstharz (Epoxy) festgeklebt werden. In den Hohlraum zwischen Haut und Kontaktfläche wird nachträglich eine gut leitende Elektrodenpaste eingespritzt. Dennoch können auch bei sorgfältiger Elektrodenbefestigung Störungen in der Signalleitung (Artefakte), z. B. durch Schwitzen oder einstreuende Muskelpotentiale, auftreten.

*Ableitorte.* Je nach Tätigkeit sind verschiedene Bezirke der Hirnrinde verschieden aktiv (s. dazu auch Abschnitt 11.2.3). Andererseits strahlt die Aktivität jedes Bezirkes aus und bleibt, wenn auch mitunter stark abgeschwächt, fast am ganzen Schädel abgreifbar. Fast immer sind die Amplituden (d. h. die Stärke der Schwankungen) am hinteren Teil des Kopfes größer als am vorderen (Abb. 72a). Für viele Zwecke liefert eine Elektrode, die am Scheitel des linken Hinterkopfs befestigt wurde, ein für die gesamte Hirnrindenaktivität charakteristisches Signal. In jedem Fall muß auch eine (indifferente) „Nullelektrode", am besten am Ohrläppchen

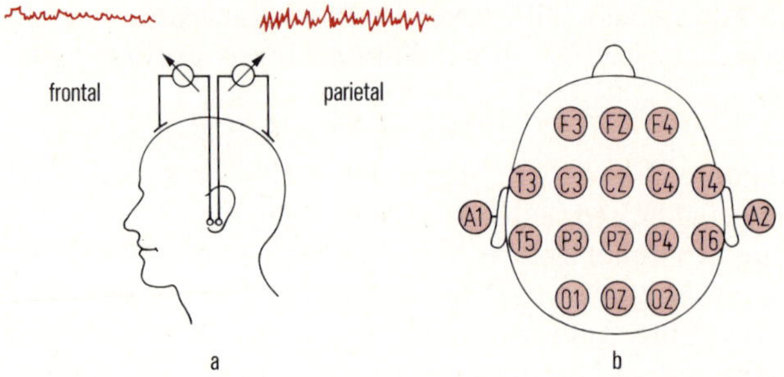


*Abb. 72* a. Schema der EEG-Ableitung. b. Standardisierte EEG-Ableitorte.

oder am Knochen hinter dem Ohr, existieren, die ebenfalls mit dem Meßgerät verbunden werden muß.

Um EEG-Messungen vergleichbar zu halten, hat man verschiedene Ableitorte standardisiert (Abb. 72b). Der eben erwähnte Ableitort trägt demnach die Kurzbezeichnung P3.

Zum Auffinden der standardisierten Ableitpunkte denkt man sich eine Linie von der Nasengrube (Nasion) zum Knochenwulst am Hinterhauptsknochen (Inion). Hier liegen im Abstandsverhältnis 30:20:20:20:10 die Punkte FZ. . .OZ. Eine zweite gedachte Linie verbindet über die Schädelwölbung hinweg die Vertiefungen vor dem oberen Ohrläppchenansatz (Präaurikularpunkte). Hier liegen im Abstandsverhältnis 10:20:20:20:20:10 die Punkte T3. . .T4.
Ableitungen von mehreren Schädelorten zugleich sind nur bei mehrkanaliger Signalaufnahme möglich (entsprechend viele Elektroden, Meßverstärker und Aufzeichnungsspuren im Schreiber oder auf dem Magnetband). Neben der bisher genannten Art der Ableitung („unipolar“) kann man auch Differenzmessungen vornehmen („bipolar“). Diese dienen bei neurologischen Störungen der genaueren Eingrenzung eines Störungsherdes.

*Meßverstärker.* Die über die Elektroden abgegriffenen Spannungsschwankungen werden in einem Biosignalverstärker verstärkt. Das ist ein Meßverstärker, der ähnliche Eigenschaften aufweist, wie der in Abschnitt 4.2.2. erklärte und abgebildete EKG-Verstärker. Allerdings muß beim EEG ein Meßbereich bis etwa 30 μV gewählt werden können. Die im Meßverstärker eingebauten Signalfilter werden in der Regel so eingestellt, daß sie nur Signale über etwa 1 Hz (Hochpaß mit einer Zeitkonstante von 1 Sek) und unter etwa 100 Hz (Tiefpaß) durchlassen und die anderen ausfiltern.

*Das EEG-Signal.* Über die elektrische Aktivität einzelner Nervenzellen wird in den Abschnitten 9.1.3. bis 9.1.6. ausführlich berichtet werden. Von den EEG-Elektroden wird die Aktivität vieler hundert Nervenzellen der obersten Gehirnschichten zugleich erfaßt. Dazu tragen weniger die Prozesse an den Nervenfasern (Aktionspotentiale) als die Prozesse an den Nervenzellkörpern bei (postsynaptische Potentiale, Abschnitte 9.1.5. und 9.1.6.).

Die im EEG registrierte Summenaktivität wird vor allem dadurch interessant, daß sie rhythmisch an- und abschwillt. Das Tempo dieses Rhythmus schwankt zwischen etwa 1 und 60 mal pro Sekunde, wobei sich in der Regel mehrere Rhythmen überlagern können. Einander überlagernde Periodizitäten können durch eine Frequenzanalyse voneinander unterschieden werden. Unterzieht man das durchschnittliche EEG-Signal eines normalen, wachen Menschen einer solchen Frequenzanalyse, so erhält man (vergleichsweise unabhängig vom Ableitort) ein Frequenzdiagramm nach Abb. 73.

Man erkennt, daß im EEG-Signal einige Periodendauern rhythmischer Aktivitätsveränderungen besonders oft auftreten. Man nennt sie Vorzugsfrequenzen und bezeichnet sie mit den griechischen Buchstaben α (Alpha), β (Beta), γ (Gamma), δ (Delta), ϑ (Theta), ϰ (Kappa) und λ (Lambda). Maxima liegen insbesondere bei 3 (langsames Delta), 5 (rasches Delta/langsames Theta), 6 (mittleres Theta), 8 (rasches Theta), 10 (Alpha 1) und 11.5 Hz (Alpha 2), sowie zwischen 12.5 und 18.5 (Beta 1), 18.5 und 21 (Beta 2), sowie 21 und 30 Hz (Beta 3).

Die wechselnden Erregungszustände der Hirnrinde sind durch verschiedene Vorzugsfrequenzen gekennzeichnet (Tab. 9). Meist treten jedoch Mischformen auf. Mit abnehmender Wachheit werden die Periodendauern der Aktivitätsschwankungen länger (d. h. die EEG-Frequenz nimmt ab). Gelegenheitsbefunde deuten darauf hin, daß langsames Theta bei automatischen Orientierungsleistungen und mittleres Theta bei Such- und Diskriminationsschwierigkeiten („Anstrengung") verstärkt auftreten [44]. Rasches Theta soll für Appetenz charakteristisch sein (s. Abschnitt 8.1.2). In Abschnitt 7.2.7 ist ein Beispiel einer EEG-Ableitung (zum Zustand des Meditierens) abgebildet.

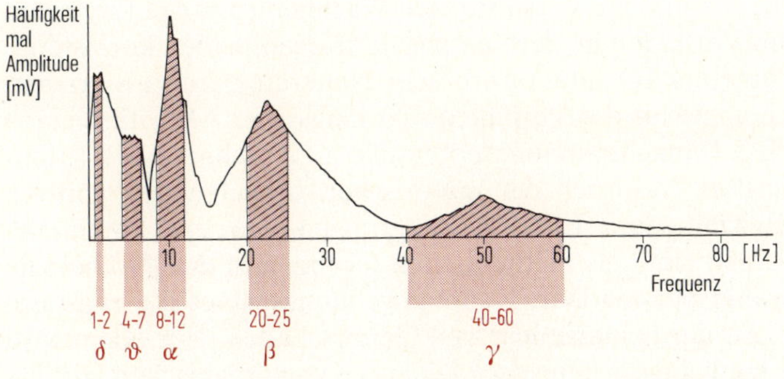


*Abb. 73* Frequenzanteile in den EEG-Wellen („mean spectrum").

*Tabelle 9* Vorzugsfrequenzen des EEG

| Bild | Frequenz (Sek-1) | Ampl. (μV) | Zeichen | Ort | Zustand |
|---|---|---|---|---|---|
| 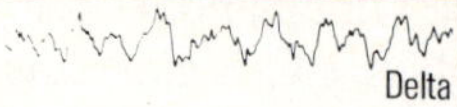 Delta | 0,3–4 (meist 1–2) | 20–200 | δ | variabel | tiefer Schlaf, bei Kleinkindern auch wach |
| 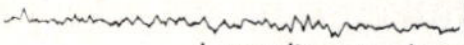 Low voltage random | 4–7 | 5–150 | ϑ | frontal und temporal | im Traumschlaf (bei Neugeborenen während 50 % des Schlafs); auch unter starker Belastung; kann auch bei Hochdrehen der Augen auftreten |
| | 8–12 | 5–40 | ϰ | anterior und temporal | im Wachzustand, wird mit Problemlösen in Zusammenhang gebracht |
| 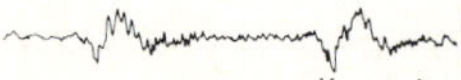 K-complex | einzelne Spitzen | 20–200 | K-Komplex | vertex | im mitteltiefen Schlaf, beim Aufwachen und nach auditiver Stimulation |
|  Alpha | 8–12 | 5–100 | α | okzipital und parietal | wach, entspannt, dösend (Augen zu) |
| | einz. Doppelspitzen | 5–100 | λ | parieto-okzipital | nach visueller Stimulation |
| 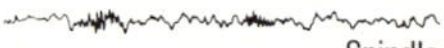 Spindle | 12–14 | 5–100 (meist 10–70) | Einschlafspindeln | präzentral | Einschlafen |
|  | 14–30 (meist 20–25) | 2–20 | β | präzentral und frontal | wach, ohne Bewegung, angespannte Aufmerksamkeit |
| | 40–60 | 2–10 | γ | präzentral und frontal | wach, schlafdepriviert |

Da bei den höheren Frequenzen die Amplituden nicht zu- sondern meist abnehmen, entspricht einem höheren Wachheitsgrad nicht so sehr eine vermehrte Tätigkeit der Nervenzellen, sondern eine weniger synchrone (desynchronisiertes EEG).

Große Bedeutung besitzt das EEG in der Schlafforschung (s. Abschnitte 7.2.5. und 7.2.6.). Zahlreiche Versuche, den Wachheitsgrad der Hirnrinde mit intelligentem Verhalten in Verbindung zu bringen, haben konsistente Ergebnisse nur für einen IQ unter 60 erbracht. Neuerdings interessiert man sich in der Psychologie für das Verhalten sehr langsamer Aktivitätsveränderungen im EEG (Gleichspannungspotentiale, s. Abschnitte 6.1.1. und 11.2.4.). Sie dürften Ausdruck der motorischen Umsetzung kognitiver Prozesse sein. Reizinduzierte EEG-Veränderungen (evozierte Potentiale, s. Abschnitt 11.2.4.) sind aus methodischen Gründen in der Psychologie nur sehr beschränkt verwendbar. Hauptanwendungsgebiet für evozierte Potentiale ist z. Zt. die Feindiagnose von Gehörschäden. Vor allem wird das EEG in der medizinisch-klinischen Diagnose von organischen Hirnerkrankungen (Tumore, Epilepsie) eingesetzt.

### 7.2.5 *Wachheit und Schlaf*

*Formatio reticularis.* Das im EEG sichtbare, rhythmische An- und Abschwellen der neuronalen Erregungsprozesse im Kortex wird auch als „Hintergrundaktivität“ der Hirnrinde bezeichnet. Sie ist Ausdruck der auch subjektiv empfundenen allgemeinen Wachheit, unabhängig von gerade stattfindender Verarbeitung spezieller Informationen. Diese Wachheit, gemessen über den Grad der Ungleichförmigkeit der EEG-Wellen, wird durch tieferliegende Hirnstrukturen bestimmt (Abb. 74).

Reizungsexperimente haben gezeigt, daß eine erhöhte Aktivität eines im Innern des Hirnstamm liegenden Nervennetzes zu einer Desynchronisierung des EEG führt. Dieses Nervennetz heißt Formatio reticularis (Retikulärformation oder ,,aufsteigendes retikuläres Aktivierungs-System ARAS“). Die EEG-Desynchronisierung (die ununterbrochen selten länger als etwa 10 Sek anhält) wird auch als kortikales Arousal bezeichnet. Die damit verbundene, relative Blockade der Alpha-Dominanz sowie die Geschwindigkeit der raschen Augenbewegungen (Sakkaden, s. Abschnitt 12.1.3) gelten als Indikatoren der Retikularis-Aktivierung. Erregungsprozesse in der Formatio reticularis können physiologisch aufgrund von Afferenzen in allen Sinnesbereichen entstehen. Sie beeinflussen ihrerseits die Koordination der thalamischen Taktgeber (s. Abschnitt 7.2.3) für den EEG-Rhythmus.

Neben der aufsteigenden Aktivierungsfunktion besitzt die Formatio reticularis auch eine efferent-motorische. Sie enthält Bahnen des extrapyramidal-motorischen Systems und leitet Erregungen über den Tractus reticulo-spinalis zum Rückenmark. Es muß erwähnt werden, daß die Formatio reticularis auch afferente Erregungen aus dem limbischen System und dem Hypothalamus erhält.

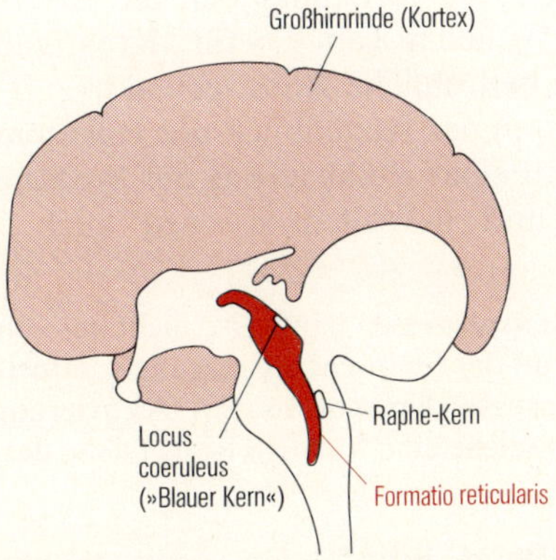


*Abb. 74* Die Regulation von Wachheit und Schlaf läuft über Kerngebiete des Hirnstamms.

Irreguläre elektrische Aktivität in der Hippocampus-Formation (die möglicherweise langsame Frequenzen überlagert) soll durch einen cholinergen Teil der Formatio reticularis angestoßen sein und unbewegte, orientierende Aufmerksamkeit, z. B. im Zusammenhang mit Orientierungsreaktionen, unterstützen [45].

*Autismus.* Wenn man bei Kleinkindern mit extremen Kontaktschwierigkeiten zusätzlich Symptome von repetetivem Verhalten und bizarren Reaktionen auf Umweltreize beobachtet, spricht man vom Autismus. Es handelt sich um eine Störung des Orientierungsverhaltens mit einer Tendenz zur Wiederholung gewohnter Tätigkeit. Reizabhängige EEG-Veränderungen sind kaum ausgeprägt und die Grundaktivität liegt unter verschiedenen Bedingungen hauptsächlich bei 15–20 Hz.

*Vigilanz.* Der subjektiv empfundenen Wachheit entspricht die meßbare Fähigkeit zur Daueraufmerksamkeit (Vigilanz). Wenn in einem länger dauernden Versuch unregelmäßig auftauchende und mitunter schwer erkennbare Signale entdeckt werden müssen, so gelingt dies besser, wenn desynchronisierte EEG-Phasen (z. B. β-Wellen) überwiegen [26]. Bei hohem Arousal sind Reaktionszeiten kurz. Unter gleichbleibenden Reizbedingungen sinkt das Arousal ab. Vorsignale oder Auflockerung der sensorischen Hintergrundreizung (z. B. Musik) können die Aktivität der Formatio und damit das Arousal erhöhen.

*Aufmerksamkeit und EEG.* Einige andere Verhaltensweisen lassen sich mit bestimmten anderen EEG-Formen korrelieren. Wenn dies für den Wachzustand möglich ist, spricht man von Aufmerksamkeit oder Konzentration (auch wenn es sich nicht um Daueraufmerksamkeit und Desynchronisation handelt). Beispiele für konzentrative Übungen, die zu einer Tiefentspannung und ϑ-Aktivität führen, folgen im Abschnitt 7.2.7. Außerdem kann man beobachten, daß bei abstrakten Denkaufgaben die EEG-Frequenz mitunter absinkt (s. auch die ϰ-Wellen in Tab. 9; ϰ für „Kreativität"). Wird die Aufmerksamkeit auf stark bedrohliche Reize gelenkt (z. B. Elektroschock oder auch für Astronauten der Augenblick des Raketenstarts), so kann der Organismus darauf mit einer Reduzierung der Wachheit reagieren (EEG-Synchronisierung und ϑ-Wellen s. dazu auch Abschnitt 8.1.2.).

Die Qualität von Aufmerksamkeitsprozessen hängt also nicht nur vom Grad des „arousals", sondern auch vom Grad der limbischen Erregung („effort") ab [28]. Darüberhinaus spielen dabei Prozesse der motorischen Aktivierung und der Aktivität weiterer subkortikaler Bereiche eine wichtige Rolle (siehe dazu auch das folgende Kapitel 8.1.).

*Einschlafen und Tiefschlaf.* Beim Einschlafen sinkt nicht nur der Wachheitsgrad der Gehirnrinde, der von der Synchronizität der thalamischen Taktgeber abhängt. Auch andere physiologische Prozesse verändern sich (z. B. Muskelspannung und Atmung, s. dazu auch Abb. 75). Diese werden vom Hypothalamus koordiniert. Sowohl Thalamus wie Hypothalamus erhalten die Steuersignale für den Schlaf von den Nuclei raphe (Raphe-Kernen) im unteren Hirnstamm, also aus der Gegend der parasympathischen Ursprungskerne (Abb. 74).

Es mag verwunderlich erscheinen, daß ein derart komplexer Körperprozeß wie der Schlaf von einem so „niederen" Zentrum aus gesteuert wird. Die Bedeutung der Nuclei raphe ist jedoch noch weitgehend unerforscht. Sie sind jedenfalls die wichtigsten Gehirngebiete mit serotonin-ergen Nervenzellen (s. dazu auch Abschnitt 3.2.3.).

Das serotonin-erge System scheint ein Wärmegefühl, Wohlbefinden und Entspannung zu fördern. Außerdem stimuliert Serotonin die Sekretion des somatotropen Sexualhormons Prolaktin (s. auch Abschnitt 7.1.4).

Bis etwa eine Stunde nach dem Einschlafen nimmt die Frequenz des EEG kontinuierlich ab. Dabei wechselt die Vorzugsfrequenz von $\alpha$ über $\vartheta$ nach $\delta$. $\alpha$-Wellen treten bereits auf, wenn die Augen geschlossen werden. $\vartheta$-Wellen erscheinen häufig schon im EEG, wenn die Augäpfel nach oben gedreht werden. Zeigt das EEG nur langsame und große $\delta$-Wellen, so spricht man vom Tiefschlaf. Muskeltonus, Herzrate und Atmung sind herabgesetzt.

*Schlafstörungen* können organische (z. B. bei Fieber), psychotische, pharmakologische (z. B. nach Überdosen von Kaffee, Nikotin, Alkohol, Schlaf- und Beruhigungsmitteln) und psychische Ursachen haben. Sowohl bei Einschlaf- wie bei Durchschlafstörungen wird in der Regel die Dauer des Schlafverlustes überschätzt, da meist nur das Wachsein, nicht aber dazwischenliegende Phasen des Schlafs wahrgenommen werden. Bei längerdauernden Schlafunterbrechungen wird oft eine Schlafphase (s. dazu den nächsten Abschnitt 7.2.6.) übersprungen, so daß nach etwa 1,5 Stunden wieder mit einem Einschlafen zu rechnen ist.

Besonders belastend sind Schlafstörungen, die darin bestehen, daß man immer wieder in einem lebhaften Traumerleben aufwacht. Begleitsymptome sind dabei oft Unregelmäßigkeiten in der vegetativen Regulation, Nervosität und häufige Angstgefühle. Gerade in diesem Fall ist der Traumschlaf von großer Bedeutung (s. dazu ebenfalls den folgenden Abschnitt 7.2.6.). Er sollte daher möglichst nicht durch die Einnahme von Schlafmitteln behindert, sondern gefördert werden. Eine solche Förderung kann durch einen besonders aktiven Tagesablauf erfolgen. Bei Einschlafstörungen ist manchmal zusätzlich eine kleine körperliche Anregung vor dem Einschlafen angezeigt (Bewegung, aber auch Kaffee, Sekt; notfalls auch eine Tafel Schokolade, s. Abschnitte 3.2.3 und 13.2.4).

*Hypnose* ist ein Zustand gesteigerter Beeinflußbarkeit (Suggestibilität), der durch bereits stattgefundene, schrittweise aufgebaute Beeinflussungen hervorgerufen wurde. Der äußerlich entspannte Zustand, der die Anwendung von Hypnosetechniken begünstigt, weist mitunter einige Ähnlichkeiten mit dem Schlaf auf. Die Passivität erstreckt sich aber nur auf die nicht beeinflußten Tätigkeiten. In bezug auf die suggerierten Inhalte ist die aktive Mitarbeit des Probanden in Form einer

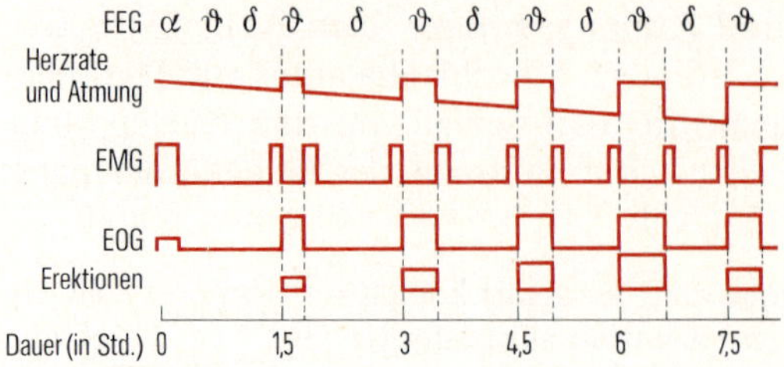


*Abb. 75a* Schlafverlaufsdiagramm. Das EMG mißt die Aktivität der Skeletmuskulatur. Gleichzeitig sind dadurch die Zeiten leichter Weckbarkeit angezeigt. Das EOG registriert Augenbewegungen. Es kennzeichnet den REM-Schlaf und damit die Phasen bildhafter Träume. Schema stark vereinfacht nach [27].

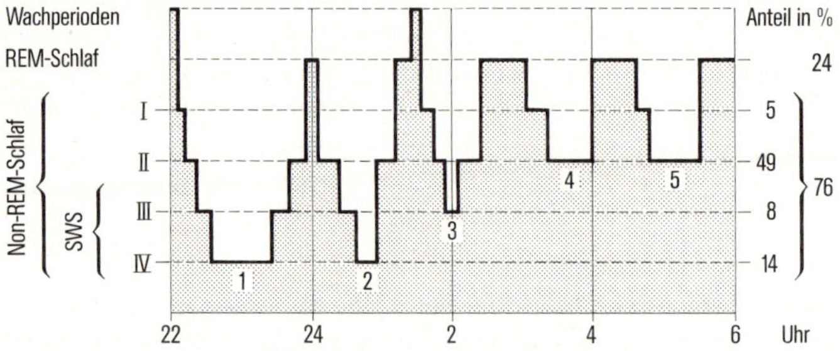


*Abb. 75b* Schlafprofil. Anhand von EEG-Charakteristiken unterscheidet man 6 Stadien der Schlaftiefe, darunter den REM-Schlaf und zwei Tiefschlafstadien (slow wave sleep SWS). Diese Stadien werden pro Nacht in mehreren Zyklen (hier 5) durchlaufen (umgezeichnet nach [49]).

Reaktions- und Übernahmebereitschaft erforderlich. Umgekehrt begünstigt die selektive Aufmerksamkeit auf irrelevante Reize die allgemeine Desaktivation.

## *7.2.6 Der REM-Schlaf*

Etwa alle 1,5 Stunden wird das langsame EEG durch raschere Rhythmen verdrängt. ϑ-Wellen herrschen im EEG vor. Herzrate und Atmung beschleunigt sich, es kommt auch zu Penis- und Klitoriserektionen. Mit dem Auftreten der ϑ-Wellen ist anfänglich die Skelettmuskulatur aktiv. Dies verschwindet jedoch sehr bald fast ganz (geringer Muskeltonus), dafür treten rasche Bewegungen der Augen auf (rapid eye movements REM). Nach etwa 15–30 Minuten hören die Augenbewegungen auf und die Skelettmuskulatur wird wieder kurzfristig aktiv. Danach beruhigt sich

Herzrate und Atmung und das EEG synchronisiert sich wieder stärker (Abb. 75).

Pro Nacht kommt es zu 4 bis 5 REM-Phasen. Dazwischen liegt der NREM-Schlaf (von non-REM). Zumindest am Anfang der Nacht handelt es sich dabei um Tiefschlafphasen. Die Weckbarkeit ist im Tiefschlaf und im REM-Schlaf am geringsten. Sie ist hoch in den flachen Schlafphasen zwischen dem REM-Schlaf bzw. zwischen REM-Schlaf und Tiefschlaf.

REM-Phasen werden durch ein Gehirngebiet in Gang gesetzt, das Locus coeruleus (oder „Blauer Kern“) heißt. Es befindet sich bei den Zentren für reflexartige Regulationen im oberen Hirnstamm (s. Abschnitt 5.2.1.). Die Nervenzellen dieses Gebiets sollen stets dann aktiv sein, wenn nach Wahrnehmung angstauslösender Reize das gerade stattfindende Verhalten unterbrochen werden soll (s. dazu Abschnitt 8.1.1.). Von dort werden auch die $\vartheta$-Rhythmus-Geber im Septum stimuliert (diese wurden im Abschnitt 7.2.3. erwähnt).

Steuerung und Verlauf der REM-Phasen haben zu Spekulationen über deren phylogenetische Herkunft Anlaß gegeben. Im Mittelpunkt dieser Überlegungen steht die Annahme einer aus Sicherheitsgründen früher notwendigen Unterbrechung des Schlafs, während der ein Kontrollgang gemacht wurde.
REM-Phasen gibt es schon bei Neugeborenen; auch bei Tieren und sogar, wenn das Großhirn entfernt wurde. REM-Phasen sind stammesgeschichtlich jedoch eng mit der Entwicklung der Großhirnrinde verbunden und im Zusammenhang mit dem entsprechenden Funktionswechsel der limbischen Strukturen zu sehen (s. Abschnitt 6.1.5). Die Rolle des Locus coeruleus weist unbedingt auf Bewältigungsmaßnahmen im Sinne von Angstverarbeitung hin, die Anteile von explorativen und orientierenden Verhaltensweisen aufweisen. Ob man dies nun als Austragungsfeld nichtbewußter Impulse, als eine Art angsterzeugendes Saubermachen oder als Vorbereitung für den Ernstfall bezeichnet, ist bislang mehr eine Frage der sprachlichen Verständlichmachung Betroffenen gegenüber.

*Träumen.* Wird man aus dem Schlaf geweckt, so weiß man häufig über eben erlebte Empfindungen und Gedanken zu berichten. Wird man aus dem REM-Schlaf geweckt, so wird fast immer von einem anschaulichen, bildhaften und auch farbigen Traum berichtet. Wird aber aus dem Schlaf dazwischen (NREM-Schlaf) geweckt, sind die Traumberichte seltener, spärlicher, weniger bildhaft und mehr abstrakt. Von den Gefühlen, die Träume begleiten, wird Angst als häufigstes genannt.

*Schlafentzug.* Die psychophysiologischen Funktionen des Schlafs lassen sich fast nur an Veränderungen bei Schlafentzug abschätzen. Gesunde Personen, die bis zu drei Tagen und Nächten ununterbrochen wach sind, zeigen vor allem eine Veränderung in allen Vigilanzleistungen. Immer wieder treten Phasen auf, in denen das Wachbewußtsein durch langsamere Frequenzen verdrängt wird (Mikroschlafphasen oder Absencen). Erst nach längerdauerndem Schlafentzug treten massive Störungen auf, die allerdings individuell variieren können. Teils handelt es sich dabei um Wahrnehmungsstörungen, die aus Fehldeutungen (Illusionen) oder echten

Halluzinationen bestehen. Teils handelt es sich um motorische Störungen, die das Gleichgewicht und vor allem die Koordination von komplizierteren Bewegungen beeinträchtigen.

Weckt man eine Person stets beim Eintritt in eine REM-Phase, so wird dadurch selektiv REM-Schlaf entzogen. REM-Schlaf-Verminderung tritt auch nach Konsum vieler Drogen und der meisten Schlafmittel auf. Bei REM-Mangel steigt die REM-Aktivität bei nächster Gelegenheit, z. B. in der nächsten ungestörten Nacht, stark an. Bei längerdauerndem REM-Mangel (2 Wochen) wird der Wachzustand zeitweise durch kurze REM-Phasen unterbrochen und Halluzinationen treten auf. Die betroffenen Personen leiden unter Angstzuständen.

### *7.2.7 Entspannungstechniken 2: Konzentrative und meditative Techniken*

*Autogenes Training.* Das Autogene Training ist bereits in Abschnitt 4.1.6. vorgestellt worden. Da es eine Konzentration auf den eigenen Körper und damit bestimmte Denkprozesse voraussetzt, nennt man es eine konzentrative Technik. Als meditative Techniken bezeichnet man demgegenüber Entspannungsübungen, die eine deutliche Veränderung der Bewußtseinslage (Wachschlaf) voraussetzen.

*Transzendentale Meditation.* Eine Zwischenstellung nimmt die Transzendentale Meditation (TM) ein, die aus dem Joga stammt. Sie beginnt mit einer Konzentration der Denkprozesse auf eine einfache Lautfolge (Mantra). Als Mantra stehen eine Reihe von Wörtern zur Verfügung, die keinen sprachlichen Sinn tragen. Jedem Meditierer wird von seinem Lehrer, nach wechselnden Kriterien, ein bestimmtes Mantra zugeteilt. Zur Einleitung in die Meditation sollte das Mantra fortwährend still wiederholt werden. Eine bestimmte Körperhaltung ist nicht vorgeschrieben. Die „sinnlose" geistige Konzentration führt zu einer Gedankenflucht, die wieder zur Konzentration auf das Mantra zurückführt. Allmählich stellt sich dann der meditative Zustand ein.

*Zen-Meditation.* Eine völlig andere Übung benützt die rein meditative Technik der dem Buddhismus entstammenden Zen-Meditation (Zazen). Hier muß vor allem eine bestimmte Körperhaltung eingenommen werden. Man setzt sich mit unterschlagenen Beinen auf den Boden, Anfänger dürfen einen Hocker benützen, senkt den Blick und führt die Hände vor dem Nabel zusammen, indem man mit Daumen und Zeigefinger ein Dreieck bildet. Anfänger müssen, um die Haltung zu verbessern, zunächst ihre Atmung kontrollieren, die ruhig und gleichmäßig sein sollte. Dann konzentriert man sich auf seine eigene Körpermitte. Von da ausgehend stellt sich allmählich der meditative Zustand ein.

Trotz der grundverschiedenen Techniken laufen bei der TM und beim Zazen ähnliche Körperprozesse ab. Bei beiden Meditationsformen entspricht die elektrische Aktivität des Gehirns, soweit man sie außen am Schädel messen kann (EEG), anfänglich der des entspannten Wachzustandes α-Aktivität, s. Abschnitt 7.2.4.). Bei Störungen von außen treten nur vergleichsweise geringe Veränderungen auf. Theoretisch bedeutsam ist, daß diese Veränderungen aber auch bei wiederholter Störung auftreten und keine Gewöhnung (Habituation) erkennen lassen. Dies ist ein Kennzeichen für eingeschränkte Verarbeitung von Umweltinformation, wie sie sonst im Schlaf beobachtbar ist (jede Habituation setzt Informationsverarbeitung voraus). In späteren Meditationsstadien gleicht die elektrische Aktivität des Gehirns der während eines leichten Schlafs

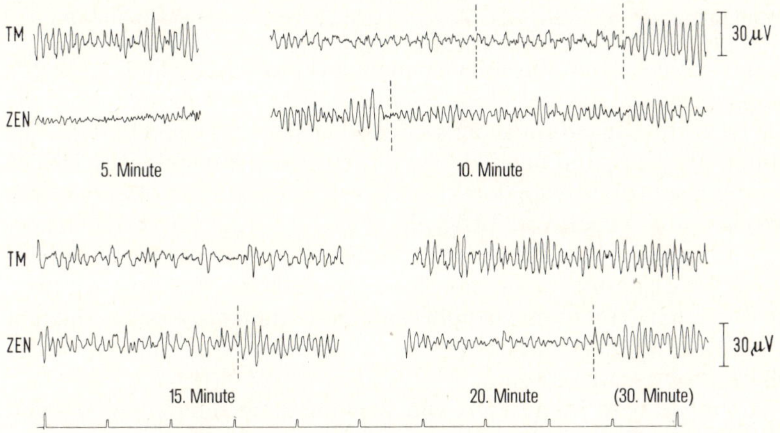


*Abb. 76* Ausschnitte aus einer EEG-Ableitung bei der selben Person während Transzendentaler Meditation (TM) und während Zazen-Meditation (ZEN). Die Ableitung erfolgte in beiden Fällen unipolar von P3 gegen Ohrläppchen. Die punktierten Linien kennzeichnen Auslassungen. Unten Angabe des Sekunden-Takts. Während TM waren die Augen durchweg geschlossen, während ZEN andauernd offen. Während TM von Anfang an α-Rhythmus, der zeitweise durch Wellen von geringer Amplitude und langsamer Frequenz verdrängt wird. Während ZEN anfangs β-Rhythmus, sehr bald jedoch auch hier (trotz offener Augen) deutliche α-Wellen, die bis zum Ende der Meditation dominant bleiben. In Phasen des „Eintauchens“ kann auch hier ϑ-Rhythmus auftreten. Die Herzrate blieb beim TM mit anfänglich 62 ± 2 (5. Minute) und später 58 ± 2 (15. Minute) etwa konstant. Bei ZEN stieg sie von anfänglich 74 ± 2 (5. Minute) auf 80 ± 2 (15. Minute). Die Atmung bei TM war flach und rasch (ca. 13/Min.), bei ZEN tief und langsam (ca. 7/Min.). (Verwendetes Gerät: ZAK Psycho-Physio-Graph.)

(ϑ-Aktivität, s. Abschnitte 7.2.5. und 7.2.6.). Bei beiden genannten Meditationsformen verringert sich überdies Atemtätigkeit und Sauerstoffverbrauch. Die für den aktiven Wachzustand charakteristischen Schwankungen in der Schweißdrüsenaktivität verschwinden.

Einige für den Schlaf charakteristische Merkmale fehlen jedoch beim Meditieren, z. B. die δ-Aktivität des Gehirns s. Abschnitt 7.2.5.). Es ist daher üblich, den beim Meditieren erreichten Körperzustand als Tiefentspannung dem aktiven Wachzustand, dem entspannten Wachzustand, wie er z. B. durch physiotherapeutische Techniken erzeugt werden kann, und dem Schlaf gegenüberzustellen.

Es gibt einige Unterschiede im Körperzustand bei TM und Zazen. So sinkt die Herzrate bei TM, sie steigt bei Zazen leicht an. Ähnliches gilt für den Säuregehalt des Blutes. Auf äußere Reize läßt sich zunächst bei beiden Meditationsformen eine Reaktion der Schweißdrüsen beobachten, nach Wiederholung habituiert sie aber nur während der TM. Dies alles weist darauf hin, daß periphere Körperprozesse beim Zazen stärker gelenkt werden, während sie bei der TM eher Merkmale der unspezifischen Entspannung aufweisen. Ohne Zweifel stehen diese Befunde im Zusammenhang mit der durch das Zazen vorgeschriebenen Körperhaltung.

Bei der progressiven Muskelentspannung (s. Abschnitt 11.1.5.) wurde darauf hingewiesen, daß das Nachlassen einer bewußten Anspannung, die jedoch nicht im Dienst einer personal bedeutsamen Tätigkeit steht, die Sensibilität für Entspannungsprozesse fördern kann. Entspannung infolge bedeutungsloser (besser: spielerischer) Konzentration kann offenbar auch im Bereich rein kognitiver Tätigkeit, also in bezug auf das Denken, erfolgen. Übungen, die aus einem Wechselspiel von spielerischer Anspannung und Entspannung, u. zw. sowohl im körperlichen wie im kognitiven Bereich bestehen, gibt es in den höheren Zen-Techniken (Koan). Man übt dabei für ein Ziel, ohne sich jemals bewähren zu müssen, oder versucht, unlösbare Probleme zu lösen.

In jedem Fall wird Meditieren, wie auch die Anwendung von anderen Entspannungstechniken, als angenehm erlebt. Das sich dabei einstellende Gefühl variiert natürlich individuell. Erfahrungen dieser Art sind aber wichtig, um ein gewisses Maß an Ich-Stärke (Selbstbewußtsein) aufrechtzuerhalten. Die dabei auftretenden Empfindungen entstehen nach Aussagen von Meditierern, aber üblicherweise auch unregelmäßig im Alltagsleben, z. B. in einer besonders anregenden Gesprächsrunde, im wohltuenden partnerschaftlichen Kontakt, bei einer liebgewordenen Tätigkeit, manchmal vor dem Einschlafen, mit der Erinnerung an einen angenehmen Traum, beim vielleicht zu seltenen erfrischten Aufwachen an einem erfolgversprechenden Tag. In Entbehrungssituationen kann Meditieren eine Hilfestellung bieten.

Es ist nicht zu erwarten und auch nicht nachgewiesen, daß Meditierer in irgendeiner Verhaltensdimension höhere Leistungen vollbringen als gesunde

Vergleichspersonen. Manche kommerzialisierte Vereinigungen, bei denen man Meditieren lernen kann, werben mit nicht einlösbaren Versprechungen. Man kann übrigens Meditieren, ebenso wie jede andere Entspannungstechnik, von jeder Person lernen, die die entsprechende Technik beherrscht.

Die Möglichkeit zur Entspannung ist eine lebenswichtige Voraussetzung für jede gerichtete Aktivität. Sie sollte daher an keinem 24-Stunden-Tag fehlen (s. dazu auch Abschnitt 7.2.3.). Ziel jeder Entspannungsübung ist es, diesen Prozeß wiederzuerlernen, falls die natürliche Fähigkeit dazu verlernt wurde oder im Zuge besonderer Lebensumstände oder einer Krankheit verloren wurde. In der Regel geschieht das Wiedererlernen im Rahmen einer psychologischen oder medizinischen Intervention. Entspannungsübungen haben keinen Selbstzweck.

## *Literatur*


[1] Saller, K.: Die Vorverlegung der Geschlechtsreife in unserer Zeit. Ärztl. Praxis 10 (1958), 524–525

[2] Lang, A.: Das Kunstlicht als Ursache der säkulären Längenwachstums- und Sexualreifeakzeleration. Cesra-Säule 10 (1963) 117–124

[3] Doering, C. H., McDoo, B., Kraemer, H. C., Brodie, H. K. H., Hamburg, D. A. (1975), zitiert nach Moss, R. L.: Effects of Hypothalamic Peptides on Sex Behavior in Animal and Man. In: Psychopharmacology (M. A. Lipton, A. Dimascio, K. F. Killam, Eds), p. 431–440. Raven Press, New York 1978

[4] McGee, M. G.: Human spatial abilities: Psychometric studies and environmental, genetic, hormonal, and influences. Psychol. Bull. 86, 5 (1979)

[5] Petersen, A. C.: Physical androgyny and cognitive functioning in adolescence. Developm. Psychol. 12 (1976), 523

[6] Witelson, S. F.: Sex and the single hemisphere: Specialisation of the right hemisphere for spatial processes. Science 193 (1976) 4251

[7] Levy, J.: Reid, M.: Variations in writing posture and cerebral organization. Science 194 (1976) 337–339

[8] Money, J., Ehrhardt, G.: Man & Woman, Boy & Girl. Differentiation and Dimorphism of Gender Identy from Conception to Maturity. Hopkins Press, Baltimore 1972

[9] Ehrenkranz, J., Bliss, E., Sheard, M. H.: Plasma testosterone: Correlation with aggressive behavior and social dominance in man. Psychosom. Med. 36 (1974) 469–475

[10] Orthner, H.: Zentrale Ursachen von Sexualstörungen. In: Die Sexualität des Menschen (H. Giese Hg.), Band 2, S. 726 u. 730. Enke, Stuttgart 1971[2]

[11] Selye, H.: A syndrome produced by divers nocuous agents. Nature 138 (1936) 32

[12] Selye, H.: The Physiology and Pathology of Exposure to Stress. Acta, Montreal 1950

[13] Selye, H.: The General Adaptation Syndrome and the diseases of adaptation. J. Clin. Endocrinol. 6 (1946) 117–230
[14] Cannon, W. B.: Bodily Changes in Pain, Hunger, Fear and Rage. Appleton, New York 1929
[15] Bartlett, R. G., Helmendach, R. H., Bohr, V. C.: Effect of emotional stress, anaesthesia, and death on body temperature of mice exposed to cold. Proc. Soc. Exp. Biol. (N. Y.) 85 (1953) 4–5
[16] Ross, C. A., Herzog, S. A.: Protective effects of ganglionic blocking agents an traumatic shock in the rat. Proc. Soc. Exp. Biol. (N. Y.) 91 (1956) 196–199
[17] Bösel, R.: Die Problematik potentieller Streßreaktionen. In: Streß (R. Bösel Hrsg.), S. 108–114. Hoffmann und Campe, Hamburg 1978
[18] Richter, C. P.: On the Phenomenon of Sudden Death in Animals and Man. Psychosom. Med. 19 (1957) 191–198
[19] Weiss, J. M., Glazer, H. I., Pohorecky, L. A., Brick, J., Miller, N. E.: Effects of chronic exposure to stressors on avoidance-escape behavior and on brain norepiphrenine. Psychosom. Med. 37 (1975) 522–534
[20] Fließ, W.: Der Ablauf des Lebens. Deuticke, Wien 1897
[21] Doering, C. H., Kraemer, H. C., Brodie, H. K. H., Hamburg, D. A.: A cycle of plasma testosterone in the human male. J. Clin. Endocrin. Met. 40 (1975)
[22] Parlee, M. B.: Auch Männer haben ihre Tage. Psychologie Heute 6, 3 (1979) 34–39
[23] Aschoff, J.: Circadian rhythms in man. Science 148 (1965) 1427–1432
[24] Kripke, D. F., Hiatt, J.: A ultradian rhythm in stomach contractions. Int. J. Chronobiol. 1 (4) (1973) 334
[25] Friedmann, St., Fisher, Ch.: On the presence of a rhythmic, diurnal, oral instinctual drive cycle in man. J. Am. Psychoanalyt. Assoc. 15 (1967) 317–343
[26] Groll, E., Studynka, G., Haider, M.: EEG-Kriterien zur Untersuchung der Aufmerksamkeitsbelastung und des Aufmerksamkeitsversagens. Arch. Hyg. (Berlin) 151 (1967) 568–575
[27] Jovanovič, U. J.: Normal Sleep in Man. Hippokrates, Stuttgart 1971
[28] Pribram, K. H., McGuinnes, D.: Arousal, activation and effort in the control of attention. Psychol. Rev. 82 (1975) 116–149
[29] Berridge, M. J., Irvine, R. F.: Inositol triphosphate, a novel second messenger in cellular signal transduction. Nature 312 (1984) 315–321
[30] Moss, R. L., Dudley, C. A.: The challenge of studying the behavioral effects of neuropeptides. Handbook Psychopharmacol. 18 (1984) 397–454
[31] Kolata, G. B.: Math and sex. Are girls born with less ability? Science 210 (1980) 1234–1235
[32] Frankenhaeuser, M., Sterky, M., Järpe, G.: Psychophysiological relations in habituation to gravitational stress. Percept. Motor Skills 15 (1962) 63–73
[33] Britton, D. R., Koob, G. F., Rivier, J., Vale, W.: Intraventricular corticotropin-releasing factor enhances behavioral effects of novelty. Life Sci. 31 (1982) 363–367
[34] Sutton, R. E., Koob, G. F., LeMoal, M., Rivier, J., Vale, W. W.: Corticotropin-releasing factor produces behavioral activation in rats. Nature 297 (1982) 331–333

[35] Duffy, E.: The psychological significance of the concept of „arousal" or „activation". Psychol. Rev. 64 (1957) 265–275
[36] Fahrenberg, J.: Psychophysiologische Methodik. In: Handbuch der Psychologie, Bd. 6: Psychologische Diagnostik (K. J. Graumann, L. Michel Hg.). Göttingen: Hogrefe 1980
[37] Duffy, E.: Activation and behavior. New York: Wiley 1962
[38] Lader, M. H.: The psychophysiology of mental illnes. London, Boston: Routledge and Kegan Paul 1975
[39] Lacey, J. I.: Somatic response patterning and stress: Some revisions of activation theory. In: Psychological stress: Issues in research (M. H. Appley, R. Trumbull Eds.). New York: Appleton-Century-Crofts 1967
[40] Obrist, P. A.: The cardiovascular-behavioral interaction as it appears today. Psychophysiol. 13 (1976) 95–107
[41] Johansson, G., Frankenhaeuser, M.: Temporal factors in sympathicoadrenomedullary activity following acute behavioral activation. Biol. Psychol. 1 (1973) 63–73
[42] Parkes, C. M., Benjamin, B., Fitzgerald, R. S.: Broken heart: A statistical study of increased mortality among widowers. Brit. Med. J. 1 (1969) 740
[43] Czeisler, Ch. A., Weitzman, E. D., Moore-Ede, M. C., Zimmermann, J. C., Knauer, R. S.: Human sleep: Its duration and organization depend on its circadian phase. Science 210 (1980) 1264–1267
[44] Zeller, G., Bente, D.: Veränderungen der hirnelektrischen Organisation bei visuellen Such- und Diskriminationsprozessen unterschiedlichen Schwierigkeitsgrades. Z. EEG-EMG 14 (1983) 177–185
[45] Vanderwolf, C. H., Robinson, T. E.: Reticulo-cortical activity and behavior: A critique of the arousal theory and a new synthesis. Beh. Brain Sci. 4 (1981) 459–514
[46] Ader, R.: Developmental psychoneuroimmunology. Dev. Psychobiol. 6 (1983) 251–267
[47] Udelman, H., Udelman, D.: Current explorations in psychoimmunology. Am. J. Psychotherapy 4 (1983) 210–221
[48] McClelland, D.: The effect of an academic examination on salivary norepiphrenine and immunoglobulin levels. J. Human Stress 2 (1985) 52–59
[49] Williams, R. L., Agnew, H. W., Webb, W. B.: Sleep patterns in the young adults. An EEG study. EEG Clin. Neurophysiol. 17 (1964) 376–381
[50] Engel, G. L.: Sudden and rapid death during psychologic stress: Folklore or wisdom? Ann. intern. Med. 74 (1971) 771
[51] Andresen, D., v. Leitner, E.-R., Wegscheider, K., Schröder, R.: Standadrdisierter psychischer Belastungstest zur Provokation tachykarder ventrikulärer Rhythmusstörungen. Dt. med. Wschr. 109 (1984) 532-536

# 8. Psychophysiologie der Emotionen

## 8.1 Das Zusammenwirken von subkortikalen und kortikalen Mechanismen

Über Emotionen wurde bereits berichtet. Vor allem am Anfang des Kapitels 6.1 wurden Begriff und Problemfeld kurz erklärt. Daran schloß sich eine Besprechung motivationaler Aspekte von Emotionalität. Auf der Grundlage der bisher dargestellten autonomen Regulationen lassen sich Emotionen auch als Reaktionen auf Reize oder Anforderungen verstehen. In diesem Kapitel zur Psychophysiologie der Emotionen geht es um emotionale Antworten auf Reizkonfigurationen. Auf dieser konzeptionellen Grundlage soll das Zustandekommen emotionaler Verhaltens- und Erlebnisweisen besprochen werden. Dazu gehört dann auch der Entwurf und der Einsatz von Handlungsstrategien sowie der weitere Verlauf der Verhaltensregulation, in dem emotionale Zustände andauern, bevorzugt auftreten, oder auch abgelöst werden können.

*Die Steuerung des Kortex.* Vor allem in den Kapiteln 5. und 6. wurde schrittweise die Vorstellung einer Hierarchie der autonomen Regulationen vermittelt. Diese baut sich auch anatomisch vom Rückenmark über den unteren und oberen Hirnstamm, sowie über den Hypothalamus zum limbischen System und zum Frontalkortex auf. Als oberste Instanz dieser zentralnervösen Hierarchie wurde bisher immer die Großhirnrinde genannt. Schließt man die bisher besprochenen Gebiete aus, so muß es sich dabei vor allem um parietale und okzipitale Kortexareale handeln.

Dieses Bild wurde in den Kapiteln 6. und 7. um einen wesentlichen Gesichtspunkt bereichert. Wenn Prozesse von den subkortikalen Strukturen einmal in Gang gesetzt worden sind, so wird dadurch der Kortex bereits in gewisser Weise festgelegt; seine „Handlungsfreiheit" wird durch vorangegangene Entscheidungen mitunter erheblich eingeschränkt. Freilich wird damit das Bild der absoluten Hierarchie zerstört. Der Kortex ist auch nur ein Funktionsglied in einem Wirkgefüge, dessen Tätigkeit von den Aktivitäten der übrigen Funktionsglieder abhängt.

Im Rahmen des psychologischen Interesses zeichnen den Kortex dennoch zwei Eigenschaften aus: Kortikale Strukturen sind lernfähig, d. h. sie setzen sich am intensivsten mit Umweltinformation auseinander, und kortikale Prozesse können potentiell Gegenstand des eigenen Erlebens werden, d. h. sie bilden die physiologische Grundlage für das Bewußtsein.

Bevor in den folgenden Abschnitten einige Eigenschaften der kortikalen Einflußnahme auf Körperprozesse charakterisiert werden, soll die Bedeutung der subkortikalen Rückwirkungen stärker betont werden.

Einige der Rückwirkungen von subkortikalen Strukturen auf dem Kortex determinieren längerfristig die Befindlichkeit des Organismus und die kortikale Tätigkeit (man denke an manche Hormonwirkungen oder an den Schlaf). Andere Rückwirkungen von subkortikalen Strukturen können auch vergleichsweise kurzfristig die kortikale Tätigkeit beeinflussen, etwa auch während einer gerade stattfindenden Handlung. Derartige Rückwirkungen sind nur möglich, weil einige wichtige Zentren des oberen Hirnstamms übergeordnete zentralnervöse Instanzen steuern. So fördert die Formatio reticularis die Wachheit der Großhirnrinde (s. Abschnitt 7.2.5.). Die vom Nucleus raphe zum limbischen System ziehende Faserbahn fördert Wärme, Wohlbefinden, Entspannung und Euphorie (s. Abschnitte 3.2.2. und 7.2.5.). Im folgenden werden zwei weitere derartige Systeme besprochen. Das nigro-striatale System, durch welches das Striatum vom Nucleus niger Erregungen empfängt, fördert unbekümmertes Verhalten. Impulse, die (vom Locus coeruleus aus) über das dorsale noradrenerge Bündel (DANB) zum limbischen System gelangen, hemmen laufendes Verhalten und rufen eine zentrale Erregung hervor (s. Abschnitt 8.1.2.).

Eine Zuordnung der drei letztgenannten, für das emotionale Verhalten wichtige Systeme zu den in der verbalen Beurteilung auffindbaren drei Gefühlsdimensionen (angenehm/unangenehm, umweltbezogene Anspannung und Aktivität), scheint möglich. Allerdings fehlen dazu empirische Belege.

### *8.1.1 Unbekümmertheit und Verstärkung*

*Das nigro-striatale System.* Nervenzellen, die zur Erregungsübertragung die Substanz Dopamin verwenden (dopamin-erg), hat man vor allem im Mittelhirn gefunden. Der entsprechende Hirnkern heißt Substantia nigra. Die Zellkörper enthalten den Pigmentstoff Melanin, der aus den gleichen Muttersubstanzen hergestellt wird wie Dopamin (s. auch Abschnitt 3.1.3). Die Fasern ziehen (durch das mediale Vorderhirnbündel, s. Abschnitt 6.1.4 u. Abb. 77) zum basalen Vorderhirn. Dabei handelt es sich anatomisch um die Gegend des limbischen Systems und eines wichtigen motorischen Steuerzentrums, des Striatum.

Das Striatum (Corpus striatum, Streifenkörper) hat zwei wichtige Funktionen. Einerseits gibt es Impulse ab, die auf dem Umweg über den Thalamus die motorische Hirnrinde aktivieren. Dadurch wird dort die

Entstehung von Handlungsimpulsen und Bewegungsentwürfen gefördert. Anderseits beeinflußt das Striatum („extrapyramidal“) motorische Zentren des Hirnstamms, die bei Zielbewegungen unterstützende Mitbewegungen koordinieren.

Anatomisch besteht das Striatum aus zwei Teilen, dem Nucleus caudatus (Schweifkern) und dem Putamen. Da beide Strukturen eine funktionelle Einheit darstellen, bringen Experimente uneinheitliche Ergebnisse, bei denen einer der beiden Teile ausgeschaltet oder elektrisch gereizt wird. Ein Hirnkern des Zwischenhirns, das Pallidum, bildet z. T. das Ausgabeorgan des Striatum. Es sorgt für Muskeltonus und muskuläre Erregbarkeit durch Reflex- oder Willkürimpulse.

Welche Rolle spielen nun die von der Substantia nigra zum Striatum ziehenden dopamin-ergen Faserbahnen (Fibrae nigrostriatales) für die Funktionen des Striatum und für das motorische Verhalten? Die einfachste Kennzeichnung ist, daß die Substantia nigra für den Start von raschen Bewegungsanfängen verantwortlich ist [57]. Außer mit dem Striatum ist sie efferent mit der Formatio reticularis des Mittelhirns (Nucleus reticularis tegmenti) verbunden, so daß sie auch die Wachheit der Großhirnrinde beeinflussen kann. Einige wichtige Besonderheiten lassen sich auch bei chronischer Unterfunktion (Parkinson-Syndrom) bzw. bei Überfunktion (manische Psychose; s. dazu Abschnitt 3.2.2) feststellen.

Im ersten Fall sind Bewegungsimpulse bei Enthemmung aller Mitbewegungssysteme unterdrückt. Im zweiten Fall erfolgen fortwährend neue Bewegungsentwürfe, ohne daß Zwischenziele erreicht werden. Die Anzahl der Dopamin-Rezeptoren verringert sich zwischen dem 20. und 60. Lebensjahr etwa um ein Viertel bis ein Drittel.

Es gibt Hinweise, daß die Tyrosin-Hydroxilase-Aktivität (s. Abb. 25) in den dopaminergen Synapsen des Septum (s. Abschnitt 8.1.2) eine Voraussetzung für das Erlernen passiver Vermeidungsreaktionen darstellt.

Reizungsexperimente in der nigro-striatalen Bahn können deren Funktion bei der aktualen Verhaltenssteuerung verdeutlichen. Eine der wichtigsten Beobachtungen in diesem Zusammenhang ist, daß Versuchstiere sich an dieser Stelle selbst elektrisch reizen, wenn ihnen versuchstechnisch dazu die Möglichkeit geboten wird. Dies ist zwar auch für andere Stellen des Gehirns bekannt, im nigro-striatalen System aber am deutlichsten [1]. In einem derartigen Selbstreizungsexperiment sind die Tiere auch durch intensive andere Reize (Sexualpartner bei sexueller Deprivation, Futter bei Hunger) nicht ablenkbar. Die Selbstreizungsrate nimmt zu, wenn die Dopaminwirkung pharmakologisch unterstützt wird. Offenbar werden dabei Impulse aktiviert, die die Beibehaltung der eben ausgeführten Tätigkeit begünstigen (Unbekümmertheit, Unbeeinflußbarkeit und Draufgängertum).

Dopamin hemmt die Sekretion des somatotropen Sexualhormons Prolaktin (möglicherweise sogar in Form eines inhibierenden Releasing-Hormons, s. auch Abschnitt 7.1.4.)

*Belohnungssystem*. Man hat auch versucht, dieses verhaltenssteuernde System mit Verstärkungsmechanismen in Verbindung zu bringen, die von der (behavioristischen) Verhaltenstheorie gefordert werden (in diesem Zusammenhang hat man für das nigro-striatale System auch die unglückliche Bezeichnung „Belohnungssystem" verwendet). Diese Interpretation hat sicherlich nur beschränkte Gültigkeit. Tatsächlich behindert eine ununterbroche Reizung des nigro-striatalen Systems das Lernvermögen, wie es bei ständiger unspezifischer Aktivierung von Bewegungsimpulsen nicht anders zu erwarten ist. Lernverbesserungen durch Reizung sind bisher nicht erzielt worden [2].

Eine andere Interpretation bezeichnet das nigro-striatale System als „Lustzentrum". Dabei handelt es sich vor allem nur um eine Art der Deutung des Selbstreizungs-Phänomens. Sexuelle Reaktionen treten dabei nicht auf. Nur wenn man die zufällig auch im medialen Vorderhirnbündel liegenden Septalkerne reizt (s. dazu den folgenden Abschnitt 8.1.2.), treten „Pleasure-Reaktionen" auf. Diese haben aber nicht unmittelbar mit der Funktion des nigro-striatalen Systems zu tun.

### *8.1.2 Zurückhaltung und Angst*

*Das dorsale aufsteigende noradrenerge Bündel (DANB)*. Eine andere, vom Mittelhirn aufsteigende Faserbahn nimmt vom Locus coeruleus (Blauer Kern) ihren Ausgang. Sie arbeitet mit der Substanz Noradrenalin und liegt anatomisch oberhalb der anderen, vom Hirnstamm zum basalen Vorderhirn ziehenden Bahnen („dorsales aufsteigendes noradrenerges Bündel DANB", Fibrae tegmento-septales, Abb. 77). Auch ihre Zellkörper enthalten Melanin, auch sie strahlt ins basale Vorderhirn, insbesondere in das Septum [3]. Das ist eine Struktur, die oft auch zum limbischen System gerechnet wird.

Auch das Septum besteht (wie das Striatum) anatomisch aus zwei Teilen, die jedoch funktionell zu trennen sind. Der im folgenden bedeutsamere Teil enthält den Medialkern (Nucleus septi medialis). Der zweite Teil enthält die Lateralkerne (Nuclei septi laterales), die im wesentlichen auf Grund von Hippocampus-Erregungen den Medialkern hemmen [4].

Das Septum (genauer: der Medialkern des Septums) enthält rhythmisch aktive Nervenzellen ($\vartheta$-Rhythmus, s. Abschnitt 7.2.3.). Wird es über das DANB stimuliert, so synchronisiert sich der Septum-Rhythmus auf eine mittlere Frequenz, die nun der Hippocampus-Formation übermittelt wird. Dies ist für die Hippocampus-Formation das Signal, gerade stattfindendes Verhalten zu unterbrechen [5]. In diesem Zustand besteht eine Unsicherheit im Organismus darüber, welche Verhaltensweise in Gang gesetzt werden soll („Zurückhaltung"). Diese Unsicherheit ist von einer Arousal-Reaktion begleitet (s. dazu den Abschnitt 7.2.5) und Anlaß einer Angst-Empfindung oder zumindest erhöhter Angstanfälligkeit [6, 58].

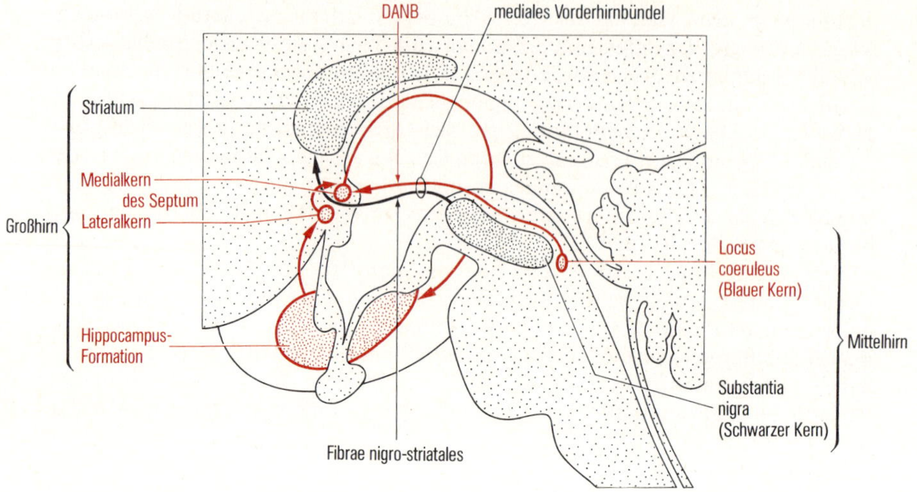


*Abb. 77* Das dorsale aufsteigende noradrenerge Bündel (DANB) und das septo-hippocampale System (beides rot gezeichnet) und deren Lagebeziehungen zum nigro-striatalen System (schwarz gezeichnet). Zur Groborientierung s. Übersichtsskizze in Abschnitt 5.2.1.

Noradrenalin- und Dopaminsystem wirken teilweise antagonistisch. Einseitige Zerstörung des Locus coeruleus fördert die Dopamin-Aktivität dieser Gehirnseite [59].

Unter Streß erhöht sich die noradrenerge Aktivität im Vorderhirn. Umgekehrt ist die ACTH-Ausschüttung (in deren Folge das Streßhormon Kortisol aktiv wird) blockiert, solange eine noradrenerge Aktivität andauert. Über die Wirkung des Nebennieren-Hormons Noradrenalin s. Kleindruck von Abschnitt 7.1.5.

Das Hypothalamus-Neurophypophysen-Hormon Adiuretin kann die noradrenerge Aktivität dämpfen. Dadurch können unter bestimmten Umständen indirekt Gedächtnis- und Konzentrationsleistungen gefördert werden [60]. Die Adiuretin-Ausschüttung wird z. B. durch Nikotin begünstigt. Die Wirkung von Adiuretin auf das Angstsystem wirft die Frage auf, in welchem Zusammenhang physiologische Regulationen unter Angst mit Wasseraufnahme (Trinken) stehen und Angstlösung mit Wasserabgabe (Diurese, Harnlassen).

Bestimmte Psychopharmaka, z. B. Benzo-diazepine (s. Abschnitt 13.1.5), einzelne Barbituriate sowie Alkohol verhindern das Zustandekommen eines mittleren Rhythmus in der Hippocampus-Formation. Sie gelten als angstdämpfend. Alkohol dämpft allerdings auch die Adiuretin-Ausschüttung.

Aus der Wirkstoffgruppe der Betacarboline, die mit Benzodiazepin-Rezeptoren interagieren, gibt es eine Substanz (das Monomethyl-amid der Betacarbolin-3-Carboxylsäure), die massive Angstsymptome hervorruft [61]. Diese Symptome lassen sich durch das Benzo-diazepin Lormetazepam beseitigen, das ansonsten im wesentlichen sedierende (beruhigende und schlafanstoßende) Eigenschaften besitzt.

Neuerdings wird vermutet, daß die Fähigkeit zur Nichtbeachtung irrelevanter Reize (selektive Aufmerksamkeit) mit der DANB-Aktivität zusammenhängt [7, 62], s. auch die Aufzählung der wichtigsten Hippocampus-Funktionen in Abschnitt 6.1.4. – Eine Informationsverarbeitung dieser Art ist wohl eng mit den Funktionen von „orientierender Informationsverarbeitung" und „Anstrengung" verbunden (s. Abschnitte 6.1.3 und 15.2.2).

Die Frage, welche Reize die DANB-Aktivität auslösen, läßt sich nach Beobachtung des $\vartheta$-Rhythmus in Septum und Hippocampus (im septohippocampalen System SHS) unter verschiedenen Bedingungen beantworten. Interagiert der Organismus mit bekannten Umweltreizen („fixed action pattern", z. B. Nahrungsaufnahme), so erscheint hier ein langsamer $\vartheta$-Rhythmus. Werden (verinnerlichte) Umweltantworten vorweggenommen und es erfolgt dementsprechend eine zielgerichtete Verhaltensweise, so gibt es auch keine Unsicherheit. Der $\vartheta$-Rhythmus zeigt höhere Frequenzen.

Unter zwei Bedingungen zeigt der $\vartheta$-Rhythmus im SHS die kritische mittlere Frequenz, in deren Folge Verhaltenshemmung und Arousal auftritt („behavioral inhibition system") [8]: Wenn neue unerwartete Umgebungsreize auftreten und (was wohl die gleiche Qualität besitzt) wenn gewohnte Umweltantworten ausbleiben. Mögliche Konsequenzen für den Organismus sind Zustände oder Verhaltensweisen, die man mit „Frustration" oder „Exploration" bezeichnet.

Dies träfe insbesondere für Reize zu, deren negative Konsequenzen antizipierbar, weil konditioniert, sind. Unkonditionierte Reaktionen, insbesondere unkonditionierte Abwehr- und Vermeidungsreaktionen, sind nicht vom kritischen $\vartheta$-Rhythmus im SHS begleitet. Sie werden durch angstdämpfende Drogen auch nicht beeinflußt.

Entsprechende Impulse erreichen das Septum über das DANB auch während des Schlafs in periodischen Abständen. Dadurch wird der REM-Schlaf gesteuert (s. dazu Abschnitt 7.2.6.). REM-Schlaf-Mangel führt infolge spontaner DANB-Aktivität zu erhöhter Angstanfälligkeit.

*Die Lateralkerne des Septums.* Wie bereits erwähnt, können die Lateralkerne des Septums den Medialkern hemmen. Bereits in den fünfziger Jahren hat man die Beobachtung gemacht, daß eine elektrische Reizung im menschlichen Septum zu einem Gefühl von Wachheit und Wärme führt (Pleasure-Reaktion). Diese Stimulation hat man damals benützt, um einen Homosexuellen an einem (heterosexuellen) Sexfilm Gefallen finden zu lassen [9]. Danach gelang ihm tatsächlich auch im heterosexuellen Verkehr ein Orgasmus. Experimente dieser Art haben den Verdacht aufkommen lassen, daß das Septum oder das in der Nähe liegende mediale Vorderhirnbündel mit sexuellen Bedürfnissen zu tun habe.

In einem weiteren Experiment wurde eine Epileptikerin durch Einbringen der Wirksubstanz Azetylcholin in die Gegend des Medialkerns zum Orgasmus gereizt. Der (mit Azetylcholin arbeitende) Medialkern ist übrigens mit einem Reflexzentrum des Mittelhirns verbunden [10], und zwar mit dem Nucleus interpeduncularis.

Dieses erhält auch Erregungen von der möglicherweise erotisch stimmenden Epiphyse (s. Abschnitt 7.1.2.).

Diese Beobachtungen müssen durch weitere Tatsachen ergänzt werden, die in diesem Zusammenhang Beachtung verdienen. Während des REM-Schlafs, der durch die DANB-Aktivität hervorgerufen wird, treten regelmäßig Penis- und Klitoris-Erektionen auf. Schließlich kann man bei vielen Affen beobachten, daß in Augenblicken hoher Alarmbereitschaft „sexfreie" Peniserektionen auftreten. Noradrenalin fördert die Ausschüttung gonadotroper Hormone, nicht jedoch des von Serotonin geförderten Hormons Prolaktin, das bei Tieren die Brunst hervorruft.

Es spricht also vieles dafür, daß eine gleichzeitige Erregung von Lateralkernen und Medialkern auch ohne sexuelle Motivation oder sexuelle Stimulation Erektionen hervorruft. Umgekehrt kann das Gefühl von Wachheit und Wärme (die Pleasure-Reaktion) in verschiedenen Situationen auftreten, auch bei sexueller Motivation. Die räumliche und funktionelle Nähe von „Angst-" und „Streichelkern" hat zu vielerlei weiterführenden Spekulationen Anlaß gegeben. Weitere dementsprechende Forschungen stehen aber noch aus.

### *8.1.3 Der Thalamus*

Auf Grund von Gesichtspunkten, die in den Abschnitten 6.1.3. und 7.2.5. erwähnt wurden, ist es sinnvoll, die Gehirnrinde (Kortex) als eine Art oberster Steuerzentrale anzusehen. Die Gültigkeit dieser Annahme wird jedoch eingeschränkt durch die große Bedeutung subkortikaler Regulationen. Diese legen aufgrund einer Eigendynamik die Aktivität der Gehirnrinde bis zu einem gewissen Grad bereits fest (s. dazu vor allem Abschnitt 8.1.1). Außerdem muß der Stellenwert kortikaler Informationsverarbeitung auch vor dem Hintergrund der ihm zur Verfügung stehenden Information gesehen werden. Tatsächlich stammen fast alle Nervenfasern, die den Kortex afferent versorgen, aus dem dorsalen Zwischenhirn, d. h. aus den Kerngebieten des Thalamus.

*Der Thalamus.* Die unterschiedlichen Aufgaben der unter dem Sammelnamen Thalamus zusammengefaßten Nervenzellenanhäufungen lassen sich z. T. nur schwer analysieren. Gemeinsam erfüllen sie die Funktion eines „Sekretariats" für das Großhirn.

Generell lassen sich die thalamischen Meldungen an das Großhirn klassifizieren nach unspezifischer, sensorischer Aufmerksamkeit, speziellen sensorischen Informationen, spezifischen motorischen Impulsen und allgemeinem Bewegungsantrieb. Die Informationen dazu erhält der Thalamus aus dem limbischen System (s. Abschnitt 6.1.4.) und aus der Formatio reticularis (s. Abschnitt 7.2.5.), aus allen Sinnesbereichen, aus dem Kleinhirn (das spezifische Informationen über aktivierte Bewegungsprogramme liefert) und aus dem Striatum (genauer: aus dem Pallidum, dem Ausgabeorgan des Striatum, s. Abschnitt 8.1.1.).

Die Verbindung von Formatio und limbischem System zum Kortex leistet die laterale Kerngruppe des Thalamus. Spezifische, sogar hinsichtlich ihres Herkunftsgebietes geordnete („topisch gegliederte“) Sinnesinformation, übermittelt der hintere Teil der ventralen Kerngruppe. Dazu muß man dann auch die beiden Kniehöcker (Corpora geniculata) rechnen, die Informationen aus Auge und Ohr vorverarbeiten und weiterleiten (s. Abschnitte 12.1.4. und 12.1.7.). Spezifische, topisch gegliederte motorische Informationen bringt der vordere Teil der ventralen Kerngruppe. Für allgemeinen Bewegungsantrieb ist die mediale Kerngruppe des Thalamus verantwortlich.

Drei weitere Kerngruppen sind hier bisher nicht aufgezählt worden. Die anterioren Thalamuskerne wurden bereits in Abschnitt 6.1.4. erwähnt. Die posterioren Thalamuskerne (Pulvinar) sind in ihrer Funktion unklar (s. Abb. 78). Wegen der Efferenzen zu den Sprachzentren kommt es bei Pulvinar-Reizungen oder -Läsionen jedenfalls zu Sprachstörungen. Der zentrale Thalamuskern (Centrum medianum) verbindet Kleinhirn und Striatum.

*Thalamustheorie der Emotionen.* Die Kenntnis der „Sekretariatsfunktionen“ des Thalamus hat schon frühzeitig zu der Frage geführt, welche Verarbeitung vom Thalamus selbständig durchgeführt wird. Aus dieser Frage entstand die Thalamustheorie der Emotionen. Sie wurde von dem bereits im Abschnitt 7.2.1. erwähnten Physiologen W. B. Cannon [11] begründet und von P. Bard [12] fortgeführt.

Diese Theorie baut auf der z. T. auch heute noch verbreiteten Ansicht auf, daß „niedere“ Zentren vor allem subhuman-animalische Funktionen ausführen. Emotionale Prozesse wären Ausdruck dieser Funktionen. Die Kernthese der Theorie ist die dem damaligen Zeitgeist entsprechende Doktrin, daß die übergeordnete, spezifisch menschliche Großhirnrinde die „niederen“ Funktionen zu beherrschen hat, d. h. im Regelfall hemmt.

Nach dieser Theorie würden die meisten Reize, die auf den menschlichen Organismus treffen, nicht vom Thalamus verarbeitet, sondern an den Kortex weitergeleitet werden. Die meisten Reize würden übrigens zu erlernten Reaktionen führen. Nur zwei Reizgruppen sollten eine Ausnahme bilden: Solche Reize, die zu unkonditionierten, d. h. biologischen Reaktionen führen, sowie sehr intensive Reize. Diese würden eine vom Kortex her wirkende Hemmbarriere überwinden und vom Thalamus selbst verarbeitet. In diesen Fällen wäre eine Art Kurzschluß vom Thalamus direkt zum Hypothalamus und damit zu angeborenen Koordinationen möglich.

Tatsächlich steht der Thalamus über einige Faserverbindungen mit dem Hypothalamus in Verbindung. Es handelt sich dabei einerseits um Fasern, die aus dem limbischen System Impulse über den Körperzustand liefern (und zwar über den Nucleus anterior thalami der anterioren Kerngruppe). Anderseits gibt es Fasern, die bei allgemeinem Bewegungsantrieb Erregungen melden (über den Nucleus medialis dorsalis der medialen Kerngruppe, s. Abb. 78). Beide Kerne erhalten keine direkten Afferenzen von

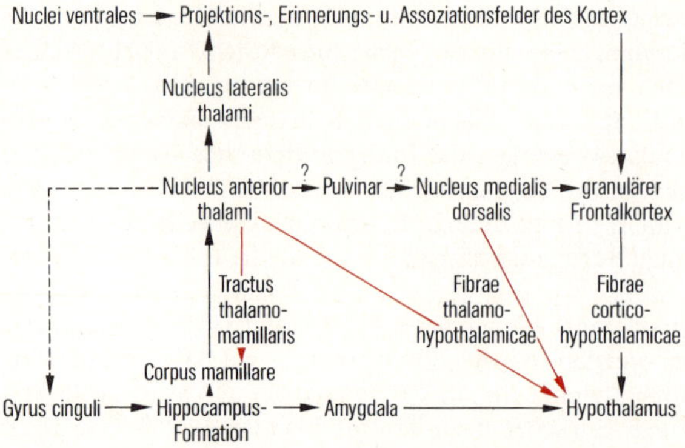


*Abb. 78* Die wichtigsten Kerne des Thalamus und die wichtigsten Afferenzen des Hypothalamus. Diese Abb. kombiniert und ergänzt die Abb. 60 aus Abschnitt 6.1.4. und die Abb. 62 aus Abschnitt 6.2.1. Die Bahnverbindungen der lateralen und medialen Kerngruppe sind im Text ausführlicher gekennzeichnet. Thalamohypothalamische Bahnen sind rot gezeichnet.

den Projektions-, Erinnerungs- und Assotiationsfeldern des Kortex, sondern nur hauptsächlich vom Gyrus cinguli bzw. vom Frontalkortex.

*Leukotomie.* Eine Durchtrennung der Faserbündel, die vom Nucleus medialis dorsalis zur frontalen Großhirnrinde ziehen, führt zu einer allgemeinen starken Antriebsdämpfung. Dieser Eingriff heißt Leukotomie (präfrontale Lobotomie). Er gehörte wegen seiner vergleichsweise einfachen Durchführung früher zu den am häufigsten durchgeführten psychochirurgischen Operationen. Dabei wurde der Schädel seitlich geöffnet (trepaniert) und durch Auf- und Abbewegen eines chirurgischen Messers (Leukotom) ein Großteil der hier befindlichen Fasermasse durchtrennt.

Angewendet wurde die Leukotomie bei schwersten Erregungszuständen und bei pharmakologisch nicht zu dämpfenden Schmerzen. Da heute die Pharmakotherapie weiter entwickelt ist, wird sie vorgezogen. Die Pharmakotherapie ist zwar prinzipiell reversibel, beeinträchtigt aber oft die Gesamtpersönlichkeit in zu tiefgreifendem Maße.

*Thalamische Selektionsmechanismen.* Der größte Teil des Thalamus ist in die afferenten Zuleitungen zum Kortex zwischengeschaltet („spezifische Thalamuskerne", vor allem die Ventralkerne). Ein anderer Teil ist den körpereigenen Regulationsmechanismen, die über das limbische System laufen, übergeordnet („unspezifische Thalamuskerne", z. B. Lateralkerne). In beiden Fällen ist die wichtigste Aufgabe des Thalamus wohl in einer selektiven Ausfilterung der durchlaufenden Information zu sehen. Dabei erfolgt die Auswahl nach Maßgabe von Erregungen, die der Thalamus von außen erhält. In den meisten Fällen handelt es sich dabei wohl um Erregungen aus der Großhirnrinde.

Die Filterfunktionen der Ventralkerne, insbesondere der funktionell (nicht anatomisch) dazuzurechnenden Kniehöcker (Corpora geniculata), wird in den Abschnitten 12.1.4. und 12.1.7. näher gekennzeichnet werden.

Die mediale Kerngruppe wirkt auf den Frontalkortex erregend und intensiviert manche seiner Antriebsmechanismen. Es ist wahrscheinlich sinnvoll, die Funktionen dieser Kerngruppe nicht so sehr in bezug auf ihre eigene Informationsauswahl, sondern in ihrer Wirkung auf die Informationsverarbeitung des nachgeschalteten Filters (nämlich des Frontalkortex) zu sehen.

Die Wirkung des thalamischen Filters in den „unspezifischen Thalamuskernen" auf die Steuerung differenzierter Körperreaktionen durch den Kortex wurde in einem Reizungsexperiment deutlich gemacht. Über dieses Experiment wird im nächsten Abschnitt 8.1.4. berichtet.

### *8.1.4 Situationswahrnehmung und Handlungsimpulse*

Die Art der Situationswahrnehmung ist von der Motivationslage abhängig. Die aus dem Thalamus stammende, afferente Erregung des Kortex enthält bereits nurmehr eine ausgewählte und (vor dem Hintergrund des stattfindenden Verhaltens) durch Vorentscheidungen bewertete Informationsmenge. Psychologisch interessant ist die Bewertung afferenter Information vor dem Hintergrund der Lernerfahrungen. Diese Art der Informationsverarbeitung erfolgt erst im Kortex.

Vereinfacht dargestellt, wird die Verhaltensregulation in jedem Augenblick durch zwei Randbedingungen entscheidend beeinflußt: durch die momentane Stimmungslage und durch einschlägige Verhaltensgewohnheiten. Beides läßt sich sowohl bei der Wahrnehmung wie bei der Handlung feststellen. Wir werden den Stimmungseinfluß schwerpunktmäßig in Abschnitt 8.1.5 und den der Verhaltensdisposition vor allem in Abschnitt 8.2.1 weiterverfolgen. Vorweg sind allerdings noch einige grundlegende Konzepte der Informationsverarbeitung zu erklären.

*Magda Arnold.* In Übereinstimmung mit den Beobachtungen von D. B. Lindsley [13] an EEG-Veränderungen unter verschiedenen situativen Bedingungen wies die Physiologin Arnold in theoretischen Überlegungen [14, 15] auf die Bedeutung der kortikalen Aufmerksamkeit und der kortikalen Bewertung für emotionale Reaktionen hin. Im Zusammenhang damit postulierte sie, in Abhebung von der Thalamus-Theorie, erregende kortikale Efferenzen auch zu vegetativen Steuerzentren.

*Das Konzept der Einschätzung (Appraisal).* Das Konzept der kortikalen Bewertung (Einschätzung) afferenter Information vor dem Erfahrungshintergrund kann empirisch leicht bestätigt werden. Psychophysiologisch wichtig ist die Tatsache, daß bei entsprechender Erfahrung biologisch irrelevante Reize (z. B. die Wahrnehmung des Emblems einer politischen Gruppe) zu physiologischen Bereitstellungsreaktionen führen können. Umgekehrt können auch massive (d. h. biologisch bedrohliche) Reize auf

Grund kortikaler Verarbeitung nur zu unauffälligen physiologischen Reaktionen führen.

Es ist nicht selbstverständlich, daß durch kortikale Voreinstellungen physiologische Reaktionen auf biologisch relevante Reize beeinflußt werden können. Experimente aus der Arbeitsgruppe um R. S. Lazarus geben Beispiele dazu [16, 17]. Ein Film, in dem rituelle Operationen an Geschlechtsteilen gezeigt werden, wurde drei Gruppen von je 23 Personen vorgeführt. Man hatte die sicherlich berechtigte Annahme, daß bis zu einem gewissen Grad eine Identifizierung mit den gezeigten Personen erfolgt.

Bei zwei der drei Gruppen wurde der Film kommentiert. Im Kommentar wurde erklärt, warum die Operation für die Betroffenen wohl nicht so sehr schmerzhaft ist. In diesen beiden Gruppen traten während der Filmbetrachtung geringere Veränderungen der Hautleitwerte auf (s. Abschnitt 4.1.7.), als bei kommentarloser Vorführung. Die geringsten Veränderungen (im Vergleich zu Ruhewerten) traten auf, wenn die Art der Informationsverarbeitung bereits durch eine einführende Kommentierung vor dem Film beeinflußt wurde (wie es in einer der beiden Experimentalgruppen der Fall war).

Die Autoren der Lazarus-Gruppe sprechen von einem „Kurzschließen", wenn eine emotionsinduzierende Situation zu einer (nur kognitiven) Informationsverarbeitung ohne besondere (peripher-physiologische) affektiv-emotionale Komponenten führt. Daß die situativen Variablen zur Kennzeichnung des Verhaltens dennoch einen gewissen Vorrang besitzen, wurde bereits in Abschnitt 6.1.1. betont.

Mit einer anderen Bezeichnung spricht der Neurophysiologe K. H. Pribram von „präparatorischen" Prozessen [18]. Darunter wird die Tatsache verstanden, daß neue Wahrnehmungen durch eine geeignete Verarbeitung in das Raster vorhandener Erfahrungen eingeordnet werden.

*Das Konzept des Coping.* Was für weitere Konsequenzen besitzen afferente Erregungen, wenn sie durch kortikale Instanzen gefiltert wurden? Das Spektrum der Möglichkeiten ist groß. Wahrnehmungen können einfach nur den Erfahrungshintergrund erweitern (sie werden „zur Kenntnis" genommen). Sie können zum Abruf bereits erlernter Handlungsprogramme führen (dabei werden die jeweils benötigten Körperorgane aktiviert). Die Ungewohntheit von Reizen (weil selten oder besonders intensiv) kann aber auch zu Verarbeitungsschwierigkeiten führen.

Emotionen sind keineswegs nur als Relikt unserer stammesgeschichtlichen Entwicklung anzusehen, das für effektives (d. h. unserer gegenwärtigen Umwelt angepaßtes bzw. rasch zielführendes) Verhalten eher hinderlich ist. Vielmehr sind die peripher-physiologischen Prozesse zur Vorbereitung etwaiger rascher und motorisch-aktiver Verhaltensweisen notwendig. Die emotional-kognitiven Prozesse enthalten in der Regel Impulse, die auch Möglichkeiten eines etwaigen Einsetzens von Körperkoordinationen reflektieren. Emotionale Handlungsimpulse können als Signale kommunikativen Wert erhalten bzw. als Testoperationen neue Informationen bringen. Auf einer bestimmten theoretischen Ebene sind die Begriffe „Emotion" und „Verhalten" überhaupt nicht mehr zu trennen (s. dazu Abschnitt 6.1.1.).

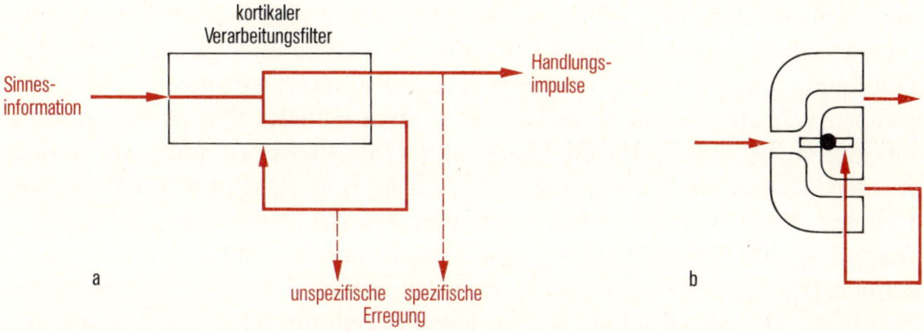


*Abb. 79* Appraisal und Coping. Einschätzung der Sinnesinformation (Appraisal) erfolgt über einen kortikalen Verarbeitungsfilter. Dieser Filterprozeß dauert beim Coping etwas länger, weil erst eine aufwendigere Anpassung des Filters an die ungewohnte Situation erfolgen muß. a) Diese Skizze ergänzt den linken Teil von Abb. 56 aus Abschnitt 6.1.2. b) Ein anschauliches, aber nur quantitatives Modell für einen derartigen Verarbeitungsmechanismus.

Den Beispielen, in denen Emotionen zu ineffektivem Verhalten führen, sind andere entgegenzuhalten, wo Emotionslosigkeit zu Bewältigungsproblemen führt (s. auch Abschnitte 6.1.1 und 9.1.1). Jedenfalls sind leistungsvorbereitende, -begleitende und -bewertende Emotionen Bestandteile der Leistungskompetenz.

Die Annahme, daß Verarbeitungsschwierigkeiten auftreten können, hat zum Konzept des Coping geführt. Unter Coping (Bewältigungsreaktionen) versteht man alle Prozesse, die in Gang gesetzt werden, wenn eine „direkte" (d. h. nichtemotionale) Reizverarbeitung nicht möglich ist (s. dazu auch die Abschnitte 8.1.2., 8.2.1. und 10.2.5.). Ein wichtiges Kennzeichen dafür ist die vorsorgliche Aktivierung vieler Organsysteme oder die Aktivierung von Organsystemen, die für die Reizbeantwortung nicht eingesetzt werden.

Die Voraussetzung für jede kortikal gesteuerte Neuorientierung ist allerdings die Aktivierung des „behavioral inhibition system" (s. Abschnitt 8.1.2.). Viele Copingprozesse werden daher von Angstgefühlen begleitet oder zumindest eingeleitet. Effektive Bewältigung ist nur bei entsprechenden motorischen Impulsen möglich. Die Aktivierung des nigro-striatalen Systems ist in diesem Sinne eine Voraussetzung für die überdauernde Neuformierung effektiver Bewältigungsstrategien.

Den „präparatorischen" Prozessen stellt Pribram „partizipatorische" Prozesse gegenüber, die die Anpassung des Organismus an bisher ungewohnte Bedingungen ermöglichen soll [18].

Verarbeitungsschwierigkeiten bei ungewohnten Reizen können verschiedene Ursachen haben. Einige Aspekte dazu werden in Abschnitt 8.2.2. behandelt werden.

*Positive Emotionen.* In der Emotionspsychologie werden positive Emotionen wie Zuversicht, Spaß und Freude nicht sehr häufig thematisiert. Sie gelten als erwünschter „Normalfall“ und werden oft nur im Zusammenhang mit ihrer leistungs- und lernerfolgsverbessernden Wirkung diskutiert. Geht man davon aus, daß viele Funktionen des Organismus nur unter Beanspruchung normal ablaufen, so ist anzunehmen, daß positiv getönte emotionale Zustände durch Über- und Unterbeanspruchung verhindert werden und es zu Belastungsreaktionen kommt. Dagegen dürfte es bei Beanspruchung vor allem drei Arten von positiven Emotionen geben [19]: Infolge positiver Einschätzung einer Situation, z. B. durch die Angemessenheit (den „Reiz“) einer Beanspruchung oder durch die Hoffnung auf Erfolg (z. B. Zuversicht); durch Unterbrechung oder Ablenkung bei belastenden Bewältigungsreaktionen (z. B. Spaß); beim Erlebnis einer Bewältigung und beim Eintritt in die Phase der Regeneration (z. B. Freude).

### *8.1.5 Selbstwahrnehmung und emotionale Reaktion*

In den Abschnitten 6.1.1. und 6.1.2. wurde auf den engen Zusammenhang zwischen peripheren Körperprozessen und (emotionalen) Denkprozessen hingewiesen. Dieser Zusammenhang wurde als spezifische physiologische Wechselwirkung zwischen kortikalen und subkortikalen Prozessen interpretiert. Er wurde bei Besprechung der Hierarchie autonomer Regulationen in den weiteren Kapiteln für verschiedene, mehr oder minder grobe Kategorien des Verhaltens aufgezeigt.

Eine auch in psychophysiologischen Untersuchungen immer wieder bestätigte Alltagserfahrung ist z. B., daß periphere Erregungsprozesse in Wartesituationen subjektiv stärker wahrgenommen werden, als im Verlauf von Tätigkeiten.

Bei der Besprechung afferenter Erregungen innerhalb der autonomen Regulationen ging es zuletzt in Abschnitt 8.1.3. um die Informationsverarbeitung in der dem Kortex unmittelbar vorgeschalteten Instanz, dem Thalamus. Mit der Einbeziehung von Umweltinformation durch die im vorigen Abschnitt 8.1.4. beschriebenen Mechanismen sollte es möglich sein, den Zusammenhang zwischen Körper- und Denkprozessen schon für sehr spezielle Verhaltensweisen zu diskutieren.

*Ein Experiment von Delgado* [20]. Die laterale Kerngruppe des Thalamus gehört zu den „unspezifischen“ Thalamuskernen. Sie meldet den aktualen Stand der stattfindenden Körperregulationen an den Kortex (u. zw. vom limbischen System und von der Formatio reticularis, s. Abschnitt 8.1.3.). Delgado hatte einem Affen, einem Makaken-Weibchen mit den Namen Lina, eine Reizelektrode im Nucleus lateralis posterior eingepflanzt.

Wenige Sekunden Reizung pro Minute genügten, um das Versuchstier in einen Zustand zu versetzen, in dem es Laute ausstieß, sich leckte und eine besondere motorische Aktivität entfaltete. Außerdem begünstigte die Reizung in Gegenwart eines Artgenossen aggressive Verhaltensweisen.

Lina war Mitglied in drei verschiedenen Affengruppen, wo sie jeweils einen anderen sozialen Rang besaß. In der Gruppe, in der sie einen hohen Rang innehatte, zeigte sie neben den erwähnten Begleitsymptomen 79 Aggressionen während des Versuchszeitraums. Dabei war sie selbst nie angegriffen worden. In der Gruppe, in der sie den niedrigsten Rang einnahm, war sie trotz Reizung und Begleitsymptomen im gleichen Zeitraum nur ein einziges Mal aggressiv, obwohl sie 24mal angegriffen wurde.

*Ein Experiment von Marañon* [21]. Ein damit durchaus vergleichbares Experiment war schon über vierzig Jahre früher an Menschen vorgenommen worden. Damals hatte man nicht elektrisch gereizt, sondern den zentral erregenden Wirkstoff Adrenalin injiziert (s. Abschnitt 7.1.5.). Die meisten Personen berichteten dabei nur von Erregung, nicht von „echten" Gefühlen. Nur wenn während der Adrenalinwirkung gesprächsweise bestimmte Gedächtnisinhalte aktiviert wurden, kam es zu emotionalen Reaktionen, die intensiver waren als ohne die Adrenalinwirkung.

*Ein Experiment von Schachter und Singer* [22]. In einem vielzitierten Experiment wurde an 184 Studenten vorgeblich die Wirkung eines Vitaminpräparats geprüft. Einem Teil der Probanden wurde die zentral erregende Wirksubstanz Adrenalin gespritzt (s. Abschnitt 7.1.5.). Der andere Teil erhielt ein physiologisch unwirksames Leerpräparat (Placebo). Alle Probanden wurden hierauf in einer Wartesituation emotional stimuliert. Um die Aussagekraft des Experimentes zu erhöhen, wurde teils eine fröhliche, teils eine ärgerliche Stimmung induziert. Anschließend wurden alle Probanden über die Intensität ihrer Gefühle befragt. Ihr Verhalten während der Wartesituation war außerdem beobachtet und registriert worden.

Nur jeder zweite Adrenalin-behandelte Proband war über die erregende Wirkung des Präparats aufgeklärt worden. Gerade diese Probandengruppe zeigte aber ein völlig anderes Verhalten als die übrigen Versuchsteilnehmer. Weder waren sie spontan sonderlich aktiv, noch ließen sie sich von anderen in der Wartesituation zu Aktivitäten anregen. Sie berichteten auch nur über schwache Emotionen. Das Verhalten der uninformierten Adrenalin-behandelten Personen unterschied sich von dem der Placebobehandelten nicht wesentlich. Das Wissen um die erregende Wirkung des Adrenalins hatte in der betreffenden Gruppe wohl zu einer Gegenregulation geführt. Wo Erregung ohne dieses Wissen auftrat, wurde es entsprechend der sonst verfügbaren Information über die Situation, in der man sich befand, gedeutet und in Handlungen umgesetzt.

Ein scheinbar Erregung produzierendes Placebo kann bei nichtängstlichen Personen zur Beruhigung führen [63]. Eine unerklärliche Erregung ängstigt hingegen [64].

Die Autoren selbst interpretieren die Ergebnisse ihres Experimentes anders. Sie stellten die Tatsache in den Vordergrund, daß die nicht informierte Adrenalin-Gruppe emotional stark reagierte. Daß die Placebo-Gruppe ebenso stark reagierte, erklären sie mit Zusatzannahmen. Differenzen in der Beschreibung zu erwartender Symptome beeinflussen die Emotionalität mehr (s. auch das folgende Experiment von Valins und Ray) als Unterschiede in Hinweisen auf mögliche Erregungsursachen [65]. Ihre Interpretation entstand dadurch, daß die Autoren von der Annahme ausgingen, es gäbe nur eine unspezifische vegetative Erregung, die je nach Situation kognitiv gedeutet wird.

Freilich scheint das Experiment die Annahme der Autoren zu bestätigen, daß die physiologischen Rückmeldungen nur auf einer Dimension variieren. Allerdings hat Adrenalin auch eine starke zentralnervöse Wirkung. Es wirkt hier jedoch nicht in einer gefühlsrelevanten Dimension, sondern erhöht die kortikale Wachheit. Eine Droge jedoch, die ängstliche Anspannung bewirkt, führt auch in ärgerlichen Situationen zu Angstgefühlen [66].

*Ein Experiment von Valins und Ray* [23]. Man kann nicht nur die körpereigenen Reize, sondern deren Wahrnehmung bzw. Einschätzung experimentell manipulieren. Der Effekt ist ähnlich. Eine Manipulation dieser Art geschieht am einfachsten in einer Biofeedback-Anordnung (s. dazu Abschnitt 4.2.6). Im Experiment werden dabei in einer Desensibilisierungssituation geringere Werte rückgemeldet, als die Meßinstrumente anzeigen. Da sie wohl als bedeutungslos eingeschätzt werden, können andere Informationen Gegenstand der kortikalen Verarbeitung werden (man wurde gewissermaßen „beschwichtigt“, die Aufmerksamkeit wurde abgelenkt). In der Folge beruhigen sich die physiologischen Werte meist tatsächlich. Für diesen Erfolg spielt es keine Rolle, wenn die Klienten an der Unfehlbarkeit der Technik zweifeln.

*Emotion als Prozeß.* Im letzten Abschnitt 8.1.4 sind die Begriffe Appraisal und Coping als Bezeichnungen für Ablaufschritte innerhalb eines kognitiven Prozesses eingeführt worden. Die entsprechenden Teilprozesse kann man sich in neuronalen Instanzen lokalisiert denken, die für Wahrnehmungsfilterung bzw. Handlungssteuerung verantwortlich sind. Bereits im letzten Abschnitt wurde auf die Wechselwirkungen aufmerksam gemacht, die dabei auftreten. Dazu kamen in diesem Abschnitt Einflüsse durch die Selbstwahrnehmung bzw. durch den Prozeß der Selbsteinschätzung. Eine symbolisierende Veranschaulichungshilfe für das Zusammenwirken dieser Faktoren soll Abb. 80 geben. Danach wird die zeitliche Dynamik neben den Kognitionen und den aktivierten Körperreaktionen zum dritten determinierenden Problemfeld in der Emotionspsychologie.

Man kann davon ausgehen, daß körperliche Zustände oft langsamer wechseln als Kognitionen. Dadurch können noch andauernde Erregungsprozesse nachfolgende Emotionen wesentlich beeinflussen („Exzitations-Transfer“ [67]) und –

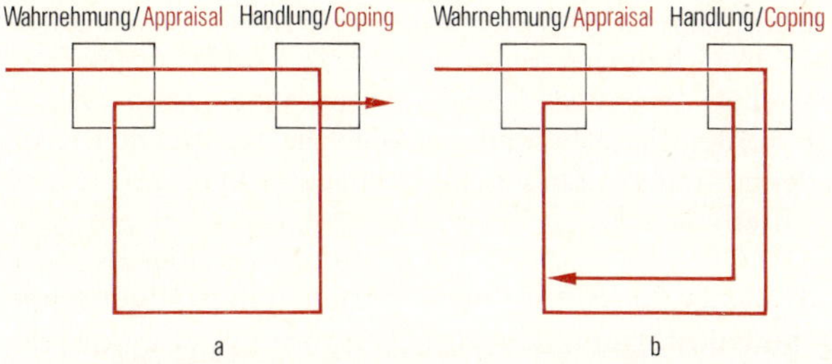


*Abb. 80* Emotion als Prozeß. Wahrnehmungen führen zu Verarbeitungsimpulsen. Dabei handelt es sich um Bereitstellungsprozesse („physiologische Ebene"), Handlungsimpulse („motorische Ebene") und kortikale Erregungsimpulse („kognitive Ebene"). Alle drei Arten von Verarbeitungsimpulsen führen mehr oder weniger direkt zu einer Veränderung der Wahrnehmungen. Physiologische (d. h. peripher-vegetative) und kognitive (d. h. kortikale) Rückwirkungen sind psychophysiologisch von besonderem Interesse. Sie sind als Rückführung der roten Linie über den unteren Teil der Zeichnung eingetragen. Es handelt sich dabei um nervale (und zwar kortikale und subkortikale) Erregungsprozesse. a) Extremfall der direkten Reaktion (nach entsprechender Aktivierung kommt es zur Handlung). b) Extremfall der Handlungsunfähigkeit aus emotionalen Gründen (kognitive und peripher-physiologische Rückmeldungen verhindern effektives Handeln).

etwa im Gegensatz zum Experiment von Valins und Ray – durch diese sogar zu wechselseitigen Stabilisierungen führen.

Für die in der Abb. 80 veranschaulichten Extremfälle ist wohl die Funktion der beiden, zu Beginn dieses Kapitels 8.1 besprochenen, subkortikal-kortikal wirkenden Systeme (das dopamin-erge nigro-striatale System und das noradren-erge Dorsalbündel) von ausschlaggebender Bedeutung.

## 8.2 Psychosomatische Phänomene

### *8.2.1 Streß 3: Emotionale Belastung*

In Abschnitten 8.1.4. und 8.1.5. wurde angedeutet, wie individuelle Erfahrungen die Tätigkeit der Großhirnrinde beeinflussen, und damit die Steuerung von Körperreaktionen in verschiedenen Situationen mitbestimmen. Der Zusammenhang von kognitiven und peripheren Prozessen ist Gegenstand der Emotionstheorie. Für Körperreaktionen auf Belastung wurde schon früher (Abschnitt 7.2.2.) festgestellt, daß sie erfahrungsabhängig sind. Es ist daher sinnvoll, sie als Teilgebiet der Emotionstheorie anzusehen. Vielfach unterscheidet man erfahrungsunabhängige Belastungsreaktionen („biologischer Streß" oder nur „Streß") von erfahrungsabhängigen Belastungsreaktionen („emotionale Belastung" oder nur „Belastung").

Die unter Belastung auftretenden Emotionen können sich voneinander unterscheiden und verschiedene Bezeichnungen tragen, wie Angst, Furcht, Ärger, Ekel usw. Sie lassen sich unschwer als „negative“ Emotionen zusammenfassen. Gegenstand der Streßforschung werden sie insbesondere, wenn die auslösenden Reize intensiv sind, immer wieder auftreten und/oder lange andauern. Man spricht dann auch von „emotionalem Streß“.

*Erste Einschätzung.* Belastende Situationen haben eine Eigenschaft gemeinsam: Sie sind ungewohnt, zumindest zum Zeitpunkt des Beginns der Belastung. „Ungewohnt“ hat einen qualitativen Aspekt (räumlich oder zeitlich seltene Reizkonfigurationen) und/oder einen quantitativen Aspekt (zu stark, zu schwach). Danach lassen sich vier Bestimmungsstücke für belastende Situationen aufzählen („was“ belastet): Völlige Neuheit, Uneindeutigkeit (Ambiguität), Intensität und zeitliche Nähe. Qualität und Intensität der Belastungsreaktionen hängen außer von den Eigenschaften der Belastungssituation auch davon ab, welche kortikalen Tätigkeiten durch welche Erfahrungen beeinflußt werden.

Bereits die Existenz oder der Ausprägungsgrad der Bestimmungsstücke für Belastung ist von der individuellen Situationswahrnehmung abhängig (s. Abschnitt 8.1.4). Beeinflußt werden sie z. B. durch Kenntnisse über Ursachen und mögliche Konsequenzen, durch Normen oder individuelle Schwellenwerte und durch persönliches Engagement (Motivation).

Mit der ersten Einschätzung der Situation werden auch erste vorbereitende Körperprozesse in Gang gesetzt (unspezifische Aktivierung und erste, reflexartige Handlungsimpulse). Diese können bei entsprechenden Vorerfahrungen durchaus spezifische Komponenten aufweisen.

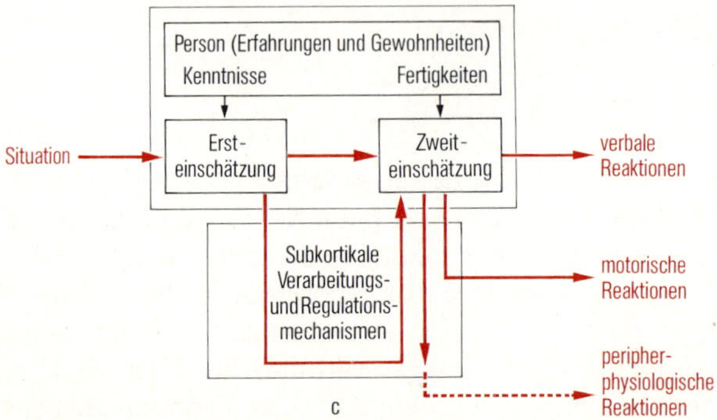


*Abb. 80c* Vereinfachte Darstellung eines „emotional response systems (ERS)“ nach Averill, Opton und Lazarus [25]. Zusätzlich wird durch die Reaktion die Situation permanent verändert. Die entsprechenden Rückführungen sind der Übersichtlichkeit halber weggelassen. Weitere Erklärungen im Text.

*Zweite Einschätzung.* Den Verarbeitungsprozessen, deren Qualität mehr durch die situativen Gegebenheiten bestimmt sind, stellt der Emotionspsychologe R. S. Lazarus [24] formal Verarbeitungsprozesse gegenüber, deren Qualität mehr durch die situationsrelevanten Fertigkeiten der handelnden Personen bestimmt sind (Abb. 80 c). Man kann dabei (als Bestimmungsstücke dessen, was man „tun kann“) nach dem Repertoire der Mittel unterscheiden, die eingesetzt werden sollen, sowie nach der Art, wie diese Mittel angewandt werden.

Vom Standpunkt der (behavioristischen) Verhaltenstheorie werden hier die (eigentlich meßbaren) Persönlichkeitszüge wirksam. Fertigkeiten, Motive und klassische Persönlichkeitsvariablen stehen hier als Determinanten im Vordergrund. Eine wichtige Komponente stellt dabei allerdings auch die Bewertung der rückgemeldeten Körperinformation (s. Abschnitt 8.1.5.).

*Effektives und ineffektives Coping.* Coping kann auf der Ebene des beobachtbaren („offenen“) Verhaltens stattfinden oder (als „kognitives Coping“) als intrapsychischer, d. h. also zerebraler Prozeß (der nicht, nicht wesentlich oder nicht unmittelbar zum offenen Verhalten beiträgt). Traditionellerweise klassifiziert man offene Copingstrategien nach den bei Tieren beobachtbaren Bewältigungsreaktionen: Totstellen, Herangehen, Zurückziehen. Jedoch bereits bei Tieren mit größerer Lernfähigkeit muß zumindest noch eine dritte Klassifikationskategorie berücksichtigt werden, die aus der Möglichkeit zur Kommunikation mit Intentionsbewegungen (Ausdruck) resultiert: Verstärkter sozialer Kontakt, z. B. Hilferufe. Dies gilt um so mehr für den Menschen, z. B. Tendenz, Gefühle mimisch oder verbal zu äußern, also den differenzierten Einsatz nicht grob-motorischer Reaktionen.

Direkte, effektive Bewältigung kann aus zwei Gründen erschwert sein. Der eine Grund betrifft die zur Verfügung stehenden Informationen. Es kann ein Mißverhältnis aus wahrgenommenen Anforderungen und wahrgenommenen Bewältigungsmöglichkeiten existieren [26]. Der andere Grund betrifft die Art, wie Ressourcen be- und verarbeitet werden. Dabei kann es sich einfach um ein Kapazitätsproblem handeln. Ist die kortikale Informationsverarbeitung gerade mit der Verarbeitung von Informationen beschäftigt, die als dringlich bewertet wurden, so mangelt es an Aufmerksamkeit und Kapazität für ein zusätzlich anfallendes Problem [27, 28].

Regulationsmechanismen, die durch die Zweiteinschätzung in Gang gesetzt werden, können ineffektiv sein und dennoch immer wieder eingesetzt werden. Der Grund dafür kann darin liegen, daß sie zu Scheinerfolgen („Zufallsverstärkung“) führen, oder weil vor allem Informationen gesehen werden, die andere Strategien nicht zulassen („Fixierung“). In beiden Fällen könnte man von „emotionalen Blockaden“ sprechen.

Die Informationsverarbeitungsprozesse, die hier wirksam werden, können ebenfalls als Filterprozesse aufgefaßt werden (anfallende Information wird nach Maßgabe der im Nervennetzwerk gespeicherten Information weitergereicht). Derartige Vorgänge werden in den Abschnitten 10.2.4. bis 10.2.6. näher besprochen werden. Wenn dabei vor allem die kognitiven (d. h. also kortikalen und weniger die subkortikal-peripheren) Reaktionen im Vordergrund stehen, spricht man auch von Problemlösen. Die in diesem Zusammenhang angeführten Mechanismen dienen auch der hier besprochenen Informationsverarbeitung.

*Reappraisal.* Der Erfolg der Bewältigungsreaktionen wird in der Regel durch fortgesetzte Wahrnehmung der Situation und deren Veränderungen registriert [29] und bewertet (self-efficacy [55] bzw. subjektive Effizienz [68]). Rein formal kann man von einer fortwährenden Neueinschätzung (Reappraisal) sprechen. Ihr Mechanismus unterscheidet sich jedoch nicht von den bisher besprochenen. Vielmehr ist Wahrnehmen und Handeln als ein ständiger, sich wechselseitig bedingender Prozeß zu sehen.

Insbesondere die Annahme eines Reappraisal und der damit verbundenen langsamen Anpassungsprozesse läßt sich gut mit den theoretischen Annahmen der in Abschnitt 10.2.4 vorgestellten Modelle der Verarbeitung durch neurale (vor allem kortikale) Netzwerke vereinbaren. In Abschnitt 10.2.6 wird dann ausführlicher über wechselnde Handlungsziele, Kosten-Nutzen-Relationen und die Wahrnehmung einer Problemlösung berichtet.

Ineffektives (im Sinne von nicht zielführendem) Coping kann scheinbar effektiv sein, wenn die Belastungsursache aus Gründen verschwindet, die nicht mit der individuellen Interaktion zusammenhängen. Bleibt die Belastung bestehen, so führt das Reappraisal erneut zu kognitivem Coping, wie es am Ende des letzten Abschnitts 8.1.5 beschrieben wurde. Der emotionale Zustand dauert an.

Objektive Effizienz-Beurteilungen von Copingprozessen stehen in Analogie zu den Bestimmungen des Wirkungsgrades (s. Abschnitt 4.1.2) von Energie-Umsetzungs-Prozessen. Sie setzen die objektive Produktion eines arbeitenden Systems ins Verhältnis mit dessen Verbrauch (Ertrag/Aufwand). Die objektive Nutzleistung (also die Effektivität) wird aus einer Verrechnung von positiven und negativen Folgen ermittelt. Für die Effizienz-Beurteilung wird die Effektivität zum Verbrauch an inneren (z. B. physiologischen) und äußeren Ressourcen (z. B. Zeit) ins Verhältnis gesetzt. Ob kurz- oder langfristige, bereichsspezifische oder übergreifende Handlungskonsequenzen als Ressourcen-Verbrauch oder etwa als negative Folge anzusehen sind, wird je nach Betrachtungsstandpunkt wechseln.

In klassischen Leistungssituationen können Leistungsparameter Auskunft über die Effektivität von Strategien geben. Dann läßt sich die Verarbeitungseffizienz und damit z. B. Streß oder Ermüdung als Belastungsfolge, durch ein geeignetes Verhältnismaß [56] aus Anstrengungs- und Leistungsparametern indizieren. Psychophysiologische Parameter für die Anstrengung kann dabei die Herzrate liefern (s. Abschnitt 4.2.3).

*Copingstrategien.* Was die peripher-physiologische Komponente angeht, so kann sie nur im Zusammenhang mit kognitiven Prozessen interpretiert und vorhergesagt werden. Für das Verhalten von Personen vor einer Leistungssituation sind z. B. mehrere Fälle denkbar [54]. Zunächst muß man Personen annehmen, die der zu erwartenden Leistung überlegen oder gleichgültig gegenüberstehen. Für die Gleichgültigen ist zu erwarten, daß sie subjektiv und objektiv die geringste Erregung besitzen und schlechte Leistungen erbringen werden.

Andere Personen, vor allem ängstliche, fühlen sich unter den genannten Umständen vielleicht herausgefordert und reagieren besorgt-aufgeregt und mit sehr hoher peripher-physiologischer Erregung. Beim Leistungsvollzug ist die Selbsteinschätzung ihrer Kompetenz in der Regel positiv.

Schließlich ist eine Personengruppe zu erwarten, die latent überfordert ist und, bei mittlerer peripher-physiologischer Erregung, eine innere Nervosität empfindet. In der Leistungssituation beachten diese Personen ihre Nervosität nicht und suchen in der Regel auch nicht aktiv nach sozialer Hilfe.

Keine der beiden letztgenannten Strategien ist für sich gesehen effektiver (zielführender) oder effizienter (ökonomischer). Dies kann je nach Situation (Vorbereitungszeit, Aufgabenschwierigkeit) oder Einbettung in die individuellen Handlungspläne anders sein. Man findet zwar individuelle Strategievorlieben (Stile), doch sind sie im Hinblick auf die erstgenannten Verhaltensmöglichkeiten je nach Motivations- oder Kenntnislage in verschiedenen Bereichen unterschiedlich zu erwarten.

Eine Bevorzugung einer der beiden letztgenannten Antwortreaktionen in Bereichen, in denen eine leistungsfordernde Beanspruchung erwartet wird, läßt sich vermutlich aufgrund hoher Angstneigung bzw. hoher Tendenz zur Senkung des Leistungsanspruchs unter Belastung vorhersagen [69].

Unter Einbeziehung der in den Abschnitten 6.1.3 bzw. 15.2.2 erklärten Verhaltensklassen weist die eine, ,,sensitive" Strategie deutliche Anzeichen von hoher Explorationstendenz unter Vorhersage erhöhter Blutdruckreagibilität auf. Die andere, ,,defensive" Strategie könnte als Dominanz von zurückgezogenem Orientierungsverhalten interpretiert werden.

Wie bereits durch Abb. 56 in Abschnitt 6.1.2 nahegelegt, sind die Selbsteinschätzung der eigenen Kompetenz und der Umgang mit der eigenen Erregung zentrale Variablen im emotionalen Prozeß. Sie sind charakteristisch für die Person und determinieren die Person-Situations-Interaktion. Sie bestimmen mit die Leistung und müssen bei einer Intervention berücksichtigt werden (Bedenken sollen keinen Grund finden, man soll sich von der Erregung tragen lassen dürfen).

### *8.2.2 Individualspezifische emotionale Reaktionen*

*Verarbeitung von Situationsinformationen.* Extreme Situationen lassen eine sehr spezifische Reaktion erwarten. Dies trifft aber nicht einmal für die in Abschnitt 6.1.2. erwähnten klassischen, emotionsauslösenden Situationen zu [30]. Es müssen dabei auch nicht unspezifische Streßreaktionen beobachtbar sein. Statt dessen kann man registrieren, daß einige Personen ein bestimmtes emotionales Reaktionsmuster in den verschiedensten Situationen zeigen und andere Personen ein anderes (individualspezifische emotionale Reaktionen) [31].

Die Erklärung dafür ist nicht ganz einfach. Wenn es sich dabei nicht um eine biologische Streßreaktion handelt, müssen Lernerfahrungen mit im Spiel sein. Je situationsunabhängiger eine individualspezifische Reaktion ist, desto mehr drängt sich der Verdacht einer genetisch mitbedingten Organreagibilität auf. Tritt eine individualspezifische Reaktion bevorzugt in einer bestimmten Klasse von Situationen auf, so handelt es sich mit Sicherheit um eine Gewohnheitsbildung. Diese kann durch ineffektive Zweiteinschätzung entstanden sein, d. h. durch einen Bewältigungsversuch. Ist eine emotionale Reaktion erst einmal zufallsverstärkt oder aus anderen Gründen fixiert (s. dazu Abschnitt 8.2.1.), so ist sie später bereits Bestandteil der Ersteinschätzung, d. h. der Situationswahrnehmung. Ein wichtiger Mechanismus dabei kann das Lernen am Modell sein, ein Faktor, der das Entstehen vieler psychosomatischer Fehlregulationen besser verstehen läßt [32]. Zusammenfassend kann man von individualspezifischer emotionaler Verarbeitung von Situationsinformationen sprechen.

Die eben beschriebenen Vorgänge, die zu habituellen, generalisierenden emotionalen Reaktionen führen können, haben noch eine besondere Eigenschaft: Sie wirken selbstverstärkend. Tritt nämlich unter etwas veränderten Bedingungen die erwartete peripher-physiologische Reaktion nicht auf, so genügt deren Erwartung vielfach, um sie hervorzurufen. Die daraus entstehende Emotion bestätigt die Erwartung (s. dazu auch das Experiment von Valins aus Abschnitt 8.1.5.).

Situationen, aber auch nur Hinweisreize, lassen Vorstellungen entstehen, die individualspezifisch unterschiedlichen Charakter haben können. Da gerade auch vorstellungsinduzierte emotionale Zustände bereits differenzierte physiologische Begleitreaktionen besitzen können (s. Abschnitt 4.2.3), ist hierin ein wichtiger Faktor für das Entstehen psychosomatischer Phänomene zu sehen.

Während Herzrate und systolischer Blutdruck unter Ärger- und Angstvorstellungen gleicherweise ansteigt, ist in der Regel der diastolische Blutdruck vor allem unter Ärgervorstellungen erhöht [70].

*Verarbeitung von Körperinformationen.* Es sei einmal von der Qualität der von der Regulation der Körperperipherie rückgemeldeten Informationen abstrahiert, was im Bereich der „negativen“ Emotionen wohl zulässig ist. Dann kann man in der Selbstwahrnehmung nach der Intensität der wahrgenommenen Erregung differenzieren. Grundsätzlich sind bei hoher Erregungsintensität zwei extrem gegensätzliche Verarbeitungsstrategien denkbar, für die es eine situationsunabhängige Bevorzugung geben kann. Entweder ist das Ziel der kognitiven Prozesse primär ein Abbau der Erregung, wozu dann auch meist ineffektive Ausweichstrategien im offenen Verhalten zählen („Abwehr“), oder es werden unabhängig vom tatsächlichen Grad der wahrgenommenen Erregung vorsorglich Strategien entworfen, um Belastungen fernzuhalten („Sensibilisierung“). Beides ist Ausdruck einer Art von Selbstunsicherheit. Jedenfalls kann man von einer individualspezifischen Art emotionaler Verarbeitung von Körperinformation sprechen.

Dabei handelt es sich um theoretische Konstrukte, für die man einige mehr oder weniger kennzeichnende, typische Verhaltensweisen aufzählen kann. So wäre einerseits zu erwarten, daß „Abwehrer“ (besser: Represser) in belastenden Situationen kognitive Stragegien anwenden werden, damit ihre (meist tatsächlich leicht ansteigende) unspezifische Erregung nicht über einen bestimmten Wert steigt. Andererseits hat sich gezeigt, daß „Sensibilisierer“ (besser: Sensitivierer) leichter dazu tendieren, in belastenden Situationen ihre Gefühle durch Interaktion mit der Umwelt zu verarbeiten (s. Abb. 81).

In einer Situation, die unzweideutig aversiv ist, wird die unspezifische physiologische Erregung für beide Personengruppen hoch liegen. Doch dann ist die Wechselwirkung zu motorisch-aktivem Handeln unterschiedlich. Represser werden spätestens dann aktiv, wenn sie ihre Erregung nicht mehr konstant halten können, Sensitivierer beruhigen sich bereits, wenn sie eine Möglichkeit für effektives Handeln sehen (s. dazu die „Abbrecher“ in Abb. 81). In eindeutig aversiven Situationen ist auch der Unterschied in der Verbalisierungstendenz sicherlich nur unbedeutend. Er wird dagegen in uneindeutigen Situationen zunehmen.

*Individualspezifische Epiphänomene.* Als individualspezifische Extremfälle emotionalen Verhaltens wurden bisher genannt: undifferenzierte emotionale Verarbeitung von Situationsinformationen und undifferenzierte Bewertung (d. h. Über- bzw. Unterbewertung) von Körperinformationen. Diese Arten der Verarbeitung können zu gut beobachtbaren Epiphänomenen führen, deren eigentliche Ursache aber in einem oder in mehreren der Faktoren zu suchen sind, die vor allem in Abschnitt 8.2.1. angedeutet wurden.

Ein Epiphänomen bei ausgeprägter individualspezifischer Verarbeitung von Situationsinformationen ist das „emotionale Analphabetentum“ (Alexithymie oder Alexie). Der betroffene Personenkreis kann nur schwer die ihn bewegenden Gefühle verständlich mitteilen [34]. Statt dessen entsteht

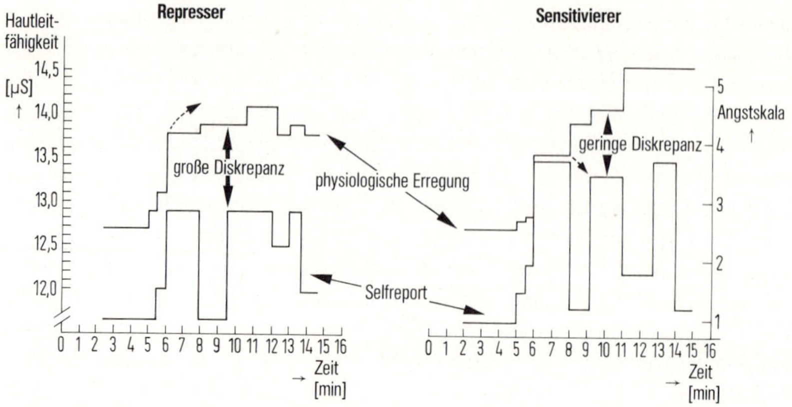


*Abb. 81* Einer Gruppe von 28 Repressern und 14 Sensitivierern wurde ein belastender Film (in der Art des in Abschnitt 8.1.4. erwähnten Experiments) vorgeführt. Die unspezifische Erregung wurde als Hautleitfähigkeit gemessen, die ausgedrückten Angstgefühle durch einen Fragebogen erhoben. Dargestellt sind die Verlaufskurven der Gruppenmittelwerte nach Bösel und Otto [33]. Die Durchschnittswerte über den gesamten Versuchsverlauf unterschieden sich zwischen den Gruppen nicht (s. dazu Kleindruck im Text). Zwischen den emotionalen Regulationsebenen bestehen jedoch unterschiedlich große Diskrepanzen. Sie zeigen, daß die gleiche Situation und die gleiche Bezeichnung für eine Emotion für verschiedene Personen unterschiedliche Bedeutung hat (d. h. es liegen unterschiedliche emotionale Verarbeitungen zugrunde). Das Verarbeitungsmerkmal „Diskrepanz" ist sogar persönlichkeitsspezifisch. (Das entsprechende Persönlichkeitsmerkmal wurde vor dem Experiment per Fragebogen erhoben.) Die gestrichelten Pfeile kennzeichnen die Erregungsmittelwerte der Personen, die nach der 6. Minute oder später den Versuch abbrachen.

die Gewohnheit, innere Zustände durch Benennung konkreter Tätigkeiten oder Vorfälle zu kennzeichnen („pensée operatoire" [35]). Mangelnde Wortgewandtheit, ungenügende (z. T. konfliktträchtige) Verarbeitung und die bisher erfahrene Diskrepanz zu den Mitteilungen anderer (bzw. deren Verständnislosigkeit) sind Gründe dafür. Ein in diesem Zusammenhang ebenso bedeutsames, aber bisher weniger untersuchtes Phänomen entsteht, wenn Personen in emotional bedeutsamen Situationen Gefühle mehr entsprechend einem sozialen Stereotyp ausdrücken und weniger gemäß ihren eigenen Emotionen.

In beiden genannten Fällen gibt eine Beobachtung der „Organsprache" die wichtigsten Hinweise auf die emotionale Informationsverarbeitung (s. den folgenden Abschnitt 8.2.3.).

Ein weiteres Epiphänomen bei ausgeprägter individualspezifischer Verarbeitung von Körperinformation ist die bei Sensitivierern geringe, bei

Repressern große Diskrepanz zwischen der Intensität mitgeteilter Gefühle und der Intensität beobachtbarer unspezifischer Erregtheit [36] (s. Abb. 81).

Das mit diskrepantem Verhalten einhergehende Repressions-Sensitivierungs-Merkmal kann man als Copingstrategien entstanden denken, wie sie im Abschnitt 8.2.1 für Personen beschrieben wurden, die von einer Situation in gewisser Weise überfordert oder herausgefordert werden.

Nicht selten häufen sich individualspezifische Eigenarten, die letztlich auf undifferenzierter Verarbeitung beruhen oder zumindest zum Zeitpunkt der Entstehung beruht haben. Sowohl eine Überbewertung wie eine Unterbewertung der Körperinformation kann in Kombination mit individualspezifischer Situationsverarbeitung zu ausgeprägten Körpersymptomen führen [37] (psychosomatische Krankheiten). Derartige Symptome sind oft erstaunlich therapieresistent, gehören sie doch zur Gesamtpersönlichkeit des Betroffenen.

Es addieren sich auch Epiphänomene: In den ineffizient verarbeiteten Situationen ist die unspezifische Erregung und das Vermögen, Emotionen auszudrücken, gering [38]. Als Ursache gewinnt hier neben den emotionsbegleitenden Kognitionen und Körperreaktionen der „dritte" Faktor der Emotionen, nämlich deren zeitliche Dynamik und die dabei stattfindenden Wechselwirkungen, besonderes Gewicht.

### *8.2.3 Der Begriff der Psychosomatik*

Es gibt Personen, die unter einer körperlichen Symptomatik leiden, die in den Formenkreis emotionaler Reaktionssyndrome eingeordnet werden könnte, deren Entstehung jedoch in der Regel unbemerkt erfolgt und deren Ursachen daher meist unbekannt sind. Geht die Symptomatik dann auch nicht mit einer anderen organischen Auffälligkeit einher, so spricht man von psychosomatischer Symptomatik.

Faßt man den Begriff der Psychosomatik weiter, so würde man darunter alle somatischen Beschwerden mit psychischen Ursachen verstehen. Dies ist, psychologisch gesehen, zu rechtfertigen. Auch ein Beinbruch beim Schifahren hat psychische Faktoren als Ursache. Meist beschränkt man sich auf engere Definitionen nach dem Kriterium, nur solche Krankheiten als psychosomatisch zu bezeichnen, wenn bei deren Therapie (nicht Prävention) die Kenntnis psychischer Faktoren wesentlich hilfreich ist.

Schwergewicht liegt auch auf den Regulationen, die gewohnheitsmäßig (d. h. chronisch) stattfinden. Dies setzt einen Lernprozeß voraus. Lerntheoretisch versucht man psychosomatische Symptome auch nach verschiedenen, mutmaßlich zugrundeliegenden Lernarten zu unterscheiden: Klassische Konditionierung (generalisierte Angstsymptome begünstigen den Asthma-Anfall), operante Konditionierung (Belohnung von angepaßtem Verhalten führt zu chronischer Hypertonie),

Lernen am Modell (Beschwerden bei der Menstruation werden der Mutter nachempfunden).

*Epidemiologie (Vorkommen und Verbreitung).* Wie bei emotionalen Reaktionssyndromen nicht anders zu erwarten, hängt das Auftreten psychosomatischer Syndrome von psycho-sozialen Faktoren ab. Darunter sind Faktoren zu verstehen, die die zu verarbeitenden Probleme bedingen, die die Art der Verarbeitung einschränken und die bestimmen, welche Problemlösungen akzeptiert werden.

In den konkreten Lebensumständen sind die Faktoren zu suchen, die die zu verarbeitenden Probleme bedingen. Mit Sicherheit spielen dabei Faktoren von Klima, Ernährung und Bewegung eine Rolle. Die spezifische Familien- oder Arbeitssituation liefert dann in der Regel die wichtigsten Problemursachen.

Auf klimatische und ernährungsphysiologische Ursachen führt man die Tatsache zurück, daß Ulkuserkrankungen und rheumatische Arthritis bei Eskimos außerordentlich selten sind, obwohl sie sonst weltweit verbreitet sind (über die hier genannten Krankheiten s. die folgenden Abschnitte 8.2.5. und 8.2.6.). Obstipation tritt vermehrt bei Beamten und Angestellten auf. Soziale Randgruppen (Gastarbeiter, US-Neger, Afrikaner in SW-afrikanischen Reservaten) weisen gehäuft psychosomatische Symptome auf (vor allem Hypertonie und rheumatische Arthritis).

Erkrankungen aus dem Bereich der Streßreaktionen lassen sich oft mit der individuellen Arbeitssituation korrrelieren. Auch auffälliges Suchtverhalten (besonders Alkohol) scheint mit der Monotonie des Arbeitslebens zusammenzuhängen. Bei Krankschreibungen älterer Schichtarbeiter werden überdurchschnittlich oft Magen- und Darmstörungen gemeldet. Ein weiteres klassisches Beispiel dafür ist die Berufsbelastung von Fluglotsen, die eine erhöhte Ausscheidung an Streßhormonen [71] und gegenüber Vergleichsgruppen eine 5.6fach überhöhte Auftretensrate von Bluthochdruck-Fällen besitzen [72]. In einer Studie von 1971 wurde bei NASA-Managern im Alter um 50 Jahre gegenüber NASA-Ingenieuren ein 10faches Risiko für Herzkrankheiten festgestellt [73].

Zahlreiche Faktoren der individuellen Lebensführung und des Gesundverhaltens, die zwischen der übrigen, generellen Alltagsbelastung und den gesundheitlichen Spätfolgen liegen, erschweren häufig die Erforschung zentraler Ursachen, die vom Betroffenen nicht zu verantworten sind.

Faktoren, die die Art der Verarbeitung einschränken, sind einerseits durch die individuellen Fähigkeiten, andererseits durch die Gelegenheiten in der konkreten sozialen Umwelt determiniert. Sie entstehen also aus der individuellen Sozialisation und ebenfalls aus den konkreten Lebensumständen. Manifest wird die Art der Verarbeitung letztlich in der Art des Verarbeitungsangebots („Krankheitsangebot") an die Umwelt (Abb. 82).

Die genannten Gründe lassen es verständlich erscheinen, daß psychosomatische Symptome bei Angehörigen sozial schwacher Gruppen besonders häufig auftreten [39]. Ähnlich sind auch kulturspezifische Besonderheiten in der Häufigkeit bestimmter psychosomatischer Symptome zu erklären (bei allen Völkern gibt es

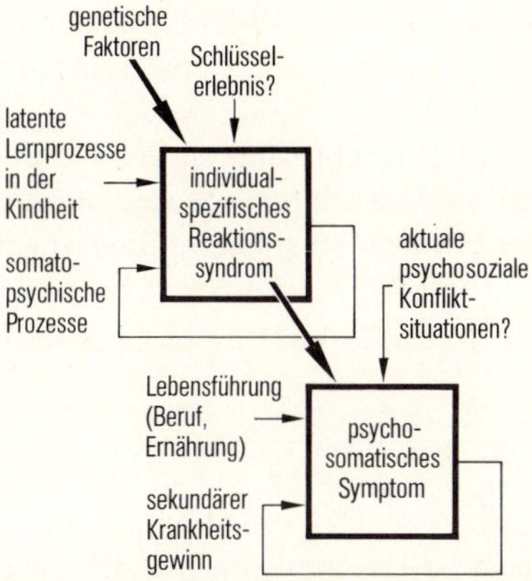


*Abb. 82* Faktoren, die bei psychosomatischen Phänomenen eine Rolle spielen. Die Art der Darstellung entspricht einer Arbeitshypothese für das Zusammenwirken dieser Faktoren bei der Entwicklung psychosomatischer Symptome aus individualspezifischen Reaktionssyndromen.

aber psychosomatische Krankheiten, z. B. Ulkus). Die Tatsache, daß Frauen häufiger psychosomatisch erkranken als Männer, wird auf deren eingeschränktes Tätigkeitsfeld zurückgeführt. Oft kommt es zu Rollenkonflikten.

Unterschiedliche Häufigkeiten von psychosomatischen Erkrankungen kommen durch Faktoren zustande, die bestimmen, welche Problemlösungen akzeptiert werden. Dies kann eine (kulturspezifisch) als gültig angesehene Norm, das Verständnis der personalen Umwelt oder die Art der Kommunikation mit dem Arzt sein.

Die häufigsten psychosomatischen Beschwerden bei Indern betreffen ein „allgemeines Schwächegefühl". Bis zum Auftreten körperlicher Schäden bei psychosomatischen Symptomen vergeht eine gewisse Zeitdauer. Dies erklärt, daß psychosomatische Krankheiten ab einem Alter von etwa 40 Jahren vermehrt auftreten. Bei Personen die freiwillig einen Arzt aufsuchen, wird seltener eine psychosomatische Erkrankung diagnostiziert, als bei behördenmäßig erfaßten Patienten [40]. Schließlich schwanken die Schätzungen über die Häufigkeit psychosomatischer Krankheiten bei gleichen Kriterien zwischen verschiedenen Untersuchern etwa um den Faktor 4.

*Somatisierung.* Das Auftreten somatischer Symptome als Folge emotionaler Informationsverarbeitung wird also begünstigt durch die Art der Probleme, die Art der Verarbeitung und die Tatsache, daß bestimmte Arten der Problemverarbeitung von der Umwelt eher akzeptiert werden als andere. Insofern ist die vielfach als „Somatisierung" bezeichnete Korrelation zwischen einem psychischen und einem somatischen Problem ein Epiphänomen einer Summe von unterschiedlichsten Einzelprozessen.

Insofern sind neben genetischen und pathologischen Faktoren die wichtigsten initiierenden Bedingungen für psychosomatische Symptome in der Sozialisation zu suchen.

Begünstigende, verstärkende und aufrechterhaltende Faktoren sind im Gesundverhalten, vor allem aber in der Rollenzuweisung und der Art des Symptom-Akzeptierens durch die Umwelt zu suchen. Dies ist oft eine der wichtigsten Arten, auf die die betroffene Person überhaupt soziale Zuwendung (Akzeptanz) erfährt („sekundärer Krankheitsgewinn", Abb. 82).

Andere, mit der „Somatisierung" gemeinsam auftretende Epiphänomene wurden bereits im vorigen Abschnitt 8.2.2. erwähnt. Das wichtigste war die Alexithymie. Ein anderes ist die Möglichkeit der „Symptomsubstitution" (Symptomverschiebung). Sie ist immer dann zu erwarten, wenn durch einen äußeren Eingriff (therapeutische Intervention) die Verarbeitungsmechanismen (d. h. das Problemverhalten) verändert, aber nicht effektiver wurden, und die auslösende oder eine neue Problemsituation andauert [41]. Umgekehrt kann eine Veränderung der Lebensumstände (auch ohne therapeutische Intervention) spontan zu einer Symptomverminderung führen, wenn die auslösenden Situationen wegfallen und eine Aufrechterhaltung gewohnheitsmäßiger Fehlregulationen erschwert ist.

Auch die im Kapitel 3.2 behandelten psychotischen Symptome können als Folgen von gewohnheitsmäßigen, psychosomatischen Fehlregulationen, u. zw. im zentralnervösen Bereich, aufgefaßt werden.

*Die psychophysiologische Befindlichkeit.* Ein gewisses Problem stellt die Analyse verursachender Bedingungen auf Grund der momentanen Befindlichkeit dar. Zwar ist der psychophysische Zustand des körperlich Kranken ein Hauptanliegen psychosomatischer Forschung. Es soll über die medizinische Technologie nicht der psychische Zustand des Patienten außer acht gelassen werden. Die retrospektive (in die Vergangenheit analysierende) Forschung aus der momentanen Befindlichkeit birgt jedoch eine Reihe potentieller Fehlerquellen. So wird die Richtung, in die analysiert wird, vom Untersucher festgelegt (nur erwünschte Faktoren werden aufgedeckt).

Eine andere Fehlerquelle ist die Fehlbewertung von Krankheitsfolgen (somatopsychische Phänomene). Weil bestimmte Körpersymptome Angst erzeugen, muß nicht die Emotion Angst zu den Körpersymptomen geführt haben. Freilich bleibt der Befund, wenn er akzeptiert wird, gültig. Somatopsychische Phänomene, im Sinne psychischer Folgen pathologischer Ereignisse, sind auch Gegenstand der medizinischen Psychologie.

Wenn in den folgenden Abschnitten einzelne psychosomatische Syndrome erwähnt werden, so wird dabei auf viele theoretische Sichtweisen nicht eingegangen. Ausgeklammert werden hauptsächlich Konzepte, in denen situationsunabhängige Persönlichkeitsmerkmale zur Entstehung beitragen sollen. Je situationsunabhängiger eine Eigenschaft postuliert wird, desto unwahrscheinlicher ist ein Nachweis mit psychologischen Methoden. Außerdem werden psychoanalytische Konzepte zugunsten der Darstellung psychophysiologischer Zusammenhänge ausgeklammert, obwohl sie in der Psychosomatik eine dominierende Rolle spielen.

*Diagnostische Probleme.* Bei der Erhebung eines psychosomatischen Befundes ist eine Kennzeichnung der akuten körperlichen Beschwerden ebenso wichtig wie die habituellen Auffälligkeiten (hinsichtlich organischer Besonderheiten oder Besonderheiten in der Lebensführung, wie berufliche Exposition und Ernährungsgewohnheiten). Darüber hinaus sind psychosoziale Faktoren danach zu unterscheiden, inwieweit sie die Aufrechterhaltung (bzw. das wiederholte Auftreten) der Beschwerden begünstigen und inwieweit sie durch die körperlichen Symptome verursacht bzw. verstärkt werden.

Der therapeutische Wert solcher Erkenntnisse ist auch dann groß, wenn die genannten Faktoren Krankheitsfolgen zu sein scheinen. Die Diagnose psychosozialer Faktoren, die in der Vergangenheit die ursächliche Entstehung begünstigen, ist in ihrem Wert für die Therapie hingegen umstritten.

## *8.2.4 Emotionale Fehlregulationen 1: Abwehrsystem*

Viele emotionale Körperreaktionen lassen sich nur bei Unterscheidung von spezifischer und unspezifischer Resistenz verstehen, wie es in Abschnitt 7.2.2. eingeführt wurde. Unspezifische biochemische Abwehrmechanismen sind daher oft Gegenspieler des Streßhormons Kortisol, das spezifische Abwehr fördern soll.

Die von den B-Zellen des Blutes (s. Abschnitt 7.2.2) gebildeten Antikörper bzw. die Antikörper-Fremdeiweiß-Komplexe können weitere Reaktionen, sog. Überempfindlichkeitsreaktionen (Allergien) auslösen. Dazu gehört die Freisetzung des Gewebshormons Histamin durch Granulozyten, die Reizung und Schädigung von Blutgefäßwänden und die Abstoßung von Transplantaten.

Allergische Überreaktionen des Körpers werden also oft durch eine (erblich begünstigte) Überreaktivität des Gewebshormons Histamin hervorgerufen. Histamin wird, wie bei Botenstoffen allgemein (s. Abschnitt 7.1.1), von den Zielzellen durch Rezeptormoleküle gebunden. Es gibt vermutlich zwei Typen von Histamin-Rezeptoren (H 1, H 2).

Es wurden direkte Zusammenhänge zwischen der Aktivität des vorderen Hypothalamus und Immunreaktionen beobachtet [74]. Bei Ratten erwies sich eine immunosuppressive Reaktion als konditionierbar auf neutrale Reize [75].

*Unterreaktionen des Abwehrsystems („Resistenzminderung").* Auf Grund erblicher Komponenten, nach einer Infektion, in einer Periode hormoneller Umstellung (Pubertät, Schwangerschaft, Alterungsprozeß), bei Einwirkung spezifischer Schadstoffe und allgemein unter Streß (d. h. in einer Phase spezifischer Resistenzsteigerung, s. Abschnitt 7.2.2.) sinkt die unspezifische Abwehrkraft des Körpers.

Unter den genannten Bedingungen steigt z. B. die Gefahr, daß Tuberkulose-Herde im Körper nicht abgeriegelt werden und es zum Ausbruch der Krankheit kommt. Der Grad der beruflichen Belastung scheint sich gut mit der Auftretenshäufigkeit von Infektionskrankheiten korrelieren zu lassen. Sie ist am höchsten bei Hilfsarbeitern und am geringsten bei Angestellten und Beamten. Unterstellt man dabei die Mitwirkung motivationaler Faktoren, so sind diese wohl weniger als Ursache der Krankheit, sondern vielmehr auch als Folge der Belastung zu sehen.

Auch die Krebserkrankung ist im Zusammenhang mit einer Resistenzminderung zu sehen. Entsprechend gelten die oben genannten Bedingungen als Risikofaktoren. Der körpereigene Botenstoff Interferon vermag (durch Aktivierung von Hemmsubstanzen, vgl. Abschnitt 7.2.2) neben Virusinfektionen auch Tumorbildung und Blutkrebs einzudämmen.

Zum Tumorwachstum tragen etwa zwei Dutzend Gene bei (Onkogene). Diese sind für das reguläre Zellwachstum verantwortlich und normalerweise inaktiv, können aber aufgrund einer Störung in den Regulationsmechanismen bei der Transkription (vgl. Abschnitt 1.2.3) aktiv werden.

Darüber hinaus werden beim Tumorwachstum bestimmte Zellmembran-Moleküle, die sogenannten Glykosphingolipide verändert. Sie regulieren normalerweise die Wirkung von Wachstumsfaktoren. Insofern gilt als krebsbegünstigender Faktor, wenn gegen die veränderten Glykosphingolipide keine passenden Antikörper produziert werden [82].

Vermehrte Aktivierung des sympathischen Nervensystems regt insgesamt das Gewebswachstum an. Im Tierversuch bilden stark verängstigte oder stark frustrierte Mäuse unter dem Einfluß von krebserzeugenden Substanzen (Kanzerogenen) größere Tumore aus (also ein Zusammenhang mit der DANB-Aktivierung, s. Abschnitt 8.1.2.)

Damit sind als Hauptursachen der Krebserkrankung – neben der Reizwirkung von krebsbegünstigenden Umweltschadstoffen – die alters- und streßbedingte Resistenzminderung zu sehen. Vor allem bei den Streßfaktoren sind spezifische, d. h. vor allem für bestimmte Personengruppen wirkende, psychosoziale Faktoren von Interesse.

Häufig wird als krebsinduzierender Faktor Hoffnungslosigkeit genannt, etwa ausgelöst durch den Verlust wichtiger Beziehungen [83]. Konformismus und Rigidität können hier wegbereitend wirken [84]. Günstig sollen sich dagegen weltanschaulich begründetes Grundvertrauen oder eine zuversichtliche Einstellung zur Behandlung auswirken.

Die Hypothese, daß chronische Hoffnungslosigkeit und/oder wiederkehrender Ärger verbunden mit Überaktivität das Krebsrisiko erhöhen, hat sich teilweise bestätigen lassen. Von 204 Krebserkrankungen (in einer Population von 1353 Personen) konnten auf Grund einer zehn Jahre zuvor durchgeführten Fragebogenerhebung 37 Fälle vorhergesagt werden (bei einer Fehlprognose) [42]. Dabei beruhen die Treffer zu einem wichtigen Teil auf der Erhebung von „exponierenden“ Gewohnheiten, besonders Konsumgewohnheiten (Medikamente, Tabak, Alkohol). Dieser und andere bekannte Faktoren wie Alter, Schadstoff-Einwirkung und eine unspezifische Aktivitätsvariable wurden bis jetzt nicht hinreichend von rein psycho-sozialen Variablen partialisiert.

*AIDS* (akquiriertes Immundefekt-Syndrom) entsteht, wenn sog. Helfer-Zellen (siehe Kleindruck weiter unten) durch Erregerviren zerstört werden. Psychologische Probleme treten v. a. auf drei Ebenen auf: (1) die Prophylaxe erfordert von den Risikogruppen eine Verhaltensänderung in einem sensiblen Bereich, nämlich ihres Sexualverhaltens (Einschränkung der Partnerwahl) bzw. der Sexualpraktiken (Verwendung von Kondomen); (2) die unterschiedlich lange Latenzzeit zwischen Ansteckung und Ausbruch wirft die Frage nach Faktoren auf, die die Resistenz gegenüber den Erregerviren erhöht; (3) da zur Zeit keine ursächliche Therapie bekannt ist, stellt sich wie bei jeder infausten (aussichtslosen) Prognose die Frage nach der psychischen Verarbeitung.

*Allergische Überreaktionen der Haut.* Eine erbliche Komponente bestimmt Zahl und Aktivität der Talg- und Schweißdrüsen in der Haut. Bei geringer Ausprägung leiden vor allem Säuglinge und Kleinkinder an juckenden Ausschlägen (Neurodermatitis oder endogenes Ekzem). Außerdem besteht ein Risiko für allergische Asthma-Anfälle. Es wurde beobachtet, daß die betroffenen Kinder unter dem Symptom sichtlich leiden, anderseits manchmal die Eltern dem Körperkontakt aus dem Wege gehen. Insofern besteht die Gefahr verzögerter Reifung oder emotioneller Fehlhaltungen beim Kind.

Ekzembildungen treten – mitunter mit ähnlichen Folgen – aber auch auf Grund hormoneller Besonderheiten auf. Dazu gehört z. B. die Baby-Akne infolge der noch immer vorhandenen und nicht regulierten mütterlichen Östrogene. Auch in der Pubertät können größere Mengen ungenügend regulierter Sexualhormone auftreten (das können in beiden Geschlechtern Androgene und Östrogene sein). Östrogen-Überschuß begünstigt Akne. Androgenüberschuß begünstigt sexuelle Bedürfnisse (s. Abschnitt 7.1.4.), deren Erfüllung durch eine Akne als beeinträchtigt empfunden wird.

Eine andere Gruppe von Überempfindlichkeitsreaktionen der Haut liegt bei sog. Kontaktallergien oder im Zusammenhang mit Virusinfektionen (als Exanthem) vor. Die auftretenden Entzündungsreaktionen erfolgen meist etwas verzögert (nämlich nach etwa 1–2 Tagen) und sind vielfältig mit den Faktoren der momentanen Resistenz (vgl. oben „Resistenzminderung" und den Abschnitt 7.2.2) verbunden.

Ein Teil der Lymphzellen, die sog. T-Zellen, besitzen jeweils zwei Typen von Rezeptoren, von denen der eine (wie bei den B-Zellen, vgl. Abschnitt 7.2.2) Fremdeiweiß erkennt, der andere jedoch individualtypisches Eiweiß (sog. MHC-Proteine). Die Ausbildung derartiger Zellen macht es möglich, auch körpereigene Zellen, die von Viren befallen sind, zu bekämpfen. Zu den T-Zellen gehören nicht nur direkt immunaktive Zellen („Killerzellen"), sondern auch solche, die die B-Zell-Produktion unspezifisch anregen („Helfer-Zellen") oder die freie Antikörper binden („Suppressor-Zellen").

*Allergische Überreaktion der Atemwege (Asthma bronchiale).* Eine erbliche und/oder gewohnheitsmäßige Überreaktion des Abwehrsystems (H 1) führt zur vermehrten Produktion von Antikörper-Substanzen (vor allem des Leukotrien C) in abwehraktiven Zellen. Dadurch kann es in den Bronchien (das sind die unteren Teile der Luftröhre) zu vermehrter Schleimabsonderung kommen („entzündliche Dyskrinie").

Histamin-Rezeptoren vom Typ H 1 sind bei sehr spezifischen Abwehrreaktionen beteiligt. Sie sind in der Regel durch das Streßhormon Kortisol gehemmt. Nur an Orten übermäßiger Reizung kommt es zum Überwiegen der Histaminwirkung. Dadurch wird die Spezifität auf den jeweils stärksten Reiz gewährleistet. Überreaktionen an diesem Rezeptor-Typ verursachen Heufieber, eine Verengung der Luftröhrenäste (Bronchien) oder Ausschläge. Dagegen setzt man Antihistamin-Präparate ein. Hohe Kortisol-Dosen können auch die Symptome von Asthma und Rheuma vermindern.

Begünstigt wird ein solcher Prozeß, insbesondere im Kindesalter, durch eine örtliche Infektion oder häufig auch durch den Kot der Hausstaubmilbe. Auch andere körperfremde Stoffe, vor allem Proteine (z. B. aus der Haut oder aus Körperflüssigkeiten von Haustieren), begünstigen allergische Reaktionen.

Die Hausstaubmilbe lebt in Gegenden geringer Meereshöhe, bevorzugt in warmen und feuchten Wohnungen, in denen der Hausstaub überwiegend aus Schuppen, Schimmelpilzen und Insektenresten besteht. Diesen Hausstaub verarbeitet sie zum größten Teil zu Kot, auf den menschliche Schleimhäute empfindlich reagieren. Ähnliches gilt auch für die Larve des Museumskäfers. – Von asthmatischen Reaktionen zu unterscheiden sind Kehlkopfentzündungen mit heiserem Husten aufgrund von Luftverschmutzung (Pseudokrupp). Doch auch hier kann eine Verschleimung der Luftröhre mit Atembeschwerden auftreten.

Die entstehende Dyskrinie kann von Abwehrkontraktionen der Bronchialmuskulatur begleitet sein (Bronchialspasma, „Kratschmer-Reflex"). Subjektiv entsteht Atemnot, die, vor allem nach wiederholtem Auftreten, von massiven Todesängsten begleitet ist. Angst fördert Bronchialspasmen.

Bereits nach kurzer Zeit werden die Ängste auf die Situationen übertragen (genauer: generalisiert), in denen bisher Anfälle stattgefunden haben. Die entsprechenden Situationen führen zu abnormer Atemmotorik und zu Geruchsüberempfindlichkeit. Häufig genug reagiert die Umwelt unangemessen (die Mutter ärgert sich über das „sinnlose" Schreien des Kindes, der Mann verharmlost die Ängste seiner Frau, der Arzt dosiert die Medikamente zu hoch). Trotz großem Schutzbedürfnis kapseln sich die Patienten ab. Die Vorwegnahme der Bedrohung fördert sogar das Entstehen der Anfälle.

*Allergische Schmerzen in den Gelenken (Rheumatische Arthritis).* Bei vielen unspezifischen Abwehrreaktionen des Organismus auf körperfremdes Eiweiß kommt es neben Überempfindlichkeitsreaktionen auch zu Gelenkschmerzen (anaphylaktische Reaktion).

So tritt z. B. nach einer Infektion von Streptokokken-Bakterien (die eitrige Entzündungen wie Angina, Scharlach oder Hirnhautentzündung hervorrufen) überwiegend bei Jugendlichen neben Fieber auch eine mit Schmerzen verbundene Schwellung und Rötung in den großen Gelenken auf (Rheumatisches Fieber).

Als emotionale Fehlreaktion wird gedeutet, wenn im Blut ein Eiweißstoff (Rheumafaktor) über längere Zeit erhalten bleibt. Dieser Faktor reagiert mit den normalen Abwehrproteinen ($\gamma$-Globulin). Er ist eine Ursache für die Symptome der Polyarthritis rheumatica (primäre chronische Polyarthritis). Es handelt sich dabei um eine belastungsbedingte Überreaktion des Abwehrsystems (wobei die Symptome wahrscheinlich infolge einer Überbeanspruchung des Bewegungsapparats zustandekommen).

Die Polyarthritis tritt meist erst im 3. bis 5. Lebensjahrzehnt bei Frauen auf. Vor allem, wenn in der Jugend das Bewegungssystem stark beansprucht wurde (Sport, Arbeit), kommt es wegen des Rheumafaktors zu Schmerzen in den Gelenken. Schmerzhaft ist die Bewegung, oft nach einer längeren Ruhigstellung des Gelenks, was auf eine Anhäufung von störenden Stoffwechselprodukten schließen läßt. Erst durch Bewegung lassen die Schmerzen nach. Eine Bewegung ist häufig nur unter Anstrengung möglich, da die Muskelspannung im betroffenen Gebiet zur reflektorischen Ruhigstellung stark erhöht ist.

Unter Beteiligung einer erblichen Komponente kann es vor allem bei Männern zu krankhaften Schmerzen in den Zwischenwirbelgelenken kommen (Spondylarthritis).

Als Arthritis-Folgekrankheit sieht man die Rheumatische Arthrose an (degenerativer Rheumatismus). Es handelt sich dabei um eine unverzögerte Gelenksdegeneration, wie sie auch ohne die Wirkung des Rheumafaktors nach Überbeanspruchung auftreten kann. Rückgratdeformationen traten bereits prähistorisch sehr häufig auf [76].

## *8.2.5 Emotionale Fehlregulationen 2: Hormonsystem*

Vegetativ-nervöse und hormonelle Regulationsmechanismen sind streng genommen nicht voneinander zu trennen. Bei der Therapie einer Fehlregulation auf der einen Ebene muß das Verhalten der anderen Ebene mitberücksichtigt werden. Auch der Zusammenhang mit dem Abwehrsystem ist im vorangegangenen Abschnitt 8.2.4. deutlich geworden. Die Abtrennung erfolgt mehr aus didaktischen und weniger aus inhaltlichen Gründen.

*Störungen im Gewebshormon-Haushalt.* Zu den Gewebshormonen zählt man die erregungsübertragenden Substanzen der Nervenzellen (Transmitter), aber auch Botenstoffe anderer Gewebe, die nicht in Hormondrüsen gebildet werden. Transmitter-Störungen wurden im Kapitel 3.2. behandelt. Dort wurde darauf hingewiesen, daß Psychosen wahrscheinlich aus länger dauernden und schwerwiegenden emotionalen Reaktionen des Betroffenen entstehen können. Überreaktionen des Gewebshormons Histamin und Unterreaktionen des Botenstoffs Interferon wurden im vorigen Abschnitt 8.2.4. erwähnt.

*Die Wirkung von Streßhormonen.* Im klassischen Streßsyndrom wirken vegetativ-nervöse, hormonelle und Faktoren des biochemischen Abwehrsystems zusammen. Sie sind hauptsächlich in den Abschnitten 7.2.1. und 7.2.2. besprochen worden. Folgesymptome im Abwehrsystem, im Sexualhormonsystem und in der vegetativen Regulation sind Gegenstand des vorigen, dieses und des nächstfolgenden Abschnitts. Als „typische Streßkrankheiten" im engeren Sinn gelten Erkrankungen der Herzkranzgefäße (Angina pectoris oder Herzinfarkt), Bluthochdruck, Magen- u. Zwölffingerdarm-Geschwüre, Verstopfung, sowie Unregelmäßigkeiten im Eisprung und bei der Monatsblutung.

Unter dem Verständnis, daß jede länger dauernde oder immer wieder auftretende intensive Emotion als Streß zu bezeichnen ist und (mehr oder weniger unspezifische) Streßreaktionen hervorruft, sind alle psychosomatischen Syndrome „Streßkrankheiten im weiteren Sinn".

*Störungen im Sexualhormon-Haushalt.* Angst, Schreck und körperlicher Streß beeinflußt bei Frauen die Monatsblutung (verzögerte Erstblutung oder Ausbleiben der Regel, sogenannte Amenorrhoe). Mehrfach belegt ist die Tatsache, daß bei alleinstehenden, verwitweten oder sonst isoliert lebenden Frauen Scheinschwangerschaften vorkommen können. Dabei ist der Schwangerschaftstest negativ, d. h. der Uterus reagiert nicht auf ein befruchtetes Ei und erzeugt nicht das Hormon HCG (s. Abschnitt 7.1.3.). Dieses wäre aber für die Progesteron-Produktion notwendig. Dennoch gibt es Anzeichen einer vermehrten Progesteronwirkung (Schwangerschafts-Erbrechen, Veränderungen am Muttermund, Pigmentierung der Brustwarzen). Auf Grund unbekannter Mechanismen muß eine Sensibilisierung für Progesteron stattgefunden haben.

Von einem, im Alter von 2 Monaten getrennten und 35 Jahre getrennt lebenden EZ-Paar wird berichtet, daß bei beiden mit 18 Jahren die Menstruationsblutung ausblieb. Beide glaubten schwanger zu sein und heirateten den vermeintlichen Vater. Kurz vor bzw. kurz nach der Hochzeit normalisierte sich die Periode [77].

*Komplikationen im Monatszyklus.* Etwa bei jeder neunten Frau (soweit dies statistisch erfaßt wurde), die keine Pille nimmt, ist die Menstruation regelmäßig mit größeren Beschwerden verbunden, ohne daß ein organischer Befund vorliegt (essentielle Dysmenorrhoe). Vieles spricht dafür, daß dabei mitunter, auf nichterblichem Weg, Symptome übernommen werden, die auch schon bei der Mutter auftraten. Man nimmt daher kognitive Mechanismen (Einstellungen) an, die, von der Umwelt übernommen, das Auftreten von Menstruationsbeschwerden begünstigen. So kann letztlich die psychosomatische Verarbeitung erklärt werden, auch wenn die Mutter speziell für das Symptom kein Vorbild war. Mutmaßliche Sachverhalte, die Gegenstand einer emotionalen Fehlverarbeitung sein könnten, sind die Auseinandersetzung mit dem eigenen Blut, der Sexualität oder mit der sozialen Rolle als Frau [43]. Zusätzlich sollen, zumindest bei der Entstehung des Syndroms, die Beschwerden zu sekundärem Krankheitsgewinn führen.

Eine andere Komplikation im Zyklus kann das „prämenstruelle Syndrom" darstellen. Dabei handelt es sich um eine Veränderung der Stimmungslage in der zweiten Zyklushälfte. Bei jeder Frau, mit regelmäßigem, nicht durch die Pille beeinflußtem Zyklus, fallen die Hormonkonzentrationen gegen Ende des Zyklus ab. Ebenso wie ein rascher Anstieg, etwa am Beginn der Schwangerschaft, kann dies zu Veränderungen in der psychischen Reagibilität führen. Am Zyklusende tritt, vielleicht infolge der relativ dominierenden Androgene, eine verminderte Frustrationstoleranz auf. Bei Frauen mit ausgeprägtem prämenstruellem Syndrom liegt die eigentliche Ursache allerdings in einer habituellen, d. h. wohl auch gewohnheitsmäßigen, Überaktivierung der sympathischen Regulationen in der zweiten Zyklushälfte [44]. Wegen etwaiger systematischer Zusammenhänge mit physiologischen Kenngrößen (HR-Variabilität) oder mit subjektiven Körpersymptomen (Schwitzen) sollte der Zyklustag in psychophysiologischen Untersuchungen an Frauen immer miterhoben werden.

Da dieses Syndrom vielfach mit den eigentlichen Menstruationsbeschwerden verwechselt wird, ist über die weiteren Ursachen nichts bekannt. Sicherlich begünstigt die Erwartung der angespannten Tage die Anspannung. Eine untersuchte Stichprobe zeigte, daß 62% der von Frauen verübten Gewaltverbrechen in der Woche vor der Menstruation begangen wurden [45].

Prostaglandine der Gruppe E sollen eine adrenerge Verschiebung des vegetativen Gleichgewichts kompensieren. Damit könnte man den therapeutischen Effekt von naturheilkundlich verwendeten Prostaglandin-Vorstufen ($\gamma$-Linolen-Säure aus dem Samen der Nachtkerze) für die prämenstruelle Phase erklären. Prostaglandine erweitern Blutgefäße und spannen die Uterusmuskeln an. Azetylsalizylsäure (ASS, Aspirin) ist ein Prostaglandin-Antagonist, der Menstruationsbeschwerden mildern soll.

### *8.2.6 Emotionale Fehlregulationen 3: Herz/Kreislauf-System*

Traditionellerweise teilt man nach anatomischen Kriterien die Störungen, die wegen vegetativ-nervösen emotionalen Fehlregulationen auftreten, in Herz/Kreislauf-Störungen und in Störungen des Verdauungstrakts ein. F. Alexander brachte die erste Gruppe mit der Funktion des parasympathischen Anteils des vegetativen Nervensystems in Verbindung. Er berücksichtigt dabei jeweils die aktivierenden Einflüsse (s. auch Abschnitt 5.1.2.). Er nimmt an, daß eine Überaktivierung auftritt, wenn den zugrundeliegenden Bedürfnissen nicht entsprochen werden kann [46]. Bedürfnisse, die zu sympathischer Aktivierung führen, würden aus gesteigerter Selbstbehauptung resultieren (Konkurrenz, Aggressivität). Bedürfnisse, die zu parasympathischer Aktivierung führen, würden sich aus gesteigerter Passivität (Abhängigkeit, Infantilität) ergeben. Bei entsprechender Unterdrückung käme es zu konfliktspezifischen psychosomatischen Beschwerden.

Die Theorie ist deutlich von einer Triebvorstellung geprägt, in der ein Triebstau entweder zur gewaltsamen Triebentladung oder zu einer Umrichtung und gegebenenfalls zu körperlichen Krankheiten führt (s. dazu auch später den Abschnitt 15.1.3.). Dieser Ansicht widersprechen eine Reihe von Phänomenen, die dann durch Zusatzannahmen erklärt werden müssen (z. B. in der Ethologie „Inaktivitäts-Atrophie“, s. Abschnitt 15.1.1.). Mit z. T. mehreren Zusatzannahmen wird auch erklärt, daß Magen- oder Darmgeschwüre sowohl bei abhängig erscheinenden wie bei dynamisch-aggressiv erscheinenden Personen zu finden ist. Herz/Kreislauf-Störungen und Magen/Darm-Störungen treten bei gleichen Patienten oft nacheinander auf.

Zu ähnlichen Feststellungen wie Alexander gelangt man auch über eine etwas andere Interpretation. Weniger eine Blockierung, sondern vielleicht die Ineffektivität des Verhaltens führt gemeinsam mit einer Tendenz zur Wiederholung (wegen scheinbarer Erfolge oder mangels anderer Strategien) zu habitueller Übererregung. Diese Sichtweise schließt nicht aus, daß sympathische und parasympathische Erregungen die jeweilige Regulation gemeinsam bestimmen. Die Schwerpunktlegung erfolgt dann, je nach Situation und individualspezifischer Situationsverarbeitung, gemäß den in Abschnitt 8.2.1. angedeuteten Mechanismen.

*Bluthochdruck und Herzneurose.* Eine der am weitesten verbreitete psychosomatische Krankheit ist die essentielle Hypertonie. Darunter versteht man eine Bluthochdruck-Krankheit ohne sonstigen organischen Befund. Zahlreiche Untersuchungen scheinen zu bestätigen, daß mit dieser körperlichen Symptomatik einige eigentümliche Persönlichkeitszüge korrelieren.

Hypertoniker sollen hilfreich, liebenswürdig und beherrscht sein. Autoritäten gegenüber sollen sie fügsam und Gleichgestellten gegenüber hilfsbereit sein. Sie vermeiden Streit, haben Angst vor Kritik und sind ansonsten scheinbar zufrieden und wunschlos [47].

Vieles spricht dafür, daß Hypertoniker ungewohnte Situationen, Aufregungen und Auseinandersetzungen vermeiden [46]. Hier, wie auch sonst bei psychosomatischen Symptomen, stellt sich jedoch die Frage, inwieweit das Verhalten des Betroffenen durch das somatische Symptom geprägt wird. Jedenfalls begünstigt auch hier das entsprechende Verhalten das Symptom. Auch im Tierversuch steigt in vorhersehbaren Vermeidungssituationen der Blutdruck trotz niederer Herzrate [48]. Eine spätere Verhaltensänderung kann dann bisher ungenützte vegetative Gegenregulationen mobilisieren.

Ähnliches gilt auch für die Herzneurose. Dabei steigt in Anfällen von 5 bis 50 Minuten Dauer Herzrate und Blutdruck sprungartig an. Ein organischer Grund dafür ist bis jetzt nicht gefunden worden. Die Anfälle sind, ähnlich wie Asthma-Anfälle, von massiven Angstgefühlen begleitet. Diese Angst wird, wie ebenfalls beim Asthma angedeutet, auf Anfalls-Situationen generalisiert, wobei die Erwartung der Angst einen Anfall begünstigt. Diese emotionale Folgesymptomatik erschwert die Suche nach den Ursachen der mutmaßlich emotionalen Fehlhaltung.

Hoher Blutdruck und hohe Herzrate in Vermeidungssituationen treten in Tierversuchen auf, wenn die Ineffektivität von Vermeidungsreaktionen zur Unterdrückung von Verhaltensimpulsen führt und diese „behaviorale Suppression" bei mehrmaligen Wiederholungen beibehalten wird [49].

*Herzinfarkt.* Herzkrankheiten gelten in Industrieländern als Haupttodesursachen. Die gefährlichste Herzkrankheit ist der Herzinfarkt, d. h. eine Verstopfung von Blutgefäßen des Herzens, wodurch die entsprechenden Teile des Herzmuskels versagen. Eine derartige Verstopfung kommt zustande, wenn zwei oder mehrere Bedingungen aus folgenden drei Faktorengruppen zusammenkommen:

1. Verengung von Herzgefäßen, z. B. als Mechanismus der Blutdrucksteigerung oder infolge von Ablagerungen an Blutgefäßwänden. 2. Erhöhte Gerinnungsfähigkeit des Blutes, z. B. durch entsprechende Hormonausschüttung, bzw. durch Kontakt des Blutes mit rauhen Gefäßwänden. 3. Sklerotisierung (Ablagerung) begünstigt die Bildung rauher Stellen an den Gefäßwänden und ermöglicht ein Ablösen von Ablagerungen oder die Bildung von Blutklumpen, die dann fortgespült werden und dünne Gefäßabschnitte verstopfen können.

Diese infarktauslösenden, physiologischen Faktoren sind eng mit den biologischen Streßmechanismen verknüpft. Die den Herzmuskel versorgenden Herzkranzgefäße werden im Falle einer Blutdrucksteigerung (z. B. bei der Notfallreaktion, s. Abschnitt 7.2.1) besonders beansprucht. Das blutgefäßverengende Streßhormon Adrenalin begünstigt die Bildung von Blutplättchen-Aggregaten. Die Herzkranzgefäße sind die ersten dünnen Gefäße des arteriellen Systems. Somit sind sie auch von den Blutfetten besonders betroffen, deren Konzentration unter Streß ansteigt. Blutfette sind ja die Muttersubstanzen für das Streßhormon Kortisol. Ernährung mit ungesättigten Fettsäuren kann die Blutfettwerte nur zu einem geringen Prozentsatz senken; größere Effekte scheinen Nahrungs-Ballaststoffe zu zeigen.

Somit ist es wahrscheinlich, daß Ärger (mit Bluthochdruck), Leistungsbedürfnis (im Sinne der vorsorglichen Mobilisierung von energiebereitstellenden Prozessen, wie dies bei der Notfallreaktion der Fall ist) und Streß (d. h. biologische Resistenz) die wichtigsten Infarktursachen liefern. Insbesondere ist auf fremdbestimmte Entscheidungsvorgaben und im Arbeitsbereich auf Zeitdruck zu achten. Unterstützt werden diese Faktoren in hohem Grade durch übermäßiges Rauchen (Gefahr der Drucksteigerung in den Kranzgefäßen), übermäßiges Essen (steigert den Blutfettspiegel und damit die Sklerotisierungsgefahr) und besondere Lebensereignisse („live events" im Sinne von Unfall, Partnerverlust, beruflichen Mißerfolgen, die biologische Streßreaktionen begünstigen).

Die ursächlichen Faktoren wie Ärger, Leistungsbedürfnis und Streß betreffen psychologisch relevante Dimensionen. Darauf stützt sich die Hoffnung, Infarktrisiko über eine Persönlichkeitsstruktur vorherzusagen. Der über ein entsprechendes „activity survey" erfragte „Persönlichkeitstyp A" soll durch Konkurrenzbedürfnis, Leistungsdenken und die Neigung, unter Zeitdruck zu stehen, charakterisiert sein. Derartige Personen haben im Alter zwischen 39 und 49 Jahren ein 1.85faches Infarktrisiko [78] als Personen mit niedrigen survey-Werten (sog. Typ B). Dieses in der Mitte der 70er Jahre entstandene Persönlichkeitskonzept [79] korrespondiert eng mit der ebenfalls damals deutlich gewordenen Kritik an der sozialen Überbewertung von Leistungs- und Erwerbsdenken.

Freilich darf man von weitgehend situationsunabhängigen Persönlichkeitsfaktoren nicht zu viel an Voraussagewert erwarten. Umweltspezifische Interaktionsmuster (die etwa durch eine mittelfristige Familien- oder Berufssituation aufgezwungen werden), aber auch die bereits genannten, unterstützenden Faktoren des Grundverhaltens und des Stresses durch live events erhöhen das Infarktrisiko mindestens jeweils um den gleichen Betrag.

Life events für sich stellen allerdings noch kein hinreichendes Risiko für Infarkt dar. Gleiches gilt für abnormes Gesundheitsverhalten. Üppig essende Personengruppen, die offenbar nicht belastend, sondern angemessen beansprucht sind, weisen eine geringe Infarkthäufigkeit auf [80]. Dies gilt auch für Personen, die psychische Belastung durch Alkoholkonsum auszugleichen suchen.

Zur Zeit gelten Gesundverhalten und Leistungsverhalten als bedeutsamste Dimensionen des Infarktrisikos, weil hier durch entsprechende medizinische und psychologische Aufklärungsarbeit am ehesten interveniert werden kann. Eine Veränderung von Gesundheits- und Leistungsverhalten kann auch neue Dimensionen kulinarischer und sportlicher Erfahrungen sowie von bestimmten Arten der Leistungsqualität eröffnen.

Weitere Streßfolgen im Kreislaufsystem sind Durchblutungsstörungen in anderen Organen. Als „Hörsturz" bezeichnet man eine (meist vorübergehende) Durchblutungsstörung im Innenohr, die zu akutem Hörverlust führt. Eine andere (seltene) Durchblutungsstörung im Innenohr bewirkt spontane Gleichgewichtsstörungen.

*Migränebeschwerden* beruhen auf einer anfallsweisen Durchblutungsstörung des Gehirns. Dabei kommt es anfänglich zu einer Vermehrung des Botenstoffs Serotonin im Blut und dadurch zu einer kurzzeitigen Verengung der Gehirnarterien. Hierauf erfolgt – gleichsam gegenreguliert – ein Serotonin-Abfall und eine andauernde, schmerzende Gefäßerweiterung. Psychophysische Wechselwirkungen können bislang bloß vermutet werden (über Serotonin s. Abschnitt 3.2.3, über Gehirndurchblutung s. Abschnitt 11.2.3). Migräne soll oft bei Personen auftreten, die sich selbst unter Leistungsdruck setzen. Therapeutisch wird neben Entspannungsverfahren auch eine Serotonindiät diskutiert.

### *8.2.7 Emotionale Fehlregulationen 4: Ernährungssystem und Anspannung*

*Magen/Darm-Störungen.* Vor allem die sehr häufige Ulkus-Erkrankung (Magen- oder Zwölffingerdarm-Geschwüre) hat zu zahlreichen Untersuchungen geführt, die die Entstehungsbedingungen verdeutlichen sollen. Normalerweise sind die Verdauungssaftmengen (also die aggressiven Faktoren im Verdauungsmilieu) beschränkt und die Magen/Darm-Wände vor allem durch Schleim geschützt (protektive Faktoren). Bei Vermehrung der aggressiven und/oder Verminderung der protektiven Faktoren kommt es zu Selbstverdauung mit Geschwürbildung (Ulkus) der Magen/Darm-Wände durch den Magensaft.

Pro Tag werden 2 bis 3 l Magensaft produziert. Er besteht hauptsächlich aus zwei Flüssigkeiten: Pepsin und Salzsäure (HCl). Die Vorstufe für Pepsin (Pepsinogen) wird von den sogenannten Hauptzellen des Magens hergestellt. Die Vorstufen der Salzsäure ($H^+$- und $Cl^-$-Ionen) scheiden die sogenannten Belegzellen des Magens aus.

Die Magensaftproduktion wird durch mehrere Faktoren gesteigert. Dazu gehört das Streßhormon Kortisol und das auch für allergische Reaktionen verantwortliche Gewebshormon Histamin (bzw. die Histamin-Rezeptoren H2, s. die Abschnitte 7.2.2. und 8.2.4.). Diese beiden Faktoren spielen auch bei emotionaler Belastung eine wichtige Rolle.

Der zweite Histamin-Rezeptor-Typ (H 2) begünstigt allgemeine, den Körper nicht belastende Vorsorgemaßnahmen. Seine Wirkung wird vom Streßhormon Kortisol sogar unterstützt. Überreaktionen am zweiten Typ verursachen Magensäure-Überschuß (s. Abschnitt 8.2.6). Das kann durch die Substanzen Ranitidin und Cimetidin verhindert werden.

Auch die protektiven Faktoren können sich bei Emotionen verändern. Bei Schwellungen der Magenschleimhaut, hervorgerufen durch Mehrdurchblutung ohne Mageninahlt, wird die Schleimschicht dünner und die Schleimhaut verletzlicher. Es hängt vom individuellen emotionalen Reaktionsmuster ab, wie häufig eine vermehrte Magensaftproduktion gemeinsam mit einem verminderten Schleimhautschutz auftritt.

Bei einem viel zitierten Patienten namens Tom war eine Magenfistel gelegt worden, durch die er sich ernährte (eine Fistel ist ein Verbindungsgang von einem inneren Organ zu einem Loch in der Haut). Diese Fistel bestand jahrelang und man konnte durch sie Toms Magenreaktionen gut beobachten [50]. Bei Interviews über seine Entlassung aus dem Arbeitsverhältnis zeigte Tom Ärger (mit Mehrdurchblutung) und Resignation (mit HCl-Minderfunktion). Bei Interviews über die Tatsache, daß seine Enkelkinder an ein Heim gegeben wurden, zeigte Tom die für ihn gefährliche Reaktion aus Ärger (Mehrdurchblutung) und Widerstand (mit HCl-Überschuß).

Tierexperimente lassen folgende Faktoren vermuten, die die Ulkus-Bildung begünstigen: Nicht vorhersehbare [51] und nur unter Anspannung kontrollierbare Belastungen [52], sowie eine individuelle Tendenz, auch unter ungünstigen Bedingungen eine Kontrolle zu versuchen [53].

*Emotional-oikotrope Regulationen.* Zum Ausdruck bzw. zur Regulation der persönlich wahrgenommene Erregung können auch zahlreiche Tätigkeiten des offenen Verhaltens dienen (wegen der Bezeichnung „oikotrop" s. Abschnitt 5.2.1.). Dazu gehören Gewohnheiten der körperlichen Betätigung (Sport) bzw. Nichtbetätigung (Entspannung, s. Abschnitte 4.2.5. und 7.2.7.). Dazu gehören aber auch unwillkürliche Muskelspannungen und Konsumgewohnheiten.

Auffällige Konsumgewohnheiten dienen meist der Erzeugung eines angenehmen (entspannten oder angeregten) Zustandes. Die Wahl von Entspannung oder Anregung kann einerseits kompensatorisch erfolgen, etwa um ein normales Mittelmaß zu erreichen. Dies betrifft den Alkoholkonsum nach einem anstrengenden Tag oder den Drogenschuß in einem lustlos-angespannten sozialen Umfeld. Konsumgewohnheiten können aber auch, wie andere emotional-oikotrope Regulationen, Tätigkeiten unterstützen, die man beherrscht oder beherrschen möchte (bzw. Situationen vermeiden lassen, die man nicht bewältigen kann). Vor diesem Hintergrund ist übermäßiges Essen ebenso als psychosomatisch zu verstehen, wie die Nahrungsverweigerung (s. dazu auch Abschnitte 3.2.3 und 6.2.5).

Fernsehen kann man (neben Musik/Theater/Kino) als verführerische Mischung aus bequemer Entspannung (auch bei spannenden Sendungen dominiert im EEG meist der α-Rhythmus) und völlig unverbindlicher Aktivierung ansehen.

*Andauernde Verspannungen* der Muskulatur führen zu Muskelschmerzen (Myalgien). Sie sind als Effekt intendierter, motorischer Bewegungen aufzufassen. Wie viele psychosomatische Symptome können sie als ineffektive, jedoch scheinbar zielführende oder gewohnheitsmäßig beibehaltene Regulation aufgefaßt werden. Gerade die Myalgien sind häufig auf unreflektierte „Haltungsgewohnheiten" zurückzuführen. Verspannungen können in verschiedenen Muskelpartien auftreten. In der folgenden Aufzählung werden zuerst die mit mutmaßlich geringer, und dann die mit mutmaßlich höherer Beteiligung kognitiver Regulationsanteile genannt: Lendenmuskulatur („Hexenschuß"), Nackenmuskulatur („steifer Hals"), Stirnmuskulatur (Spannungskopfschmerz). Insofern gelten auch für Myalgien die in Abschnitt 8.2.1 angedeuteten, komplizierten Entstehungsmechanismen.

Verspannungen der inneren oder äußeren Augenmuskeln werden vielfach für Kurzsichtigkeit verantwortlich gemacht. Aus einem bisher unveröffentlichten, standardisierten Tagebuch einer kurzsichtigen (−2 dpt), aber brillenüberdrüssigen Frau, wo sie u. a. mit Hilfe von Eigenschaftswörtern ihr Tagesbefinden skalierte, ergibt sich folgendes [81]: An Tagen mit spontan oder generell verbesserter Sehkraft lagen Befindensdimensionen aus dem Bereich der leistungsorientierten

Aktivität, dem allgemeinen Wohlbefinden und der Extravertiertheit stets über dem für sie normalen Wert. An Tagen mit schlechtem Sehen traf dies zu für Dimensionen von allgemeiner Desaktiviertheit, Introvertiertheit, Empfindlichkeit, Angst und Angespanntheit.

*Mit der Nahrung* werden auch Vorstufen (Präkursoren) der chemischen Nervensignale (Neurotransmitter) aufgenommen. So ist Tryptophan eine Vorstufe für Serotonin (s. Abschnitt 3.2.3), Lecithin für Azetylcholin und Tyrosin für die Katecholamine (s. Abb. 26 und Tab. 11). Durch kohlenhydratreiche Nahrung wird Insulin produziert, das den Stoffwechsel für Tryptophan und Lecithin unterstützt. Die neuronale Erregungsübertragung in den entsprechenden Systemen (s. Abschnitt 13.1.1) wird allerdings nur dann verbessert, wenn diese Systeme auch funktionell angeregt sind. Ist dies der Fall, so verändern sich auch einseitige Nahrungsmittelvorlieben (so wird z. B. bei erhöhtem Serotonin-Stoffwechsel Eiweißnahrung den Kohlenhydraten vorgezogen.

Soweit Konsumgewohnheiten einen Drogenkonsum betreffen, werden sie später in Abschnitt 13.1.2. besprochen. Bei Tieren wurde übrigens nachgewiesen, daß dickere mehr körpereigene Opiate produzieren.

Extreme Nahrungsverweigerung (Magersucht, Anorexia) tritt fast nur bei pubertierenden Mädchen erstmalig auf. Das läßt vermuten, daß mit der Nahrungsverweigerung auch eine Ablehnung des Frauwerdens verbunden ist. Nicht die Nahrung, sondern die Nahrungsaufnahme, ist aversiv (die Mädchen hantieren gerne mit Nahrungsmitteln). Außer Obstipation ist auch das Ausbleiben der Regel eine (möglicherweise erwünschte) Folge (s. auch Abschnitt 7.1.3.).

## *Literatur*


[1] Olds, J.: Drives and Reinforcements. Raven Press, New York 1977

[2] Routtenberg, A.: Das Belohnungssystem des Gehirns. Spektrum 1 (1979) 44–51

[3] Ungerstedt, U.: Stereotaxic mapping of the monoamine pathways in the rat brain. Acta Phys. Scand. 82. Suppl. 367 (1971) 1–48

[4] DeFrance, J. D.: A functional analysis of the septal nuclei. In: The Septal Nuclei (J. D. DeFrance Ed.). Plenum Press, New York 1976

[5] Rolls, E. T.: The Brain and Reward. Pergamon Press, Oxford 1975

[6] Gray, J. A.: The behavioral inhibition system: A possible substrate for anxiety. In: Theoretical and Experimental Bases of the Behavior Therapies (M. P. Feldman, A. Broadhurst Eds.). Wiley, London 1976

[7] Mason, S. T., Fibiger, H. C.: Noradrenaline and selective attention. Life Sci. 25 (1979) 1949–1956

[8] Gray, J. A.: The neuropsychology of anxiety. Br. J. Psychol. 69 (1978) 417–434

[9] Heath, R. G.: Pleasure and brain activity in man. J. Nerv. Ment. Dis. 154 (1) (1972) 3–18

[10] Gottesfeld, Z., Jacobowitz, D. M.: Cholinergic projection of the diagonal band to the interpeduncular nucleus of the rat brain. Brain Res. 156 (1978) 329–332
[11] Cannon, W. B.: The James-Lange theory of emotions: A critical examination and an alteration. Amer. J. Psychol. 39 (1927) 106–124
[12] Bard, P.: Emotion I: The neuro-humoral basis of emotional reactions. In: Handbook of general experimental psychology (C. Murchison, Ed.). Clark Univ. Press, Worcester (Mass.) 1934
[13] Lindsley, D. B.: Emotions and the EEG. In: The second international symposium on feeling and emotions (M. L. Reymert Ed.). McGraw-Hill, New York 1950
[14] Arnold, M. B.: An excitatory theory of emotions. In: The second international symposium on feeling and emotions (M. L. Reymert Ed.). McGraw-Hill, New York 1950
[15] Arnold, M. B.: Emotion and personality. Univ. Press, New York-Columbia 1960. Cassel, London 1961
[16] Lazarus, R. S., Alfert, E.: The short-circuiting of threat. J. Abnorm Soc. Psychol. 69. (1964) 195–205
[17] Lazarus, R. S., Opton, E. M., Nominkos, M. S., Rankin, N. O.: The principle of short-circuiting of threat: further evidence. J. Pers. 33 (1965) 622–635
[18] Pribram, K. H.: The new neurology and the biology of emotion. Am. Psychol. 22 (1967) 830–838
[19] Lazarus, R. S., Kanner, A. D., Folkman, S.: Emotions – A cognitive-phenomenological analysis. In: Theories of Emotion (R. Plutchik, H. Kellerman Eds.). Academic Press, New York 1981
[20] Delgado, J. M. R.: Aggression and defense under cerebral radio control. In: Aggression and Defense (C. D. Clemente, D. B. Lindsley Eds.), p. 171–193. Univ. Cal. Press, Berkeley 1967
[21] Marañon, G.: Contribution à l'étude de l'action émotive de l'adrénaline. Rev. Franc. Endocrinol. 2 (1924) 301–325
[22] Schachter, S., Singer, J. E.: Cognitive, social, and physiological determinants of emotional state. Psychol. Rev. 69 (1962) 379–398
[23] Valins, S., Ray, A. A.: Effects of cognitive desensititation on avoidance behavior. J. Pers. Soc. Psychol. 7 (1967) 345–350
[24] Lazarus, R. S.: Psychological Stress and the Coping Process. McGraw-Hill, New York-London 1966
[25] Averill, J. R., Opton, E. M., Lazarus, R. S.: Cross-cultural studies of psychophysiological responses during stress and emotion. In: Society, Stress and Disease (L. Levi Ed.), p. 110–124, Univ. Press, Oxford 1971
[26] Schönpflug, W.: Aspiration level and causal attribution under noise stimulation. In: Achievment, Stress and Anxiety (L. Laux, W. Krohne Eds.). Wiley, New York 1979
[27] Kahneman, D.: Attention and Effort. Prentice-Hall, Englewood-Cliffs 1973
[28] Hamilton, V.: Socialization anxiety and information processing. In: Stress and Anxiety (I. G. Sarason, C. D. Spielberger Eds.), Vol 2. Wiley, New York 1975
[29] Schönpflug, W.: Regulation und Fehlregulation im Verhalten: I. Verhaltensstruktur, Effizienz und Belastung. Psychol. Beiträge 21 (1979) 174–202

[30] Schachter, J.: Pain, fear, and anger in hypertensives and normotensives. Psychsom. Med. 19 (1957) 17–29
[31] Engel, B. T.: Stimulus response und individual response specifity. Arch. Gen. Psychiatr. 2 (1960) 305–313
[32] Lachman, S. J.: Psychsomatic Disorders – A Behavioristic Interpretation. J. Wiley, New York 1972
[33] Bösel, R., Otto, J.: Ein Versuch zur kognitiven Emotionstheorie. Film C 1305 des IWF Göttingen. Publ. Wiss. Film Serie 1 (1) (1979) 1–13
[34] Cremerius, J., Hoffmann, S. O., Hoffmeister, W., Trimborn, W.: Zur Kritik der französischen Schule der Psychosomatik. Psyche 33 (1979) 801
[35] Marty, P., de M'Uzan, M.: Pensée opératoire. Rev. Franc. Psychoanal. 27 (1963) 345–356, Psyche 32 (1978) 974–984
[36] Otto, J., Bösel, R.: Angstverarbeitung und die Diskrepanz zwischen Selfreport und physiologischem Streßindikator. Schweiz. Z. Psychol. 37 (1978) 321–330
[37] Lader, M.: Psychophysiological research and psychosomatic medicin. In: Physiology, Emotion and Psychosomatic Illness. Ciba Foundation, Amsterdam 1972
[38] Bösel, R.: Die Problematik potentieller Streßreaktionen. In: Streß (R. Bösel Hrsg.), S. 108–114. Hoffmann und Campe, Hamburg 1978
[39] Crisp, A. H., Priest, R. G.: Nature of complaint in relation to social class. Karger, Basel 1970
[40] Hollingshead, A. B., Redlich, F. C.: Social class and mental illness. Wiley, New York 1958
[41] Perrez, M.: Symptomverschiebung – ein Mythos oder ein unklar gestelltes Problem? In: Symptomverschiebung (M. Perrez, J. Otto Hrsg.), S. 7–13. Otto Müller, Salzburg 1978
[42] Grossarth-Maticek, R.: Soziales Verhalten und die Krebserkrankung. Beltz, Weinheim-Basel 1979
[43] Die Angaben stammen aus einer Erhebung, die W. Behrens bei uns durchführte.
[44] Artner, J.: Das prämenstruelle Syndrom. Zbl. Gynäk. 87 (1965) 145–162
[45] Moyer, K. E.: The Physiology of Hostility. Univ. Press, Markham 1971
[46] Alexander, F.: Psychosomatische Medizin. Walter de Gruyter, Berlin 1951
[47] Eiff, A. W. v.: Essentielle Hypertonie. Thieme, Stuttgart 1967
[48] Brady, J. V.: Conditioning and emotion. In: Emotions – Their Parameters, and Measurement (L. Levi Ed.). Raven Press, New York 1975
[49] Brady, J. V.: Towards a behavioral biology of emotion. In: Emotion – Their Parameters and Measurement (L. Levi Ed.). Raven Press, New York 1975
[50] Wolf, S., Wolff, H. G.: Human gastic function. Oxford Univ. Press, New York 1944
[51] Weiss, J. M.: Influences of psychological variables on stress-induced pathology. In: Physiology, Emotion, and Psychosomatic Illness (CIBA Foundation Symposium 8). Elsevier, London 1972
[52] Weiss, J. M.: Effects of coping behavior in different working signal conditions on stress pathology in rats. J. Comp. Physiol. Psychol. 77 (1971) 1–13
[53] Brady, J. V.: Ulcer in „executive" monkeys. Scient. Amer. 199 (1958) 95–100
[54] Otto, J.: Einschätzung der eigenen Kompetenz und die Selbstregulation von

Aktivierung und Verhalten. Doktorarbeit an der Freien Universität Berlin 1981
[55] Bandura, A.: Self-efficacy mechanism in human agency. Am. Psychologist 37 (1982) 122–147
[56] Eysenck, W. M.: Anxiety, stress, and performance. In: Stress and Fatigue (R. B. Hockey Ed.). Wiley, London 1981
[57] Robbins, T. W., Everitt, B. J.: Function studies of the central catecholamines. Int. Rev. Neurobiol. 23 (1982) 303–365
[58] Redmond, D. E., Huang, Y. H.: New evidence for a locus coeruleus-norepinephrine connection with anxiety. Life Sci. 25 (1979) 2149–62
[59] Harik, S. I.: Locus coeruleus lesion by local 6-hydroxydopamine infusion causes marked and specific destruction of noradrenergic neurons, long-term depletion of norepiphrenine and the enzymes that synthesize it, and enhance dopaminergic mechanism in the ipsilateral cerebral cortex. J. Neurosci. 4 (1984) 699–707
[60] DeVito, W. J., Brush, F. R.: Effect of ACTH and vasopressin on extinction. Evidence for opiate mediation. Beh. Neurosci. 98 (1984) 59–71
[61] Dorow, R., Horowski, R., Paschelke, G., Amin, M., Braestrup, C.: Severe anxiety induced by FG 7142, a β-carboline ligand for benzodiazepine receptors. Lancet 8341 (1983) 98–99
[62] Mason, S. T.: Norepiphrenine and selective attention: A review of the model and evidence. Life Sci. 27 (1981) 617–631
[63] Weiner, M. J., Samuel, W.: The effect of attributing internal arousal to an external source upon test anxiety and performance. J. Soc. Psychol. 96 (1975) 255–265
[64] Maslach, C.: Negative emotional biasing of unexplained arousal. Marshall, G. D., Zimbardo, P. G.: Affective consequences of inadequately explained physiological arousal. J. Pers. Soc. Psychol. 37 (1979) 953–969, 970–985
[65] Calvert-Boyanowsky, J., Leventhal, H.: The role of information in attenuating behavioral responses to stress: A reinterpretation of the misattribution phenomenon. J. Pers. Soc. Psychol. 32 (1975) 214–221
[66] Erdmann, G., van Lindern, P.: The effects of beta-adrenergic stimulation and beta-adrenergic blocade on emotional reactions. Psychophysiol. 17 (1980) 332–338
[67] Zillmann, D.: Attribution and misattribution of excitatory reactions. In: New Directions in Attribution Research (J. H. Harvey, W. J. Ickes, R. F. Kidd, Eds.), Vol. II. New York: Wiley 1978
[68] Schönpflug, W.: Goal directed behavior as a source of stress. Psychological origins and consequences of inefficiency. In: Goal directed behavior (M. Frese, J. Sabini, Eds.), pp. 172-188. Hillsdale, N. J.: Erlbaum 1985
[69] Wieland-Eckelmann, R., Bösel, R.: Konstruktion eines Verfahrens zur Erfassung von dispositionellen Angstbewältigungsstilen im Leistungsbereich. Z. Diff. Angew. Psychol. (zur Publikation einger.)
[70] Weerts, T. C., Roberts, R.: The physiological effects of imagining anger-provoking and fear-provoking scenes. Psychophysiol. 13 (1976) 74
[71] Klimmer, F., Aulmann, H.-M., Rutenfranz, J.: Katecholaminausscheidung im Urin bei emotional und mental belastender Tätigkeit im Flugverkehrskontrolldienst. Int. Arch. Arbeitsmed. 30 (1972) 65–80

[72] Cobb, S., Rose, R.: Hypertension, peptic ulcer and diabetes in air traffic controllers. J. Amer. Med. Assoc. 224 (1973) 489–492
[73] Caplan, R. D.: Organizational stress and individual strain: A social psychological study. Doctoral dissertation, Univ. Michigan. Diss. Abstr. Intern. 32 (1971) 6706-B, 72–14, 822
[74] Stein, M., Keller, St., Schleifer, St.: The hypothalamus and the immune response. In: Brain, Behavior, and Bodily Disease (H. Weiner, M. A. Hofer, A. J. Stunkard, Eds.), pp. 45–65. New York: Raven Press 1981
[75] Ader, R., Cohen, N.: Conditioned immunopharmacologic effects. In: Psychoneuroimmunology (R. Ader, Ed.), pp. 281–319. New York: Academic Press 1981
[76] Dastugue, J.: Die Paläopathologie. In: Illustrierte Geschichte der Medizin (Sourmia, Poulet, Martiny, Eds.), Vol. I, pp. 18–47. Salzburg: Andreas 1980
[77] Farber, L. S.: Identical Twins Reared Apart: A Reanalysis. New York: Basic Books 1981
[78] Rosenman, R. H., Brand, R. J., Sholz, R. I., Friedman, M.: Multivariate prediction of coronary heart disease during 8.5 year follow-up in the Western Collaborative Study. Am. J. Cardiology 37 (1976) 903–910
[79] Friedman, M., Rosenman, R. H.: Type A behavior and your heart. New York: Knopf 1974
[80] Adler, R., Rassek, M., Schmidt, Th. H.: Arterielle Verschlußkrankheiten. In: Lehrbuch der Psychosomatischen Medizin (Th. v. Uexküll Hrsg.), S. 559–570. München: Urban und Schwarzenberg 2. Aufl. 1981
[81] Die Angaben stammen aus einer Erhebung, die G. Braun und Chr. Frauenberger bei uns durchführten.
[82] Hakomori, S.-I.: Tumor-associated carbohydrate antigens. Ann. Rev. Immunology 2 (1984) 103–126
[83] LeShan, L. L.: Untersuchungen zur Persönlichkeit der Krebskranken. Z. Psychosom. Med. 9 (1963) 246-153
[84] Bammer, K.: Krebs und Psychosomatik. Stuttgart 1981

# Teil III
# Neuronale Informationsverarbeitung (Das Nervensystem und die zentralen Prozesse)

# 9. Prozesse an Nervenzellen

## 9.1 Erregungsprozesse

### *9.1.1 Erregbare Zellen*

Jedes Organ des menschlichen Körpers besteht aus einzelnen Zellen, durch deren Zusammenarbeit die spezifischen Organfunktionen erst möglich werden. Dies gilt auch für das Nervensystem, in dem zwei Zelltypen vorkommen: Nervenzellen und Gliazellen.

Nervenzellen sind hochspezialisierte Zellen, deren wichtigste Eigenschaft ist, daß sie elektrisch erregbar sind. Gliazellen üben vor allem mechanische Stütz- und Isolierfunktionen den Nervenzellen gegenüber aus. Weitergehende Funktionen sind nicht gesichert, obwohl es auffällt, daß die das Nevensystem versorgenden Blutkapillaren von Gliazellen umhüllt sind. Dennoch nehmen die Nervenzellen Sauerstoff und Glykogen direkt aus dem Extrazellularraum auf, Gliazellen sind nicht elektrisch erregbar.

Es gibt drei Arten von Zellen im menschlichen Organismus, die elektrisch erregbar sind. Dazu gehören außer den Nervenzellen die Rezeptorzellen und die Muskelzellen. Rezeptorzellen können durch Reize erregt werden. Jede Rezeptorzelle ist mit einer oder mehreren Nervenzellen verbunden. Nervenzellen nehmen untereinander Kontakt auf. Einige Nervenzellen gehen mit Muskelzellen eine Verbindung ein.

*Bau der Nervenzellen.* Gestalt und wichtigste Bestandteile einer „typischen" Nervenzelle zeigt Abb. 83. Damit wird ein Bild vervollständigt, das bereits in Abschnitt 5.1.1 vorgestellt wurde. Die Zellkörper sind in der Regel 13–30 µm lang und 6–16 µm dick (manchmal auch größer, s. Abschnitt 11.2.1).

Dendriten und Soma dienen der Erregungsbildung. Die Axone der Nervenzellen dienen der Erregungsleitung über längere Strecken. Die Erregung läuft dabei immer vom Axonhügel zu den synaptischen Endköpfen (nicht umgekehrt).

*Aufbau des Nervensystems.* Die Gliederung des Nervensystems nach zentral (Gehirn und Rückenmark) und peripher (Ganglien und Nerven im übrigen Körper) ist ebenfalls bereits im Abschnitt 5.1.1. erwähnt worden.

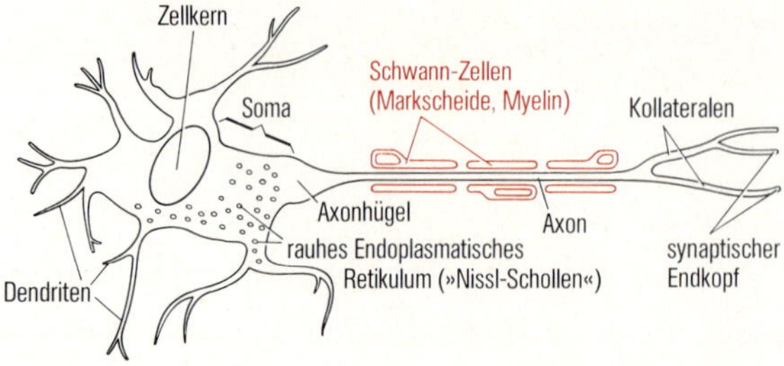


*Abb. 83* Schema einer Nervenzelle. Die Schwannzellen isolieren das Axon. Das rauhe Endoplasmatische Retikulum dient der Enzymsynthese in der Zelle (s. Abschnitt 1.1.5. und 1.2.2.).

Eine Erregung im Nervensystem kann durch spontane Nerventätigkeit entstehen. Meist entsteht eine Erregung dadurch, daß ein Reiz auf (peripher gelegene) Rezeptorzellen einwirkt und sich diese dadurch elektrisch erregen. Diese Erregung springt auf eine oder mehrere Nervenzellen über, die sich ebenfalls elektrisch erregen. Über afferente Axone des peripheren Nervensystems kann eine derartige Erregung das zentrale Nervensystem erreichen und sich dort von Nervenzelle zu Nervenzelle ausbreiten. Stärke und Richtung der Ausbreitung hängt von der Struktur des Nervensystems und vom momentanen Zustand der jeweiligen Nervenzellen ab.

Erregungsprozesse können die Hirnrinde erreichen und dann Gegenstand des Erlebens werden. Erregungsprozesse können auch über efferente Axone das zentrale Nervensystem verlassen. Schließlich kann es über einen Nerv-Muskel-Kontakt (neuromuskuläre Verbindung) zu einer Erregung von Muskelzellen kommen und dadurch zu einer Bewegung. Durch nervale Erregung können auch Drüsenzellen aktiviert werden.

*Rezeptorzellen.* Sinnesorgane sind meist spezielle Organe des Organismus, wie z. B. Auge und Ohr. Vielfach haben jedoch auch andere Organe die Funktion von Sinnesorganen, wie z. B. die Haut. Nach den Hauptsinnesorganen unterscheidet man verschiedene „Sinnesmodalitäten" wie Sehen, Hören, Tasten usw. Wichtiger als derartige alltagssprachliche Unterscheidungen sind die Eigenschaften der in den Sinnesorganen befindlichen Rezeptorzellen (Sinneszellen). Diese determinieren die einzelnen „Sinnesqualitäten", über die der Organismus verfügt. Die Rezeptorzellen, und damit die Sinnesqualitäten, lassen sich grob in vier Klassen zusammenfassen:

– Photorezeptoren befinden sich in der Netzhaut des Auges, und vereinzelt mit unbekannter Funktion in der Zirbeldrüse.
– Thermorezeptoren gibt es in der Haut und zur Messung der Bluttemperatur im Gehirn.

– Chemorezeptoren sind die Sinneszellen auf der Zunge und in der Riechschleimhaut der Nase. Chemorezeptoren befinden sich aber auch an manchen Stellen in den Wänden der Blutgefäße und prüfen die chemische Zusammensetzung des Blutes.
– Mechanorezeptoren gibt es in der Haut und an vielen Stellen im Körper. Sie reagieren auf Verformung mit elektrischer Erregung und können somit Berührung und Lageveränderungen registrieren. Im Blutgefäßsystem prüfen sie den Blutdruck. Auch die Hörzellen im Ohr sind Mechanorezeptoren.
– Die Existenz eigener Nozizeptoren (Schmerzsinneszellen) ist umstritten.

*Effektoren.* Erregungsprozesse im Nervensystem können Effekte in anderen Organsystemen bewirken. Derartige Effektoren (Erfolgsorgane) der nervösen Erregungsverarbeitung und -leitung können, wie bereits erwähnt, Muskeln oder Drüsen sein. Es gibt vier Arten von Muskeln: Skeletmuskulatur, Pupillenmuskulatur, Herzmuskulatur, sowie Eingeweide- und Blutgefäßmuskulatur. Drüsen, die durch das Nervensystem aktiviert werden, sind z. B. Speicheldrüsen, Schweißdrüsen und das Nebennierenmark.

### *9.1.2 Elektrochemische Zustände an Körperzellen*

Einige Eigenschaften von Körperzellen sind bereits in Abschnitt 1.1.4. erwähnt worden. Dazu gehört die Tatsache, daß das Zellinnere (Intrazellularraum) im wesentlichen aus einer wäßrigen Lösung verschiedener chemischer Substanzen besteht. Auch die Spalträume zwischen den Zellen (Extrazellularraum) sind mit einer wäßrigen Flüssigkeit gefüllt. Gegen den Extrazellularraum grenzen sich die Zellen durch die Zellmembran ab.

Die in den Körperflüssigkeiten gelösten Substanzen tragen, wie in jeder wäßrigen Lösung, eine elektrische Ladung, die positiv oder negativ sein kann. Positiv geladene Teilchen heißen Kationen, negativ geladene Anionen. Für die elektrochemischen Zustände an Körperzellen sind vor allem folgende Substanzen von Bedeutung: Positiv geladene Natrium- und Kaliumionen ($Na^+$, $K^+$) als Kationen, und negativ geladene Eiweiß- und Chlorionen ($A^-$, $Cl^-$) als Anionen.

Der hohe Anteil an $Na^+$- und $Cl^-$-Ionen in unseren Körperflüssigkeiten bewirkt, daß diese meist deutlich salzig schmecken (chemische Struktur von Kochsalz: NaCl). Auch das Blut schmeckt salzig, obwohl dieser Geschmack mitunter stark durch den im Blut transportierten Zucker überdeckt sein kann. Ca. 9%ige Kochsalzlösungen können in Notfällen (z. B. bei Infusionen) Körperflüssigkeiten in geringer Menge schadlos ersetzen. Besondere Hormone (z. B. der Nebennierenrinde) sorgen für die Aufrechterhaltung der Körper-Salz-Konzentrationen.

Die biologisch bedeutsamen Zellsubstanzen, die der Abschnitt 1.1.4. vor allem beschreibt, sind hier größtenteils unter der Sammelbezeichnung „Eiweißanionen $A^-$“ zusammengefaßt. Die Aufmerksamkeit soll hier vor allem auf die kleinen, leicht beweglichen Ionen gelenkt werden.

*Die Ladungsverteilung.* Die räumliche Verteilung der Ionen in einer wäßrigen Lösung erfolgt nicht zufällig, sondern unterliegt den Gesetzen elektrischer Felder: Wenn keine mechanische oder chemische Barriere existiert, versuchen Teilchen ungleicher Ladung einander zu nähern, während sich Teilchen gleicher Ladung voneinander entfernen. (Dieses Phänomen ist von Magneten, für deren Pole die gleichen Gesetze gelten, hinreichend bekannt.) Einen Spezialfall dieser Gesetze stellt das Phänomen der osmotischen Diffusion dar. Wenn keine Barrieren existieren, versuchen sich Teilchen gleicher Art in allen Bereichen der Flüssigkeit gleichmäßig zu verteilen. Mechanische Barrieren sind dabei einem meßbaren Druck ausgesetzt („osmotischer Druck“).

Ähnlich wollen sich Luftteilchen im Raum gleichmäßig verteilen und üben auf die Wände eines Behälters Druck aus. Ist der Gegendruck auf die andere Seite der Behälterwände geringer, so besteht die Gefahr, daß die Wände einreißen.

Ein Modell nach Abb. 84, das eine Ionenverteilung auf Grund der elektrischen und osmotischen Kräfte darstellt, entspricht in einigen Punkten schon den Verhältnissen im Intra- und Extrazellularraum von Zellen. Der große Behälter entspräche dem Extrazellularraum, mit dem die Zellen über einige Poren der Zellmembran in Verbindung steht. Im Intrazellularraum befinden sich große Eiweißanionen und aus den genannten Gründen eine vergleichsweise hohe Konzentration von $K^+$. Für kleine, freibewegliche Anionen, wie z. B. die $Cl^-$, gilt Umgekehrtes: Sie meiden die Nähe der großen Eiweiß-Anionen und sind im Extrazellularraum stärker konzentriert. Insgesamt haben die elektrischen Ladungen die Tendenz, sich wechselseitig im Gleichgewicht zu halten.

*Das Ladungsungleichgewicht.* Allerdings ist der Extrazellularraum noch zusätzlich mit $Na^+$ angereichert. Die $Na^+$ sind kleine Kationen wie die $K^+$ und haben die Tendenz, sich ebenso wie diese in der Nähe der großen intrazellulären $A^-$ zu verteilen. Die $Na^+$ sind jedoch um ein Geringes größer und passen nicht durch die erwähnten Membranporen. Nur selten gelingt es einem $Na^+$, durch die Membran zu dringen und in die Nähe der $A^-$ zu gelangen (Leckstrom).

Vom atomaren Aufbau der Ionen her (Atomgewicht, Ionendurchmesser) sind die $Na^+$ zwar kleiner als die $K^+$. Jedes Ion schleppt aber eine kleine Wasserwolke mit sich, die die Beweglichkeit des Ions beeinträchtigt. Die Wasserwolke des $Na^+$ ist um die Hälfte größer als die des $K^+$.

In der Tab. 10 sind die Werte der tatsächlichen Ionenverteilung in Zell- und Spaltraumflüssigkeiten angeführt. Mit Hilfe der sogenannten Nernst-Gleichung

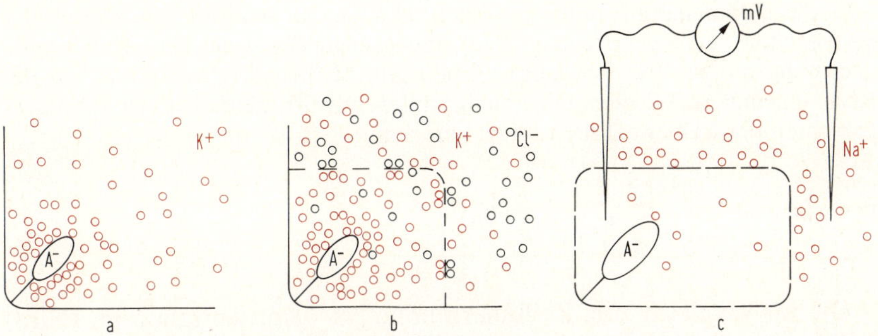


*Abb. 84* Ionenverteilung auf Grund elektrischer und osmotischer Kräfte. Angenommen, in einem Winkel eines flüssigkeitsgefüllten Behälters sei ein großes, negativ geladenes Teilchen (z. B. ein Eiweißanion $A^-$) befestigt (Abb. 84a). Kleine, positiv geladene Teilchen (z. B. Kalium-Kationen $K^+$), die sich in der Flüssigkeit des Behälters befinden sollen, verteilen sich dann weder gleichmäßig im Raum (wie es auf Grund der osmotischen Diffusion zu erwarten wäre), noch kleben alle am großen Anion (wie es die Kräfte des durch das Anion erzeugten elektrischen Feldes erwarten ließen). Vielmehr stellt sich ein Gleichgewicht aus den genannten Kräften her (Donnan-Gleichgewicht) und es entsteht unter den genannten Bedingungen ein Konzentrationsgefälle für die kleinen Kationen. Dieses Bild ändert sich auch kaum, wenn das betrachtete Behältereck durch eine poröse Membran abgetrennt würde (Abb. 84b). Durch Natrium-undurchlässige Membranen entsteht an Körperzellen zwischen $Na^+$-Ionen und $A^-$-Ionen eine meßbare elektrische Spannung (Abb. 84c).

*Tabelle 10* Ionenkonzentrationen im Intra- und Extrazellularraum. Angaben in mmol/l. 1 mmol (= Millimol) sind rund $6 \times 10^{20}$ Teilchen. (Bei einer Konzentration von 1 mmol/l befinden sich in einem Würfel von 1 Tausendstel Millimeter (= 1 µm) Kantenlänge etwa 600 000 Teilchen)

| intrazellulär | Ionen | extrazellulär |
|---|---|---|
| 12 | $Na^+$ | 145 |
| 155 | $K^+$ | 4 |
| 4 | $Cl^-$ | 120 |
| 155 | $A^-$ | – |

kann man aus diesen Daten berechnen, welche Ladungsdifferenzen aus der ungleichen Ionenverteilung resultieren:

$$\text{Ladungsdifferenz } E = 58\text{ mV} \times \log \frac{\text{Kationen außen} + \text{Anionen innen}}{\text{Kationen innen} + \text{Anionen außen}}$$

Ohne trennende Membran würde sich ein Ladungsausgleich herstellen (positive und negative Ladungen an einem Ort gleich häufig). Da bestimmte Ionen ($Na^+$,

$A^-$) die Zellmembran kaum passieren können, so existiert auf Grund der bestehenden Ladungsverteilung ein Ladungsungleichgewicht. Da die Nernst-Gleichung nur für frei bewegliche Ionen gilt, bleiben die $Na^+$ und $A^-$ in der Rechnung unberücksichtigt. Die Ladungsdifferenz wird indirekt aus den Ungleichgewichten der freibeweglichen Ionen berechnet:

$$E = 58 \cdot \log \frac{4 + 4}{155 + 120} = - 89 \text{ mV}$$

Die im Vergleich zum Zellinnern hohe $Na^+$-Konzentration im Extrazellularraum hat bedeutsame Konsequenzen. Die $Na^+$ lagern sich von außen dicht an die Zellwand und üben von dort einen Druck gegen die Zellwand aus. Außerdem besteht zwischen Zellinnerem und Zelläußerem eine Ladungsdifferenz, die man als elektrisches Spannungsgefälle zwischen Intrazellularraum und Extrazellularraum messen kann (es liegt im Bereich zwischen $-40$ und $-100$ mV; 1 mV = 1 Tausendstel Volt). Dieser elektrochemische Zustand gilt im wesentlichen für jede Körperzelle (Abb. 84 c).

*Die Natrium-Pumpe.* Durch gelegentliches Eindringen von $Na^+$ auf Grund der erwähnten Leckströme könnte längerfristig die Lebensfähigkeit der Zelle beeinträchtigt werden. Deshalb muß ein Mechanismus existieren, der den Leckstrom kompensiert. Vieles spricht dafür, daß die Zellmembran die Fähigkeit besitzt, intrazelluläre $Na^+$-Ionen gegen die elektrischen Feldkräfte nach außen zu befördern. Dieser Prozeß kostet Energie, und zwar wird ein Molekül energiereiches ATP für drei $Na^+$-Ionen aufgewandt. Aus 26 kJ/Mol ATP = 26 kJ/6,024 $\times 10^{23}$ ATP = 4,8 $\times 10^{-20}$ J/ATP kann man errechnen, daß diese Energie 1,6 $\times 10^{-20}$ J/$Na^+$ oder 1 perg für 6 $Na^+$ beträgt (1 perg = 1 Pico-erg; $10^{12}$ perg = 1 erg = $10^{-7}$ J). Wie man durch radioaktives Natrium ($^{24}Na^+$) nachweisen kann, wird dieser Mechanismus durch Unterkühlung, bei Sauerstoffmangel und durch Stoffwechselgifte (z. B. das energiehemmende Dinitrophenol DNP) gehemmt. Da der $Na^+$-Transport aus der Zelle mit einem gegenläufigen Transport von $K^+$-Ionen gekoppelt ist, spricht man von einer $Na^+$-$K^+$-Pumpe.

## *9.1.3 Grundlagen der Erregung einer Nervenzelle*

Wegen ungleicher Ionenkonzentrationen im Zellinnern (Intrazellularraum) und in den Spalträumen zwischen den Zellen (Extrazellularraum) besteht bei Nervenzellen ein Ladungsungleichgewicht zwischen innen und außen, das als elektrische Spannung von ca. $-90$ mV meßbar ist. Diese Spannung bezeichnet man auch als Ruhepotential.

*Das Natrium-System.* Nervenzellen haben in ihrer Zellmembran etwa 50 Poren/$\mu m^2$, durch die $Na^+$-Ionen eindringen können (Natrium-Poren).

Etwa 30 davon sind im Zustand des Ruhepotentials jedoch geschlossen. Zufällig eindringende $Na^+$-Ionen werden mit Hilfe eines Pumpmechanismus (Natrium-Pumpe) gegen die elektrischen Feldkräfte wieder aus dem Zellinnern hinausgepumpt. Bei plötzlicher Verringerung der Ladungsdifferenz öffnen sich allerdings zusätzliche Natrium-Poren (Abb. 85). Auf dieser Eigenschaft beruht die Erregbarkeit der Nervenzellen.

Wird der Zellmembran einer Nervenzelle von außen experimentell elektrischer Strom zugeführt, so verändert sich die Spannung zwischen Intra- und Extrazellularraum. Durch einen Spannungsabfall (Depolarisierung) öffnen sich die zusätzlichen Natriumporen, wodurch kurzfristig das Ladungsungleichgewicht noch stärker verschoben wird als durch den zugeführten Strom. Wird die Spannung an der Zellmembran bis zu einem bestimmten Schwellenwert reduziert (depolarisiert), so öffnen sich sprungartig alle restlichen Natrium-Poren (Abb. 85).

*Erregende Potentiale.* Wird die Nervenzellmembran mit elektrischem Strom gereizt (Reizstrom), so entstehen zwischen Intra- und Extrazellu-

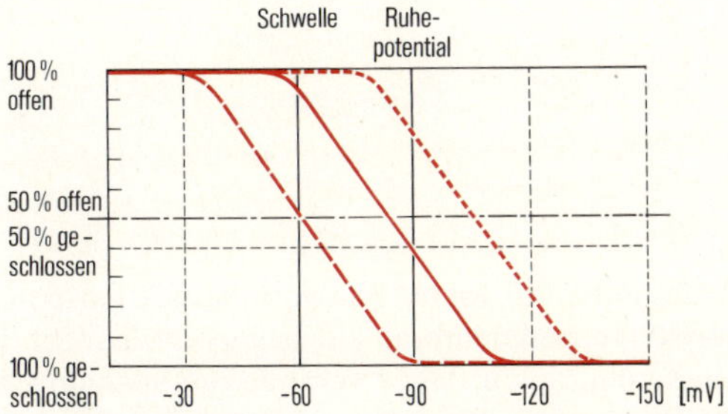


*Abb. 85* Potentialabhängigkeit des Natrium-Poren-Systems bei Nerven- und Muskelzellen. Beim Ruhepotential sind etwa 40% der Natriumporen offen, ab einem Schwellenpotential sprungartig alle. Die Verhältnisse für andere Ladungsdifferenzen zeigt die rote Kurve. Natrium-Poren öffnen sich, wenn an die Membran eine positive Spannung angelegt wird. Sie schließen sich bei zusätzlicher negativer Spannung. Dieser Mechanismus kann jedoch beeinflußt werden. Unter der Einwirkung bestimmter Pharmaka sind schon beim Ruhepotential die Natrium-Poren größtenteils geschlossen (gestrichelte Linie links). Das Schwellenpotential, bei dem sich sprungartig alle Poren öffnen (oberer Knick der gestrichelten Linie) ist dann vom Ruhepotential weiter entfernt als im Normalfall. Dies geschieht durch Digitalis-Glykoside (an Herzmuskelzellen), durch Succinylcholin (an Skeletmuskelzellen) und durch das lokal anästhesierende Novocain (das nur an nichtisolierten Axonen des peripheren Nervensystems wirkt, also an Schmerz- und an Sympathikus-Fasern). Eine Verschiebung der Reaktionskurve in die andere Richtung ist auch möglich (punktierte Linie rechts), z. B. bei Muskelzellen, die unter Kalzium-Mangel leiden.

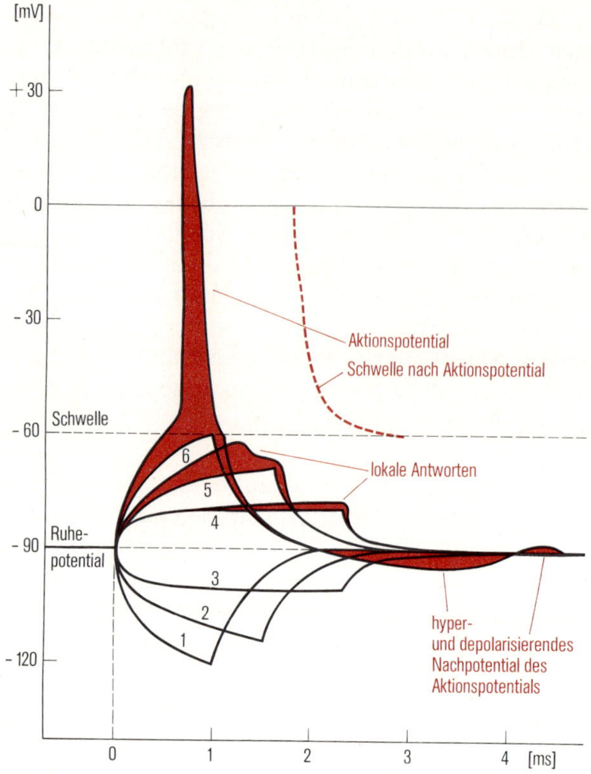


*Abb. 86* Elektrotonisches Potential, lokale Antwort und Aktionspotential. Schema der Antworten einer Nervenzellmembran auf sechs verschiedene Reizströme. Die durch die Reizströme unmittelbar passiv veränderten Spannungsverhältnisse heißen „elektrotonische Potentiale". Sie steigen mit Reizbeginn exponentiell an und fallen nach Reizende mit umgekehrtem Kurvenverlauf ab. Alle Reizantworten sind übereinander gezeichnet. Dabei sind die elektrotonischen Potentiale mit schwarzen Linien eingetragen und von 1 bis 6 numeriert. Die elektrotonischen Potentiale 1 bis 5 sind unterschwellig. Die Reizströme der Potentiale 1 bis 3 waren negativ. Elektrotonische Potentiale in positiver Richtung öffnen auch Natrium-Poren, so daß die meßbare Ladungsverschiebung größer ist als durch den Reizstrom unmittelbar verursacht. Das Ausmaß dieser zusätzlichen Depolarisierung ist rot hervorgehoben. Erreicht oder überschreitet ein elektrotonisches Potential die Schwelle (Nr. 6), so werden dadurch alle Natriumporen geöffnet und es kommt zu einem plötzlichen $Na^+$-Einstrom. Die auf positiven Reizstrom insgesamt entstehenden unterschwelligen Potentiale nennt man „lokale Antworten". Überschwellige haben stets sehr große Amplituden, die in der Regel sogar zu einer kurzfristigen Spannungsumkehr führen (das Zellinnere wird positiv); sie heißen „Aktionspotentiale".

larraum Spannungen, die vom Ruhepotential abweichen. Als unmittelbare Folge des Reizstroms entstehen „elektrotonische Potentiale“. Bei depolarisierenden Reizströmen werden außerdem Natriumporen geöffnet. Durch eindringende $Na^+$-Ionen erfolgt eine zusätzliche Depolarisierung, man spricht von Erregung. Bleibt das entstehende Potential unterhalb der Schwelle, nennt man es „lokale Antwort“. Beim Erreichen oder Überschreiten der Schwelle ist der $Na^+$-Einstrom größer. Es kommt zu einer sprungartigen Depolarisierung, wobei das Zellinnere gegenüber dem Extrazellularraum sogar kurzfristig positiv wird. Dieses elektrische Phänomen an der Nervenzellmembran nennt man „Aktionspotential“ (Abb. 86).

*Repolarisierung nach einem Aktionspotential.* Die lokale Störung des normalen Ladungsungleichgewichts entlang der Zellmembran muß wieder ausgeglichen werden. Z. T. geschieht dies dadurch, daß die plötzlich eindringenden $Na^+$ einen Teil der im Zellinnern vorhandenen $K^+$ einfach verdrängen. Die Membran unterstützt vermutlich diesen Prozeß, indem sie zusätzlich Poren öffnet, durch die die $K^+$-Ionen ausströmen können (Kalium-Poren). Dadurch wird vergleichsweise rasch die Ladungsumkehr aufgehoben. Dieser K-Strom wird durch den Ganglienblocker Tetraäthyl-ammonium verhindert. Bei längerdauerndem Spannungsabfall schließen sich außerdem alle Natriumporen. Die Natrium-Pumpe besorgt den Rest und stellt allmählich die ursprüngliche Ionenverteilung wieder her. Es kann sogar kurzfristig zu einer Depolarisierung über das Ruhepotential hinaus (Hyperpolarisierung) kommen, bis sich das Natrium-System wieder im ursprünglichen Zustand befindet (etwa 40% der Poren offen).

### *9.1.4 Die Erregungsleitung*

Potentialveränderungen, die lokal an der Nervenzellmembran als Folge einer elektrischen Reizung auftreten, haben auch stets eine gewisse räumliche Ausdehnung. Schließlich handelt es sich dabei um ein elektrisches Feld, das sich mit abnehmender Intensität auch auf die der Reizstelle benachbarten Membranbezirke ausbreitet. Bei unterschwelliger Reizung (also bei lokalen Antworten) nimmt die Abweichung vom Ruhepotential mit der Entfernung vom Reizort exponentiell ab.

Wird infolge einer lokalen Reizung die Schwelle erreicht und ein Aktionspotential ausgelöst, so ist die lokale Depolarisierung weitaus stärker, als nach unterschwelliger Reizung. Die kurzzeitig wirkenden elektrischen Kräfte sind imstande, auch benachbarte Membranbezirke noch bis über die Schwelle zu depolarisieren. Es entsteht der gleiche Effekt wie bei experimenteller Reizung. Infolge eines Aktionspotentials entsteht also auch an den angrenzenden Membranstellen ein Aktionspotential. Der resultierende Effekt kann mit dem beim Anzünden einer Zündschnur verglichen werden. Die lokal freigesetzte Energie reicht aus, um auch die benachbarten Stellen zum „Feuern" zu bringen. Ein einmal in Gang gesetztes Aktionspotential läuft über die gesamte anschließende Zellmembran.

An Stellen, die gerade „feuerten", läßt sich für etwa 1 ms kein Aktionspotential mehr auslösen. Ein Schutzmechanismus hat alle Natriumporen geschlossen, so daß sich die Schwelle erheblich vom Ruhepotential entfernt hat. Dieser Schutzmechanismus schützt die Zelle davor, daß bei andauerndem Spannungsabfall größere gefährliche Ionenverschiebungen eintreten können. Der eintretende Zustand entspricht dem, der in Abb. 85 durch die gestrichelte Linie gekennzeichnet ist. Man nennt ihn Refraktärzustand. Erst etwa 2 ms nach Abklingen eines Aktionspotentials hat sich der ursprüngliche Zustand wiederhergestellt.

Damit ein Aktionspotential ausgelöst werden kann, muß ein elektrotonisches Potential die Schwelle erreichen. Nicht an allen Stellen der Nervenzellmembran ist die Schwelle gleich. Der elektrische Widerstand von Dendriten- und Somamembran liegt vergleichsweise hoch. Hier ist die Schwelle vom Ruhepotential weit entfernt. An den Dendriten der meisten Cortex-Neurone gibt es zuwenige, vielleicht gar keine Na-Kanäle, um Spitzenpotentiale zu erzeugen [6]. Elektrotonische Potentiale führen daher hier in der Regel nur zu lokalen Antworten. Am niedrigsten liegt die Schwelle am Axonhügel. Kann sich das elektrische Feld einer lokalen Antwort bis zum Axonhügel ausbreiten, so ist die Chance groß, daß dort die Schwelle erreicht und ein Aktionspotential ausgelöst wird. Eine Ausbreitung eines am Axonhügel entstandenen Aktionspotentials erfolgt bevorzugt in Richtung Axon. Am Axon läuft dann jedes Aktionspotential über alle Kollateralen bis zu den Endköpfen weiter.

Eine Erregungsausbreitung auf der Nervenzellmembran erfolgt also in der Regel gerichtet („orthodrom"). Sie läuft mit lokalen Antworten von den Dendriten zur Somamembran und zum Axonhügel und mit Aktionspotentialen vom Axonhügel entlang des Axons und seinen Kollateralen zu den Endköpfen.

Axone sind stets von speziellen Gliazellen begleitet, sogenannten Schwann-Zellen (Abb. 87). Bei etwa einem Drittel aller Axone ist eine Schwannzelle mehrfach dick um das Axon gewickelt („Myelin" oder „Markscheide"). Bei längeren Axonen wird die Markscheide von mehreren hintereinander liegenden Schwann-Zellen gebildet (s. Abb. 83).

Zwischen den eine Markscheide bildenden Schwann-Zellen ist immer ein kleiner Spalt, an dem das Axon bloß liegt („Ranvier-Schnürring"). An den von einer Markscheide bedeckten (myelinisierten) Stellen ist das Axon isoliert. Hier kann auch bei offenen Natrium-Poren kein Natrium eindringen. Bei elektrischer Reizung entstehen hier also nur elektrotonische Potentiale. Eine Ausbreitung der elektrischen Erregung ohne Zuhilfenah-

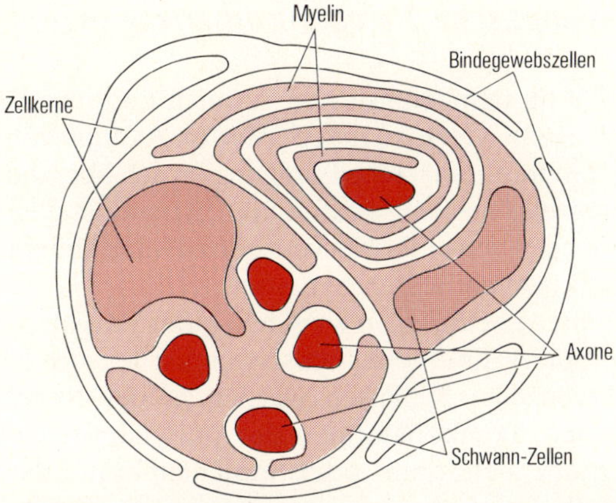


*Abb. 87* Vier unmyelinisierte und ein myelinisiertes Axon in einem Nerven.

me des Natrium-Systems geht schneller. In myelinisierten Axonen breitet sich die Erregung, je nach Qualität der Isolierung, 10 bis 100mal schneller aus als in unmyelisierten. Die Leitungsgeschwindigkeit in nicht isolierten Schmerz- und Sympathikus-Fasern beträgt ca. 1 m/s. Axone, die zu Skeletmuskeln ziehen, sind mit einer bis zu 7 μm dicken Markscheide umgeben (Faserdurchmesser 15 μm) und leiten die Erregung 100 m/s. Die Amplitude elektrotonischer Potentiale nimmt aber mit der Entfernung vom Reizort exponentiell ab („Dekrement"). An den nicht isolierten Stellen der Ranvier-Schnürringe kann aber wieder ein Aktionspotential ausgelöst werden. Ein solches Aktionspotential erzeugt wieder ein elektrotonisches Potential, das sich bis zum nächsten Schnürring ausbreitet (saltatorische Erregungsleitung am myelinisierten Axon). Dabei werden zwischen zwei Schnürringen myelinisierte Strecken von 1 bis 2 mm überbrückt, bis das nächste Aktionspotential entstehen kann.

*Nervenleitgeschwindigkeit.* Die Leitungsgeschwindigkeit für Erregungen entlang bestimmter Nerven variiert interindividuell geringfügig. Man kann dies besonders gut an Nerven messen, deren Axone zu einer Muskelgruppe ziehen. Dazu wird der Nerv (mit Hilfe von Nadelelektroden) an zwei Stellen hintereinander gereizt und beide Male die Zeitdauer zwischen Reiz und Reaktion gemessen. Setzt man den räumlichen Abstand zwischen den Reizorten mit der Differenz aus beiden Reaktionszeiten ins Verhältnis, so erhält man die Nervenleitgeschwindigkeit (NLG) für den untersuchten Nerv. In manchen osteuropäischen und sowjetischen Schulen der Psychologie dient diese Variable zur Kennzeichnung einer angeborenen Komponente des Persönlichkeitstyps (bzw. „Temperaments") [1].

## *9.1.5 Synapsen 1: Die synaptische Erregungsübertragung*

Aktionspotentiale pflanzen sich an unmyelinisierten Axonen kontinuierlich über benachbarte Membranstellen fort, an myelinisierten Axonen von Schnürring zu Schnürring. Damit breitet sich eine Erregung örtlich über die Längserstreckung einer Nervenzelle aus. An bestimmten Kontaktstellen zwischen Nervenzellen kann sie auch von einer Nervenzelle auf eine andere überspringen. Derartige Kontaktstellen heißen Synapsen.

In bezug auf eine Synapse unterscheidet man zwischen einer präsynaptischen (d. h. erregungsliefernden) und einer postsynaptischen (d. h. erregungsempfangenden) Nervenzelle. Synapsen werden in der Regel durch synaptische Endköpfe der Axonkollateralen der präsynaptischen Zelle und bestimmten Stellen der Dendriten- oder Somamembran oder auch des Axons der postsynaptischen Zelle gebildet. An der Oberfläche einer Nervenzelle findet man meistens mehrere, an den Somata der zu den Skelettmuskeln ziehende Axone etwa 6000, an manchen Nervenzellen der Großhirnrinde angeblich um 20 000 [7] Synapsen (Abb. 88a).

Abb. 88b zeigt das Bauschema einer Synapse. Die synaptischen Bläschen enthalten je etwa 10 000 Moleküle einer Wirksubstanz, die man Überträgerstoff oder Transmitter nennt. Wird die Membran des synaptischen Endkopfes durch ein Aktionspotential erregt, so wandert eine Anzahl synaptischer Bläschen zur präsynaptischen Membran und entläßt ihren Inhalt in den Extrazellularraum. Damit verteilt sich Transmitter im synaptischen Spalt, der übrigens etwa so breit ist wie der innere Durch-

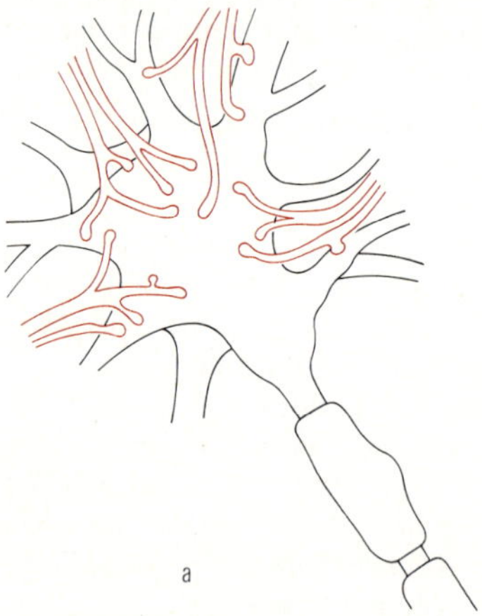


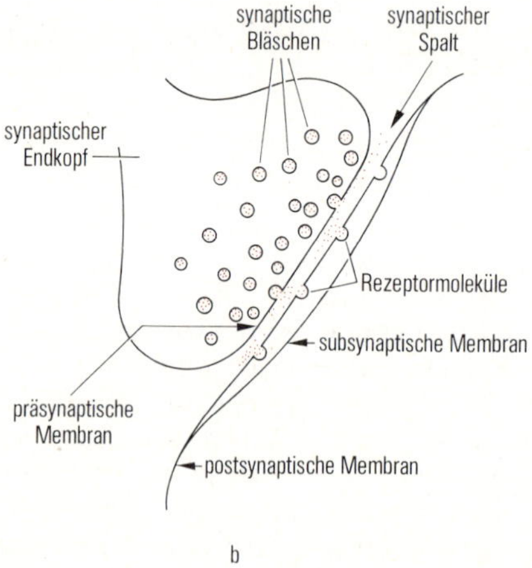


*Abb. 88* a) Synaptische Kontakte an Dendriten und Soma einer Nervenzelle. b) Schematische Darstellung einer Synapse.

messer der Bläschen. An der gegenüberliegenden subsynaptischen Membran befinden sich Rezeptormoleküle, die mit dem Transmitter chemisch reagieren.

Manchmal werden Neurotransmitter auch diffus in den Extrazellularraum abgegeben. Die Neurotransmitter Noradrenalin und Serotonin können als sog. Neuromodulatoren die Menge der Transmitterausschüttung oder die Rezeptorensensitivität anderer synaptischer Mechanismen beeinflussen.

Als Folge der Verbindung zwischen Rezeptormolekülen und Transmittermolekülen werden in der subsynaptischen Membran Poren geöffnet, durch die kleine Ionen aus dem Extrazellularraum ins Zellinnere eindringen können. Dabei handelt es sich an der subsynaptischen Membran nicht nur um $Na^+$, sondern auch um $K^+$ und $Cl^-$. Jedenfalls wird das Ruhepotential der Membral an dieser Stelle gestört. Das entstehende Potential heißt postsynaptisches Potential. Nach etwa 1 ms wird der Transmitter im synaptischen Spalt und an den Rezeptormolekülen durch eigene Spaltstoffe inaktiviert und wieder in den synaptischen Endkopf aufgenommen.

Synapsen zwischen Nerven- und Skelettmuskelzellen heißen neuromuskuläre Endplatten. Der Vorgang dort ist dem eben beschriebenen ähnlich. Das dort entstehende Potential wird Endplattenpotential EPP genannt. Transmitter an den Endplatten ist die Substanz Azetyl-cholin. Der zugehörige Spaltstoff heißt Cholinesterase. Azetyl-cholin wirkt an den neuromuskulären Endplatten auf Membran-Rezeptor-Moleküle (sogenannte Nicotin-Rezeptoren), die die Na-Membranporen kontrollieren.

Neben dem bisher beschriebenen Typ von Na-Membranporen gibt es einen zweiten mit anderen Eigenschaften (s. Abschnitt 12.1.1).

Mitunter kommt es auch zu einer gemeinsamen Ausschüttung verschiedener Neurotransmitter, z. B. zur Kombination von Monoaminen und Neuropeptiden (s. Tab. 11).

*Tabelle 11* Neurotransmitter

**1. Azetylcholin (ACh),** kommt regelmäßig an der neuromuskulären Endplatte vor, aber auch im parasympathischen System und im Gehirn. ACh verschließt an Muscarin-Rezeptoren die K-Kanäle (tonische Erregung von glatten Darmmuskeln) und öffent an Nicotin-Rezeptoren die Na-Kanäle (phasische Erregung von quergestreiften Skelettmuskeln).

ACh-Freisetzung verhindert durch das Bakteriengift Botulinus-Toxin (Wurstvergiftung).

ACh-Inaktivierung durch das Tollkirsch- und Stechapfelgift Atropin.

An den Rezeptoren konkurriert (bzw. verdrängt kompetetiv) das indianische Pfeilgift Curare (mit der Wirksubstanz d-Tubocurarin) und das Pharmakon Pancuronium. Diese Substanzen führen nicht zu einer Depolarisierung.

ACh-Effekt auch durch die ACh-verwandte Substanz Carbachol, die aber durch Cholinesterase nicht gespalten wird.

Rezeptoren reversibel inaktiviert durch das depolarisierende Muskel-Relaxans Succinylcholin und durch Deka-methonium.

Rezeptoren irreversibel geschädigt durch das Schlangengift α-Bungaro-Toxin.

Na-Kanäle des Nicotin-Systems durch das Fischgift Tetrodo-toxin (TTX) blockierbar.

Cholinesterase reversibel blockiert durch die Pharmaka Ambenonium, Neostigmin, Physostigmin (Eserin) und Pyridostigmin (aktiviert vor allem das parasympathische System). Ähnlicher Effekt durch Di-iso-propyl-fluor-Phosphat.

Cholinesterase irreversibel blockiert durch die in Insektenvertilgungsmitteln und Nervengasen vorhandenen Organophosphate.

Rückresorption verlangsamt bei der Muskelkrankheit Myasthenia gravis (Therapie: Cholinesterase-Blocker).

Rückresorption blockiert durch die Substanz Hemicholin.

**2. Monoamine (MA),** kommen im Gehirn und in der Peripherie als Transmitter vor. Die Spaltstoffe heißen Mono-amino-oxidasen MAO. Der biologische Auf- und Abbau der Monoamine wurde bereits in Abschnitt 3.1.3 bzw in Abb. 26 dargestellt.

MA-Effekt an den Rezeptormolekülen wird verstärkt durch Methyl-xanthin-Drogen (Koffein und Theophyllin), die in Kaffee und Tee vorkommen.

Rückresorption von MA vermutlich gehemmt durch trizyklische Antidepressiva (s Abschnitt 3.2.3) und durch die Rauschdroge Kokain.

*2.1 Indolamine:*

*Serotonin (5-HT),* vor allem im limbischen System und in der Retikulärformation; s. auch Kapitel 3. und 12. Die Speicherung in den synaptischen Bläschen wird durch das Bluthochdruck-Medikament Reserpin verhindert.

Die Serotonin-Rezeptoren werden möglicherweise durch LSD stimuliert.

*2.2 Katecholamine* (adrenerge Transmitter):

*Dopamin (DA),* z. B. in der Fibrae nigro-striatales; s. auch Kapitel 3.

DA-Freisetzung begünstigt durch Amphetamin.

*Noradrenalin (NA),* im sympathischen System (besonders mit α-Wirkung, d. h. Gefäßverengung) und im Gehirn (z. B. DANB, s Abschnitt 8.1.2.).

NA-Effekt auch durch die Droge Amphetamin, die aber durch MAO nicht gespalten wird.

α-Rezeptoren blockiert durch das Migräne-Medikament Ergotamin (Mutterkorngift, fördert Wehentätigkeit).

*Adrenalin (AD),* im sympathischen System (vor allem mit β-Wirkung, d. h. Gefäßerweiterung und Erhöhung der Herzrate).

β-Rezeptoren blockiert durch Bluthochdruck-Medikamente, wie z. B. Metoprolol, Pindolol oder Propanolol (Betablocker).

*2.3 Histamin* (vom Hypothalamus zum Septum)

**3. Aminosäure-Neurotransmitter**

*3.1 Gamma-amino-Buttersäure (GABA),* vermutlich bei der präsynaptischen Hemmung der Ia-Fasern vor ihrem Kontakt mit den Motoneuronen. Im Gehirn sehr häufig an hemmenden Synapsen.

GABA-Freisetzung behindert beim Veits-Tanz. An den Rezeptoren konkurrieren (bzw. verdrängen kompetetiv) die Krampfgifte Bicucullin und Picrotoxin.

GABA-Wirkung verstärkt durch sedierende Benzo-diazepine (z. B. Diazepam).

3.2 *Glycin,* bei postsynaptisch hemmenden Synapsen, sowie *Asparaginsäure* und *Glutaminsäure* (beide hauptsächlich erregend; Glutaminsäuregaben sollen konzentrations- und leistungsfördernd wirken).
Glycin-Freisetzung verhindert durch das Wundstarrkrampf-Gift Tetanus-Toxin. An den Glycin-Rezeptoren konkurriert (bzw. verdrängt kompetetiv) Strychnin, das Gift der Brechnuß.

**4. Peptid-Neurotransmitter.** Z. T. handelt es sich hierbei um Substanzen [8], die (ähnlich dem Indolamin Serotonin) sonst im Dünndarm bei der Regulation der Peristaltik beteiligt sind, z. B. *Cholezystokinin* und das *vasoaktive intestinale Peptid (VIP)*. Außerdem gehören hierher die Neuropeptide des Hypothalamus, z. B. *GRH* (Abschnitt 7.1.4), *CRH* (Abschnitt 7.2.1) und *Adiuretin* (Abschnitt 8.1.2).

*Enkephaline,* die im Gehirn in den Bezirken mit Opiatrezeptoren vorkommen. Ihre Produktion wird durch Enkephalin-Konvertase-Blocker gehemmt.

β-*Endorphin* (vom Nucleus arcuatus des Hypothalamus zum Locus coeruleus) und andere Transmitter aus der ACTH-Verwandtschaft.

*Substanz P,* die im Rückenmark die afferenten Ia-Axone (von den Muskelrezeptoren) mit den Motoneuronen und die afferenten II-Axone (von Hautrezeptoren) mit Schmerzneuronen erregend verbindet.
Freisetzung der Substanz P verhindert durch den körpereigenen Botenstoff Enkephalin und durch Opiate (vgl. Abschnitt 13.1.3).

---

Postsynaptische Potentiale können depolarisierend oder auch hyperpolarisierend sein. Das hängt von den Eigenschaften der subsynaptischen Membran ab (nämlich davon, welche Ionen durch die geöffneten Poren dringen können). Synapsen, an deren subsynaptischer Membran ein depolarisierendes Potential entsteht, heißen erregend und das Potential heißt EPSP (exzitatorisches post-synaptisches Potential). Entsprechend heißen Synapsen, an deren subsynaptischer Membran ein hyperpolarisierendes Potential entsteht, hemmend und das Potential wird IPSP genannt (inhibitorisches post-synaptisches Potential. In jedem Fall ist die Amplitude der post-synaptischen Potentiale mit der Transmittermenge korreliert. Sie beträgt etwa 15 mV in de- oder hyperpolarisierender Richtung.

Hemmende Synapsen, vor allem im zentralen Nervensystem, arbeiten vermutlich hauptsächlich mit der Überträgersubstanz GABA, die auf die Cl-Kanäle der postsynaptischen Membran einwirkt.

Die chemische Natur der Überträgerstoffe ist nur für wenige Stellen des Nervensystems bekannt (Tab. 11). Vereinzelt kennt man auch Pharmaka und Drogen, die die synaptische Erregungsübertragung beeinflussen können (s. dazu auch die Kapitel 3 und 13).

### *9.1.6 Erregungsintensität und Erregungsausbreitung*

Ein Aktionspotential, das an der Membran einer Nervenzelle entstanden ist, kann über Synapsen eine lokale Potentialveränderung an Membranen anderer Nervenzellen bewirken. Diese ist aber in der Regel nicht imstande, postsynaptisch ein Aktionspotential zu erzeugen. Nur die Endplattenpotentiale an Muskelzellen sind stets überschwellig. An postsynaptischen Nervenzellen verändert sich auf Grund von postsynaptischen Potentialen nur die Wahrscheinlichkeit der Aktionspotentialentstehung. EPSP's erhöhen diese Wahrscheinlichkeit, durch IPSP's wird sie verringert.

*Summation.* Auf Grund von Erregungsübertragung öffnen sich die Membranporen der subsynaptischen Membran nur für etwa 1 ms. Das dadurch entstehende elektrische Feld eines unterschwelligen postsynaptischen Potentials verebbt aber erst nach etwa 15 ms. Erfolgen innerhalb dieses Zeitraums neuerliche Depolarisierungen, so kann infolge Überlagerung der Potentiale (zeitliche Summation, s. Abb. 89) die Schwelle erreicht werden. Eine derartige Addition kann nicht nur für Potentiale der gleichen Synapse, sondern auch für Potentiale benachbarter Synapsen erfolgen, da jedes Potential auch eine gewisse räumliche Ausdehnung besitzt (räumliche Summation).

Wie bereits erwähnt, liegt die Schwelle an Dendriten- und Somamembran sehr hoch. Wenn überhaupt, so wird die Schwelle durch summierte postsynaptische Potentiale nur am Axonhügel erreicht, der nur durch die räumliche Ausbreitung der lokalen Potentiale depolarisiert werden kann; am Axonhügel selbst gibt es keine Synapsen.

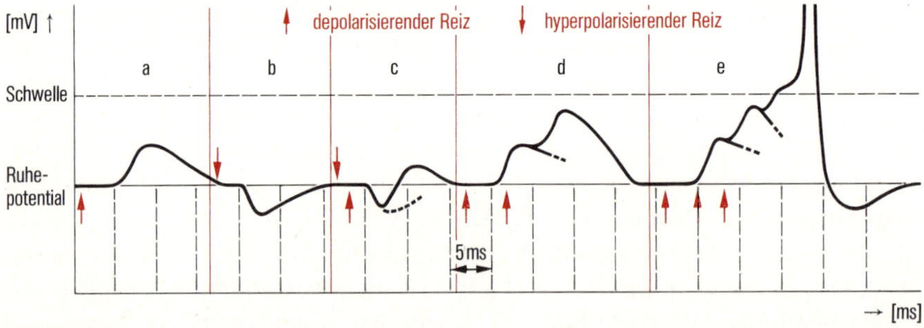


*Abb. 89* a) EPSP. b) IPSP. c) Summation eines EPSP und eines IPSP, die zeitlich und örtlich zusammentreffen. d) Summation zweier zeitlich und örtlich zusammentreffender EPSP's. e) Summation mehrerer EPSP's, wodurch die Schwelle erreicht und ein Aktionspotential ausgelöst wird.

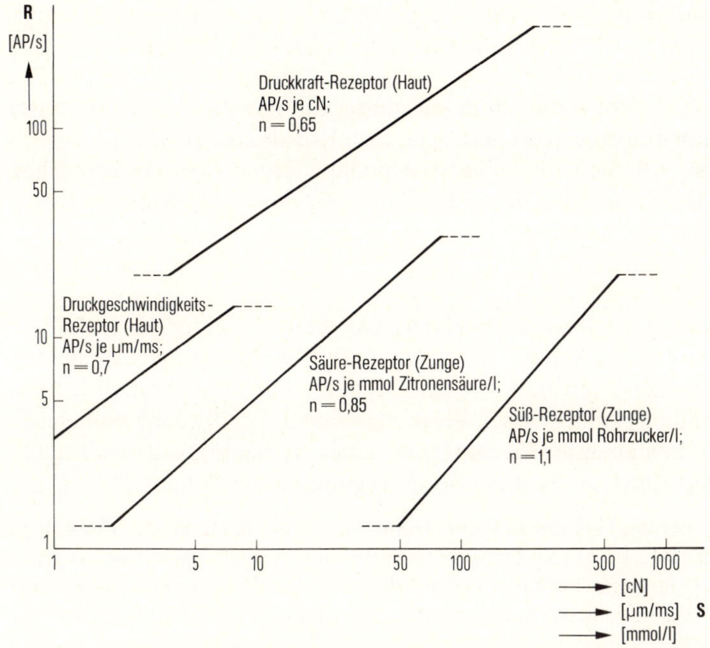


*Abb. 90* Arbeitsbereich einiger Rezeptorzellen. Die Stevens-Funktion, die Reiz-Reizantwort-Beziehung beschreibt, ist eine Potenzfunktion. Bei Darstellung in einem doppelt-logarithmischen Koordinatensystem erscheint sie als Gerade, die links durch die Reizschwelle und rechts durch eine Maximalantwort begrenzt ist. In der hier gewählten Darstellung besitzt die Abszisse für jede Funktion eine andere Dimension. Die Reiz-Einheit beim Druckkraft-Rezeptor ist cN (Zentinewton; 1 cN = ca. 1 Pond, d. h. das Gewicht einer Gramm-Masse), beim Druckgeschwindigkeits-Rezeptor µm/ms (mm/s) und bei den Geschmacksrezeptoren mmol/l (1 mmol sind etwa $6 \times 10^{20}$ Moleküle). In Ordinatenrichtung ist die Aktionspotential-Rate aufgetragen (AP/s).

*Erregungsintensität.* Je nach der Anzahl der an den Synapsen eines Zellkörpers ankommenden Aktionspotentiale pro Zeiteinheit steigen die Chancen für Summationsprozesse. Nicht das einzelne Aktionspotential trägt Information, sondern der zeitliche Abstand zweier Aktionspotentiale. Es ist auch sinnvoll zu sagen, daß die Erregungsintensität einer Nervenzelle mit der Zahl der durch die Nervenzelle pro Zeiteinheit produzierten Aktionspotentiale variiert, also mit der Rate der Aktionspotentiale.

An Rezeptorzellen kann man beobachten, daß die Erregungsintensität, d. h. die Rate der durch die Rezeptorzelle produzierten Aktionspotentiale, mit der Reizintensität korreliert ist. Bezeichnet man die Rate der Aktionspotentiale mit R (für „Rate“ oder „Reaktion“) und die Reizinten-

sität mit S (für „Stimulus"), wobei man die Existenz einer Reizschwelle $S_o$ berücksichtigen sollte, so gilt die sogenannte Stevens-Funktion:
$R = k. (S - S_o)^n$.
Dabei ist k eine Proportionalitätskonstante, die nur die Einheiten in der Reizintensitätsmessung korrigiert. n ist eine Konstante, die rezeptorspezifisch ist (Abb. 90). Sie variiert für verschiedene Rezeptoren etwa zwischen 0,2 und 2. Die physiologischen Grundlagen für dieses Phänomen werden, soweit sie für das visuelle System bekannt sind, in Abschnitt 12.1.1. besprochen werden.

*Erregung und Empfindung.* Für den gleichen Rezeptortyp kann der Exponent n, der die Größe der reizinduzierten Erregung festlegt, bei verschiedenen Personen andere Werte besitzen. Für Druckkraft-Rezeptoren (Tastscheiben) kann er z. B. Werte zwischen 0,5 und 1,5 annehmen [2]. Wenn eine entstehende Erregung zu einer Erregungsgegenwärtigung (Empfindung) führt, so ist diese der Erregung proportional (Abb. 91).

Der Mathematiker Fechner kam auf Grund von Ergebnissen, die der Physiologe Weber bei der Messung von Unterschiedsschwellen erhielt, zu einem anderen Resultat. Er postulierte zwischen der Stärke einer reizinduzierten Empfindung (Empfindungsstärke) und der meßbaren Reizintensität eine einfach-logarithmische Beziehung.

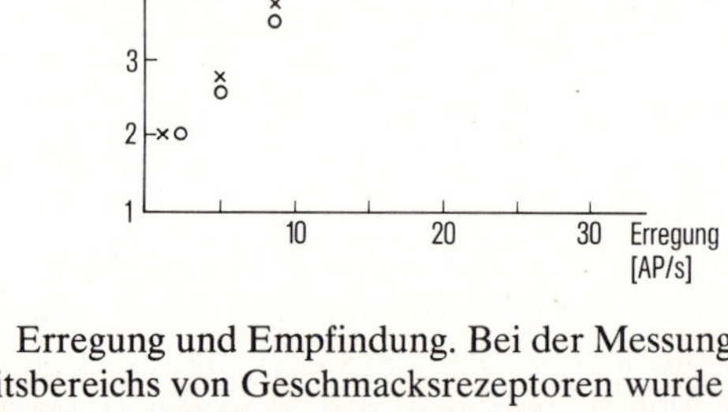


*Abb. 91* Erregung und Empfindung. Bei der Messung des in Abb. 90 dargestellten Arbeitsbereichs von Geschmacksrezeptoren wurde bei den gleichen Patienten die subjektive Empfindungsintensität bei verschiedenen Konzentrationen der Prüfsubstanzen ermittelt. Im Diagramm ist die skalierte Empfindung für unterschiedliche Reizintensitäten der jeweils gemessenen Erregung zugeordnet. Der Zusammenhang ist annähernd linear. Daten für Zitronensäure (x) und Rohrzuckerlösungen (o) in verschiedenen Verdünnungen nach Borg, Diamant, Ström und Zottermann [2].

Nach diesem Weber-Fechner-Gesetz wäre die Empfindung E nicht der Erregung, sondern dem Logarithmus der Erregung proportional. (Aus dem Stevens-Gesetz folgt unter Vernachlässigung des Schwellenwerts $\log R = k + n \cdot \log S$, bzw. $\log S = 1/n (\log R - k)$; nach Weber und Fechner wäre $E = c \cdot \log S$, das bedeutet $E = c/n (\log R - k)$.) Trotz des Umwegs über Unterschiedsschwellen-Messungen stellt das Weber-Fechner-Gesetz eine gute Näherung an die Verhältnisse dar, die sich bei direkter Messung ergeben.

## 9.2 Kleine Neuronenverbände

### *9.2.1 Prinzipien neuronaler Verschaltung*

*Neuronenketten und Neuronenschichten.* Erregung, die in Nervenzellen erzeugt wird, fließt entlang der Axone zu Synapsen, wo sie auf weitere Nervenzellen überspringen kann. Man wird also bei einer Analyse des Nervensystems versuchen, den Weg der Erregungen von Nervenzelle zu Nervenzelle zu verfolgen. Dadurch kann man Neuronenketten ausfindig machen (Abb. 92a). Andererseits zeigt bereits eine oberflächliche Betrachtung des Nervensystems, daß an vielen Stellen Information parallel verarbeitet wird. Oft ist es eine ganze Schicht aus Nervenzellen, die gleichzeitig Erregungen empfangen und sie in die gleiche Richtung weiterleiten. Man findet also häufig Neuronenschichten (Abb. 92b).

Auf der Basis dieser Analyse-Bausteine gründen sich die meisten Modellvorstellungen von der Funktion kleiner Einheiten des Nervensystems. Wenn im folgenden Text das für „Nervenzelle" synonyme Wort „Neuron" verwendet wird, so ist dies in diesen Fällen als Signal dafür gedacht, daß die dort gemachten Feststellungen fast ausschließlich Modellcharakter haben. Meist arbeiten diese Modelle mit „konzeptuellen Neuronen", die spezielle Eigenschaften haben (z. B. können mindestens zwei erregende Synapsen ein Neuron überschwellig erregen; die Aktivität einer hemmenden Synapse und die Aktivität einer erregenden Synapse gleichen sich in allen Fällen restlos aus). Die Übertragbarkeit der dabei gewonnenen Aussagen auf mögliche, reale Nervennetze bleibt jedoch im Grundsätzlichen erhalten.

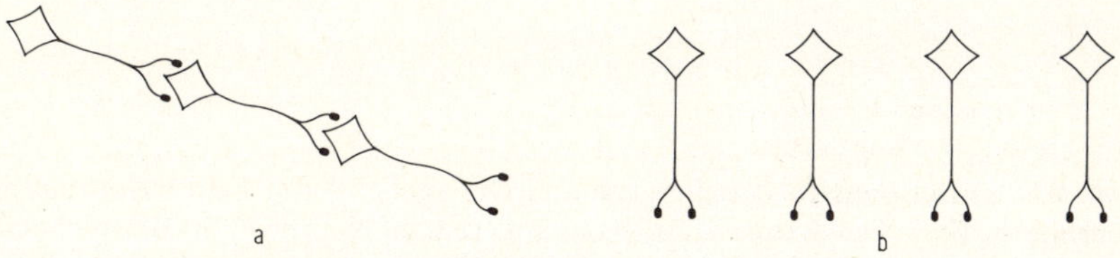


*Abb. 92* a) Neuronenkette (seriale Signalverarbeitung). b) Neuronenschicht (parallele Signalverarbeitung).

*Divergenz und Konvergenz.* Angesichts der scheinbaren Unübersichtlichkeit der zahlreichen Nervenzellverbindungen im Nervensystem, insbesondere im Gehirn, scheint es hoffnungslos, Funktionen von Nervenzellverbänden im einzelnen sinnvoll zu untersuchen. Es sieht zunächst so aus, als könnte man nur zu sehr globalen Aussagen kommen.

Eine derartige Feststellung, die trotz ihrer scheinbaren Trivialität fundamentale Bedeutung für die Analyse von Funktionen einzelner Nervenzellverbände hat, ist die folgende: In dichten Nervenzellverbänden („Neuronenpopulationen“) nimmt nämlich jede Nervenzelle mit Sicherheit Kontakt zu vielen anderen Nervenzellen auf (Divergenzprinzip, s. Abb. 93). Dies geschieht durch Kollateralen (Aufspaltungen) der ableitenden Axone. Axone von motorischen Vorderhornzellen (Motaxone, s. Abschnitt 5.1.4.) haben 15 bis 1900 Kollaterale, die verschiedene Muskelfasern mit der gleichen Information versorgen.

Umgekehrt erhält in der Regel jede Nervenzelle Informationen von vielen anderen Nervenzellen (Konvergenzprinzip, s. Abb. 93). An motorischen Vorderhornzellen (Motoneuronen) sind etwa 6000 Synapsen gezählt worden, die durch Kollaterale heranführender Axone gebildet werden.

*Bahnung.* Funktionen der Informationsverarbeitung werden aber erst verständlich, wenn man die elementaren Möglichkeiten von Divergenz und Konvergenz im Zusammenhang mit den Summationsprozessen sieht, die an jedem Neuron stattfinden. Erregungen eines Axons vermögen ein mit dem Axon synaptisch verbundenes Neuron in der Regel nur unterschwellig zu erregen. Konvergieren aber mehrere Axone mit erregenden Synapsen auf ein Neuron, so können Summationsprozesse leicht zu einer überschwel-

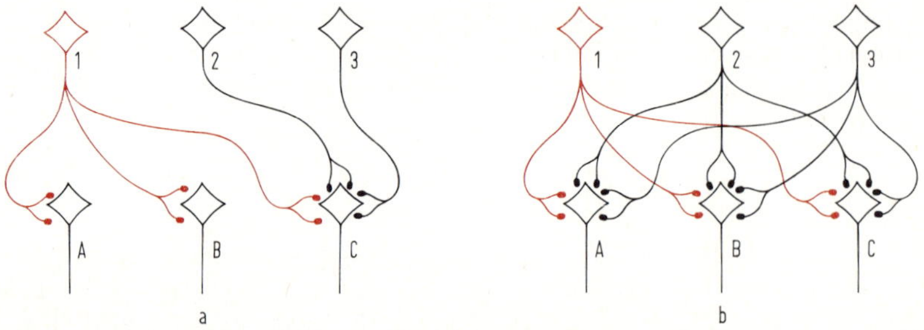


*Abb. 93* a) Beispiele für Konvergenz und Divergenz: Axon 1 divergiert auf die Neurone A, B, C. Die Axone 1, 2, 3 konvergieren auf Neuron C. b) Beispiel eines Neuronennetzwerks, in dem Divergenz und Konvergenz in gleicher Weise realisiert sind. Jedes der Axone 1, 2, 3 divergiert zu jedem der Neurone A, B, C. Auf jedes der Neurone A, B, C konvergieren alle Axone 1, 2, 3.

ligen Erregung führen. Eine derartige Summation kann auf Grund einer divergenten Vervielfachung der erregenden Axone an vielen Neuronen gleichzeitig stattfinden.

Durch Konvergenz und Divergenz und durch Summation erregender unterschwelliger Potentiale wird also in einer Neuronenpopulation die Wahrscheinlichkeit erhöht, daß durch wenige erregte Axone viele Zellen überschwellig erregt werden und Aktionspotentiale erzeugen. Werden durch Summation der Erregung konvergierender Axone mehr Neurone erregt als durch gesonderte, direkte Erregung ohnehin schon überschwellig sind, so spricht man von Bahnung (Abb. 94a). Durch Bahnung bewirkt zusätzliche Erregung einer Neuronenpopulation einen überproportionalen zusätzlichen Effekt.

Die Summe der durch gesonderte, direkte Erregung überschwelligen Neurone kann aber auch größer sein als die Zahl der Neurone, die bei summierter Erregung feuern. Dazu müssen nicht einmal notwendigerweise Hemmprozesse angenommen werden. Wird nämlich ein Neuron durch zwei Axone überschwellig erregt, so entspricht diese Summenerregung gewöhnlich nicht einer doppelten Erregung. Vielmehr ist die Wahrscheinlichkeit erhöht, daß erregende Potentiale auf Refraktärzeiten treffen. Dadurch passiert im Effekt das Gleiche, als würde das Neuron nur durch ein Axon überschwellig erregt. Ist die Zahl der bei Gesamterregung feuernden Neurone kleiner als die Summe aller Neurone, die bei gesonderter Erregung überschwellig sind, spricht man von Okklusion (Abb. 94b). Durch Okklusion bewirkt zusätzliche Erregung einer Neuronenpopulation einen unterproportionalen zusätzlichen Effekt.

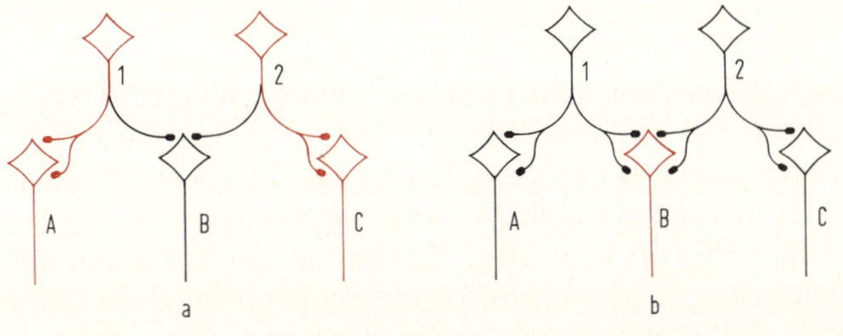


*Abb. 94* a) Beispiel für Bahnung: Axon 1 erregt Neuron A überschwellig, Axon 2 erregt Neuron C überschwellig. Ist 1 und 2 gleichzeitig oder kurz miteinander erregt, so feuern nicht zwei, sondern wegen der Konvergenz auf B sogar drei Neurone. b) Beispiel für Okklusion: Axon 1 erregt die zwei Neurone A und B überschwellig. Analog kann auch Axon 2 zwei Neurone überschwellig erregen. Ist 1 und 2 gleichzeitig oder kurz hintereinander erregt, feuern nicht vier Neurone, sondern wegen der Konvergenz auf B nur drei Neurone.

### 9.2.2 Die Bedeutung von Hemmprozessen

*Kleine Neuronensysteme.* Noch vielfältiger als in Abschnitt 9.2.1. besprochen, sind die Verarbeitungsmöglichkeiten einer Neuronenpopulation, wenn man die Existenz hemmender Synapsen mitbedenkt. Zunächst ist es einsichtig, daß unter dieser Voraussetzung die Möglichkeiten zur Okklusion erweitert sind. Durch die Konvergenz hemmender und erregender Synapsen auf ein Neuron wird die Wahrscheinlichkeit für dessen Erregung bei gleichzeitiger Aktivität mehrere Axone gesenkt. Man kann es so sehen: Durch Okklusion wird die Erregungsausbreitung auf Grund von Divergenz in Grenzen gehalten, durch Hemmung wird die Erregungsausbreitung durch Bahnung beschränkt. Dort, wo die Erregungsausbreitung durch Hemmung nicht unterdrückt wird, spricht man auch von Streuung. Unter diesem Gesichtspunkt sind Neuronensysteme Streuungs-Hemmungs-Netzwerke.

Die Erregungsverarbeitung in kleinen Neuronensystemen kann man sich veranschaulichen, indem man im Modellfall überlegt, welcher Effekt mit einer bestimmten Verknüpfung einiger weniger Neurone erzielt werden kann. Die im folgenden zu besprechenden Typen von Hemmprinzipien, die Renshaw-Hemmung und die antagonistische Hemmung, sind Beispiele kleiner Neuronensysteme, die im Nervensystem wahrscheinlich an vielen Stellen, mit Sicherheit aber im Rückenmark segmental realisiert sind.

Bei der Analyse kleiner Neuronensysteme wird deutlich, daß jede Hemmung nicht nur das Überschießen von Erregung unterbindet. Zugleich wird dadurch auch eine bestimmte Art der Informationsverarbeitung bewirkt. Am anschaulichsten mag dies in einem Regelkreis sein, wo eine hemmende Rückführung die Erregung in Grenzen hält. Je nach Art des Regelkreises können mit diesem Prinzip Störungen korrigiert oder Erregungsprozesse an augenblickliche Erfordernisse spezifisch angepaßt werden.

*Renshaw-Hemmung (Beispiel einer Rückwärtshemmung).* Wenn die Hemmung auf die Zellen zurückwirkt, von denen die Erregung ausgeht, spricht man von Rückwärtshemmung (Feedback-Hemmung). Die Abb. 95 zeigt drei Möglichkeiten der Realisierung in Neuronenverbänden.

Durch ein derartiges Prinzip kann eine Regulation der Erregung auf Grund eines vorgegebenen Kriteriums erfolgen. So kann im Falle eines zwischengeschalteten Interneurons maximale Erregung nur so lange weitergeleitet werden, bis sie durch die rückgeführte, an zwei Synapsen verzögerte, durch die Erregung jedoch verstärkte Hemmung gedämpft wird.

Eine Schaltung nach Abb. 95c (die sich auch in ihrer Funktion von a und b unterscheidet) ist im Vorderhorn des Rückenmarks realisiert. Dort geben die Motoneurone Kollateralen an hemmende Interneurone ab, die Renshaw-Zellen genannt werden. Bei geringer Erregung der Motoneurone dämpfen die Renshaw-Zellen kaum. Starke Erregung wird mit kurzer Verzögerung vermindert. Dadurch ist gewährleistet, daß die selbe Muskelfaser nie andauernd unter hoher Erregung steht („Renshaw-Hemmung").

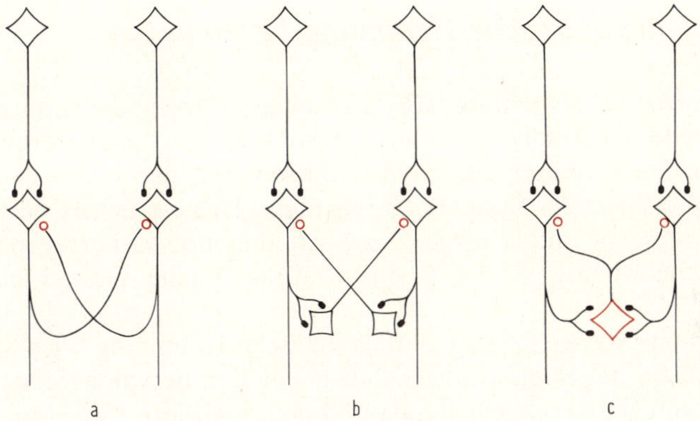


*Abb. 95* Beispiele für Rückwärtshemmung. Ein hemmendes Interneuron in einer Schaltung nach Bild c nennt man Renshaw-Zelle.

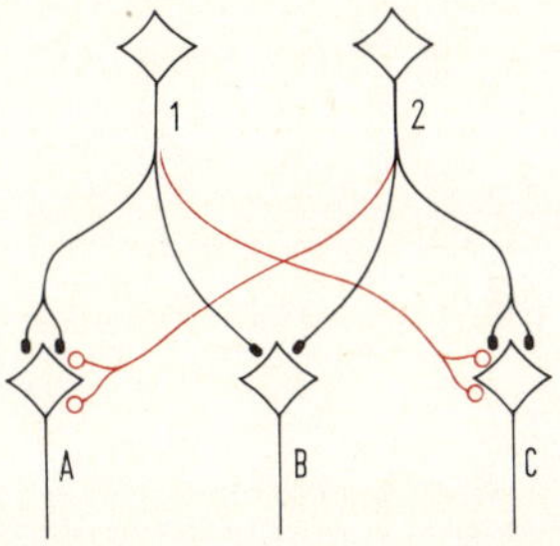


*Abb. 96* In einem divergierenden Netzwerk wird die Information über eine Reizung einer größeren Neuronenzahl mitgeteilt. Durch hemmende Synapsen (rot) bleibt aber die reizinduzierte Erregung auf wenige Neurone beschränkt. Ist Axon 1 erregt, dann feuert nur Neuron A. Sind die Axone 1 und 2 gleich stark erregt, dann feuert nur das mittlere Neuron B. Ohne die Hemmung würde sich die Erregung auf A, B und C ausbreiten. Ist Axon 1 stark und Axon 2 schwach erregt, feuern die Neurone A und B beide gleich schwach. Das divergierende Netzwerk vermeidet nicht nur überflüssige und irreführende Erregungen. Es leistet darüber hinaus eine interessante Informationsverarbeitung. In gewisser Weise interpretiert nämlich die zweite Neuronenschicht die Meldungen der ersten. Ein Reizungsort, der zwischen den Axonen 1 und 2 liegt, wird auf Grund der jeweiligen Erregungen gewissermaßen interpoliert.

*Informationsverarbeitung durch Vorwärtshemmung.* Das Zusammenspiel von Divergenz und Okklusion, von Bahnung und Hemmung verhindert ein Überschießen von Erregung. Darüber hinaus erlaubt es auch differenzierte Informationsverarbeitung. Abb. 96 zeigt ein einführendes Beispiel für Vorwärtshemmung in einem Neuronenverband.

### *9.2.3 Antagonistische Hemmung bei Reflexen*

*Antagonistische Hemmung (Beispiel einer Vorwärtshemmung).* Es ist naheliegend, die Analyse von Streuungs-Hemmungs-Netzwerken, wie sie in realen Neuronenpopulationen vorliegen, mit der Untersuchung sehr einfacher neuronaler Systeme zu beginnen. Das einfachste Netzwerk, in dem Konvergenz und Divergenz, sowie hemmende und erregende Synapsen gleichgewichtig vertreten sind, hat dann eine Gestalt nach Abb. 97a.

Man nennt dieses Prinzip „antagonistische Hemmung“. Es ist, wie die Bezeichnung nahelegt, wahrscheinlich bei der nervalen Steuerung der meisten antagonistisch arbeitenden Organe realisiert. Die Steuerung von Körperorganen setzt jedoch in der Regel schon hochkomplizierte neurale Systeme voraus, in die das Prinzip der „antagonistischen Hemmung“ integriert sein kann. Einfache neurale Systeme liegen aber bei Reflexen vor.

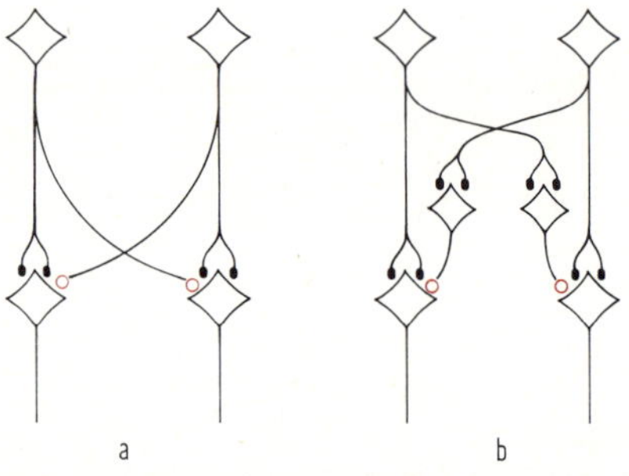


*Abb. 97* Antagonistische Hemmung. Das Prinzip dieser Verknüpfung besteht darin, daß jedes der präsynaptischen Axone, wenn es für sich allein aktiv ist, ein Folgeneuron erregen kann. An jedem postsynaptischen Neuron konvergieren aber auch hemmende Synapsen des jeweils anderen Axons (dargestellt durch einen roten Kreis). Sind daher die präsynaptischen Axone zugleich oder kurz hintereinander aktiv, so können die postsynaptischen Neurone nicht oder nur in geringem Maße überschwellig erregt werden. a und b zeigen verschiedene Realisierungen des gleichen Funktionsprinzips.

Gerade bei der reflektorischen Koordination einfacher antagonistischer Muskeltätigkeit ist die „antagonistische Hemmung" als neurales Schaltprinzip im Rückenmark realisiert. Die Anspannung eines Beugemuskels zum Abbiegen eines Gliedmaßengelenks muß von einer Hemmung des antagonistischen Streckmuskels begleitet werden, sonst würde dieser überdehnt werden. Bei Präzisionsbewegungen müssen immer Beuger und Strecker unter einer gewissen Spannung stehen, um ein Überschießen der Bewegung zu verhindern. Es ist biologisch sinnvoll, wenn bei sehr starker Aktivierung von Beuger und Strecker zugleich eine wechselseitige Hemmung eintritt, um eine Überbeanspruchung auszuschließen. Bei den motorischen Steuermechanismen des Rückenmarks erfolgt die wechselseitige Hemmung über zwischengeschaltete Interneurone (Abb. 97b).

Unter einem Reflexbogen versteht man die neuronale Verbindung, die von einem Rezeptor über ein afferentes Axon zum Rückenmark und von dort über ein efferentes Axon zum Effektor führt (s. Abschnitt 5.1.4.). Nach dem eben Gesagten ist der einfache Reflexbogen in der Regel ein vergleichsweise bedeutungsloser Teil von viel umfassenderen Regulationen (s. dazu auch Abschnitt 14.2.5.).

Im Fall der antagonistischen Hemmung sind die Regulationsprozesse noch gut überschaubar. Die Organe, an denen sich Körperprozesse abspielen, kann man als den einen Teil eines Regelkreises auffassen (als Regelstrecke). Der andere, steuernde Teil befindet sich im Rückenmark (als Regler). Bei antagonistischer Steuerung ist ein Organpaar tätig, z. B. ein Beuge- und ein Streckmuskel. Die Tätigkeit des einen Antagonisten übt auf den anderen wechselseitig einen Einfluß aus. Diesem Wechselspiel muß auch ein analoges Wechselspiel im steuernden Teil des Regelkreises entsprechen. Es gibt daher in der antagonistischen Regulation nicht einen, sondern zwei miteinander verbundene Regler im Rückenmark. Das sind die beiden steuernden Rückenmarksneurone, von denen das eine nicht ohne das andere gedacht werden kann.

*Myotatische Reflexe.* Im einfachsten Fall eines Reflexes ist ein afferentes Neuron direkt mit einem efferenten Neuron verbunden. Dies ist bei den sogenannten phasischen myotatischen Reflexen der Fall. Sie dienen dazu, eine passive Überstreckung der Muskulatur zu verhindern. Das Reflexphänomen selbst, wie es z. B. beim Kniereflex (Patellarsehnenreflex PSR) beobachtet werden kann, zeigt eine zunächst unverständliche Verhaltensweise. Beim Beklopfen eines Muskels (oder noch besser: einer Sehne) zieht sich der betreffende Muskel zusammen. Meist kommt es aber gar nicht zu einer Bewegung, sondern nur zu einer Zuckung, da sich im nächsten Augenblick auch der antagonistische Muskel kontrahiert und die Verhaltensweise blockiert. Die phasischen myotatischen Reflexe werden erst im Zusammenhang mit ihrer antagonistischen Verschaltung verständlich. Nicht die durch die Muskeldehnung hervorgerufene Zuckung ist biologisch bedeutsam, sondern die Rückführung des Körperteils in seine Ausgangsstellung. Und auch dieser Mechanismus wird erst verständlich, wenn die Kräfte (vor allem die Schwerkraft, aber auch Fliehkräfte) berücksichtigt werden, die Körperhaltungen entgegenwirken, die angestrebt oder aufrechterhalten werden sollen.

Phasische myotatische Reflexe (Dehnungsreflexe) regulieren die Muskellänge. Streckrezeptoren sind die Muskelspindeln. Die von dort ausgehenden sensiblen Nervenfasern, die eigentlich überlange Dendriten sind, haben ihre Zellkörper im spinalen Ganglion. Die afferenten Axone ziehen bis zum Vorderhorn. Dort aktivieren sie die motorischen Neurone, die die Kontraktion des betreffenden Muskels veranlassen (Abb. 98a). Eine Kollaterale hemmt, jedoch durch eine zusätzliche Synapse verzögert, den antagonistischen Muskel. Im allgemeinen erfolgt der Ausgleich der Muskellänge gegen den Widerstand des Antagonisten, die Muskelspannung erhöht sich insgesamt. Bei stärkerer Streckung gibt der Antagonist nach, bis auch er auf eine Überstreckung reagiert.

Umgekehrte myotatische Reflexe (Spannungs-Schutzreflexe) sorgen dafür, daß bei der Regulation von Körperhaltungen und Bewegungen gegen äußere Kräfte die Spannung in den Muskeln nicht zu groß wird. Spannungsrezeptoren sind die Sehnenorgane. Erhöht sich die Spannung in einem Muskel über einen Schwellenwert, so wird die Erregung dieses Muskels blockiert und der Antagonist aktiviert (Abb. 98b). Die hemmenden Meldungen müssen dabei mindestens so rasch eintreffen wie die erregenden (jedenfalls nicht später; die Synapsenzahl ist in beiden Fällen gleich). Die Schwelle für die kritische Muskelspannung ist für jeden Muskel wohl konstant. Dagegen kann die Muskellänge je nach Bewegungsintention variieren. Je nach Körperhaltung werden daher die Schwellen der Streckrezeptoren (über γ-Efferenzen) verstellt.

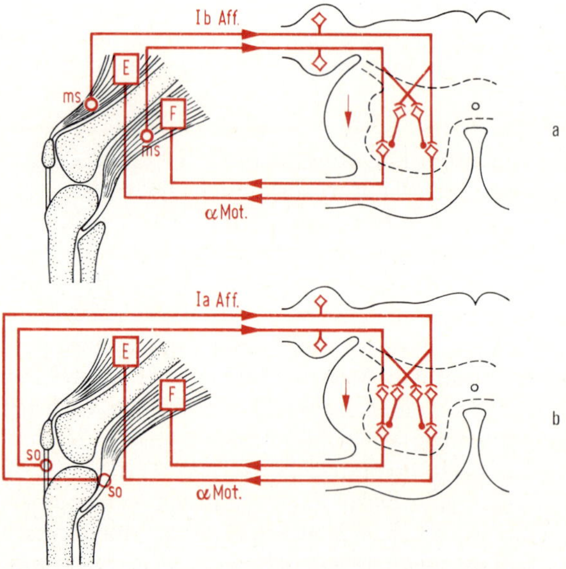


*Abb. 98* Schema der antagonistischen Hemmung bei myotatischen Reflexen. E ... Extensor, F ... Flexor, ms ... Muskelspindel, so ... Sehnenorgan.

## *9.2.4 Laterale Hemmung*

Wechselseitige Hemmung kann wie bei der Renshaw-Hemmung zwischen zwei Neuronen auftreten oder wie bei der antagonistischen Hemmung zwischen zwei Neuronenketten. Wie z. B. in der früheren Abb. 96 nahegelegt, macht wechselseitige Hemmung die Informationsverarbeitung auch in größeren Neuronenpopulationen effektiver.

Es ist daher zu erwarten, daß wechselseitige Hemmung auch in Neuronenschichten auftritt. Die Abb. 99 und 100 zeigen dafür verschiedene Realisierungsprinzipien. Alle hier dargestellten Netzwerke haben gemeinsam, daß jede Neuronenkette imstande ist, benachbarte Neurone zu hemmen. Man spricht von lateraler Hemmung (Lateralinhibition). In Abb. 99a werden nur die unmittelbaren Nachbarn gehemmt. Wie die frühere

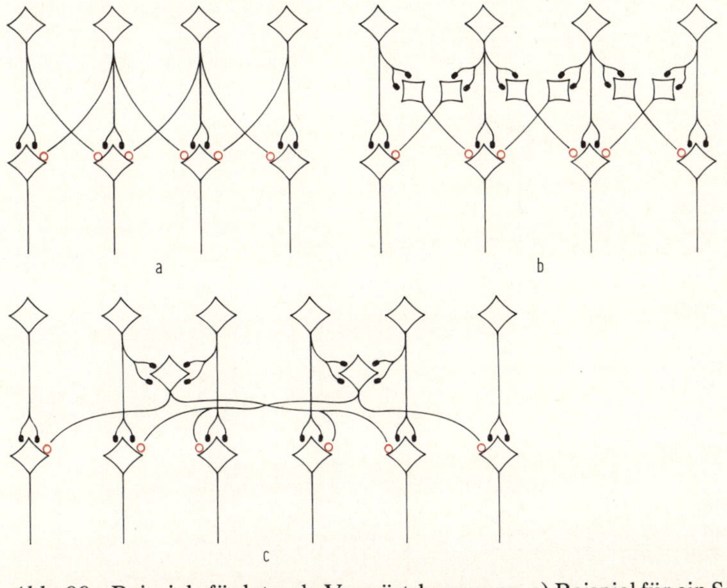


*Abb. 99* Beispiele für laterale Vorwärtshemmung. a) Beispiel für ein Schema, wie es üblicherweise nicht dargestellt wird, da es dem alten Prinzip der funktionellen Spezifität widerspricht. Nach diesem Prinzip besäße ein Neuron nur entweder erregende oder nur hemmende Synapsen. Der gleiche Transmitter kann jedoch, je nach den Eigenschaften der subsynaptischen Membran, erregend oder hemmend wirken, so daß dieses Prinzip nicht mehr aufrecht erhalten werden kann. Überdies hat man mittlerweile Nervenzellen beobachtet, die zumindest zeitweise zwei Transmitter hergestellt haben. b) Generalisierung des Schemas aus Abb. 97b. c) Eine Variante der lateralen Hemmung, wie sie möglicherweise in der Wirbeltiernetzhaut realisiert ist.

Abb. 93 eines idealisierten Netzwerks deutlich macht, kann sich der Einfluß einer Neuronenkette auch auf größere, seitlich liegende Bereiche ausdehnen, wie es z. B. Abb. 99b und 100d zeigt.

Ein regelmäßiges Netzwerk größerer Ausdehnung nach dem Schema von Abb. 100b ist im visuellen System des Schwertschwanztieres Limulus gefunden worden. Das ist ein krebsartig aussehendes, sehr einfach gebautes Spinnentier, das an der Ostküste Nordamerikas lebt. Hier konnte man erstmalig auch die Physiologie derartiger Netzwerke untersuchen [3].

Die zentrale Eigenschaft der lateralen Hemmung ist eine Hemmung der Neurone des Umfeldes bei lokaler Erregung („Umfeldhemmung", s. Abb. 101a). Wird ein Teil der Neurone hoch erregt und ein anderer Teil nur gering, so wird im Grenzgebiet zwischen hoher und niedriger Erregung die hohe Erregung noch weiter verstärkt und die geringe Erregung noch weiter gedämpft (Abb. 101b und c).

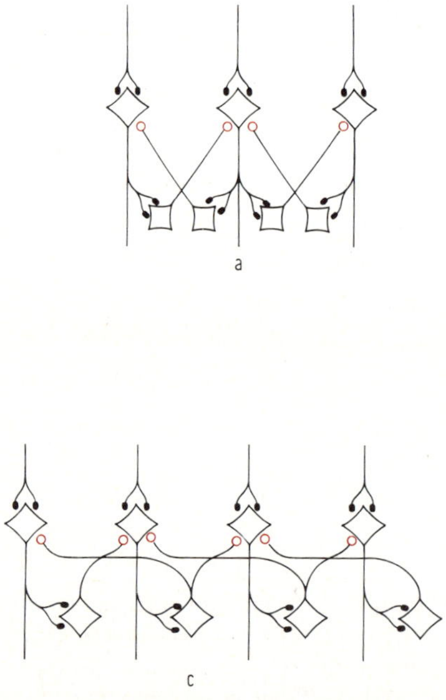


*Abb. 100* Beispiele für laterale Rückwärtshemmung. a) Eine Generalisierung von Abb. 95b. b) Ein Beispiel analog zu Abb. 99a; genauere Erklärung im Text. c) Eine Variante der lateralen Hemmung, wie sie für reale Netzwerke an vielen Stellen des Nervensystems denkbar ist. d) Möglichkeiten der lateralen Hemmung, bei denen links präsynaptische Hemmungen, rechts postsynaptische Hemmungen gezeichnet sind (nach Schmidt [4]).

Damit besitzt die laterale Hemmung die Eigenschaft einer Extremwertschaltung. Nur die jeweils stärkste präsynaptische Erregung wird (je nach Übertragungseigenschaften vielleicht sogar überhöht) weitergeleitet. Andere Erregungen in der Nachbarschaft der stärksten werden abgeschwächt.

Latent (d. h. dauernd unterschwellig) erregte Neurone können in einem Netzwerk mit lateraler Hemmung scheinbar spontan überschwellige Energie produzieren, wenn die von benachbarten Neuronenketten stammende Hemmung plötzlich wegfällt. Unter diesen Voraussetzungen kann der Eindruck entstehen, daß eine Erregung von einer Neuronenkette auf eine andere überspringt (zur Bedeutung dieser Möglichkeit für das Verständnis von Phänomenen in der Verhaltenssteuerung s. später Abschnitt 15.1.3.).

Die am Limulus-Auge untersuchten neuralen Strukturen gelten als paradigmatisch. Man muß vermuten, daß in vielen Neuronenpopulationen vergleichbare Netzwerkstrukturen aufzufinden sind, die eine ähnliche Art der Informationsverarbeitung erwarten lassen. Damit wären die Ergebnisse bis zu einem gewissen Grad generalisierbar auf Netzwerkstrukturen, wie sie auch im Nervensystem von Wirbeltieren und damit auch des Menschen vorkommen können [5] (s. Abb. 99c).

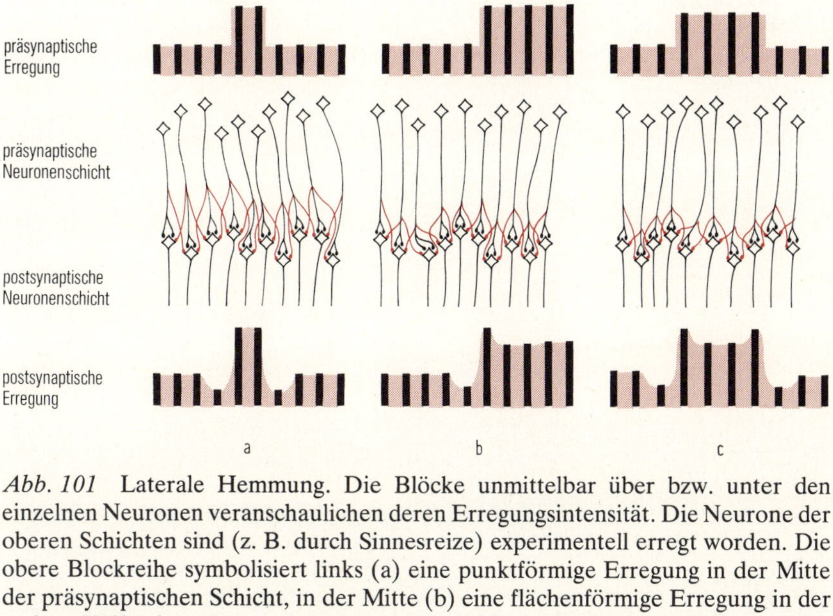


*Abb. 101* Laterale Hemmung. Die Blöcke unmittelbar über bzw. unter den einzelnen Neuronen veranschaulichen deren Erregungsintensität. Die Neurone der oberen Schichten sind (z. B. durch Sinnesreize) experimentell erregt worden. Die obere Blockreihe symbolisiert links (a) eine punktförmige Erregung in der Mitte der präsynaptischen Schicht, in der Mitte (b) eine flächenförmige Erregung in der rechten Hälfte der präsynaptischen Schicht und (c) eine flächenförmige Erregung in der Mitte der präsynaptischen Schicht. Die untere Blockreihe zeigt die Verteilung der Erregungsintensitäten, die durch laterale Hemmung in der postsynaptischen Neuronenschicht entsteht. Der rotpunktierte Hintergrund soll nur die jeweilige charakteristische Gestalt der Erregungsverteilungen hervorheben.

## *Literatur*

[1] Strelau, J.: On methods of studying the general types of nervous system in adult man and animals. Psychologia Wychowawcza 5 (1) (1962) 42–54

[2] Borg, G., Diamant, H., Ström, L., Zottermann, Y.: The relation between neural and perceptual intensity: A comperative study on the neural and psychophysical response to taste stimuli. J. Physiol. (Lond.) 192 (1967) 13–20

[3] Ratliff, F., Hartline, H. K.: Studies on Excitation and Inhibition in the Retina (A collection of papers from the laboratories of H. K. Hartline). Chapman and Hall, London 1974

[4] Schmidt, R. F.: Physiologie kleiner Neuronenverbände. In: Grundriß der Neurophysiologie (R. F. Schmidt Hrsg.) S. 108–131. Springer, Berlin-Heidelberg-New York 1977

[5] Seelen, W. v.: Zur Informationsverarbeitung im visuellen System der Wirbeltiere. Kybernetik 7 (1970) 43–60, 89–106

[6] Woody, C. D., Alkon, D. L., Hay, B.: Depolarization-induced effects of intracellulary applied calcium-calmodulin dependent protein kinase in neurons of the motor cortex of cats. Brain Res. 321 (1984) 192–197

[7] Diamond, J., Gray, E. G., Ysargil, G. M.: The function of the dendritic spine: an hypothesis. In: Excitatory Synaptic Mechanisms. Proc. 5th Int. Meeting on Neurobiology 1969, pp. 213–222. Oslo: Scandinavia Univ. Books 1970

[8] Krieger, D. T.: Brain peptides – what, where, and why? Science 222 (1983) 975–985

# 10. Signalverarbeitung in Neuronennetzen

## 10.1 Neuronale Filter

### *10.1.1 Einfache Netzwerkmodelle*

Die Regelmäßigkeit des Neuronennetzwerks bei Limulus gab erstmalig Anlaß zu einer mathematischen Analyse der Funktion von größeren Netzwerken, deren Neurone auf Grund von Streuung und Hemmung nach bestimmten Regeln miteinander verbunden sind. Dabei zeigte sich sehr bald, daß altbekannte systemtheoretische Gesetze unter bestimmten Voraussetzungen auf Neuronenpopulationen übertragbar sind. Man hatte schon vorher für elektronische Netzwerke Methoden der systemtheoretischen Analyse entwickelt.

Systemtheoretische Analysemethoden lassen sich auch auf Neuronennetzwerke anwenden. Abb. 102a ist eine vereinfachte Wiederholung der früheren Abb. 93b (aus Abschnitt 9.2.1.). Die synaptischen Endigungen sind durch Pfeile ersetzt. Außerdem tragen nicht nur die Axone Nummern.

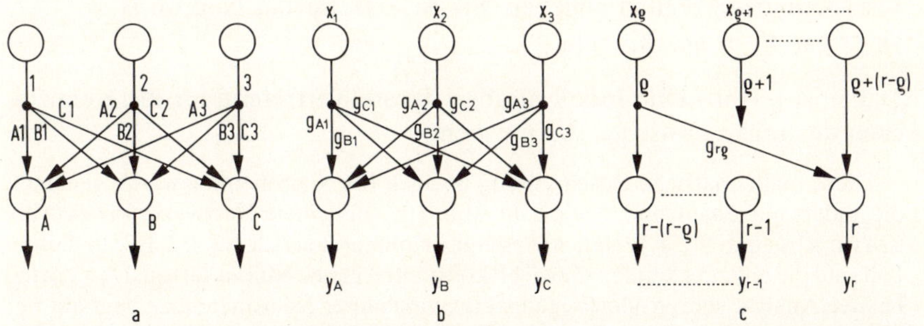


*Abb. 102* a) 1, 2, 3 sind präsynaptische Axone. A, B, C sind postsynaptische Neurone. Die Kollateralen sind mit einer Ziffer-Buchstaben-Kombination gekennzeichnet, die angibt, von welchem Axon sie stammt und zu welchem Neuron sie zieht. b) $x_1$, $x_2$, $x_3$ sind Zahlenwerte, die die Intensität der Erregung an den jeweiligen Axonen angeben. $y_A$, $y_B$, $y_C$ sind Werte zur Kennzeichnung der Erregung der postsynaptischen Neurone. $g_{1A}$ bis $g_{3C}$ sind Gewichtskonstanten, die ausdrükken, welcher Teil der axonalen Erregung durch eine bestimmte Kollaterale auf ein bestimmtes postsynaptisches Neuron übertragen wird. c) $\varrho$ ist die Ortskoordinate der präsynaptischen Neuronenschicht, r die Ortskoordinate der postsynaptischen Schicht. Die Distanz, die eine Kollaterale überbrückt, ist $r - \varrho$. Von dieser Strecke hängt in der Regel die Größe der Gewichtskonstanten $g_{r\varrho}$ ab.

Jede Kollaterale trägt ein Kennzeichen, das erkennen läßt, zu welchem Neuron sie zieht und von welchem Axon sie stammt.

Wenn man eine mathematische Funktionsbeschreibung anstrebt, so muß festgelegt sein, welchen Einfluß jede Kollaterale auf ihr postsynaptisches Neuron nimmt. Eine solche Kennzeichnung ist möglich und auch sinnvoll. Die Erregung jedes Axons kann man sich durch eine Zahl (z. B. Spikes pro Sekunde) gekennzeichnet denken. Von dieser Erregung teilt sich, je nach Synapsenzahl und je nach Eigenschaften der subsynaptischen Membran, ein Teil dem postsynaptischen Neuron mit. Dieser Teil ist für jede Kollaterale unabhängig von der Erregungsintensität konstant. Das soll durch eine Gewichtskonstante g ausgedrückt werden (Abb. 102b). g kann auch negativ sein; dann handelt es sich um eine Kollaterale mit hemmenden Synapsen.

Es ist wohl unmittelbar einsichtig, daß in einem derartigen Schema die Funktionen von Netzwerken mit lateraler Hemmung oder – allgemeiner – mit Streuungs-Hemmungs-Eigenschaften gut abbildbar sind.

Ist nun $x_1$ die augenblickliche Erregungsintensität des Axons 1, so wird von dieser Erregung durch die Kollaterale A1 auf das Neuron A eine Erregungsmenge übertragen, die durch das Produkt $x_1 \cdot g_{A1}$ berechnet werden kann. Dabei ist das Kollateralen-Kennzeichen A1 als Index zur Spezifizierung der zugehörigen Gewichtskonstanten verwendet worden.

Betrachtet man die Erregungsintensitäten $x_1$, $x_2$, $x_3$ der Axone 1, 2, 3 gleichzeitig, so kann man für jedes postsynaptische Neuron die daraus resultierende Erregung angeben. Sie ist z. B. für das Neuron B

$$y_B = g_{B1} \cdot x_1 + g_{B2} \cdot x_2 + g_{B3} \cdot x_3 = \sum_{\varrho = 1,2,3} g_{B\varrho} \cdot x_\varrho$$

Dabei ist $\varrho$ (rho) eine Indexvariable, die stellvertretend für die Kennzeichen der präsynaptischen Axone steht.

Diese mathematische Beschreibung ist auch für Neuronennetzwerke geeignet, die anders aufgebaut sind, wie das in Abb. 102. Bei einem Netzwerk, wie es Abb. 93a (in Abschnitt 9.2.1.) zeigt, gibt es keine Kollateralen A2, A3, B2, B3. In diesem Fall sind die entsprechenden Gewichtskonstanten gleich Null zu setzen. Der Vorteil bei der Analyse sehr großer, regelmäßig aufgebauter Neuronennetze liegt auf der Hand (s. dazu auch den folgenden Abschnitt 10.1.2.).

Es handelt sich um ein Modell mit weitreichendem Erklärwert. Dies zeigt unter anderem besonders eindrucksvoll eine Modellrechnung zu einem Neuronennetzwerk, das imstande ist, die Konvergenz von drei Farbrezeptoren auf gegenfarbempfindliche Neurone im visuellen System abzubilden (s. Abschnitt 12.1.4.).

Bei regelmäßig aufgebauten Neuronennetzen hängt die Größe der Gewichtskonstante nicht davon ab, welchem Axon oder welchem postsynaptischen Neuron sie zugeordnet ist. Die Gewichtskonstante wird höchstens größer oder kleiner sein, je nachdem, ob die betreffende Kollaterale zu einem benachbarten oder zu einem weit entfernten Neuron zieht. Sie wird also mit der überbrückten Distanz variieren, über die hinweg das divergierende Axon noch einen Einfluß ausübt. In diesem Fall spricht man davon, daß die Randbedingung der Homogenität gegeben ist.

Die Indexvariable $\varrho$, die in unserem Beispiel die Werte 1,2,3 annehmen kann, kennzeichnet gewissermaßen einen bestimmten Platz in der Neuronenpopulation der präsynaptischen Schicht. $\varrho$ ist eine Ortskoordinate. Analog kann man auch eine davon unabhängige Ortskoordinate für die postsynatpsiche Schicht einführen. Sie heiße r und sie kann die Werte A, B, C annehmen (Abb. 102c).

Die überbrückte Distanz, mit der die Gewichtskonstante in der Regel variiert, läßt sich dann mathematisch durch die Differenz $r - \varrho$ ausdrükken. Sie ist ein Maß dafür, wieviele Neuronenketten von einer Kollaterale übersprungen werden. Die entsprechende funktionale Abhängigkeit kann man dann so schreiben:

$g_{r\varrho} = g(r-\varrho)$.

Unter dieser Voraussetzung (d. h. bei Homogenität) läßt sich die Erregungsintensität eines Neurons der postsynaptischen Schicht wie folgt berechnen:

$$y_r = \sum_{\varrho} g(r-\varrho) \cdot x_\varrho$$

$g(r-\varrho)$ ist eine Funktion der postsynaptischen Ortskoordinate r und kann daher auch als räumliche Verteilung von Erregungsintensitäten in der postsynaptischen Schicht aufgefaßt werden. Dann gibt die Funktion $g(r-\varrho)$ für des r an, wie groß die postsynaptische Erregung sein wird, wenn ein Axon $\varrho$ erregt ist.

### *10.1.2 Systemtheoretische Eigenschaften von Neuronennetzen*

*Die Impulsantwortfunktion.* Die Arbeitsweise von Neuronennetzen, die hinreichend groß und regelmäßig aufgebaut sind, läßt sich mathematisch darstellen. Man kann nach Kenntnis der Verteilung von Erregungsintensitäten einer präsynaptischen Schicht die postsynaptischen Erregungen vorhersagen, wenn die Funktion $g(r-\varrho)$ bekannt ist. Diese Funktion beschreibt die Eigenschaften der Gewichtskonstanten.

Die Funktion $g(r-\varrho)$ erhält man als Verteilungsfunktion der postsynaptischen Erregungsintensitäten, wenn man die präsynaptische Schicht an einer Stelle $\varrho$ punktförmig erregt. Die Stelle kann übrigens wegen der Regelmäßigkeit des Netzwerkes beliebig gewählt werden. $g(r-\varrho)$ ist also die Antwortfunktion bei impulsförmiger, örtlicher Erregung der oberen Schicht; oder kurz: $g(r-\varrho)$ ist die Impulsantwortfunktion.

Die Impulsantwortfunktion eines Netzwerks mit lateraler Hemmung zeigt ein Maximum an dem Ort der präsynaptischen Erregung und minimale Erregung der postsynaptischen Neurone in der Umgebung dieses Ortes (s. Abb. 101a). Sie wird mathematisch durch die Funktion $g(r-\varrho)$ beschrieben, wobei $\varrho$ den Ort der präsynaptischen Erregung kennzeichnen soll.

Nach Kenntnis von g kann man bei beliebiger präsynaptischer Erregung für jedes postsynaptische Neuron die Erregungsintensität vorhersagen nach der Formel

$$y(r) = \sum_{\varrho} g(r-\varrho)x(\varrho)$$

So lassen sich z. B. aus Abb. 101a unmittelbar auch die Eigenschaften 101b und 101c ableiten.

Das menschliche Gehirn besteht aus etwa 25 Milliarden Nervenzellen. Bei einem Volumen von knapp 1400 $cm^3$ liegen in jedem Kubikmillimeter durchschnittlich 20 000 Nervenzellen. In den Kerngebieten und in der Hirnrinde sind es an die 50 000/$mm^3$. Selbst kleinste anatomische Einheiten des Gehirns bestehen also aus Hunderten von Nervenzellen.

Bei dieser dichten Packung und den großen Zahlen ist es mathematisch naheliegend, eine sogenannte Grenzwertüberlegung vorzunehmen. Man stellt sich dazu vor, daß der Abstand zwischen zwei benachbarten Neuronen einer Schicht verschwindend gering ist. Dann kann man die Verteilungen der Erregungsintensität als Funktionen einer kontinuierlich variierenden Ortskoordinate ansehen: $x(\varrho)$, $y(r)$. Das graphische Bild derartiger (räumlicher) Erregungsverteilungen entspricht dann der Kurve, die in Abb. 101 den rotpunktierten Untergrund begrenzt. Weiters ist es zulässig, in der mathematischen Behandlung von Neuronenschichten dann die entsprechende Summenbildung durch die Operation des Integrierens zu ersetzen.

Die oben angeführte Formel zur Berechnung der (mit der Ortskoordinate r variierenden) Erregungsintensität y (r) eines postsynaptischen Neurons wird unter diesen Bedingungen zu:

$$y(r) = \int_{\varrho} g(r-\varrho)x(\varrho)d\varrho$$

Die Formel beschreibt die Funktion des zugrundeliegenden Neuronennetzwerks. Sie gibt mit $y(r)$ an, wie stark postsynaptische Neurone r erregt werden, wenn eine bestimmte Erregungsverteilung $x(\varrho)$ der präsynaptischen Axone $\varrho$ vorliegt.

Das Bemerkenswerte an dieser Formel ist, daß sie systemtheoretisch gut interpretierbar ist. Jedes mathematisch analysierbare System läßt sich nämlich durch eine Formel dieser Gestalt (das ist ein sog. Faltungsintegral) beschreiben, wenn es einigen Randbedingungen genügt. Im allgemeinen Fall kann man die Größe $g(r-\varrho)$ natürlich nicht durch Gewichtskonstanten von Kollateralen interpretieren. Es handelt sich dabei eben um die Impulsantwortfunktion.

*Filtercharakteristiken.* Bisher wurden Signale vorausgesetzt, die sich über einen größeren örtlichen Bereich erstrecken und an verschiedenen Orten verschiedengroße Intensitäten aufweisen können. In der Systemtheorie hat man es meistens mit Signalen zu tun, deren Amplitude (das ist in der Regel die Signalintensität) mit der Zeit kontinuierlich variiert. Entsprechend gibt es Filter „im Ortsbereich“ (Ortsfilter; Abschnitte 10.1.3. und 10.1.4.) und

Filter „im Zeitbereich" (Zeitfrequenzfilter; Abschnitte 10.2.1. und 10.2.2.). Die mathematische Beschreibung von Filtern im Zeitbereich ist der Beschreibung von Ortsfiltern prinzipiell ähnlich [1].

Allerdings wird für Zeitfrequenzfilter in der bisher verwendeten Formel die Ortsvariable r üblicherweise gegen die Zeitvariable t getauscht. Außerdem muß die Summenbildung gegen die Operation des Integrierens ersetzt werden, da die Zeit t kontinuierlich vergehen soll. Analog der Größe $\varrho$ wird als Integrationsvariable die Größe $\tau$ eingeführt. Schließlich ist noch zu berücksichtigen, daß der Filter nicht in die Vergangenheit wirken kann. Das bedeutet, daß sich die Gewichtsfunktion nicht auf Werte von $\tau$ beziehen kann, die kleiner sind als t. Die Gewichtsfunktion von Zeitfrequenzfiltern hat daher ein wenig andere Eigenschaften als bei Ortsfiltern. Man bezeichnet sie meist mit h. Dann gilt für das Ausgangssignal y

$$y(t) = \int_{\tau} g(t-\tau)h(\tau)d\tau$$

Unabhängig von der physikalischen Dimension des Signalparameters (Zeit oder Ort) unterscheidet man Filter nach ihrer Eigenschaft, langsame (großräumige) oder rasch wechselnde Signaländerungen bevorzugt weiterzuleiten. Im ersten Fall (nur langsame und großräumige Änderungen) spricht man von Tiefpaßfiltern, im zweiten Fall (nur rasch wechselnde Änderungen) von Hochpaßfiltern. Bandpaßfilter vernachlässigen ganz langsame und sehr rasche Änderungen. Systeme, die die in Abb. 101b beschriebenen Eigenschaften besitzen, sind in systemtheoretischer Bezeichnung Bandpaßfilter.

Ein Beispiel für Zeitfrequenzfilter sind 3-Weg-Boxen einer Verstärkeranlage. Der größte Lautsprecher erhält und überträgt bevorzugt tiefe Töne (Tiefpaß), der kleinste nur hohe Töne (Hochpaß). Der Lautsprecher in der Mitte reagiert bevorzugt auf Töne mittlerer Tonhöhe (Bandpaß).

Die Feststellung, daß in unserem Nervensystem wahrscheinlich an vielen Stellen Bandpaßfilter existieren, erklärt zunächst ebensowenig, wie die Tatsache, daß man im Organismus Regelkreise auffinden kann. Es eröffnet sich jedoch die Möglichkeit, bei der Untersuchung spezieller neuronaler Systeme auf einen bekannten Kalkül (System von Zeichen und Regeln) zurückzugreifen und dadurch die Analyse zu beschleunigen. Anderseits wird unter Umständen auf Grund derartiger theoretischer Vorannahmen die Aufmerksamkeit von Untersuchern auf bisher unbeachtete neurale Systeme gelenkt, deren Eigenschaften jedoch leicht transparent gemacht werden können.

Die Filtereigenschaften von Neuronennetzwerken werden durch ihre Gewichtskonstanten bestimmt. Überwiegen in Ortsfiltern mit lateraler Kopplung die erregenden Synapsen, so bedingt dies Tiefpaßverhalten. Bei überwiegend hemmender Kopplung kommt es zu Hochpaßverhalten. Bandpässe im Ortsbereich bestehen aus einer Kombination von Streuung und Hemmung. In realen Nervennetzen konvergieren auf jedes postsynaptische Neuron in der Regel präsynaptische Kollateralen mit erregenden und hemmenden Synapsen.

Wenn die in der Mitte des präsynaptischen Kollateralenbündels liegenden Fasern hauptsächlich erregende Synapsen besitzen und die peripheren Kollateralen überwiegend hemmende, so heißt das postsynaptische Neuron „on-Zentrum-Neuron". Wenn die von peripher kommenden präsynaptischen Kollateralen überwiegend erregen und die zentralen hauptsächlich hemmen, so heißt das postsynaptische Neuron „off-Zentrum-Neuron" (Abb. 103, s. auch Abschnitt 12.1.1.).

Die Wirkungsweise von Bandpaßfiltern (in Systemen, für deren Funktionsbeschreibung man Ortskoordinaten verwendet) wird im folgenden Abschnitt an Hand zweier Beispiele aus der Psychophysiologie der Wahrnehmung erklärt.

### *10.1.3 Visuelles System 2: Das Simultankontrast-Phänomen*

Betrachtet man das Muster in Abb. 104a, so hat man den Eindruck, als ob an den Kreuzungsstellen der weißen Stege kleine graue Flecken auftauchten. Beobachtungen ähnlicher Art lassen vermuten, daß Wahrnehmungsverzerrungen beim harten Wechsel von stark verschiedenfarbigen Flächen auftreten, wenn sie zugleich betrachtet werden („Simultankontrast"). Die Wahrnehmungsverzerrungen werden durch den neuronalen Apparat unseres visuellen Systems erzeugt.

Unser Wahrnehmungsapparat ist wohl nicht darauf eingerichtet, kontrastreiche Muster unverändert abzubilden. Vielmehr scheint er darauf spezialisiert, in kontrastarmer Umgebung Strukturen zu entdecken, die für ihn bedeutsam sind.

An den gerade fixierten Stellen, die sich in der Sehfeldmitte befinden, fehlt das

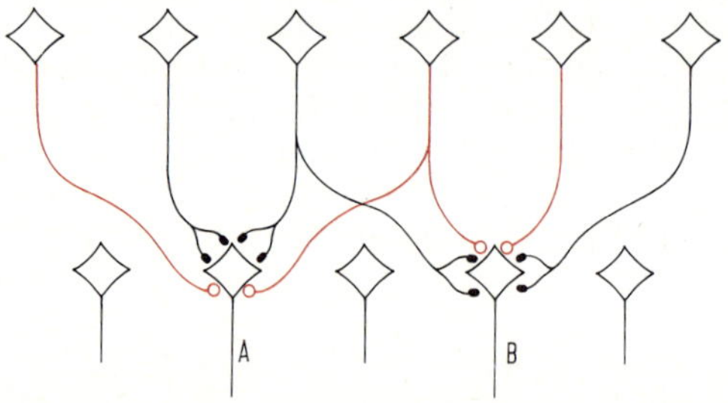


*Abb. 103* In realen Nervennetzen konvergieren auf ein postsynaptisches Neuron meist sowohl erregende wie hemmende Synapsen. Je nach der Herkunft der jeweils zugehörenden Kollateralen (nämlich von unmittelbar zugeordneten präsynaptischen Axonen oder von lateral kommenden Kollateralen) heißen die postsynaptischen Nervenzellen „on-Zentrum-Neurone" (A) oder „off-Zentrum-Neurone" (B). Rot gekennzeichnete Kollateralen enden in hemmenden Synapsen, schwarz gezeichnete in erregenden.

Kontrast-Phänomen. Unterschiede in der Wahrnehmung im zentralen und im peripheren Sehfeld lassen auf unterschiedliche neuronale Vorschaltungen innerhalb der visuellen Informationsverarbeitung schließen. Dies kann anatomisch bestätigt werden. Bereits in der Retina (das ist die Schicht der Sinneszellen in den Augen) gibt es anatomische Unterschiede zwischen Zentrum und Peripherie in bezug auf die Verknüpfungen zwischen den ableitenden Axonen (s. Abschnitt 12.1.2.). Wir beziehen uns im folgenden auf die Informationsverarbeitung in der Sehfeldperipherie.

Es ist möglich, die Prinzipien der durch Abb. 104a veranschaulichten neuronalen Informationsverarbeitung bei der Wahrnehmung von Reizmustern mit Simultankontrast im Modell abzubilden [2]. Dazu zerlegt man die Bildvorlage am besten in einzelne Rasterpunkte. Diese Zerlegung soll so erfolgen, daß jeder Rasterpunkt einem Rasterpunkt-Neuron zugeordnet werden kann. Dieses Rasterpunkt-Neuron leitet in der Funktion einer Sinneszelle die im Rasterpunkt vorhandene Reizintensität analog als Erregung weiter. Rasterpunkte können durch Zahlenwerte repräsentiert werden (entsprechende Beispielzahlen sind in Abb. 104b angeführt). Dabei kann die jeweilige Zahl als Reizintensität interpretiert werden, die im betreffenden Rasterpunkt vorhanden ist, oder als Erregungsintensität, die vom zugeordneten Rasterpunkt-Neuron weitergeleitet wird (Abb. 104b).

Es sei nun angenommen, daß das vorliegende Reizmuster von einem Neuronennetzwerk weiterverarbeitet wird, das die Eigenschaften eines Bandpaßfilters hat. Dazu denkt man sich jedes Rasterpunkt-Neuron mit einem postsynaptischen Neuron und mit acht benachbarten Neuronenketten verbunden (Abb. 105a). Die neun in Frage kommenden Kollateralen jedes Rasterpunkt-Neurons sollen folgende Gewichtskonstanten besitzen

a

| | | | | | | | | | |
|---|---|---|---|---|---|---|---|---|---|
| 2 | 2 | 2 | 2 | 2 | 2 | 2 | 2 | 2 | 2 |
| 2 | 10 | 10 | 2 | 10 | 10 | 2 | 10 | 10 | 2 |
| 2 | 10 | 10 | 2 | 10 | 10 | 2 | 10 | 10 | 2 |
| 2 | 2 | 2 | 2 | 2 | 2 | 2 | 2 | 2 | 2 |
| 2 | 10 | 10 | 2 | 10 | 10 | 2 | 10 | 10 | 2 |
| 2 | 10 | 10 | 2 | 10 | 10 | 2 | 10 | 10 | 2 |
| 2 | 2 | 2 | 2 | 2 | 2 | 2 | 2 | 2 | 2 |
| 2 | 10 | 10 | 2 | 10 | 10 | 2 | 10 | 10 | 2 |
| 2 | 10 | 10 | 2 | 10 | 10 | 2 | 10 | 10 | 2 |
| 2 | 2 | 2 | 2 | 2 | 2 | 2 | 2 | 2 | 2 |

b

| | | | | | | | | | |
|---|---|---|---|---|---|---|---|---|---|
| 1 | 0 | 0 | 1 | 0 | 0 | 1 | 0 | 0 | 1 |
| 0 | 10 | 10 | 0 | 10 | 10 | 0 | 10 | 10 | 0 |
| 0 | 10 | 10 | 0 | 10 | 10 | 0 | 10 | 10 | 0 |
| 1 | 0 | 0 | 2 | 0 | 0 | 2 | 0 | 0 | 1 |
| 0 | 10 | 10 | 0 | 10 | 10 | 0 | 10 | 10 | 0 |
| 0 | 10 | 10 | 0 | 10 | 10 | 0 | 10 | 10 | 0 |
| 1 | 0 | 0 | 2 | 0 | 0 | 2 | 0 | 0 | 1 |
| 0 | 10 | 10 | 0 | 10 | 10 | 0 | 10 | 10 | 0 |
| 0 | 10 | 10 | 0 | 10 | 10 | 0 | 10 | 10 | 0 |
| 1 | 0 | 0 | 1 | 0 | 0 | 1 | 0 | 0 | 1 |

c

*Abb. 104* a) Vorlage zur Beobachtung des Simultankontrastphänomens im Selbstversuch. b) Zerlegung des Musters von a in Rasterpunkte; Intensitäts-(Schwärzungs-) Werte sind in Zahlenwerte übersetzt. Die angeführten Zahlen sind Beispielzahlen, nicht Meßwerte. c) Veränderung des Musters von b nach Verarbeitung durch einen Bandpaßfilter.

(Gewichtskonstanten von hemmenden Kollateralen haben negatives Vorzeichen):

$$\begin{matrix} 0.01 & -0.11 & 0.01 \\ -0.11 & 1.25 & -0.11 \\ 0.01 & -0.11 & 0.01 \end{matrix}$$

Die Kollaterale auf das unmittelbar unter dem Rasterpunkt-Neuron liegende, postsynaptische Neuron besitzt erregende Synapsen, die die Erregung sogar noch verstärken können. Die (zeilen- und spaltenweise) unmittelbar benachbarten vier Neuronenketten werden gehemmt (mit 11% der im Rasterpunkt erzeugten Erregung). Mit geringer Intensität werden über vier weitere Kollateralen noch die diagonal benachbarten Neuronenketten erregt.

Auf ein postsynaptisches Neuron treffen neun Kollateralen (Abb. 105b). Bezeichnet man die Erregungsintensitäten der zugehörigen präsynaptischen Axone mit

$$\begin{matrix} x_1 & x_2 & x_3 \\ x_4 & x_5 & x_6 \\ x_7 & x_8 & x_9 \end{matrix}$$

so ist die resultierende Erregung y des postsynaptischen Neurons

$y = 1{,}25 \cdot x_5 - 0{,}11 \cdot (x_2 + x_4 + x_6 + x_8) + 0{,}01 \cdot (x_1 + x_3 + x_7 + x_9)$.

Berechnet man für jeden Rasterpunkt des Reizmusters von Abb. 104b die entsprechende Erregungsintensität des zugehörigen postsynaptischen Neurons, so erhält man das Muster einer Erregungsverteilung, das nach Verarbeitung des Reizmusters entsteht (Abb. 104c). Das erzeugte Erregungsmuster entspricht in hohem Grade der wahrgenommenen Intensitätsverteilung.

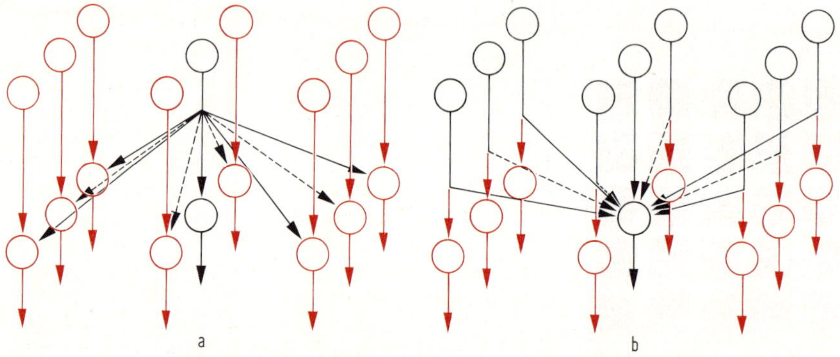


*Abb. 105* Beispiel zweier Neuronenschichten, wo jeweils ein Neuron der oberen Schicht Kollateralen zu neun Neuronen der unteren Schicht entsendet (a). Dabei treffen auf jedes postsynaptische Neuron neun präsynaptische Axone (b). ——— Kollateralen mit erregenden Synapsen; – – – – – Kollateralen mit hemmenden Synapsen.

In der dritten Zeile von Abb. 104c beträgt z. B. der vierte Wert von links 0. Er wurde errechnet aus den zugehörigen neun Werten aus Abb. 104b, die dort um die entsprechende Stelle liegen. In der Reihenfolge $x_1 \ldots x_9$ sind es aus Abb. 104b die Werte: 10, 2, 10, 10, 2, 10, 2, 2, 2. Nach der obengenannten Formel ist $y = 1{,}25 \cdot 2 - 0{,}11 \cdot (2 + 10 + 10 + 2) + 0{,}01 \cdot (10 + 10 + 2 + 2) = 0{,}1$. Dieser Ausgangswert wurde zu 0 gerundet.

Läßt man im Reizmuster zwischen den schwarzen Quadraten breitere weiße Straßen (Abb. 106a), so vermeint man, graue Stege zwischen den Quadraten zu sehen. Mit den gleichen Gewichtsfaktoren wie bisher läßt sich auch diese Erweiterung des Phänomens im Modell nachvollziehen (Abb. 106b und c).

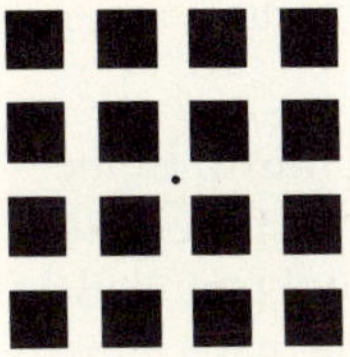

a

| | | | | | | |
|---|---|---|---|---|---|---|
| 10 | 10 | 2 | 2 | 2 | 10 | 10 |
| 10 | 10 | 2 | 2 | 2 | 10 | 10 |
| 2 | 2 | 2 | 2 | 2 | 2 | 2 |
| 2 | 2 | 2 | 2 | 2 | 2 | 2 |
| 2 | 2 | 2 | 2 | 2 | 2 | 2 |
| 10 | 10 | 2 | 2 | 2 | 10 | 10 |
| 10 | 10 | 2 | 2 | 2 | 10 | 10 |

b

| | | | | | | |
|---|---|---|---|---|---|---|
| 10 | 10 | 0 | 1 | 0 | 10 | 10 |
| 10 | 10 | 0 | 1 | 0 | 10 | 10 |
| 0 | 0 | 1 | 1 | 1 | 0 | 0 |
| 1 | 1 | 1 | 1 | 1 | 1 | 1 |
| 0 | 0 | 1 | 1 | 1 | 0 | 0 |
| 10 | 10 | 0 | 1 | 0 | 10 | 10 |
| 10 | 10 | 0 | 1 | 0 | 10 | 10 |

c

*Abb. 106* Ähnliche Modellrechnung wie in Abb. 104, nur für breitere Stege.

## *10.1.4 Visuelles System 3: Gestaltwahrnehmung*

*Die Figur von Kanizsa.* Fehlwahrnehmungen (Illusionen) sind Ausdruck spezieller Eigenschaften der Wahrnehmungsorgane. Diese filtern Information im allgemeinen effektiv. Nur in besonderen Ausnahmefällen kommt es zu paradoxem Ergebnis. Zu den wichtigsten Leistungen unserer Wahrnehmungsorgane gehört das Phänomen der Gestaltwahrnehmung. Diese besteht im wesentlichen darin, daß in komplexeren Reizmustern Einzelheiten unterdrückt und übergreifende Strukturen betont werden.

Gestalttheoretisch wichtig ist die Feststellung, daß die unter Umständen allein wahrgenommene übergreifende Struktur in der Regel eine andere Bedeutung („Qualität“) besitzt, als eine Ansammlung anderer, zufälliger Art („Quantität“) der musterbildenden Einheiten.

Informationstheoretisch gesehen handelt es sich um eine Zusammenfassung einzelner Elemente („Zeichen“) zu größeren informationstragenden Einheiten, sog. Aggregaten. Zur Bestimmung der sogenannten strukturellen Information werden derartige Aggregate nur nach quantitativen Gesichtspunkten berücksichtigt. Will man die sogenannte semantische Information bestimmen, so muß beachtet werden, daß Aggregate nur bei bestimmter Anordnung ihrer Elemente informationstragend sind. Informationstragende Aggregate heißen auch „Superzeichen“. Der semantische Informationsgehalt hängt von den zusätzlichen, gesondert zu berücksichtigenden Regeln der Superzeichenbildung ab.

Ein vielzitiertes Beispiel zur Veranschaulichung von Gestaltwahrnehmung ist die Figur von Kanizsa (Abb. 107a). Sie besteht aus drei Kreissegmenten, die jedoch in ihrer Anordnung eine übergreifende Struktur determinieren: ein Dreieck (Abb. 107b). Dieses wird zwangsläufig wahrgenommen, obwohl wesentliche Teile dieser Struktur fehlen.

Allerdings kann rückschließend festgestellt werden, daß wohl die hauptsächlich informationstragenden Teile vorhanden sind. Dabei handelt es sich offenbar um die Eckpunkte. Diese Beobachtung steht im Einklang mit anderen Untersuchungen. Man kann Probanden auffordern, eine durch eine Konturlinie repräsentierte Figur durch einige Punkte derart zu charakterisieren, daß die Figur nur auf Grund der Punkte wiedererkannt werden kann. Als informationstragende Punkte werden dann stets die Orte der stärksten Richtungsänderung in der Konturlinie angegeben.

Gestaltwahrnehmung ist eine Leistung von neuronalen Filtern. Bemerkenswerterweise kann diese Leistung schon von sehr einfach gebauten Neuronennetzwerken erbracht werden. Es ist durchaus denkbar, daß in unseren Wahrnehmungsorganen Netzwerke existieren, die nach einem ähnlichen Prinzip arbeiten, wie die mit den bisher angenommenen Eigenschaften. Diese könnten bereits als Antwort auf ein Reizmuster nach Abb. 107a eine postsynaptische Erregungsverteilung liefern, die dem in Abb. 107b wiedergegebenen Schema entspricht.

Für den Neurophysiologen besteht kein Zweifel, daß die Gesetze unserer Wahrnehmung auf den Strukturen und Funktionen unserer Wahrnehmungsorgane beruhen. Allerdings handelt es sich dabei zunächst noch um ein Postulat. Daß ein entsprechender Nachweis mit den hier vorgestellten theoretischen Grundlagen möglich sein kann, legen die Leistungen nachrichtentechnischer Systeme nahe, aber auch neurophysiologische Befunde, wie sie in Kapitel 12.1. vorgestellt werden.

Eine Reihe von informationstheoretischen Untersuchungen [35, 36] unterstützen ebenfalls die Ansicht, daß ein Urteil über den ästhetischen Gehalt von Mustern, aber auch deren bedeutungshaltige Ergänzung durch eine geeignete Analyse der strukturellen Information ermöglicht wird.

*Die Boring-Frauen.* Ein besonders reizvolles Beispiel zum Problemfeld um Gestalt und Bedeutung ist ein Bild, das vom Psychologen E. G. Boring stammt (Abb. 108). Auf die Frage „Wie alt ist die abgebildete Frau?“, kann man, je nach Betrachter, sehr unterschiedliche Antworten bekom-

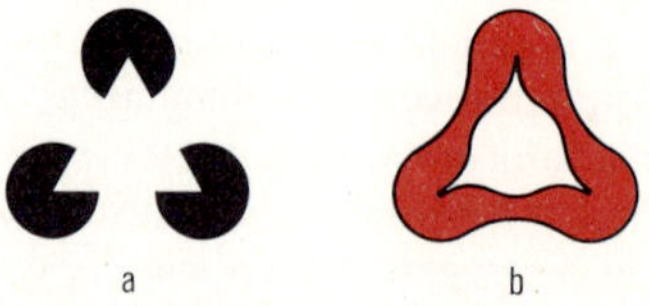


*Abb. 107* Figur von Kanizsa [3].

*Abb. 108* Die Boring-Frauen [4].

men. Die Schätzwerte variieren intraindividuell zwischen 15 und 95 Jahren. Es handelt sich nämlich um ein doppeldeutiges Bild. Dabei stellt sich die Frage, welche Faktoren die Wahrnehmung der alten und welche die Wahrnehmung der jungen Frau begünstigen.

Durch kleinere Abänderungen kann man das doppeldeutige Bild in die eine oder die andere Richtung eindeutig gestalten. Werden Probanden zunächst mit einem derart retuschierten Bild konfrontiert, so nehmen sie im doppeldeutigen Bild verständlicherweise die Gestalt wahr, die auch das eindeutige zeigte. Freilich kann man hier unterstellen, daß Abtaststrategien eine Rolle spielen können, die Augenbewegungen lenken. Dennoch stellt sich die Frage, durch welche Bildinformationen derartige Abtaststrategien begünstigt werden. Man muß voraussetzen, daß die Bildinformationen selbst gestalterkennende neuronale Filter verändern. Dieses Problem wird in den folgenden Abschnitten schrittweise besprochen.

Sicherlich sind aber filterverändernde situative Informationen von anderen motivationalen Komponenten, die die Informationsverarbeitung beeinflussen, schwer zu trennen (s. auch Abschnitt 8.1.4.).

## 10.2 Neuronale Anpassungsmodelle

### *10.2.1 Neuronennetze als Zeitfrequenzfilter*

Die Netzwerke des Nervensystems übertragen Informationen von den Rezeptoren zu den Effektoren. Bei dieser Informationsübertragung geschieht gleichzeitig eine Veränderung der Information, also eine Informationsverarbeitung.

*Totzeit.* Der einfachste Verarbeitungseffekt bei einer Informationsübertragung ist die Tatsache, daß die Übertragung Zeit benötigt. Trifft diese Zeitverzögerung für alle Arten von Signalen in gleicher Weise zu, so spricht man von Totzeit. Derartige Totzeiten entstehen im Nervensystem durch den (zeitverbrauchenden) axonalen Transport und durch Übertragungsverzögerungen an den Synapsen.

Meist trifft die gleiche Erregung im Nervensystem auf mehrere Neuronenketten, die die Information zum gleichen Ziel transportieren. Besitzen diese Neuronenketten unterschiedliches Totzeitverhalten und konvergieren sie letztlich auf dasselbe Neuron (oder allgemeiner: auf dieselbe neuronale Endstrecke), so kann dies verschiedene Arten der Informationsverarbeitung bewirken (vgl. Abb. 109).

*Rückkopplung.* Außerdem zeigt die Abb. 109, daß Netzwerke mit Rückkopplung in systemtheoretischer Sichtweise nicht prinzipiell andere Eigenschaften besitzen wie Netzwerke mit Vorwärtskopplung. Dies gilt insbesondere für Netzwerke, die sehr dicht geknüpft sind (s. dazu auch Abschnitt 10.1.2.) und die aus mehreren Schichten bestehen [5]. Regelkreise in Neuronenverbänden sind also nur Spezialfälle von zeitverlaufsändernden Netzwerken.

Die Theorie der Regelkreise ist eine wichtige Teildisziplin der Systemtheorie. Ihre relative Eigenständigkeit liegt darin begründet, daß reale Netzwerke mit Rückkopplung eine Besonderheit aufweisen. Sie können nämlich instabil werden. Werden sie durch eine bestimmte Art von Signalen (d. h. Folgen von Erregungsintensitäten) erregt, so kann es passieren, daß sie mit höchsten Erregungsintensitäten antworten, die dann auch nicht mehr abklingen. Dies kann man sich anhand des Netzwerks mit Rückführung in Abb. 109a verdeutlichen.

*Verzögerung.* Für reale Neuronennetzwerke muß man annehmen, daß die in der Erregungsübertragung auftretende Totzeit nicht unabhängig von der Erregungsintensität und vom Wechsel der Erregungsintensität ist. Allgemeiner gesprochen, besitzt das gleiche Netzwerk gegenüber allen möglichen verschiedenen zeitlichen Signaleigenschaften unterschiedliche Übertragungseigenschaften. Ein derartiges Verhalten läßt sich nicht mehr als Totzeit beschreiben, man spricht von Verzögerung.

Erhält ein postsynaptisches Neuron alle 0,1 Sek. einen Impuls, so kann es frühestens nach einer Zehntelsekunde mit einer entsprechenden Antwort reagieren. Erhält es alle 0,01 Sek. einen Impuls, kann die Antwort schon nach der ersten Hundertstelsekunde erfolgen. Berücksichtigt man in größeren Netzwerken Summationsphänomene, so werden die Zusammenhänge noch komplizierter. Dazu kommen Potenzierungsphänomene („kindling", s. Abschnitt 12.2.2.). D. h., daß

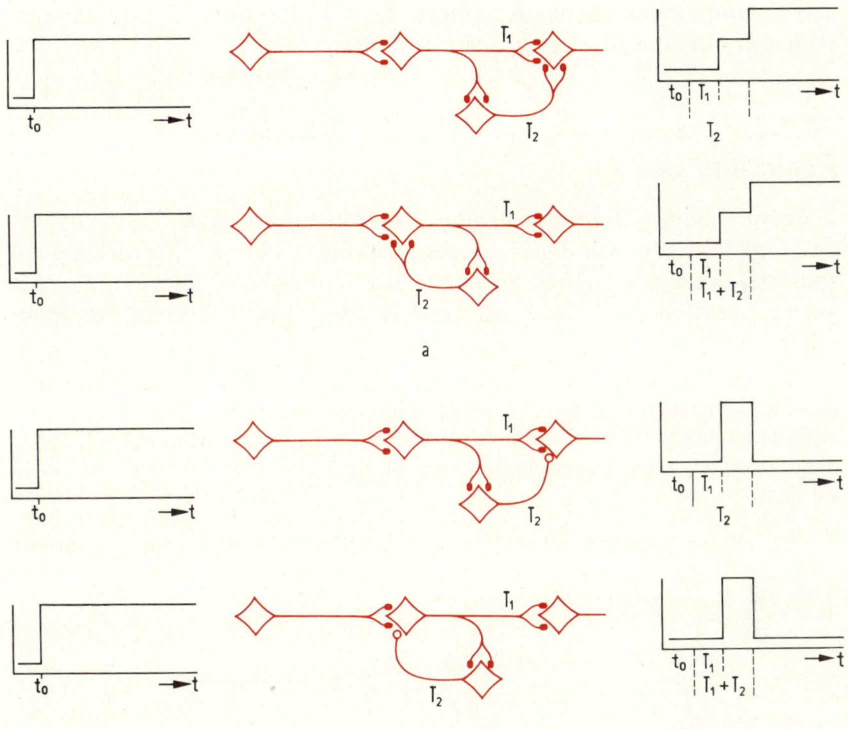


*Abb. 109* Einfache Neuronennetzwerke, die den Zeitverlauf von Signalen verändern. In Ordinatenrichtung ist die Erregungsintensität aufgetragen. $T_1$, $T_2$ bedeuten die Dauern („Totzeiten") der jeweiligen Erregungsausbreitung vom afferenten zum postsynaptischen Neuron. Bei den Netzwerken mit Rückwärtskopplung wurde angenommen, daß die Neurone schon bei geringer Reizung maximal erregt werden. —● erregende Synapse, —○ hemmende Synapse. – Die Netzwerke in a verschleifen einen harten Intensitätssprung. Die Netzwerke in b reagieren hingegen gerade bevorzugt auf plötzliche Veränderungen. Systemtheoretisch entspricht die erste Eigenschaft (nur langsame Veränderungen) einem Tiefpaßfilter, die zweite (nur rasche Veränderungen) einem Hochpaßfilter. Die Netzwerke in a können die Funktion von Integralfühlern oder von Folgereglern ausüben. Die Netzwerke in b können die Funktion von Differentialfühlern oder von Haltereglern ausüben.

für eine gewisse Dauer hocherregte Synapsen eine Zeitlang noch hohe Erregung abgeben, bis sie sich wieder der realen Erregungsintensität anpassen.

Die Eigenschaften von Netzwerken mit Verzögerung hängen davon ab, wieviele voneinander unabhängige Faktoren zusammenwirken. Die Zahl dieser Faktoren bestimmt die „Ordnung" des Netzwerks. Verzögernde Netzwerke höherer Ordnung haben meist die Eigenschaften von Bandpaßfiltern (Abb. 110). Auftauchen und Verschwinden eines Reizes werden stärker empfunden als das Andauern. Dies dürfte für das Zustandekommen von Orientierungsreaktionen bedeutsam sein.

### *10.2.2 Neuronennetze als Filter für Signale in Raum und Zeit*

*Musterabhängige Zeitfrequenzfilter.* Neuronennetze sind Zeitfrequenz- und Ortsfilter zugleich. Das bedeutet, daß die selektive Filterwirkung auf zeitlich wechselnde Signale nicht für alle räumlichen Muster in gleicher Weise zutreffen muß. Dies gilt auch für das visuelle System des Menschen.

Die systemtheoretischen Eigenschaften des visuellen Systems überprüft man meist mit einfachen Reizmustern, so daß hier, trotz der Verwendung motorischer Reaktionen oder verbaler Auskünfte als Kriterien der wahrgenommenen Empfindung, hauptsächlich Eigenschaften von Retina und Geniculatum untersucht werden.

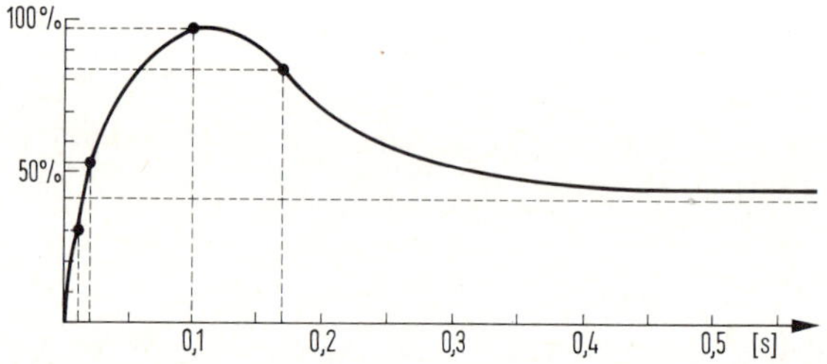


*Abb. 110* Beispiel eines zeitlichen Verlaufs der relativen Empfindungsstärke im visuellen System nach dem „Einschalten" einer Fläche hoher Reizintensität. Die Abszisse gibt die Zeit nach dem Einschaltzeitpunkt an. In Ordinatenrichtung sind Intensitätswerte (Eingangsintensität = 100%) aufgetragen. Die Daten sind einer Modellrechnung von Korn und v. Seelen [6] entnommen, die sich auf experimentell ermittelte Parameter (nach Kuffler [7]) stützt. Sie stellen die Reizbeantwortung durch Retina und Geniculatum auf einen Flächenpunkt dar, der vom Flächenrand einen Abstand von 1,35° hat. In diesem Abstand haben die durch Simultankontrast (d. h. durch den Ortsfilter) verursachten Randphänomene bereits keinen Einfluß mehr. Zu beachten sind Ähnlichkeit und Unterschiede dieser Zeitfrequenz-Bandpaßfilterung zu den Bandpaßfilter-Phänomenen im Ortsbereich nach Abb. 101b oder 111.

Großflächigen Mustern gegenüber wirkt das visuelle System als Zeitfrequenzfilter mit Bandpaßeigenschaften, hochstrukturierten Mustern gegenüber als Zeitfrequenz-Tiefpaß. Plötzliches Auftauchen großflächiger Muster wird als bedeutsam empfunden, z. B. unvermittelte Konfrontation mit Monumentalbauwerken. Andauernde Betrachtung großflächiger Muster läßt sie bedeutungslos werden (s. Abb. 110). Momentane Konfrontation mit hochstrukturierten Mustern läßt Details verschwimmen, es werden höchstens grobe Zusammenhänge erkannt (kontrastverschleifendes Tiefpaßverhalten, s. Abb. 111). Durch intensives Betrachten solcher Muster „verliert man den Blick" für große bzw. übergreifende Strukturen.

*Zeitfrequenzabhängige Ortsfilter.* Der Zusammenhang zwischen Zeitfrequenz- und Ortsfilter-Eigenschaften von Neuronennetzen macht sich auch noch anders bemerkbar. Räumliche Muster werden anders gefiltert, je nachdem, ob sie kurzzeitig wechseln oder andauernd unverändert bleiben. Bei relativ stationären Mustern (im visuellen System gilt das für eine Dauer länger als etwa eine halbe Sekunde) spielen Simultankontrast-Phänomene (d. h. Bandpaßfilterung im Ortsbereich) eine größere Rolle. Bei rasch

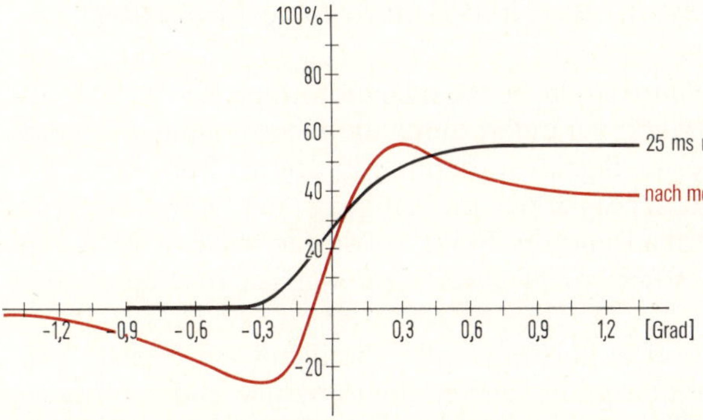


*Abb. 111* Netzwerkantwort des visuellen Systems auf einen Intensitätssprung im Ortsbereich (nach Korn und v. Seelen [6]). Abszisse: Relative Antwortintensität (Eingangsintensität = 100%). Ordinate: Räumliche Verteilung im Sehfeld (Angaben in Winkelgraden, Ort des Intensitätssprungs = 0°). Modellrechnung zur gleichen Anordnung, wie sie in Abb. 110 zugrundegelegt wurde. Dargestellt ist der Effekt der Ortsfiltereigenschaften in der Umgebung der Sprungstelle (Rand der Fläche mit erhöhter Reizintensität). Man kann neben dem räumlichen Intensitätssprung noch einen zeitlichen Intensitätssprung berücksichtigen, wenn man annimmt, daß der räumliche Sprung zu einem bestimmten Zeitpunkt plötzlich einsetzt („Einschalten"). Dann ändern sich die Ortsfiltereigenschaften mit dem zeitlichen Abstand vom Einschaltzeitpunkt (zuerst Tiefpaß-, dann Bandpaßverhalten).

wechselnden Mustern werden Konturen bedeutungsloser, es herrscht Tiefpaßverhalten im Ortsbereich vor (s. Abb. 111).

Sehr rasch wechselnden Mustern (für Darbeitungsdauern unter etwa 1/16 Sek. im visuellen Bereich) wird die Zeitverzögerung in der visuellen Signalverarbeitung zu träge, um dem Wechsel gerecht zu werden. Die Muster werden als stationär bzw. unter bestimmten Umständen als Bewegung empfunden (Verschmelzungsfrequenz).

Damit läßt sich auch das sogenannte Phi-Phänomen erklären. Wenn zwei Punkte im Abstand von etwa 0,15° vor einem ansonsten dunklen Hintergrund mit höchstens 60 ms (= ca. 1/16 Sek.) Abstand nacheinander aufleuchten, wird der Wechsel als Bewegung empfunden.

Der Abstand von 0,15° wird durch die Nervenleitgeschwindigkeit begrenzt [8]. Diese beträgt nämlich etwa 2,5°/Sek. Verschieden lange Kollateralen, die auf ein postsynaptisches Neuron konvergieren, können bei diesem Reizabstand gleichzeitig zur postsynaptischen Erregung beitragen. Grundsätzlich ist dies für den gesamten Einzugsbereich („rezeptives Feld", s. Abschnitt 12.1.5.) des postsynaptischen Neurons denkbar. Dieser Einzugsbereich ist für Retina-Neurone 1 bis 2° groß. Man gewinnt beim Phi-Phänomen auch den Eindruck, als ob die Bewegung über diese Distanz erfolgen würde.

## *10.2.3 Signalanpassung durch Wiederholung (Training)*

*Zum Begriff der Signalanpassung.* Jedes signalübertragende System, also auch jedes Nervennetzwerk, verändert durch die Übertragung das Signal. Dies ist die Grundlage für Signalverarbeitungsprozesse. Man kann aber auch den Gesichtspunkt der Signalbeeinträchtigung oder Signalverzerrung in den Vordergrund stellen und die Frage aufwerfen, welche Arten von Signalen durch ein bestimmtes Netzwerk am wenigsten beeinträchtigt werden.

Man kann sich Netzwerke vorstellen, die überhaupt nur Signale einer bestimmten Konfiguration optimal weiterleiten und alle anderen Signale unterdrücken. Solche Systeme nennt man signalangepaßte oder kurz: Angepaßte Systeme.

Auf Grund voneinander unabhängiger Untersuchungen [9, 10, 11], hat man für das Netzwerk des visuellen Systems gefunden, daß räumliche Muster dann zu einer starken Empfindung führen, wenn sie eine bevorzugte räumliche Gliederung in der Größenordnung von 0,1 bis 0,2° aufweisen. Das entspricht einer Distanz zwischen informationstragenden Punkten von 2 bis 3 cm bei einem Betrachtungsabstand von 1 m.

Diese „biologische Ortskonstante" von knapp unter 0,15° müßte bei räumlichen Mustern, die sich durch deutliche Erkennbarkeit auszeichnen, als Maximalwert in einer Autokorrelationsanalyse auftauchen. Die Autokorrelationsanalyse ist ein mathematisches Verfahren zur Aufdeckung von Regelmäßigkeiten in einer zeitlich geordneten Datenreihe, bzw. in einem Signal. Führt man für derart gut erkennbare Muster jedoch das signalanalytische Verfahren der Frequenzanalyse durch, so ist beim zugehörigen Kehrwert von etwa 7 pro Winkelgrad ein Maximum zu erwarten.

In dem Gebiet der Großhirnrinde, wo die Fasern des visuellen Systems enden, ist die Homogenität der Verknüpfung innerhalb der Neuronenschichten nicht mehr vollständig gewährleistet. Die Verknüpfung ist richtungsabhängig. Das bedeutet, daß diese Gehirnteile imstande sind, auf richtungsabhängige Merkmale visueller Reizmuster bevorzugt zu reagieren. Dies ist ein wichtiges Beispiel für angepaßte Netzwerke im Nervensystem.

Die Funktion derartiger komplexer rezeptiver Felder wird im Abschnitt 12.1.5. ausführlicher besprochen.

Im vorigen Abschnitt 10.2.2. wurde darauf hingewiesen, daß sich die Charakteristik eines Zeitfrequenzfilters musterabhängig ändern kann. Die Alltagserfahrung zeigt, daß organismische Zeitfrequenzfilter das gleiche Eingangssignal auch bei mehrfacher Wiederholung anders filtern. Motorische Abläufe etwa können durch Wiederholung effektiver werden. Sie können auch – und das ist von besonderer Bedeutung – von der bewußten Aufmerksamkeitszuwendung und damit von motorischen Willkürimpulsen weitgehend unabhängig werden.

Dabei soll von Reifungs- und Alterungsprozessen abgesehen werden. Motorische Zielbewegungen werden in der frühen Kindheit auf Grund von Reifungsprozessen effektiver. Die Qualität der Wahrnehmung hoher Schallfrequenzen nimmt altersabhängig ab.

*Anpassung der Willkürmotorik.* Als Beispiel sei das Filterverhalten der Steuerung menschlicher Willkürmotorik in der Anordnung von Marienfeld (1970) [12] erwähnt. Zeitlichen Signalcharakteristika gegenüber verändert sich dieses Filterverhalten auf Grund von Wiederholung. Es handelt sich dabei um einen Tracking-(Nachfahr-)Versuch. Der Proband soll einer Linie nachfahren, die ihren Verlauf sprungartig ändert. Der Linienverlauf ist aber jeweils nur über einen geringen Ausschnitt übersehbar. Die vorgegebene Geschwindigkeit ist für Ungeübte groß; die Sprungdistanz entspricht in der Anordnung dem Weg, der beim Nachfahren sonst in ca. 370 ms zurückgelegt werden muß.

Die Probanden reagieren zunächst mit Totzeitverhalten. Mit fortgeschrittener Übung wird eine Verbesserung durch hohe Beschleunigung der Bewegung nach der Sprungstelle versucht. Dadurch kann die Totzeit zwar verringert, ein Überschwingen jedoch nicht verhindert werden. Im weiteren Trainingsverlauf wird zur hohen Beschleunigung ein optimaler Bremsvorgang gelernt, der es ermöglicht, rasch den Anschluß an das vorgegebene Trackingsignal (im Beispiel die nachzufahrende Linie) zu finden. Diese

Bewegung ist sehr energieaufwendig; Lernen und Ausführung erfordern zunächst hohe Konzentration.

Nach sehr häufiger Wiederholung der gleichen Tracking-Bewegung kann die Bewegung bereits mit geringerer Aufmerksamkeit erfolgen. Die visuelle Kontrolle beschränkt sich vermutlich nur mehr auf die zeitliche Koordination von gelernter Zielbewegung und der Auslösung durch das Trackingsignal. Taucht der Sprung in der Trackinglinie so regelmäßig auf, daß er bereits antizipiert werden kann, erreicht der Trackingfehler ein Minimum. Dies gilt allerdings nur solange, wie sich Charakteristika des Trackingssignals nicht verändern. Trifft dies doch einmal zu, so wird der Trackingfehler größer als je zuvor.

*Systemtheoretische Grundlagen von Automatisierungsprozessen.* In systemtheoretischen Interpretationen entspricht das zeitliche Verhalten der Nachfahrbewegung zunächst dem Effekt eines sehr unspezifischen Tiefpaßfilters (verschiedene Filtertypen wurden in Abschnitt 10.1.2 erklärt). Gewissermaßen besitzen eigentlich alle Systeme Tiefpaßeigenschaften. Allmählich aber tritt im vorliegenden Fall eine Anpassung und damit Spezialisierung der Filtercharakteristik auf die zeitfrequenten Eigenschaften des Trackingsignals ein. Das Verhalten entspricht dem Bild einer Bandpaßfilterung im Zeitbereich. Nachdem die Bewegung bereits weitgehend ohne ständige Willkürimpulse „automatisch" abläuft, wird die Steuerung umgestellt. Willkürimpulse dienen nicht mehr als Führungsgrößen, sondern nur mehr als Trigger-(Takt-)Signale, die den Automatismus abrufen. Die Erzeugung der Triggersignale erfolgt nach Maßgabe der Informationen, die über den gesamten zeitlichen Verlauf des Signals vorliegen. Die jetzt anschließende Anpassungsleistung entspricht dem Bild einer Filterung im Ortsbereich.

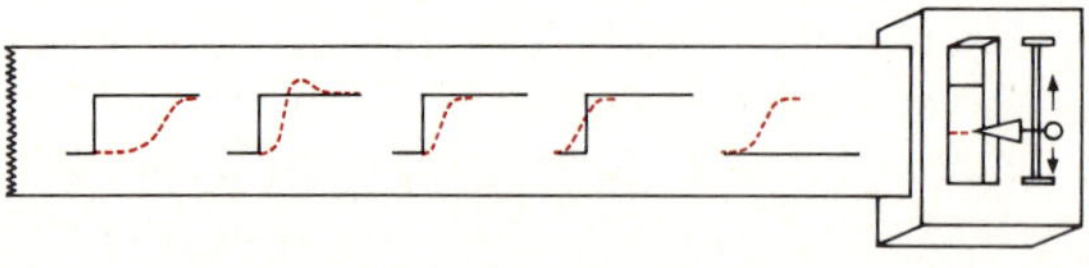

*Abb. 112* Tracking-(Nachfolge-)Versuch an einem Papiertransportgerät nach Marienfeld [12]. Auf dem Papier einer Papierrolle ist mehrmals die Abbildung einer Sprungfunktion vorgedruckt. Von der Rolle weg wird der Papierstreifen an einem Fenster vorbeigezogen, wo ein Proband nur einen kurzen Ausschnitt des Musters auf dem Papier beobachten kann. Die Aufgabe besteht darin, durch Auf- und Abbewegen eines Zeigers der vorgedruckten Linie auf dem Papierstreifen zu folgen. Der Zeigerweg wird durch eine Schreibspitze auf dem Papierstreifen festgehalten (rote Linie). Von links nach rechts Beispiele für Folgebewegungen bei fortschreitendem Übungseffekt.

Die im Zuge der Automatisierung erfolgende Umstellung von Steuerung durch die sensorische Information auf ein bloßes sensorisches Triggern erfolgt im Kleinhirn. Dort sind zur Erzeugung motorischer Impulse an den Purkinje-Zellen zuerst Afferenzen über sogenannte Parallel- und Kletterfasern nötig. Später reicht aber offenbar dazu die afferente Erregung aus den Kletterfasern allein aus.

Damit kann man möglicherweise annehmen, daß im Kleinhirn eine Umsetzung zeitfrequenter Analyse in eine Ortsfunktion erfolgt [13]. Bei Bedarf (bzw. im Beispiel auf Grund von Triggersignalen) wird diese Ortsfunktion zur Steuerung der Motorik benützt. Damit wären Orientierungsleistungen möglich, die voraussetzen, daß sukzessiv eintreffende Signale zu einer Konfiguration zusammengefügt werden, die räumlichen Charakter besitzt („inneres Modell").

### *10.2.4 Anpassung durch fortschreitende Verbesserung (Shaping)*

Einen Wechsel in der Anpassung neuronaler Filter kann man bei allen Gewöhnungs- und Lernprozessen unterstellen. Beobachtet man die Anpassungsunterschiede bei verschiedenen Arten von Lernwiederholungen (schedules), so könnte man interpretieren, daß auch hier zeitfrequenzabhängige Änderungen der Filtercharakteristik stattfinden. Spontane zeitfrequenzabhängige Änderungen von Ortsfiltercharakteristiken wurden im Abschnitt 10.2.2. erwähnt. Die Ortsfiltercharakteristik ist durch die Gewichtskonstanten der auf ein postsynaptisches Neuron konvergierenden Kollateralen bestimmt. Damit stellt sich das Problem, ob die Ortsfiltercharakteristik eines Neurons auch durch nichtspontane Arten der Beeinflussung dieser Gewichtskonstanten veränderbar sein kann, etwa durch zusätzliche afferente Erregungen.

Das neurophysiologische Korrelat dieser Gewichtskonstanten ist, wie bereits im Abschnitt 10.1.1. angedeutet, in den Eigenschaften der Synapse und der postsynaptischen Membran zu suchen (einschließlich deren Vorpolarisierung, d. h. den Summationsmöglichkeiten). Die Gewichtskonstanten sind multiplikative Faktoren und man kann sie sich auch durch eine neuronale Größe repräsentiert denken, die die Erregung in der afferenten Kollaterale proportional verändert. Eine derartige neuronale Größe könnte z. B. ein präsynaptischer, axo-axonaler Kontakt sein (s. auch Abschnitt 12.2.2.).

Unabhängig von der Frage der neuronalen Realisierung eines solchen, durch Steuersignale veränderbaren Filters, gibt es auch in der Systemtheorie für dieses Problemfeld erst vergleichsweise wenige Modellvorstellungen. Es handelt sich dabei um verschiedene Netzwerk- oder Assoziationsmodelle. Darunter kann man drei Typen von Modellen unterscheiden, die die Anpassung von Filtern zu beschreiben versuchen: Korrelations-Modelle, Concept-formation-Modelle und Reinforcement-Modelle.

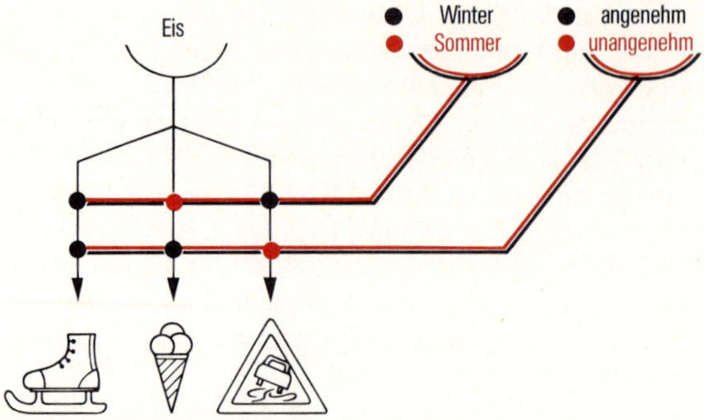


*Abb. 113* Beispiel einer einfachen Lernmatrix zur Demonstration des Prinzips von Korrelations-Modellen. Je nach Hintergrundinformation (Winter/Sommer, angenehm/unangenehm) wird dem Signal „Eis“ eindeutig eine bestimmte Bedeutung zugeordnet.

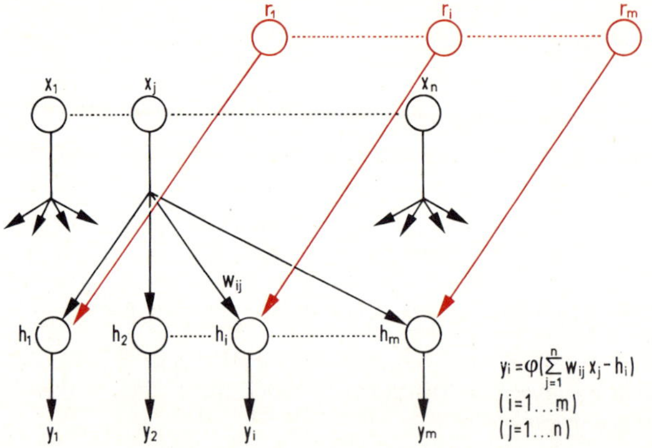


*Abb. 114* Modell-Netz für Assoziation nach Amari [22]. Die Eingangssignale $x_j$ werden von Neuronen weitergeleitet, deren Kollateralen die Gewichtskonstanten $w_{1j} \ldots w_{mj}$ besitzen. Die Kollateralen enden an m Neuronen einer zweiten Schicht mit je einem Schwellenwert $h_1 \ldots h_m$. Die Gewichtsfaktoren hängen von einem „Reinforcement-Signal“ $r_1 \ldots r_m$ ab:
$w_{ij}(t+1) = f(w_{ij}(t), r_i(t))$.
Wählt man $r_i(t) = x_{ij}(t)z(t)$, so kann bei geeignetem f erreicht werden, daß das System auf die Eingangssignale $x_{i1} \ldots x_{in}$ mit z antwortet.

*Korrelations-Modelle.* Die Haupteigenschaften der Korrelations-Modelle für die Anpassung von Filtern besteht darin, daß ein System imstande ist, ein bestimmtes Antwortsignal auf ein vorgegebenes Reizsignal zu erzeugen [14]. Die (das System charakterisierende) Impulsantwortfunktion ist nichts anderes als die Kreuzkorrelations-Funktion aus Reizsignal und erwünschtem Antwortsignal. Eine derartige Reiz-Reaktions-Verknüpfung stellen sogenannte Lernmatrizen her, aber auch viele kybernetische Lernmodelle [15, 16, 17, 18, 19, 20, 21], die anfangs der 70er Jahre entstanden sind. Sie sollen dazu dienen, neuronale Prozesse beim Signallernen oder bei der Assoziationsbildung zu veranschaulichen (Abb. 113 und 114).

Korrelationsmodelle beschreiben das „was", sie erklären aber nicht das „wie" der Lern- und Gedächtnisfunktionen.

*Concept-formation-Modelle.* Ein etwas anderer Ansatz sieht die Funktion einer Filteranpassung nicht so sehr in dem Ziel, genau ein bestimmtes Antwortsignal zu produzieren. Vielmehr interessiert man sich für das Entstehen und das Aufrechterhalten eines reizspezifischen Erregungsmusters, das unter dem Einfluß eines Reizsignals in einem Netzwerk produziert wird. In derartigen Modellen kann man ein dauerhaft erzeugtes, reizspezifisches Erregungsmuster als „Konzept" eines Reizsignals ansehen („Concept formation").

Als Grundlage für derartige Anpassungs-Modelle dient die Annahme, daß eine durch das Reizsignal anfänglich ausgelöste Erregung auf den Filter (d. h. auf die reizverarbeitenden Neurone) rückwirkt [22]. Der so entstandene Kreisprozeß besitzt für jedes Reizsignal mindestens einen stabilen Zustand.

Concept-formation-Modelle sollen neuronale Prozesse beim Konzeptlernen veranschaulichen. Darüber hinaus sollen sie aber auch den Theorien zur Lernmotivation Rechnung tragen, nach denen Lernprozesse in Gang gesetzt werden, um einen gestörten Erregungsprozeß zu stabilisieren [23]. Sie sind anwendbar für sich selbst verstärkende Lernprozesse. Vermutlich stellen sie auch die theoretische Brücke zwischen Trainings- und Shapingseffekten dar.

*Reinforcement-Modelle.* Es wäre wünschenswert, wenn man die Eigenschaften der Korrelationsmodelle (Produktion eines ganz bestimmten Antwortsignals) und der Concept-formation-Modelle (Herbeiführen eines stabilen reizspezifischen Erregungszustandes) miteinander verbinden könnte. Allerdings schließen sich Vorgabe eines Antwortsignals und Stabilität des „gelernten Zustandes" in der Regel aus. Die Menge der Reizsignale und der möglichen Endzustände darf also nicht beliebig angenommen werden. Dies vorausgesetzt wird im Reinforcement-Modell [24] das verstärkende (lernmotivierende) Signal als Bestandteil des Reizsignal aufgefaßt (Abb. 115).

Die folgenden Abschnitte 10.2.5. und 10.2.6. werden zeigen, daß eine solche Annahme im Rahmen der Netzwerktheorien sinnvoll ist. Daß sie darüber hinaus auch durch andere psychophysiologische Befunde gerechtfertigt erscheint, legte z. B. der Abschnitt 8.1.5. nahe.

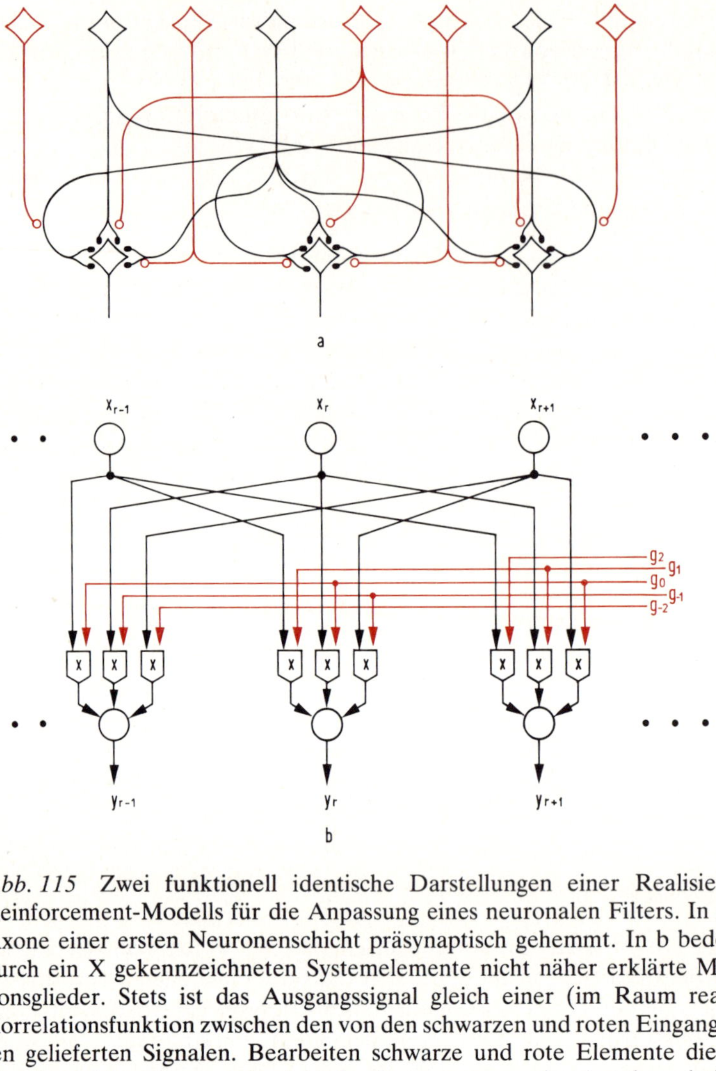


*Abb. 115* Zwei funktionell identische Darstellungen einer Realisierung des Reinforcement-Modells für die Anpassung eines neuronalen Filters. In a werden Axone einer ersten Neuronenschicht präsynaptisch gehemmt. In b bedeuten die durch ein X gekennzeichneten Systemelemente nicht näher erklärte Multiplikationsglieder. Stets ist das Ausgangssignal gleich einer (im Raum realisierten) Korrelationsfunktion zwischen den von den schwarzen und roten Eingangselementen gelieferten Signalen. Bearbeiten schwarze und rote Elemente die gleichen Signale gleichzeitig, so entspricht der Systemausgang der Autokorrelation: $y_r = \sum_{\varrho=-r}^{+r} g_{r,r+\varrho} \cdot x_r$. Es ist auch denkbar, daß durch die roten Elemente ein gespeichertes Erregungsmuster eingespeist wird. Schließlich läßt das Reinforcement-Modell auch zu, daß den roten Elementen ein Filtermechanismus vorgeschaltet ist, der aus dem Reizsignal die Reinforcement-Komponente trennt, d. h. das Reizmuster erst auf Grund eines bestimmten Verstärkungsschemas (reinforcement schedule) speichert. Abb. 115b nach Bösel [24].

Bei einem Reinforcement-Modell läßt man nur Reizsignale zu, die eine „günstige" Wirkung auf den Filter ausüben. Das heißt, der Filter soll in einer Richtung beeinflußt werden, die eine sinnvolle Antwortreaktion erwarten läßt. Außerdem soll das Reizsignal Stabilität nicht ausschließen (d. h. sie soll eine „Reinforcement"-Komponente beinhalten). Als Endzustand kann nicht jedes beliebige Antwortsignal erwartet werden, sondern nur stabile Zustände, die nach entsprechender weiterer Informationsverarbeitung das erwartete Antwortsignal hervorrufen können.

Den genannten Bedingungen genügt ein Netzwerk, das ein Eingangssignal mit einem gespeicherten Signal kreuzkorreliert. Entspricht das Eingangssignal dem gespeicherten Signal, so bewirkt die Autokorrelation maximale Erregung. Für Gedächtnistheorien ist es wichtig, daß in Reinforcement-Modellen das gespeicherte Signal als Impulsantwort erscheint (s. auch Abschnitt 12.2.1.).

Während des Lernprozesses ist es erforderlich, daß das Auftreten der Reizsignale von verschiedenen neuronalen Instanzen gefiltert wird. Eine dieser Instanzen (eine „langsame") filtert die Reinforcement-Komponente und veranlaßt die Speicherung der Musterkomponenten. Eine andere Instanz (eine „schnelle") vergleicht ständig Reizmuster mit gespeicherten Mustern.

Die mutmaßliche neurophysiologische Grundlage der nachhaltigen Beeinflussung rasch filternder Instanzen durch ein langsames und vergleichsweise unspezifisches System, wird in Abschnitt 12.2.2. ausführlicher besprochen werden.

### *10.2.5 Generalisierende Anpassungsmodelle*

Das wiederholte Auftreten von Kontingenzen, d. h. eines zeitlichen Zusammenfallens von Ereignissen, ist eine wichtige Voraussetzung für Lernprozesse.

Im Falle der klassischen Konditionierung wird eine Reaktion (unconditioned reaction UCR), die einem natürlichen Reiz (unconditioned stimulus UCS) stets folgt, mit einem in der Versuchssituation gebotenen Reiz (conditioned stimulus CS) assoziiert.

Konditionierung besteht im wesentlichen in einer bevorzugten Nutzung bereits vorhandener, redundanter Bahnen aufgrund von Kontingenzen. Das zeigt das Phänomen der sogenannten Alpha-Konditionierung (ein CS wird mitunter ohne Konditionierung mit mäßiger UCR beantwortet [37]). Das erklärt aber auch erstaunliche Effekte bei der neurologischen Rehabilitation. Bei Tieren wurde auch beanspruchungsabhängiges Auswachsen von neuen Verbindungen nachgewiesen [38].

Kontingenzen können nur von einem System verarbeitet werden, das auf sehr langsame Wiederholungen anspricht. Ein solches langsam arbeitendes System muß mit einem Mustererkennungs-System gekoppelt sein, sollen

z. B. Assoziationen zwischen Reaktionen auf einen unbedingten Reiz (UCR) und einem konditionierten Reiz (CS) hergestellt werden. Wie man sich eine derartige Systemkopplung denken kann, wurde im vorangegangenen Abschnitt 10.2.4. angedeutet. Assoziations- und Anpassungsprozesse bilden die Grundlage für weiterführende, generalisierende Modelle der Verhaltenssteuerung.

Auf Grund einer Generalisierung der bisher vorgestellten Modellannahmen sollte es möglich sein, alle Arten von kognitiven Prozessen abzubilden. Allerdings sind für einen derartigen Versuch nicht alle kognitiven Theorien gleich gut geeignet. Nicht alle kognitiven Konstrukte sind so beschaffen, daß man sie sich auch in (generalisierten) Neuronennetzwerken realisiert denken kann. Dieser und der nächstfolgende Abschnitt führen einige an, für die das möglich sein dürfte. Allerdings spielen in solchen generalisierenden Modellen komplexe Informationen eine Rolle, die nicht mehr nur durch einige einfache Zahlenwerte repräsentiert werden können, wie dies noch im ersten Teil 10.1. dieses Kapitels der Fall war.

*Antizipieren und Planen.* Bestimmte Verhaltensweisen in einer definierten Situation anzuwenden, kann immer wieder die gleichen Konsequenzen nach sich ziehen. Unabhängig von der Qualität des Erfolges kann die Erfahrung einer entsprechend wiederholt auftretenden Kontingenz zu einem Anpassungsprozeß führen. Folge der Anpassung ist Verhalten, das in der betreffenden Situation den Konsequenzen Rechnung trägt, auch wenn sie (noch) gar nicht eingetroffen sind. Bestimmte situative Merkmale (in der bisherigen Überlegung sind es die konditionierten) reichen dann aus, um Verhaltensweisen auszulösen, die für die vollständige Situation, so wie sie die bisherige Erfahrung kennt, gelernt wurde. Man spricht dann auch von „Antizipation" (s. dazu auch Abschnitt 8.1.4.).

Für manche Autoren ist auch das Problemlösen im wesentlichen ein Anwenden gewohnter Gedanken auf neue Situationen. Dies gelte vor allem bei der Lösung von Problemen, bei denen kein eindeutiges „Ziel" vorgegeben ist (dialektische Probleme) [25]. Derartige Probleme würden übrigens im realen Alltag vorherrschen. Eine Lösung setzt voraus [26], daß jede Problemsituation erst klassifiziert und sodann aus einem Archiv eine Handlungsmethode gewählt wird, die in der entsprechenden Problemklasse zumindest bisher zum Erfolg geführt hat.

Es muß festgestellt werden [27], daß jede derartige Klassifikation einer Problemsituation eine Vereinfachung bedeutet, da einige Aspekte der Situation nicht berücksichtigt werden. Dennoch besteht offenbar die Erwartung, daß eine Handlungsmethode, die für die berücksichtigten Teilaspekte zielführend ist, auch für die volle, reale Problemsituation von Nutzen ist.

Zu einem bestimmten Zeitpunkt sind aber nicht nur Eigenschaften der Situation Gegenstand der Informationsverarbeitung, sondern auch viele gleichzeitig im Organismus stattfindenden Prozesse. Dazu gehören gerade stattfindende Handlungen, aber auch Prozesse im Nervensystem, die handlungsbestimmenden, d. h. motivierenden Charakter haben. Sie sind neben den situativen Momenten Teil des Eingangssignals (s. dazu Abschnitt 8.1.5.).

Für Problemsituationen ist diese konsequenzenreiche Verbindung zwischen momentaner Situation und momentaner Motivation, die durchaus auch diskrepante Aspekte aufweisen können, besonders augenfällig. Auf Grund einer solchen Verbindung, die problematisch ist, wenn sie nicht gleich zu antizipierten Rewards aus der Umwelt führt, werden Handlungsintentionen erzeugt (s. dazu auch die Abschnitte 8.1.2. und 8.1.4.). Solche Handlungsintentionen werden im folgenden „Pläne" genannt.

Die Bildung von Handlungsintentionen ist dem Prozeß der Willensbildung in der Motivationspsychologie zu vergleichen, der die sog. Voliationsphase einleitet [39]. Diese wird erst mit dem Einsatz einer Endhandlung (sogenanntes Typ 2-Verhalten, s. Abschnitte 6.1.3 und 15.2.2) abgeschlossen.

Bei Miller, Galanter und Pribram (1960) [28] sind Pläne Handlungsintentionen, die von einem Ausgangszustand zu Zielzuständen führen sollen. Geht man von den Möglichkeiten der biologischen Informationsverarbeitung aus, dürfte es schwerfallen, den Begriff des Handlungsziels einzuordnen. Dennoch kann, wie anschließend noch deutlich gemacht werden soll, unter den eben gemachten Voraussetzungen trotz anderer Behauptungen die Steuerung von zielgerichteten, geplanten Verhaltensweisen auch im Rahmen der biologischen Informationsverarbeitung erklärt werden.

Die genannten Autoren nehmen an, daß das limbische System beim Zustandekommen von Plänen eine wichtige Rolle spielt. Diese Annahme läßt sich mit der Tatsache vereinbaren, daß im limbischen System Umweltinformation mit körpereigenen verknüpft wird (s. Abschnitt 6.1.4.) und limbische Strukturen möglicherweise für den Abruf gespeicherter Information notwendig sind (s. Abschnitt 12.2.1.).

Pläne sind wohl stets Ketten von Operationen. Der Einfachheit halber wird im folgenden meist davon ausgegangen, daß eine solche Kette auch durch eine einzige Operation repräsentiert gedacht werden kann.

*Generalisierung und das Denken in Analogien.* Angepaßte neuronale Filter haben in der Regel die Eigenschaft, nur bei ganz bestimmten Reizsignalen mit maximaler Erregung zu antworten. Bei einem Anpassungsprozeß, der in fortschreitender Formung (shaping) besteht, ist die tolerierte Bandbreite offenbar größer. Auch „ähnliche" Signale führen zunächst zur konditionierten Reaktion („Generalisierung"). Erst durch zusätzliches Diskriminationslernen wird die Anpassung verfeinert. Was bei generalisierter Reizbeantwortung als „ähnlich" gilt, hängt von der Art des vorangegangenen shaping-Prozesses ab.

Die Fähigkeit des Nervensystems zu generalisierter Reizbeantwortung durch konditionierte Reaktionen, erschließt auch die Möglichkeit ähnlicher Reaktionen in analogen Situationen. Analogien in einer Weise herzustellen, daß daraus resultierende Handlungen zu Umweltreaktionen (Rewards) führen, die antizipiert wurden, ist Voraussetzung für intelligentes Verhalten.

In Problemlösesituationen kann man den Weg zur Lösungsfindung als Suchprozeß ansehen. Suchprozesse werden durch Eigenschaften charakterisiert, die in ihrer Gesamtheit den „Suchraum" darstellen [29]. Das Denken in Analogien und Modellen ist ein Prinzip, das den Suchraum konstituiert und gegebenenfalls erweitert. Dörner (1976) [25] spricht von der „via regia" der Suchraumerweiterung.

Wenn die Modellmethode als Verfahrensvorschrift angewandt wird, so geht man von einer bereits vorhandenen Abstraktion aus, dem „Urbild". Dieses wird durch die reale Situation reinterpretiert, so daß man es mit einem „Abbild" zu tun hat. Die Lösungsfindung erfolgt am Beispiel einer früheren Realisation, die zum „Leitbild" wird [30].

Nach der sogenannten Komponenten-Theorie des Denkens in Analogien gibt es ebenfalls einige unterscheidbare Operationen der Informationsverarbeitung, die zum Analogieschluß führen. Danach würde auf einen Prozeß der Identifikation („encoding") jene Anpassung erfolgen („inference"), die bereits früher einmal erlernt worden war. Durch diesen Filter wird die neue Situation wahrgenommen. Soweit erforderlich, wird der Filter noch Besonderheiten der neuen Situation angepaßt („mapping") und angewandt („application").

### *10.2.6 Problemlösen durch neuronale Informationsverarbeitung*

*Heuristiken.* Pläne sind Handlungsintentionen, die auf Grund einer Antizipation entstehen. Üblicherweise unterscheidet man zwischen zufälligen, heuristischen und systematischen Plänen. Sie variieren hinsichtlich ihrer Effektivität und des erforderlichen Aufwandes (Tab. 12). Zufällige Pläne führen zu Versuchs-Irrtums-Verhalten, systematische Pläne heißen auch Algorithmen. Pläne, die von Organismen (d. h. durch Neuronennetzwerke) erzeugt werden, sind in der Regel halbzufällig bzw. halbsystematisch. Man nennt sie heuristische Pläne oder Heuristiken.

*Tabelle 12* Pläne bestimmen bei Organismen mit hochentwickeltem Nervensystem das Verhalten. Dabei handelt es sich um Heuristiken mit mehr oder weniger günstiger Nutzen/Kosten-Relation.

| | Nutzen (Wahrscheinlichkeit, das Ziel zu finden) | Kosten (Aufwand bei der Durchführung) |
|---|---|---|
| zufällige Pläne (Versuch und Irrtum) | gering | gering |
| heuristische Pläne (Heuristiken) | mittel | mittel |
| systematische Pläne (Algorithmen) | hoch | hoch |

Durch die Struktur des informationsverarbeitenden Filters werden immer bestimmte Gesetzmäßigkeiten bevorzugt handlungsbestimmend. Und wenn ein Algorithmus für eine wohlbekannte Situation angewandt werden soll, so können scheinbar geringfügige Verschiedenheiten in den situativen oder motivationalen Gegebenheiten zu einer Desintegration des Verhaltens führen.

Die Eigenschaft heuristischer Pläne, zwischen Nutzen und Kosten zu vermitteln, legt die Vermutung nahe, daß Entscheidungsprozesse analog der linearen Programmierung in Nervennetzwerken möglich sind. Das ist sicherlich der Fall. Die in Abb. 115b mit g bezeichneten Signale liefern eine Art Zustandsvariable, die Signale x lassen sich als Kapazitäten interpretieren. Die Signale y stellen nach Maßgabe des hergestellten Zustandes auf Grund vorhandener Kapazitäten durch Steuerung des Zusammenspiels von Organen bestimmte Zielprodukte her.

Eine andere und mehr funktionelle Einteilung von Heuristiken ergibt sich danach, ob der resultierende Handlungsimpuls mehr von situativen oder mehr von motivationalen Momenten bestimmt wird. In der Regel wird man diese Unterscheidung jedoch nicht treffen können.

Es ist jedoch denkbar, daß bestimmte Eigenschaften der Situation Handlungen nahelegen, die nicht zielführend sind, d. h. mit der motivationalen Komponente nicht in Einklang zu bringen sind. Trifft das für eine Problemlösesituation zu oder erschwert dieser Sachverhalt eine Problemlösung, so spricht man von funktionaler Gebundenheit [32]. Diese Eigenschaft von Heuristiken könne man vor allem bei der Lösung von sogenannten synthetischen Problemen beobachten, wo die Mittel zur zielführenden Lösung nicht unmittelbar in der Situation vorfindbar sind [25].

Falls die situationsspezifische Motivation (in Problemlösesituationen z. B. die Instruktion) eine Handlung nahelegen, spricht man von einer determinierenden Tendenz [33], die von der Zielvorstellung ausgeht. Heuristiken mit dieser Eigenschaft würden oft bei der Lösung von sogenannten Interpolationsproblemen eingesetzt [25].

Funktionale Bindungen und determinierende Tendenzen tragen in der Regel wesentlich zur Lösungsfindung bei Problemlösungsprozessen bei. Unterstellte man zur Lösungsfindung einen Suchprozeß, so wird durch die genannten Eigenschaften der Suchraum erheblich eingeschränkt. Stellt die Lösung einen Weg dar, der von einem Ausgangspunkt zu einem Ziel führt, so entsprechen die genannten Eigenschaften einer Bevorzugung eines Wegstückes, das sich vom Ausgang her verzweigt, bzw. einer Bevorzugung eines Wegstückes, das mit anderen möglichen Wegen in der Zielverzweigung zusammentrifft.

Diese Art der Beschreibung von Informationsverarbeitungsprozessen kann auch aus der Analyse von Zielbewegungen abgeleitet werden, wie sie bei Tieren in Umwegproblemen beobachtet und als kognitive Prozesse beim sogenannten Einsichthandeln unterstellt werden können (s. dazu Abschnitt 15.2.2.). Andererseits wird die so beschriebene Informationsverarbeitung – mehr oder weniger ausgeprägt – durch die Prozesse gelenkt, die in den Abschnitten 8.1.5. und 8.2.1. ausführlicher beschrieben wurden.

*Aufbau eines Suchmodells und kognitive Resonanz.* Nach der klassischen Assoziationstheorie werden bei der Wahrnehmung von Material und

Instruktion in einer Problemlösesituation auf Grund von Ähnlichkeitsbeziehungen Gedächtnisspuren früherer Wahrnehmungs-, Denk- und Handlungsprozesse aktiviert. Sie veranlassen Vorstellungsbilder und Handlungsimpulse.

Soll die Informationsverarbeitung in Neuronennetzen der bisher beschriebenen Art erfolgen, so müssen die bisherigen Annahmen berücksichtigt werden. Eine dieser Annahme war, daß situative und motivationale Momente gleichzeitig verarbeitet werden, sich gegenseitig beeinflussen können und gemeinsam das verarbeitende System anpassen können. Eine andere dieser Annahmen war, daß der Ausgang eines Informationsverarbeitungsprozesses zusammen mit den bisherigen Voraussetzungen Gegenstand einer neuen Verarbeitung werden kann. Dann wird dadurch ein shaping-Prozeß in Gang gesetzt, der eine Anpassung des verarbeitenden Filters zur Folge hat.

Man kann also davon ausgehen, daß in den meisten Fällen der potentielle Ausgang einer Informationsverarbeitung mit Gegenstand der zu verarbeitenden Information sein kann. Dieser Standpunkt unterscheidet sich nicht grundsätzlich von einer Annahme der Autoren Miller, Galanter und Pribram [28]. Diese unterstellen der organismischen Informationsverarbeitung einen Regulationsvorgang („test-operate-test-exit" oder kurz TOTE-Prozeß), der jedes Verarbeitungsergebnis hinsichtlich seiner Effizienz für ein bestimmtes Ziel prüft. Regulationen sind, wie bereits im Abschnitt 10.2.1. erwähnt, Spezialfälle von Filterprozessen.

Im TOTE-Modell determiniert das „Ziel" eine Führungsgröße in einem Regler. Falls ein Plan nicht den vorgesehenen Sollzustand erreicht, muß ein Metaplan einen neuen TOTE-Prozeß mit einer neuen Führungsgröße in Gang setzen.

Den Regreß auf ein „Ziel" und gegebenenfalls auf Metapläne kann man vermeiden, wenn die motivationale Komponente als Teil der situativen Bedingungen verstanden wird. Beides wird ja gemäß unserer Annahmen durch den gleichen Filter verarbeitet, der seinerseits durch Bedingungen der Situation, der ursprünglichen Motiviertheit und der Erfolgserwartung angepaßt wird.

Für die Prozesse der kognitiven Selbstregulation ist eine derartige Forderung durch das Konstrukt des „Reappraisal" bereits in der Theorie der Berkeley-Schule erhoben worden (s. Abschnitt 8.2.1.).

Für Problemlösungsprozesse wurde von der alten Würzburger Schule [34] global davon gesprochen, daß eine „Mittelabstraktion" stattfindet, von deren Qualität letztlich die Mittelfindung abhängt. Duncker nennt diese „Mittelabstraktion" ein Suchmodell [32]. Für die Gegenwärtigung eines solchen Suchmodells im Erleben verwendet man meist den Ausdruck „Suchbild". Es liegt nahe, das Modell als Leitbild (im Sinne einer Filteranpassung) zu verstehen. Das Modell soll durch die Realität interpretiert werden können.

Der Wahrnehmungsapparat sei also gemäß den zur Verfügung stehenden Informationen angepaßt worden. Wird nun eine der Anpassung entsprechende Reizkonstellation entdeckt, so kommt es zu maximaler Erregung („kognitive Resonanz"). Dieser Prozeß wird meist bewußt erlebt.

In der Würzburger Schule sprach man von einer „Gleichheitserregung". Duncker nennt diesen kognitiven Prozeß „Resonanz". Es handelt sich dabei um einen Erklärungsbegriff für die Tatsache, daß die Entsprechung von Suchmodell und realer Konstellation festgestellt wird.

## *Literatur*

[1] Niemann, H.: Eigenschaften diskreter Ortsfilter. Kybernetik 7 (1970) 78–88

[2] Hassenstein, B.: Biologische Kybernetik. Quelle und Meyer, Heidelberg 1967, 3. Aufl. 1970

[3] Kanizsa, G.: Subjective Contours. Scientific American 234 (4) (1976) 48–52

[4] Boring, E. G.: A new ambigous figure. Am. J. Psychol. 42 (1930) 444–445

[5] Seelen, W. v.: Informationsverarbeitung in homogenen Netzen von Neuronenmodellen. Kybernetik 5 (1968) 133–148

[6] Korn, A., Seelen, W. v.: Dynamische Eigenschaften von Nervennetzen im visuellen System. Kybernetik 10 (1972) 64–77

[7] Kuffler, S. W.: Discharge patterns and functional organisation of mammalian retina. J. Neurophysiol. 16 (1953) 37–68

[8] Seelen, W. v.: On the interpretation of optical illusions. Kybernetik 12 (1973) 111–115

[9] Campbell, F. W.: Spatial selectivity of the visual cells of the cat. J. Physiol. (London) 203 (1969)

[10] Seelen, W. v., Reinig, H.-J.: Methoden zum Vergleich des Leistungsvermögens biologischer und technischer Systeme. Kybernetik 10 (1972) 1–16

[11] Hauske, G., Wolf, W., Lupp, U.: Matched Filters in Human Vision. Biol. Cybern. 22 (1976) 181–188

[12] Marienfeld, H.: Modelle für den „Regler Mensch". In: Der Mensch als Regler (Oppelt, W., Vossius, G. (Hrsg.). VEB Verlag Technik, Berlin-Ost 1970

[13] Braitenberg, V., Onesto, N.: The cerebellar cortex as a timing organ. Discussion of an hypothesis. First International Conference on Medical Cybernetics in Naples 1960. Giannini, Napoli 1961

[14] Pfaffelhuber, E.: Correlation memory modells – a first approximation in a general learning scheme. Biol. Cybern. 18 (1975) 217–223

[15] Amari, S.: Learning patterns and pattern sequences by selforganizing nets of threshold elements. IEEE Trans. Comp. C-21 (1972) 1197–1206

[16] Anderson, J. A.: A simple neural networks generating interactive memory. Math. Biosc. 14 (1972) 197–220

[17] Fukushima, K.: A model of associative memory in the brain. Kybernetik 12 (1973) 58–63

[18] Kohonen, T.: Correlation matrix memories. IEEE Trans. Comp. C-21 (1972) 353–359

[19] Nakano, K.: Associatron – a model of associative memory. IEEE Trans. on Systems, Man, and Cybern. SMC-2 (1972) 380–388

[20] Uesaka, Y., Ozeki, K.: Some properties of association-type memories. JIEECE of Japan 55-D (1972) 323–330

[21] Wigström, H.: A neuron model with learning capability and its relation to mechanism of association. Kybernetik 12 (1973) 204–215

[22] Amari, S.: Neural Theory of association and Concept-formation. Biol. Cybern. 26 (1977) 175–185

[23] Hebb, D. O.: A Textbook of Psychology. W. B. Saunders, Philadelphia 1958

[24] Bösel, R.: Signalverarbeitung in Nervennetzen. Reinhardt, München-Basel 1977

[25] Dörner, D.: Problemlösen als Informationsverarbeitung. Kohlhammer, Stuttgart 1976

[26] Minsky, M. L.: Heuristic aspects of the artificial intelligence problem. Inst. of Technol. Group Report 34–55, Lincoln Laboratory, Massachusetts 1956

[27] Newell, A., Shaw, J. C., Simon, H. A.: Elements of a theory of human problem solving. Psychol. Rev. 65 (1958) 151–166

[28] Miller, G. A., Galanter, E., Pribram, K. H.: Plans and the Structure of Behavior. Rinehart and Winston, Holt 1960

[29] Klix, F.: Information und Verhalten. Huber, Bern 1971

[30] Pfeiffer, A.: Abbild und Leitbild. Akademie-Verlag, Berlin 1973

[31] Sternberg, R. J.: Intelligence, Information processing, and Analogical Reasoning: The Componential Analysis of Human Abilities. John Wiley, New York-Toronto 1977

[32] Duncker, K.: Zur Psychologie des produktiven Denkens. Springer, Berlin 1935

[33] Ach, N.: Über die Willenstätigkeit und das Denken. Vandenhoeck und Ruprecht, Göttingen 1905

[34] Selz, O.: Die Gesetze der produktiven und reproduktiven Geistestätigkeit. Cohen, Bonn 1924

[35] Bösel, R.: Der Ordnungsgehalt endlicher linearer Ereignisfolgen. Kybernetik 9 (1971) 16–22

[36] Bösel, R.: Information processing during semiotic perception. In: Advances in Cybernetics and Systems Research I (F. Pichler, R. Trappl Eds.), pp. 227–230. London: Transcripta Books 1973

[37] Schwartz, B.: Psychology of Learning and Behavior. New York: Norton 1978

[38] Farley, J., Alkon, D. L.: Cellular mechanisms of learning, memory, and information storage. Ann. Rev. Psychol. 36 (1985) 419–494

[39] Kuhl, J.: Volitional aspects of achievement motivation and learned helplessness: Toward a comprehensive theory of action control. In: Progress in Experimental Personality Research (B. A. Maher, W. B. Maher Eds.), Vol. 13: Normal personality processes, pp. 100–173. Orlando: Academic Press 1984

# 11. Das Gehirn

## 11.1 Funktionelle Grobanatomie

### *11.1.1 Die Entwicklung des Gehirns*

*Keimesentwicklung (Ontogenese).* Das vom menschlichen Keimling als erstes angelegte Organ ist das Gehirn. Es entsteht aus der Rückenseite des Keimlings zuerst als dicke Platte, die sich an den Rändern aufwölbt und sich schließlich, drei Wochen nach der Befruchtung, zu einem Rohr schließt (Abb. 116a). Die Enden dieses Rohres („Neuralrohr") schließen sich in der vierten Woche. In der fünften Woche weist das Vorderende des Neuralrohrs fünf bläschenartige Auftreibungen auf, nämlich Tel-, Di-, Mes-, Met- und Myelenzephalon (s. Abb. 116c). Das vorderste Bläschen (Telenzephalon) besitzt zwei seitliche Aussackungen („Hemisphären").

Aus dem hinteren Teil des Neuralrohrs entsteht das Rückenmark. Gehirn und Rückenmark bilden daher eine anatomische und funktionelle Einheit, das zentrale Nervensystem. Von hier aus wachsen die meisten peripheren Nerven aus. Andere periphere Nerven wachsen von Plakoden aus. Das sind Verdickungen der embryonalen Oberfläche, aus denen Sinnesorgane oder Ganglien entstehen.

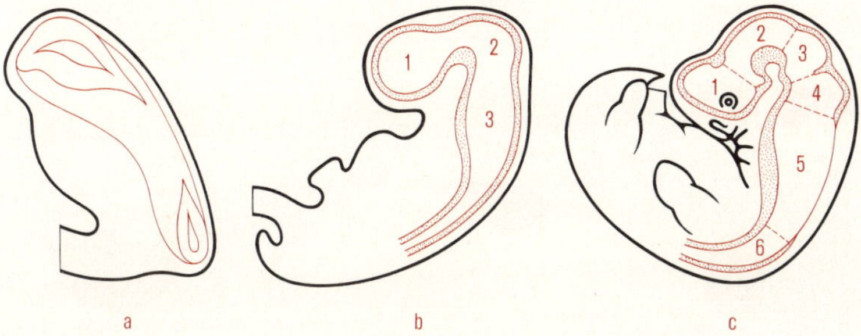


*Abb. 116* a) Neuralrohr in einem drei Wochen alten Embryo. b) Drei Gehirnbläschen am Ende der vierten Woche: 1 Prosenzephalon, 2 Mesenzephalon, 3 Rhombenzephalon. c) Die Gehirnbläschen in der fünften Entwicklungswoche: 1 Telenzephalon (Großhirn), 2 Dienzephalon (Zwischenhirn), 3 Mesenzephalon (Mittelhirn), 4 Metenzephalon (Kleinhirn und Brücke), 5 Myelenzephalon (verlängertes Mark), 6 Medulla spinalis (Rückenmark).

Das Gehirn entwickelt sich während der vorgeburtlichen Entwicklung stärker als andere Organe. Bei ca. 24 Milliarden Zellen im reifen Gehirn und rund $4 \times 10^5$ Schwangerschaftsminuten werden während der Entwicklung pro Minute durchschnittlich 60 000 Nervenzellen gebildet.

Einige weitere Einzelheiten der ontogenetischen Entwicklung des Gehirns werden in Abschnitt 15.2.5 behandelt.

*Stammesgeschichtliche Entwicklung (Phylogenese).* Die fünf Gehirnteile gibt es bei allen Wirbeltieren. Bei Fischen und Lurchen spielt das Mesenzephalon die Rolle des integrativen Regulationszentrums. Es ist bei diesen Tieren vergleichsweise groß (s. z. B. Abb. 117a und c). Die davor liegenden Gehirnteile stehen bei diesen Tieren vor allem im Dienste der „Kopfsinne" (Riechen, Schmecken, Sehen) und der damit verbundenen Reflexe. Bei Reptilien, Vögeln und Säugetieren ist das Telenzephalon der größte Gehirnteil.

Bei Säugetieren entwickelt das Telenzephalon (genauer: beide Hemisphären des Telenzephalons) eine dicke Rindenschicht (Kortex). Dort rücken mehrere Lagen von Nervenzellkörpern aneinander, während in den tieferen Schichten des Telenzephalons fast nur mehr Nervenfasern zu

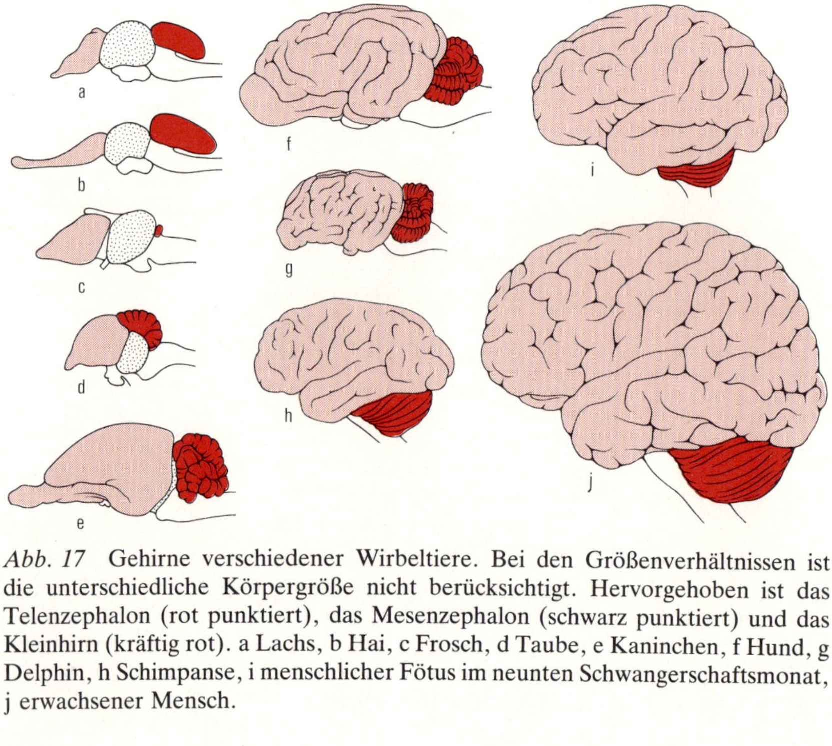


*Abb. 17* Gehirne verschiedener Wirbeltiere. Bei den Größenverhältnissen ist die unterschiedliche Körpergröße nicht berücksichtigt. Hervorgehoben ist das Telenzephalon (rot punktiert), das Mesenzephalon (schwarz punktiert) und das Kleinhirn (kräftig rot). a Lachs, b Hai, c Frosch, d Taube, e Kaninchen, f Hund, g Delphin, h Schimpanse, i menschlicher Fötus im neunten Schwangerschaftsmonat, j erwachsener Mensch.

finden sind. Die telenzephale Rindenschicht ist in manchen Säugetiergruppen, besonders bei Walen, Menschenaffen und beim Menschen, stark gefurcht (das ist eine Art der Oberflächenvergrößerung, s. Abb. 117f bis j).

Für die Gehirnteile, mit Ausnahme des Telenzephalon-Kortex, verwendet man manchmal auch die Sammelbezeichnung „Stammhirn", d. h. das im Wirbeltierstamm allgemein vorzufindende Gehirn.

Bei den Delphinen (die zoologisch zu den Walen gehören, vor allem beim Weißflanken-Delphin) ist die relative Ausdehnung des mehrschichtigen Telenzephalon-Kortex (Neokortex) größer als bei allen anderen Tieren und größer als beim Menschen. Allerdings ist beim Menschen die kortikale Zellarchitektur komplizierter.

Ein zweiter Gehirnteil mit ausgeprägter Rindenschicht (Kortex) ist das Metenzephalon. Allerdings ist hier die Rindenschicht nur auf die obere (dorsale) Hälfte beschränkt, die bei Vögeln und Säugern Lappen und Furchen bildet. Deshalb nennt man den oberen, rindentragenden Teil des Metenzephalons auch Kleinhirn.

Die relative Größe des Kleinhirns schwankt innerhalb der Wirbeltiergruppen. Es ist im Vergleich zum Restteil des Gehirns groß, wenn die betreffenden Tiere an Orientierungsleistungen in Raum und Zeit (hauptsächlich bei der Fortbewegung) gut angepaßt sind. Dies trifft für Hochseeschwimmer (z. B. Hai) und Vögel zu (s. Abb. 117b und d).

## *11.1.2 Die fünf Gehirnteile*

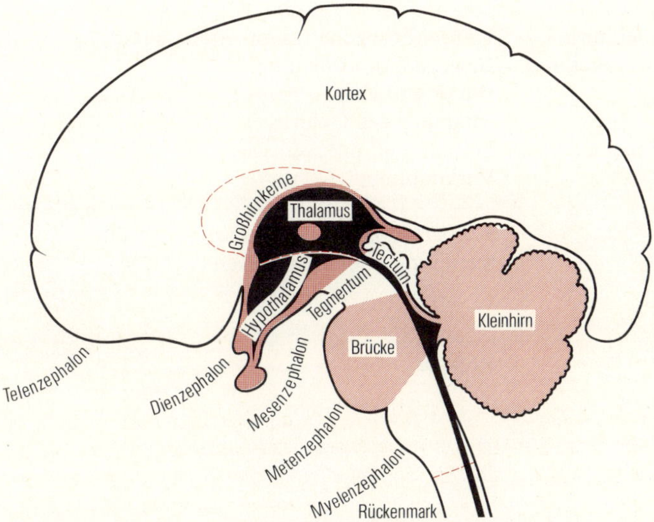


*Abb. 118* Die fünf Gehirnteile.

*Tabelle 13* Kurzkennzeichnung der fünf Gehirnteile

| Gehirnteil | dorsaler / ventraler Anteil | Kurzkennzeichnung der Funktionen | Abschnitte mit weiterführenden Informationen |
|---|---|---|---|
| Telencephalon (Großhirn) | Kortex (Rinde) | Gegenwärtigung („Erleben"), Wahrnehmung, Denken, Stimmungen, Gefühle, Handlungsimpulse | 8.1.4., 8.1.5., 11.2.1., 11.2.2., 11.2.3. |
| | Großhirnkerne | Motivation, Affektausdruck | 6.1.4., 8.1.1., 8.1.2. |
| Dienzephalon (Zwischenhirn) | Thalamus | Zentrum für Vorverarbeitung umweltbezogener (oikotroper) Informationsmuster („Vorzimmer des Großhirns") | 8.1.3., 12.1.4., 12.1.7. |
| | Hypothalamus | Zentrum der Endkoordination) körperbezogener (idiotroper) Impulsmuster | 6.2.1., 6.2.2., 7.1.2. |
| Mesenzephalon (Mittelhirn) | Tektum | einfache sensumotorische Koordinationen | 5.2.3., 12.1.3., 12.1.7. |
| | Tegmentum | Orientierungsbewegungen und reflexartige Reaktionen | 8.1.2., 8.1.3. |
| Metenzephalon (Nachhirn) | Kleinhirn (Cerebellum) | Umweltbezogene (oikotrope) Bewegungskoordination in Raum und Zeit („Hilfscomputer des Gehirns") | (10.2.3.) |
| | Brücke (Pons) | Leitung und unspezifische Verknüpfung | ( 5.2.1.) |
| Myelenzephalon (Medulla oblongata) | | Körperbezogene (idiotrope) Steuerung über Hirnnerven | 5.2.1. |
| Rückenmark (Medulla spinalis) | | Reflexe | 5.1.4., 14.2.5. |

Wie bereits in Abschnitt 5.2.1. (Abb. 53) dargestellt, kann man in den meisten Teilen des Gehirns dorsale (oben gelegene) von ventralen (unten liegenden) Bereichen unterscheiden (Abb. 118). Die dorsalen haben, mit Ausnahme von Groß- und Kleinhirn, überwiegend Funktionen in sensorisch-afferenten Systemen, die ventralen motorisch-efferente Funktionen.

Da das zentrale Nervensystem entwicklungsgeschichtlich aus einem Gewebe-Rohr entsteht, ist das gesamte Gehirn in seiner Längserstreckung von einem flüssigkeitsgefüllten Hohlraum (Liquorraum) durchzogen. Dieser Hohlraum erweitert sich im Innern der Hemisphären, im Dienzephalon und unter dem Kleinhirn zu Ventrikeln. Im Mittelhirn und im Rückenmark existiert nur ein Stichkanal. Der Liquorraum ist in Abb. 118 dunkel eingetragen.

Die häufig verwendete Bezeichnung „Hirnstamm" faßt alle Gehirnteile mit Ausnahme von Telenzephalon, Dienzephalon und Kleinhirn zusammen (s. auch Abb. 52 in Abschnitt 5.2.1.), also: Mesenzephalon, Brücke und Myelenzephalon.

In Tab. 13 wird eine erste Orientierung versucht, ohne Rücksicht auf eine Differenzierung von Einzelfunktionen die Haupttätigkeit der fünf Gehirnteile kurz zu kennzeichnen.

### *11.1.3 Das Vorderhirn im Überblick*

Telenzephalon und Dienzephalon faßt man als Vorderhirn (Prosenzephalon) zusammen. Der Kortex soll hier allerdings größtenteils nicht näher besprochen werden, da er von eigenen Abschnitten behandelt wird (Abschnitte 11.2.1. bis 11.2.3.). Außer der umfangreichen Rindenschicht des Telenzephalon besitzt das Vorderhirn noch weitere erwähnenswerte Strukturen. Teilt man das Gehirn in der Symmetrieebene in zwei Hälften („Medianschnitt"), so wird dadurch der größte Teil des Großhirns nicht verletzt. Durchtrennt wird es nur dort, wo die beiden Großhirn-Hemisphären zusammenhängen. Dabei handelt es sich einerseits um eine dünne Verbindungswand, das Septum, und um eine über dem Septum liegende dicke Faserbrücke, den Balken. Im Balken laufen Fasern von der rechten zur linken Hemisphäre und umgekehrt.

Über die funktionelle Bedeutung der Septum-Kerne als Schrittmacher für vegetative Aktivierung bei gleichzeitiger Bewegungshemmung s. Abschnitt 8.1.2. Über die Wichtigkeit der Balkenverbindungen wird in Abschnitt 11.2.2. berichtet werden.

Ein Querschnitt durch das Gehirn zeigt den Liquorraum und die starke Oberflächenvergrößerung durch Spalten und Furchen. In Abb. 119 sind außerdem Pfeile eingetragen, um den Verlauf wichtiger telenzephaler Faserverbindungen zu kennzeichnen. Die für das Körpergefühl verantwortlichen sensiblen Bahnen und die Umweltinformation liefernden sensorischen Bahnen kommen aus dem Stammhirn. Dorthin ziehen auch die von der Hirnrinde ausgehenden motorischen Bahnen.

*Medianschnitt.* An der Innenseite der Hemisphären befindet sich eine sehr große Gehirnwindung, der Gyrus cinguli. Hier werden Informationen über gerade stattfindende Kortexprozesse gesammelt und im Bogen hinter dem

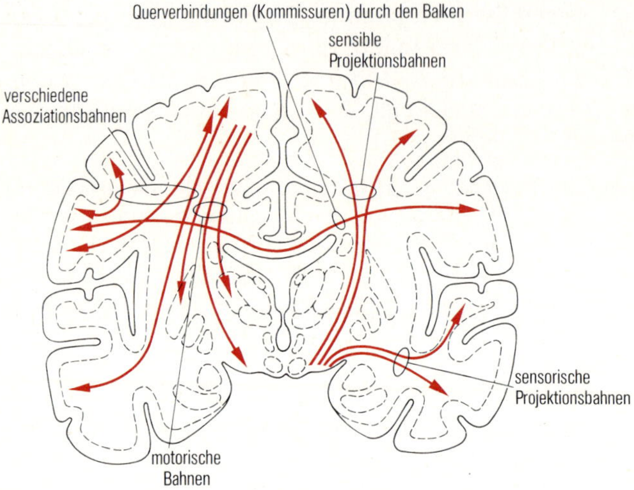


*Abb. 119* Schema der Faserverbindungen im Vorderhirn.

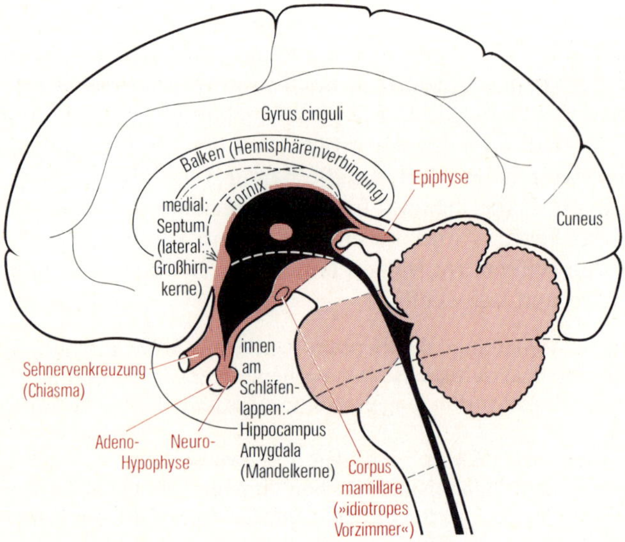


*Abb. 120* Anatomische Strukturen des Vorderhirns im Medianschnitt.

Zwischenhirn wieder nach vorne an die Innenseite des Schläfenlappens gebracht. Dort befindet sich die für die Steuerung emotionaler Zustände wichtige Hippocampus-Formation mit dem Mandelkern (s. dazu vor allem Abschnitt 6.1.4.).

Die Hippocampus-Formation gibt aber auch über ihre körpersteuernde Tätigkeit eine Rückmeldung an den Rest der Großhirnrinde. Von der Innenseite des Schläfenlappens zieht ein dickes Faserbündel erst rückläufig, dann in engem Bogen um das Zwischenhirn in der sogenannten Fornix. Die Fornix-Fasern wölben sich von hinten kommend in hohem Bogen nach vorne, umschlingen seitlich den Hypothalamus und enden im Corpus mamillare. Dieses könnte man in Analogie zum Thalamus als „idiotropes Vorzimmer" des Großhirns ansehen. Hippocampus-Formation und Corpus mamillare sind aber auch für Gedächtnisbildung und -abruf verantwortlich (s. Abschnitt 12.2.1.).

*Frontalschnitt.* Die Lagebeziehungen zwischen Telenzephalon und Dienzephalon werden am Frontalschnitt deutlich (d. h., wenn man das Gehirn parallel zur Stirn in der Mitte querschneidet). Das dorsale Dienzephalon (d. h. der Thalamus) ist den Großhirn-Rindenstrukturen vorgeschaltet („Vorzimmer", s. Abschnitt 8.1.3.). Die ventralen Kerne des Dienzephalons sind den Großhirnkernen nachgeschaltet („Ausführungsorgane"). Im Einzelnen gibt es dichte Faserverbindungen vom Striatum zum Pallidum (Bewegungsimpulse, Affektausdruck, Abschnitt 8.1.1.), vom Mandelkern zum Hypothalamus (gesamtkörperliche Tätigkeiten, Abschnitt 6.2.2.) und von der Hippocampus-Formation zum Corpus mamillare (Bedeutsamkeit

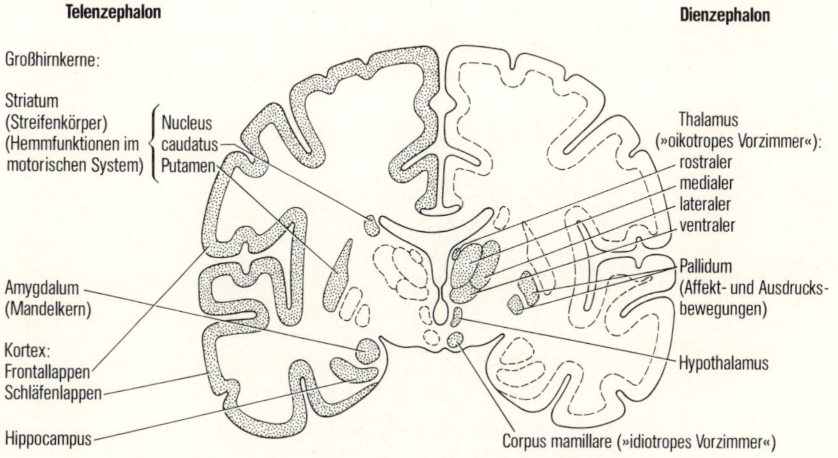


*Abb. 121* Anatomische Strukturen des Vorderhirns im Frontalschnitt.

von gerade verarbeiteten Informationen, Abruf und Speichern von Informationen).

## *11.1.4 Der Hirnstamm im Überblick*

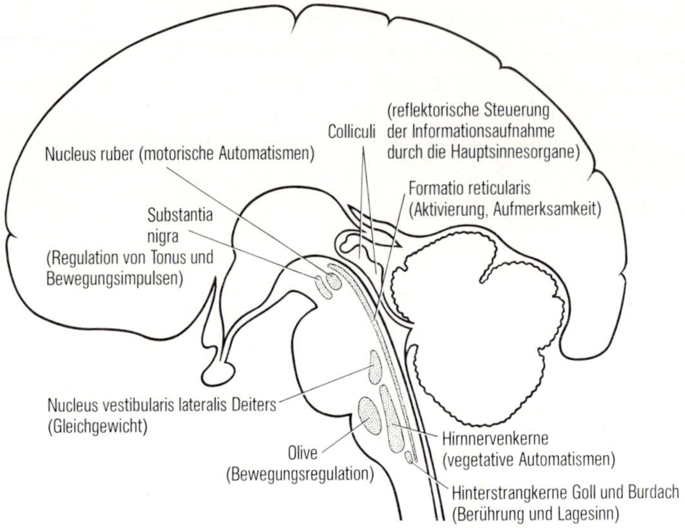


*Abb. 122* Anatomische Strukturen des Hirnstamms im Medianschnitt.

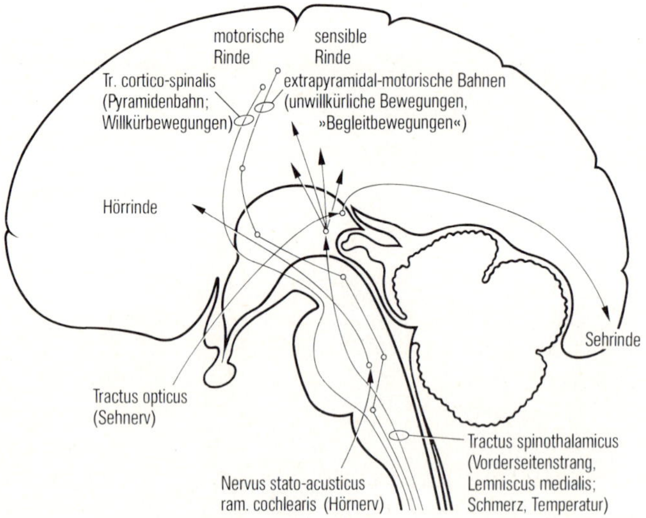


*Abb. 123* Fünf wichtige Faserzüge.

Die Abb. 122 zeigt die Lagebeziehungen einiger oft erwähnter Hirnstammkerne. Eine ausführlichere funktionelle Beschreibung von Hirnstammkernen erfolgt in Kap. 5., sowie in den Abschnitten 7.2.5. bis 8.1.2. Angefügt ist ein Schema von wichtigen Faserverbindungen des Hirnstamms (Abb. 123). Eingetragen sind hier Seh- und Hörbahn sowie die wichtigsten Längsverbindungen für Körpergefühl und Körpermotorik. Abschließend ein Blick auf die Basis des Gehirns (Abb. 124). Er ist hauptsächlich von topographischem Interesse. Außerdem wird deutlich, daß eine der Hauptaufgaben des Gehirns die Versorgung des Kopfes, also seiner Muskulatur und seiner Sinnesorgane ist. Nur das Vorderhirn besitzt vor allem integrative Funktionen.

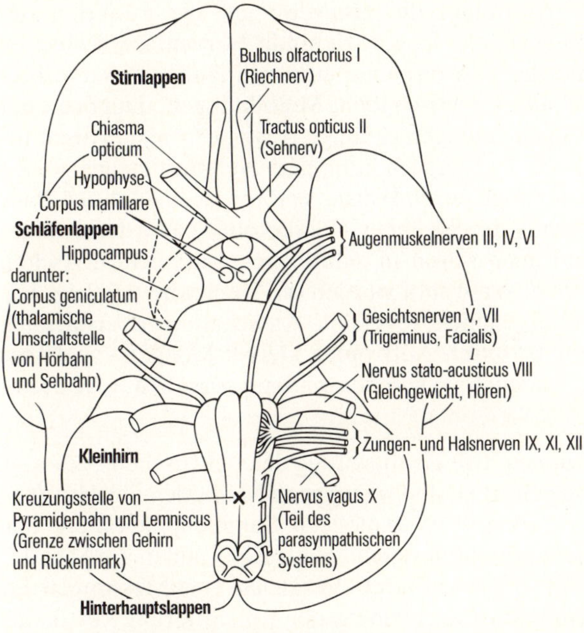


*Abb. 124* Hirnbasis und Hirnnerven.

## *11.1.5 Methodenüberblick 2: Die funktionelle Analyse des Gehirns*

*Anatomie und Feinstruktur.* Die wichtigste Grundlage für eine Analyse der Gehirnfunktionen bildet die Gehirnanatomie. Nervenzellkörper und deren Fortsätze sind im zentralen Nervensystem ungleichmäßig verteilt. Nervenzellkörper bilden Gruppen (Kerne) oder Schichten (z. B. einen Kortex), Axone bündeln sich zu Fasersträngen. Danach gliedert sich das Gehirn in Kerngebiete und Faserverbindungen. Die Art der Verbindungen gibt Hinweise auf die Qualität der in ein Kerngebiet einlaufenden und von da abgeschickten Erregungen. Verknüpfungen innerhalb eines Kerngebiets geben Hinweise auf die Art der Verarbeitung (Analyse z. B. durch histologische Methoden, d. h. durch eine Gewebsuntersuchung im Mikroskop). Feinere (d. h. histochemische und elektronenmikroskopische) Analysen geben Aufschluß über Beziehungen zum Hormonsystem und über verwendete Transmitter. Synapsenzahl, Synapsenbau und Art des Transmitters geben unter Umständen Hinweise auf erregende oder hemmende Funktionen.

*Ausschalten von Funktionen.* Verlust, Verletzung oder Störung von Gehirnteilen führt zu Ausfällen, die Hinweise auf die Funktion der ausgefallenen Strukturen geben. Degenerierende Nervenfasern sind im Mikroskop deutlich zu sehen, so daß man auch weitläufige Faserverbindungen gut verfolgen kann. Unfallschäden, Mißbildungen, Tumore oder degenerative Erkrankungen erzeugen zufällige Ausfälle (s. auch Abschnitte 11.2.1. und 11.2.3.). Im Tierversuch kann man Nervensubstanz gezielt entfernen (Ablation) oder auch durch Wärme abtöten (Koagulation), bzw. Faserverbindungen operativ durchtrennen (Leukotomie). Die drei letztgenannten Methoden sind auch schon in zahlreichen psychochirurgischen Eingriffen beim Menschen angewandt worden (s. Abschnitte 6.2.2., 8.1.3. und 11.2.3.). Eine vorübergehende, reversible Ausschaltung oberflächlich gelegener Gehirngebiete ist durch Auftropfen kleiner Mengen von 10 bis 20%iger KCl-Lösung möglich („spreading depression" mit Kaliumchlorid).

*Beobachtung von Funktionen.* Die Beobachtung der elektrischen Aktivität einzelner Gehirngebiete gehört zu den wichtigsten Methoden der Hirnforschung. Auch ohne einen Eingriff ist es möglich, Summenphänomene der elektrischen Oberflächenaktivität des Gehirns als EEG außen am Schädel abzugreifen (s. Abschnitt 7.2.4.). Durch Vergleich von Messungen an verschiedenen Schädelstellen ist auch eine grobe Lokalisierung kortikaler Aktivitäten möglich.

Neuerdings versucht man auch, magnetische Phänomene zu erfassen, so z. B. die Lage bioelektrisch erzeugter Dipole (Magnet-Enzephalografie, s. Abschnitt 11.2.4) oder die stoffwechselabhängige Verteilung von Atomkernen mit bestimmten magnetischen Eigenschaften (Kernspin-Tomografie).

Eine weitere Methode der Beobachtung der Oberflächenaktivität des Gehirns beruht auf der Tatsache, daß hochaktive Gehirnteile relativ mehr durchblutet werden. Bringt man kleine Mengen einer geringfügig radioaktiven Substanz (Xenon 133) ins Blut, so kann an der mit empfindlichen

Strahlungszählern registrierten Xenon-Verteilung die Durchblutung und damit die Aktivität von Hirnrindenarealen ohne weiteren Eingriff direkt (am Fernsehschirm) beobachtet werden (Hirnszintigrafie, s. Abschnitt 11.2.1).

Durch eine Verfeinerung der Nachweismethoden für radioaktive Substanzen, die Positronen entsenden (d. s. positiv geladene Elektronen), kann man deren Verteilung im Gehirn scheibchenweise darstellen (Positronen-Emmissions-Tomografie PET).

Genauere Aussagen sind möglich, wenn man (sehr dünne) Meßstifte ins Innere des Gehirns senkt. Dabei muß nur Haut und Schädelknochen lokal operativ geöffnet werden. Der Meßstift selbst verletzt das weiche Gehirn nicht (und ist auch nicht schmerzhaft, da es im Gehirn keine Tast- oder Schmerzzellen gibt). Die Meßstifte (Elektroden) haben eine Dicke von weniger als 1 mm, ihre Spitze ist – je nach Verwendungszweck – oft nur wenige Tausendstel Millimeter breit. Es gelingt, einzelne Elektroden in die unmittelbare Nähe der Membran eines Nervenzellkörpers vorzuschieben, so daß die am Axonhügel entstehenden Aktionspotentiale meßbar werden (Extrazellular-Ableitung). Mit solchen elektrophysiologischen Methoden ist es möglich, die Aktivität einzelner Nervenzellen im Zellverband zu beobachten. Oft genügt es jedoch, mit in die Tiefe vorgeschobenen Elektroden (Tiefenelektroden) die Summenaktivität von Zellgruppen oder eines Faserbündels zu registrieren (Summenpotentiale). Ableitungen dieser Art werden vor allem im Tierversuch vorgenommen, sind aber auch beim Menschen (so weit bisher bekannt, gefahrlos) möglich.

*Stereotaxie.* Die Methoden, die die Zielsicherheit experimenteller oder operativer Eingriffe in der Tiefe des Gehirns erhöhen, nennt man stereotaktische Methoden (Stereotaxie). Dazu gehören Gehirnatlanten mit Koordinaten-Angaben; stereotaktische Halter, in denen der Schädel in einer bestimmten Lage festgehalten wird; verstellbare Elektrodenhalter, mit denen die Elektroden nach Winkelgraden und Bruchteilen von Millimetern Vorschub eingeführt werden können; sowie Röntgengeräte zur Lagekontrolle (was im günstigsten Fall auf 0,5 mm gelingt).

*Anregung von Funktionen.* Mit den eben beschriebenen Methoden kann man Messungen und Beobachtungen durchführen, während der Organismus oder Teile des Nervensystems bestimmten Sinnesreizen ausgesetzt sind. Durch systematische Wiederholung oder Variation von Sinnesreizen lassen sich Gesetzmäßigkeiten der Reagibilität einzelner Gehirnteile analysieren. Dazu gehören Reizantworten im EEG oder bei Tiefenableitungen (evozierte Potentiale, s. Abschnitt 11.2.2.). Ableitungen von Nervenzellen in einem Sinnessystem geben bei systematischer Reizvariation Auskunft über die Rolle einzelner Nervenzellen bei der Informationsverarbeitung (Analyse rezeptiver Felder, s. auch Abschnitt 11.2.4.).

Nicht nur durch Sinnesreize können Funktionen bestimmter Gehirnteile angeregt werden. Dies kann auch chemisch erfolgen, z. B. durch Pharmaka oder Drogen, deren Wirkorte man kennt (s. Kapitel 13.). Eine Anregung oder Blockierung eng begrenzter Gehirngebiete kann außerdem durch Chemitroden erfolgen. Das sind feine Glaskanülen, die man wie Elektroden ins Gehirn einführt und über die man Transmitter, transmitteranregende oder transmitterblockierende Stoffe an bestimmte Nervenzellgruppen bringt (s. auch Abschnitt 8.1.2.).

Mit Tiefenelektroden kann man nicht nur ableiten, sondern auch Nervenzellen im Gehirn elektrisch reizen (Reizelektroden). Dies kann man benützen, um Antworten in anderen Gehirnteilen und damit die Art der Verbindungen zu analysieren. Meist beobachtet man aber den Effekt im Verhalten und damit dienen Reizungsexperimente vor allem der Einschätzung der Bedeutung, die ein Gehirnteil für das Verhalten besitzt. Die meisten Gehirnreizungs-Experimente sind an Tieren vorgenommen worden, zahlreiche aber auch bei stereotaktischen Operationen beim Menschen (s. auch Abschnitte 6.1.4. und 8.1.2.). Ihre Interpretation ist oft problematischer als erwartet. Die Tätigkeit anderer Gehirnteile beeinflußt meist in unvorhersehbarer Weise die Funktion des gereizten Gebiets.

## 11.2 Die Großhirnrinde

### *11.2.1 Der Kortex als Ganzes*

*Die Oberfläche des Großhirns.* Die Furchen und Windungen der linken und rechten Großhirn-Hemisphäre weisen – trotz geringer rechts/links-Unterschiede und größerer individueller Differenzen – eine gewisse Regelmäßigkeit auf. Eine Längsspalte trennt die beiden Hemisphären, eine seitliche Spalte (Fissura lateralis) gliedert links und rechts je einen Schläfenlappen ab. Eine querverlaufende große Furche (Sulcus centralis) grenzt in den Hemisphären je einen Stirnlappen ab. Den hinteren Teil des Großhirns teilt man noch einmal in einen Scheitel- und einen Hinterhauptslappen. Für eine feinere Kennzeichnung der Großhirnteile orientiert man sich meist nicht an den Windungen (Gyri), sondern nach dem mikroskopischen Aufbau der Rindenschichten. Danach kann man die Großhirnrinde in 47 Areale einteilen. Einige dieser Areale sind in Abb. 125 näher bezeichnet.

*Der Aufbau des Kortex.* Die etwa 10 Milliarden Nervenzellen der Großhirnrinde (Kortex) liegen in einer etwa 1,5 bis 5 mm dicken, grauen Zone an der Oberfläche des Großhirns (ca. 1670 $cm^2$). Der größte Teil des Kortex ($^{11}/_{12}$ der Fläche) besteht aus 6 bis 7 Zellschichten (Neokortex).

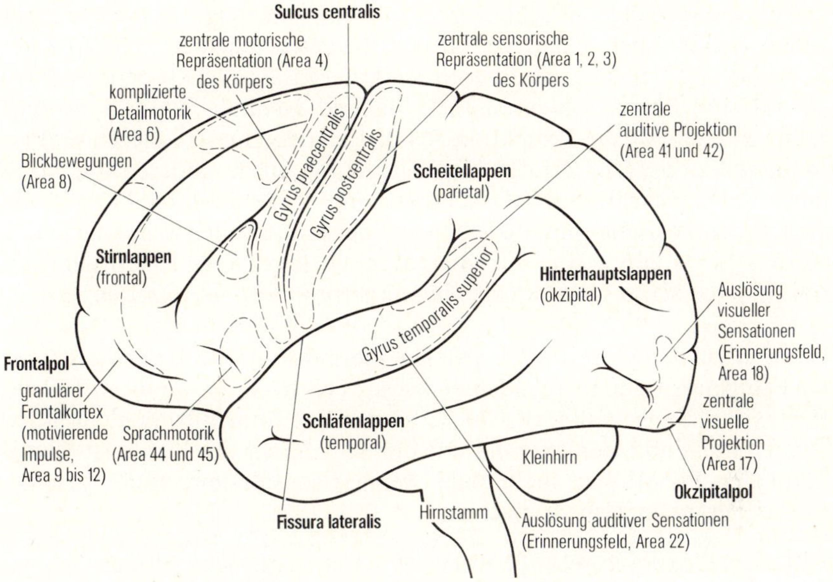


*Abb. 125* Funktionelle Gliederung der Kortexoberfläche.

Nur in den zum limbischen System zählenden Kortexteilen kann man nur 2 bis 3 Zellschichten unterscheiden (Allokortex); dazu gehören das Riechhirn (Paläokortex) und die Hippocampus-Formation (Archikortex).

Im Tierversuch kann man eine (besonders auf Gliazellvermehrung zurückzuführende) Dickenzunahme des Kortex bis zu 6% erreichen, wenn man Ratten in einer reich strukturierten Umgebung aufzieht. Ratten mit hohem Kortexgewicht (bezogen auf das Restgehirn) machen in Labyrinthexperimenten weniger Fehler [1] (s. auch Abschnitt 2.2.9).

Die vom Thalamus kommenden, spezifischen afferenten Fasern des Kortex ziehen hauptsächlich in die 4. Rindenschicht. Nur die unspezifischen (d. h. vor allem aufmerksamkeitserzeugenden) Thalamusfasern versorgen mehr oder weniger alle Kortexschichten. Querinformationen aus anderen Kortexarealen gehen zu den oberen Schichten (3 und 2). Efferente Fasern werden von den unteren Schichten entsendet (3 und 5). In der 5. Schicht von außen liegen große pyramidenförmige Zellen. Diese werden in der (übrigens besonders dicken) Rindenschicht des Gyrus praecentralis über 0,1 mm lang und über 0,05 mm dick (Betz-Zellen; sie gehören damit neben den Eizellen zu den größten menschlichen Körperzellen).

Die Rinde der postzentralen Windung ist somatotopisch gegliedert. Das heißt, die dort ankommenden, afferenten Fasern projizieren die Information über das Körpergefühl räumlich gegliedert nach Körperregionen.

Dabei beanspruchen manche Körperteile – unabhängig von ihrer tatsächlichen Größe, aber abhängig von der Rezeptorendichte – ein größeres Kortexareal (d. h. sie sind differenzierter repräsentiert) als andere. Postzentral sind Mund, Mundhöhle, Hand und Genitale überproportional repräsentiert. Für die Projektion aus den Sinnesgebieten, die Umweltinformationen liefern, erfolgt die Gliederung nach anderen Gesetzen (vereinfacht gesagt, nach Gestaltgesetzen, s. Abschnitte 11.2.4. und 12.1.1.). Motorische Impulse gehen von der präzentralen Windung in den Körper. Sie laufen wieder auf somatotopisch geordneten Fasern. Präzentral sind vor allem Gesicht und Hand überproportional repräsentiert.

*Die Analyse der Kortexfunktionen.* Die meisten vom Kortex aus gesteuerten Fähigkeiten sind in irgendeiner Weise beeinträchtigt, wenn ein Teil des Kortex funktionsunfähig ist. Der Grad der Beeinträchtigung hängt mehr vom Umfang und weniger vom Ort der Schädigung ab. Daher ist für die kortikalen Funktionen mehr oder weniger jeweils immer der gesamte Kortex verantwortlich zu machen.

Nervenzellen erwachsener Personen können sich nicht mehr teilen und regenerieren daher auch nicht. Beim Altern sterben allmählich Nervenzellen ab. In Arealen des Stirnlappens wurde zwischen dem 40. und 90. Lebensjahr eine Verringerung der Nervenzellzahl um fast 50% beobachtet. Im Riechnerv verkümmern zwischen dem 30. und 60. Lebensjahr ebenfalls etwa die Hälfte der Nervenfasern. Dennoch kommt es nicht unbedingt zu konkreten Ausfällen, sondern wohl vielmehr zu einer Art von Vereinfachung der Organisation von kortikal/kognitiven Funktionen.

1980 interviewte der Wissenschaftspublizist Lewin [21] den britischen Kinderarzt und Neurologen Lorber. Dieser berichtete von einem Studenten mit einem überdurchschnittlichen Intelligenzquotienten (IQ) von 126, dessen Gehirnmantel statt der normalen 4,5 cm nur etwa 1 mm dick war. Den Rest füllte Hirnwasser (sogenannter Hydrozephalus). Etwa die Hälfte der Patienten mit 95% Hirnwasser im Schädelvolumen hätten einen IQ >100.

Schwerpunkte für bestimmte Arten der Informationsverarbeitung sind in Abb. 125 eingetragen. Bei Verletzungen in diesen Bereichen kann die jeweilige Verarbeitung bis zu einem gewissen Grade durch ausdauerndes Training auch von andern Gehirnteilen übernommen werden (Plastizität des Gehirns). Es ist grundsätzlich nicht möglich, einzelnen abgegrenzten, kleinen Kortexarealen eine bestimmte, einfach zu kennzeichnende „Funktion" für das Verhalten zuzuschreiben.

Ein ähnliches Etikettierungsproblem für „Funktionen" taucht übrigens auch auf, wenn ein Laie bei einem komplizierten elektronischen Gerät nach der Funktion willkürlich herausgegriffener Baustein-Einheiten fragt. Die Begriffe, die dann zur Beschreibung notwendig wären, sind in der Regel nur für Personen verständlich, die mit der zugrundeliegenden Technik ohnehin vertraut sind.

Vor dem Hintergrund des funktionellen Aufbaus des Gesamtnervensystems und des organismischen Verhaltens sind die Funktionen des gesamten Kortex und die Zusammenarbeit einzelner Kortexabschnitte durchaus transparent. Über die Steuerung der kortikalen Gesamtaktivität wurde in den Abschnitten 7.2.4. bis 7.2.6. berichtet. Grundeigenschaften und Qualitäten der kortikalen Aktivität wurden auch in den Abschnitten 8.1.1. und 8.1.2. behandelt. Die Art der „höheren", d. h. adaptiven Informationsverarbeitung in kortikalen Nervennetzen wurde in den Abschnitten 10.2.3. bis 10.2.6. erklärt. Bestimmte Veränderungen der kortikalen Aktivität infolge einer spezifischen Reizbeantwortung werden im folgenden Abschnitt 11.2.2. besprochen. Die Abschnitte 6.1.3. und 6.2.1. erwähnen motivierende Impulse des frontalen Kortex. Einzelne inhaltliche Schwerpunkte der Informationsverarbeitung in bestimmten kortikalen Bereichen werden noch Gegenstand von Abschnitt 11.2.3. sein. Die Abschnitte 8.1.4. bis 8.2.1. fügen bestimmte kortikale Einzelaktivitäten zu einem Bild von der integrativen Steuerung von Verhaltensweisen zusammen.

## *11.2.2 Die Hemisphären*

Wie bereits in Abschnitt 11.2.1. deutlich geworden, dienen die hinteren Teile der Hemisphären vor allem wahrnehmenden Funktionen, die vorderen der Erzeugung efferenter Impulse. Darüber hinaus muß man aber noch weitere Spezialisationen einzelner Kortexteile annehmen.

*Hemisphären-Spezialisation.* Eine Reihe von Beobachtungen, die seit der Mitte des vergangenen Jahrhunderts gemacht wurden, legen eine hohe Wahrscheinlichkeit (etwa 90%) für Sprachstörungen nahe, wenn die linke Hemisphäre verletzt ist (sie wäre weitaus höher als nach rechtsseitigen Verletzungen). Dies gelte jedoch nur für Rechtshänder. Bei Linkshändern würden oft (zu etwa 40%) rechtsseitige Verletzungen zu Sprachstörungen führen. Da den sprachlichen Funktionen eine wichtige Rolle bei allen „höheren" intellektuellen Fähigkeiten zugeschrieben wird, wurde im Extrem sogar davon gesprochen, daß es eine dominante Hemisphäre gibt, die „psychologische" Funktionen ausübt, und eine nicht dominante für „physiologische" Funktionen [2]. Die nichtsprachlich-räumlichen Funktionen sind jedoch mindestens ebenso für intelligentes Verhalten notwendig. Sie können in die andere, d. h. meist rechte Hemisphäre lokalisiert werden.

Daß diese Lokalisierung nicht ganz eindeutig vorzunehmen ist, hat zwei Gründe. Zum einen ist die Arbeitsteilung der Hemisphären mit Sicherheit nicht so ausschließlich, wie ursprünglich angenommen. Zum anderen sind die bisher angewandten Untersuchungsmethoden nur beschränkt tauglich. Auch in Aufgaben, die vom Material her sprachfrei sind, können Verbalisierungsversuche bei der Lösung hilfreich sein. Tendenzen in dieser Richtung werden in der Regel durch Erziehung und Unterricht gefördert.

Nach linkshemisphärischer Sedierung oder Verletzung soll es bevorzugt zu Sorgen, Pessimismus und Weinen kommen, rechtshemisphärisch zu

Euphorie, Indifferenz und Lachen [22]. Depressive zeigen im frontalen Bereich eine höhere EEG-Aktivität rechtsseitig [23]. Bei positiven Emotionen steigt die EEG-Aktivität linksfrontal [24].

Diese scheinbare emotionale Lateralisierung läßt sich auch auf die linkshemisphärische, sprachlich-kommunikative Spezialisierung zurückführen. Eine solche Funktion besitzen nämlich eher die genannten positiven Emotionen als die negativen. So soll auch der willkürliche Ausdruck positiver Emotionen an der linkshemisphärisch kontrollierten, rechten Gesichtsseite deutlicher sein [25], während unwillkürliche, negative Emotionen meist an der linken Gesichtsseite auftreten [26].

*Händigkeit.* Die Korrelation zwischen Händigkeit und Hemisphären-Spezialisation ist mit noch mehr Unsicherheit beladen, als die Tatsache der Spezialisation selbst. So ist die Händigkeit bei Frauen oft weniger deutlich als bei Männern. Dies dürfte auf geschlechts-charakteristische Bevorzugung unterschiedlicher Verrichtungen zurückzuführen sein [3] (Haushalt und Schreibmaschineschreiben gegen Werkzeugführung). Vor allem aber treten methodische Probleme bei der Bestimmung von Händigkeit auf [4] (familiäre Häufung gilt als sicherstes Kriterium). Die Handpräferenz ist jedenfalls sozial stark überformt und dürfte ein schlechterer Indikator für Hemisphären-Seitigkeit sein als etwa Ohr- oder Fußpräferenzen.

Obwohl auch familiäre Häufung von Linkshändigkeit durch soziales Lernen erklärt werden kann, findet die Annahme, daß die Händigkeit durch zwei unterschiedlich häufige Allele vererbt wird, noch immer allgemein Beachtung [5]. Bei Heterozygotie würde das Rechts-Gen eine leichte Dominanz aufweisen, die Ausprägung von Linkshändigkeit jedoch nicht völlig ausschließen. Unabhängig davon wäre das geschlechtsspezifische (mutmaßlich hormonabhängige) Dominieren einer Gehirnhälfte zu sehen (s. dazu Abschnitt 7.1.4.).

*Split-brain-Untersuchungen.* Um epileptische Krampferregungen nicht auf den gesamten Kortex übergreifen zu lassen oder um einen tieferliegenden Tumor entfernen zu können, wird in Ausnahmefällen neurochirurgisch der Balken (also die Verbindung zwischen den beiden Hemisphären) durchtrennt. Diese Operation nennt man Bisektion („Zweiteilung") oder Kommissurotomie („Durchtrennung der Querverbindungen"). Die Operierten werden auch als Split-brain-Patienten bezeichnet (das hat überhaupt nichts mit Schizophrenie zu tun). Ihr Alltagsleben wird als unauffällig beschrieben, nur die linke Körperhälfte wäre etwas weniger spontan aktiv und weniger reaktiv. Persönlichkeit und Intelligenz gelten als nicht beeinträchtigt. Nur bei genaueren Untersuchungen lassen sich Besonderheiten in der Reizbeantwortung feststellen. Diese erlauben es auch, die Funktionen der beiden Hemisphären getrennt zu prüfen.

Die Reizbeantwortung durch die linke („sprachliche") Hemisphäre kann bei Split-brain-Patienten durch Reize geprüft werden, die z. B. in der rechten Sehfeldhälfte oder durch Tasten der rechten Hand auftreten. Mit der rechten Sehfeldhälfte können die Split-brain-Patienten lesen und gesehene Gegenstände benennen. Rechts betastete Gegenstände werden benannt. Umgekehrt können sprachliche Informationen in Schreibbewegungen umgesetzt werden. Split-brain-Patienten können also auch mit der rechten Hand schreiben.

Da die meisten ins Gehirn aufsteigenden Nervenbahnen zur Gegenseite kreuzen, werden Informationen von der rechten Körperhälfte in der linken Hemisphäre verarbeitet und umgekehrt. Dies gilt z. B. für den Tastsinn, aber auch für Informationen aus dem Sehfeld (Abb. 126a). Reize in der rechten Sehfeldhälfte treffen im linken Auge schläfenseitig, im rechten nasenseitig auf die Netzhaut. Die schläfenseitigen Erregungen erreichen ungekreuzt die linke Hemisphäre, die nasenseitigen Erregungen kreuzen in der Sehnervenkreuzung nach links. Nur auditive Informationen (also z. B. verbale Instruktionen) erreichen beide Hemisphären in gleicher Weise und werden auch beidseitig verstanden.

Die Reizbeantwortung durch die rechte („nichtsprachliche") Hemisphäre kann bei Split-brain-Patienten durch Reize geprüft werden, die z. B. in der linken Sehfeldhälfte oder durch Tasten der linken Hand auftreten. Schrift in der linken Sehfeldhälfte kann von Split-brain-Patienten nicht vorgelesen, und dort dargebotene oder links ertastete Gegenstände können nicht benannt werden. Durch Deuten kann jedoch klar gemacht werden, daß die links wahrgenommenen Gegenstände identifiziert werden und deren Gebrauch klar ist. Auch die Bedeutung links

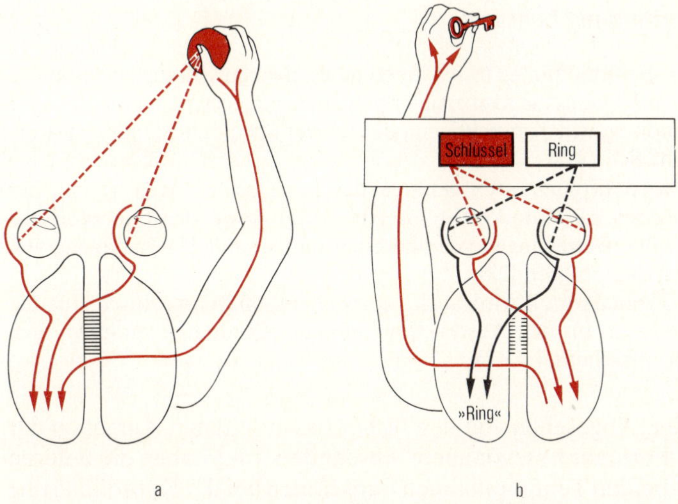


*Abb. 126* Lateralität der kortikalen Repräsentation von Umfeldinformation. a) Visuelle und haptische (ertastete) Informationen aus der rechten Umfeldhälfte werden beide in der linken Hemisphäre verarbeitet. b) Bei Split-brain-Patienten arbeiten die beiden Hemisphären getrennt. Unter bestimmten experimentellen Bedingungen (siehe Text) wird infolgedessen z. B. ein Schlüssel als Ring bezeichnet.

wahrgenommener Schrift bleibt erfaßbar. Die linke Hand kann einen Gegenstand (übrigens ohne Sichtkontrolle) ertasten, dessen Name links als Schrift dargeboten wird (Abb. 126b). In einer oft zitierten Versuchsanordnung kann man zusätzlich noch im rechten Sehfeld ein anderes Wort darbieten, das ja dann auch laut vorgelesen werden kann und das bemerkenswerterweise als Bezeichnung für den von der linken Hand gesuchten Gegenstand dient.

### *11.2.3 Grundlagen der klinischen Neuropsychologie*

*Frontallappen.* Über den granulären (prefrontalen, mediofrontalen und orbitofrontalen) Kortex wurde bereits in den Abschnitten 6.1.3 und 6.2.1 berichtet. Vor allem auf diesen Teil des Frontallappens bezieht sich die alte Vermutung, daß die Impulse für zielgerichtete Informationsverarbeitung, aber auch für kortikal motiviertes Verhalten frontal entstehen [6, 7]. Der orbitolaterale Frontalkortex steht mit dem Gyrus cinguli und damit mit allen ,,bedeutsamen" kortikalen Prozessen in Verbindung. Er soll die Impulse erzeugen, die den Anlaß dazu geben, daß eine Information festgehalten wird (und zwar zunächst als sogenanntes rehearsal: ,,Es geht nicht aus dem Kopf"). Störungen der Frontallappenfunktionen werden mit Perseverations-(Beharrungs-)Tendenz [8] bzw. mit Interferenzneigung [9] in Verbindung bebracht.

Frontallappen-Fehlfunktionen treten übrigens als ,,Nebenwirkung" bei präfrontaler Lobotomie auf. Das ist ein irreversibler psychochirurgischer Eingriff, den man früher zur Behandlung von Tobsüchtigen oder schwer Schmerzleidenden verwendete (s. Abschnitt 8.1.3.).

Zum agranulären Frontalkortex gehören der präzentrale (Area 4) und der supplementäre (Area 6) Motorkortex (s. Abb. 125) sowie der prämotorische Kortex. Dieser hilft, Bewegungen vorzubereiten und sie mit Unterstützung von Sinnesmeldungen auszuführen [28].

Der laterale Frontalkortex wird auch, u. zw. hemisphärenspezifisch, für die Verarbeitung und v. a. für den Ausdruck emotionaler Qualitäten verantwortlich gemacht (s. dazu Abschnitt 11.2.2).

*Temporallappen.* Abgesehen von den bisher beschriebenen Aufgaben der Hippocampus-Formation (s. vor allem Abschnitt 6.1.4.) haben die tieferen Strukturen der beiden Temporallappen Funktionen bei der Konsolidierung gespeicherter Informationen (s. Abschnitt 12.2.2.). Bei Funktionsstörungen im linken Temporallappen kommt es zu Beeinträchtigungen in der Verarbeitung sprachlicher Informationen, insbesondere: Auswendiglernen eines Satzes, Zahlennachsprechen [10], Benennung bekannter Gegenstände [11]. Rechtsseitige Störungen beeinträchtigen die Diskrimination schwer verbalisierbarer Wahrnehmungen: Schätzen von Größen und

Punktwolken [11], Wiedergabe einfacher geometrischer Figuren, Vergleich von Tonqualitäten, Erkennen von Melodien [12].

*Parietallappen und Okzipitallappen.* Versuchte man, die Funktionen der beiden Parietallappen integrativ zu beschreiben, müßte man Raumwahrnehmung und das „In-Relation-Setzen" abstrakter, sprachlich-logischer Elemente als zwei Seiten einer Fähigkeit sehen [9]. Linksseitige parietale Störungen beeinträchtigen z. B. die abstrakte Orientierung durch Landkarten [13], rechtsseitige parietale Störungen z. B. die konkrete Raumorientierung in Labyrinthen [14]. Das Wahrnehmen und Einordnen von Figuren ist mit den Funktionen der Okzipitallappen verbunden. Abstrakte Figuren, deren Wahrnehmung durch Verbalisierung unterstützt werden kann, werden links okzipital verarbeitet [4]. Seit langem weiß man schon, daß schwer verbalisierbare visuelle Information, z. B. bei der Unterscheidung von Gesichtern, rechts okzipital verarbeitet wird [15].

*Sprechen und Lesen* sind Beispiele für integrative Funktionen des Kortex. Dazu müssen also mehrere Kortexareale zusammenarbeiten. Überwiegend (aber keineswegs ausschließlich) handelt es sich dabei um linksseitig gelegene Areale.

Ein 47jähriger, rechtshändiger Tumorpatient, dem die gesamte linke Hemisphäre entfernt worden war, konnte sechs Monate nach der Operation schriftliche und mündliche Anweisungen befolgen, einfache, kurze Sätze sprechen und nach Aufforderung singen [16].

Mehr illustrativ als beweiskräftig ist die Geschichte eines linkshändigen Slowenen aus dem ersten Weltkrieg [17]. Man kann annehmen, daß er seine Muttersprache mit der rechten Gehirnhälfte beherrschte. Nachdem er zum österreichischen Militärdienst eingezogen worden war, wurde er zur Rechtshändigkeit und zur Verwendung der deutschen Sprache erzogen. Hypothetisch ist es nicht falsch anzunehmen, daß die Kenntnis der deutschen Sprache mit Verarbeitungsprozessen der linken Hemisphäre verknüpft wurde. In höherem Alter erlitt der Slowene einen Schlaganfall, der Teile einer Hemisphäre (mutmaßlich der linken) funktionell behinderte. Danach beherrschte er fast nur mehr seine Muttersprache.

Für das Sprachverständnis sind vor allem die Areale 39 und 40 im Grenzbereich zwischen Temporal-, Parietal- und Okzipitallappen („Gyrus angularis") der linken Hemisphäre verantwortlich zu machen. Verletzungen in diesem Bereich führen zu Ausfällen beim Lesen (Alexie) und Schreiben (Agraphie). Allerdings wird das Sprachverständnis nicht unwesentlich durch das Mitwirken eines motorischen Areals (Area 46) des Frontallappens unterstützt. Für motorische Artikulationsleistungen sind die Areale 44 und 45 (Broca-Sprachzentrum) erforderlich. Bei einem dortigen Ausfall kommt es zur motorischen Aphasie. Die Sprachflüssigkeit wird offenbar durch Integrationsleistungen der Areale 21 und 22 aus dem Temporalbereich unterstützt.

Beim Zuhören sind linksseitig die auditiven Erinnerungsfelder (Area 41 und 42), sowie die Felder für das Sprachverständnis (Area 39 und 40) aktiv (s. Abb. 127). Beim Sprechen erfolgen motorische Impulse an Mund, Zunge und Kehlkopf (Area 4) mit Unterstützung des zusätzlichen motorischen Feldes für komplizierte Motorik (Area 6). Außerdem hört man sich beim Sprechen zu (Area 41 und 42). Beim Lesen (Abb. 127) ist das visuelle Zentrum (Area 19 und 39), das Zentrum für Augenmotorik (Area 4 und 8) und das zusätzliche motorische Feld für komplizierte Motorik (Area 6) aktiv. Ferner arbeiten – egal ob still oder laut gelesen wird – das motorische Sprachzentrum (besonders Area 44) mit und die Felder für das Sprachverständnis (Area 39 und 40).

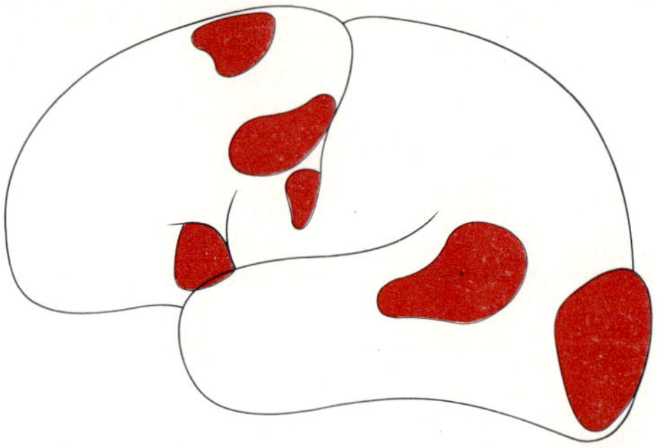

*Abb. 127* Kortexareale, die beim lauten Lesen besonders aktiv sind. Erklärungen im Text. Man erhält ein solches Bild durch Messung der Gehirndurchblutung mit Hilfe der in Abschnitt 11.1.5. erwähnten Isotopen-Technik (nach Lassen, Ingvar und Skinhøj [18]).

## *11.2.4 EEG 2: Langsame Potentiale*

*Entwicklung des EEG.* Rhythmische Aktivitätsschwankungen im Großhirn kann man bei allen Wirbeltieren feststellen. Das EEG von Affen, aber auch von Neugeborenen, weist langsamere Frequenzen und höhere Amplituden auf, als das des erwachsenen Menschen. Bis zum Alter von etwa 12 Jahren reift das EEG, wobei sich die häufigste Vorzugsfrequenz allmählich bis zu dem bleibenden Wert von etwa 10 Hz verschiebt. Die Variationsbreite des EEG ist während dieser Reifungszeit sehr groß. Um so erstaunlicher ist die Ähnlichkeit des EEG bei Zwillingskindern.

*Evozierte Potentiale.* Bei Reizung von Sinnesorganen oder auch bei direkter und indirekter Reizung vieler Hirnstrukturen zeigen sich kurzdauernde Veränderungen im EEG. Sie sind als Antwortverhalten der Hirnrinde auf die Reizung zu deuten und werden als evozierte Potentiale bezeichnet. Sie können Auskunft über den Zusammenhang und die

Zusammenarbeit neuraler Strukturen geben. Sieht man in der Hirnrindentätigkeit das neuronale Korrelat der Empfindungen, so stellen evozierte Potentiale den Reiz-Empfindungs-Zusammenhang her.

Bei EEG-Ableitungen außen am Schädel sind einzelne evozierte Potentiale beim wachen Menschen so gut wie nicht erkennbar. Man kann aber die Reizung mehrmals wiederholen und die Antworten im Rechner (oder auch bloß durch Übereinanderzeichnen) aufsummieren und mitteln lassen (Averagen). Dadurch werden die reizspezifischen Signalanteile deutlicher.

Durch Spannungsunterschiede zwischen Kortexarealen entstehen sog. Dipole im elektromagnetischen Feld, die mit der Magnetenzephalografie erfaßt werden [27]. Man erhofft sich davon eine Registrierung ohne direkten Kontakt (z. B. auch bei Föten geeignet), eine Ortung in tieferen Schichten und eine größere Lokalisationsgenauigkeit als bei der Elektroenzephalografie.

Nach akustischer, optischer oder taktiler Reizung tritt nach etwa 100 ms (1 ms = 1 Tausendstel Sekunde) ein Negativausschlag im EEG ein. Etwa 100 bis 200 ms nach dem Reiz gibt es einen positiven Gipfel und anschließend bis etwa 350 ms nach dem Reiz noch mehrere negative und positive Wellen. Dabei gilt die erste, negative Welle als reizspezifisch (Amplitude und Dauer würde von der Reizintensität mitbestimmt, „primäres Potential"). Die weiteren Wellen haben eine von der Reizintensität unabhängige Form. Je nach Sinnesmodalität, aber auch je nach Ableit-Technik variiert das Aussehen der evozierten Potentiale erheblich (Abb. 128).

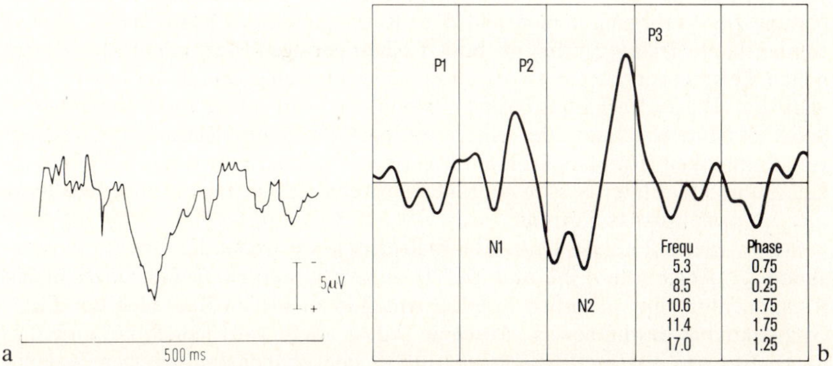


*Abb. 128* a Durch Betrachten eines Schachbrettmusters ausgelöstes, also visuell evoziertes Potential. Der dargestellte Potentialverlauf wurde aus 100 Antworten „ermittelt". Die Seitenlänge der Quadrate sollte in einem solchen Versuch einem Sehwinkel von etwa 0,5 bis 1 Minute entsprechen. Umgezeichnet nach Spehlmann [19]. b Auditiv evoziertes Potential mit den charakteristischen Auslenkungen P 1, N 1, P 2, N 2, P 3 (positive Auslenkungen nach oben gezeichnet; rechts unten die mutmaßliche Frequenzzusammensetzung; 100 ms-Raster).

Eine Veränderung des EEG in negativer Richtung bedeutet eine Erhöhung der Nervenzellaktivität. In der graphischen Darstellung evozierter Potentiale wird ein Spannungsabfall daher meist nach oben aufgetragen.

Wie leicht einzusehen, besitzen evozierte Potentiale eine große Bedeutung bei der Untersuchung von Seh- und Hörschäden, besonders auch in der Früherkennung bei Kindern.

Amplitude und Dauer des spezifischen evozierten Potentials spiegeln die Deutlichkeit wieder, mit der der Reiz wahrgenommen wird. Absinken der Aufmerksamkeit korreliert mit kleineren Amplituden und längeren Dauern, d. h. größere Latenz bis zu den unspezifischen Anteilen. Auf unerwartete Reize entsteht das Potential stets später als auf erwartete.

Kriterien für die Art der Aufmerksamkeit, die die Deutlichkeit der Wahrnehmung determiniert, sind Richtigkeit und Geschwindigkeit einer auf den Reiz geforderten Reaktion. Außerdem gilt eine Belohnung für Reizbeachtung als aufmerksamkeitsfördernd und eine Ablenkung durch nichtkorrelierte Zusatzreize als aufmerksamkeitsmindernd.

Evozierte Potentiale haben bei Frauen meist eine größere Amplitude als bei Männern. Außerdem scheint die Körperkonzentration an Steroidhormonen (d. h. Sexual- u. Streßhormonen) eine fördernde Wirkung auf die Amplitude haben. Das unmittelbare biochemische Substrat für die Amplitude evozierter Potentiale dürfte aber die Aktivität der Mono-amino-oxidasen (MAO, s. Abschnitt 3.2.3.) abhängen. Es handelt sich dabei um Enzyme, die Neurotransmitter abbauen. Je nach ihrer Aktivität sind sie imstande, postsynaptische Effekte zu verstärken oder abzuschwächen. Personen, die in diesem Sinne „verstärken", sollen auch eine vermehrte Tendenz zu aktiver Reiz-Suche besitzen [20].

Demnach könnte die Amplitude evozierter Potentiale aufgefaßt werden als Ausdruck für das Verhältnis von Handlungsimpulsen, die zur aktiven Reizverarbeitung zur Verfügung stehen und dem Reizangebot, das passiv aufgenommen werden kann. Dieses Verhältnis besitzt einen geringen Wert, wenn der Körper hohen Reizmengen ausgesetzt ist und/oder wenn wenig Handlungsimpulse aktiviert sind. Dieses Verhältnis besitzt einen hohen Wert, wenn viele Handlungsimpulse aktiviert sind und/oder ein zu geringes adäquates Reizangebot vorliegt. Empfindsamkeit (Empfänglichkeit für geringe Veränderungen) und Empfindlichkeit (hohe Intensitäten inadäquater Reize werden nicht ertragen) finden vielleicht hier ein gemeinsames Korrelat.

Das evozierte Potential kann als hirnelektrisches Korrelat der Orientierungsreaktion (s. Abschnitte 4.2.1 und 10.2.1) aufgefaßt werden. Seine funktionellen Komponenten sind sicherlich in EEG-Anteilen zu suchen, die auch die EEG-Grundaktivität bestimmen (s. Abschnitt 7.2.4). Meist wird jedoch bei Orientierungsleistungen aus methodischen Gründen den phänomenologischen Komponenten, z. B. der Unterdrückung vorangegangener Alpha-Anteile oder der Höhe des herausgemittelten, späten positiven Potentials Beachtung geschenkt.

*Das späte positive Potential.* Ab etwa 300 ms nach Beginn einer Reizdarbietung (bis zu 500 oder 700 ms danach) beobachtet man oft ein auffallendes positives Potential („P 300" oder P 3). Es ist hoch, wenn ein erwarteter Reiz zum erwarteten Zeitpunkt ausbleibt. Es kann als Phänomen komplexerer Informationsverarbeitung mit gerichteter Aufmerksamkeit angesehen werden.

*Kontingente Negativierung.* Eine besondere Gestalt haben evozierte Potentiale, wenn auf den Reiz (z. B. optisches Signal) motorisch reagiert werden soll. Tritt der Reiz regelmäßig auf, so gibt es in der elektrischen Aktivität der Hirnrinde beginnend schon 800 ms vor dem mutmaßlichen Reizzeitpunkt eine immer stärker werdende Verschiebung in den elektrisch negativen Bereich. Man nennt dieses sich langsam aufbauende Potential ein Erwartungspotential. Es soll die Nervenzelltätigkeit wiederspiegeln, die die Bewegung vorbereitet (Bewegungsentwurf, Abb. 129). Ein ähnlicher Potentialverlauf tritt auch vor einer willkürlichen Bewegung auf, wenn ihr Aufmerksamkeit geschenkt wird (Bereitschaftspotential).

*Negatives Gleichspannungspotential.* Bei der Beobachtung der spontanen Fluktuationen in der Nervenzellaktivität, die das EEG zeigt, ist es oft nicht möglich, langsame Verschiebungen der Gesamtaktivität zu registrieren. Langsame Verschiebungen (Gleichspannungs-Anteile) treten oft auch infolge von Störungen auf. Sie werden von den üblichen Meßverstärkern automatisch eliminiert, nicht zuletzt, um bei der Signalaufzeichnung den vorgesehenen Registrierbereich nicht zu verlassen. Abgesehen von den schnellen, rhythmischen Schwankungen des EEG (Wechselspannungs-Anteil) gibt es aber auch langsame, die ebenfalls Ausdruck der Gehirntätigkeit sind. Sie müssen mit eigenen Gleichspannungsverstärkern registriert werden.

Zu den vergleichsweise „raschen" Gleichspannungspotentialen gehört das eben erwähnte Bereitschaftspotential. Einen weiteren Aufschluß über die Bedeutung phasenweiser Negativierung der Hirnströme geben Biofeedback-Experimente (s. dazu Abschnitte 4.2.6. und 6.1.1.). Danach würden sich Personen darin unterscheiden, wie eng bei ihnen der Zusammenhang zwischen zentralen Gleichspannungspotentialen und peripher-physiologischen Prozessen ist. Ist dieser Zusammenhang gestört, werden auch positive Emotionen nur selten erlebt.

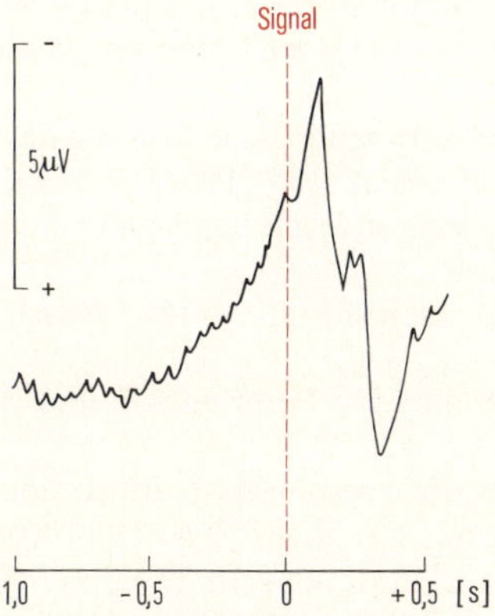


*Abb. 129* Beispiel für ein Erwartungspotential, das schon vor einem erwarteten Signal entsteht, wenn auf das Signal reagiert werden soll.

## *Literatur*

[1] Rosenzweig, M. R., Bennet, E. L.: Cerebral changes in rats exposed individually to an enriched environment. J. Comp. Physiol. Psychol. 80 (1972) 304–313
[2] Benedetti, G.: Einführung in die Neuropsychologie. In: Neuropsychologie (F. Labhardt, Hrsg.). Karger, Basel 1971
[3] Suchenwirth, R.: Aktuelle Untersuchungen zur Frage der Hemisphärendominanz unter besonderer Berücksichtigung der Händigkeit. Materia Medica Nordmark 24 (1972) 153–165
[4] Eggert, D., Kiphard, E. J.: Die Bedeutung der Motorik für die Entwicklung normaler und behinderter Kinder. (Beiträge von F. Schilling und K. Schenck). Hofmann, Schorndorf 1972
[5] Annett, M.: The binomial distribution of right, mixed and left handedness, Quart, J. exp. Psychol. 19 (1967) 327–333
[6] Cobb, S.: Foundations of Neuropsychiatry. Williams and Wilkins, London 1952
[7] Pribram, K. H., Tubbs, W. E.: The primate frontal cortex. Science 156 (1967) 1765
[8] Mishkin, M.: Perseveration of central sets after frontal lesions in monkeys. In: The Frontal Granular Cortex and Behavior. (J. M. Warren, K. Akert Eds), p. 219–237. McGraw-Hill, New York 1964
[9] Perret, E.: Gehirn und Verhalten. Huber, Bern 1973
[10] Shankweiler, D.; Harris, K. S.: Articulation in aphasia. Cortex 2 (1966) 277
[11] Newcombe, F.: Missile wounds of the brain. Oxford Univ. Press, London 1969
[12] Shankweiler, D.: Effects of temporal-lobe damage on perception of dichotically presented melodies. J. Comp. Physiol. Psychol. 62 (1966) 115–119
[13] Semmes, J., Weinstein, S., Ghent, L., Teuber, H. L.: Correlates of impared orientation in personal and extrapersonal space. Brain 86 (1963) 747–772
[14] Milner, B.: Visually-guided maze learning in man. Neuropsychologia 3 (1965) 317–338
[15] Hoff, H., Pötzl, O.: Über eine optisch-agnostische Störung des „Physiognomie-Gedächtnisses". Z. Neurol. Psychiat. 159 (1937) 367–395
[16] Smith, A.: Speech and other functions after left hemispherectomy. J. Neurol. Neurosurg. Psychiatr. 29 (1966) 467
[17] Simon, K. H.: Sprache schafft Bewußtsein. Natw. Rdsch. 26 (1973) 208–211
[18] Lassen, N. A., Ingvar, D. H., Skinhøj, E.: Hirnfunktion und Hirndurchblutung. Spektrum 12 (1978) 50–61
[19] Spehlmann, R.: The averaged electrical responses to diffuse and to patterned light in the human. Electroenceph. Clin. Neurophys. 19 (1965) 560–569
[20] Zuckermann, M.: The sensation-seeking motive. In: Progress in Experimental Personality Research (B. Maher Ed.), Academic Press Vol. 7. (1974)
[21] Lewin, R.: Is your brain really necessary? Science 210 (1980) 1232–1234
[22] Sackheim, H. A., Weinman, A. L., Gur, R. C., Greenberg, M., Hungerbuh-

ler, J. P.: Pathological laughing in the expression of positive and negative emotions. Arch. Neurol. 39 (1982) 210–218

[23] Schaffer, C. E., Davidson, R. J., Saron, C.: Frontal and parietal electroencephalogram asymmetry in depressed and nondepressed subjects. Biol. Psychiatry 18 (1983) 753–762

[24] Davidson, R. J., Schwartz, G. E., Saron, C., Bennett, J., Goleman, D.: Frontal vs. parietal EEG asymmetry during positive and negative affect. Psychophysiol. 16 (1979) 202–203

[25] Borod, J. C., Koff, E.: Asymmetries in affective facial expression. In: The Psychology of Affective Development (N. A. Fox, R. J. Davidson Eds.), pp. 293–324. Hillsdale N. J.: Erlbaum 1984

[26] Ekman, P., Hager, J. C., Friesen, W. V.: The symmetry of emotional and deliberate facial actions. Psychophysiol. 18 (1981) 101–106

[27] Blum, T., Bauer, R., Eyferth, K.: Investigations of the retinotopic organization of the human visual cortex using the neuromagnetic method. In: Evoked Potentials II (R. H. Nodar, C. Barber Eds.), pp. 260–271. Boston: Butterworth 1984

[28] Wise, St. P.: The primate premotor cortex. Ann. Rev. Neurosci. 8 (1985) 1-20

# 12. Funktionelle Netzwerke

## 12.1 Sinnessysteme

### *12.1.1 Visuelles System 4: Vom Reiz zur Erregung*

*Licht.* Die Reize, auf die unsere Sehrezeptoren (s. Abschnitt 9.1.1.) besonders empfindlich reagieren, sind bestimmte, auch als Lichtquanten oder Photonen bezeichnete, elektromagnetische Wellen. Wellen unterscheidet man nach ihrer Wellenlänge (das ist der Kehrwert der Periodendauer). Auch andere („nichtadäquate“) Reize können an den Sehrezeptoren Erregungen produzieren (z. B. elektrische oder mechanische), allerdings dann nur in höheren Intensitäten. Die Klasse der in den Sehrezeptoren Erregungen auslösenden, elektromagnetischen Wellen nennt man „sichtbares Spektrum“. Die Wellenlängen der sichtbaren Wellen reichen von etwa 380 bis etwa 750 nm (1 nm = 1 Millionstel Millimeter). Bemerkenswerterweise liegen in diesem Bereich auch die Sonnenstrahlen, die unter unseren atmosphärischen Bedingungen die höchsten Intensitäten erreichen. Die durch Wellen des sichtbaren Spektrums hervorgerufenen Empfindungen heißen mit einer Sammelbezeichnung „Licht“. Wellen unterschiedlicher Wellenlängen korrelieren mit Farbempfindungen.

Lichtstrahlen dringen durch ein lichtdurchlässiges Hautstück, die Cornea (Hornhaut), ins Auge. Die Cornea absorbiert (d. h. fängt auf) kurzwellige Strahlen geringer Amplitude (das sind Wellen mit einer Wellenlänge kürzer als 380 nm, z. B. UV-Wellen; intensives UV-Licht schädigt die Haut und kann sogar bis zur Netzhaut durchschlagen). Hinter der Cornea liegt ein flüssigkeitsgefüllter Raum, die vordere Augenkammer. Sie blockiert Wellen, die länger als 750 nm sind (Infrarot-Filter).

Lichtstrahlen, die zum Augenhintergrund vordringen, müssen Pupille und Linse passieren. Beide arbeiten eng zusammen (s. Abschnitt 5.2.3.) und sorgen für eine kontrastreiche und scharfe Abbildung der verschiedenen, von einem fixierten Objekt reflektierten Lichtstrahlen. Nachdem die Lichtstrahlen den zwischen Linse und Augenhintergrund liegenden Glaskörper passiert haben, treffen sie auf die Retina (Netzhaut). Das ist die Gewebsschicht des Augenhintergrundes, in der die Sehrezeptorzellen liegen (Sinnesepithel des Auges, s. Abb. 130a).

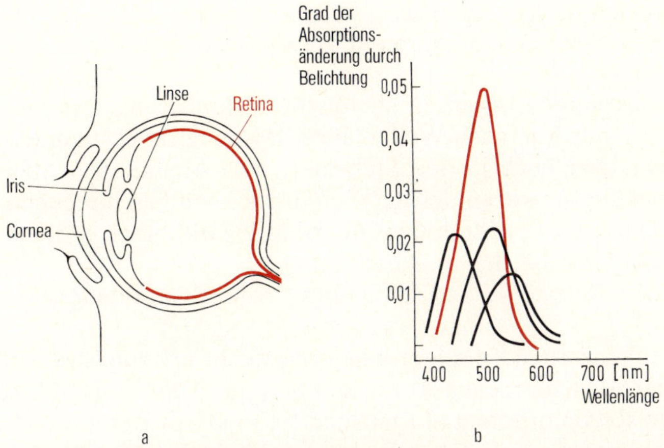


*Abb. 130* a) Schematischer Längsschnitt durch das Auge. b) Empfindlichkeiten der drei Zapfentypen und des Stäbchentyps [1].

*Photorezeptoren.* Das menschliche Auge besitzt vier Typen von Sehrezeptorzellen (Photorezeptoren). Sie unterscheiden sich voneinander dadurch, welche Wellenlängen aus dem sichtbaren Spektrum bei ihnen zu maximaler Erregung führen. Diese Maxima liegen bei 445 nm („blau"), 500 nm („grün"), 535 nm („gelbgrün"), und 570 nm („gelbrot"). Die Grünrezeptoren (Stäbchen) nehmen dabei jedoch eine Sonderstellung ein. Sie sprechen schon auf sehr geringe Intensitäten an und das Maximum ist nicht sehr ausgeprägt („bei Nacht sind alle Katzen grau", Purkinje-Phänomen). Stäbchen tragen daher nicht zur Farbempfindung, sondern zur Helligkeitsempfindung bei. Die übrigen drei Typen faßt man unter der Sammelbezeichnung „Zapfen" zusammen (Abb. 130b).

Ein Teil jedes Photorezeptors besitzt eine dichte Packung von Membranlamellen, zwischen denen eine instabile chemische Substanz gelagert ist. Bei den Stäbchen handelt es sich dabei um das aus dem Vitamin A1 („Retinol") aufgebaute Retinal. Retinal gibt es in verschiedener isomerer (d. h. bindungsgleicher) Form, jedoch in unterschiedlicher sterischer (d. h. räumlicher) Gestalt. Ein Lichtquant kann ein Molekül Retinal räumlich umkippen lassen (Stereoisomerisation). Dieser Prozeß kann, wenn er entsprechend oft im Rezeptor gleichzeitig vor sich geht, sogar elektrisch gemessen werden („primäres Rezeptorpotential"). Vieles spricht jedoch dafür daß die Veränderung eines Retinal-Moleküls, d. h. also ein einziges Lichtquant, die Spontanerregung der Netzhaut bereits verändern kann. Die Stereoisomerisation kann nur durch enzymatische Prozesse wieder rückgängig gemacht werden.

Die Anpassung an verschieden starken Lichteinfall (Adaptation) geschieht vermutlich sehr einfach. Bei hohen Leuchtdichten stehen wegen der Trägheit der

Stoffwechselprozesse nur wenige unverbrauchte Retinal-Moleküle zur Verfügung, bei geringen Leuchtdichten wegen des geringen Verbrauchs jedoch viele.

*Transduktion.* Lichtquanten bewirken chemische Veränderungen in den Photorezeptoren (nämlich je nach Wellenlänge bevorzugt in bestimmten Typen, fast immer aber auch in den Stäbchen). Die Menge der dabei umgesetzten Moleküle ist, wegen des im Kleindruck eben beschriebenen Anpassungsmechanismus, der Strahlungsintensität logarithmisch proportional. Dies ist die Ursache der in Abschnitt 9.1.6. erklärten Stevens-Beziehung zwischen Reizstärke und Erregungs-, bzw. Empfindungsstärke.

Auf Grund der chemischen Veränderungen verschiebt sich zunächst das Ruhepotential der Rezeptorzellen (Transduktion in Abb. 131). Man spricht von einem Rezeptorpotential (genauer: Sekundäres Rezeptorpotential oder Generatorpotential). Die relative Amplitude des Rezeptorpotentials ist der Zahl der umgesetzten Moleküle proportional, und damit der relativen Reizstärke unverändert logarithmisch proportional.

Anders als bei allen anderen bekannten Rezeptorzellen wird das Ruhepotential der Photorezeptoren bei Belichtung negativer. Der Grund dafür ist wohl in der eigenartigen stammesgeschichtlichen Entwicklung der Photorezeptorzellen zu suchen. Diese weisen nämlich morphologische Ähnlichkeiten mit den Bewegungsorganen von Einzellern auf. Bei diesen erfolgt eine Aktivierung bei Beschattung.

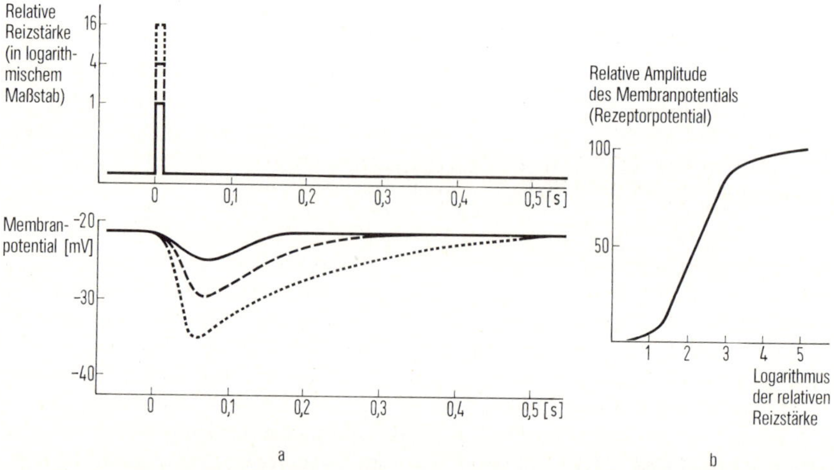


*Abb. 131* Die Abhängigkeit des Rezeptorpotentials von der relativen Reizstärke. a) Veränderungen des Membranpotentials eines Photorezeptors bei drei unterschiedlich intensiven Lichtblitzen. b) Nach Zuordnung der Relativwerte erkennt man eine logarithmische Abhängigkeit, die die Grundlage der Stevens-Beziehung bildet. Die Daten stammen von einer intrazellulären Ableitung aus einem Zapfen der Schildkrötenretina [2].

Anders als bei der Erregungsübertragung an der neuromuskulären Endplatte (s. Abschnitt 9.1.5) sind die sekundären Rezeptorpotentiale an den retinalen Photorezeptoren von einer Diffusionssperre für Na-Ionen durch die Na-Kanäle begleitet. Diese sind hier im Gegensatz zu den Nicotin-Synapsen (s. Tab. 11) nicht durch das Nervengift Tetrodo-toxin blockierbar.

## *12.1.2 Visuelles System 5: Die retinale Verarbeitung*

*Retina.* Die Veränderung des Ruhepotentials bei Belichtung (Transduktion) führt bei den Photorezeptoren der Retina (Sinneszellschicht des Augenhintergrundes) noch nicht zur Erzeugung von Aktionspotentialen, dafür aber gleich zur Ausschüttung eines Transmitters. Dieser erregt Bipolarzellen und Horizontalzellen. Jede Bipolarzelle nimmt (in Ausnahmefällen allein, im Regelfall mit vielen, bis zweihundert anderen Bipolarzellen zusammen) Kontakt mit einem Neuron („Ganglienzelle“) auf, das dann erst Aktionspotentiale produziert (Abb. 132). Die Konvergenz von etwa 125 Millionen Rezeptoren auf etwa 1 Million Ganglienzellen wird noch unterstützt durch die querverbindenden Horizontalzellen. Demgegenüber gibt es auch divergente Kontakte, weil jeder Rezeptor mit mehreren Bipolarzellen verbunden ist. Das ermöglicht eine kontrastüberhöhende Funktion, wie in den Anschnitten 9.2.4. und 10.1.3. erklärt.

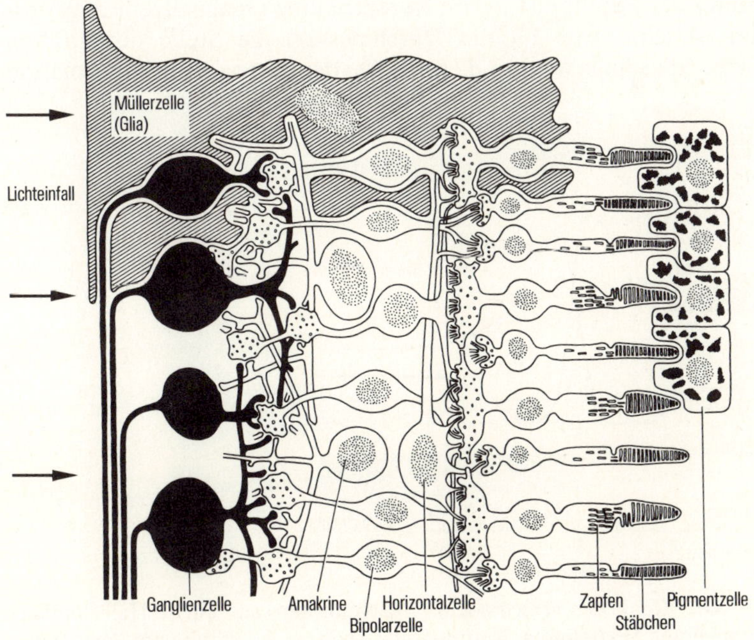


*Abb. 132* Schema der menschlichen Retina (umgezeichnet nach [16]).

Das Kontrastsehen erfolgt nicht über eine einfache laterale Hemmung in der Retina, sondern etwas komplizierter. Liegt an einer Stelle der Retina eine Hell-Dunkel-Grenze, so feuern Ganglienzellen besonders stark, die etwa 0,2 bis 0,3 Grad neben dieser Grenze liegen. Im hellen Teil sind es Neurone, die dem Modell von Abschnitt 9.2.4. entsprechen (s. dort Abb. 101b). Sie feuern bei Belichtung (on-Zentrum-Neurone, s. Abschnitt 10.1.2.). Alle gleichartigen Neurone werden dabei über eine Distanz von etwa 1 Grad gehemmt (Abb. 133). Es gibt aber auch (seltenere) Neurone, die im dunklen Teil besonders stark feuern (off-Zentrum-Neurone). Auch in diesem System werden gleichartige Neurone über eine Distanz von etwa 1 Grad gehemmt. Beiden Systemen gemeinsam nachgeschaltete Nervenzellen (Kontrastneurone) weisen dann eine Erregungsverteilung auf, wie bei extremer Bandpaßfilterung zu erwarten (s. Abschnitt 12.1.4.).

*Rezeptive Felder.* Die Kontrastbildungsfähigkeit ist um so größer, je weitreichender die dendritische Verzweigung und die Verzweigung der Kollateralen bei den beteiligten Neuronen ist. Die Menge der Rezeptoren, die (vermittelt über Bipolarzellen oder Interneurone) mit einer bestimmten Nervenzelle verbunden ist, nennt man rezeptives Feld dieser Nervenzellen. Dieser Begriff kann auch für Nervenzellen des Kortex verwendet werden, wenn man durch Reizung von Rezeptoren eine Erregungsänderung einer Kortexzelle bewirken kann.

Die rezeptiven Felder der Ganglienzellen in der Retina sind unterschiedlich groß. In der Fovea centralis (das ist die Stelle des Augenhintergrundes genau hinter der Pupille) ist jedem Rezeptor eine Ganglienzelle zugeordnet. Hier ist (für etwa 3 Grad Durchmesser) die Stelle der größten Sehschärfe. Allerdings wird an dieser Stelle der Retina kaum Information

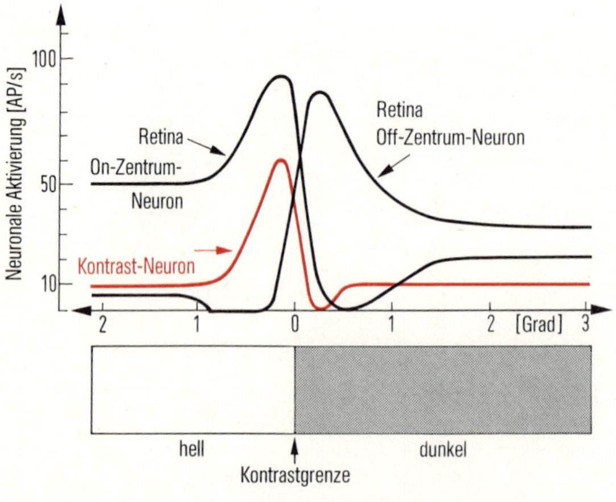


*Abb. 133* Die Reaktion verschiedener Nervenzellen auf einen Hell-Dunkel-Kontrast an einer bestimmten Retina-Stelle (nähere Erklärung im Text, nach Grüsser [3]).

verarbeitet. In der Netzhautperipherie überwiegt die Konvergenz. Daher sind in der Peripherie des Sehfeldes großflächige Kontraste und auch Bewegungen besonders auffällig.

Das Auflösungsvermögen ist durch die Größe der Rezeptoren bestimmt. Deren Durchmesser liegt im Bereich von etwa 5 Tausendstel Millimeter, was einer Auflösung von etwa 0,8 Winkelminuten entspricht. Die Sehschärfe (Visus) gibt man als zahlenmäßigen Kehrwert der tatsächlich wahrgenommenen Auflösung an.

*Der blinde Fleck.* Da die Ganglienzellen der Retina innerhalb von der Rezeptorenschicht liegen, müssen die zum Gehirn führenden Axone die Rezeptorzellschicht irgendwo durchstoßen. Das machen sie gebündelt im blinden Fleck der Retina, wo es also keine Rezeptoren gibt. Diese Lücke im Sehfeld fällt nicht auf, solange es für diese Sehfeldstelle Informationen vom zweiten Auge gibt. Aber auch ohne diese Informationen kann der blinde Fleck (ebenso wie die unterschiedliche Rezeptorendichte in Fovea und Peripherie) nicht unmittelbar wahrgenommen werden (s. Abb. 134).

*Abb. 134* Ein auf dem blinden Fleck beruhender Effekt. Schauen Sie aus etwa 25 cm Entfernung auf das Kreuz in der Mitte. Bedecken Sie dann das linke Auge. Wenn Sie nun den Kreis fixieren, verschwindet der Vogel aus dem Käfig.

## *12.1.3 Visuelles System 6: Augenbewegungen und Raumwahrnehmung*

*Augenbewegungen.* Die Sehnerven des linken und rechten Auges kreuzen vor Eintritt in das Zwischenhirn teilweise (s. dazu Abb. 124 in Abschnitt 11.1.4. und Abb. 126 in Abschnitt 11.2.2.). Dann ziehen sie mit Ausnahme einiger abzweigenden Fasern zum Thalamus. Die abzweigenden Fasern gehen überwiegend ins Mittelhirn (ein Teil auch zur Pupillensteuerung in die prätektale Region, Abschnitt 5.2.3.). Die im Mittelhirn (in den Colliculi superiores) eintreffenden Informationen dienen zur Steuerung der Augenbewegungen.

Die Funktionen der Colliculi superiores kann man dabei mit einer Art Zentrierungssystem vergleichen. Colliculi-Neurone besitzen rezeptive Felder in der Retina. Wird eines dieser Neurone im Tierversuch elektrisch gereizt, so erfolgen Augenbewegungen. Das Netzhautbild, das vor der Reizung im entsprechenden rezeptiven Feld lag, wandert dann infolge der Augenbewegung in die Fovea.

Die Augen machen ständig kleine ruckartige Bewegungen (Sakkaden), die schon deshalb sinnvoll sind, weil sonst die Sehmoleküle an manchen Stellen der Retina nur einseitig umgesetzt würden. Die sakkadischen Sprünge betragen bei willkürlicher Fixierung nur 1 bis 3 Winkelminuten, sonst oft wenige bis mehrere Grade. Je nach Größe des Sprunges dauert er zwischen 10 bis 80 ms (1 ms = 0,001 s; die Geschwindigkeit liegt bei etwa 400 Grad/Sek.). Dann ruht das Auge für 150 bis 300 ms. Die größeren Sakkaden entsprechen den auch willkürlich steuerbaren Blickbewegungen. Diese werden allerdings vom Kortex aus beeinflußt. Sie sind oft von zusätzlichen Kopfbewegungen begleitet. Langsamen Objektbewegungen kann das Auge kontinuierlich folgen, wenn sie nicht schneller als 50 bis 100 Grad/Sek sind (Folgebewegungen).

Bei großen Blickbewegungen, den meisten Folgebewegungen und beim Fixieren bei bewegtem Kopf, muß Augen- und Kopfbewegung miteinander koordiniert werden. Dies geht bis zu einem gewissen Grad sogar beim Seitlichkippen des Kopfes, was durch Rotationsbewegungen der Augen ausgeglichen werden muß. Zusätzlich allerdings müssen die Sehachsen der Augen parallel gehalten werden (konjugierte Bewegungen). Werden nacheinander Objekte in verschiedener Entfernung fixiert, treten Vergenzbewegungen auf, die dafür sorgen, daß das Bild des Gegenstandes in die Fovea trifft.

Bei der elektrophysiologischen Registrierung von Augenbewegungen (Elektrookulo-gramm EOG) benützt man die Tatsache, daß zwischen Glaskörper und Retina eine Spannungsdifferenz von etwa 10 mV existiert. Legt man seitlich am Auge an gegenüberliegenden Stellen Elektroden an, so ist je nach Augenbewegung der positive (vordere) Pol des Auges näher bei der einen oder der anderen Elektrode. Mit dem EOG kann nicht nur registriert werden, wo jemand hinsieht, z. B. beim Autofahren oder beim Anschauen eines Bildes, sondern auch, wie ein Bild/ein Gegenstand abgetastet wird. Kleine Kinder fixieren die Mitte eines unbekannten Gegenstandes und tasten von hier aus in verschiedene Richtungen das Objekt ab. Erwachsene tasten Umriß und hervorstechende Gestaltmerkmale ab und verharren bevorzugt an Stellen, die (aus Erfahrung) die meiste Information erwarten läßt. Diese grobe, und im Einzelfall keineswegs so eindeutig zutreffende, Charakterisierung zeigt, daß schon die Steuerung der Abtastbewegungen der Augen sowohl von formalen, erfahrungsunabhängigen, wie erfahrungsabhängigen

Komponenten besteht. Eine wichtige Rolle dürfte dabei die Verarbeitung in der peripheren Retina spielen (s. a. Abschnitt 8.2.7).

*Raumsehen und Tiefenwahrnehmung.* Beim Fixieren in der Nähe fokussieren die Linsen und konvergieren die Augenachsen automatisch. Bei einem optischen Entfernungsmesser ist die Konvergenz der einzige Weg zur Tiefenmessung. Für die visuelle Wahrnehmung genügt das nicht. Ein weiterer Faktor ist die Querdisparation, d. h. die Tatsache, daß trotz Konvergenz die Netzhautbilder links und rechts wegen des unterschiedlichen Blickwinkels nicht deckungsgleich sind. Konvergenz und Querdisparation sind Faktoren des Raumsehens (stereoskopisches Sehen).

Eine scheinbare Querdisparation kommt beim Pulfrich-Effekt zustande. Dazu hält man vor ein Auge einen Graufilter. Das bewirkt für dieses Auge eine etwas geringere Lichtintensität und damit eine etwas größere Latenz bis zur Erregungsbildung. Solange ein Gegenstand fixiert wird, spielt das keine Rolle. Bei der Betrachtung eines bewegten Gegenstandes verrechnet jedoch das Auge die Differenz der Ortsveränderungen links und rechts, um die Entfernung zu schätzen. Je schneller die Bewegung des Objekts auf der Netzhaut ist, desto größer wird der Fehler durch die einseitige Latenzerhöhung. Ein vor dem Betrachter hin und her schwingendes Pendel erweckt den Eindruck, es schwinge in einer elliptischen Bahn.

Andere Faktoren ermöglichen eine Tiefenwahrnehmung auch mit einem Auge. Dies ist dann allerdings auf kortikale Verarbeitungsmechanismen zurückzuführen. Dazu gehört die Erfahrung, daß weiter entfernte Gegenstände relativ kleiner sind. Oder genauer: Schrumpft an einer Stelle des Sehfeldes die Umgebung kontinuierlich, so ist die Größe eines vereinzelt

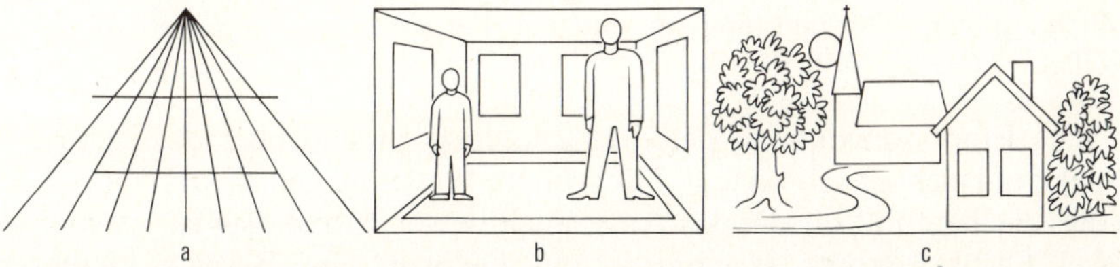


*Abb. 135* Raumtäuschungen. a) Durch eine scheinbar perspektivische Verfremdung erscheint der obere Balken länger (Täuschung nach Ponzo). b) Der Psychologe Ames konstruierte schiefwinkelige Zimmer, deren Ausstattung jedoch Orthogonalität vortäuschte. Bewegte sich eine Person in einem solchen Zimmer, so schien sich ihre Größe je nach Aufenthaltsort zu verändern. Die scheinbar größere Person steht aber tatsächlich nur weiter vorne. c) In Horizontnähe erscheint der Mond meistens größer. Einer der dafür verantwortlichen Faktoren ist die Nähe zu klein erscheinenden, aber als groß bekannten Objekten. In künstlerischer Darstellung wird dieser Effekt verstärkt wiedergegeben, da damit gleichzeitig die Bedeutung des Mondlichtes hervorgehoben wird.

auftretenden Gegenstandes relativ zur Umgebung zu sehen. Dies ist die Grundlage vieler optischer Täuschungen (s. Abb. 135). Daneben spielen Erfahrungen mit atmosphärischen Trübungen, aber auch mit der eigenen Bewegung eine wichtige Rolle.

### *12.1.4 Visuelles System 7: Farbensehen*

Die Axone der retinalen Ganglienzellen enden im thalamischen Kerngebiet des Corpus geniculatum laterale. Einen Teil der Geniculatum-Neurone kann man als Kontrastneurone bezeichnen. Sie sind den kontrastbildenden Neuronen der Retina (on-Zentrum- und off-Zentrum Neurone) nachgeschaltet und reagieren bei teilweiser Belichtung der Retina so, wie es Abb. 133 zeigt. Ein anderer Teil der Geniculatum-Neurone reagiert spezifisch, wenn ihr rezeptives Feld mit Licht bestimmter Wellenlängen beleuchtet wird. Die Funktion dieser Neurone ist interessant, da die Wahrnehmung von Wellengemischen, und das sind die meisten Lichtereignisse, mit Hilfe der wellenlängenspezifischen Rezeptoren einige Besonderheiten aufweist.

*Lichtmischung (schmalbandige, direkte oder additive Mischung).* Teilt man das sichtbare Spektrum in drei Teile, so kann man die Vielfalt der verschiedenen Wellen z. B. nach Blau (400 bis 500 nm), Gelbgrün (500 bis 600 nm) und Rot (600 bis 700 nm) klassifizieren. Diese Klassifikation wurde willkürlich gewählt, um die Problematik von Farbklassen („Valenzen") zu verdeutlichen. Mischt man nun Licht der Wellenlängen 550 und 670 nm, so entsteht eine Farbe, deren Wellenlänge sonst etwa dazwischen läge, nämlich Gelb. Das überrascht vielleicht nicht so sehr. Mischt man jedoch Licht der Wellenlänge 450 und 570 nm, so entsteht Weiß. Bei Mischung von 430 und 660 nm entsteht Purpur, eine Farbe, die nur bei Wellenmischungen auftritt.

Die Empfindlichkeiten der drei Zapfentypen sind über das sichtbare Spektrum nicht gleich verteilt. Für größere Wellenlängen, die im Tageslicht vorherrschen und für die das Auge auch besser durchlässig ist, existieren zwei Farbrezeptoren (Gelbgrün und Gelbrot). Im Bereich kleinerer Wellenlängen existiert nur einer (Blau).

Durch entsprechende Auswahl von drei Grundfarben kann man bei geeigneter Mischung alle wahrnehmbaren Farbtöne erzeugen. Dies geschieht z. B. beim Farbfernsehen.

Jeder der Farbrezeptortypen kann auf Grund genetischer Ursachen ausfallen (s. Abschnitt 3.1.1.). Bei der Protanopie (Rot-Blindheit) sind die Gelbrot-Rezeptoren untüchtig, bei der Deutanopie (Grün-Blindheit) sind die Gelbgrün-Rezeptoren betroffen. Bei einem Ausfall der Blau-Rezeptoren kommt es zur Tritanopie (Blau-Blindheit).

Durch nachgeschaltete Neurone wird die Verarbeitung jedoch ökonomisiert, ohne daß Information verloren geht. Statt drei Verarbeitungskanälen werden von der Retina weg nur mehr zwei benützt. Diese arbeiten allerdings mit einer höheren Spontanaktivität, so daß sowohl Erregung wie Hemmung quantitativ variiert werden können. Damit werden auf zwei Kanälen vier Informationsqualitäten (Farbvalenzen) befördert.

Bei Fischen konnte man nachweisen, daß die beiden Informationskanäle, auf denen Farbinformationen transportiert werden, letztlich schon von zwei Typen von Horizontalzellen der Retina erregt werden. Die Typen unterscheiden sich dadurch voneinander, welche Informationen sie von den drei Farbrezeptoren erhalten. Sie können sowohl mit Depolarisation wie mit Hyperpolarisation ihres Ruhepotentials antworten.

Ein dadurch entstehender Effekt ist die bekannte Gegenfarbwahrnehmung beim Sukzeesivkontrast. Daß das plötzliche Ausbleiben einer länger andauernden, intensiven Erregung selbst eine Qualität bekommen kann, ist übrigens für andere Sinnesempfindungen auch bekannt. Eine weitere Parallele sind Empfindungsveränderungen nach Entzug intensiver zentralnervöser Stimulierung (s. Abschnitt 13.1.2.).

Durch neuronale Verarbeitung entstehen also vier Farbvalenzen. Die entsprechenden Erregungen sind an den Farbneuronen des Corpus geniculatum laterale nachweisbar. Die Extremwerte der vier Valenzen verteilen sich erstaunlich gleichmäßig über das sichtbare Spektrum (Abb. 136). Der Rot-Grün-Kanal hat – soweit indirekt erschlossen – sein Erregungsminimum bei etwa 525 nm und sein Erregungsmaximum bei etwa 655 nm. Der Blau-Gelb-Kanal hat sein Erregungsminimum wahrscheinlich bei etwa 465 nm und sein Maximum bei etwa 575 nm. Der

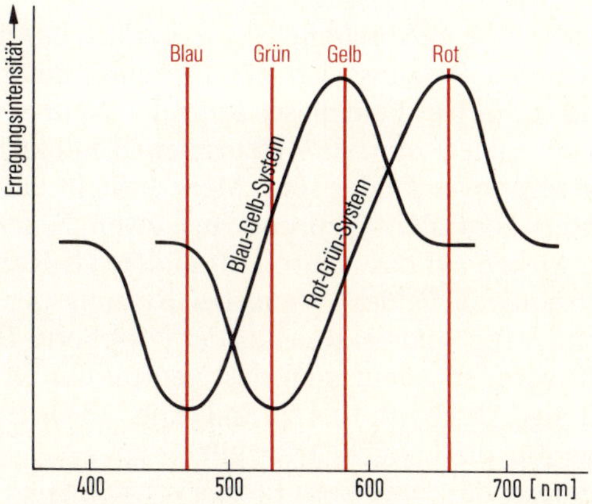


*Abb. 136* Mutmaßliche Erregungsantworten des Blau-Gelb-Systems und des Rot-Grün-Systems.

einzige „Nachteil“ dieser Verarbeitung besteht darin, daß es für uns kein „grünliches Rot“ und kein „bläuliches Gelb“ gibt. Die entsprechende Lichtmischung erscheint Weiß.

Rot kann aber als Mischton mit Gelb oder Blau auftauchen. Das Gleiche gilt für Grün. Damit wird auch die wahrgenommene Farbverteilung im Spektrum verständlich. Im Bereich zwischen 400 und 500 nm dominieren Mischtöne aus Blau und Grün, zwischen 500 und 600 nm sind es Mischtöne aus Grün und Gelb und zwischen 600 und 700 nm Mischtöne aus Gelb und Rot. Das einzige verbleibende Problem bildet die Mischung aus Rot und Blau. Die Wahrnehmung von Farben dazwischen liegender Wellenlängen wird durch die gleichzeitige Hemmung der Gelb- und Grün-Wahrnehmung verhindert. Es werden Purpurfarben (Violett und Lila) wahrgenommen, was gewissermaßen noch eine zusätzliche Farbqualität darstellt. Ihre Besonderheit ist, daß sie weder mit Gelb noch mit Grün mischbar sind.

*Farbmischung (breitbandige, indirekte oder subtraktive Mischung).* Pigmentfarben und Farbfilter wirken nicht so selektiv, daß sie nur Licht einer Wellenlänge durchließen. Vielmehr ist bei jeder Farbe – grob gesprochen – etwa das halbe sichtbare Spektrum beteiligt. Bei Mischung von Pigmentfarben oder mit Hilfe von Farbfiltern werden daher stets die im Spektrum zwischen den gemischten Farben liegenden Wellenlängen begünstigt. Sie sind ja Komponenten beider Anteile. Mischt man Rot und Blaugrün, so entsteht ein dunkles Gelb, was meistens als Braun bezeichnet wird. Daß wir für diese Mischfarbe eine eigene Bezeichnung besitzen, ohne daß dies physiologisch gerechtfertigt erscheint, ist wohl auf eine uralte Erfahrung mit entsprechenden Umwelten zurückzuführen. Mischt man Blau und Gelbrot, so entsteht bekanntlich ein dunkles Grün.

## *12.1.5 Visuelles System 8: Komplexe rezeptive Felder*

*Einfache rezeptive Felder.* Wie in Abschnitt 12.1.2. erklärt, bezeichnet man alle Rezeptoren, bei deren Reizung sich die Erregung eines zentralen Neurons verändert, als rezeptives Feld dieses zentralen Neurons. Einzelne Rezeptoren können mit vielen zentralen Neuronen Kontakt haben und daher Mitglied vieler rezeptiver Felder sein. Meist besteht ein rezeptives Feld eines bestimmten zentralen Neurons aus zwei Teilen. Zentral gelegene Rezeptoren wirken auf das Neuron oft anders als Rezeptoren in der Peripherie des rezeptiven Feldes. Wenn bei Reizung der Zentrum-Rezeptoren das Neuron erregt und bei Reizung der Peripherie-Rezeptoren das Neuron gehemmt wird, so nennt man das Neuron ein on-Zentrum-Neuron (s. Abb. 103 aus Abschnitt 10.1.2. und Abb. 137). Es gibt auch off-Zentrum-Neurone, für die Umgekehrtes gilt.

Zentrum und Peripherie des rezeptiven Feldes von retinalen Ganglienzellen sind konzentrisch angeordnet. Das gilt auch für einen Teil der Nervenzellen in der Area 17 des Kortex (visuelles Projektionsgebiet, s.

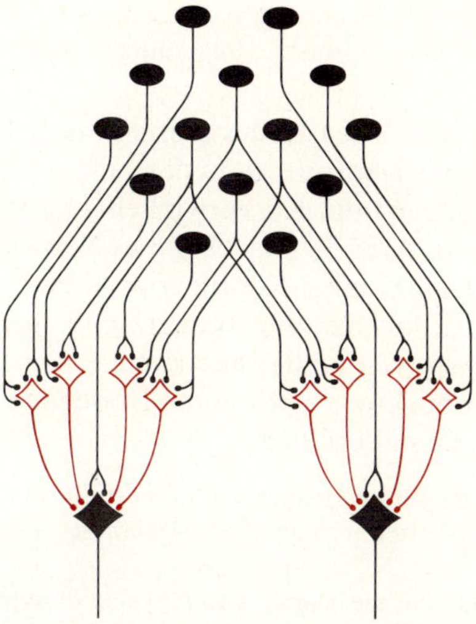

*Abb. 137* Schema zweier on-Zentrum-Neurone mit ihren rezeptiven Feldern.

Abb. 125). Andere Kortex-Neurone haben rezeptive Felder, in denen sich die erregenden Rezeptoren (exzitatorischer Teil) und die hemmenden Rezeptoren (inhibitorischer Teil) in nebeneinanderliegenden Bereichen befinden. Diese Neurone dienen der Wahrnehmung von Konturrichtungen (Richtungsdetektoren).

Neuronale Richtungsdetektoren reifen während der Gehirnentwicklung postnatal. In einem Experiment wurden junge Katzen nach der Geburt eine Zeitlang ausschließlich einer horizontal gestreiften Umgebung ausgesetzt. Diese Katzen konnten später vertikale Stäbe, auch wenn sie bewegt wurden, nicht sehen. Der Schaden war irreversibel, obwohl einige daraus resultierende Verhaltensänderungen im Lauf der Zeit kompensiert werden konnten. Analoges galt für Katzen aus vertikal gestreiften Käfigen (s. auch Abschnitt 15.2.5). – Besonders hohe evozierte Potentiale entstehen z. B. bei Betrachten eines Schachbrettmusters (s. Abb. 128).

*Phosphene.* Pünktchen, Gitter- und Kreismuster gehören auch zu den wichtigsten Elementen von spontan entstehenden visuellen Phänomenen bei inadäquater oder monotoner Reizung des visuellen Systems („Phosphene"). Drückt man z. B. (bei bedeckten Augen) einen Augapfel seitlich im Augenwinkel, so werden dadurch on-Zentrum-Neurone aktiviert und off-Zentrum-Neurone desaktiviert [17]. Dies trifft zuerst für tonische, dann vor allem für phasisch reagierende Zellen in höherem Maße zu. Subjektiv entsteht zunächst ein diffuser, farbiger Ring, dann ein Pünktchen- oder Sternenmuster. Bleibt der Druck bestehen, so erreichen die on-Zentrum-Neurone, auch die tonisch reagierenden, nach etwa 8–12 Sek. ein Aktivitätsmaximum, das dann rasch abnimmt. Subjektiv entstehen Schlangenlinien und für etwa 4 Sek. ein Gittermuster, das dann verschwindet. Nach Aufhören des Drucks erfolgt abermals eine Aktivierung von on-Zentrum-, später auch von off-Zentrum-Neuronen, u. zw. vor allem der tonischen. Subjektiv entsteht eine aufleuchtende Fläche, die sich in einem diffusen Ring auflöst [24].

*Komplexe rezeptive Felder.* In der Area 18 des Kortex (visuelles Erinnerungsfeld, s. Abb. 125) hat man Neurone gefunden, die auf bestimmte Arten von Konturunterbrechungen oder Konturwinkeln in ihrem rezeptiven Feld bevorzugt reagieren. In Area 18 und 19 gibt es Nervenzellen, die nur dann feuern, wenn eine Hell-Dunkel-Kontur sowohl eine bestimmte Richtung wie eine bestimmte Ausdehnung besitzt. Die meisten eben beschriebenen komplexen rezeptiven Felder haben außerdem die Eigenschaft, daß sie ihr Neuron nur bei einer bestimmten Bewegung des für sie charakteristischen Musters maximal erregen.

Wenn mehr als eines der vorgenannten Gestaltkriterien erfüllt sein muß, damit ein zentrales Neuron erregt wird, nennt man das zugehörige, rezeptive Feld hyperkomplex.

Spezifische Gestaltdetektoren, wie sie durch komplexe und hyperkomplexe Felder beschrieben werden können, sind Spezialfälle von unspezifischen Gestaltfiltern, wie sie in Abschnitt 10.1.2. beschrieben wurden.

Die Detektor- und Filterleistungen von rezeptiven Feldern werden noch dadurch erhöht, daß die meisten rezeptiven Felder auch noch Vergleichsinformationen von Hintergrund und Kontext erhalten. Dadurch wird u. a. die Verrechnung von Relativbewegungen ermöglicht. Durch eine Konkurrenz bei der gleichzeitigen Erregung verschiedener spezifischer Gestaltdetektoren kann es zu optischen Täuschungen kommen. Ein Beispiel für eine Fehlwahrnehmung von Winkeln bei Erregung verschiedener Richtungsdetektoren ist die Zöllner-Täuschung (Abb. 138).

Man kann sich vorstellen, daß vergleichsweise spezifische Filter mit vergleichsweise unspezifischen zusammenarbeiten. Ein Beispiel dafür ist die Täuschung nach Müller und Lyer.

*Abb. 138* Zöllner-Täuschung

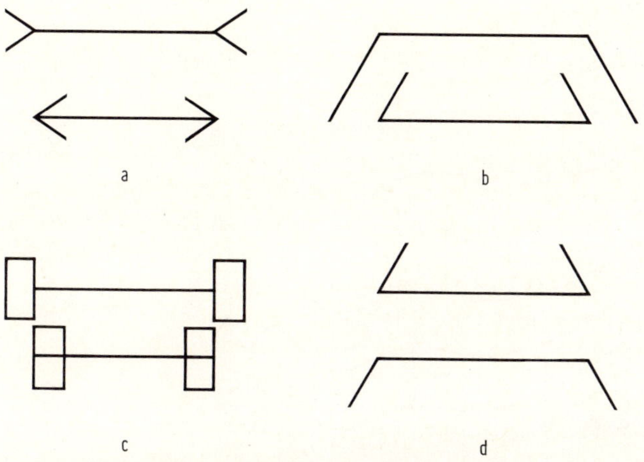


*Abb. 139* Müller-Lyer-Täuschung. Erklärungen im Text.

*Müller-Lyer-Täuschung.* Eine vielzitierte, weil mit einfachen Mitteln wirkende optische Täuschung ist die von Müller und Lyer (Abb. 139a). Zunächst könnte man geneigt sein, sie durch ähnliche Mechanismen zu erklären wie die Zöllner-Täuschung. Nach einer geringfügigen Änderung (durch die die Täuschung erhalten bleibt, Abb. 139b) sieht man deutliche Parallelen zur Täuschung nach Ponzo und zu den Überlegungen aus Abschnitt 12.1.3. über perspektivische Interpretationen bestimmter Richtungskomponenten. Man kann übrigens nachweisen, daß die Tendenz zur Vergrößerung scheinbar perspektivisch verkleinerter Objekte größer ist als umgekehrt eine Verkleinerung scheinbar naher Objekte. Bei der Müller-Lyer-Figur tragen die nach außen gerichteten Schrägen zur Täuschung mehr bei als die nach innen gerichteten. – Bemerkenswerterweise kommt es auch in Abb. 139c zu einer Täuschung. Dies kann man wohl am besten durch das Wirken eines unspezifischen Gestaltfilters erklären (z. B. eines Tiefpasses wie in Abb. 107 aus Abschnitt 10.1.4.). Soweit bekannt, ist die unspezifische Komponente geringeren individuellen Schwankungen unterworfen als die spezifische. Die Funktion der letzteren soll von Ort und Größe eines ,,Aufmerksamkeitsfeldes" [18] abhängen. Spezifische und unspezifische Filter können auch in Konkurrenz geraten, wodurch womöglich noch ein zusätzlicher Wahrnehmungsinhalt (,,Stufe") entstehen kann (Abb. 139d).

## *12.1.6 Auditives System 1: Schallereignisse*

*Adäquater Reiz.* Schwingungen der Luftmoleküle können ihre Bewegung auch anderen Medien mitteilen. Werden dabei Mechanorezeptoren im Innenohr erregt und führt diese Erregung zu einer spezifischen Empfindung, so spricht man vom Schall. Die schallerzeugenden Luftschwingungen kann man auch als Schallwellen bezeichnen. Schallwellen klassifiziert man,

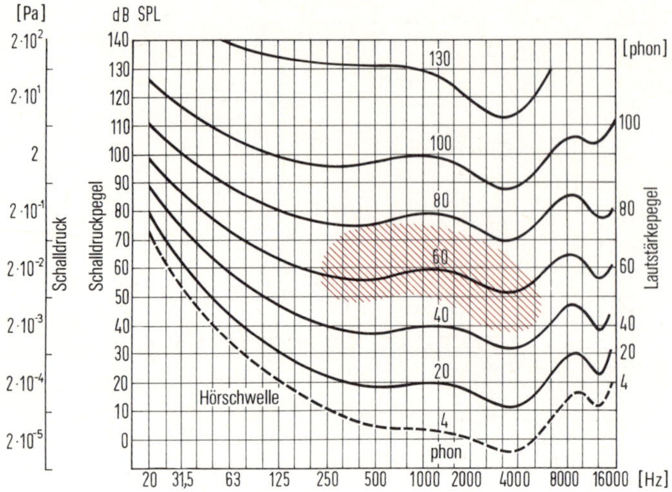


*Abb. 140* Gegenüberstellung von physikalischem Schalldruck und physiologisch bedingter Lautstärke-Empfindung. Normung der Kurven gleicher Lautstärke nach DIN 45 630. Der Hauptsprachbereich ist rot schraffiert. Für die Kennzeichnung der Lautstärke eines Schallereignisses durch einen Zahlenwert ist der Schalldruck eines gleichlauten Referenztones von 1000 Hz maßgeblich. Empfindet man ein Schallereignis so laut wie einen 1000 Hz – Ton von 2 Pa, so gibt man der Lautstärke den Wert 100 Phon. Der Nullpunkt der Phon-Skala liegt bei der Lautheit eines 1000 Hz-Tones von $2 \times 10^{-5}$ Pa. Bei je 20 Phon mehr nimmt der Schalldruck des Referenztones um eine Zehnerpotenz zu.

wie alle wellenförmigen Phänomene, nach Frequenz (oder Wellenlänge) und Amplitude (oder Intensität).

Während es sich bei den elektromagnetischen Wellen eingebürgert hat, sie nach Wellenlängen zu kennzeichnen, benützt man im Bereich der Schallereignisse den Kehrwert, also die Frequenz (mit der Einheit $^1/_s = s^{-1} = Hz$). Außerdem ist bei Schallereignissen mehr als im visuellen System üblich, die Schallintensität zu berücksichtigen, da hier keine so effektiven Adaptationsmechanismen existieren.

Schallwellen haben eine Frequenz zwischen etwa 20 Hz und 16 000 Hz (= 16 kHz). Der Bereich der größten Empfindlichkeit liegt bei rund 1000 Hz (= 1 kHz). Die Amplituden der Schallwellen wechseln mit dem Schalldruck. Er wird (wie alle Drücke) nach der physikalischen Einheit Pascal ($1 \text{ Pa} = 1 \text{ N/m}^2$) gemessen. Töne zwischen 1000 und 4000 Hz können schon ab einem Schalldruck von etwa $2 \times 10^{-5}$ Pa wahrgenommen werden. In diesem Frequenzbereich liegt die Schmerzschwelle bei etwa 20 Pa. Bei Erreichen der Schmerzschwelle ist auch schon mit physiologischen Schäden zu rechnen.

Schalldruck-Meßgeräte zeigen den Schalldruck gewöhnlich nicht in Pascal, sondern in Relativwerten an. Relativwerte gibt man oft in Bruchteilen („Prozenten") eines vereinbarten Maximalwertes an. In der Meßtechnik ist es oft üblich, Relativwerte als (logarithmisch verkürzte) Vielfache („Dezibel") eines vereinbarten Minimalwertes anzugeben. Für den Schalldruck hat man als Bezugsgröße $2 \times 10^{-5}$ Pa vereinbart („sound pressure level SPL"). Die Relativwerte (den Pegel) berechnet man dann nach der Formel

$$\text{Pegel} = 20 \times \log \frac{\text{Schalldruck [Pa]}}{2 \times 10^{-5}\,\text{[Pa]}}.$$

Als Relativwert besitzt der Pegel keine physikalische Dimension. Man kennzeichnet ihn durch die Bezeichnung Dezibel [dB] und durch die Angabe der Bezugsgröße (SPL).

In tieferen und höheren Frequenzbereichen liegt die Hörschwelle wesentlich höher. Verschiedene Töne gleicher Amplitude werden daher nicht gleich laut empfunden. Da (wegen der mangelhaften Adaptationsfähigkeit) das Belästigungsproblem durch lauten Schall ungleich größer ist als etwa durch helles Licht, hat man versucht, eine Kennzeichnung der (im Durchschnitt) subjektiv empfundenen Lautstärke vorzunehmen. Abb. 140 zeigt die Abhängigkeit der Lautstärke (gemessen in Phon) von Wellenlänge und Schalldruck.

Da geringer Schalldruck im Bereich der tiefen Frequenzen besonders leise empfunden wird, haben viele Verstärkeranlagen eine Loudness-Korrektur. Sie hebt bei generell niederem Pegel die Lautstärke tiefer Frequenzen an.

Man erkennt in Abb. 140, daß die Zahlenwerte der Lautstärke (in Phon) dem Pegel des gleichlauten Referenztones (in dB SPL) entsprechen. Bei etwa 4 Phon liegt die Hörschwelle. Bis 40 Phon gelten Schallereignisse als leise, beim Sprechen werden Werte zwischen 40 und 80 Phon erreicht, ab 80 Phon spricht man häufig von Lärm (z. B. Verkehrslärm). Bei etwa 130 Phon liegt die Schmerzschwelle.

Für die Wahrnehmung von Schallpegeln und von Pegelunterschieden wird der Bereich der etwa 130 Phon nur soweit genützt, als es die Codierung durch Aktionspotential-Raten zuläßt. Bei einem Spielraum von unter 10 bis über 500 AP/s ist ein Lautstärkenverhältnis von 1 zu 55 wahrnehmbar. Daraus kann man ableiten, daß Schallereignisse optimal differenziert werden können, wenn sie sich vom Hintergrundgeräusch um mindestens 55 dB abheben („Störabstand").

### *12.1.7 Auditives System 2: Die auditive Reizverarbeitung*

*Das Sinnesorgan.* Schallwellen setzen das, durch den äußeren Gehörgang in den Schädel versenkte, Trommelfell in Bewegung. Diese Bewegung wird durch drei Gehörknöchelchen einer Flüssigkeit (der Perilymphe) in einem Knochenhohlraum mitgeteilt. Die Perilyphe gerät entsprechend der Bewegung der Schallwellen in wechselnd rasche, wellenförmige Bewegung. Im

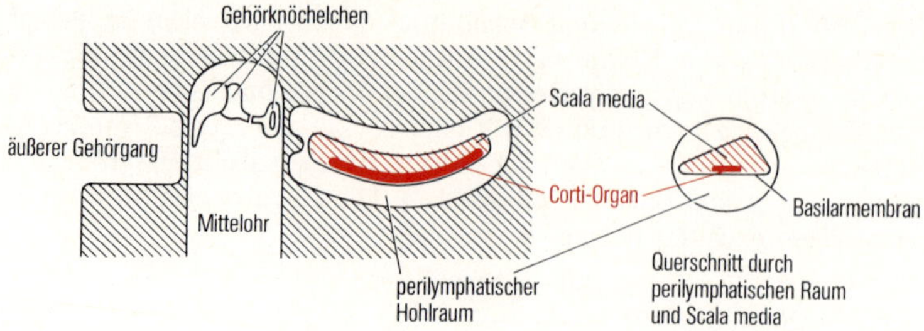


*Abb. 141* Stark vereinfachte Darstellung der Anatomie des Ohrs.

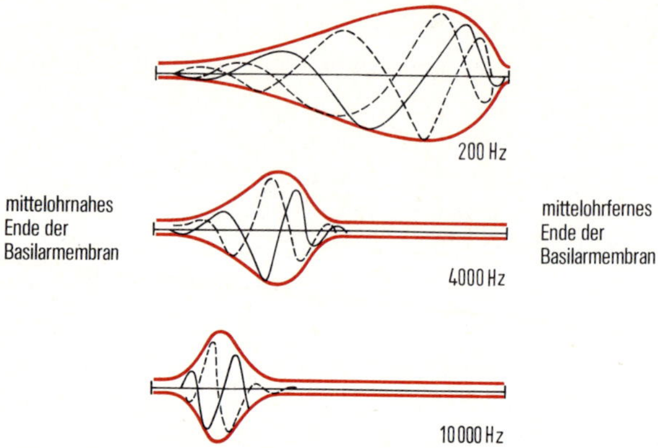


*Abb. 142* Wellenförmige Verformungen der Basilarmembran bei drei verschiedenen Frequenzen (Darstellung stark überhöht). Die roten Begrenzungslinien (Hüllkurven) kennzeichnen, wie stark einzelne Abschnitte der Basilarmembran bei der entsprechenden Frequenz maximal ausgelenkt werden.

perilymphatischen Hohlraum hängt nun eine (ebenfalls flüssigkeitsgefüllte) Blase, die durch die Bewegungen der Perilymphe verformt wird. Diese Blase heißt Scala media (Endolymphschlauch). In der Wand dieser Blase sitzen Mechanorezeptoren, die die Verformungen der Blase registrieren. Der Wandteil der Scala media, in dem sich die Sinneszellen befinden, heißt Basilarmembran. Die Sinnesfläche selbst heißt Corti-Organ (Abb. 141).

Der perilymphatische Hohlraum und auch die darin aufgehängte Scala media sind schneckenförmig gewunden. Daher bezeichnet man diesen gesamten, im Innenohr befindlichen Apparat auch als Cochlea (Schnecke).

Im Auge werden drei Hauptfrequenzbereiche durch drei Sinneszelltypen bevorzugt wahrgenommen. Im auditiven System wird eine Frequenzanalyse bereits durch den nichtnervösen Teil des Ohrs vorgenommen. Die vorderen (schmäleren und weicheren) Teile der Basilarmembran zeigen bei hohen Frequenzen starke Verformungen, die hinteren (breiteren und härteren) Abschnitte bei tiefen Frequenzen. Es ist daher auch nur ein Sinneszelltyp erforderlich, der dann je nach seiner Lage auf der Basilarmembran durch Wellen bestimmter Frequenzen bevorzugt gereizt wird (Abb. 142).

Tatsächlich gibt es im Corti-Organ der Basilarmembran zwei Typen von Sinneszellen, die inneren Haarzellen und die äußeren Haarzellen. Über die Funktion der äußeren Haarzellen ist aber (obwohl es 3 bis 4mal mehr als die inneren sind) kaum etwas bekannt.

Die Frequenzanalyse durch die Basilarmembran ist nicht besonders exakt. Stets werden durch Schallwellen einer bestimmten Frequenz größere Bereiche des Corti-Organs mehr oder weniger miterregt. Man spricht daher auch von einer Frequenzdispersion. Die Frequenzwahrnehmung muß durch nachgeschaltete, kontrastbildende Nervennetzwerke verbessert werden.

Im empfindlichen Bereich um 1000 Hz wird eine Unterscheidungsgenauigkeit von 0,2% erreicht. Gleichlaufschwankungen bei Platten- oder Tonbandmotoren führen zu Tonhöhenschwankungen, die im Bereich über 0,2% bereits wahrgenommen werden können.

*Die Hörbahn.* Die Bipolarzellen, die die Verbindung zwischen den Sinneszellen und zentralen Neuronen herstellen, liegen nicht (wie beim Auge) im Sinnesepithel, sondern in einem der Perilymphhöhle anliegenden Ganglion spirale. Fortsätze der Bipolarzellen sind es, die den Hörnerv bilden, der zur ersten Umschaltstelle, dem Nucleus cochlearis im verlängerten Mark zieht.

Die Fasern des Hörnervs und die Nervenzellen des ventralen Teils des Nucleus cochlearis reagieren auf reine Töne, d. h. außerordentlich selektiv auf Schallwellen einer bestimmten Frequenz. Diese Information aus dem ventralen Nucleus cochlearis dient teilweise dazu, daß im Nucleus acessorius der sogenannten Olive im verlängerten Mark Laufzeit- und Pegeldifferenzen zwischen den links und rechts aufgenommenen Reizen ausgewertet werden, so daß Raumhören möglich wird. Die Bestimmung der genauen Richtung erfolgt auf Grund von einseitigen Tonverzerrungen, die durch die Ohrmuschel entstehen.

Im dorsalen Teil des Nucleus cochlearis gibt es Neurone, die durch bestimmte Frequenzen gehemmt werden können, oder die nur auf Frequenzänderungen (Frequenzmodulationen) reagieren. Von hier aus ziehen Fasern zum Mittelhirndach. Die dort (im Colliculus inferior) befindlichen Nervenzellen reagieren fast ausschließlich nurmehr auf Änderungen von Frequenz oder Amplitude. Formale Kennzeichen der Schallkonfiguration, wie Tonhöhenwechsel und An- und Abschwellen, lösen Orientierungsreaktionen aus (Knall, Sirenen).

Während in der Sehbahn nur ein geringer Teil der von der Retina wegführenden Fasern zum Mittelhirndach zieht, durchqueren schon aus anatomischen Gründen alle Fasern der Hörbahn das Mittelhirn. Allerdings werden dort auch alle umgeschaltet. Dies ist sicherlich einer der Gründe, der die enge Verbindung zwischen Hören und Bewegen, und damit auch das körperliche Musikerleben, ermöglicht. Andere, schwerer nachweisbare Gründe sieht man in der engen anatomischen Beziehung zwischen Hör-, Gleichgewichts-, Aktivierungs- und extrapyramidal-motorischen System.

Wie alle Sinnesfasern durchzieht auch die Hörbahn den Thalamus (Corpus geniculatum mediale). Im auditiven Kortex findet man neben änderungsempfindlichen Neuronen schließlich solche, die auf Beginn, Andauern, Ende oder Wiederholung eines Schallereignisses reagieren. Einzelne Kortexneurone haben Empfindlichkeitskurven („Tuning-Kurven") mit Maxima bei mehreren verschiedenen Frequenzen. Zahlreiche Neurone sind offenbar auf so komplizierte Schallkonfigurationen spezialisiert, daß ihre Funktion durch systematische Variation im Labor nicht erfaßt wird. Diese Informationsverarbeitung, die durch komplexe rezeptive Felder möglich wird, ist als Vorverarbeitung für die Informationsanalyse durch die anschließenden kortikalen Erinnerungsfelder zu verstehen. Auf deren Leistungen, z. B. in bezug auf Sprachwahrnehmung, wurde bereits in Abschnitt 11.2.3. hingewiesen (s. auch Abschnitt 15.2.3.).

*Spracherkennung.* Unabhängig davon, welche Sprecheigentümlichkeiten und welche Sprechgeschwindigkeit ein Sprecher aufweist, werden unter guten akustischen Bedingungen auch zusammenhanglos aneinandergefügte Worte (meist aus einem Wortschatz von über 100 000 Worten) mit einer durchschnittlichen Fehlerquote von unter 3% richtig verstanden.

Es ist dabei weitgehend unbekannt, welche Lauteinheiten bei der Spracherkennung auf ihre Bekanntheit geprüft werden. Jede Sprache baut auf etwa 40 Spracheinheiten (= Phonemen) auf, die selbst wieder durch etwa ein Dutzend bivalenter Sprechmerkmale (wie z. B. vokalisch, stimmhaft, nasal usw.) zusammengesetzt gedacht werden können.

Wie zahlreiche Spracherkennungs-Versuche mit technischen Systemen zeigen, ist eine hohe Trefferquote in jedem Fall nur zu erreichen, wenn außer der Lautmerkmals-Erkennung auch die Möglichkeiten erlaubter Lautabfolgen (aufgrund der Kenntnis von Sprachregeln) abgeschätzt werden können. Man kann davon ausgehen, daß die Kenntnis linguistischer Regeln je nach akustischen Verhältnissen die Erkennung im Mittel zu 50% ermöglicht. Grammatikalische Kenntnisse senken die Erkennungsfehler dann um weitere 20%. Die verbleibende Mißverständnis-Gefahr wird durch „Mitdenken", d. h. durch die Analyse des semantischen Gehalts, vermieden.

## 12.2 Physiologie des Gedächtnisses

### *12.2.1 Funktionelle Struktur des Gedächtnisses*

*Anatomische Aspekte.* Gedächtnis, verstanden als Denken vor dem Hintergrund der Erfahrungen, ist eine Fähigkeit des gesamten Kortex.

Darauf wurde bereits im Abschnitt 11.2.1. hingewiesen. Verletzungen des Kortex beeinträchtigen – in Abhängigkeit von ihrem Umfang – mehr oder weniger alle Gedächtnisfunktionen, gleichwo sie auftreten. Allerdings können in dem in Abschnitt 11.2.3. angeführten Rahmen bei Verletzungen zusätzlich besonders schwerwiegende funktionsspezifische Ausfälle entstehen. Bei der Gedächtnisbildung jedoch sind bestimmte Hirnabschnitte, die Hippocampus-Formation und das Corpus mamillare, besonders beteiligt. Ist einer dieser Gehirnteile zerstört (Korsakow-Syndrom, anterograde Amnesie), kommt es nicht zur Gedächtnis-Neubildung.

Dies gilt jedoch hauptsächlich für sprachliches oder zumindest verbalisierbares Material. Doch auch hierbei können Informationen für etwa 15 Minuten behalten werden, wenn die Aufmerksamkeit auf die zu behaltenden Informationen gerichtet bleibt. Bei Ablenkung der Aufmerksamkeit ist beim Korsakoff-Syndrom ein Behalten für wenige Sekunden möglich.

Dieser und andere Befunde legen die Annahme eines Kurzzeitspeichers nahe, der einmal empfangene Informationen für wenige Sekunden halten kann. Ferner kann man einen Zwischenspeicher annehmen, dessen Behaltensfähigkeit von fortwährender Aufmerksamkeit, bzw. von innerer oder äußerer Wiederholung abhängt. Ein hinreichender Aufenthalt im Zwischenspeicher und die Intaktheit der genannten Hirnstrukturen wäre Voraussetzung für eine Aufnahme ins Langzeitgedächtnis.

Darüber hinaus wird ein sensorisches Gedächtnis mit großer Kapazität postuliert, in dem die Informationen jedoch rasch zerfallen bzw. überschrieben werden. Auf Grund von Versuchen mit visuellen Kurzzeitdarbietungen nimmt man für Behalten/Vergessen im sensorischen Speicher eine Halbwertszeit von etwa 100 bis 150 ms an.

Der Gedächtnisabruf ist mit hoher Wahrscheinlichkeit nicht an eine bestimmte Gehirnstruktur gebunden. Nach den in Abschnitt 10.2.3. und 10.2.4. vorgestellten Modellen sind Speicherinhalte weniger als zu verarbeitende Signale, sondern eher als Eigenschaften der verarbeitenden Struktur zu verstehen.

Wiedererkennen oder Ersparnis beim Wiederlernen sind Arten der Behaltensprüfung. Dafür hat die Annahme struktureller Anpassungen einen hohen Erklärungswert. Erinnern (als subjektives Gedächtnisphänomen) oder auch Reproduzieren ist damit nicht so leicht zu begründen.

Am ehesten wird man sich diese Phänomene durch das Generieren geeigneter Testsignale erklären können, die – ähnlich der in Abschnitt 10.1.2. vorgestellten Impulsantwortfunktion – strukturelle Eigenschaften in Signaleigenschaften umsetzen können (s. auch Abschnitt 10.2.4.). Wo solche Testsignale erzeugt werden könnten, ist nicht bekannt. Nach den in Abschnitt 6.1.4. erklärten Funktionen ist es jedoch nicht unwahrscheinlich, daß für eine solche Aufgabe das hippocampothalamische System in Frage käme.

Ein wichtiger, den Gedächtnisabruf begünstigender Faktor ist die Aufmerksamkeits- und Konzentrationsleistung. Konzentrationsstörungen bei geriatrischen Patienten und unter Angst vermindern Gedächtnisleistungen, allgemeine Aktivierung steigern sie. Daß dabei das noradrenerge System des Gehirns und das

Neurohypophysenhormon Adiuretin eine Rolle spielen, wurde in Abschnitt 8.1.2. erwähnt. Zentral erregende oder hemmungsblockierende Pharmaka verbessern nur begrenzt Gedächtnisleistungen. Hohe Dosen schränken die Aufmerksamkeit zu sehr ein (s. Abschnitt 13.2.4.).

*Aktivierung und Einprägen.* Aktivierungsprozesse begünstigen das Einprägen, wie auch elektrophysiologische Ableitungen [4] zeigen. Sie beeinflussen wohl die Konzentration auf den Lerninhalt. Ein biochemisches Korrelat dazu ist die Aktivität des Transmitters Azetylcholin (ACh) im Gehirn [19]. Fördert man die ACh-Aktivität *beim* Lernen, so kann im Tierversuch der Lerninhalt sogar vor den löschenden Folgen eines nachträglichen Elektroschocks geschützt werden [5]. ACh-Blocker vermindern Aufmerksamkeit und Lernleistung [6, 7]. Versuchstiere, die in reich strukturierten Käfigen aufwachsen (s. Abschnitte 2.2.9. und 11.2.1.), zeigen höheren ACh-Umsatz.

Ablenkende Aktivierungs- und Aufmerksamkeitsprozesse *im Anschluß* an eine Lernphase behindern das Einprägen. Das kann im Tierversuch z. B. durch einen Elektroschock bewirkt werden [8] (dessen Wirkung allerdings durch einen ACh-Blocker aufgehoben wird). Umgekehrt verbessert eine Dämpfung von neuralen Erregungsprozessen zwischen Lernen und Behaltensprüfung die Gedächtnisleistung (z. B. durch Unterkühlung, Dunkelhaltung, durch das in Abschnitt 3.2.5. erwähnte dämpfende Pharmakon Chlorpromazin [9] oder durch Behandlung mit schwerem Wasser).

*Das Holografie-Modell.* Der Übergang von informationsspezifischen Erregungsprozessen zur gedächtnisspezifischen Veränderung der erregten Struktur stellt ein theoretisches Problem dar. Abstrakt gesprochen, handelt es sich um eine Umwandlung von Signalen in Systemkomponenten, die selbst wieder Signale filtern können. Dafür gibt es ein physikalisches Modell, die Fotografie.

Beim Fotografieren schwärzen bildvermittelnde Lichtstrahlen spezifisch einen Film. Daraus kann man ein Diapositiv herstellen. Wird das Diapositiv durch ein unspezifisches Projektionslicht beleuchtet, so filtert es daraus die gespeicherten, bildvermittelnden Lichtstrahlen.

Sogar noch weitere Eigenschaften der nervalen Gedächtnisspeicherung kann man am Beispiel der Fotografie erklären. Zahlreiche Informationen sind im Gehirn offenbar gleichsam übereinander, dafür aber ausgebreitet über eine große Fläche gespeichert. Eine teilweise Beschädigung bewirkt eine allgemeine Unschärfe, ohne daß bestimmte Inhalte ganz verloren gehen. Diese Eigenschaften treffen für eine bestimmte Art der Fotografie, nämlich für die Holografie, zu.

Zur Herstellung eines holografischen Bildes verwendet man Licht einer bestimmten Art (kohärentes Licht, Laserlicht). Dadurch wird es möglich, nicht nur da ein objektrepräsentierendes Bild zu erzeugen, wo sich die Lichtstrahlen hinter einer Linse wieder vereinigen (nämlich in der Brennebene). Man bekommt auch (wegen der speziellen Art der Bündelung) von streuenden Lichtstrahlen ein objektrepräsentierendes Bild. Jeder informationstragende Lichstrahl, den ein Objekt reflektiert, wird allerdings auf die gesamte Filmfläche abgebildet.

Dieser Vorgang erzeugt auf dem Film ein Schwärzungsmuster (Hologramm), das zwar die Bildinformation komplett und exakt enthält, dem man aber die enthaltene Information nicht ohne weiteres ansieht. Hologramme besitzen die obengenannten Eigenschaften. Insbesondere enthalten Hologrammteile alle, wenn auch im einzelnen etwas verschwommenen Informationen.

Will man die Bildinformationen eines Hologramms abfragen, muß man das Hologramm mit einem Testlicht-Strahl (Referenzstrahl) beleuchten. Er wird durch das Hologramm so gefiltert, daß wieder bildvermittelnde Lichtstrahlen entstehen.

Formal gehören holografische Modelle zu den Korrelationsmodellen. Diese sind, wie in Abschnitt 10.2.4. ausführlicher erklärt, zur genaueren Beschreibung der nervalen Netzwerkfunktionen nicht geeignet.

*Die Kapazität.* Nach den bisherigen Ausführungen spricht kein Grund dagegen, daß alles Gelernte im Gehirn irgendeinen Platz findet. Auch für Vergessen ist keine physiologische Grundlage bekannt. Allerdings ist anzunehmen, daß frühere Erfahrungen von späteren überlagert, dadurch verstärkt oder abgeschwächt, jedenfalls aber längerfristig verändert werden. Kapazitative Grenzen werden durch die Art der Informationssuche (z. B. Abschnitt 8.2.2.), der Informationsaufnahme (z. B. Abschnitt 8.2.1.), die Art des Informationsabrufs (z. B. 10.2.5. und 10.2.6.) und die Möglichkeiten der Informationswiedergabe gesetzt (s. auch Abschnitt 8.2.3.).

### *12.2.2 Synapsen 2: Funktionelle Veränderungen an Synapsen*

*Posttetanische Potenzierung.* Der Übergang von spezifischen Erregungsprozessen zur spezifischen Veränderung der erregten Struktur stellt, wie mehrfach erwähnt, ein theoretisches Problem dar. Die Annahme einer erregungsabhängigen Plastizität des Nervensystems wäre zu einfach. Sie würde nicht die Phänomene überdauernder kognitiver Strukturen erklären.

In Abschnitt 10.2.4. wurde auf die theoretische Bedeutung zeitverzögernder Informationsverarbeitung für die Gedächtnisbildung hingewiesen. Eine Zeitverzögerung wäre dabei vor allem bei Verarbeitung des verstärkenden Anteils des zu speichernden Signals (also der Reinforcement-Komponente) zu fordern. Eine Verarbeitungsstrecke mit Verzögerung bzw. eine Laufzeitspeicherung, wie sie dadurch gefordert würde, ist physiologisch denkbar.

Für viele Synapsen gilt, daß sie bei hochfrequenter Erregung (Tetanus) ihr Ruhepotential hyperpolarisieren. Die Folge ist, daß die einlaufenden Aktionspotentiale eine höhere Amplitude erhalten, und daß mehr Transmitterstoff in den synaptischen Spalt freigesetzt wird („Potenzierung“). Dieser Zustand hält auch nach Ende der hochfrequenten Erregung an (posttetanische Potenzierung), und zwar unter Umständen ein bis zwei Stunden.

Durch wiederholte tetanische Reizung konnte man bei bestimmten Zellen eine posttetanische Potenzierung über mehrere Stunden aufrechterhalten. Nervenzellen mit den längsten posttetanischen Potenzierungen hat man bemerkenswerterweise in der Hippocampus-Formation gefunden. Das ist der Gehirnteil, den man am ehesten für die Verarbeitung von „Reinforcement-Komponenten" verantwortlich machen würde. In den Zellmembranen der Pyramidenzellen des Hippocampus gibt es vermehrt spezielle K-Kanäle, die durch Hyperpolarisierung geöffnet werden [20].

Dieser Vorgang würde theoretisch dazu dienen können, die in Abschnitt 10.1.1. geforderten Gewichtskonstanten – zumindest vorübergehend – zu verändern. Diese Gewichtskonstanten stellen eine summarische Kennzeichnung von Eigenschaften der Synapsen und Membranen dar, die spezifische Informationen verarbeiten. Dazu müßte der beschriebene Vorgang zusammen mit anderen, spezifischen Erregungsprozessen an den entsprechenden Verarbeitungsorten wirksam werden.

*Physiologische Habituation und Sensibilisierung.* Beobachtet man einfache, spezifische Reiz-Reaktions-Verbindungen (z. B. Reflexe), so stellt sich die Frage, ob die Verbindung nicht schon durch „Übung" verbessert werden kann. Manchmal verwendet man dafür auch das Wort Bahnung, das jedoch dann nicht mit dem in Abschnitt 9.2.1. erklärten Begriff verwechselt werden darf. In der Regel kann jedoch davon nicht die Rede sein. Man hat sogar Gegenteiliges beobachtet: Nach wiederholter Reizung wird die Reflexantwort schwächer [10]. Gilt dies bei unveränderter Einzelerregbarkeit der beteiligten Nervenzellen, spricht man von physiologischer Habituation.

Ein scheinbar ähnlicher Effekt tritt bei physiologischer Adaptation auf. Hierbei handelt es sich allerdings um eine Erregbarkeits-Eigenschaft von Rezeptorzellen oder rezeptorischer Systeme. Die Erregungsstärke der meisten Rezeptorzellen nimmt nämlich bei Dauerreizung mit der Zeit ab, also Anpassung bei Dauerreizung von Rezeptorzellen versus Anpassung bei wiederholter Auslösung einer reflektorischen Reaktion.

Die Biochemie der Habituationsprozesse ist nicht ganz geklärt. Vieles spricht jedoch dafür, daß bei normaler Erregung und bei normaler Aktivität der subsynaptischen Membran Enzyme aktiv sein müssen (Protein-Kinasen), die die Tätigkeit der Membran-Proteine erst ermöglichen. Möglicherweise tritt bei wiederholter Reizung ein Verschleiß von Protein-Kinasen ein. Je nach Aktivität der subsynaptischen Membran wird mehr oder weniger Transmitter ausgeschüttet.

Bei den habituationsfähigen Nervenzellen im Eingeweideganglion der Meeresschnecke Aplysia vermittelt zwischen den Protein-Kinasen und subsynaptischen Membranabschnitten der Wirkstoff Kalzium. Bei wiederholter Reizung tritt Kalzium-Mangel ein, bei Aktivierung der Protein-Kinasen ein Kalzium-Anstieg. Parallel dazu verändert sich die Menge an ausgeschüttetem Transmitter.

Wird eine Reiz-Reaktions-Verbindung durch einen nicht-neutralen (z. B. schmerzhaften Reiz) stimuliert, kann es zu einer Sensibilisierung kommen. Die Reflexantwort wird in diesem Fall intensiver.

Will man z. B. Schutzreflexe klassisch konditionieren, so sollte in vielen Anordnungen der UCS dem CS etwa nach 0,4 Sek. folgen, um optimale CR-Akquisition zu erreichen [21] (wegen der Abkürzungen s. Abschnitt 10.2.5). Stimuliert man eine habituationsfähige Nervenzelle im Abstand von 0,4 Sek., so erreicht man dadurch optimale Kalzium-Leitfähigkeit der Zellmembran [22].

Es sei wie bisher angenommen, daß die nicht-neutrale („valente") Reizkomponente gesondert verarbeitet werden kann. Dann kann sie als „Reinforcement-Komponente" im obigen Sinn verstanden werden. Wie zu erwarten, kann eine dadurch entstehende unspezifische Erregung die Übertragungseigenschaften in der Reiz-Reaktions-Verbindung selektiv verbessern.

Bei schmerzhafter Reizung aktiviert die Meeresschnecke Aplysia Interneurone, die Serotonin ausschütten. Diese Interneurone enden an den habituationsfähigen Nervenzellen des Eingeweideganglions. Die Serotonin-Rezeptoren dieser Nervenzellen können c-AMP erzeugen (das können alle Peptidrezeptoren, s. Abschnitt 7.1.1). c-AMP aktiviert Protein-Kinasen [11], schließt Kalium-Poren [23] und begünstigt EPSP's (und bewirkt das Gegenteil wie Habituation).

### *12.2.3 Biochemie der Gedächtnisspeicherung*

*Das Problem der Konsolidierung.* Alle bisher erwähnten und für die Gedächtnisbildung sicherlich relevanten Phänomene haben aber nur begrenzte Dauer. Überdauernde Veränderungen wären nur möglich, wenn sich Art oder Menge der bei Erregungsprozessen beteiligten Enzyme oder Membranproteine ändert. In jedem Fall wären es Veränderungen im Proteinumsatz. Dieser ist aber, wie in Abschnitt 1.2.2. erklärt, an die Aktivität bestimmter Nukleinsäuren (spezifische RNA-Moleküle) gebunden.

Auf Grund dieser Überlegungen begann man in der Mitte unseres Jahrhunderts den RNA-Gehalt von Nervenzellen zu untersuchen. Tatsächlich besitzen chronisch oder akut aktive Nervenzellen einen höheren (z. T. doppelt so hohen) RNA-Gehalt als Neurone unter Kontrollbedingungen. Die entsprechenden klassischen Untersuchungen wurden vor allem von dem Biochemiker H. Hydén und seinen Mitarbeitern vorgenommen.

Substanzen, die die RNA-Synthese unspezifisch erhöhen, fördern Lernen und Behalten. Transkriptionshemmer blockieren Lernprozesse. Eine bestimmte Substanz (Tri-cyano-amino-propen) vermehrt die RNA nur in bestimmten Gehirnzellen (Zellen des Deiters-Kerns). Sie unterstützt selektiv Erlernen und Behalten motorischer Fertigkeiten (Labyrinth-Orientierung). Bei geriatrischen Patienten können RNA-Präparate die Gedächtnisleistung erheblich steigern, im Tierexperiment fördern RNA-Injektionen die Lernleistung.

Allerdings ist es klar, daß jede aktive Körperzelle einen hohen RNA-Stoffwechsel hat. Umgekehrt fördert ein großer Vorrat an Nukleinsäure-Bausteinen und ein intakter RNA-Stoffwechsel die Zellaktivität. RNA-Blocker behindern die Zellfunktion. Dennoch wird man die biochemische Konsolidierungstheorie beibehalten, da sie der einzige biologisch sinnvolle Erklärungsansatz ist.

*Biochemische Transfer-Experimente.* Einige Versuche, die biochemische Konsolidierungstheorie auf einfache Weise zu bestätigen, führten zu einer bis heute noch nicht abgeschlossenen Kontroverse. Es handelt sich um Lernexperimente mit sehr einfach gebauten Würmern (Plattwürmern oder Planarien; die Experimentaltiere gehören meistens zur Gattung Dugesia).

Planarien können eine Vermeidungsreaktion auf Lichteinschalten lernen, die sie sonst nur auf einen Elektroschock zeigen. Aus Teilen von dressierten Planarien regenerierte Individuen konnten die Vermeidungsreaktion ebenfalls [12]. Die Behaltensleistung wurde jeweils daran gemessen, wie wenig Lerndurchgänge zur Erreichung eines Lernziels erforderlich waren (Ersparnismethode). Verfütterte man Teile von trainierten Planarien an andere Planarien, so zeigten diese ebenfalls eine große Lernersparnis. Man weiß, daß durch die Verdauung bei Planarien auch Riesenmoleküle in den Organismus aufgenommen werden können.

Das originellste Experiment dieser Art arbeitete mit Planarien in einem T-Labyrinth [13]. Nur wenn die Tiere in den richtigen Labyrinth-Arm krochen, wurden sie belohnt. Man prüfte vier Gruppen von untrainierten Planarien. Der einen Gruppe wurden Artgenossen verfüttert, die gelernt hatten zur einen Seite zu kriechen. Eine andere Gruppe erhielt erfolgreich zur anderen Seite Trainierte verfüttert. Einer Kontrollgruppe verfütterte man untrainierte Artgenossen. Eine letzte Gruppe bekam ein Gemisch aus Rechts-Kriechern und Links-Kriechern.

Die Erfolge der vier Gruppen im Lernexperiment waren entsprechend der aufgezählten Reihenfolge unterschiedlich gut. Waren Tiere verfüttert worden, die genau die gleiche Seite beherrscht hatten, wurde das Kriterium (Lernziel) bereits nach 114 Fehldurchgängen erreicht (die Kontrollen lagen bei 200 Versuchen). Allerdings waren auch die Tiere besser als die Kontrolltiere, die Planarien gefressen hatten, die auf die entgegengesetzte Seite trainiert worden waren (166 Versuche). Am schlechtesten schnitten die ab, die das Gemisch aus unterschiedlich Trainierten bekommen hatten (264 Versuche).

Man kann daraus schließen, daß es in diesen Kannibalismus-Experimenten einen unspezifischen Transfer gibt (Futter aus trainierten Planarien verbessert den Lernerfolg). Es gibt aber auch einen spezifischen Transfer, dafür spricht das Ergebnis in der ersten und in der letzten Gruppe.

Die Ergebnisse der Kannibalismus-Experimente von McConnel sind – sicherlich nicht zuletzt wegen ihrer theoretischen Aussage – methodisch problematisiert worden. Vermutlich können gerade bei Tieren mit undifferenzierten und daher oft uneindeutigen Bewegungen Versuchsleitereffekte eine große Rolle spielen. Die theoretische Richtung, in die diese Experimente weisen, ist jedoch nicht gänzlich zu verwerfen.

Weitere Ergebnisse bestätigen, daß Lernerfolge durch biochemischen Transfer so spezifisch wirken können wie andere Lernerfolge. Darüber hinaus kann man davon sprechen, daß die dadurch erzeugten Veränderungen die gleiche Qualität besitzen wie angeborene Determinanten des Verhaltens (Abb. 143). Genau dies aber postuliert ja die biochemische Konsolidierungstheorie. Genetisch bedingte und durch Lernen veränderte Übertragungseigenschaften der Nervenzellen wären die Grundlage der Verhaltenssteuerung. In beiden Fällen erfolgt die Festlegung der Übertragungseigenschaften durch Proteine, deren Herstellung von Nukleinsäuren gesteuert wird und deren Wirkort letztlich die Zellmembran ist.

*Das Protein-Gedächtnis.* RNA ist die Vorausetzung für Proteinsynthese. Die Herkunft der RNA ist ungelöst. Solange keine anderen Befunde vorliegen, nimmt man an, daß sie (auf Grund einer in der erregten Nervenzelle entstehenden Induktorwirkung, s. Abschnitt 1.2.3.) im Zellkern hergestellt wird. Das würde einmal mehr dafür sprechen, daß nur solche Inhalte gelernt werden können, für die es ein genetisches Korrelat gibt.

Diese Feststellung muß jedoch in ihrer relativen Bedeutung gesehen werden. An der Verankerung jedes Lerninhalts sind viele Nervenzellen beteiligt, von denen jede nur einen formalen Aspekt speichert. Veränderungen einzelner Nervenzellen auf Grund von Lernen können daher sehr unspezifisch sein; vielleicht manchmal so unspezifisch wie das einzelne

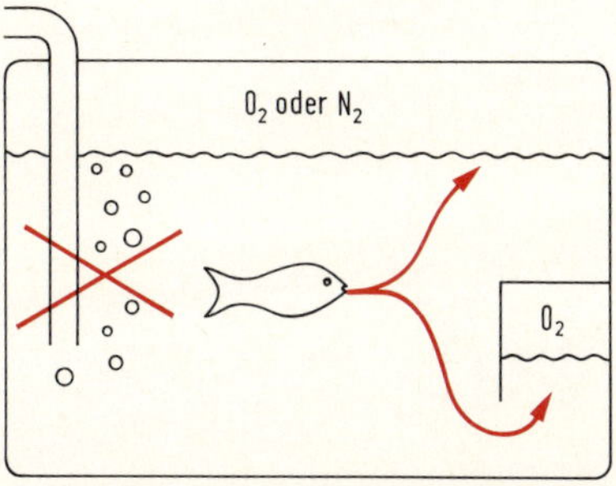


*Abb. 143* Fische atmen mit Hilfe ihrer Kiemen den im Wasser gelösten Sauerstoff ($O_2$). Goldfische suchen bei Sauerstoffmangel im Aquarium spontan an der Oberfläche nach $O_2$. Sie tun das auch dann noch eine Zeitlang, wenn der Raum über dem Wasser mit Stickstoff ($N_2$) gefüllt wurde. Man kann sie jedoch in vier Lerntagen darauf dressieren, $O_2$ in Bodennähe zu suchen. Spritzt man einen von dressierten Tieren gewonnenen RNA-Extrakt einer neuen Population, so suchen diese Tiere spontan in Bodennähe nach $O_2$ [13].

Aktionspotential selbst. Die Spezifität entsteht auf jeden Fall ohnehin durch den Ort, möglicherweise auch durch zeitweiliges Auftreten, wahrscheinlich auch durch den Nervenzelltyp, an dem sie auftritt, und vermutlich durch einige Modalitäten (erregungsfördernd/erregungshemmend).

Aus der RNA – die auf Grund des eben Gesagten als m-RNA bezeichnet werden kann (s. Abschnitt 1.2.2.) – werden Proteine gebildet. Dies geschieht aber erst allmählich. Vieles spricht dafür, daß dieser Vorgang leicht störbar ist, wenn er nicht immer wieder in Gang gesetzt wird. Wenn dann das Protein in ausreichender Menge vorhanden und auch wirksam ist, so ist es in der Regel nicht zell- und verhaltensspezifisch.

Nur in einem einzigen Fall ist es bisher gelungen, ein zell- und verhaltensspezifisches Protein zu isolieren, das während eines Lernvorgangs gebildet wird und spezifisch Gedächtnis fördert. Es handelt sich um das Gedächtnisprotein Scotophobin, das Ratten bilden, wenn sie nach Aufsuchen eines dunklen Lochs wiederholt einen elektrischen Schlag erhalten [14]. Auch wenn dieses Protein, das in Transferexperimenten auch bei anderen Tieren Dunkelfurcht erzeugt, als Streßprotein bezeichnet werden kann, so entsteht es doch im Lernexperiment, erzeugt ein spezifisches Vermeidungsverhalten und wirkt im Transfer.

Es gibt eine große Zahl von Untersuchungen, in denen Proteinsynthese-Hemmstoffe verwendet werden. Sie liefern z. T. interessante Ergebnisse. Die Translationshemmer Puromycin und Cycloheximid (Actidion) senken den Katecholaminspiegel und verhindern eine posttetanische Potenzierung. Sie beeinträchtigen nicht das Kurzzeit-, wohl aber das Langzeitgedächtnis. Die Interpretation ist aber problematisch, da nicht immer klar ist, welche Zell- oder Organfunktionen damit blockiert sind.

Durch eine weitere Untersuchung von Gedächtnisproteinen kann es gelingen, etwas mehr Informationen darüber zu erhalten, wie Lerninhalte

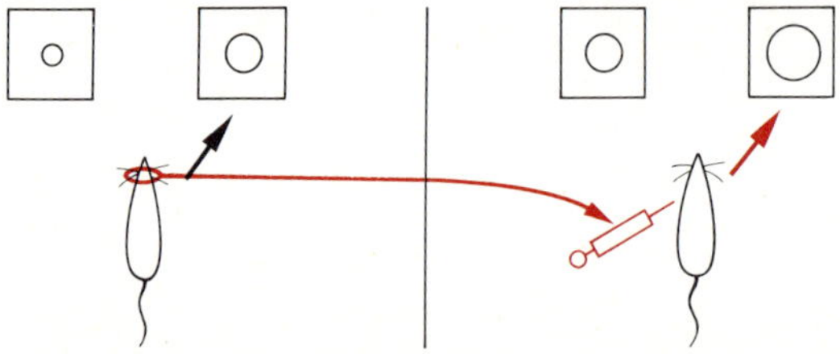

*Abb. 144* In einem Diskriminationsexperiment lernten Ratten, hinter Türen mit einem 7 cm großen Punkt Futter zu finden. Alternativ wurden ihnen Türen mit einem 3 cm-Punkt geboten. Dann spritzte man einen Gehirnextrakt von trainierten Tieren in untrainierte Empfängertiere. Diese wurden vor Türen mit 7 und 12 cm großen Punkten gesetzt und wählten bevorzugt die Tür mit dem 12 cm-Punkt [15]. Es handelte sich hier um eine relative Diskrimination. Der Transfer bewirkte die Wahl des „größeren Punktes“.

vom Nervensystem aufgenommen und abgespeichert werden (Abb. 144). Die psychologische Relevanz der biochemischen Gedächtnisforschung liegt also nicht nur in der Frage des materiellen Substrates (und seiner Manipulierbarkeit), sondern auch in den formalen Aspekten der nervösen Speicherung.

## *Literatur*


[1] Brown, P. K., Wald, G.: Visual pigments in single rods and cones of the human retina. Science 144 (1964) 45–52

[2] Baylor, D. A., Fourtes, M. G. F.: Electrical responses of single cones in the retina of the turtle. J. Physiol. (London) 207 (1970) 77

[3] Grüsser, O.-J.: Gesichtssinn und Oculomotorik. In: Physiologie des Menschen (R. F. Schmidt, G. Thews Hrsg.), S. 226–262. 19. Aufl. Springer, Berlin-Heidelberg-New York 1977

[4] Olds, J.: Learning centers of rat brain mapped by measuring latencies of conditioned unit responses. In: Brain Unit Activity During Behavior (M. I. Philipps Ed.). Thomas, Springfield 1973

[5] Davis, J. W., Thomas, R. K., Adams, H. E.: Interactions of scopolamine and physostigmine with ECS and one trial learning. Physiol. Behav. 6 (1971) 219–222

[6] Bohdanecky, Z., Jarvik, M. E.: Impairment of one-trial passive avoidance learning in mice by scopolamine, scopolamine methybromide, and physostigmine. Int. J. Neuropharm. 6 (1962) 217–222

[7] Whitehouse, J. M.: The effects of atropine on discrimination learning in the rat. J. Comp. Physiol. Psychol. 57 (1964) 13–15

[8] McGaugh, J. L., Landfield, P. W.: Delayed development of amnesia following electroconvulsive shock. Physiol. Beh. 5 (1970) 1109–1113

[9] Rensch, B., Düker, G.: Verzögerung des Vergessens erlernter visueller Aufgaben bei Tieren durch Chlorpromazin. Pflügers Arch. 289 (1966) 200–214

[10] Hagbarth, K. E., Kugelberg, E.: Plasticity of the human abdominal skin reflex. Brain 81 (1958) 305–318

[11] Kandel, E. R.: Kleine Verbände von Nervenzellen. Spektrum 11 (1979) 58–67

[12] McConnell, J. V., Jacobson, A. L., Kimble, D. P.: The effects of regeneration of a conditioned response in the planarion. J. Comp. Physiol. Psychol. 32 (1959) 1–5

[13] Zippel, H. P. (Ed.): Memory and Transfer of Information. Beiträge von McConnell und Malin, sowie von Fjerdingstad. Plenum Press, New York 1973

[14] Ungar, G.: Molecular coding of information in the nervous system. Naturw. 59 (1972) 85–91

[15] Brand, L. W., Brand, W. G.: Biochemical transfer of relational responding (Transposition). Science 176 (1972) 942–944

[16] Dowling, J. E., Boycott, B. B.: Organization of the primate retina: Electron microskopy. Proc. Roy. Soc. (London) B 166 (1966) 80–111
[17] Grüsser, O.-J., Grüsser-Cornehls, U., Schreiter, U.: Responses of cat retinal ganglion cells to eyeball deformation. A neurophysiological basis for pressure phosphenes. Soc. Ophthal. Proc. Series 30 (1981) 36–52
[18] Pressey, A. W.: Evidence for the role of attentive fields in the perception of illusions. Qu. J. exp. Psychol. 26 (1974) 464–471
[19] Deutsch, J. A.: The Physiological Basis of Memory. New York: Academic Press, 2nd Ed., 1983
[20] Gustafsson, B., Galvan, M., Grafe, P., Wigstrom, H.: A transient outward current in a mammalian central neurone blocked by 4-amino pyridine. Nature 299 (1982) 252–254
[21] Spooner, A., Kellogg, W. N.: The backward conditioning curve. Am. J. Psychol. 60 (1947) 321–334
[22] Woody, C. D.: Memory, Learning, and Higher Function: A Cellular View. New York: Springer 1982
[23] Siegelbaum, S. A., Camardo, J. S., Kandel, E. R.: Serotonin und cyclic AMP close single $K^+$channels in Aplysia sensory neurons. Nature 299 (1982) 413–417
[24] Die subjektiven Daten stammen aus einer Untersuchung, die J. Müller bei uns durchführte.

# 13. Psychopharmaka und psychotrope Drogen

## 13.1 Psychopharmaka, Schmerz- und Beruhigungsmittel

### *13.1.1 Überblick über die Pharmakologie des Gehirns*

*Die großen Transmittersysteme.* Jede Nervenzelle stellt einen bestimmten Transmitterstoff her, den sie benützt, um ihre Erregung an andere Nervenzellen weiterzugeben, mit denen sie in Kontakt steht. Nur wenige Transmitter sind bis jetzt bekannt (s. Tab. 11 in Abschnitt 9.1.5.). Und auch für diese wenigen Transmitter lassen sich nur die wichtigsten Bildungsorte und die hauptsächlichsten Wirkstätten angeben. Die größten dieser Systeme sind (s. auch Abb. 145):

Azetylcholin. Ein cholinerger Teil der Formatio reticularis wird für Aufmerksamkeitsprozesse bei orientierender Informationsverarbeitung (s. Abschnitt 7.2.5) und entsprechender Enkodierung (s. Abschnitt 12.2.1) verantwortlich gemacht.

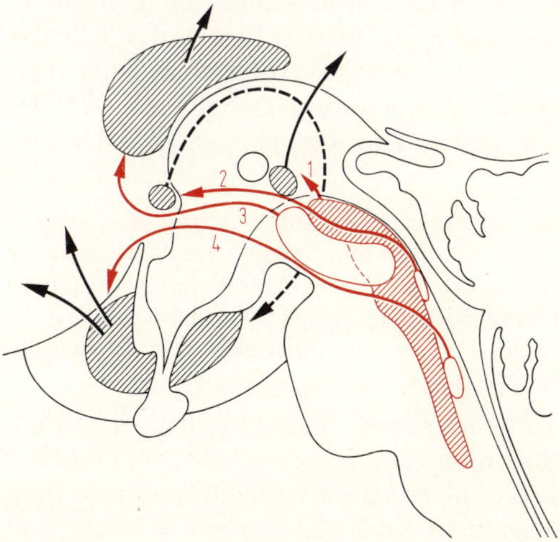


*Abb. 145* Einige pharmakologisch wichtige Verbindungen vom Hirnstamm zum Neokortex. 1 adrenalin-stimuliert: Formatio reticularis → lateraler Thalamus → Neokortex. 2 noradrenerg: Locus coeruleus → Septum → Hippocampus-Formation → Neokortex. 3 dopaminerg: Substantia nigra → Striatum. 4 serotoninerg: Nucleus raphe → Limbischer Kortex → Neokortex.

Cholinerge Bahnen ziehen vom dorsalen Tegmentum zum Thalamus. Eine andere cholinerge Verbindung besteht zwischen medialem Septum und Hippocampus bzw. zum ventralen Tegmentum.

Das Dopaminsystem. Es zieht vom Mittelhirn (Substantia nigra) zu den Großhirnkernen (Striatum) und sorgt für motorische Impulse (s. Abschnitte 3.2.2 und 8.1.1).

Das Noradrenalinsystem. Es hat seinen Ursprung ebenfalls im Mittelhirn (Locus coeruleus), zieht jedoch zu Strukturen des limbischen Systems (Septum). Es vermag laufendes Verhalten zu blockieren, die Wachsamkeit zu erhöhen und das Gefühl der Angst zu erzeugen (s. Abschnitt 8.1.2.). Die Ausschüttung des Streßhormons ACTH wird gehemmt. Gonadotrope Hormone werden dagegen vermehrt ausgeschüttet.

Das Serotoninsystem. Vom unteren Hirnstamm (Nucleus raphe) ziehen die Fasern dieses Systems zum Zwischenhirn (Hypothalamus) und zum limbischen System. Sie erzeugen einen Zustand des Wohlbefindens und senken die Wachheit (s. Abschnitte 3.2.2 und 7.2.5). Die Ausschüttung gonadotroper Hormone wird gebremst. Dagegen wird das Hormon Prolaktin, das bei Tieren die Brunst steuert, vermehrt produziert.

Ein Histaminsystem verbindet den Hypothalamus mit dem Septum. Mit ACTH-verwandten Transmittern (sog. Pro-opiomelanocortin-Derivaten) arbeiten Bahnen, die vom Hypothalamus zum Hippocampus, zum Corpus striatum und zur Formatio reticularis ziehen.

*Psychopharmaka und psychotrope Drogen.* Eine nahezu unübersehbare Vielzahl von Substanzen rufen, wenn sie in das Innere des Körpers gelangen, Veränderungen in der Funktion des Nervensystems hervor. Es handelt sich um Psychopharmaka (Neuroleptika, Tranquilizer, Antidepressiva und Psychostimulantien) und psychotrope Drogen (Rausch- und Genußdrogen).

Dabei trennt man zwischen industriell verwerteten und zu Heilzwecken vertriebenen Drogen (Pharmaka im engeren Sinn) und solchen, die entweder im Selbstverfahren zubereitet oder zumindest in Eigenverantwortung konsumiert werden (Drogen im engeren Sinn). Eine solche Trennung geht an der Realität völlig vorbei. Dennoch soll die traditionelle Teilung nach Pharmaka und Drogen der Verständlichkeit halber beibehalten werden.

Die genannte Einteilung läßt sich nach einem ideellen Kriterium rechtfertigen: Psychopharmaka werden vor allem eingesetzt, um eines der drei großen Transmittersysteme pharmakologisch zu beeinflussen (Nebenwirkungen werden mitunter bewußt in Kauf genommen). Rausch- und Genußdrogen werden wegen bestimmter, erwünschter Wirkungen konsumiert (wobei ihre pharmakologische Funktion nicht interessiert).

Neuroleptika. Freilich sind auch Psychopharmaka in der Regel Drogen, deren biochemische Funktion vielfach nur an der Wirkung indirekt erschlossen wird. Neuroleptika sollen helfen, schizophrene Symptome zu mindern. Fast alle Neuroleptika dämpfen das Dopaminsystem. Über Neuroleptika wurde in Abschnitt 3.2.5. berichtet.

Tranquilizer. Eine große Zahl von verschiedenen pharmazeutischen Präparaten wirken allgemein dämpfend auf Wahrnehmung und Verhalten. Nur zum Teil besitzen sie eine angstlösende Komponente (Anxiolytika). Zum anderen Teil wirken Tranquilizer oft sedierend (Sedativa). Bestimmte Tranquilizer (aus den pharmakochemischen Familien der Benzodiazepine und der Barbituriate) wirken auf die angststeuernden Septumkerne. Über Tranquilizer wird außerdem noch in Abschnitt 13.1.5 berichtet werden [8].

Antidepressiva. Unter diesem Sammelnamen werden Medikamente zusammengefaßt, die depressive Symptome lindern oder verhindern sollen. Sie wirken mehr oder weniger selektiv auf das Noradrenalin- und Serotonin-System. Über Antidepressiva wurde bereits ausführlich in Abschnitt 3.2.3 berichtet.

Psychostimulantien. Hierher gehören anregende und aufmerksamkeitsstimulierende Präparate, die zur Behandlung von hyperkinetischen (s. Abschnitt 6.1.3) und geriatrischen Symptomen verwendet werden. Über diese und andere zentral erregende (analeptische) Weckamine aus der Amphetamin-Verwandtschaft wird noch in Abschnitt 13.2.4 berichtet werden.

Über die als psychotrope Drogen verwendeten Substanzen wird in den folgenden Abschnitten ausführlicher berichtet werden. Sie lassen sich am besten in drei großen Gruppen zusammenfassen: Schmerz- und Beruhigungsmittel (Opiate und Opiatantagonisten, Alkohol, Schlafmittel und Tranquilizer, Lösungsmittel und Narkotika); zentral erregende Rauschdrogen (Kokain, Cannabis, Indol-Halluzinogene, Weckamine); Nachtschatten- und Genußdrogen.

### *13.1.2 Die Probleme des Drogenmißbrauchs*

*Das Problem des Angebots.* Substanzen, die imstande sind, Verhalten (Wahrnehmen und Handeln) durch eine innerorganismische Wirkung zu verändern, kommen in zahlreichen Pflanzen- und teilweise auch Tiersäften vor. Die meisten wirken allerdings nur nach besonderer Zubereitung. Außerdem gibt es erhebliche Unterschiede, ob eine derartige Substanz über den Nahrungsweg oder direkt ins Blut aufgenommen wird. Das Drogenangebot erfolgt daher so gut wie immer über einen Personenkreis, der über Gewinnung, Zubereitung und Anwendung Bescheid weiß.

Das größte Drogenangebot stammt von der chemisch-pharmazeutischen und der Genußmittel-Industrie. Dabei sind zunächst Gefahren durch spektakuläre Fehleinschätzungen von Produktwirkungen zu erwähnen (wie z. B. bei den Appetitzüglern, die sich als Wachmacher entpuppten, oder beim Heroin, s. Abb. 146). Daneben aber ist auch die Situation

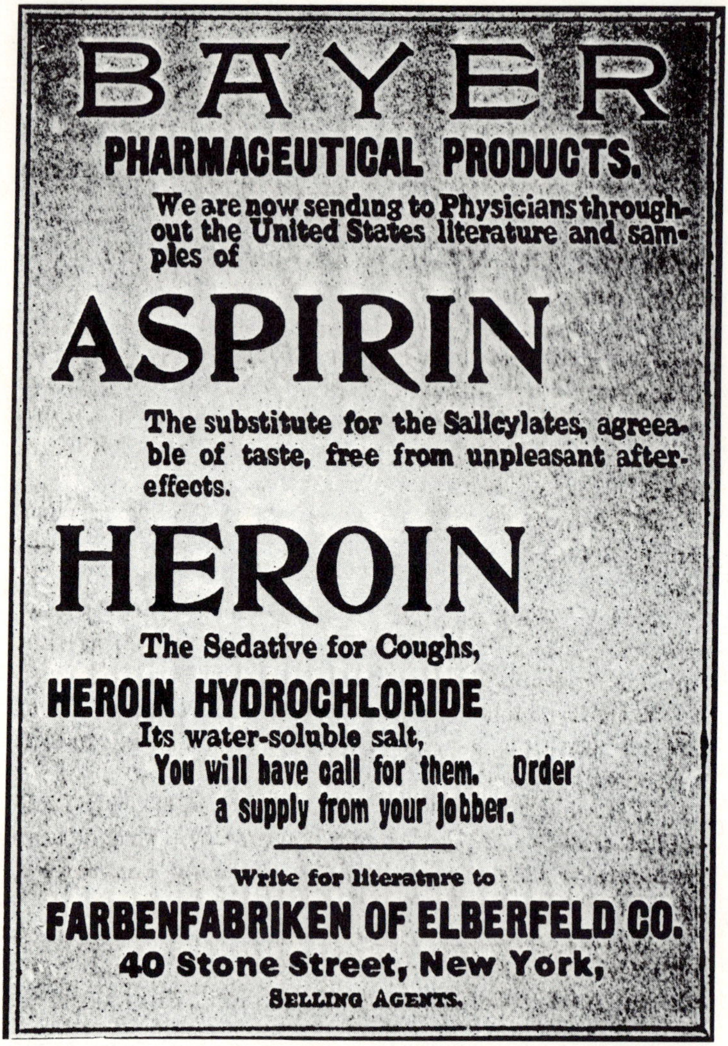


*Abb. 146* Reklameschrift aus der Zeit der Jahrhundertwende. Heroin als Hustenmittel: Ein Ersatz für abhängigkeitserzeugende Opiate (Morphium und Codein)?

bedenkenswert, die durch ein großes Angebot an Drogen entsteht, die gezielt die psychophysische Befindlichkeit verändern sollen. Viele von ihnen sind scheinbar harmlos (wie z. B. Schmerz-, Schlaf-, Beruhigungs- oder Anregungsmittel). Sie stellen aber meist doch einen massiven Eingriff dar, der letztlich nur verhindert, daß Symptome spürbar werden.

*Das Problem der Nachfrage.* Auch durch eine Reduzierung des Drogenangebots läßt sich das Problem der Nachfrage nicht bewältigen. Es läßt sich nicht mehr leugnen, daß dieses Problem das vordringlichste ist. Rauschdrogen werden den Kindern in der Regel nicht einfach aufgedrängt. Fast alle Personen haben eine Neigung zu Suchtverhalten. Ein bestimmter Personenkreis drängt bevorzugt zu Drogen.

Ungerichtete Erlebnissucht und gezielte Neugierde sind Faktoren, die durch Aufklärung und Freizeitangebote an Bedeutung verlieren.

Abgesehen davon gibt es, soweit man heute weiß, zwei wichtige Gründe für Drogenmißbrauch. Der Hauptgrund ist in dem Spannungsfeld zu sehen, in dem der Drogengefährdete lebt. Dies ist der im Rahmen des Drogenproblems überhaupt zentrale, in seinen Konsequenzen aber noch kaum durchdachte Punkt. Die Droge wird keineswegs als „Problemlöser" verwendet. Der Drogengefährdete sieht in der Regel keine speziellen Probleme, sondern eine Lebenssituation, mit der er sich nicht identifizieren kann, da sie ihn zu sehr belastet. Er sucht meist nicht nach einer Änderung, sondern nach Alternativen (auch nach alternativen Problemen).

Der zweite Grund für die Drogennachfrage liegt in der scheinbaren Attraktivität der Drogenszene. Hier findet man Personen aus ähnlichem Milieu, deren Zufriedenheit und deren Probleme jedoch anders liegen als gewohnt. Probleme bringt vor allem die Geldnot („bread"). Diese Not kennt man als Problem, zugleich lernt man auch neue und scheinbar effektive Strategien der Bewältigung kennen. Ein Szenen-Jargon schafft Gruppenklima [1].

Durch eine Droge entsteht Zufriedenheit. Auch das ist Heranwachsenden nicht ganz unbekannt. Nur leiden unter dem Alkoholrausch der Erwachsenen in der Regel andere Personen (mangelnde Identifikationsmöglichkeiten mit selbst überforderten sozialen Vorbildern). Es gibt aber Rauschformen, unter denen niemand anderer, dem man es nicht zumuten wollte, leiden muß. Hasch erscheint sogar als soziale Droge: Um die Wirkung zu entfalten, nimmt man die Droge in Gruppen. Das täuscht soziale Kommunikation vor, zumal dieser Eindruck auch bei den Konsumenten entsteht. Bei Heroinkonsumenten kommt es wegen der dämpfenden Wirkung kaum zu sozialer Kommunikation. Zumindest zeigt man kaum negative Erregung oder Aggression, auch wenn das Gefühl da ist. Das täuscht ein spannungsfreies („cooles") soziales Feld vor, also genau das, was Drogengefährdete meist suchen.

Durch Interessenverschiebungen kann es zu einer Spontanremission (Suchtmüdigkeit) kommen.

*Das Problem der verstärkenden Wirkung.* Die Abhängigkeit entsteht, wie eben erwähnt, bereits vor dem Konsum. Sicherlich wirkt schon der nicht ganz einfache Weg zur Droge zusätzlich verstärkend im lerntheoretischen Sinn, d. h. der Belohnungseffekt hinterher ist nach Schwierigkeiten um so größer. Der Belohnungswert der Droge hängt von ihren unmittelbar einsetzenden Wirkungen ab. Alkohol z. B. ist schon auf dem Weg durch Mund und Magen angenehm und erzeugt wenig später ein Gefühl der aufsteigenden Wärme. Bei den meisten Drogen kann die Raschheit und Intensität der Wirkung, und damit auch der Verstärkungswert im Sinne der

Lerntheorie erhöht werden, wenn man sie spritzt. Verstärkt (oder belohnt) wird dadurch unmittelbar der Griff zur Droge (zur Flasche, zum Besteck, zum Trip). Dabei zugleich in Betracht zu ziehende Gefahren werden zweitrangig.

Die Erwartung einer Belohnung fördert entsprechende Verhaltensweisen auch bei anderen „Süchtigen", z. B. beim Glücksspiel; vergleichbar ist bis zu einem gewissen Grad auch das unerwünschte Schreien von Kleinkindern. Das Ausbleiben des Erfolges zwingt in solchen Fällen dazu, die Verhaltensweise weiter zu wiederholen.

Einige Drogen, wie z. B. Kokain, aber auch Hasch oder einfach Zigarettenrauchen, zeigen die ersten Male häufig nicht die erwünschten Wirkungen. Bei ihnen ist ein soziales Reinforcement (Ermunterung) erforderlich. Vor allem bei Kokain ist die erste Erfahrung eher illusionszerstörend. Es bedarf einer gewissen intellektuellen Anstrengung, dabei zu bleiben. Das größte Maß an Abhängigkeit wird offenbar durch ein mittleres Maß an persönlichem Engagement gefördert.

*Das Problem der Entzugssymptome.* Jede Droge verschiebt das biochemische Gleichgewicht des Organismus. Nach Abklingen der Drogenwirkung (durch Abbau oder einfach durch allmählichen Abtransport) muß sich das ursprüngliche Gleichgewicht schrittweise wiederherstellen. In dieser Übergangsphase treten Effekte auf, die der Drogenwirkung gewissermaßen entgegengesetzt sind: Depression statt Euphorie, Ängste statt Angstfreiheit, Schmerzen statt Schmerzfreiheit, Leistungsschwäche statt Machtgefühl. Die Stärke der entsprechenden Empfindung ist von der Dosis, von der Stoffwechselaktivität, von der gewohnheitsmäßigen Einschätzung solcher Stimmungen auf Grund der bisherigen Erfahrungen (s. Abschnitt 8.1.4.) und von den augenblicklichen Fähigkeiten und Zielen der Verarbeitung (s. Abschnitt 8.1.5.) abhängig.

Das Maß der Anpassung des Stoffwechsels an eine Droge – und zwar bei der Aufnahme durch den Darm, am Wirkort (z. B. an den Synapsen) und beim Abbau in der Leber – ist an der Toleranz des Körpers gegenüber der Droge ablesbar. Von Toleranz spricht man, wenn zur Erreichung eines bestimmten Zielzustandes eine Dosissteigerung erforderlich wird.

Der Grad der körperlichen Abhängigkeit wird nach dem Ausmaß der Entzugssymptome bemessen. Nach dem eben Gesagten ist klar, daß auch die körperliche Abhängigkeit von der übrigen psychophysischen Befindlichkeit des Betroffenen abhängt. Schon Einstellungsänderungen oder alternative Stimulierung (s. über „sensation seeking" im Kleindruck von Abschnitt 11.2.4.) können Entzugssymptome mindern. Dies erklärt, wieso auch schwer Abhängige den Selbstentzug nicht für unmöglich halten und entsprechende Versuche unternehmen. Unterschätzt wird dabei die Labilität kurzfristig auftretender Einstellungsänderungen und die unter den Schlagworten „Nachfrage" und „Verstärkung" erwähnten, längerfristig abhängigkeitsfördernden Faktoren.

*Das Problem der Sekundärwirkungen.* Im Zusammenhang mit dem Problem der Abhängigkeit ist die Bedeutung der Gewöhnung an einen bestimmten Lebensstil nicht zu unterschätzen. Das Leben eines Drogenabhängigen ist in der Regel nicht einfach. Es ist nicht der „bequeme Weg". Nur sind die dabei auftretenden Probleme an die eigene Person geknüpft, man nimmt sie größtenteils bewußt auf sich und kalkuliert selbständig Risiken und Chancen. Das schafft Identifikationsmöglichkeiten, eingeschlossen die Art der ingroup-Kommunikation und des Gelderwerbs (durch Prostitution und Kriminalität). Gleichzeitig wird die Distanz zu anderen sozialen Rollen größer. Hier attraktive Alternativen anzubieten, ist tatsächlich als Herausforderung zu verstehen.

### *13.1.3 Opiate und opiatähnliche Substanzen*

*Verwendungsformen.* Die klassische Droge dieser Gruppe und – neben Alkohol – wohl älteste Rauschdroge überhaupt ist das aus den Kapseln des asiatischen Schlafmohns gewonnene Opium. Unter Opium versteht man eine Mischung aus 25 verschiedenen Opiatsubstanzen. Diese Mischung ist als naturbelassenes Rohopium („O") oder als zubereitetes Rauchopium („Chandu") erhältlich.

Hauptwirkstoff ist das Morphin, das im Rohopium und in der Berliner Tinke („H-Tinke") zu etwa 10% vorkommt. Es ist in höheren Konzentrationen Bestandteil der Rückstände des Rauchopiums („Dross") und kristallisiert als Morphium („M", „Kristalle").

Die härteste Droge dieser Gruppe, und wohl die gefährlichste Rauschdroge überhaupt, ist das 1898 in den Bayer-Werken entwickelte Heroin („H" gesprochen „eitsch", „8", „Snif"). Heroin gibt es rein („Chinese", „China White", „Thai"), schwarz („black", d. h. mit Pulverkaffee) oder verunreinigt („Waschküche").

Andere Opiate kommen in Hustenmitteln vor, wie z. B. Kodein (in Hustensäften, aber auch in zahlreichen Schmerztabletten) und Hydro-codon (in Hustentabletten).

Opiat-Antagonisten sind Substanzen, die die Morphinwirkung aufheben können, vor allem dessen atemhemmende Wirkung (Levallorphan und Naloxon). Medikamente mit morphinähnlicher Wirkung, die auch zu Rauschzuständen und zu Abhängigkeit führen können, sind z. B. die Schmerzmittel mit den Handelsnamen Jetrium („J" gesprochen „tschei"), Valoron, Fortral und Polamidon, sowie das Narkosemittel Fentanyl und das Hustenmittel Nor-methadon.

Opiat-Präparate werden gegessen, geraucht, in den After eingeführt, mit Hilfe von Papphröhrchen geschnupft („snifen") oder in Wasser aufgelöst mit einer Injektionsnadel („Gun", „Besteck", „Bayonet") unter die Haut, in die Muskulatur oder in die Venen gespritzt („schießen", „fixen", „drücken").

*Pharmakologie.* Die Hypophyse produziert opiat-ähnliche Hormone, sogenannte Endorphine, die unter Belastung zusammen mit dem Streßhormon ACTH ausgeschüttet werden. Sie wirken an Opiatrezeptoren an manchen Stellen des Nervensystems, wobei man vor allem stabilisierende Effekte auf Atmung [2] und Kreislauf [3] nachweisen kann. Sie scheinen (in geringen Dosen) eine angstdämpfende und (in höheren Dosen) schmerzhemmende Wirkung auszuüben.

Opiate beeinflussen nun auch die Opiatrezeptoren. Die Wirkorte von Morphin und Naloxon heißen μ-Rezeptoren. Opiate blockieren das den

Rezeptormolekülen angeschlossene c-AMP-System (s. dazu Abschnitt 7.1.1) und hemmen damit die Aktivität dieser Nervenzellen. Allerdings kann sich durch eine zelleigene Mobilisierung des c-AMP-Systems ein Scheingleichgewicht herstellen. Bei vermindertem Opiatangebot kommt es jedoch zu überschießender Aktivität und damit zu den Entzugserscheinungen. Außerdem gibt es unter Opiatwirkung eine Veränderung der synaptischen Tätigkeit an den betroffenen Zellen. Im betroffenen Serotonin-System wird kompensatorisch der Transmitter-Umsatz erhöht. Im betroffenen Noradrenalin-System vermehrt sich die Zahl der Noradrenalin-Rezeptoren.

Hauptwirkort der Opiate ist jedenfalls das limbische System (Hippocampus-Formation und Septum), das emotionale Begleitreaktionen steuert. Bei Katzen kann durch Akupunktur die hypothalamische Endorphin-Produktion gesteigert werden, was zur Schmerzunempfindlichkeit führt. Generell gilt dies für intermittierenden Schmerz [4]. Der Morphin-Antagonist Naloxon vermindert beim Menschen die durch Akupunktur zu erreichende Schmerzlinderung [5]. Die schmerzlindernde Wirkung entfalten die Opiate vermutlich in den neuralen Schmerzfiltern („gates") des Rückenmarks und des Hirnstamms (hier besonders im Mittelhirn). Dort vermutet man neuronale Instanzen, die in einem speziellen Verarbeitungsprozeß dafür verantwortlich sind, ob ankommende nervale Erregungen auf Schmerzbahnen zum Zwischenhirn und zum Kortex weitergeleitet werden sollen oder nicht.

*Wirkungsverlauf.* Unter Opiatwirkung tritt rasch eine sehr intensive, doch meist kurzfristige Euphorie ein. Traumerleben und Wirklichkeit verschmelzen. Die Persönlichkeit löst sich in Raum und Zeit auf. Das Nirwana- oder All-Gefühl des Opiumrausches ist beim Morphium-Genuß noch stärker und bei Heroin wohl am stärksten. Die Träume und Visionen werden dann (nach 1 bis 4 Stunden) langsam unheimlicher und von einem Gefühl des Bedrücktseins und der Verstimmung verdrängt. Angst und Schmerz nehmen zu und drängen zum nächsten Schuß.

*Folgeerscheinungen.* Bei Opiaten werden häufig starke Dosissteigerungen vorgenommen (Toleranz). Starke Entzugssymptome treten schon nach einigen Versuchen auf. Sehr bald konzentrieren sich die Opiatabhängigen („junkies") auf das Beschaffen von neuem Stoff, um die Abstinenzerscheinungen zu vermeiden. Es besteht ein Zwang zur Geld- und Drogenbeschaffung, jedes Mittel dazu ist recht. Zusätzliche Risiken gibt es durch das Spritzen, so die Übertragung von Krankheitserregern (Hepatitis, Syphilis, AIDS). Durch Mangelernährung besteht Infektionsanfälligkeit. Mitunter kommt es zu versehentlicher Überdosierung bei unbekanntem, verunreinigtem oder zu reinem Stoff. Kinder von süchtigen Frauen zeigen Abstinenzsymptome. In den Herstellungsländern (Südostasien) kennt man einen Gebrauch von Opiaten in mäßigen Mengen ohne negative Folgeerscheinungen.

*Spezielle therapeutische Ansätze.* Bei älteren Süchtigen ist die Rückfallquote zur Zeit noch fast 100%. Kinder und Jugendliche scheinen auf therapeutische Bemühungen besser anzusprechen. Abrupte Abstinenz unter rigoroser Aufsicht ist möglich und scheint die einzige erfolgversprechende Art des Aufhörens zu sein. Sie ist allerdings mit tagelangen (ca. 1 Woche währenden) krampfbegleiteten Bauch- und Gliederschmerzen verbunden. Der Entzug gilt als qualvoll und wird oft nicht durchgehalten. Allerdings spielen Einstellung und Motivation eine Rolle. Fixer, die heimlich selbst entziehen wollen, berichten von grippeartigen Beschwerden. Mit der Hoffnung, wieder an die Droge zu kommen, verschlimmern sich die Symptome. Neuerdings hofft man, die körperlichen Entzugsbeschwerden durch das zentral wirkende Blutdruckmedikament Clonidin mildern zu können.

Beim Entzug mit Ersatzdrogen wird eine Droge durch eine andere ersetzt, ohne daß gewährleistet ist, daß die neue leichter zu entziehen ist. Unter der Wirkung von Opiatantagonisten bilden Nervenzellen sogar zusätzliche Opiatrezeptoren aus. Reine Heroin- oder Morphinsucht ist selten, in der Regel sind Opiatsüchtige wegen der Beschaffungsprobleme mehrfachabhängig. Die eigentlichen Ursachen, die zum Drogenmißbrauch geführt haben, werden durch Gabe einer Ersatzdroge nicht angesprochen.

Die größte Chance scheinen Therapieketten zu bieten, wo mehrere Einrichtungen über längere Zeit (mindestens ein Jahr) eine abgestufte Betreuung anbieten. Der schwierigste Schritt ist jedenfalls die längerfristige Rückkehr zur selbständigen Bewältigung des Alltags. Bei optimalem Therapieverlauf rechnet man heute mit einer Rückfallwahrscheinlichkeit von 25%.

### *13.1.4 Alkohol*

*Verwendungsformen.* Alkohol (genauer: Äthylalkohol oder Äthanol) ist das Rauschmittel, das nicht nur in Mitteleuropa, sondern weltweit verbreitet ist; die Zahl der Konsumenten wird auf 1 Milliarde geschätzt. Die dabei maßgeblichen gesellschaftlichen Sanktionen haben mehrere Gründe.

Da ist zunächst die große biologische Verbreitung des Alkohols. Er tritt häufig in Organismen als Stoffwechselprodukt auf (im menschlichen Körper in einer normalen Menge von ca. 2 g). In menschlichen Nahrungsmitteln tritt häufig alkoholische Gärung als natürlicher chemischer Umwandlungsprozeß auf (in kohlehydratreichen Flüssigkeiten bis zu einem Gehalt von 15%). Außerdem hat Alkohol einen großen Dosis-Spielraum. Der Körper verarbeitet Alkoholmengen bis zu 5‰ seines Gesamtgewichts (wobei Blutalkoholkonzentrationen bis zu 5‰ erreicht werden können). Starke Sanktionen genießt ein Rauschmittel überdies stets in den Herstellungsländern. Hier konnte man über viele Generationen hinweg Verhaltensweisen entwickeln und weitergeben, die es erlauben, mit der Droge weitgehend gefahrlos umzugehen.

Etwa gleichen Alkoholgehalt (10 g reinen Äthylalkohol) besitzen im Mittel 0,3 l Normalbier, 0,1 l Wein und 2 cl Schnaps. Kohlensäure (Bier, Sekt) beschleunigt die Aufnahme ins Blut.

*Pharmakologie.* Alkohol wirkt wie andere Beruhigungsmittel unspezifisch dämpfend im zentralen Nervensystem. An Nervenzellen setzt Alkohol durch Hyperpolarisation die Erregungsschwelle hinauf und verringert die

Erregungsamplituden. Die zentrale Azetylcholinaktivität ist gebremst. Dieser Befund und der phänomenale Wirkungsverlauf lassen vermuten, daß hemmende Synapsen durch Alkoholwirkung zunächst in ihrer Tätigkeit gebremst werden. Dadurch dürften unspezifische Bahnen (in der Formatio reticularis) in der Anfangsphase aktiviert werden. Als weiteren Wirkort geringerer Dosen vermutet man ebenfalls wegen der phänomenalen Wirkung basale kortikale und hypothalamische Bereiche, vor allem auch das limbische System. Dort treten auch bei chronischer Alkoholvergiftung, neben schweren extrapyramidal-motorischen Störungen, zerebrale Schäden auf.

Über die potentiell angstlösende Wirkung von Alkohol s. auch den Kleindruck in Abschnitt 8.1.2.

*Wirkungsverlauf.* Schon beim Trinken reizt Alkohol die Schleimhäute (Alkohol stoppt ja Lebensprozesse und wird daher auch als Desinfektionsmittel oder Konservierungsmittel benützt). Durch diese Reizung entsteht ein Gefühl der Wärme. Bei akuter Alkoholvergiftung ist bei geringen Dosen (bis 0,5‰) zunächst eine Wirkung auf Zwischen- und Mittelhirn zu beobachten: Parasympathische Aktivierung, aufsteigende Wärme und Hautrötung, vitales Wohlbefinden. Dazu kommt aber bald verzögerte Adaptationsfähigkeit der Augen (Blendung) und Störung der Augenmotorik. Bei höheren Dosen strahlt die Wirkung auf Kortex und auf den unteren Hirnstamm aus. Es kommt einerseits zu Störungen der Sprachmotorik, zum Assotiationsblock, zu Aufmerksamkeits- und Merk-Mängeln. Andererseits beobachtet man Koordinationsstörungen der Reflex-, Rumpf- und Extremitätenmotorik, sowie eine Empfindungsarmut für Schmerz, Berührung und Temperatur. Daneben kann es zu Affektentladungen und Potenzstörungen kommen. Über 2‰ ist die kortikale Selbstkontrolle weitgehend reduziert, die medullären Atem- und Kreislaufzentren werden gestört, was schließlich zu Bewußtlosigkeit und letztlich zum Koma führen kann.

*Folgeerscheinungen.* Alkohol hat eine dosissteigernde Wirkung (Toleranz). Ein erfahrener Trinker gibt sich auch nach längerer Abstinenz nicht mit einem kleinen Schluck zufrieden, er verspürt das dringende Verlangen, mehr zu trinken (das ist eine besondere Gefahr für „Trockene"). Beim gewohnheitsmäßigen Trinker treten ja auch die Alkoholwirkungen (wegen der versagenden Lebertätigkeit) sehr rasch ein, dennoch steigert er im Laufe der Zeit die Alkoholdosis weiter.

Von chronischer Alkoholvergiftung spricht man bei einem Konsum von über 60 bis 100 g Alkohol täglich. Der durchschnittliche Konsum von Erwachsenen liegt in der Bundesrepublik zur Zeit bei etwa 40 g täglich. Ab 80 g/Tag (bei Frauen ab 60 g) treten Dauerschäden auf. Eine der größten Gefahren ist die Einschränkung der Sauerstoffversorgung von Nervenzellen. Im Extremfall wird bei chronischer Alkoholvergiftung stellenweise Hirnsubstanz abgebaut; im peripheren Nervensystem ist die Myelinschicht gefährdet, im zentralen die Axone selbst.

Weitere Alkoholismusfolgen sind (infolge der einseitigen Ernährung) Vitaminmangelerscheinungen, ferner Leber-, Pankreas- und Herzschäden, sowie Impotenz und im fortgeschrittenen Stadium mitunter Alkoholpsychosen.

Wichtigste Alkoholpsychosen sind das (durch Streßsituationen ausgelöste) Delirium tremens (der Patient fühlt sich durch kleine, bewegliche Tiere erschreckt), die nach langer Schlaflosigkeit auftretende Alkoholhalluzinose (der Patient hört Stimmen, die ihn beschimpfen oder unangenehme Aufträge erteilen), sowie das Wernicke-Korsakow-Syndrom (Störung der Einprägfähigkeit, die häufig durch Drauflosreden, ,,Konfabulieren", vertuscht wird).

Kinder von alkoholsüchtigen Frauen weisen in jedem zweiten Fall schwere Mißbildungen auf.

*Spezielle therapeutische Ansätze.* Da dieses Rauschmittel wohl wegen der guten Dosierbarkeit im Gegensatz zu anderen Drogen eine gewisse soziale Rolle spielt, sind Interventionen schwierig.

In der Regel erfolgen Interventionen erst im Spätstadium, wo sich die Therapie vor allem auf die körperliche Abhängigkeit, die organischen Schäden und die Bewältigung der Abstinenzsymptome (Zittern, Erbrechen, Krämpfe) konzentrieren muß. Als unterstützende Maßnahme werden dabei (bis zu 1½ Jahren Dauer) Medikamente verwendet, die zu einer Alkoholunverträglichkeit führen, z. B. Disulfiram (unter dem Namen Antabus oder als Depotmedikament Esperal) oder das besser verträgliche Metronidazol (Clont). Der zur Delirbehandlung eingesetzte Alkohol-Antagonist Distraneurin ist kein derartiges Alkoholaversivum. Statt dessen kann es Alkohol in seiner Wirkung z. T. ersetzen, kann selbst Abhängigkeit erzeugen und wird mitunter neben Alkohol in höheren Dosen konsumiert.

Eine psychotherapeutische Unterstützung bezieht sich in der Regel auf die kognitive Bewältigung der Abstinenzsymptome und der sozialen Alkoholismusfolgen, bzw. auf die Wiedereingliederung.

## *13.1.5 Schlafmittel und Tranquillizer*

*Verwendungsformen.* Viele Rauschdrogen können als Schlafmittel verwendet werden; z. B. Opium und Alkohol, sowie manche der später zu besprechenden Cannabis- und Nachtschattendrogen. Umgekehrt wirken viele Schlafmittel auch als Rauschdrogen.

Zur Zeit gibt es sechs wichtige Gruppen von hierher gehörenden Pharmaka. Als Schlafmittel finden Verwendung die Piperidine (Methy-prylon), die Brom-Carbamide, das Metha-qualon (,,Lemmon 714") und die Barbituriate (z. B. Pheno-barbital, Pento-barbital, Hexo-barbital). Als Tranquilizer (Beruhigungsmittel) finden Verwendung die Benzo-diazepine (das ist vor allem das sedierende Diazepam ,,Valium" und das angstdämpfende Chlor-diazep-oxid ,,Librium") und die Meprobamate.

Die Dosierung wird bei mißbräuchlichem Konsum von Schlafmitteln anfänglich niedrig gewählt und erreicht erst auf Grund der dosissteigernden Wirkung sehr hohe Dosen bei Abhängigkeit. Tranquillizer erzeugen rauschähnliche Wirkung erst bei Überdosierung.

*Pharmakologie.* Die chemische Wirkung der Schlafmittel, vor allem der für diese Gruppe repräsentativen Barbituriate, scheint der Alkoholwirkung in vielen Punkten ähnlich zu sein (auf Grund des ähnlichen Symptomverlaufs klassifiziert die WHO hier einen gemeinsamen Abhängigkeitstypus). Ein Unterschied besteht jedoch darin, daß Barbituriate nicht nur präsynaptische Hemmungen unterstützen (wie dies beim Alkohol der Fall sein soll), sondern auch postsynaptische Hemmprozesse durch Sensibilisierung der GABA-Synapsen (Tab. 11) fördern. Man vermutet Hemmungen im cholinergen, dopaminergen und noradrenergen System (s. auch Abschnitt 8.1.2).

Barbituriate lassen sich hinsichtlich ihrer Wirkungsdauer unterscheiden. Das Narkosemittel Hexo-barbital hat eine schnellere Abbaurate als Alkohol. Das lang wirkende Pheno-barbital hat eine wesentlich geringere biologische Abbaurate. Mißbrauch von lang wirkenden Barbituriaten wird daher meist mit Weckmittelmißbrauch gekoppelt.

Benzo-diazepine wirken direkt an Rezeptormolekülen (BZD-Rezeptoren [6, 7]), die ihrerseits die Funktion von GABA-Rezeptoren unterstützen (s. Tab. 11).

Ob es ähnlich den schmerzstillenden Endorphinen auch körpereigene ,,Beruhigungsstoffe" gibt, die über die Benzo-diazepin-Rezeptoren die hemmende GABA-Wirkung unterstützen, ist nicht bekannt. Es besteht die Gefahr, daß noch Benzo-diazepine (bzw. BZD-Rezeptor-Agonisten) mit sehr hohem Suchtpotential entdeckt werden.

*Wirkungsverlauf.* Wie beim Alkohol, so ist auch bei den meisten Schlafmitteln zunächst eine kurze Phase mit erregender Wirkung zu beobachten (die von der Formatio reticularis des Mittelhirns ausgeht). Dieser Effekt kann eine stärkere euphorisierende Komponente bekommen, wenn zugleich eine wohltuende Dämpfung und Beruhigung kortikaler Erregung eintritt. Der Wegfall unerwünschter Spannung wird mitunter (vor allem beim Einspritzen in Venen) sogar stimulierend empfunden. Je nach Präparat oder Gewöhnung überwiegen hierauf die zentralen Hemmprozesse, so daß entweder Schlaf eintritt oder die auftretenden Sprach- und Gangstörungen mit Weckaminen kompensiert werden müssen. Vielfach kommt es am nächsten Tag zu Katersymptomen (Hang-over).

Ein Schmerzmittel, das therapeutisch nur mehr bei Tieren verwendet wird, ist Phen-cyclidin (PCP). Es wird unter den Bezeichnungen ,,Engelsstaub", ,,tic-tac", ,,crystal" und ,,hog" oder unter dem Handelsnamen ,,Sernylan" als Rauschmittel verwendet, das zu Allmachtsphantasien führt. PCP wird langsam abgebaut und kann zu deliranten Zuständen führen. Es besteht die Gefahr psychoseartiger Verhaltensveränderungen (Konfusion, steife Muskeln).

*Folgeerscheinungen.* Während bei den z. T. als Narkotika verwendeten kurzwirkenden Einschlafmitteln der Traumschlaf in der Regel verkürzt ist, trifft dies für einige Benzo-diazepine (z. B. Lormetazepam) und Langzeitmittel offenbar nicht zu. Letztere führen – neben der Gefahr des zusätzlichen Weckmittel-Mißbrauchs – leichter zur Abhängigkeit. Auch bei Langzeitanwendung von Benzo-diazepinen kann Abhängigkeit auftreten (Entzugssymptome bei abruptem Absetzen). Bis zur nächsten Einnahme ist häufig noch ein Großteil der letzten Dosis im Organismus, so daß es bald zu hohen Giftkonzentrationen bei Abhängigen kommt (überwiegend bei Barbituriaten und Brom-Carbamiden). Muskelzittern und leichte Reizbarkeit sind Hauptsymptome bei Abhängigkeit, Barbituriate belasten in besonderem Maße den Kreislauf.

*Spezielle therapeutische Ansätze.* Bei Gefahr eines Barbituriat-Mißbrauchs wird von ärztlicher Seite in der Regel empfohlen, nicht zu lange dasselbe Schlafmittel zu benützen, sondern immer wieder zu wechseln. Eine psychotherapeutische Intervention bei Schlafmittelgewöhnung bietet häufig nur andere Entspannungsmethoden an, z. B. Autogenes Training (s. Abschnitt 4.2.1.). Über Schlafstörungen und die psychophysiologischen Grundlagen ihrer Behandlung wurde im Kleindruck von Abschnitt 7.2.5. kurz berichtet.

Im wesentlichen gilt auch hier, was für die Schwierigkeit effektiver therapeutischer Intervention bei Alkoholabhängigkeit gilt. Mißbrauch von Brom-Carbamiden ist übrigens häufig mit Alkoholismus gekoppelt.

Barbituriat-Abhängige müssen sehr langsam entwöhnt werden. Schlagartiges Absetzen kann zu schweren Entzugserscheinungen führen (epileptische Krämpfe, Kollaps).

### *13.1.6 Lösungsmittel und Narkotika*

*Verwendungsformen.* Die Verwendung von Lösungssubstanzen als Rauschmittel ist im Vergleich zu anderen Drogen noch selten. Meist tritt sie „endemisch“, d. h. lokal in einzelnen Schulen oder Stadtteilen auf. Verwendet werden hauptsächlich Äther („Hoffmannstropfen“), Toluol („thinner“) und Tri-chloräthylen („Tri“). Als synthetischer Schnüffelstoff ist auch das nach Schweiß riechende Iso-pentyl-nitrit („Amyl“, „Rush“, „Bullet“, „Locker Room“) auf dem Markt.

Das Lösungsmittel wird getrunken, mit Hilfe eines vor Mund und Nase gehaltenen Taschentuchs „geschnüffelt“ oder in kleine Plastiktüten gegossen, aus denen es inhaliert wird.

*Pharmakologie.* Äther wirkt zuerst im Kortex und dann „von oben nach unten“ im Gehirn. Es ist also – medizinisch gesehen – ein typisches Narkotikum, das bei geringer Dosierung Bewußtlosigkeit (und Schmerzunempfindlichkeit) ohne Beeinträchtigung von Herz- und Atmungsfunktionen bewirkt. Benzin, Benzol und Toluol wirken ähnlich wie Äther, nur schwächer.

Tri-chlor-äthylen und Chloroform haben eine geringere „therapeutische Breite“, d. h. sie sind schwerer dosierbar und erreichen mit ihrer dämpfenden Wirkung schneller die medullären Zentren (Atmung/Kreislauf). Über andere, medizinisch verwendete Narkotika wurde bereits im vorangegangenen Abschnitt berichtet.

*Wirkungsverlauf.* Die berichteten Erlebnisse aus dem Rauschzustand sind auf den Konsumentenkreis zugeschnitten, der in letzter Zeit bevorzugt Lösungsmittel verwendete, nämlich Schüler und Jugendliche. Dementsprechend wird vom Alleskönnen und vom Superman-Gefühl berichtet. Nach Abklingen des Rausches bleibt Müdigkeit, Enttäuschung, Übelkeit und Nervosität zurück.

*Folgeerscheinungen.* Entzugssymptome sind nicht bekannt. Lösungsmittel greifen jedoch die Schleimhäute an. Bei chronischem Gebrauch treten Magen- oder Leberschäden auf. Teilweise sind die Spätfolgen den Alkoholismusschäden entsprechend. Bei Tri-chlor-äthylen können Nervenentzündungen (z. B. Trigeminus-Neuralgien), aber auch irreversible Nervenschäden auftreten. Die Gefahr des Erstickungstodes (durch Lähmung des Atemzentrums oder durch übergestülpte Plastiktüten) scheint geringer zu sein als die Selbstmordgefahr bei nachlassender Wirkung.

*Spezielle therapeutische Ansätze,* soweit sie nicht unmittelbar Maßnahmen gegen die Vergiftung betreffen, gibt es nicht.

## 13.2 Zentral erregende, Nachtschatten- und Genußdrogen

### *13.2.1 Kokain*

*Verwendungsformen.* Kokain („Coke", „Koks", „Schnee") wird auf zwei grundsätzlich zu unterscheidende Arten konsumiert. Durch das Kauen der Blätter des Coca-Strauches (z. B. bei peruanischen und bolivianischen Indianern), oder auch durch Essen von Kokain wird nur eine relativ ungefährliche, anregende Substanz (Ecgonin) aufgenommen (man bezeichnet diese Art des Genusses als Cocaismus). Beim Schnupfen (Aufziehen von Pulver-,,Linien", ,,Sniff", ,,koksen"), Spritzen (und vermutlich auch bei Einnahme durch Trinken) und beim Rauchen (eines Gemisches mit Backpulver, ,,Crack") wird Kokain selbst wirksam (Kokainismus).

Nach den Opiaten besitzt Kokain die wohl stärkste abhängigkeitserzeugende Wirkung. Die Dosen werden von 0,1 g bis zu 30 g täglich gesteigert (ohne, daß dies wegen körperlicher Toleranz erforderlich wäre). Mitunter wird auch eine Mischung aus Kokain und Opiaten gespritzt („Speedball"), die sogar noch zusätzlich mit LSD versetzt sein kann („Frisco speedball"). In Coca-Cola ist – trotz Verwendung von Coca-Blättern – kein Kokain enthalten. Seine anregende Wirkung ist auf das Koffein der Cola-Nuß zurückzuführen.

*Pharmakologie.* Kokain wirkt vor allem betäubend auf das periphere Nervensystem. Dennoch hat es gewisse Ähnlichkeiten mit der Alkoholwirkung. Durch die Blockierung von spezifischer afferenter Erregung kommt es zum Ansteigen unspezifischer (durch die Formatio reticularis vermittelter) Erregung. Diese Erregung betrifft vor allem den Kortex. Dazu kommt eine Thyroxin-fördernde Wirkung (vermutlich über das cAMP-System vermittelt, s. Abschnitt 7.1.1.). Es kommt zu Pupillenerweiterung, Pulsbeschleunigung und verstärkte Darmbewegung. Dabei ist Kokain biochemisch gesehen ein Lithium-Antagonist (s. dazu auch Abschnitt 3.2.3.). Es vermag die Noradrenalin-Rückresorption in den Synapsen zu blockieren. Bei weiterer Ausbreitung des Wirkstoffs im Körper und bei höheren Dosen dominiert die lähmende Wirkung.

*Wirkungsverlauf.* Die erste Dosis scheint regelmäßig von starken Angstzuständen begleitet zu sein (wohl infolge der noradrenergen Wirkung). Dazu kommt das ausgeprägte Gefühl, als ob eine Unzahl kleiner Tierchen unter der Haut krabbeln. Erst nach wiederholter Einnahme stellt sich die angenehme Wirkung ein, wobei aber in der Regel bereits die Abhängigkeit vorhanden ist.

Die anregende Wirkung äußert sich dann im subjektiven Gefühl der Leistungssteigerung, die sich aber auch als Gefühl des Verfolgt- oder Gehetztwerdens äußern kann. Tatsächlich bewirkt der Hemmungsabbau einen Durchbruch leistungssteigernder Aktivität. Sie kann sich in erhöhter Bewegungsaktivität, in freischießendem Redeschwall („Kokolores quatschen", „Logorrhöe") und ungehemmter geistiger Aktivität äußern. Ähnlich wie Alkohol ist Kokain also ein scheinbar „soziales Gift". Nach etwa 15 bis 60 Minuten fühlt man sich müde, verkatert und ist mißmutig. In der Regel folgen starke Depressionen (Selbstmordgedanken).

*Folgeerscheinungen.* Stärkere körperliche Abstinenzsymptome gibt es nicht. Jedoch sind Herzklopfen, Schlaflosigkeit bei körperlicher Erschöpfung und Angstsymptome typische Begleiterscheinungen des Kokainkaters. Chronischer Mißbrauch führt, neben andauernden Schlafstörungen, zu Appetitlosigkeit und mangelndem Durstgefühl. Das Empfinden des körperlichen und geistigen Kräfteabbaus ist ein weiterer Antrieb, die zumindest kurzfristig leistungssteigernde Droge neuerlich zu benützen. Ähnlich wie bei der Opiat-Abhängigkeit konzentriert sich die Aktivität bald um Drogen- oder Geldbeschaffung. Häufig wird zeitweise auf Amphetamine (s. Abschnitt 13.2.4.) ausgewichen. Zusätzliche Risiken: Impotenz, Übertragung von Krankheitserregern (Hepatitis, Syphilis) durch Spritzen, beim Schnupfen Geschwürbildungen an Nasenlöchern und Nasenscheidewand.

*Spezielle therapeutische Ansätze.* Wegen der scheinbar kreativitätsanregenden und sozialen Wirkungen wurde – ähnlich wie beim Alkohol – häufiger auf die positiven wie auf die negativen Kokainwirkungen hingewiesen. Außerdem waren zahlreiche Schriftsteller zumindest zeitweise Kokain-Nutzer (einer der ersten Nutzer und Verteidiger des damals jüngst chemisch isolierten Kokains war Sigmund Freud). Kokain ist (wohl wegen der anfänglich negativen Wirkungen) auch weniger als Fluchtmittel anzusehen. Man kann es eher als vermeintliches (wenn auch letzlich untaugliches) Hilfsmittel im Falle unzureichender sozialer Kompetenz bezeichnen.

## 13.2.2 Cannabis

*Verwendungsformen.* Nach dem Alkohol ist Cannabis die verbreitetste Rauschdroge. Hauptwirkstoff ist das THC (Tetra-hydro-cannabiol), das vor allem in den Blütenspitzen von weiblichen Hanfpflanzen vorkommt.

Das daraus gewonnene Harz heißt Haschisch („Hasch", „Shit"), während Marihuana („Gras", „Heu", „Pot", „Tea") ein Gemisch aus getrockneten Blättern und Blüten ist. Die THC-Konzentration schwankt, je nach Anbaugebiet und Zubereitung, um den Faktor 100.

Die schwächste Mischung ist wohl indisches Marihuana („Bhang"), das getrunken oder geraucht wird. Amerikanisches Marihuana ist ebenfalls meist schwach („Acapulco Gold"), doch gibt es auch schwächeres Haschisch („Grüner Türke", „Roter Libanese", „Thai Sticks"). Kräftige Marihuana-Sorten sind selten („Kongo-Gras", „Kenia-Gras"). Starke Haschisch-Präparate sind häufiger, jedoch auch teurer („Schwarzer Afghan", „Dunkelbrauner Pakistani", „Mussolini").

Während Marihuana-Mischungen gleich pur oder mit Tabak vermischt geraucht werden können, muß Haschisch erst zubereitet werden. Dazu wird das Harz erwärmt und zerbröselt. Die Krümel kann man in Haschpfeifen direkt rauchen oder man dreht sie mit Tabak zu Zigaretten („joint"). Außerdem kann man Hasch-Krümel mit Wein vermischt trinken, ins Essen mischen oder sogar zum Backen verwenden. Vereinzelt wird eine Haschzubereitung in die Venen gespritzt.

*Pharmakologie.* Für die biochemische Wirkung des Cannabis-Wirkstoffes THC gibt es widersprüchliche Befunde. In Analogie zu den Indol-Halluzinogenen (s. den folgenden Abschnitt 13.2.3.) vermutet man eine Wirkung auf die Serotonin-Aktivität im limbischen System und auch in der Formatio reticularis. Auf die Effekte in der Retikulärformation sollen die veränderten Kortex-Prozesse zurückzuführen sein und die Effekte im limbischen System sollen den Kontakt mit der Umwelt stören.

Die Informationsaufnahme durch die Sinnesorgane ist jedenfalls ebenso behindert wie die Informationsabgabe durch Sprechen oder Bewegung. Vielleicht wirkt bei der dämpfenden THC-Wirkung eine Verminderung der Noradrenalin-Aktivität mit (Angstminderung). Gleichzeitig fördert die THC-Wirkung auf das limbische System die Gefühlsintensität von Sinneseindrücken (Farben, Töne, Gerüche, Geschmack) und greift in Regulationen des Zwischenhirns ein (Merkstörungen, gedehntes Zeitgefühl, veränderte Kreislaufparameter, mitunter Hungergefühle). THC wird etwa um den Faktor 10 langsamer im Körper abgebaut als Alkohol.

*Wirkungsverlauf.* Bei geringeren Dosen wird die Wahrnehmung auf einige wenige Reize eingeschränkt, die dann übersteigert wahrgenommen werden (Illusionen). Weitere subjektive Wirkungen schwanken individuell erheblich, je nach Motivation und Einstellung. In der Regel jedoch hat die euphorische Grundstimmung auch entsprechende Affektäußerungen, z. B. Heiterkeitsausbrüche, zur Folge. In Ausnahmefällen kommt es – auch bei

Erfahrenen – zu Reizbarkeit, Verwirrtheit, Panik, tiefer Angst oder starker Depression (bad trip). Bei mittleren Dosen (etwa 5 bis 10 mg THC) dauert der Rauschzustand nach dem Rauchen etwa 2 Stunden, nach Essen von Haschisch ca. 10 Stunden. Höhere Dosen fördern Halluzinationen.

*Folgeerscheinungen.* THC ist noch eine Woche nach einem Trip im Körper nachzuweisen. Folgt der nächste Trip entsprechend bald, so reicht dann bereits eine geringere Dosis, um die gleichen Effekte wieder zu erzeugen; im Tierexperiment genügte nach einer Woche die halbe Dosis.

Körperliche Nacheffekte sind meist nicht schwerwiegend: Mund, Hals und Bindehaut sind ausgetrocknet, jedoch stark gerötet (Entzündungsgefahr), Hände und Füße sind eher wenig durchblutet (kalt). Der Traumschlaf ist verkürzt, dafür in den Folgenächten, wenn nicht wieder behindert, ausgedehntere Traumphasen.

Besondere akute Risiken entstehen durch die Belastung des Kreislaufs (Pulsfrequenz erhöht sich sprunghaft um ein Drittel) und durch den enormen Teergehalt der Hanfblätter beim Rauchen. Chronischer Mißbrauch belastet die Leber und stört den Hormonhaushalt (Zyklusstörungen, Störungen der Samenproduktion). Schwangere Frauen erhöhen durch Cannabiskonsum das Risiko für Entwicklungsstörungen beim Kind. In Laborversuchen behindert THC die DNA-Bildung und schädigt bestimmte Synapsen irreversibel. Diese letztgenannten Gefahren sind allerdings am lebenden Menschen technisch kaum nachzuweisen.

Die Behauptung, daß Cannabis-Mißbrauch automatisch zum Konsum härterer Drogen führt, läßt sich nicht beweisen. Dennoch haben die meisten z. Z. bekannten Opiatabhängigen in der Bundesrepublik ihre Drogenkarriere mit Cannabis begonnen.

*Spezielle therapeutische Ansätze* sind wegen der vielen relativierenden und befürwortenden Argumente nicht entwickelt worden. Bei einem bad trip ist es unerläßlich, daß der Betreffende eine wohlwollende, freundliche und unterstützende Umwelt vorfindet.

## *13.2.3 Indol-Halluzinogene*

*Verwendungsformen.* Die Sammelbezeichnung für die verschiedenen Substanzen dieser Gruppe und wahrscheinlich auch ihre wichtigste Eigenschaft (Halluzinationen zu erzeugen) verdanken sie einer gemeinsamen chemischen Grundstruktur, dem Indol-Ring. Die Strukturformeln einiger Halluzinogene sind in Abschnitt 3.2.4. vorgestellt worden (s. Abb. 27).

Die Indolstruktur (das ist ein 6er- und ein 5er-Ring) ist beim Mescalin nicht ganz komplett. Beim DMT (Dimethyl-Tryptamin) ist die Struktur sehr ähnlich dem Transmitter Serotonin. Beim Psilocybin ist sie durch eine weitere Seitenkette vergrößert und beim LSD („Säure", Acid") mit Ringstrukturen ausgebaut.

LSD (Lysergsäure-Diäthylamid) wurde erst 1943 in den Sandoz-Laboratorien entdeckt und gilt als stärkstes Halluzinogen. Es wirkt in einer Dosis von 10 bis 60 μg (1 μg = 1 Mikrogramm = ein Millionstel Gramm), wobei nur etwa 1/10 ins Gehirn gelangt.

Das mexikanische Kaktusgift Mescalin wird durch Kauen der Frucht aufgenommen. Wenn das synthetische Präparat konsumiert wird, wird eine Dosis von 0,1 bis 0,6 g in Wasser gelöst und gespritzt oder auf Zucker, Fließpapier oder Filz aufgetropft und dann geschluckt.

Psilocybin ist ein altbekanntes mexikanisches Pilzgift mit einer für Halluzinogene relativ kurzen Wirkungsdauer (max. 6 Stunden). Es wird bei uns wenig gebraucht. Das gleiche gilt für das synthetische DMT, das zudem auch zu „manieristischen" Bewegungsstörungen führt (Grimassieren, unwillkürliche Mitbewegungen). Neben den genannten Halluzinogenen gibt es zahlreiche andere pflanzlicher Herkunft, die jedoch entweder nur lokale Bedeutung haben oder viel schwächer wirken.

*Pharmakologie.* Wie die chemische Struktur annehmen läßt, wirken die Indol-Halluzinogene (und damit auch das wichtigste Halluzinogen LSD) vor allem in den Serotonin-Gebieten des Gehirns, also im limbischen System (und in der Formatio reticularis). Zugleich ist eine starke Serotonin-Anhäufung beobachtet worden. Andere Effekte (z. B. auf das Noradrenalin-System) werden ebenfalls vermutet. Sicherlich bleibt aber die Wirkung nicht auf die genannten Gehirngebiete beschränkt. Es werden auch die vegetativen Zentren im Hypothalamus und im Mittelhirn beeinflußt (Änderungen im Kreislauf und in der Durchblutung, verstärkte Darmbewegungen, Kältegefühl, Pupillenerweiterung).

LSD hat eine hohe „therapeutische Breite", d. h. der Organismus toleriert eine große Dosisbreite (man kann mehrere 1000 µg überleben). Bei rascher Wiederholung von LSD-Trips muß die Dosis stark gesteigert werden, um die erwarteten Effekte zu produzieren. Diese Toleranz klingt bald (nach 1 bis 2 Wochen) ab. Allerdings gibt es zwischen den Indol-Halluzinogenen (und anderen Indol-Substanzen, jedoch nicht mit chemisch anderen Halluzinogenen) eine Kreuztoleranz. D. h. ein von einem Indol-Halluzinogen Abhängiger verspürt beim Umsteigen auf ein anderes Halluzinogen erst bei erhöhter Dosis einen Effekt.

*Wirkungsverlauf.* Wenige Minuten nach einer Injektion, bzw. etwa eine Dreiviertelstunde nach Einnahme durch den Mund, setzt die Wirkung ein und dauert acht bis zwölf Stunden. Vor den erwünschten Wirkungen tritt mitunter (beim Indol-Halluzinogen Mescalin regelmäßig) eine Kater-Phase mit Brechreiz auf.

Hierauf folgt der „psychedelische" Zustand, wobei Mescalin mehr Farbvisionen, LSD mehr Formvisionen zu produzieren scheint. Grundsätzlich sind jedoch die Halluzinationen stimmungsabhängig (z. B. treten unter Euphorie mehr helle Farben, in depressiver Stimmung mehr dunkle Farben auf). Fast immer ist sich der Konsument („User", oder auch „Junkie", was eigentlich einen Opiatkonsumenten bezeichnet) der Unwirklichkeit seiner Visionen bewußt. Dennoch ist er in der Regel überzeugt, daß seine natürlichen kreativen Fähigkeiten durch die Droge gesteigert werden.

Jedenfalls scheint eine – weitgehend erfahrungsabhängige – „Neubewertung" von Sinneseindrücken stattzufinden. Tatsächlich ist diese Neubewertung auch von spezifischen Erwartungen abhängig. Die Erlebnisse werden jeweils stark davon beeinflußt, ob man vom Trip ein erotisches, religiös-mystisches, erschreckendes, schizophren-psychotisches oder künstlerisches Erlebnis erwartet. Bad trips („Horror-trips") mit massiven Bedrohungs-Vorstellungen (s. Abschnitt 8.1.5) sind bei LSD viel häufiger als bei Cannabis.

*Folgeerscheinungen.* Es gibt keine Abstinenzerscheinungen bei LSD, also auch keine körperliche Abhängigkeit. Der Kater nach Mescalin-Mißbrauch scheint jedoch das Bedürfnis nach neuerlicher Einnahme nicht unwesentlich zu begünstigen.

Auch chronischer Mißbrauch von Indol-Halluzinogenen führt zu keinen eindeutig nachgewiesenen körperlichen Schäden. Dagegen gibt es drei besondere Risikoquellen bei Indol-Halluzinogen-Konsum: 1. Das Bedürfnis, illusionäre Erlebnisse im Rausch zu steigern (z. B. durch Flugversuche oder durch Autofahrten). 2. Der Horror-Trip (er löst häufig eine psychotische Phase vom Typ der paranoischen oder halluzinatorischen Schizophrenie aus, die stationär-psychiatrisch behandelt wird). 3. Die Nachhall-Psychose (mehrere Wochen nach einem Rausch kann ein psychotischer Schub, ein sogenannter flashback, mit intensiven Angsterlebnissen einsetzen).

Über die Zusammenhänge zwischen manchen Halluzinogen-Wirkungen und manchen psychotischen Symptomen s. Abschnitt 3.2.4.

*Spezielle therapeutische Ansätze.* Da LSD erfahrungsabhängige Neudeutungen begünstigt, hat man – auch von psychologischer Seite – vom Konsum nicht abgeraten, sondern mitunter dazu ermuntert. Ausgehend von der Feststellung, daß jede Psychotherapie alte Gewohnheiten aufbrechen muß, hat man sogar versucht, LSD psychotherapeutisch einzusetzen.

Allerdings hat sich gezeigt, daß offenbar manche Klienten die von der Droge gezeigten Wege nicht in ihre Realität einbauen konnten und mit einem Risiko von 2‰ mit psychotischen Schüben und mit einem Risiko von 1‰ mit Selbstmordversuchen reagierten. Bemerkenswerterweise traten die gleichen Symptome noch mit weitaus größerer Häufigkeit bei den behandelnden Psychotherapeuten auf.

Vor einem solchen Vorgehen ist zu warnen. Das Lernen einer Neuorientierung in der Lebenswirklichkeit wird durch keine Rauschdroge, auch nicht durch LSD, erleichtert. Die Gefahr, daß LSD als Fluchtmittel benutzt wird oder gar zur völligen Desorientierung führt, ist zu groß.

Schwere bad trip-Fälle müssen als Soforthilfe mit Neuroleptika und als Langzeithilfe psychotherapeutisch behandelt werden.

### *13.2.4 Weckamine*

*Verwendungsformen.* Alle Weckamine („speeds") sind chemisch verwandt mit der 1910 erstmalig in England pharmakologisch untersuchten Droge Amphetamin (Benzedrin). Ein natürliches Vorkommen gibt es in der Khat-Pflanze, deren Blätter in Abessinien und im Jemen zur Teeherstellung verwendet oder einfach gekaut werden. Bei uns gibt es Amphetamin-Präparate („Bennies", „pep pills") als Wachmacher, früher auch als Appetitzügler, in Form von Meth-amphetamin (Pervitin), Fenetyllin (Captagon, ,,Captas") und Methyl-phenidat (Ritalin). Meth-amphetamin wird in Dosen von 3 bis 30 Milligramm genommen, im Extremfall bis 300 Milligramm. Seit 1967 wird eine synthetische Rauschdroge unter den Namen STP oder DOM verkauft, die die chemische Grundstruktur des Amphetamins mit der des Mescalins verbindet. Manchmal werden Weckamine auch zusammen mit Alkohol angeboten.

*Pharmakologie.* Die wichtigste Weckamin-Substanz, das Amphetamin, ist chemisch verwandt mit Adrenalin (s. dazu auch die Abschnitte 3.2.4. und 3.2.5.). Es wirkt weniger im peripheren adrenergen System und mehr im Gehirn. Dort wirkt es durch Stimulierung der aufsteigenden Formatio reticularis unmittelbar erregend auf den Kortex. Dies unterdrückt jedes Gefühl der Müdigkeit (und übrigens auch den Hunger) und erhöht die Aufmerksamkeit. Die Substanz STP/DOM unterstützt neben einer halluzinogenen Wirkung die kortikale Erregung; es kommt zur Übererregung, die häufig mit akuten Angstzuständen gekoppelt ist.

Amphetamin gehört biochemisch zur Phenyl-Äthylamin-Verwandtschaft (s. Abb. 27). Derartige Substanzen kommen auch in Schokolade vor, ohne daß bisher ein entsprechender pharmakologischer Effekt zweifelsfrei nachgewiesen wurde. Die medizinische Verwendung als Analeptika (Anregungsmittel) wurde bereits in Abschnitt 13.1.1 erwähnt.

*Wirkungsverlauf.* Das subjektiv angenehme Gefühl der Wachheit verstärkt jede Aktivität: Man ergreift leichter die Initiative, hält länger durch, redet lieber, schreibt leichter. Zusätzlich entwickelt sich die Überzeugung, daß man effektiver, origineller, leistungs- und lernfähiger ist als sonst. Bei höheren Dosen stellt sich Mundtrockenheit, Herzklopfen und Unrast ein. Bei akuter Vergiftung kollabiert der Kreislauf. Je nach Droge und Dosis läßt die Wirkung nach ein bis acht Stunden mehr oder weniger rasch nach und bleierne Müdigkeit stellt sich ein.

Die unter Weckmittelwirkung erbrachten Leistungen sind in der Regel quantitativ beeindruckend, jedoch qualitativ unter dem persönlichen Durchschnitt. Selbstverständlich kann man unter der Wirkung von Pervitin (das ist ein Amphetamin-Präparat) länger lernen und braucht weniger Pausen zu machen. Das Wissen ist aber im Vergleich zu sonst Gelerntem schlechter abrufbar. Der Verdacht besteht, daß der Abruf unter der gleichen Droge, unter deren Einfluß man auch gelernt hat, bessere Ergebnisse brächte. Dieser Verdacht ist aber theoretisch zweifelhaft und bis jetzt noch nicht bestätigt.

*Folgewirkungen.* Der Körper besitzt für Amphetamine eine große Toleranz, die starke Dosissteigerungen nötig macht. Abhängige leiden an starker Schlaflosigkeit. Dies ist ein Grund mehr, zugleich auch andere Drogen zu konsumieren, z. B. Barbituriate. Abhängige sind unmittelbar nach dem Aufwachen aus dem Schlaf kaum handlungsfähig. Längerdauernder Mißbrauch von Weckaminen führt zu zentraler Übererregung mit Verfolgungsvorstellungen. Vom Khat-Konsum sind Impotenz und depressive Zustände als Folgewirkungen bekannt.

STP/DOM wirkt bis zu 72 Stunden. Außer den genannten Angstzuständen kann es zu Magenbeschwerden, Übelkeit, Krämpfen und Atemlähmung kommen. Ausgesprochen antisoziale Aktivität ist nach dem Spritzen von Weckaminen beobachtet worden. Besonders verheerend kann sich eine Mischung aus Alkohol und Weckaminen auswirken: Es sind Fälle von völlig unkontrollierter Aktivität bis zu sinnlosen Amok-Handlungen bekannt geworden.

*Spezielle therapeutische Ansätze.* Akute Vergiftung wird häufig mit Barbituriaten bekämpft, chronische Vergiftung wie bei schizophrenen Patienten mit Neuroleptika. Meist dauert die Entwöhnung nur wenige Tage, an die sich allerdings Wochen mit überhöhtem Schlafbedürfnis anschließen. In dieser Zeit ist die Rückfallgefahr verständlicherweise sehr groß. Oft sind Amphetaminsüchtige auch von anderen Drogen abhängig. Das kompliziert nicht nur die medizinische Behandlung, sondern erschwert auch den Zugang zu den auslösenden sozialen Problemen.

## 13.2.5 Nachtschatten- und Genußdrogen

*Verwendungsformen.* Zu den Nachtschattengewächsen gehören viele Gemüsepflanzen (z. B. Kartoffel und Tomaten), der Tabak und einige Giftpflanzen (Tollkirsche, Stechapfel und Alraun). Zu den in Nachtschattengewächsen vorkommenden Pflanzengiften gehört – neben vielen anderen, z. T. noch unerforschten – das Atropin (besonders in der Tollkirsche), das Skopolamin (vor allem im Tollkraut), das Nikotin (in hohem Maße im Tabak). Mit dem Atropin verwandt sind die synthetischen Drogen Ditran und Sernyl.

Atropin wird meist als Anregungsmittel mißbraucht. Das gleiche gilt für Ditran und Sernyl, die jedoch schon in geringeren Dosen zusätzlich halluzinogen wirken. Atropinmißbrauch geschieht durch Rauchen von sogenannten Asthmazigaretten (in der BRD nicht erhältlich), die eine Atropin-Vorstufe enthalten. Mitunter werden Asthmazigaretten auch als Teeaufguß getrunken. Gelegentlich wird der aus der Renaissance-Zeit stammende Atropinmißbrauch zur schönheitsfördernden Pupillenerweiterung beobachtet (s. auch Abschnitt 5.2.3).

Auch der Tabak wirkt anregend, während Skopolamin dämpfende Wirkung hat. Mischungen aus Atropin und Skopolamin können vielschichtige Wirkungen haben: Entsprechende Zubereitungen aus der Augenheilkunde können, wenn sie getrunken werden, erotische Phantasien aktivieren. Auch die Alraune enthält eine solche Mischung. Zusammen mit anderen Drogen (Opium, Schierling und Ölkäfergift) ist diese Mischung in den Hexensalben der letzten Jahrhunderte verwendet worden.

Die am weitesten verbreiteten Genußgifte sind das Koffein und das Arekolin. Koffein (mitunter auch als Teein bezeichnet) ist in Kaffee und Tee enthalten. Arekolin ist der Hauptwirkstoff der Betelnuß. Betel wird in weiten Gebieten Afrikas und auch Südasiens gekaut. Betel aktiviert den Parasympathikus.

*Pharmakologie.* Das Tollkirschengift Atropin verdrängt Azetylcholin an den synaptischen Rezeptoren. Dies führt unter anderem dazu, daß sich die

Pupillen weiten, das Herz schneller schlägt und sich die Haut rötet. Außerdem gibt es eine zentral erregende Wirkung des Atropin, die bei hohen Dosen (bei den verwandten synthetischen Drogen Ditran und Sernyl schon in geringen Dosen) zu Halluzinationen führt.

Skopolamin dämpft das zentrale Nervensystem durch Hemmung der Serotoninbahnen. Je nach Mischungsverhältnis zwischen Atropin und Skopolamin überwiegt in Drogengemischen die erregende Komponente (tanzen, singen) oder die dämpfende (Phantasien).

Die pharmakologische Wirkung von Tabak ist weitgehend unbekannt. Nikotin soll die Ausschüttung des Hormons Adiuretin fördern. Dieses soll die noradrenerge Aktivität dämpfen und dadurch in potentiell angstauslösenden Situationen die Gedächtnis- und Konzentrationsleistungen fördern. Neben Nikotin enthält der Tabakrauch als potentielle Wirkstoffe Pyrimidinbasen, Ammoniak und Kohlenoxid. Jedenfalls wirkt auch der Tabakrauch zentral erregend und bewirkt peripher eine Verengung der Blutgefäße.

Das Genußgift Koffein hemmt den Abbau der synaptischen Wirksubstanz cAMP (s. Abschnitt 7.1.1.). Dadurch wird die Wirkung von Serotonin und Noradrenalin an der postsynaptischen Membran erhöht. Im Effekt wird durch Koffein eine zentral erregende Wirkung ähnlich wie durch Amphetamin erzeugt, zusätzlich eine sympathikotone. Im Tee ist Koffein weniger konzentriert und außerdem gepaart mit Adenin. Adenin ist eine Purinbase und wirkt zum Koffein z. T. antagonistisch. Läßt man Tee länger ziehen, so werden die Purinbasen frei, so daß der Tee eine eher beruhigende Wirkung ausübt.

*Wirkungsverlauf.* Unter Atropinwirkung steigt die Körpertemperatur an und die Haut wird gut durchblutet. Insgesamt stellt sich ein Gefühl des Angeregtseins und des vitalen Wohlbefindens ein. In der Kombination mit Skopolamin wird mehrfach von starker erotisierender Wirkung berichtet. Nicht nur die Phantasie wird erotisch angeregt, sondern auch die Aktivität richtet sich gezielt auf sexuellen Kontakt, sowohl hetero- wie homosexuell. Bei Versuchen mit Hexensalben wurde ähnliches berichtet. Allerdings wurde der Rausch dabei regelmäßig eingeleitet von Visionen von unheimlichen Gesichtern und Fratzen, auch von dem Gefühl, in ein Tier verwandelt zu sein, und begleitet von dem Gefühl des Schwebens oder Fliegens.

Tabak wirkt zentral erregend und daher aufmerksamkeitsfördernd und appetithemmend. Für die unter Tabakwirkung erbrachte Mehrleistung gilt auch vieles, was für die Amphetaminwirkung gesagt wurde, ausgenommen die angstfreie Art der Konzentrationserhöhung. Koffein – mehr im Kaffee als im Tee – wirkt in milder Form anregend und blutdrucksteigernd. Bei habituellem Niederdruck beseitigen Koffeingaben Kopfschmerz- und Übelkeitssymptome. Bei Überdosierung tritt Schlaflosigkeit und motorische Unruhe (Zittern) auf. Das Genußgift Betel erzeugt eine wohlige Euphorie. Bei Überdosierung kommt es zu Durchfall, aber auch zu vegetativen Krämpfen.

*Folgeerscheinungen.* Unter Atropinwirkung trocknet der Mund aus. Es besteht die Gefahr des Überantriebs im Sinne manischer Erregung. Außerdem kann es zu Kreislaufversagen oder Atemlähmungen kommen.

Akuter Nikotinmißbrauch führt zu tonischer Gefäßverengung mit starken Kopfschmerzen und Übelkeit. Chronischer Nikotinmißbrauch kann – neben sekundären Lungenschäden – zu Mangeldurchblutung und bis zum Absterben von Extremitäten („Raucherbein") führen.

Chronischer Koffeinmißbrauch belastet den Kreislauf, aber auch (sekundär) den Magen (wegen der Bitterstoffe des Kaffees) und die Leber (wegen der Purinbasen im Tee). Weitere Mißbrauchfolgen sind Schlafmangel, rastlose Unruhe und Tremor (Muskelzittern).

Chronischer Betelmißbrauch führt vor allem zur Zerstörung der Zahnsubstanz, aber auch zu überschießenden Reflexen und bei Überdosierung zu Bronchialkrämpfen.

*Spezielle therapeutische Ansätze.* Folgen von Atropinmißbrauch werden mit Aktivkohle und kreislaufstützenden Mitteln behandelt. Hexensalben werden heute vermutlich nur mehr in Ausnahmefällen verwendet. In vergangenen Jahrhunderten wurde der Mißbrauch von der Inquisition verfolgt, wobei die Inquisitoren – auch im Vergleich zu anderem zeitgenössischen Strafvollzug – unverkennbar sadistische Praktiken benützten.

In der Rauchertherapie haben sich, wenn spontanes Aufhören nicht möglich war, am ehesten Methoden des schrittweisen Abbaus bewährt, die durch kognitive Strategien zur Bewältigung der Abstinenzsymptome und der Neuorientierung unterstützt werden.

Therapeutische Ansätze bei Koffein- oder Betelgebrauch gibt es keine, da die genannten Drogen als Genußmittel gelten.

## *Literatur*

[1] Harfst, G.: Rauschgift. Szenen-Jargon von A–Z. Würzburg: Selbstverlag 1986

[2] Pazos, A., Florez, J.: Interaction of naloxone with μ- und δ-opioid antagonists on the respiration of rats. Eur. J. Pharmacol. 87 (1983) 309–314

[3] Pfeiffer, A., Feuerstein, G., Zerbe, R. L., Faden, A. T., Kopin, I. J.: μ-Receptors mediate opioid cardiovascular effects at anterior hypothalamic sites through sympatho-adrenomedullary and parasympathic pathways. Endocrinology 113 (1983) 929–938

[4] Terman, G. W., Sharit, Y., Lewis, J. W., Cannon, J. T., Liebeskind, J. C.: Intrinsic mechanisms of pain inhibition: Activation by stress. Science 226 (1984) 1270–1277

[5] Mayer, D. J., Price, D. D., Rafii, A.: Antagonism of acupuncture analgesia in man by the narcotic antagonist naloxone. Brain Res. 121 (1977) 368–372
[6] Möhler, H., Okada, T.: Benzodiazepine receptor: Demonstration in the central nervous system. Science 198 (1977) 849–851
[7] Squires, R. F., Braestrup, C.: Benzodiazepine receptors in rat brain. Nature 266 (1977) 732
[8] Während der Drucklegung erschien ein deutschsprachiges Sammelwerk mit wichtigen pharmakopsychologischen Beiträgen: Janke, W., Netter, P. (Hg.): Angst und Psychopharmaka. Stuttgart: Kohlhammer 1986

# Teil IV
# Vererbung und Verhalten 2
# (Evolution und Ethologie)

# 14. Die Evolution des Verhaltens

## 14.1 Evolution

### *14.1.1 Homologie*

Die anatomisch-physiologischen Bedingungen des menschlichen Organismus und insbesondere des Nervensystems liefern die Voraussetzungen für die Vorgänge, die von außen beobachtbar sind und die unter der Sammelbezeichnung Verhalten zusammengefaßt werden. Zugleich begrenzen sie die Vielfalt von Verhaltensprozessen. Bestimmte Abläufe können unter den verschiedensten Umweltbedingungen stattfinden, andere nur unter ganz speziellen Voraussetzungen.

Die Grundausstattung unseres Körpers ist z. B. dafür verantwortlich, daß mit Hilfe sprachlicher Kommunikation in kurzer Zeit ein intensiver Gedankenaustausch über komplizierte Sachverhalte möglich ist. Die gleiche Grundausstattung macht es beispielsweise so langwierig, eine fremde Sprache zu erlernen.

Damit stellt sich die Frage, für die Ausübung welcher Verhaltensprozesse der Organismus durch seine genetische Ausstattung besonders gut vorbereitet ist. Diese Frage soll durch einen Vergleich mit den Verhaltensweisen nichtmenschlicher Organismen beantwortet werden. Der Rahmen für die folgenden Überlegungen mag etwas groß erscheinen, da er andere Organismen-Arten miteinbezieht. Für eine Fragestellung, die Möglichkeiten und Grenzen menschlichen Verhaltens nicht nur spekulativ behandeln will, ist er jedoch wohl erforderlich.

Dazu werden im folgenden einige Denkweisen aus der Evolutionsforschung eingeführt. Sie sollen deutlich machen, wie man sich vorstellen kann, daß sich Strukturen menschlichen Verhaltens aus den biologischen Voraussetzungen durch eine enge Einbettung in soziale Strukturen allmählich entwickelt haben. Im Anschluß daran sollen Strukturen menschlichen Verhaltens unter dem Gesichtspunkt ihrer biologischen Herkunft genauer analysiert und dargestellt werden.

*Ähnlichkeit und Vergleichbarkeit.* Ein Vergleich zwischen den Leistungen des menschlichen Organismus und denen nichtmenschlicher Organismen setzt Vergleichbarkeit voraus. Hier interessiert genetische Ähnlichkeit, nicht bloß Ähnlichkeit hinsichtlich bestimmter Funktionen. Genetische Ähnlichkeit wird in der Biologie mit ,,Homologie" bezeichnet, funktionelle Ähnlichkeit mit ,,Analogie".

Ein Beispiel soll die Begriffe „Homologie" und „Analogie" erläutern. Von sehr vielen verschiedenen Tieren können Flugbewegungen ausgeführt werden. Dies gilt für Insekten (z. B. Stubenfliege, Käfer, Schmetterlinge) und für Wirbeltiere (z. B. Flugsaurier, Vögel, Fledermäuse). In allen diesen Fällen erfolgen die Flugbewegungen mit Hilfe von häutigen Lappen, die links und rechts am Rumpf angebracht und durch Skelett-Teile verstärkt sind und mit Muskeln auf und ab bewegt werden. Auf Grund dieser funktionellen Beschreibung ist auch schon die funktionelle Ähnlichkeit, d. h. die biologische Analogie, zwischen den genannten Strukturen erklärt. Wegen der Analogie tragen die Flugbewegungsorgane bei allen genannten Tieren die gleiche Bezeichnung „Flügel". Ein Flugzeug hat nach dieser Klassifizierung (abgesehen davon, daß es kein Organismus ist) keine Flügel. Das Bestimmungsmerkmal der Auf- und Abbewegung (das „Flattern") fehlt, man spricht meist von Tragflächen.

Wie man sehen kann, haben Analogie-Beziehungen nur klassifikatorischen Wert. Sie erlauben keine Aussagen über die funktionelle Variationsbreite unter veränderten Bedingungen (Umweltstabilität, Entwicklungspotenzen, Anpassungsleistungen). Dies würde ein Vergleich der genetischen Ausstattung ermöglichen. Der Genbestand läßt sich jedoch nur vereinzelt hinreichend genau analysieren, beispielsweise bei manchen Insekten, die große Chromosomen haben und sich rasch vermehren, wie bei der Taufliege Drosophila. Bei ausgestorbenen Organismen ist dies ohnehin nicht direkt möglich. Man versucht in der Biologie daher genetische Ähnlichkeit (Homologie) indirekt zu erschließen.

Die Grundlagen des biologischen Homologieschlusses bilden anatomische Studien. Nahverwandte Tiere besitzen nämlich im ersten Teil ihrer individuellen Entwicklung nahezu identische Anatomie. Bei Embryonen wirken sich feinere Unterschiede in der genetischen Ausstattung weniger aus als bei erwachsenen Organismen. Strukturen, die bei Tieren verschiedener Arten völlig anders aussehen, können sich als entwicklungsgleich herausstellen, wenn sie in der Keimesentwicklung einander entsprechende Lagebeziehungen besitzen. Entwicklungsgleichheit ist daher das biologische Kriterium für Homologie.

Im Beispiel der Tierflügel läßt sich sofort sagen, daß Insekten- und Wirbeltierflügel nicht homolog sein können. Insektenflügel, und auch deren Skelettversteifungen, sind Hautbildungen. Bei Wirbeltieren wird das tragende Flügelskelett von Knochen aus dem Körperinnern gebildet. Wie aber sieht es mit einer Homologie der Wirbeltierflügel aus? Die Abb. 147 zeigt, daß die Flügel stets von den Knochen der Vorderextremitäten gebildet werden. Nur: Fledermaus-Flügel sind zwischen den einzelnen Fingern und dem Unterarm aufgespannt; der Vogel-Flügel hängt am ganzen Arm, die Handknochen sind größtenteils miteinander verwachsen, und der Flugsaurier-Flügel hängt nur an einem einzigen Finger, der aber fast 5 m lang werden konnte. Die genannten Knochen sind homolog, soweit sie gleiche Namen tragen. Die daraus gebildeten Flügel sind zwischen den genannten Tierarten nicht homolog.

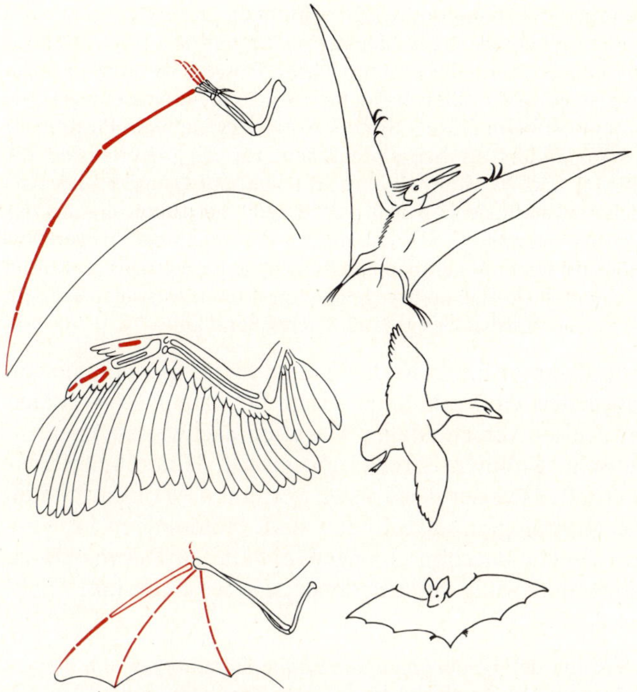

*Abb. 147* Verschiedene Tierflügel. Erklärungen im Text.

*Genetische Verwandtschaft.* Homologien werden nicht nur für eine sinnvolle Benennung anatomischer Strukturen verwendet. Je nachdem, wieviele und in welchem Ausmaß Homologien zwischen verschiedenen Tieren vorhanden sind, bestimmen sie den Verwandtschaftsgrad der Tiere. Auf Grund des Verwandtschaftsgrades versucht man, die Evolution zu rekonstruieren. Man faßt stark homologe Tiere, die dann auch eng verwandt sein müssen, zu Ordnungen, Klassen und Stämmen zusammen.

Der Grad von Verwandtschaft, den man auf Grund (anatomischer) Homologien indirekt erschließt, bezieht sich theoretisch auf genetische Ähnlichkeit. Mit einer nicht ganz so indirekten Methode kann man in Einzelfällen die Verwandtschaftsaussagen der vergleichenden Anatomie überprüfen. Gute Hinweise auf die genetische Struktur liefert nämlich die Untersuchung von körpereigenen Eiweißstoffen (Proteine). Proteine bestehen aus einer genetisch festgelegten Aminosäure-Kette. Bestimmte Proteine, die bei fast allen Tieren vorkommen, unterscheiden sich bei verschiedenen Tierarten mehr oder weniger in ihrer Struktur.

Körperproteine, deren Struktur gut untersucht ist, sind z. B. der sauerstoffbindende rote Blutfarbstoff (Hämoglobin), oder das wichtigste Enzym im energiegewinnenden Enzymsystem der Atmungskette (Zytochrom c). Das Zytochrom c des Menschen unterscheidet sich von dem der Menschenaffen nur durch eine Aminosäure (von 104), von dem der Pferde bereits durch acht. Etwa 1/3 der Aminosäure-Kette des Zytochrom c ist jedoch bei allen bisher untersuchten Tieren identisch. Die α-Kette des Hämoglobins ist beim Gorilla in zwei Aminosäuren, beim Pferd in 17 Aminosäuren (von 146) anders als beim Menschen; für die β-Kette sind die entsprechenden Zahlen 1 und 26. Stammbäume, die man auf Grund molekularbiologischer Vergleiche entwirft, decken sich größtenteils mit denen, die aus der vergleichenden Anatomie stammen. Sie haben den Nachteil, daß wegen des technischen Aufwandes bis jetzt nur sehr wenige Merkmale berücksichtigt werden können. Ihr Vorteil besteht darin, daß man wegen der direkteren Aussagen über die Genstruktur auch besser auf Entwicklungsdauern schließen kann.

Ein besonders interessanter Punkt ist die Frage nach der Homologie von so abgeleiteten Merkmalen wie Verhaltensweisen. Wenn man Homologien zwischen Verhaltensweisen verschiedener Tierarten nachweisen kann, so ist damit der genetische Rahmen bereits eingegrenzt. Homologien zwischen ähnlichen Verhaltensweisen lassen sich vermuten, wenn in hohem Grade anatomische Homologien aufzufinden sind. Homologien im Verhalten werden also zwischen anatomisch enger verwandten Tieren eher zu erwarten sein als zwischen völlig verschiedenen. Dieses Kriterium reicht jedoch nicht ganz aus.

Die Schildkröte weist mit den Schlangen anatomische Homologien in höherem Maße auf (beide gehören zu den Reptilien) als mit dem Haushuhn (einem Vogel). Dennoch ist z. B. das Atmungsenzym Zytochrom c von Schildkröte und Huhn nahezu identisch, während es bei Schlangen völlig anders aufgebaut ist. Natürlich ist das Atmungsenzym der Schlangen dem der Vögel immer noch ähnlicher als dem von Fischen oder gar von Insekten.

In der Verhaltensforschung gibt man daher einem anderen Homologiekriterium den Vorrang, das allerdings auch von der Anatomie abgeleitet ist. Anatomische Homologien kann man nämlich nicht immer auf Grund von Gemeinsamkeiten in der Individualentwicklung erschließen. Diese ist oft zuwenig bekannt. Statt dessen erschließt man Entwicklungslinien auf Grund gestufter Ähnlichkeiten über mehrere oder viele Tierarten hinweg. Diese übrigens wohl älteste Art der Homologiefindung, und damit der Aufdeckung genetischer Ähnlichkeiten, wendet man auch in der Verhaltensforschung an.

### *14.1.2 Die Entstehung genetischer Vielfalt: Mutationen*

Das Erbmaterial wird bei jeder Zellteilung genau identisch verdoppelt und über die Keimzellen in ausgewählter, durchmischter, in der Struktur aber unveränderter Form an die nächste Generation weitergegeben (s. Abschnitt 2.2.1). Der Vorrat an genetischen Varianten (Allelen) ist für eine Organismengruppe, die miteinander potentiell Fortpflanzungskontakt haben kann (Def. für Art), begrenzt.

Organismengruppen (z. B. Arten) unterscheiden sich hinsichtlich des zur Verfügung stehenden Allelenvorrats. Demnach unterscheiden sie sich auch in bezug auf ihre Enzymausstattung, ihren Körperbau und letztendlich auch in ihrem Verhalten.

Wenn man annimmt, daß alle Organismen miteinander verwandt sind, so müssen die genetischen Unterschiede aufgrund von Änderungen im genetischen Material während der evolutiven Entwicklung entstanden sein. Derartige Änderungen in dem sonst so geschützten Informationsspeicher nennt man Mutationen.

Über Ursachen von Mutationen wurde in Abschnitt 2.1.2 berichtet.

Für den Menschen nimmt man an, daß eine derartige Mutation einmal bei ca. hunderttausend ($10^4$ bis $10^6$) Keimzellen vorkommt. In einem einzigen Ejakulat befinden sich bereits tausendmal mehr ($10^8$) Samenzellen. Nur ist die Wahrscheinlichkeit, daß sich eine derartige Mutation „durchsetzt", sehr gering. Unter optimalen Bedingungen (die Keimzelle wird tatsächlich befruchtet, der Keim entwickelt sich normal, die Betreffenden haben normal viele Nachkommen) bleibt eine Mutante auch über Generationen hinweg wohl meistens nur auf etwa ein Promill der Bevölkerung beschränkt.

Mutationen können die DNA-Menge betreffen (Genom-Mutationen). Es kann ein Teil der DNA verloren gehen oder vervielfacht sein. Vor allem eine teilweise Vervielfachung kann für die Folgegenerationen bedeutsam sein. Durch eine weitere Veränderung in zusätzlich vorhandener DNA kann neue genetische Information dazukommen, ohne daß alte aufgegeben wird. Allerdings ist bei allen Säugetieren (das ist die zoologische Ordnung, der auch der Mensch angehört) die DNA-Menge ziemlich gleich.

Chromosomenmutationen verändern die Aufteilung der vorhandenen DNA auf einzelne Chromosomen. Gegenüber den meisten Menschenaffen (mit 48 Chromosomen) besitzt der Mensch bei gleicher DNA-Menge weniger Chromosomen. Man nimmt an, daß während der Evolution Chromosomen verschmolzen sind („balancierte Translokation", zum Begriff der Translokation s. Abschnitt 2.1.4.). In bezug auf die biologische Sonderstellung des Menschen hat dies aber mit Sicherheit keine Bedeutung. Die Gibbons (Affen mit unklarer Stammesentwicklung) haben bei gleicher DNA-Menge noch weniger Chromosomen, nämlich nur 44. Bei ihnen haben offenbar mehr Chromosomenmutationen mitgewirkt als beim Menschen, ohne daß sie dessen Fähigkeiten, insbesondere die große Lernfähigkeit, teilen.

Für die Evolution des Menschen, und wohl überhaupt für die Evolution, sind punktförmige Änderungen in der Basensequenz der DNA von Bedeutung gewesen (Punktmutation, Genmutation; s. Abschnitt 2.1.2.). Durch eine derartige Änderung wird bei den Folgegenerationen bei der

Herstellung eines bestimmten Enzyms an einer bestimmten Stelle des Proteins eine andere Aminosäure eingebaut als bisher. Dies bewirkt irgendeine Änderung im chemischen Gleichgewicht des Körpers, die sich auf die Überlebenschancen oder im Verhalten auswirken kann.

Je komplizierter die Enzymstruktur eines Organismus, desto eher führen Mutationen zu funktionellen und nicht so sehr zu morphologischen Veränderungen. So dürften viele Mutationen bei höheren Tieren, insbesondere auch beim Menschen, Gene betreffen, die den Abruf (also Transkription und Expression) von anderen Genen regulieren.

Selbst wenn alle Gene gleichwahrscheinlich mutierten, würden nicht alle Mutationen zu auffälligen Veränderungen führen. Für viele Gene gibt es wahrscheinlich funktionell gleichwertige Allele. Außerdem unterscheiden sich Gene darin, ob sie einzelne Enzyme oder ganze Enzymsysteme determinieren. Die Bindung von Enzymsystemen an ein Gen ist selbstverständlich auch evolutiv entstanden. Diese Tatsache reicht aber nicht aus, daß man „gerichtete Mutationen" vermuten könnte.

Verschiedene Proteine weisen z. T. identische Abschnitte, sog. Domänen, auf. Es handelt sich um vermutlich phylogenetisch alte Einheiten, deren Aminosäuresequenz sich mehrfach bewährt hat. Häufig sind die den Domänen entsprechenden DNA-Teile mit „sinnlosen" DNA-Abschnitten (sog. Introns) benachbart. Bei der Transkription ist es daher oft erforderlich, daß Introns aus den transkribierten m-RNA herausgeschnitten werden und die informationstragenden Stücke (Exons) neu verbunden (gespleißt) werden [8]. Dies stützt die Annahme, daß Domänen gewissermaßen evolutive Einheiten darstellen, die bei Mutationen vielfach nur neu kombiniert werden.

Der Auffassung, daß beim Menschen die kulturelle Entwicklung die biologische abgelöst habe, stehen einige Tatsachen entgegen. Es gibt biologisch keinen Grund anzunehmen, daß die Evolution beim Menschen aufhöre. Auch daß die betrachteten Zeiträume zu kurz wären, stimmt nicht.

Einige im folgenden Abschnitt 14.1.3 zu besprechende Beispiele zeigen Hinweise auf evolutive Prozesse beim Menschen. Ein in Abschnitt 14.1.4 zu besprechender Evolutionsfaktor ist am Menschen entdeckt worden.

Weil Gedanken über die augenblickliche gesellschaftliche Existenz unser Bewußtsein stärker beherrschen als Gedanken über unsere längerfristige biologische Existenz, läßt sich daraus noch nicht der Schluß ziehen, daß unser Bewußtsein oder gar unsere materielle Existenz in höherem Maße gesellschaftlich geformt sei als biologisch. Es kann hier ebensowenig um einen Primatanspruch zwischen Biologie und Gesellschaft gehen wie bei Hereditätsfragen (vgl. Abschnitte 2.2.8 und 2.2.9 und die Bemerkung am Ende von Abschnitt 6.2.5).

Vielmehr wird es Zeit, angesichts der engen Verflechtungen zwischen unserer biologischen Existenz und dem (in bezug auf Lebensmanipulation und Lebensvernichtung) gesellschaftlich Machbaren, die Kontroverse um den Primat einer Weltbildposition zugunsten enger Kooperationen und gemeinsamen Handelns aufzugeben.

Die Mutation ist ein Mechanismus, der Evolution erst ermöglicht. Für ein Verständnis der evolutiven Entwicklung, die zum Menschen geführt hat, ist es erforderlich, in den nächsten Abschnitten noch andere Evolutionsmechanismen ausführlicher zu besprechen.

### *14.1.3 Die relative Konstanz genetischer Konfigurationen: Selektion*

Nur ganz wenige Mutationen werden über Generationen hinweg weitervererbt. Die meisten führen dazu, daß der Träger ohne Nachkommen stirbt. Damit stirbt auch die Mutation aus. Dann spricht man von Selektion.

Es sind viele Fälle denkbar: Die mutierte Keimzelle stirbt, wird nicht befruchtet oder führt zu einem nicht lebensfähigen Keim; der Träger der Mutation stirbt als Kind, kann keine Kinder bekommen oder wird nicht als Sexualpartner gewählt; der Träger kann nur unterdruchschnittlich viele Kinder großziehen. In allen diesen Fällen werden die durch eine Mutation entstandenen Merkmale in der Bevölkerung gar nicht auftauchen oder zumindest schnell wieder verschwinden. Bleibt ein neues Merkmal über viele Generationen erhalten, so werden seine Träger, wie bereits erwähnt (Abschnitt 14.1.2.), selten mehr als ein Promill der Bevölkerung ausmachen. Dies läßt sich über Modellrechnungen zeigen, darauf weisen aber auch die Häufigkeiten der bisher bekannten monogenen Merkmale beim Menschen hin. Nicht der „Tüchtigste“ überlebt, sondern die, die überlebt haben, gehören zu den „Tüchtigsten“.

Es gibt Evolutionsbiologen, die darauf hinweisen, daß die Mutationsrate scheinbar mit einer Zunahme des relativen Gehirngewichts wächst [9]. Dies wird vor allem mit der progressiven genetischen Vielfalt in phylogenetisch jüngeren Wirbeltiergruppen, besonders bei den Säugetieren, belegt. Je größer die Verhaltensvielfalt aufgrund der Fähigkeit zur adaptiven Verhaltensanpassung, desto eher existieren Bedingungen, unter denen sich eine Mutation bewähren kann. Dies gilt sowohl wegbereitend (es existieren Anpassungen, wo sich bestimmte Mutationen besonders eignen) wie kompensatorisch (Mutanten können sich durch spezielle Verhaltensweisen anpassen).

Es drängt sich der Verdacht auf, daß mit fortschreitender Entwicklung von Medizin und ethischer Einschätzung von körperlichen Varianten biologische Selektion am Menschen nur mehr vergleichsweise selten wirkt.

Bestimmte Arten von bösartigen Augentumoren (doppelseitiges Retinoblastom) werden über ein stets dominantes Allel vererbt. Seit etwa 100 Jahren gibt es für diese Krankheit eine geeignete Symptombehandlung. Wie man Statistiken entnehmen kann, nimmt die Zahl der Betroffenen langsam zu; das Merkmal wird immer häufiger weitergegeben.

Was für erbbedingte Krankheiten gilt, trifft wahrscheinlich in noch höherem Maße für Merkmale zu, deren möglicherweise negative Auswirkungen durch soziale Maßnahmen noch besser ausgeglichen werden können. Genetische Anomalien des Farbensehens sind z. B. bei Männern mit einer theoretischen Wahrscheinlichkeit von 8% zu erwarten (s. Abschnitt 3.1.1.): Grünschwäche mit 0,06 + Rotschwäche mit 0,02. Die Auftretenshäufigkeit von Farbschwächen in Naturvölkern (d. h. bei Jägern und Sammlern) ist jedoch nur halb so hoch. Man nimmt an, daß Busch- und Savannenjäger, die Grün- und Brauntöne schlecht unterscheiden können, als Fortpflanzungspartner nicht begehrt sind. In Europa entspricht die Farbschwächen-Häufigkeit meist dem theoretischen Wert.

Eine vergleichbare Entwicklung gibt es vermutlich für genetische Resistenz gegen Infektions- und Mangelkrankheiten. Vor 200 Jahren wurde nur jedes zweite Kind geschlechtsreif. Die Versorgung mit vitaminreicher Nahrung und Antikörpern (durch Impfung) begünstigt das Überleben von Personen mit störungsanfälligem Stoffwechsel.

Derartige Phänomene sind jedoch nicht als Nachteil zu sehen. Sicherlich können manche Gene, die Stoffwechselprozesse steuern, viele Körperfunktionen einschließlich der Nervenzell-Tätigkeit beeinflussen. Dies ist jedoch wahrscheinlich für die Mehrzahl der Gene nicht der Fall. Außerdem werden Gene durch den Mechanismus der Rekombination meistens in wechselndem Muster miteinander kombiniert. Es ist nicht zu erwarten, daß Gene für rein somatische Merkmale stets mit anderen gekoppelt sind, die Stoffwechselprozesse der Nervenfunktionen steuern (über Genkopplung s. Abschnitt 2.2.1.).

Umgekehrt dürfte die Zahl der Gene, die an der Steuerung von Nervenfunktionen oder gar von Verhaltensmerkmalen beteiligt sind, sehr groß sein. Daher kann weder durch Zufall, noch durch Züchtung eine Kombination entstehen, die man uneingeschränkt als optimal bezeichnen wird (s. dazu auch Abschnitt 2.2.9.). Minderwertiges Erbgut gibt es ebensowenig wie hochwertiges.

In der Humangenetik gibt es ein vielzitiertes Beispiel, in dem eine Krankheit, die unter bestimmten Umständen zum Tode führt, unter anderen Umständen die Überlebenswahrscheinlichkeit erhöht. Es handelt sich um die monogen rezessiv vererbte Krankheit der Sichelzell-Anämie. Personen, die für das verursachende Allel homozygot sind, haben einen etwas anomalen roten Blutfarbstoff (Hämoglobin) in den roten Blutzellen (im entsprechenden Protein ist eine von 146 Aminosäuren verändert). Die roten Blutzellen der homozygoten sind verkümmert („Sichelzellen“), die Betroffenen sterben bald. Auch Heterozygote (bei denen also nur eines der beiden Allele abnorm ist) produzieren eine geringe Menge abnormes Protein und haben anfällige rote Blutzellen. So sterben die roten Blutzellen von Heterozygoten unter Sauerstoffmangel oder bei Befall von Malariaerregern rasch ab. Die letztgenannte Eigenschaft ist aber von Vorteil: In den Körper eingedrungene Malariaerreger können sich nicht ausbreiten, der Sichelzell-Heterozygote ist malariaresistent. Unter den Bewohnern von malariabedrohten Gebieten findet man weit überdurchschnittlich viele Sichelzell-Heterozygote. Deren Fortpflanzungswahrscheinlichkeit ist also erhöht, obwohl jedes vierte Kind zweier Heterozygoter stirbt.

Ähnliches gilt auch in bezug auf die Hautfarbe. Durch Jahrtausende waren Personen mit heller Hautfarbe in Gegenden mit starker Sonnenbestrahlung gegenüber stärker pigmentierten Personen benachteiligt. Umgekehrt litten Personen mit stark pigmentierter Haut darunter, daß ihre Haut in gemäßigten Klimaten den ohnehin schon spärlichen UV-Anteil ganz ausfiltert. UV-Strahlung braucht der Körper zum Aufbau von Vitamin D, das den Knochenaufbau begünstigt. Vitaminreiche Nahrung kann den genetischen Nachteil für beide Varianten ausgleichen. In den jeweiligen Klimaten bleibt der jeweilige Vorteil der Merkmalsvarianten bestehen, so daß trotz einer zu erwartenden Genmischung die Merkmalsvarianten erhalten bleiben.

### *14.1.4 Evolutionsmechanismen*

Mutation, Rekombination und Selektion erklären bis zu einem gewissen Grade die Tatsache, daß hochkomplizierte Organismenformen in großer Vielfalt bei unterschiedlichsten Lebensbedingungen existieren, daß sie sich an schwierige neue Bedingungen anpassen können, und daß sie in der Geschichte der Evolution einem steten Wandel unterliegen. Sie heißen daher Evolutionsmechanismen. Sie können aber nicht alle Phänomene der Evolution erklären.

Wenn innerhalb vergleichsweise kurzer Zeit Arten mit einer Reihe völlig neuer Eigenschaften entstehen, wie es etwa bei der Evolution zum Menschen der Fall war, ist eine Entwicklung auf Grund von Mutation, Rekombination und Selektion rechnerisch sehr unwahrscheinlich. Mehrfach hat man einen eigenen Evolutionsfaktor für die Entwicklung zum Menschen angenommen. Es gibt jedoch noch zwei weitere Evolutionsmechanismen, nämlich Isolation und Gendrift. Diese beiden Evolutionsmechanismen betreffen die Fälle, wo Rekombination und Selektion eine (mutierende) Population nicht gleichmäßig betrifft, sondern für Teilpopulationen in unterschiedlichem Ausmaß zutrifft.

In einer genetisch ursprünglich einigermaßen homogenen Population können für Teilpopulationen Selektionsfaktoren in unterschiedlichem Ausmaß wirken. Dies trifft z. B. zu, wenn sich die Population über größere geographische Gebiete erstreckt, in denen verschiedene ökologische Bedingungen vorherrschen (geographische bzw. ökologische Isolation). Manchmal spricht man auch von sexueller Isolation, wenn sich Partner ähnlicher genetischer Ausstattung wegen unterschiedlicher Größe, zeitlich differierender sexueller Aktivität oder wegen unterschiedlichem Sexualverhalten nicht fortpflanzen können. Dies ist zunächst ein Ergebnis einer adaptiven Entwicklung. In jedem Fall begünstigt Isolation die Bildung einer neuen biologischen Art (s. Definition von Abschnitt 1.1.3.). Unter bestimmten Umständen können in einer genetisch ursprünglich einigermaßen homogenen Population für Teilpopulationen Rekombinationsfaktoren in unterschiedlichem Ausmaß wirken. Man spricht dann von Gendrift (Gründer-Effekt, Sewall-Wright-Effekt, Zufallsauslese). Dies trifft bei Isolation sehr kleiner Teilpopulationen zu. Unabhängig von Selektionsfaktoren werden bestimmte Gene einfach deshalb häufiger vererbt, weil sie in der Teilpopulation zum Zeitpunkt der Isolation zufällig häufiger vorkamen („Stichprobenfehler"). Eine Isolation sehr kleiner Teilpopulationen kann beim Vordringen in neue Lebensräume vorkommen, aber auch auf Grund von sozialer Isolation bestimmter Gruppen.

Verhalten ist also ein Schrittmacher der Evolution. Isolationsprozesse, die die Grundlage für isolierte Selektion oder für Gendrift bilden, kommen häufig auf Grund von (z. B. ökologisch bedingten) Verhaltensvarianten zustande.

Den Mechanismus der Gendrift hat man an menschlichen Populationen entdeckt. So fand man genetische Unterschiede ohne Überlebensvorteil bei benachbarten australischen Stämmen, zwischen denen Heiratsschranken bestehen. In Kolonien bestimmter religiöser Gemeinschaften in den USA (Dunkers, Hutteriten) dürfen nur Angehörige der gleichen Religion geheiratet werden. Obwohl ein geringfügiger Genaustausch durch Neueintritte und Austritte erfolgt, treten die Blutgruppen des ABO-Systems in den Kolonien mit völlig anderen Häufigkeiten auf, als in der übrigen Bevölkerung der USA (z. B. fehlt das Gen für die Blutgruppe B bei den Dunkers fast völlig).

Bei dem Mechanismus der Gendrift handelt es sich um ein Prinzip, das bestimmte (seltene) Gene begünstigt, obwohl sie nicht die Überlebenschance erhöhen.

### *14.1.5 Die Evolution zum Menschen*

*Landleben.* Beim Übergang vom Wasser- zum Landleben in der Evolutionsgeschichte der Wirbeltiere wurden nicht nur Veränderungen in der anatomischen Anpassung bedeutsam, sondern auch in der funktionellen. Beutefang- und Fortpflanzungsverhalten mußten entsprechend dem Lebensraum verändert werden, der Riechsinn erhielt eine neue Bedeutung, die Atmung mußte neu koordiniert werden. All dies leisteten Gehirnteile, die heute anatomisch zwischen dem neuralen Substrat der alten Programme und den später weiterentwickelten Strukturen der individuellen Anpassung liegen [10]. Diese Gehirnteile zählen wir heute zum limbischen System (s. Abschnitt 6.1.4) und stellen sie in enge Verbindung zur Steuerung emotionaler Verhaltensregulationen.

*Individuelle Anpassungsfähigkeit.* Die Evolution zum Menschen war ein Millionen Jahre dauernder Prozeß. Die Zahl der Funde über diese Zeit ist verschwindend gering. Dennoch existieren zahlreiche Hypothesen über Vorgänge, die die vorgeschichtliche Entwicklung betreffen.

Zum Teil widersprechen die Hypothesen einander. Im folgenden wird versucht, weitgehend unkontroverse Annahmen derart aneinanderzufügen, daß dadurch eine Skizze der wichtigsten Entwicklungsschritte entsteht. Dennoch sind alle folgenden Annahmen weitgehend hypothetisch. Daher könnte der Versuch, sie in einen theoretischen Rahmen zu integrieren, spekulativ erscheinen. Anderseits ist es nicht zu erwarten, daß in absehbarer Zeit sehr viel vollständigere Daten zur Verfügung stehen. Übrigens sind auch die Zeitangaben mehr als Relativwerte zu verstehen.

Zoologisch gesehen ist der Mensch mit den Menschenaffen (Orang-Utan, Gorilla, Schimpanse) eng verwandt. Aufgrund fossiler (im Boden erhalten gebliebener) Knochen vermutet man, daß die gemeinsamen Vorfahren von Mensch und Menschenaffen vor etwa 28 Millionen Jahren gelebt haben (Ägyptopithecus). Umstritten ist, ob auch Verwandte des vor 20 bis 12 Millionen Jahren lebenden Dryopithecus (Proconsul) als gemeinsame Vorfahren zu gelten haben.

Die vor etwa 20 Millionen Jahren in Europa, Indien, Arabien und Ostafrika lebenden Vorfahren des Menschen waren jedenfalls mit hoher Wahrscheinlichkeit Waldbewohner. Wie auch die heutigen Menschenaffen hatten sie Greifhände mit flachen Nägeln und konnten in Greifnähe gut räumlich sehen. Gegenstände konnten fast gleichzeitig betastet, gedreht, betrachtet, berochen und gekostet werden (s. dazu auch Abb. 126 in Abschnitt 11.2.2.). Sie konnten sich mit neuen Gegenständen also differenziert auseinandersetzen.

Vor etwa 12 Millionen Jahren war die geologische Auffaltung der jungen Gebirge, wie z. B. der Alpen, nahezu beendet. Dadurch entstandene klimatische Veränderungen machten sich in vielen Weltteilen bemerkbar. Savannen verdrängten Wälder, auch in den von den menschlichen Vorfahren bewohnten Gegenden. Die Konkurrenz in den verbleibenden Waldgebieten veranlaßte zumindest eine Teilpopulation, in der Savanne weiterzuleben.

*Ramapithecus*. In China, Indien, Kenia, Griechenland und in der Türkei fand man Überreste des in der Savanne lebenden Ramapithecus (bis jetzt von nur etwa 30 Individuen). Man datiert sie in das Intervall zwischen 12 und 3,5 Millionen Jahren vor unserer Zeit. Im Vergleich zu einem Leben in den Wäldern fand der Ramapithecus in der Savanne schwierige Bedingungen vor. Er war gezwungen, am Boden zu leben und sich damit seinen natürlichen Feinden (den Raubtieren) in extremer Weise auszusetzen. Im Vergleich zu anderen Beutetieren seiner Feinde, war der Ramapithecus langsam. Außer seinen (im Vergleich zum Raubtiergebiß kleinen) Eckzähnen besaß er keine natürlichen Waffen. Da er gezwungen war, Gras, Körner und Insekten zu fressen und nur gelegentlich Fleisch, begannen seine Mahlzähne wichtig zu werden. Die Eckzähne bildeten sich sogar allmählich zurück. Die Individuen waren klein (nur ca. 1 m Körperhöhe), in gebückter Haltung konnten sie sich bei Gefahr ins Savannengras ducken. Das Herannahen des Feindes konnte nur beobachtet werden, wenn sie sich aufrichteten. Schimpansen und Gorillas machen das in Gefahrenmomenten auch. Sie können dann auch große Zweige schwingen und mit Steinen werfen.

Ein nur wenig später in die Savanne gedrängter Vormensch, der Gigantopithecus, hat es übrigens nie zu aufrechtem Gang bebracht. Er war weitaus größer als Ramapithecus und auch körperlich stärker. Er hat auch öfters Fleisch erbeutet.

Ein häufiges Aufrichten war für den kleinen Ramapithecus bei seinem Aufenthalt im Savannengras lebensnotwendig. Es schützte nicht nur vor unvermuteten Überfällen, es bot auch Vorteile beim Nahrungssammeln. In relativ ungeschützter Umgebung ist es nützlich, wenn (möglichst viel) gesammeltes Futter zu einem geschützten Platz getragen werden kann, wo es verzehrt wird. Evolutionstheoretisch gesehen hat damals der Fuß sehr bald seine Funktion als weitere Kletterhand verloren und anatomische Veränderungen, die das Laufen begünstigten, haben sich durchgesetzt. Allerdings konnten sich kleine Kinder mit Lauf-Füßen nicht mehr, wie es sonst bei Affen üblich, im Fell der Mutter festklammern. Sie mußten getragen werden. Dadurch waren die Mütter erst recht gezwungen, häufig aufrecht zu gehen.

Kleinkinder, die sich weder im Fell der Mutter festkrallen können, aber auch noch nicht gut gehen können, sind auf die elterliche Fürsorge in besonderem Maße angewiesen. Unter diesen Bedingungen konnte ein eher nachteiliger genetischer Faktor an Bedeutung gewinnen, der vermutlich durch Gendrift (Stichprobenzufall) in die Savannenpopulation der Vormenschen gelangte. Die ohne Zweifel genetisch bedingte, allmählich beginnende Volumszunahme des Gehirns ist nämlich mit einer längeren nachgeburtlichen Reifungszeit verbunden. Vor etwa 5 Millionen Jahren sind die Vormenschen aufrecht gegangen, spätestens eine Million Jahre später beginnt eine rapide Gehirnentwicklung.

Abgesehen von einer zu vermutenden Sorgfalt den Kleinkindern gegenüber waren die sozialen Strukturen beim Ramapithecus wahrscheinlich sehr einfach. Er lebte in einer Herde, die gemeinsam Futterplätze aufsuchte und wechselte oder gemeinsam vor einem Feind floh.

Paviane, Schimpansen, aber auch Buschmänner leben heute unter ähnlichen ökologischen Bedingungen. Aus Beobachtungen schließt man, daß auch bei den Vormenschen am Einsammeln der Nahrung wahrscheinlich nicht alle Herdenmitglieder beteiligt waren. Allerdings wird eine derartige Arbeitsteilung je nach Situation wechselnd und flexibel gehandhabt. Dabei wurden die Hände sicherlich sehr geschickt eingesetzt, die bald einen „Präzisionsgriff" ausführen konnten. Darunter versteht man die

Fähigkeit, mit Daumen und Zeigefinger ein „O" zu bilden, was die heutigen Menschenaffen nicht können. Werkzeuge hat Ramapithecus wahrscheinlich nicht benützt, höchstens Stöcke, wie heute die Schimpansen. Besondere Sozialstrukturen, die das Erlernen von Werkzeuggebrauch ermöglichen, sind bei Ramapithecus nicht zu erwarten.

Auch im Falle einer Verteidigung kämpft nur eine Untergruppe der Herde. Dieses zwar seltenere, jedoch bedrohliche Ereignis verlangt starrere Arbeitsteilung: Die stärkeren Tiere kämpfen. Beim heutigen Gorilla sind es stets die Männchen, angeführt vom größten und schwersten Tier. Bei den Gibbons sind Männchen und Weibchen etwa gleich groß, die jeweils stärksten verteidigen das Revier. Wie es bei Ramapithecus war, weiß man nicht.

### *14.1.6 Die Evolution des Menschen 1: Homo habilis und erectus*

*Australopithecus.* Seit der Zeit vor etwa 4 Millionen Jahren lebten in Afrika einige, vermutlich aus der Ramapithecus-Sippe stammenden, Vormenschengruppen, die man unter der Gattungsbezeichnung Australopithecus zusammenfaßt. Zwei Arten, ein etwa 1,50 m großer Pflanzenfresser (A. robustus = A. boisei = Zinjanthropus) und ein zierlicherer Allesfresser (A. africanus), sind nach etwa 3 Millionen Jahren wohl ausgestorben. Über eine dritte Gruppe, die unseren direkten Vorfahren sehr nahe stehen dürfte, den A. afarensis, ist noch nicht viel bekannt. Er war etwa 1,10 bis 1,40 m groß, ging aufrecht und seine Hände unterschieden sich anatomisch nicht von unseren. Seine Nahrung war vermutlich ähnlich wie bei A. africanus hauptsächlich pflanzlich. Gelegentlich aß er vermutlich Vogeleier, vielleicht auch Eidechsen und ab und zu ein kleines Säugetier.

*Homo habilis.* Vor etwa 2,5 Millionen Jahren wurde A. afarensis durch Vormenschen mit etwas anderer Anatomie, den Homo habilis, abgelöst. Er war etwa 1,50 m groß und ernährte sich schon häufiger von Fleisch. Dazu sammelte er wohl frisch verendete alte Tiere oder fing gelegentlich ein Jungtier. Man muß annehmen, daß sich die bei Ramapithecus angedeuteten Entwicklungen in irgendeiner Form beim anatomisch verwandten, später lebenden H. habilis fortgesetzt haben.

Die Entwicklung des Gehirns nahm weiter zu (ca. 650–700 $cm^3$ Gehirnvolumen). Damit verband sich eine langsame Kindheitsentwicclung, was zugleich eine lange Zeit engen Pflegekontaktes mit Bezugspersonen bedeutete. Damit war die Voraussetzung gegeben, daß schwer erlernbare Fertigkeiten von Generation zu Generation weitergegeben werden konnten. Spätestens seit der Zeit vor 1,5 Millionen Jahren verwendete H. habilis selbstbearbeitete Steine als Werkzeuge. Wichtige

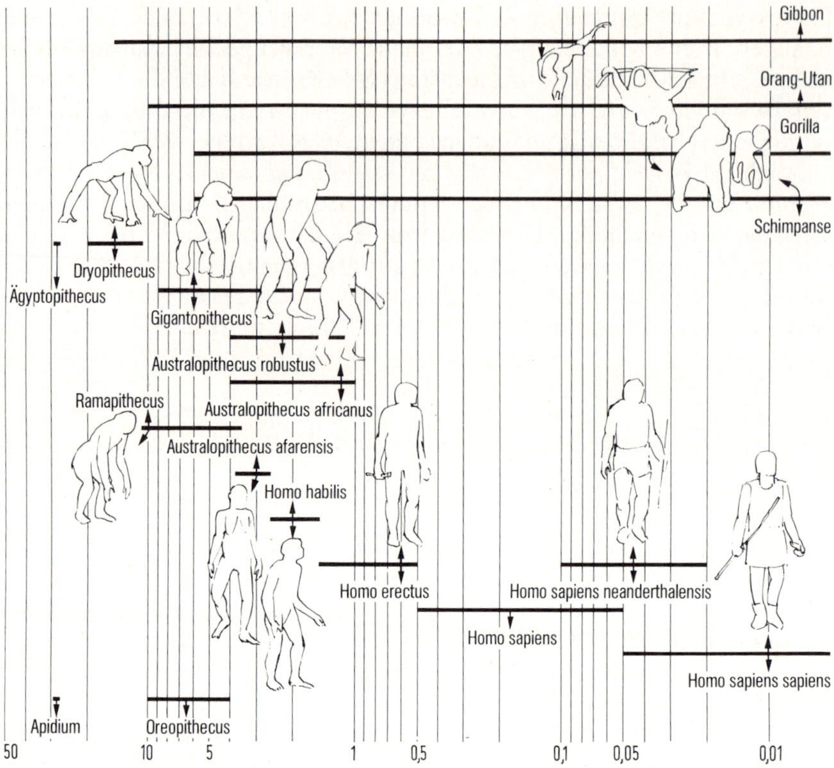


*Abb. 148* Die menschliche Evolution. Zeitangaben in Millionen Jahren vor unserer Zeit (Maßstab logarithmisch verkürzt).

Gruppenprozesse betrafen sicherlich diese Art der Traditionsbildung; Steine zu bearbeiten ist mühsamer als Holzstäbe zu brechen. Die Horde trat an den Ruheplätzen in engere Kommunikation, es entwickelte sich ein einfaches Lagerleben.

Die Zeiträume, in denen sich die Evolution abspielt, sind nur schwer begreifbar zu machen. Träfe es zu, daß uns Bewohner des Andromeda-Nebels, der erdnächsten Galaxie in der nördlichen Himmelshälfte, mit einem Super-Fernrohr beobachten könnten, dann würden sie aus ihrer Entfernung von ca. 1,6 Millionen Lichtjahren heute gerade die Übergangsformen von Homo habilis zu Homo erectus zu sehen bekommen.

*Homo erectus.* Den seit der Zeit vor 1,5 Millionen Jahren lebenden Vormenschentyp bezeichnet man als Homo erectus (Pithecanthropus erectus, Sinanthropus). Sein Gehirnvolumen lag zwischen 775 und bereits 1300 $cm^3$ (heute lebende Menschen haben etwa 1400 $cm^3$ Gehirn). Er konnte bereits sehr komplizierte Geräte herstellen und verwenden: Schaber, Hacken, Aalen, Ambosse, Hämmer und Meißel. Seit der Zeit vor etwa 1 Million Jahren verwendet H. erectus das Feuer.

Das schon seit langer Zeit übliche Lagerleben ermöglichte die Bewachung von Feuerstellen. Nutzen brachte das Feuer wohl durch die Tatsache, daß bei der Versorgung des Lagers Fleisch eine immer größere Rolle spielte. Gebratenes Fleisch hält sich länger als rohes. Ein Nebeneffekt der Feuerbenutzung dürfte die Tatsache sein, daß ein zottiges Haarkleid zum Nachteil wird. Haare dienten bislang vor allem dem Ausgleich von Temperaturschwankungen und dem Schutz vor UV-Strahlen. Der Temperaturregulation kann das Feuer dienen (ausgenommen für den exponierten Kopf und für stark feuchtigkeitsabsondernde Hautareale). Vor UV-Strahlen schützt Pigmentierung der Haut. Als Jäger breitet sich H. erectus über große Teile Asiens aus, dabei wird die Haut heller, um nicht unter UV-Mangel zu leiden. Daß H. erectus in manchen Gegenden Asiens (Peking) offenbar Gehirne seiner Artgenossen gegessen hat, deutet weniger auf regressiven Kannibalismus als auf die Tatsache hin, daß H. erectus seiner Kopfgröße Bedeutung zugemessen hat.

### *14.1.7 Die Evolution des Menschen 2: Homo sapiens*

*Homo sapiens.* Homo erectus wurde vor etwa einer halben Million Jahren durch Homo sapiens abgelöst. In seiner Lebensweise unterschied er sich nicht grundsätzlich von H. erectus. Das Lager bildete den wichtigen Lebensmittelpunkt. Dort gab es Feuer, dorthin wurde gesammeltes Futter gebracht und verteilt. Die vorhandene Gruppenkommunikation wurde nun wahrscheinlich noch mehr ausgebaut. Sie ermöglichte in zunehmendem Maße auch gemeinsam durchgeführte und bis zu einem gewissen Grade geplante Jagden. (H. sapiens schaffte übrigens auch die Überquerung der Beringstraße.) Umgekehrt fördert gemeinsames Jagen, gemeinsamer Feu-

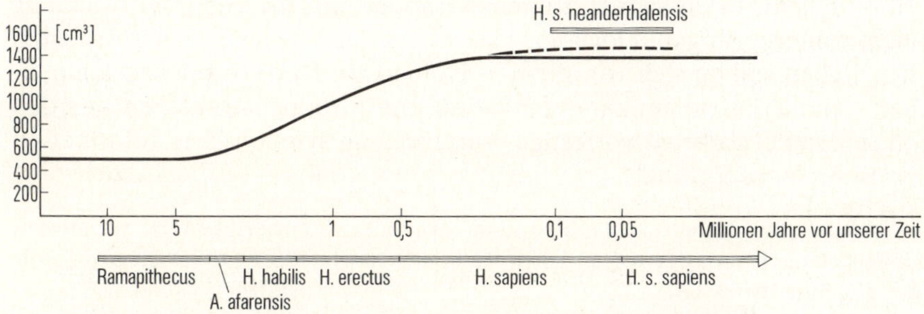


*Abb. 149* Größe des Gehirnvolumens bei den fossilen Primaten, die mit den menschlichen Vorfahren vermutlich am engsten verwandt sind.

erbesitz, gemeinsames Auf- und Einteilen der Nahrung, gemeinsame Wahrung von Fertigkeiten wie Werkzeugherstellung intensive Kommunikation. Wenn sich eine Mitteilung an eine Gruppe richtet, wenn sie beim Jagen oder während der Ausführung einer komplizierten Tätigkeit erfolgen soll, so ist eine Kommunikation über Lautgebung vorteilhaft. H. sapiens hatte sicherlich bereits eine differenzierte Lautgebung.

H. sapiens hatte ein Gehirnvolumen, das dem des heutigen Menschen entspricht (ca. 1400 $cm^3$). Die Tendenz zur Entwicklung eines immer größeren Gehirns, die mit dem Ramapithecus vor etwa 4 Millionen Jahren begann, hatte wohl ursprünglich keinen Überlebensvorteil, sondern war vermutlich ein Gründer-Effekt (Gendrift). Später, zur Zeit von H. habilis und H. erectus, war dies ohne Zweifel ein Selektionsvorteil. Homo überlebte Gigantopithecus und die Australopithecinen. Nun stagniert die Gehirnentwicklung. Größere Gehirne brachten, auf die Dauer gesehen, wohl mehr Nachteile mit sich gegenüber der Möglichkeit einer verbesserten Nutzung der vorhandenen Kapazität (z. B. durch die Evolution spezieller Zentren und Bahnen).

*H. s. neanderthalensis.* Wohl in den meisten H. sapiens-Gruppen ging in der Zeit vor etwa 100 000 Jahren zunächst die Gehirnentwicklung weiter. Man faßt diese Gruppen unter dem Namen H. s. neanderthalensis zusammen. Sie bewohnten Europa (Deutschland, Frankreich, Spanien, Italien, Jugoslawien) Afrika (Zambia) und Asien (Israel, Irak, China, Java). Wegen der zunehmenden Vergletscherung sanken die Temperaturen und H. sapiens begann, Kleider herzustellen. Außerdem konnte er schnitzen, kannte Heilkräuter und bestattete seine Toten (Funde von Şanidar). Im extremen Klima der Würm-Eiszeit scheinen jedoch die biologischen Nachteile dieser Entwicklung (vielleicht zu hilflose Kleinkinder) zu überwiegen. Vor etwa 30 000 Jahren nahm sie ein Ende.

Geburtsprobleme, wie früher angenommen, dürfte es keine gegeben haben. Neanderthal-Frauen hatten ein weites Becken.

*H. s. sapiens.* In einigen H. sapiens-Gruppen war die Gehirnentwicklung nicht weitergegangen. Doch auch sie waren der Würm-Eiszeit ausgesetzt. Das Leben spielte sich vor allem in Höhlen ab. Der Gruppenzusammenhalt, nämlich Gruppenkommunikation und Gruppenstrukturen, wurden ohne Zweifel dadurch verfestigt. Verarbeitung symbolischer Information stand im Vordergrund.

Inzucht, ein Leben in Höhlen und Ernährungsschwierigkeiten, verlängern zusätzlich die Dauer der körperlichen Reifung (s. auch Abschnitt 7.1.2.) und damit der Jugendentwicklung.

Ab der Zeit vor 50 000 Jahren kann man eine Unterart H. s. sapiens („Cro magnon“) unterscheiden. Das wichtigste Ziel der H. s. sapiens-

Gruppen war die Erlegung von Beutetieren, die durch das extreme Klima rar geworden waren. Vor etwa 20 000 Jahren malte man Tiere an Höhlenwände. Vor etwa 10 000 Jahren begann man im östlichen Mittelmeerraum und in Mittelamerika Tiere zu züchten (Schafe, Ziegen, Schweine und Rinder), sowie Nutzgräser anzubauen (Weizen, Gerste, Flachs).

Die weitere Entwicklung des Menschen kann sinnvollerweise nicht mehr in biologischen Begriffen und damit nicht mehr evolutionstheoretisch beschrieben werden. Sie folgt geschichts- und gesellschaftswissenschaftlichen Gesetzen. Diese Entwicklung ist aber – nach dem bisher Gesagten – bereits in beachtenswert hohem Maße biologisch vordeterminiert zu sehen.

## 14.2 Ethologische Methoden und Grundbegriffe

### *14.2.1 Angeborene Verhaltensweisen*

Wenn Verhalten als Interaktion zwischen Organismus und Umwelt verstanden wird, so unterliegt es – strenggenommen – natürlich nicht den biologischen Gesetzen der Evolution. Vielmehr sind es die biologischen Voraussetzungen für Verhaltensweisen, die sich durch Mutation und Selektion herausgebildet haben, die von Tierart zu Tierart variieren und die auch für den Menschen evolutiv entstanden sind.

Zu den biologischen Voraussetzungen des Verhaltens gehören Strukturen, die durch die Umwelt unbeeinflußbar (umweltinvariant) sind. Das sind z. B. die Strukturen der Sinnesorgane und der informationsaufnehmenden Gehirnteile, die Strukturen der Gehirnteile, die Bewegungsabläufe koordinieren, und die Art der Effektoren. Zu den biologischen Voraussetzungen für Verhalten gehören aber auch anpassende Strukturen, nämlich das Lernvermögen. Die wichtigsten Faktoren dabei sind vielleicht Zahl, Umfang und Anpassungsfähigkeit von Wahrnehmungskategorien und von Bewegungsprogrammen.

Die beobachtbaren Verhaltensweisen selbst sind sehr abgeleitete Merkmale (s. Abschnitte 2.2.2. und 14.1.1.). Es ist schwierig, durch Analyse von Verhaltensweisen auf deren genetische Grundlage zu schließen. Die vergleichende Verhaltensforschung versucht diesen Schluß auf Grund von Vergleichen über viele Tierarten.

Natürlich arbeitet die Verhaltensforschung zunächst vor allem deskriptiv. Obwohl es eine starke Einengung der Forschung bedeutet, bezieht sich der Schwerpunkt beschreibender Verhaltensforschung vor allem auf die Erfassung solcher Aspekte des Verhaltens, die von außen und mit geringem methodischen Aufwand direkt beobachtbar sind. Damit werden hauptsächlich nur durch die Skelettmuskulatur hervorgerufene Bewegungen erfaßt und hier auch nur die gröberen. Feinmotorik, vegetative Prozesse, Drüsentätigkeit, Leistungen der Wahrnehmung und Aktivitäten im Nervensystem können nur in Ausnahmefällen berücksichtigt werden.

Wenigstens der grobmotorische Aspekt des Verhaltens sollte möglichst vollständig registriert werden. Dazu dienen – möglichst im Freiland angefertigte – Beobachtungsprotokolle, Film- und Tonbandaufnahmen. Im Labor benützt man, wo es geht, automatische Registrierungsmethoden. Selbstverständlich ist die Art der Datenerhebung meist durch eine implizite Verhaltenstheorie geleitet: Bewegungsfolgen werden so erfaßt, daß sie einen für den Beobachter interpretierbaren Sinn ergeben. Die Zusammenfassung von einzelnen Bewegungen zu „Verhaltensweisen" ist jedoch bei der Beobachtung von Tieren in der Regel weniger kontrovers als bei der Beobachtung menschlichen Verhaltens. Das wichtigste Kriterium dabei ist die Wiedererkennbarkeit durch einen anderen Beobachter. Kontrovers kann höchstens die Bezeichnung werden, wenn sie auf eine vermeintliche biologische Funktion hinweist. Ein für eine Tierart aufgestellter Katalog von Verhaltensweisen heißt Verhaltensinventar oder Ethogramm.

*Erbkoordinationen.* Relativ umweltstabile Bewegungsstereotypien bezeichnet man auch als erbkoordiniert. Charakterisieren sie eine Verhaltensweise, so nennt man diese Verhaltensweise eine Erbkoordination (Instinktbewegung). Erbkoordinationen werden dadurch auffällig, daß sie zwar durch Umweltreize in Gang gesetzt werden, dann aber weitgehend unabhängig von Umweltbedingungen fortgesetzt werden. Da den Erbkoordinationen die Untersuchung der Umweltstabilität zugrundeliegt, können sie als Repräsentanten der „Reaktionsnorm" eines Individuums (einer Art) aufgefaßt werden. Wie bereits in Abschnitt 2.2.8. erklärt, kann man die Bezeichnungen Erbkoordination, Instinktbewegung und Reaktionsnorm synonym verwenden.

Erbkoordinationen können bei Tieren häufig im Zusammenhang mit biologisch offenbar wichtigen Tätigkeiten der Körperpflege, der Nahrungsaufnahme, der Balz und des nestbezogenen Verhaltens beobachtet werden. Ein klassisches Beispiel dafür ist die „Eirollbewegung" bei bodenbrütenden Vögeln, z. B. bei der Graugans. Dabei langt die Gans mit dem Schnabel nach Eiern, die neben dem Nest liegen, und rollt sie vorsichtig zu sich ins Nest. Nimmt man dem Tier während einer solchen Prozedur das Ei weg, so wird die Bewegung des Heranrollens trotzdem bis zum Rand der Nestmulde fortgesetzt. Die einzige zu beobachtende Veränderung ist, daß keine seitlichen Korrekturbewegungen auftreten, die sonst oft erforderlich werden, wenn ein Ei gerollt wird. Rigides Verhalten allein ist natürlich kein Kriterium für Erbkoordiniertheit.

Die Beobachtung von Erbkoordinationen war der Anlaß, von Instinkten zu sprechen. Manche Biologen verstanden darunter eine Naturkraft, die zusätzlich zur Tätigkeit des Nervensystems die Richtung von Verhaltensweisen bestimmt (vitalistischer Instinktbegriff). Konrad Lorenz versuchte, erbkoordiniertes Verhalten auf Eigenschaften der nervalen Steuerung zurückzuführen. Wenn man nun in der

Ethologie möglichst die Gesamtheit der informationsverarbeitenden Mechanismen des Organismus (in bezug auf ihre genetisch vorgegebene Struktur) erfassen will, müßte man womöglich einen neuen Instinktbegriff schaffen. Von Nikolaas Tinbergen [1] gibt es einen Versuch für eine derartige Definition.

Heute verzichtet man auf diese historische, vorbelastete und mißverständliche Bezeichnung. Statt dessen spricht man von „angeboren“ (instinktiv), wenn man ausdrücken will, daß einzelne Komponenten des Verhaltens oder der dem Verhalten zugrundeliegenden Strukturen genetisch determiniert sind. Auch diese Bezeichnung ist eigentlich unglücklich, da auch schon vor der Geburt Reifungsprozesse gestört oder Lernprozesse begonnen werden können. Dem Anspruch der vergleichenden Verhaltensforschung würde nur die Bezeichnung „genetisch bedingt“ gerecht werden. Dieser Ausdruck wird jedoch vermieden, wenn nicht tatsächlich genetische Methoden angewendet wurden.

Ein weiteres Ziel der deskriptiven Ethologie ist die Analyse der Aufeinanderfolge von Verhaltensweisen. Ist eine Verhaltensweise aus sehr wenigen Bewegungen zusammengesetzt (geringe Komplexität), so läßt sich der Verhaltenskontext schwerer vorhersagen (geringes Integrationsniveau) als bei komplizierten (speziellen) Verhaltensweisen.

Bewegungen mit hoher gemeinsamer Auftretenswahrscheinlichkeit faßt man zu „Funktionskreisen“ zusammen. In die Zusammenfassung von Funktionskreisen können unterschiedliche theoretische Gesichtspunkte einfließen. Die Annahme primärorganismischer Bedürfnisse erlaubt Einteilungen nach Nahrungsaufnahme und Sexualität. Die Berücksichtigung des Zusammenlebens von Organismen fordert Einteilungen nach Konkurrenz und Gruppenstruktur. Sowohl in bezug auf Nahrungsaufnahme wie auf Sexualität gibt es bestimmte Verhaltensweisen, die aus Konkurrenz oder auf Grund einer bestimmten Gruppenstruktur entstehen.

Von daher ist es möglich, auf Grund bestimmter theoretischer Vorannahmen eine instinktive Verkettung von Verhaltensweisen („Instinkthandlungen“) zu untersuchen (s. auch Abschnitt 15.2.2.).

### *14.2.2 Umweltstabilität und Formkonstanz*

Vom motorischen Aspekt des Verhaltens will man auf den genetischen Rahmen für die biologischen Voraussetzungen von Verhaltensweisen schließen. Umweltdeterminierte Verhaltensweisen haben den Rang funktionell bedingter Merkmale. Auch wenn Analogien mit Verhaltensweisen anderer Tiere vorliegen würden, gehören sie nicht in eine artübergreifende Reihung abgestuft ähnlicher Verhaltensmerkmale (s. Abschnitt 14.1.1.). Daher ist es erforderlich, auch Daten über die Umweltstabilität von Verhaltensmerkmalen zu sammeln.

Umweltstabilität ist also strenggenommen zunächst nur die Voraussetzung für zwischenartlichen Vergleich. Dieser ermöglicht Schlüsse auf die evolutive Gewordenheit und damit erst Aussagen über genetische Konfigurationen. Häufig wird

Umweltstabilität aber als direktes Kriterium für genetische Bedingtheit genommen.

Ein Beispiel dafür, wie man sich den Zusammenhang zwischen Umweltstabilität und Ausmaß der genetischen Determinierung einer Verhaltensweise vorstellen kann, liefern die Zirp-Gesänge der Feldgrille. Grillen zirpen, indem sie ihre schräggestellten Flügeldecken aneinander reiben. Durch Rhythmusänderungen entstehen verschiedene Gesänge (z. B. Lockgesang, Werbegesang). Der Rhythmus wird durch nervale Impulsmuster determiniert. Die Impulsmuster aller Gesänge kann man bereits von Feldgrillen-Larven ableiten, also in einem frühen Entwicklungsstadium. Dies gelingt, auch wenn die Flügeldecken noch so klein und weich sind, daß sie nicht bewegt werden können.

Umweltstabilität kann auf verschiedene Weise nachgewiesen werden. Die einfachste Methode ist die Beobachtung eines Merkmals an möglichst vielen Vertretern einer Art. Hohe Konstanz („Formkonstanz") läßt eine Invarianz gegenüber wechselnden Umweltreizen vermuten.

Wie am Beispiel von Untersuchungen an Zwillingen in Abschnitt 2.2.6. dargelegt wurde, ist der Schluß von Umweltstabilität auf Erbbedingtheit problematisch. Dies gilt vor allem, wenn man für Umweltstabilität das Kriterium der Formkonstanz benützt. Völlig unzulässig ist es, Formkonstanz als Kriterium für Erbbedingtheit bei Organismen mit starker Traditionsbildung zu verwenden. Bedauerlicherweise beruft man sich gerade in humanethologischen Untersuchungen häufig auf dieses Kriterium.

Ein Beispiel, das die genannte Problematik verdeutlichen kann, ist die traditionsbedingte Formkonstanz im Gesang von bestimmten Singvögeln, die ihren Gesang als Jungvögel vom Vater lernen (s. Abschnitt 15.2.4.).

Ein oft diskutiertes Problem ist die Frage, ob bestimmte konstitutionelle Geschlechtsunterschiede des Menschen, wie z. B. Unterschiede in der Körperhöhe oder in der auf das Körpergewicht bezogenen Blutmenge, genetisch bedingt sind. Genetisch bedingte hormonelle Einflüsse, wie sie für die Ausbildung der Geschlechtsmerkmale und die Schulter-Becken-Relation gelten, sind dabei nicht nachweisbar. Wegen der kulturübergreifenden Formkonstanz (die übrigens auch für die Menschenaffen zutrifft) und mangels besserer Erklärungen, nimmt man eine geschlechtschromosomale Determinierung an. Für die Körperhöhe gibt es eine Korrelation zwischen Eltern und Kindern. Anderseits weiß man, daß die genannten Merkmale innerhalb der Geschlechter auf Grund ökologischer Bedingungen variieren können (schon bei den mit den Menschenaffen verwandten Gibbons gibt es diese Geschlechtsunterschiede nicht). Das Problem wird im Zusammenhang mit Frauenarbeit relevant. Die Frage muß jedoch offenbleiben und dies gilt auch für viele in der Humanethologie untersuchten Merkmale.

Der Nachweis von Umweltstabilität ist auch Gegenstand der experimentellen Ethologie.

### 14.2.3 *Methoden der experimentellen Ethologie*

Der Nachweis von Umweltstabilität kann in der experimentellen Ethologie meist verläßlicher geführt werden als über das Kriterium der Formkonstanz. Die experimentelle Ethologie arbeitet mit systematischer Variation von Umweltreizen durch Atrappen, in Wahlversuchen, in Dressur-Experimenten. Durch experimentelle Intervention kann auch das Zusammenspiel von umweltinvarianten und umweltangepaßten Bewegungsimpulsen analysiert werden.

Unter „Dressur" wird in der Ethologie eigentlich operantes (instrumentelles) Konditionieren verstanden. Davon unterscheidet man die „Ausbildung eines bedingten Reflexes" (Signallernen, klassisches Konditionieren) und das „Lernen durch Nachahmung" (Imitationslernen, Modellernen). Es kommt aber auch vor, daß das Wort „Dressur" verallgemeinernd für Lernprozesse steht.

Das Zusammenspiel von umweltinvarianten und umweltangepaßten Bewegungsanteilen hat man früher „Instinkt-Dressur-Verschränkung" genannt. Diese Bezeichnung wird jetzt aus zwei Gründen nur mehr selten verwendet. Zum einen sind die Worte Instinkt und Dressur mißverständlich. Zum zweiten waren entsprechende Phänomene früher nur selten beschrieben worden, während sie heute nahezu den Gegenstand ethologischer Forschung ausmachen. Als klassisches Beispiel dafür gelten: Das Zusammenspiel von (umweltinvarianten) Roll- und (umweltangepaßten) Korrekturbewegungen beim Eirollen; die Tatsache, daß das Nüsseknacken beim Eichhörnchen durch angeborene Bewegungen vermittelt wird, deren Einsatz jedoch durch Lernen verbessert werden kann.

Einen besonderen Fall ethologischen Experimentierens stellt die Methode des Erfahrungsentzugs dar. Dabei wird besonders darauf geachtet, daß das, in der Regel noch junge, Tier vor der Verhaltensanalyse keine einschlägigen Lernerfahrungen hat.

In historischen Experimenten des Pharao Psammetich, des Hohenstaufen Friedrich II., des Schottenkönigs Jakob IV. und des Mogulfürsten Akbar wurden Neugeborene isoliert aufgezogen, vor allem um Informationen über eine angeborene Sprachfähigkeit zu erhalten. Abgesehen von diesen lebensbedrohenden Eingriffen ist es für fast alle psychologischen Untersuchungen erforderlich, daß die Probanden entweder über keine einschlägigen Vorkenntnisse verfügen (z. B. in Lernexperimenten), daß sie in bezug auf ihre Erfahrung und Vorkenntnisse vergleichbar sind (z. B. in Untersuchungen zur Wahrnehmungs- oder Denkpsychologie), oder daß ihre Vorbedingungen als zusätzliche Variable erhoben werden (z. B. in differentialpsychologischen oder sozialpsychologischen Untersuchungen).

Teilweiser Erfahrungsentzug kann die Voraussetzung für weitere Experimente bilden, vor allem wenn es um die Untersuchung von angeborener Lernfähigkeit geht (also in ethologischen Lern- und Prägungsexperimenten). Erfahrungsentzug kann aber auch zum Nachweis angeborener Fertigkeiten bei Jungtieren dienen (also in verhaltens-ontogenetischen Experimenten).

So gesehen sind psychologische Experimente Untersuchungen über angeborene Lernbedingungen unter zeitlich wechselndem Umwelteinfluß.

Bei verhaltensontogenetischen Experimenten ist zu unterscheiden, ob Erfahrungen mangels entsprechender Reifung, mangels natürlichen Lerngelegenheiten oder auf Grund von künstlicher Isolation fehlen. In allen Fällen von Erfahrungsentzug-Experimenten gilt, daß das Fehlen einer Verhaltensweise nicht darauf schließen läßt, daß sie erlernt werden muß. Als Ursachen des Fehlens kommen auch langsame oder gestörte Reifung in Frage. Tritt eine Verhaltensweise trotz mangelnder Lernmöglichkeiten dennoch in vollem Umfang auf, so ist eine genetische Ursache sehr wahrscheinlich. Zum Beweis für Erbbedingtheit muß zusätzlich der Vergleich mit homologen Verhaltensweisen verwandter Arten herangezogen werden.

Beispiele für eine experimentelle Untersuchung von Verhaltensweisen in einem frühen Reifungsstadium und für Isolationsexperimente findet man in Abschnitt 15.2.5. Ohne natürliche Lernmöglichkeit pickt z. B. das frisch geschlüpfte, hungrige Silbermöwenküken bevorzugt auf einen roten Fleck auf gelbem Grund. Ein derartiger Fleck befindet sich auf dem Schnabel der Mutter und die angeborene Pickreaktion veranlaßt das Alttier, Futter hervorzuwürgen.

Fehlende Erfahrungsmöglichkeiten bilden auch häufig das Kriterium für Erbbedingtheit, wenn man Reaktionen auf übernormale Attrappen beobachtet. Derartige Attrappen haben ihren Namen von ihrer Eigenschaft, daß auf sie stärker als auf natürliche Reize reagiert wird (nicht wegen ihrer Größe). Manchmal kann man die Wirksamkeit von übernormalen Attrappen damit erklären, daß sie phylogenetisch alte, d. h. früher evolutiv entstandene und jetzt noch immer genetisch angelegte, Wahrnehmungsfilter ansprechen.

Bei den Stichlings-Fischen bekommen die fortpflanzungsaktiven Männchen eine rote Bauchunterseite. Dieser Farbfleck veranlaßt laichbereite Stichlingsweibchen, mit der Paarung zu beginnen. Im westlichen Nordamerika gibt es, vermutlich seit der letzten Eiszeit, einen Raubfisch, der wohl die Ursache dafür ist, daß in der dortigen Stichlingspopulation nur tarnfarbige Varianten mit schwarzen Männchen vorkommen. Die Weibchen der gleichen Population bevorzugen aber – im Wahlversuch vor die Alternative gestellt – rotbäuchige Männchen. Sie reagieren damit auf ein Merkmal, das in ihrer Heimat seit etwa 7000 Jahren ausgestorben ist.

Einen eindeutigen Nachweis für die Erbbedingtheit von Verhaltensweisen könnte die Verhaltensgenetik mit Kreuzungsexperimenten liefern. Diese Methode ist jedoch nur in Ausnahmefällen anwendbar (s. Abschnitt 2.2.4.).

## *14.2.4 Grundstrukturen des Verhaltens*

Leistungen des Organismus, die zu Verhaltensprozessen beitragen, lassen sich nach Wahrnehmungs-, Koordinations-, Antriebs- und Handlungsleistungen klassifizieren. Sie stellen, mehr oder weniger explizit, in der Ethologie die Grundstrukturen des Verhaltens dar. Diese Einteilung läßt sich weder empirisch belegen, noch stellt sie ein unabdingbares theoretisches Postulat dar. Sie ist einfach heuristisch, d. h. sie entspricht einer Forschungsstrategie.

Von der Beobachtung von Bewegungen ausgehend soll versucht werden, angeborene Anteile für alle diese Leistungen aufzufinden. Dazu sind teilweise raffinierte Experimente erforderlich. Zunächst aber kann davon ausgegangen werden, daß tierische Leistungen in hohem Grade nach genetisch vorgegebenen Richtlinien vollbracht werden. Die zur Verfügung stehenden Mechanismen lassen im allgemeinen nur wenig Alternativen zu. Paßt die Umwelt einigermaßen, so läuft das Programm vollständig ab; paßt sie nicht, so geschieht nichts; im Extremfall stirbt die Tierart aus.

Diese – zunächst ebenfalls heuristische – Grundannahme ist wohl so alt wie die Beobachtung tierischen Verhaltens überhaupt. Erst mit der heuristischen Klassifikation der Grundstrukturen des Verhaltens beginnt jedoch die systematische Untersuchung tierischen Verhaltens, also die Ethologie.

Begründer der Ethologie in diesem Sinn ist H. S. Reimarus (1694–1768). Er analysiert 1760 die ,,angeborenen Fertigkeiten" der Tiere, ,,welche aus den determinierten Naturkräften" erwachsen (die auf genetisch determinierten Funktionen beruhen) [2]. Er unterscheidet vier ,,Stücke" angeborenen Verhaltens:

1. Einen „Mechanismo", das ist – modern ausgedrückt – die Instanz des Organismus, die die Informationsabgabe an die Umwelt steuert (Erbkoordination);

2. „Äußerliche" Sinne und „sinnliche Einbildungskraft", also die Instanzen, die (in Rezeption und Wahrnehmung) Information aus der Umwelt auswählt; die von Reimarus gemeinte „Kraft" bezieht sich wieder auf die angeborene Struktur in der Wahrnehmung (Auslösemechanismus);

3. „Innere Empfindung", d. h. die Tatsache, daß einer Wahrnehmung eine körpereigene Erregung folgt, die dann auch den „Mechanismo" in Gang setzen kann; sie stellt die zentrale Verbindung zwischen Wahrnehmen und Handeln her (zentrale Verschaltung);

4. Eine „eingepflanzte blinde Neigung", das sind wohl angeborene Bedingungen, die gegebenenfalls den Weg zwischen Wahrnehmung und Handlung gewichten (begünstigen oder blockieren); heute würde man von einer Antriebsstruktur sprechen.

Auf eine andere, heuristisch wichtige Unterscheidung von Strukturen des Verhaltens, nämlich nach der Komplexität der beteiligten Mechanismen, hat K. Lorenz 1935 hingewiesen [3]. Demnach läßt sich starres Verhalten von komplexerem Verhalten durch den Grad an Uniformität und Spontaneität abgrenzen.

Stellt man beide Klassifikationsgesichtspunkte gegeneinander, so ergibt sich folgendes Bild: Hohe Uniformität läßt auf starre Verschaltung schließen; hohe Spontaneität auf das Wirken von Antriebsmechanismen. Je fester eine Reiz-Reaktions-Beziehung (über viele Tiere hinweg) ist, desto eher muß man auf angeborene Strukturen reflektorischer Art schließen. Je flexibler Tätigkeiten (nach Beobachtung an vielen Individuen) spontan oder nach verschiedenen Reizen folgen, desto eher ist eine Möglichkeit für Lernprozesse zu erwarten.

Die Variabilität von Verhaltensweisen allein ermöglicht eine derartige Aussage nicht. Damit liegt die Bedeutung der theoretischen Aussagen von Lorenz darin, genetische Bedingungen für Lernprozesse zu postulieren [3, 4, 5]. Erst viel später wurde diese Sichtweise innerhalb der Psychologie relevant. Die in Abschnitt 14.2.1. erwähnte Instinktlehre hat mehrfachen Wandel erfahren. Sie kennzeichnet eher Zwischenstationen in einem Forschungsprozeß.

### *14.2.5 Reflexe und Regulationen*

*Neuronal vermittelte Regulationen.* Angeborene Strukturen, die Verhalten steuern, sind im Nervensystem zu suchen. Die Grobanatomie des Nervensystems ist zwischen verschiedenen Individuen der gleichen Art ebenso identisch wie der Aufbau des übrigen Organismus. Auch bezüglich der feineren Anatomie, nämlich der Art, wie einzelne Nervenzellen miteinander verbunden sind, gibt es Grenzen für individuelle Variabilität.

Dort, wo die feinere Anatomie des Nervensystems überschaubar ist, nämlich an den Sinnesorganen, im Rückenmark und an den Effektoren, findet man konstante Verknüpfungen vor. Angeborene Verhaltenssteuerung liegt mit Sicherheit vor, wenn neuronale Verbindungen zwischen Rezeptor und Effektor personenunabhängig uniform sind.

Streng genommen gehen diese Schlußfolgerungen am eigentlichen Problem zunächst vorbei. Es kommt nicht nur auf die anatomischen Strukturen, sondern auf deren Funktionsfähigkeit an. Der Vergleich mit dem Computer zeigt, daß feste Verbindungen zwischen Eingabe- und Ausgabeorgan zwar Hinweise auf die Konstruktion, nicht aber unmittelbar auf die Leistungsfähigkeit des Computers geben. Natürlich ist es evident, daß alle seine Funktionen von der Konstruktionsart seiner Strukturen abhängt. Solange er aber von Fachfremden bedient wird, imponiert er höchstens durch einige „Reflexe". Dennoch kann Bautyp und Art der Ein- und Ausgabeverbindungen dem Fachmann hinreichende Hinweise auf seine Einsatzmöglichkeiten geben.

Wo rasch ablaufende, stereotype Reiz-Reaktions-Verbindungen auf überschaubare oder sogar nachweisbar anatomische uniforme Nervenver-

*Tabelle 14* Eigenreflexe [7]

| *Reflex* | *Auslösender Reiz* | *vermittelnder Anteil des Nervensystems* | *Antwortreaktion* |
|---|---|---|---|
| Umgekehrte (tonische) myotatische Reflexe | Straffung einer Muskelsehne | bisynaptischer Reflexbogen im Rückenmark | Hemmung des zugehörigen Muskels, der Antagonisten-Kontraktion |
| Körperwend-Reflex | Kopfdrehung und Fixierung eines opt. Reizes | | Nachdrehen des Körpers in Blickricht. |
| Phasische myotatische Reflexe: Für viele Rückenmarks- aber auch Stammhirnsegmente gibt es klinisch wichtige Reflexe, die bei schlagartiger Dehnung eines Muskels dessen Kontraktion bewirken, z. B. | | | |
| Masseter-Reflex | Schlag auf Unterkiefer | Hirnnerv V | Masseterkontraktion |
| Biceps-Reflex | Schlag auf Bicepssehne | Zervikalsegment (5-) 6 | Beugung im Ellenbogen |
| Radius-Periost-Reflex | Schlag auf distales Radiusende | Zervikalsegment (5-) 6 | Kontraktion des M. supin. long |
| Triceps-Reflex | Schlag auf Tricepssehne über dem Olecranon | Zervikalsegment (6-) 7 | Streckung im Ellenbogen |
| Pectoralis-Reflex | Beklopfen der Sehne des M. pector. major (vorderer Achselbogen) | Zervikalsegmente 5–8 | Kontraktion des Muskels |
| Scapulo-humeral-Reflex | Schlag auf den Angulus inf. | Rückenmarkssegmente C5–D1 | Adduktion des Armes, Bewegung der Scapula nach medial |
| Ulnar-Reflex | Schlag auf den Proc. styloides ulnae | Rückenmarkssegmente C8–D1 | Pronation von Unterarm und Hand |
| Trömmer-(Handgelenks-)Reflex | Schlag auf den Fingerflexoren | Rückenmarkssegmente C8–D1 | Beugung der Finger |
| Adduktoren-Reflex | Beklopfen des medialen Epicondylus femoris | Lumbalsegment (2-) 3 | Adduktion und Außenrotation des Beines |
| Patellarsehnen-Reflex (PSR) | Schlag auf die Patellarsehne | Lumbalsegment 4 | Beinstreckung |
| Achillessehnen-Reflex (ASR) | Schlag auf die Achilles- | Sakralsegment 1 | Plantarflexion |

*Tabelle 15* Schutzreflexe [7]

| *Reflex* | *Auslösender Reiz* | *vermittelnder Anteil des NS* | *Antwortreaktion* |
|---|---|---|---|
| Gekreuzter Extensor-reflex | Schmerz auf Extremität | kreuzender bisynaptischer Reflexbogen im Rückenmark | Kontralaterale Extensorkontraktion und Hemmung der kontralateralen Flexoren |
| Bestreichen von Hautsegmenten ruft Kontraktion gleichsegmental innervierter Muskeln hervor, gewisse Reizungen haben erkennbar schützende Reaktionen zur Folge, z. B. | | | |
| Wischreflex | chem./Mechan. Reizung der Haut | | Wischbewegung der Extremitäten |
| Tränenreflex | Reizung der vom N. ophthalmicus versorgten Schleimhaut | Hirnnerven $V_1$, VII | Tränensekretion |
| Cornea- (Lidschluß-) Reflex | Reizung der Cornea | Hirnnerven V, VII | Lidschluß |
| Niesreflex | Berührung der Nasenschleimhaut, grelles Licht | Hirnnerv $V_2$, Nucleus reticularis | Niesen |
| Oberer Bauchdecken-reflex (OBDR) | Bestreichen der Bauchhaut | Thoracalsegmente 8–9 | Kontraktion der Bauchwandmuskulatur |
| Mittlerer und unterer BDR | Bestreichen der Bauchhaut | Thorakalsegmente 10–12 | Kontraktion der Bauchwandmuskulatur |
| Cremaster-Reflex | Bestreichen der Oberschenkel-Innenseite | Lumbalsegmente 1 | Hebung des ipsilateralen Hodens |
| Anal-Reflex | Bestreichen der Dammhaut | Sakralsegmente 3–4 | Kontraktion des M. constictor ani |
| Flexorreflex auf Dehnung | Muskelspindelreizung in Flexor oder Extensor | polysnaptischer Reflexbogen im RM | Kontraktion der Flexoren, Hemmung der Extensoren |
| Flexorreflex zur Flucht | Druck oder Schmerz auf Extremität | | Flexion (Einziehen) der Extremität |
| Emergency-Reflex | Schreck | Sympathicus | vegetative Fluchtreaktionen |

bindungen zurückzuführen sind, spricht man von Reflexen oder Regulationen. Bei Regulationen gibt es eine (körperinterne) Wirkung der Reaktion zurück auf den Rezeptor. Verhaltensrelevante Regulationen sind in Teil II behandelt worden. Hier wurden auch Reflexe als Teil regulatorischer Prozesse vorgestellt (nämlich als ZNS-interner Teil eines Informationskreises, in dem periphere Information mitverarbeitet wird, s. Abschnitt 5.1.4.). Der „Reflexbogen" besteht demnach aus einem Rezeptor, einer afferenten Bahn, einer oder mehreren zentralen Nervenzellen, einer efferenten Bahn und einem Effektor (s. die Abbildungen 50 und 98).

Vielfach werden Reflexe als elementarste Art der organismischen Informationsverarbeitung angesehen. Die einfachste „Verarbeitung" ist nämlich sicherlich die bloße „Übertragung" von Information. Dabei können die materiellen Träger der Information zeitliche oder räumliche Distanzen überwinden, oder die Information kann von einem Träger auf einen anderen überwechseln. Bei einem Telefongespräch z. B. wird die gesprochene Information von elektrischen Spannungsschwankungen übernommen und über große räumliche Distanzen transportiert. Vergleichbare Übersetzerleistungen vollbringt der Organismus als elementarste informationsverarbeitende Prozesse in großem Umfang.

Reflexe sind jedoch gewissermaßen Servomechanismen und damit Teil von übergreifenden Regulationsmechanismen. Sie können nicht losgelöst von dem funktionellen Zusammenhang betrachtet werden, in dem sie über enge anatomische Verbindungen mit anderen Teilen des Nervensystems stehen. Würde man das dennoch versuchen, so ließen sich beobachtete Reaktionen oft nur schwer biologisch interpretieren. Die myostatischen Reflexe (Abschnitt 9.2.3.) sind ein Beispiel dafür.

Die Idee, daß Reflexbögen die einfachste Art der Informationsverarbeitung durch den Organismus vermitteln, ist daher nicht fruchtbar. Vielleicht kann man den Reflexbogen mit einer Erd- oder Masseleitung in einem elektrischen Stromkreis vergleichen. Vom negativen Pol der Autobatterie führt eine direkte Stromverbindung, die meistens über die Metallteile des Fahrzeugaufbaus („Masse") geleitet wird, an alle stromverbrauchenden Aggregate, auch an Zündspule und Zündverteiler. Es ist zumindest problematisch, ob man diese direkte Stromleitung als Grundbaustein der Autoelektrik, insbesondere des Zündmechanismuses ansehen sollte. Der komplizierte Mechanismus der Autoelektrik wird auch nicht transparenter, selbst wenn man die Erfahrung gemacht hat, daß man bei eingeschalteter Zündung durch ungeschicktes Hantieren am Motorblock einen – im Vergleich zur geringen Batteriespannung – erheblichen elektrischen Schlag bekommen kann.

*Einteilung der Reflexe.* Reflexe stellen den überschaubaren Teil übergreifender neuronaler Regulationsmechanismen dar. Was als Reflex bezeichnet wird, ist von der Kenntnis der neuronalen Struktur und der Art der Untersuchung (Reizdarbietung und Strategien der Reaktions-Registrierung) abhängig. Nach physiologischen Gesichtspunkten, die den organismischen Funktionen nahekommen, lassen sich Reflexe daher nicht kategorisieren. Meist teilt man sie danach ein, ob die hauptsächlichsten

Reaktionen in dem Organ stattfinden, wo die Rezeptoren sitzen (Eigenreflexe, s. Tab. 14) oder in einem anderen Organ (Fremdreflex). Hier treten bereits bei den myotatischen Reflexen Klassifikationsprobleme auf (zumindest bei den umgekehrten myotatischen Reflexen, s. Abschnitt 9.2.3.).

Eine andere Einteilung trennt trophotrope Reflexe und Regulationen von ergotropen Schutzreflexen (hinsichtlich der Bezeichnungen s. Abschnitt 6.2.2.). Zu den trophotropen Reaktionen gehören Atmungs- Kreislauf- und viele andere vegetativ-reflektorisch ablaufenden Regulationen, die in den Kapiteln 5. und 6. behandelt wurden. Ferner könnte man eine Reihe frühkindlicher Reflexe dazu zählen, die Saugen, Tasten und Greifen auslösen. Zu den Schutzreflexen zählt man viszeral-motorische Reaktionen ebenso wie Reaktionen auf Druck oder Schmerz (Tab. 15).

## *Literatur*

[1] Tinbergen, N.: The hierarchical organization of nervous mechanisms underlying instinctive behavior. Symp. Soc. Exp. Biol. 4 (1950) 305–312

[2] Reimarus, H. S.: Allgemeine Betrachtungen über die Triebe der Tiere, hauptsächlich über ihre Kunsttriebe. Bohn, Hamburg 1760

[3] Lorenz, K.: Der Kumpan in der Umwelt des Vogels. J. Ornithol. 83 (1935) 137–413

[4] Lorenz, K.: Die angeborenen Formen möglicher Erfahrung. Z. Tierpsychol. 5 (1934) 235–409

[5] Lorenz, K.: Phylogenetische Anpassung und adaptive Modifikation des Verhaltens. Z. Tierpsychol. 18 (1961) 139–187

[6] Seligman, M. E. P., Hager, J.: The Biological Boundaries of Learning. Appleton, New York 1972

[7] Bösel, R.: Humanethologie. Ethologische Aspekte menschlichen Verhaltens. Kohlhammer, Stuttgart 1974

[8] Cech, Th. R.: RNA splicing – three themes with variations. Cell 34 (1983) 713–716

[9] Wyles, J. S., Kunkel, J. G., Wilson, A. C.: Birds, behavior, and anatomical evolution. Proc. Nat. Acad. Sci. USA 80 (1983) 4394–4397

[10] MacLean, P. D.: The limbic brain in relation to the psychoses. In: Physiological Correlates of Emotion (P. Black Ed.), pp. 129–146. New York, London: Academic Press 1970

# 15. Antrieb und Anpassung (Biologie der Motivation)

## 15.1 Ethologische Antriebskonzepte

### *15.1.1 Spontaneität und Antrieb*

Verknüpfungen zwischen afferenter Informationsleitung und efferenter, die reflektorisches Verhalten ermöglichen, sind nicht ohne Integration (also weitere Verbindung) in das übrige Nervensystem denkbar. Reizschwellen können erniedrigt werden und auf der motorischen Seite können Bewegungen unterdrückt oder von Mitbewegungen anderer Muskelgruppen begleitet werden. Bei der Beobachtung des Verhaltens treten dadurch die Phänomene auf, daß auf denselben Reiz verschiedene Verhaltensweisen folgen können, oder daß verschiedene Reize die gleiche Bewegung zur Folge haben können. Starre Reiz-Reaktions-Folgen stellen die Ausnahme dar. Angeborene Lernbedingungen müssen postuliert werden.

*Spontanes Verhalten.* Zu den bisher genannten Phänomenen kommt die Tatsache, daß Verhaltensweisen auch spontan auftreten. Spontan bedeutet, daß keine unmittelbare, äußere Ursache erkennbar ist. Dennoch könnten äußere Bedingungen eine Rolle spielen, die dem Beobachter nicht bekannt, weil zeitlich zurückliegend, oder entgangen sind, weil sie nicht registriert wurden. In vielen Fällen scheinen jedoch Bedingungen, die im Innern des Organismus zu suchen sind, verhaltensauslösend zu wirken. Nur dann spricht man eigentlich von spontanem Verhalten. Wie noch zu zeigen sein wird, gibt es hier natürlich fließende Grenzen; die Definition ist letztlich von der jeweiligen Beobachtungsanordnung abhängig.

Werden spontane Verhaltensweisen (Aktionen) ohne spezifische experimentelle Intervention beobachtet, spricht man von „Leerlauf". Ein Beispiel für Leerlauf ist das „Sichern". Viele wildlebende Tiere sind während des Beuteverzehrs oder während des Besuchs an der Wasserstelle möglichen Angreifern besonders ausgesetzt. Immer wieder heben sie – ansonsten beschäftigt mit ihrer Nahrung – bei solchen Gelegenheiten den Kopf, äugen oder schnuppern in verschiedene Richtungen, auch ohne daß verdächtige Reize auftreten. Ähnliche Verhaltensweisen gehören auch zu den Eßgewohnheiten von manchen Naturvölkern [1].

Leerlauf-Aktionen hat man früher aus anderen Gründen als Spezialfall spontanen Verhaltens angesehen. Es gibt nämlich Verhaltensweisen, die objekt- oder partnerbezogen sind (z. B. Nestbau oder sexuelles Verhalten) und andere, für die das nicht zutrifft (z. B. Erwachen aus dem Schlaf). Eindrucksvoll (und streng genommen auch nur dann sinnvollerweise anzunehmen) ist spontanes Verhalten, das ohne Zielobjekt stattfindet, obwohl es objektbezogen ist.

In geeigneten experimentellen Anordnungen kann man nachweisen, daß viele Körperorgane spontan motorisch aktiv sind (s. Abschnitt 5.1.3.). Auch ohne eine Erregung durch Nerven gibt es spontane (koordinierte) Bewegungen der glatten Muskulatur (Darmbewegungen), der Herzmuskulatur (Herzschlag) und der Skelettmuskulatur (z. B. Schlängelbewegungen des Rumpfes). Ähnliches gilt für Tätigkeiten des Nervensystems. Jede Nervenzelle ist spontan aktiv. Außerdem gibt es Nervenzentren, die rhythmisch Erregung produzieren (s. Abschnitt 7.2.3.).

Die spontane Aktivität von Körperorganen, vor allem die des Nervensystems, wird teils als Baustein spontanen Verhaltens, teils als Analogon komplexerer spontaner Verhaltensweisen angesehen.

Spontaneität im Verhalten gibt jedenfalls Anlaß, eine dem Verhalten zugrundeliegende Energie zu postulieren, deren Wirksamkeit durch verschiedene Antriebskonzepte erklärt werden soll.

Das in der Psychologie – übrigens auch uneinheitlich – verwendete Wort Motivation vermeidet man besser für ethologische Antriebskonzepte, die sich vor allem auf angeborene Strukturen beziehen. Der ohnehin schon verwirrende Bezeichnungskatalog in diesem Bereich würde dadurch nur noch komplizierter werden.

*Die biologische Herkunft von Antrieben.* Es ist durchaus plausibel anzunehmen, daß der hochkomplexe Aufbau des Organismus auch (oder gerade) über Mechanismen verfügt, die dafür sorgen, daß Tätigkeiten ablaufen, die seinen wesentlichsten Eigenschaften (wie sie z. B. in Abschnitt 1.1.2 erklärt wurden) entsprechen oder die ihn vor Zerstörung schützt. Antriebe, die also etwa den Körper vor Beschädigung schützen, die der Nahrungs- und Sauerstoffbeschaffung dienen und die die Ausbreitung von Lebensformen unterstützen, sind daher unbestritten anzunehmen.

Kontrovers ist, wie sich aus diesen allgemeinen Voraussetzungen spezielle Bedürfnisse (im Sinne von Neugier, Todessehnsucht, Kinderwunsch, sexuelle Spannung, Altruismus, Aggression usw.) und schließlich die nach motivationstheoretischen Kategorien konstruierten Inhaltsbereiche (Leistungswille, Kontaktbedürfnis, Machtdrang) ableiten lassen. Kontrovers ist in diesem Zusammenhang auch der Mechanismus, über den derartige Antriebe handlungsdeterminierend werden können.

*Das Trieb-Modell von Lorenz.* Eines der (zumindest historisch) wichtigsten Antriebskonzepte ist das Trieb-Modell von K. Lorenz. Nach dem Modell würden innere Bedingungen aktionsspezifische Energie produzieren, die aus bestimmten Gründen nicht gleich zu Bewegungen führen [2]. Bei Tieren sind diese Bewegungsschwellen wohl meist im Nervensystem vorgegeben, beim Menschen können sie auf Grund von sozialen Bedingungen anerzogen sein.

An dieser Stelle wird deutlich, daß – zumindest historisch gesehen – das Konzept der angeborenen Lernbedingungen eng mit dem Triebkonzept verbunden ist. Eine derartige Triebkonzeption steht in der Tradition der psychoanalytischen Theorienbildung. Ebenfalls noch vor Lorenz hatten die Physiologen Cannon und Bard ihre Affekt-Theorie entwickelt (s. Abschnitt 8.1.3.). Sie nahmen an, daß körperliche Affektbewegungen normalerweise durch die Tätigkeit des Großhirns unterdrückt werden. Nur durch sehr intensive Reizung könne sie dennoch („unwillkürlich") ausgelöst werden. Natürlich können bestimmte Prozesse im Großhirn die Hemmung ebenfalls aufheben, so daß Affekte freischießen („mangelnde Kontrolle"). Derartige Trieb-Kontroll-Theorien entsprachen der historisch tradierten Vorstellung, daß Körperprozesse durch den Geist unter Kontrolle gehalten werden, bzw. bestehenden Tabus entsprechend unter Kontrolle zu halten seien. Fehlt diese Kontrolle, so würden sich Menschen „tierischer als jedes Tier" verhalten. Denn bei Tieren wäre eine derartige Kontrolle, wenn auch häufig nicht so ausgeprägt, so doch vorhanden und dort sogar angeboren.

Solange eine Instinktbewegung nicht ausgeführt wird, sammle sich aktionsspezifische Energie und führe zu einem Energiestau. Die Energie würde in Bewegung umgesetzt werden, wenn der Stau einen die Schwelle überschreitenden Druck erreicht hätte. Dies kann allein auf Grund der inneren Energieproduktion, meist aber im Zusammenhang mit der (schwellenerniedrigenden oder, wie neuerdings angenommen wird, ebenfalls energieliefernden) Reizwirkung (Abb. 150) [3].

*Prinzip der doppelten Quantifizierung.* Aus den bisherigen Überlegungen ergibt sich auch das Prinzip der doppelten Quantifizierung. Die Intensität oder die Häufigkeit von Verhaltensweisen hängt von der Größe des inneren Antriebs und von der Stärke auftretender, spezifischer Reize ab.

Das Prinzip der doppelten Quantifizierung könnte auch durch außen- oder innenreizbedingte Erregungsproduktion erklärt werden. Das Energie-Stau-Konzept ist eigentlich nur vor dem Hintergrund eines ganz bestimmten Paradigmas verständlich. Bei Instinktbewegungen (im Sinne von Abschnitt 14.2.1.) kann nämlich beobachtet werden, daß sie besonders intensiv, lang oder häufig ablaufen, wenn sie längere Zeit nicht stattgefunden haben, dann aber (durch einen Außenreiz) in Gang gesetzt wurden.

Den bisherigen Vorstellungen scheint aber ein Phänomen zu widersprechen, das Lorenz „Inaktivitäts-Atrophie" nennt [3]. Mitunter kann nämlich beobachtet werden, daß (erbkoordinierte) Verhaltensweisen überdurchschnittlich rasch beendet werden, gerade wenn sie lange Zeit nicht stattgefunden haben. Unter den gegebenen Voraussetzungen des Energie-Stau-Konzeptes ist man gezwungen anzunehmen, daß ein beson-

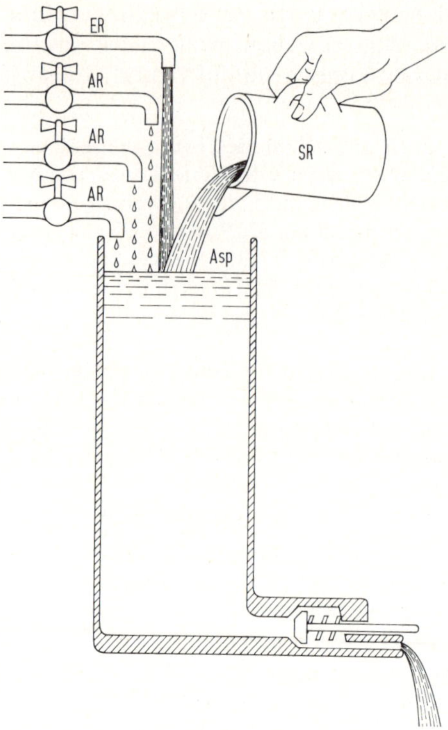


*Abb. 150* Das „hydraulische Modell“ nach K. Lorenz [4]. Als Zuflüsse sind „aufladende Reize“ AR dargestellt und es wird der Tatsache Rechnung getragen, daß der Schlüsselreiz SR sich nur in der Schnelligkeit seiner Wirkung von aufladenden Reizen unterscheidet. Nach dieser Hypothese wird das Aufgehen des Ventils ausschließlich durch den inneren Druck bewirkt.

derer Effekt, nämlich eine „Atrophie“ nicht gebrauchter Bewegungsweisen, den Energiestau verschleiert.

Derartige „Zusatzkonstrukte“, die z. B. in der psychoanalytischen Theorie besonders zahlreich verwendet werden, machen eine Theorie meist unwiderlegbar. Sie sind aber ein Ansatzpunkt für eine theorie-immanente wissenschaftstheoretische Theorie-Kritik. Oft widersprechen sie nämlich dem (wissenschaftstheoretischen) Prinzip der einfachsten Erklärung.

Nicht nur das Einsetzen von Verhaltensweisen, auch deren Beendigung kann mit dem Energie-Stau-Modell erklärt werden. Ist soviel Energie in Bewegung umgesetzt worden, daß die Restenergie unterhalb der Bewegungsschwelle bleibt, wird die Bewegung beendet.

### *15.1.2 Antrieb und Bereitschaft*

Das ursprüngliche Triebmodell von Lorenz ist zum Verständnis gegenwärtiger Antriebskonzeptionen im vorangegangenen Abschnitt 15.1.1. ganz kurz skizziert worden. Es ist von anderen Ethologen mehrfach neu ausgelegt, erweitert und verändert worden. Im folgenden sollen nur die für das Verständnis menschlichen Verhaltens wichtigen Folgekonzeptionen im Überlick erwähnt werden.

*Triebzentren nach Tinbergen.* Verhaltensweisen folgen meist nicht zufällig, sondern oft – zumindest innerhalb eines Funktionskreises – mehr oder weniger vorhersagbar aufeinander. Tinbergen sieht daher eine hierarchische Organisation von Energiereservoirs. Aus einem Zentralreservoir (in dem sich Funktionskreis-spezifische Energie ansammelt) werden Antriebsreservoires („Centres") gespeist, die für bestimmte Einzelfunktionen (Angriff, Flucht) angenommen werden.

*Stimmungszentren nach v. Holst und v. Saint Paul.* Den einzelnen Erbkoordinationen wären dann Reservoires zuzuordnen, die möglicherweise nicht mehr durch ein antriebs-ethologisches Energiekonzept, sondern nur mehr mit Hilfe neurophysiologisch untersuchbarer Erregungswirkung zu erklären wären. Natürlich müßten auch die energiestauenden Antriebsreservoire ein elektrophysiologisches Korrelat haben, die dann im Stammhirn vermutet wurden. In experimentellen Untersuchungen wurden Stammhirnbereiche elektrisch gereizt (s. Abschnitt 6.2.1.). Die Ergebnisse dieser Experimente sind eine Bestätigung dafür, daß Verhaltensweisen durch neurale Erregung auf verschiedenen Ebenen, auch auf der Ebene des Stammhirns, koordiniert werden. Sie wurden aber auch häufig gleichzeitig als Bestätigung von Energie-Reservoire-Konzeptionen angesehen.

*Stimmungen nach Leyhausen.* Höhere Wirbeltiere (z. B. Säugetiere) weisen eine größere Variabilität in der Abfolge von Verhaltensweisen auf als niedere Wirbeltiere (z. B. Fische). Leyhausen nahm daher an, daß sich mit fortschreitender Evolution immer mehr voneinander unabhängige, verhaltenssteuernde Energiereservoire gebildet hätten. Erbkoordinationen würden dann weitgehend „selbständig" bleiben. Die zugehörigen Antriebe würden eine „relative Stimmungshierarchie" bilden, die sich je nach adaptiver „Erwerbsmotorik" (gelerntem Verhalten) aufbaut. In diesem Zusammenhang spricht man auch von „Instinktzerfall" bei höheren Wirbeltieren [5]. Gemeint ist nicht eine geringer werdende Zahl von Instinktbewegungen (Erbkoordinationen), sondern eine geringere Zahl gemeinsamer und eine größere Zahl eigenständiger Antriebsreservoire.

Die Konzeption von Leyhausen hat den Vorteil, daß sie z. B. Neugier- und Spielverhalten erklären kann, das vor allem bei höheren Tieren beobachtet wird. Spielen besteht häufig aus dem Auftreten von Verhaltensweisen aus einem Funktionskreis, für den keine spezifischen Reize vorliegen und der auch die weiteren Bewegungen nicht bestimmt. Eine derartige „unbiologische" Spontaneität kann nur durch relativ eigenständige Antriebe erklärt werden, die einzelnen Verhaltensweisen zugrunde liegen. Unter geeigneten theoretischen Zusatzannahmen gilt Ähnliches für Neugierverhalten.

Diese Konzeption steht übrigens bereits im Gegensatz zu psychoanalytischen Konzepten, in denen für den Menschen eine Reduktion auf wenige (meist zwei) Universal-Antriebe gesehen wird.

*Bereitschaften nach Hassenstein.* Konsequenterweise ordnet Hassenstein jeder Verhaltensweise gesondert innere Bedingungen zu, die für deren Auftreten mitverantwortlich wären. Unter der Bezeichnung „Bereitschaft" für ein Verhalten kann man alle jene inneren Bedingungen zusammenfassen. Zusätzlich können natürlich auch Umweltreize Verhaltensweisen provozieren. Erregungen von den Sinnesorganen vermischen sich mit den die Bereitschaft repräsentierenden Voraussetzungen.

Natürlich stellt sich hier sofort die Frage, ob die Bereitschaft besser als bewegungsenergieliefernde oder als erregungsproduzierende Instanz anzusehen ist. Man muß annehmen, daß hier noch weitgehend ein Energiekonzept zugrundeliegt. Während sich Hassenstein Erregungen durch eine Art Summation verknüpft denkt, postuliert er für die Vermischung von reizverursachter Erregung und inneren Bedingungen für Verhalten eine „Koinzidenz"-Verknüpfung. Seine Funktion ist analog der energieschwellenerniedrigenden Wirkung von reizverursachter Erregung bei Lorenz zu denken. (Allerdings hat Lorenz mittlerweile diesen Gedanken zugunsten einer Addition von Reizenergie und innerer Energieproduktion aufgegeben.) Außerdem läßt das Bereitschafts-Konzept von Hassenstein auch Energiestau-Prozesse zu. Auf die psychologische Bedeutung von Konsequenzen aus Energie- und Erregungskonzeptionen wird im folgenden Abschnitt 15.1.3. hingewiesen.

In einem Konzept, das gesonderte Bereitschaften für jede Verhaltensweise berücksichtig, muß erklärt werden, wieso nicht viele Verhaltensweisen zugleich auftreten. Hassenstein erklärt dies mit einer Extremwertschaltung, die aus einer wechselseitigen Hemmung von Verhaltenstendenzen besteht. Hochaktivierte Verhaltenstendenzen hemmen andere stark, sie werden aber von geringaktivierten kaum gehemmt werden. Daher führen nur hochaktive Verhaltenstendenzen zu Bewegungen, geringaktive werden ganz unterdrückt (s. Abb. 151) [6].

Diese Zusatzannahme ist berechtigt, da man an vielen Stellen des Nervensystems derartige Hemmungsnetzwerke vermutet (s. Abschnitt 9.2.4.). Es ist sogar ein Vorteil von Hassensteins Konzeption, daß sie sich eng an den Vorstellungen über Teilfunktionen des Nervensystems orientiert. Eine Erniedrigung von Bewegungsschwellen kann auf Grund unspezifischer Faktoren erfolgen: Durch Verringerung von Hemmungen, die von ganz anderen Verhaltenstendenzen ausgehen. Die Beendigung von Verhaltensweisen kann bereits ohne besondere Zusatzannahmen durch das Reafferenzprinzip erfolgen (s. Abschnitt 10.2.6.).

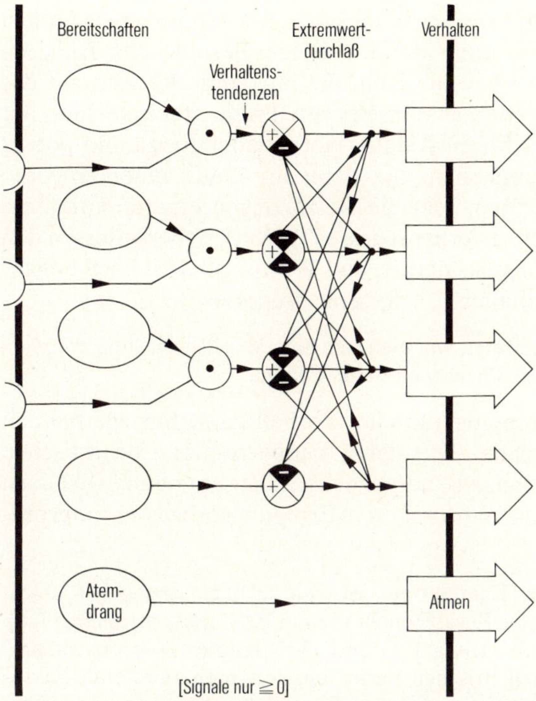


*Abb. 151* Idealisiertes Funktionsschaltbild zur Darstellung der gegenseitigen Hemmung zwischen Verhaltenstendenzen nach dem – hierfür denkbaren – Prinzip der lateralen Rückwärtsinhibition (nach Hassenstein [6]). Der Atemdrang ist in der Regel in dieses System nicht eingeschlossen: Das Atmen geht (weitgehend) unbeeinflußt vom sonstigen Verhalten vor sich.

*Stochastische Analyse von Heiligenberg.* Die bisher angeführten Modelle zeigen, daß umsomehr Verhaltensphänomene (einfach) erklärt werden können, je mehr Einschränkungen eine Energiekonzeption der Verhaltens-Antriebe erfährt. Außerdem orientieren sich die Modelle in zunehmendem Maße daran, daß sie durch neurale Erregungsprozesse interpretiert werden können. Heiligenberg entwarf ein Verhaltenskonzept, das auf der Analyse von Übergangswahrscheinlichkeiten zwischen verschiedenen Verhaltensweisen beruht.

Den Anlaß für eine derartige Analyse lieferte zweifellos das Konzept der relativen Stimmungshierarchie. Das Ergebnis der Analyse läßt jedoch seine Herkunft von Energie-Reservoire-Konzeptionen nicht mehr ohne weiteres erkennen. Es sei daher im folgenden als Beispiel einer Konzeption angeführt, die ohne Reservoire- oder Stau-Modelle auskommt.

Faktoren, die die Abfolge von Verhaltensweisen beeinflussen, stammen aus der Vorgeschichte des Individuums. Diese besteht aus früheren Verhaltensweisen und den Umweltreizen, die im Laufe der Zeit auf das Individuum trafen. Bei niederen Wirbeltieren (man arbeitete hier mit Buntbarschen) läßt sich leicht ein Katalog potentieller Reize und potentieller Verhaltensweisen aufstellen, die dann im Laufe einer längeren Beobachtung auftreten können. Manche Reize zeigen eine unmittelbare Wirkung im Verhalten („short-term processes"). Andere beeinflussen den inneren Zustand des Organismus derart, daß Wirkungen erst nach einiger Zeit beobachtet werden können („long-term processes").

In Abschnitt 10.2.4. wird gezeigt, wie man sich eine Wechselwirkung zwischen „long-term"- und „short-term"-Prozessen denken kann.

Diese Annahmen reichten aus, um eine Verhaltensvorhersage bei den Buntbarschen zu ermöglichen. Die dabei beobachteten stochastischen (durch Wahrscheinlichkeitsanalyse aufgedeckten) Zusammenhänge lassen sich ausschließlich durch die Wirkung von Erregungsprozessen interpretieren.

Die Zusatzannahme eines Energiestaus ist, wie explizit angegeben, nicht erforderlich (damit auch nicht die Zusatzannahme einer Bewegungsatrophie) [7, 8]. Außerdem wurde geprüft, ob sich auf Grund der (langfristig beobachteten) Übergangswahrscheinlichkeiten zwischen Verhaltensweisen übergreifende Faktoren (im Sinne von Funktionskreis-steuernden Triebzentren) nachweisen lassen. Eine Faktorenanalyse ließ zwar die Annahme von vier zugrundeliegenden Faktoren zu. Auf Grund der Markiervariablen konnten die Faktoren aber nicht entsprechend der traditionellen Lehrmeinung (Fortpflanzung, Nahrungserwerb usw.) interpretiert werden [8].

## *15.1.3 Stau und Übersprung*

Innere Bedingungen kann man sich durch eine Ansammlung aktionsspezifischer Energie oder durch eine bewegungsrelevante Erregungsverteilung repräsentiert denken. Einen zentralen Begriff haben jedoch die Energie- und die Erregungskonzeptionen gemeinsam, nämlich die Schwelle.

Hungrige nehmen Nahrungsmittel eher und intensiver wahr, sie probieren rasch unbekannte Speisen.

*Problematik einer Triebstau-Konzeption.* Je nach Höhe des Energiestaus (Kumulation) würden die Schwellen für aktionsrelevante Wahrnehmungen und für aktionsrelevante Bewegungen erniedrigt. Diesem Vorgang liegen sicherlich Erregungsprozesse zugrunde. Diese könnten die Empfindlichkeiten im afferenten und im efferenten System verstellen. Eine Beeinflussung von Wahrnehmungsfiltern durch Erregungsprozesse ist denkbar (s. Abschnitt 10.2.4.). In Energiekonzepten muß sie durch eine Zusatzannahme erklärt werden. Im efferenten System ist eine Wirkung z. B. innerhalb einer Extremwertschaltung denkbar (s. Abschnitt 15.1.2.).

Gibt es eigentlich prinzipielle Unterschiede zwischen den beiden Konzeptionen? Tatsächlich unterscheiden sich Erregungs- und Energiekonzeptionen in wesentlichen Punkten, die vor allem für die Voraussage von menschlichem Verhalten von Bedeutung sind.

Einer der wichtigsten Punkte in Energiekonzeptionen ist die Möglichkeit eines „Staus". Mit dieser Vorstellung verbindet sich nämlich nicht nur die (qualitative) Aussage der Schwellenerniedrigung unter bestimmten Bedingungen. Damit ist auch eine (quantitative) Aussage über die Intensität der Verhaltensweise nach längerer Pause verbunden. Als wichtigste Konsequenz hängt jedoch noch eine weitere (qualitative) Aussage mit daran: Bei Vorliegen einer bestimmten Energiemenge kann nur energiespezifische Bewegung zum wesentlichen Abbau der („aktionsspezifischen") Energie führen.

Schwellenerniedrigung: Aggressive Personen deuten auch nichtbedrohliche Reize leichter als Bedrohung, in Problemsituationen reagieren sie eher mit Angriffsverhalten. Stau: Führen Aggressionen nicht zu aggressivem Verhalten, so kann es zu einem Stau kommen, der sich auf Grund minimaler Reize intensiv entlädt. Bewegungsspezifität: Angestaute Aggressionen müssen abgeführt werden, z. B. tätlich, verbal oder an Ersatzobjekten (durch Beobachtung von Aggressionen, Zerbrechen von irrelevanten Gegenständen, in Spielsituationen).

Erregungskonzeptionen versuchen ohne die Zusatzannahme eines Erregungsreservoires auszukommen. Sie nehmen daher meist davon Abstand, Steuerzentren für Verhaltensweisen aus der Interpretation ihrer biologischen Funktion zu erschließen. Innere Zustände werden entweder neurophysiologisch oder durch Angabe bevorzugter Verhaltensweisen definiert. Damit werden die Wahrnehmungs- und Bewegungsschwellen zum wichtigsten Ort der Verhaltensregulation. Dort finden auch Lernprozesse statt, nicht in zusätzlichen, hypothetisch angenommenen Instanzen.

Zeigt eine Person häufig Verhaltensweisen, die der Beobachter als aggressiv interpretiert, so spricht dies dafür, daß die Schwellen für die beobachteten Verhaltensweisen niedrig liegen. Ein aggressionsspezifisches Zentrum (oder Energiereservoir) ist nicht anzunehmen. Ein solches Zentrum ist auch neurophysiologisch nicht nachgewiesen, entsprechende Verhaltensweisen können im Dienste verschiedener Funktionskreise stehen. Die Wahrnehmungsschwellen für Bedrohungen können niedrig sein (Wachsamkeit, Fürsorge, Angst, wissenschaftliches Interesse), ohne daß vermehrte Aggressivität folgt. Erregungen, die bei einer Person häufig unerwünschte Verhaltensweisen („Aggressionen") hervorriefen, können durch Erfahrungsmangel ganz verschwinden oder durch zusätzliche Erfahrungen (Lernen) zu Handlungen ganz anderer Art führen. Die Beobachtung „aggressiver" Verhaltensweisen erhöht deren Auftretenswahrscheinlichkeit beim Beobachter.

Damit sind triebenergetische Konzepte – trotz biologisch begründbarer Antriebe (s. 15.1.1) und trotz biologisch nachweisbarer Aktivierungspotentiale (s. 15.1.4) – aus zwei Gründen in ihrem Geltungsbereich einzuschränken: aus forschungsstrategischen Gründen (s. 15.1.2) und wegen der, wie im Beispiel eben erwähnten, lebenspraktischen Konsequenzen.

*Übersprungskonzeptionen.* Manchmal werden Verhaltensweisen beobachtet, die nicht nur unerwartet, sondern im Zusammenhang mit den übrigen, gerade gezeigten Verhalten, bedeutungslos erscheinen. Derartige „irrelevante Aktivität" tritt häufig dann auf, wenn eine Konfliktsituation vermutet wird.

Irrelevantes Verhalten in Konfliktsituationen kann beim Menschen z. B. sein: Kopfkratzen, Haarordnen, Kinnreiben, Griff nach der Brille, Anzünden einer Zigarette, Essen, Spielen mit Autoschlüsseln, Ermüdung (Gähnen) vor wichtigen Entscheidungen. Derartige Verhaltensweisen könnte man auch unter der Sammelbezeichnung „Komfortverhalten" zusammenfassen. Dazu würden dann Verhaltensweisen zählen, die der Körperpflege dienen, sowie der Aktivierung oder der Entspannung. Vor allem handelt es sich dabei um Selbstberührungen oder Selbstmanipulationen.

In einer antriebstheoretischen Erklärung für derartige Phänomene nimmt man an, daß aktionsspezifische Energie auf Grund des Konfliktes nicht freigesetzt werden kann und daher auf andere, irrelevante Bewegungen überspringt („Übersprungsverhalten"; Abb. 152) [6].

Erregungskonzeptionen kennen den Begriff der aktionsspezifischen Energie nicht und erklären Übersprungsverhalten anders. Normalerweise würden sich Erregungen für verschiedene Bewegungen wechselseitig hemmen und nur eine starke Erregung könne zum Verhalten beitragen. Sind (im Konfliktfall) zwei Erregungen, die zu verschiedenen Verhaltensweisen führen würden, gleich stark, so unterdrücken sie sich gegenseitig. Dies hat weiters zur Folge, daß derart unterdrückte Erregungen nicht imstande sind, ihrerseits andere Bewegungen zu blockieren (s. auch

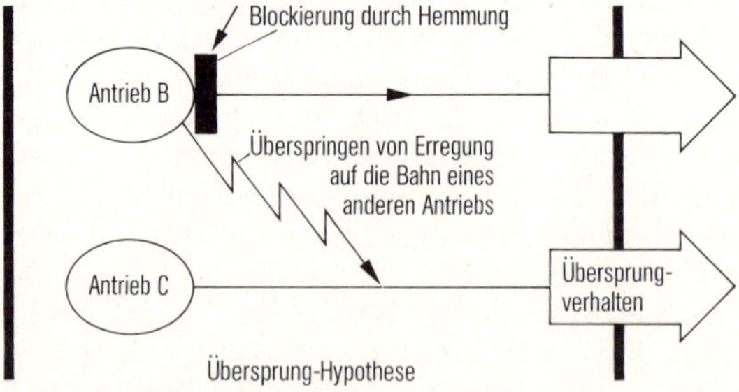


*Abb. 152* Schematische Darstellung der „Übersprung"-Hypothese des Übersprungverhaltens (nach Hassenstein [6]).

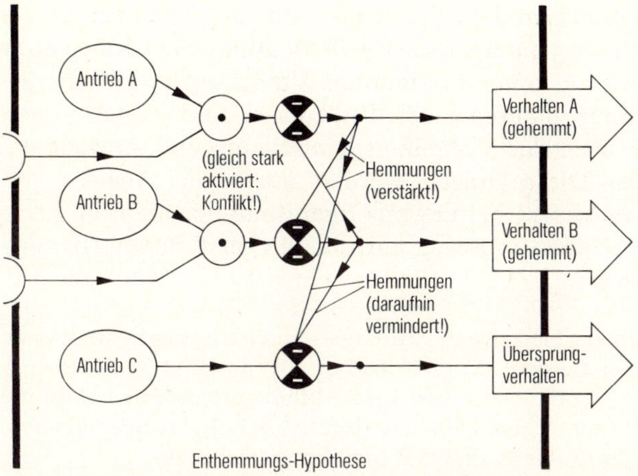


*Abb. 153* Enthemmungshypothese (nach Hassenstein [6]).

Abschnitt 15.1.4.). Tätigkeiten, für die ohnehin unterschwellige Erregungen vorliegen, würden dann ausgeführt werden („Enthemmungs-Hypothese"; Abb. 153) [6].

Die Enthemmungs-Hypothese zum Übersprungsverhalten besitzt einige Vorteile. Sie erklärt, welche Verhaltensweisen im Übersprung auftreten (qualitativ). Nicht nur biologisch, sondern auch psychologisch bedeutsam ist es, wenn bei naheverwandten Arten mit identischem Komfort-Repertoire auf Grund der Artunterschiede im Übersprung jeweils andere Verhaltensweisen auftreten [4]. Bei gleichem Verhaltensrepertoire sind nämlich bei ähnlichen Arten Varianten in der Instinkthierarchie unwahrscheinlich. Dagegen sind geringfügige Varianten in der Struktur der Hemmungsbahnen eher denkbar, die z. B. beim Menschen durch Lernerfahrungen erfolgen können.

Die Enthemmungs-Hypothese erklärt auch, wie intensiv Übersprungsverhalten abläuft (quantitativ). So wird etwa auch deutlich, daß Komfortverhalten im Übersprung, wo wichtige Hemmungen wegfallen, oft intensiver ausfällt, als sonst im Alltag, wo zahlreiche andere Verhaltenstendenzen zugleich aktiviert sind. Wahrscheinlich muß aber auch die Enthemmungs-Hypothese noch einmal abgeändert werden, wenn mehr über die Physiologie des „Komfortverhaltens" bekannt ist.

## 15.1.4 Erregung und Antrieb

Energiekonzeptionen in den Verhaltenswissenschaften entstehen immer wieder, wenn ein universeller Begriff für das einer Tätigkeit zugrundeliegende Vermögen benötigt wird. Im allgemeinen Sprachgebrauch versteht man nun gerade unter Energie das Vermögen, Bewegungen – oder allgemeiner: Tätigkeiten – auszuführen (s. auch Abschnitt 4.1.1.). In den

Verhaltenswissenschaften sind derartige Konzeptionen jedoch heuristisch (forschungsstrategisch) von untergeordneter Bedeutung. Sie können zwar vielleicht erklären, warum unter bestimmten Voraussetzungen Energie vorhanden ist und unter anderen nicht. Bedeutsam sind jedoch in viel größerem Umfang Fragen der Verteilung, Umsetzung und Anwendung vorhandener Energie. Diese Fragen werden durch die Analyse von Struktur und Informationsverarbeitung im Organismus beantwortet. Erregungskonzeptionen erlauben in bezug auf die Informationsverarbeitung differenziertere Aussagen.

Den heuristischen Unterschied zwischen Energie- und Erregungskonzeptionen kann man sich an einem Beispiel deutlich machen. Wenn beim Verlassen der Wohnung ein Wasserhahn offenbleibt und kein Abfluß vorhanden ist, wird die Wohnung bald unter Wasser stehen. Läßt man dagegen den Radioapparat laufen, ohne daß ein Zuhörer da ist, bleibt dieser Prozeß konsequenzenlos.

Problematisch werden Energiekonzeptionen, wenn sie die Möglichkeit eines Triebstaus beinhalten (s. Abschnitt 15.1.3.) oder wenn sie damit unmittelbar eine evolutiv-biologische Grundlage verbinden (s. Abschnitte 14.2.1. bis 14.2.3.).

*Lerntheoretische Bedeutung von Antrieben.* Es mag irritieren, daß Triebmodelle auch in lerntheoretische Konzeptionen Eingang gefunden haben. So findet man das Prinzip der doppelten Quantifizierung (s. Abschnitt 15.1.1.) als drittes Postulat in der Lerntheorie von Hull wieder [9]. Allerdings erklärt es dort nicht die Intensität des Verhaltens, sondern – ganz im Sinne einer Erregungskonzeption – die Tatsache des Auftretens einer bestimmten Verhaltensweise. Häufigkeit und Stärke einer Verhaltensweise (das Reaktionspotential E) werde neben dem Antrieb (drive D) auch durch ein „Gewohnheitspotential" (Habitstärke H) determiniert: $E = D \times H$.

Zunächst kann man die Einbeziehung einer „Triebstärke" historisch verstehen. Zum anderen ist es ein lerntheoretisches Faktum, daß Verhaltensweisen während und nach Abschluß des Lernprozesses nur auftreten, wenn ein (je nach Verhaltensweise variierendes) Mindestmaß an allgemeiner Aktivität vorliegt. Dies gilt allerdings nur bis zu einem (wieder verhaltensspezifischen) Maximalwert allgemeiner Aktivität. Darüber hinaus gibt es sicherlich eine Art „preparedness" für Lernprozesse, die neben genetischen Voraussetzungen auch spezifische, begünstigende Erregungen beinhalten muß [10].

Lerntheoretisch interessant ist an dieser Beziehung das als Einflußgröße variierte Gewohnheitspotential H. Es kann auf Grund der Zahl der stattgefundenen einschlägigen Lernschritte ermittelt werden. In diesem Zusammenhang spielt „D" nur die Rolle einer Proportionalitätskonstanten. Theoretische Implikationen, wie sie im vorangegangenen Abschnitt 15.1.3. erwähnt wurden, ergeben sich aus der Bezeichnung „drive" innerhalb der Lerntheorie nicht.

*Erregung und Aktivierung.* Es stellt sich die Frage, ob Antriebsmodelle innerhalb von Erregungskonzeptionen überhaupt denkbar sind. Dies ist der Fall, eine Aktivierung von Erregungsprozessen begleitet jede Aktivität. Derartige aktivitätsbegleitende Erregungsprozesse haben zwei Funktionen. Die eine ist, die für die Aktivität erforderliche Energie bereitzustellen. Die andere ist, Intensität, Qualität und Richtung der Aktivität zu steuern z. B. auch durch Hormon- und Transmitterproduktion.

Aktivierungsmodelle können sich demnach auf verschiedene organismische Vorgänge beziehen. Sie können die unspezifische Komponente der Energiebereitstellung betreffen, die bei vielen Aktivitätssteigerungen beteiligt ist (s. Abschnitt 4.1.4, 7.2.1 und Abb. 79). Diese unspezifische Komponente ist allgemein-psychologisch interessant, da sie vom betroffenen auch als „Erregung“ unspezifisch wahrgenommen wird. Aktivierungsmodelle können sich auch mit den aktivitäts-spezifischen Energiebereitstellungs-Prozessen auseinandersetzen. Dies ist innerhalb der Emotionspsychologie und für die Psychophysiologie psychosomatischer Phänomene von Bedeutung (s. Kapitel 8.).

Aktivierungsmodelle können sich insofern auf Prozesse der Wahrnehmungs- und Bewegungssteuerung beziehen. Sensorische Aktivierungsmodelle (z. B. Aufmersamkeits-, Orientierungs- und arousal-Modelle) beziehen sich auf Aktivitätsveränderungen in Erregungsprozessen, die die Informationsaufnahme betreffen (s. Abschnitte 4.2.3 und 7.2.5). Motorische Aktivierungsmodelle beziehen sich auf Antriebs- und Verstärkungsmechanismen, die auf Aktivitätsveränderungen in Erregungsprozessen im motorischen System beruhen (s. Abschnitte 8.1.1 und 8.1.2).

## 15.2 Anpassungskonzepte

### *15.2.1 Appetenz und Auslösung*

*Ungerichtetes Suchen (Appetenz 1).* Auf Grund bekannter Reiz-Reaktions-Beziehungen lassen sich Verhaltensweisen vorhersagen. Dies sollte auch möglich sein, wenn die Motivationslage (etwa im Sinne der Abschnitte 6.2.2., 10.2.6. oder 15.1.2.) bekannt ist. Oft beginnen Tiere, denen man eine bestimmte Motivation unterstellen kann, z. B. Hunger oder sexuelle Bereitschaft, zunächst ziellos zu suchen. In einer reinen Beobachtungssituation läßt sich erst dann der „Zweck“ (das Motiv) der Verhaltensweise benennen, wenn auf einen Reiz vergleichsweise stark (oder häufig) reagiert wird.

Beispiele aus dem Tierreich sind das Durchstreifen des Jagdreviers bei Raubtieren, kilometerweite richtungswechselnde Flüge von Schmetterlingen, aber auch das Beziehen von „Wartepositionen“ beim räuberischen Hecht oder bei der

Kreuzspinne, beim paarungsbereiten Grillen-Männchen oder beim paarungsbereiten Storch.

Bei Reizungsexperimenten im Stammhirn von Wirbeltieren fand man auch solche Gehirnstellen, deren Aktivierung zu ungerichtetem Suchen führen. Die entsprechenden Verhaltensweisen werden im Versuch durch gerichtete Bewegungen abgelöst, sobald man ein Reizobjekt (Nahrung, Sexualpartner) in den Experimentierkäfig bringt.

Die einzige Funktion, die man solchen (aktiven oder passiven) ungerichteten Ortsbewegungen zunächst zuschreiben kann, ist die, dadurch mit einem möglichst großen Teil der Umwelt in Kontakt zu kommen, sei es, daß das Tier sich zu ihr oder sie sich zum Tier bewegt. Welches Objekt „Zweck" dieser Verhaltensweise war, kann man meist erst erkennen, wenn sein Auftreten die Verhaltensweise des ziellosen Suchens beendet.

*Auslösemechanismen.* In Abschnitt 14.2.1. wurden Instanzen des Nervensystems postuliert, in denen auf genetischer Grundlage bestimmte Programme für Verhaltensweisen zusammengestellt sind (Erbkoordinationen). Ebenso kann man Instanzen postulieren, in denen durch genetisch bedingte Netzwerke bestimmte Reizkombinationen von anderen unterschieden, ausselektiert und in Form spezifischer Erregung weiterverarbeitet werden. Wenn die entsprechenden Signale bei normalem Zustand des übrigen Nervensystems bereits direkt verhaltensauslösend wirken, nennt man die verantwortlichen afferenten Instanzen angeborene Auslösemechanismen (AAM).

Jedes Sinnesorgan ist unter normalen Bedingungen nur für eine ganz bestimmte Reizqualität ansprechbar. Außerdem ist die Anordnung von Sinneszellen und nachgeschalteten Nervenzellen und deren Verbindungen artspezifisch und innerhalb der Art weitgehend uniform. Einige daraus resultierende Verarbeitungseigenschaften wurden z. B. für das visuelle System bereits in früheren Abschnitten erwähnt.

Frösche (der Art Rana esculenta) zeigen Beutefangreaktionen bei der Wahrnehmung von schwarzen Kreisscheiben, die unter einem Sehwinkel von 8 bis 10° erscheinen. In ihrem Sehnerv wurden Fasern gefunden, die auf die Darbietung von Scheiben zwischen 7 und 14° Durchmesser maximale Erregung zeigen.

Ein anderes Beispiel für einen etwas komplizierteren, jedoch unzweifelhaft genetisch festgelegten Auslösemechanismus bei Stichlingsfischen wurde bereits in Abschnitt 14.2.3. angeführt.

Die zu einem AAM gehörenden Reizcharakteristika heißen Auslöser. Sie können in experimentellen Anordnungen unter variierten Reizbedingungen (d. h. mit Hilfe von Attrappen) untersucht werden. Dabei zeigt sich, daß in manchen Tierversuchen bestimmte Attrappen den AAM offenbar besser ansprechen, als natürlich vorkommende Reize. Solche Auslöser heißen „übernormal".

Das Kuckucksjunge wird von fremden Vogeleltern wegen des großen Sperrachens meist den eigenen Jungen vorgezogen. Der Halsbandregenpfeifer zieht ein linear viermal so großes Ei seinem eigenen vor, obwohl er ein solches Ei nicht mehr bebrüten kann. Das Männchen des Kaisermantel-Schmetterlings fliegt im Wahlversuch einem rotierenden, braun gestreiften Zylinder nach statt dem eigenen Weibchen.

Allerdings unterliegt bereits die Reiz-Erregungs-Umformung in den Sinnesorganen, vor allem aber die nachgeschaltete Verrechnung der Sinnesdaten einer Kontrolle durch das zentrale Nervensystem. Diese, freilich auch genetisch fixierte Eigenschaft der organismischen Wahrnehmungsmechanismen erlaubt es, die Wirkung von Umweltreizen auf das Nervensystem durch Lernprozesse sehr unterschiedlich ausfallen zu lassen. Je nach dem Umfang des erworbenen Anteils eines Auslösemechanismus unterscheidet man nach sog. erfahrungserweiterten angeborenen Auslösemechanismen (EAAM) und erworbenen Auslösemechanismen (EAM).

Auch für den Menschen lassen sich Auslösemechanismen aufzählen. Dabei handelt es sich wegen seiner enormen Lernfähigkeit durchweg um EAM. Es ist jedoch strittig, ob man die unzweifelhaft vorhandenen, angeborenen Anteile auch klassifikatorisch so bewerten sollte, daß man manche Auslösemechanismen als EAAM zu bezeichnen hätte.

Menschliche Auslösemechanismen, die mit tierischen einen Vergleich in hohem Grade zulassen, stammen aus dem Bereich imitierender Verhaltensweisen, aus dem Spielverhalten, aus dem Bereich der Brutpflege (d. h. Verhaltensweisen den jungen Nachkommen gegenüber) und aus dem Bereich des sexuellen Paarkontakts.

Signale, die zur Imitation anregen, sind noch vergleichsweise schlecht untersucht. Geräusche und Bewegungen mit einer Vorzugsfrequenz um 70/min wirken bei Kleinkindern beruhigend auf deren Herzschlagrate. Die Beobachtung erregter oder körperlich engagierter Personen verändert beim Beobachter Erregungsindikatoren. Bestimmte beobachtete Bewegungen werden intentional nachgeahmt. Alle diese Befunde kann man auch bei Tieren erheben.

Als sexuelle Auslöser gelten beim Mann die körperlichen Besonderheiten, die auf die Wirkung der männlichen Sexualhormone zurückgeführt werden können (s. dazu Abschnitt 7.1.4.). Allerdings wird immer wieder darauf hingewiesen, daß Variationen diese Auslösewirkung verlieren, die auf abnorm hohe Androgenwerte zurückgehen. Unter Androgenwirkung gebildete Organe der Frau gelten häufig als unerwünscht. Unter der Wirkung von weiblichen Sexualhormonen entstehen die Differenzierungen, die bei der Frau als sexuelle Auslöser gelten (s. dazu Abschnitt 7.1.3.).

*Taxis (Appetenz 2)*. Unter Taxis wird eine gerichtete Zuwendung verstanden, die aus einer Folge orientierter Einzelbewegungen besteht. Sie folgt auf das ungerichtete Suchen auf Grund einer Meldung des wahrnehmenden Systems über einen auslösenden Reiz. Orientierungsbewegungen dieser Art erleichtern die Ausrichtung nachfolgender Verhaltensweisen (Telotaxis).

Auf auffällige (bewegte) optische Reizmuster erfolgt sehr leicht eine (zumindest intentionierte) motorische Zuwendungsreaktion. Man könnte versucht sein, mit einer solchen Form von Aktivierung auch den „Reiz des Verbotenen" zu erklären. Möglicherweise sind es telotaktische Mechanismen, die einen unerfahrenen Fahrrad- oder Autofahrer in Situationen der Unentschlossenheit dazu zwingen, das immer wieder fixierte Hindernis genau anzusteuern. Ähnliche Mechanismen spielen auch mit, wenn ein Unerfahrener von exponierter Stelle aus verblüfft in große Tiefen hinunterstarrt und sich unwillkürlich von der Tiefe angezogen fühlt.

Eine Orientierung an einem neuen, auslösenden Reiz der Umwelt (s. Abschnitt 4.2.1) bedeutet noch nicht, daß sich der Organismus in jedem Fall diesem Reiz weiter nähern wird. Häufig ist das Auftauchen eines Reizes oder auch die Annäherung an ein Reizobjekt mit der Aktivierung von Vermeidungstendenzen verknüpft. Es gibt aus Tieruntersuchungen Hinweise, daß die neuralen Instanzen, die Vermeidungsreaktionen steuern, die taxiskoordinierenden Zentren kontrollieren.

## *15.2.2 Verhaltenstendenzen*

Anpassungsleistungen im engeren Sinn sind Unterscheidungs-(Diskriminations-)Leistungen, sowie das Auffinden und Beantworten von Invarianzen, was die Existenz sogenannter Konzepte voraussetzt. Der Anpassungsprozeß (die Konzeptbildung, s. Abschnitt 10.2.4.) verläuft oft über Versuch und Irrtum. Ethologisch und auch psychologisch interessant sind effektive Reaktionen, denen weder Übungen unter unmittelbar vergleichbaren Bedingungen, noch ein Probieren vorausging.

Beim Beutefangverhalten von Fröschen kann man etwa folgendes beobachten: Nachdem ein Beutetier im Gesichtsfeld des Frosches aufgetaucht ist, wendet der Frosch ihm seinen Kopf derart zu, daß es in die Symmetrieebene des Kopfes gerät. Nun könnte der Frosch sofort zuschlagen, das Beutetier wäre ihm sicher. Statt dessen zögert er in der Regel einen kurzen Moment. Ein ähnliches Innehalten in entscheidenden Situationen hat man auch bei problemlösenden Tieren beobachtet und interpretierte es als „verinnerlichtes" Weiterhandeln und Prüfen der möglichen Handlungskonsequenzen. Daraus entwickelten sich die Konzepte des „Einsichthandelns" und – theoretisch reinterpretiert – des stellvertretenden Probierens (s. dazu auch Abschnitt 10.2.6.).

*Umwegleistung und Werkzeuggebrauch.* Wenn eine gerichtete, direkte Annäherung an ein Taxisobjekt wegen eines Hindernisses nicht möglich ist, so kommt es häufig zu spontanen Umwegleistungen, die als einfachste Einsichtshandlungen gelten. Tiere mit geringem Lernvermögen erbringen Umwegleistungen erst nach Probieren, d. h. nach Orientierungsbewegungen mit Versuch und Irrtum. Als weiteres Kriterium von Einsicht gilt die sofortige Nichtbenutzung des Umwegs, wenn das Hindernis entfernt wurde.

S. dazu auch die Begriffe „determinierende Tendenz“ und „funktionale Bindung“ in Abschnitt 10.2.6.

Eine Umwegleistung im weiteren Sinn stellt der Gebrauch von Werkzeugen dar. Spechtfinken benutzen Kaktusstacheln, die sie in den Schnabel nehmen, um damit Insektenlarven aus ihren Bohrgängen zu holen. Diese Vögel säubern gegebenenfalls einen Stachel und brechen ihn auf die richtige Länge, bevor sie ihn verwenden (Werkzeugherstellung). Sie besitzen also eine bestimmte Vorstellung von der Verwendbarkeit eines Gegenstandes. Die Zweige, mit denen Schimpansen nach Termiten stochern, werden oft vorher entrindet und gelegentlich schon am Rand des Savannengebiets abgebrochen, auf dem Termitenbauten zu erwarten sind.

*Endhandlung.* Die Endhandlung wird häufig durch Berührung des Taxisobjekts ausgelöst. Die Endhandlung wird von einer oder mehreren Erbkoordinationen determiniert. Die Freiheitsgrade für erworbene Modifikationen sind auch beim Menschen vergleichsweise gering. Man kann davon ausgehen, daß weniger das Was als vielmehr das Wie und die Bedingungen und Umstände einer Endhandlung von der Erfahrung abhängt.

Eine Kreuzspinne, die im Zentrum ihres Netzes das Verhalten des „ungerichteten Suchens“ zeigt, beginnt mit ihrer Taxishandlung, nachdem diese durch die Erschütterung des Netzes ausgelöst wurde. Nach der Berührung des Beutetiers erfolgt die Endhandlung. Neben der Nahrungsaufnahme und der Brutpflege ist auch die Paarung ein Beispiel für Endhandlungen.

Auf jede Endhandlung folgt meistens ungerichtetes Suchen, das von einer anderen Bereitschaft aktiviert sein kann. Man spricht von einer Verhaltenskette, wenn durch eine Verhaltensweise in der Endhandlung nicht nur die zugehörige Bereitschaft gesenkt, sondern eine bestimmte andere erhöht wird.

*Syndrome der Verhaltensanpassung.* Ungerichtetes Suchen (Explorationsverhalten), Taxis (Orientierungsverhalten) und Endhandlung (Aktionsverhalten) sind Klassen integrativer Einheiten des offenen Verhaltens, die der Anpassung von inneren und äußeren Bedingungen im Hinblick auf die Erhaltung des Lebens dienen. Sie werden vom limbischen System koordiniert und haben Korrelate in der elektrischen Aktivität der Hippocampus-Formation (Abschnitt 6.1.3). Die Verkettung dieser Verhaltenseinheiten wird durch die ethologischen Konzepte von Antrieb, Appetenzverhalten und Koordinationsmaßnahmen erklärt (s. Abb. 154a). Besondere Beachtung verdienen die Fälle, wo diese Art der Verkettung nicht möglich ist. Hier dürfte es spezielle Anpassungsmechanismen geben, die durch ,,perzeptives Arousal“, ,,psychophysiologische Anstrengung“ und ,,energetische Aktivierung" aktuelle Anpassungsprozesse im engeren Sinn erlauben (Abb. 154b).

Aktivierungsprozesse, die entsprechende neuro-behaviorale Korrespondenzen vermuten lassen, wurden in den Abschnitten 4.1.4, 7.2.5 und 8.1.2 besprochen. Auf einschlägige Ausdrucksdimensionen wird in den folgenden Abschnitten 15.2.3 und 15.2.4 verwiesen werden.

*Verhaltenstendenzen, Intention und Übergangsbewegung.* Obwohl unter Umständen mehrere Bereitschaften zugleich aktiv sein können, kommt es meistens nur zur Äußerung einer bestimmten Verhaltensweise. Das gilt auch für den Fall, daß mehrere auslösende Reize mehrere Bereitschaften unterstützen. In einem solchen Fall ist es sinnvoll, von verschiedenen Verhaltenstendenzen zu sprechen, die vorhanden sein können, von denen sich aber nur eine bestimmte im Verhalten äußert. Ist eine Verhaltenstendenz viel stärker als andere aktiviert, so ist sie offenbar imstande, alle übrigen Tendenzen zu unterdrücken.

Gibt es zwei (oder mehrere) starke Tendenzen, die miteinander konkurrieren, so kann eine dritte, weniger stark aktivierte, relativ leicht die Oberhand gewinnen. Es kommt zu einer Übersprungshandlung (s. Abschnitt 15.1.3.).

In den Fällen, wo eine schwache Bereitschaft durch einen auslösenden Reiz unterstützt zu einer spezifischen Verhaltenstendenz führt, können andere Bereitschaften diese Tendenz unterdrücken. Es kommt dann nur zum Beginn oder zur Andeutung des intendierten Verhaltensablaufs (Intentionsbewegung). Nur in Ausnahmefällen – dann nämlich, wenn alle übrigen Tendenzen gehemmt sind – können bei Annahme gegenseitiger Hemmung zwei Verhaltenstendenzen gleichstark aktiviert sein. Man spricht von einer „Ambitendenz" und das bedeutet den gleichzeitigen Ablauf zweier Erbkoordinationen. Es kommt zu einem Kompromißverhalten, was sich in einer Übergangsbewegung äußert.

Intentionsbewegungen und Übergangsbewegungen sind Phänomene, die bei den im folgenden Abschnitt 15.2.3. zu besprechenden Signalbewegungen eine große Rolle spielen. Auch wenn die Zusammensetzung einer

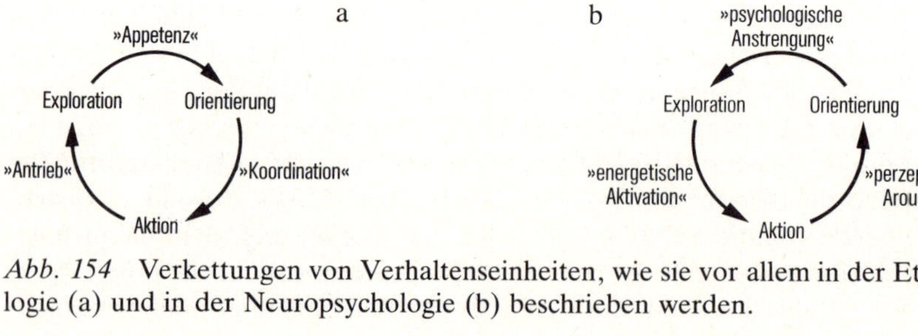


*Abb. 154* Verkettungen von Verhaltenseinheiten, wie sie vor allem in der Ethologie (a) und in der Neuropsychologie (b) beschrieben werden.

Signalbewegung erlernt ist, wie etwa bei der Sprache, können Effekte der beschriebenen Art auftreten. Vor diesem theoretischen Hintergrund können Formen des Versprechens als Übergangsbewegungen gedeutet werden.

### *15.2.3 Signale und Kommunikation*

Signalbewegungen dienen der Verständigung zwischen Organismen, vorzugsweise zwischen Angehörigen der gleichen Art (sozial wirksame Signalbewegungen). Diese Art des Handelns unterscheidet sich von objektbezogenen Verhaltensweisen dadurch, daß sie beim Verständigungspartner eine der Handlung entgegenkommende Aktivität voraussetzt (d. h. verstanden werden muß), damit das Handlungsziel erreicht wird. Umso erstaunlicher ist es, daß die abgestufte Ähnlichkeit von bestimmten Signalbewegungen bei höheren Tieren (Säugetieren) vermuten läßt, daß auch hierfür z. T. evolutiv entwickelte, genetische Grundlagen für entsprechende menschliche Verhaltensweisen vorliegen.

Die stammesgeschichtliche Entwicklung von sozial wirksamen Signalbewegungen hat vermutlich zwei wichtige Wurzeln. Die eine Wurzel liegt in der genetischen Fixierung von Steuerungsprogrammen, die Körperprozesse miteinander vegetativ koordinieren und die autonomen Regulationen ermöglichen. Dadurch determinierte Verhaltensweisen können als Intentionsbewegungen (s. Abschnitt 15.2.2.) Signalcharakter bekommen, z. B. als Ausdruck eines Affektzustandes oder als Andeutung einer Bewegung. Die zweite Wurzel bezieht sich auf das Signalverständnis. Sie liegt vielleicht in der angeborenen Fähigkeit, bestimmte wahrgenommene Verhaltensweisen zumindest intentional zu imitieren und dadurch zu verstehen. Warnrufe werden oft auch zwischenartlich verstanden.

Abgesehen davon entsteht in der individuellen Entwicklung ein Signalverständnis auf Grund von Lernprozessen. Innerhalb einer Art – und das gilt auch für den Menschen – gibt es auch unter verschiedenen ökologischen Bedingungen Entwicklungsparallelen. Die parallele Benutzung eines Signalsystems in verschiedenen Teilpopulationen erlaubt daher noch nicht den Schluß auf eine entsprechende genetische Anlage.

Ein erstaunliches Beispiel für die erlernbare Fähigkeit zu zwischenartlicher Kommunikation lieferte der vom Psychologen O. Pfungst um die Jahrhundertwende untersuchte „Kluge Hans" [11]. So hieß ein Pferdehengst, der gelernt hatte, auf geringfügige mimische und gestische Veränderungen von Menschen mit seinen Hufen so zu reagieren, daß er den Eindruck erweckte, als würde er komplizierte Fragen intelligent beantworten.

In der Ethologie unterscheidet man optische, akustische und chemische Signale. Die Existenz chemischer Signale in Form von (sexuell stimulierenden) Duftstoffen kann beim Menschen nur vermutet werden. Jedenfalls konnte nachgewiesen werden, daß unter der Wirkung von Sexualhormonen die Erregbarkeitsschwelle einiger Nervenzellen im Riechnerv sinkt.

Bei den akustischen Signalen steht beim Menschen der sprachliche Ausdruck im Vordergrund, wiewohl es auch nichtsprachliche Komponenten der Stimme gibt. Optische Signale sind, biologisch gesehen, einerseits Merkmale der Gestalt und Färbung von Körperteilen ebenso wie andererseits Mimik und Gestik, sowie äußerlich erkennbare Merkmale der vegetativen Regulation (Idiotropik).

Ein Vergleich verschiedener Studien zum emotionalen Ausdruck erwachsener Menschen legt die Vermutung nahe, daß hier zumindest drei Hauptdimensionen auffindbar sind, die mit den Etiketten „pleasant-unpleasant", „control" und „interest/attentional activity" versehen werden können [27].

Ein Beispiel für ein angeborenes gestisches Signalsystem ist das Präsentieren des männlichen Genitals. Man nimmt an, daß der Ursprung dieser Primatengeste im Absichern des Territoriums durch Duftmarken zu suchen ist. Bei Affen (wo manchmal auch Weibchen ihre Klitoris präsentieren) und auch immer wieder in der Kulturgeschichte des Menschen gilt diese Geste als Überlegenheitsgeste und Machtsymbol (s. dazu auch die Verbindung der nervalen Erektionssteuerung mit dem Angstsystem, Abschnitt 8.1.2.).

Tierische Verhaltensweisen, die im Zuge von Appetenzverhalten einem potentiellen Sexualpartner gegenüber ausgeführt werden, heißen Balzbewegungen. Balzbewegungen sind besonders im männlichen Geschlecht häufig Beispiele für Übergangsbewegungen. Bemerkenswerterweise beinhalten sie neben spezifischen sexuellen Komponenten meist Elemente aus dem Drohverhalten.

Drohbewegungen sind in der Regel Übergangsbewegungen aus Angriffs- und Fluchtelementen. Oft haben schon reine Drohbewegungen eine doppelte Funktion, indem sie auf gleichgeschlechtliche Artgenossen abweisend und auf gegengeschlechtliche anziehend wirken. Solche Verhaltensweisen bezeichnet man in der Ethologie als Imponieren.

Eine andere Klasse eines gestischen Signalsystem sind die Demutsgebärden. Von Ethologen wird immer wieder festgestellt, daß das wichtigste Kennzeichen von (angeborenen) Demutsgebärden darin besteht, daß sie möglichst unverwechselbar anders sind als Drohgebärden (also gleichsam ihr Gegenteil) und damit aggressives Verhalten von Artgenossen zum Abklingen bringen können.

Idiotrope Signale gehen z. B. von der Pupille aus (s. dazu Abschnitt 5.2.3.), vor allem aber auch vom Atmungssystem. Ruckartiger, geräuschbetonter Luftausstoß gilt bei Primaten als Mischung zwischen Drohen und Geringschätzen („Lachen").

In einem Experiment wurden Probanden gebeten, in sieben Nächten Baumwollhemden zu tragen. Diese wurden dann zur Geruchsbewertung vorgelegt [28]. Das eigene Hemd und das des Partners sowie das Geschlecht des Trägers wurden unter den anonymen Hemden stets überzufällig erkannt. Der Geruch von Frauen wurde meist angenehmer eingeschätzt als der von Männern. Bei freier Wahl von Deodorant oder Parfüm neutralisierten sich die Wertungen.

Da die Wirkung von sozialen Signalen von der Wahrnehmung durch den oder die potentiellen Empfänger abhängt, ist bei Tier und Mensch die Signalgebung meist mit einer Beobachtung der Empfängerreaktion verbunden (vgl. dazu auch Abschnitt 11.2.2). In Abhängigkeit davon wird die Signalgebung fortgesetzt, korrigiert oder beendet. Man spricht von Kommunikation, wenn der Empfänger überhaupt (oder seinerseits mit Signalgebung) reagiert.

Ausdrucksforschung, die nicht zugleich sorgfältig die Reaktionen der Zielgruppe analysiert, ist problematisch [29]. Außerdem sind die genetisch fixierten Ausdrucksmittel begrenzt und beim Menschen wegen der Differenziertheit seiner Kommunikation daher in der Regel mehrdeutig. Insofern muß bei einer Interpretation von Signalen meistens auch der Kommunikationszusammenhang beachtet werden, was bis zu einem gewissen Grade auch eine Teilnahme an der Kommunikation voraussetzt. Darin liegen die meßtechnischen Probleme der sozialen Kommunikationsforschung.

Wegen der großen sozialen Bedeutung von Signalen beim Menschen wird der Ausdrucksgehalt von Signalen zu einem grundsätzlichen theoretischen Problemfeld. Welchen Stellenwert haben Signale für die situationsspezifische emotionale Informationsverarbeitung („was soll damit gesagt werden"), für die situationsübergreifende, individualspezifische Informationsverarbeitung („was für eine Person drückt sich hier aus") oder für die soziale Interaktion („was versucht die Person zu tun, damit man es akzeptiert")?

Fragen dieser Art verweisen auf komplizierte Zusammenhänge der Verhaltenssteuerung, wie sie in den Kapiteln 6.1. und 8.1. besprochen wurden. Nichtsprachliche Signale sind dann ebenso wie sprachliche Äußerungen, aber auch wie peripher-physiologische und grobmotorische Prozesse Teil eines emotionalen Reaktionssyndroms.

Die isolierte Analyse einzelner Signale bleibt unter diesen Voraussetzungen notwendigerweise spekulativ, ausgenommen vielleicht Signale, die im Verhaltensinventar genetisch oder durch lange Traditionsbildung verankert sind (s. dazu auch den nachfolgenden Abschnitt 15.2.4.).

Bei den in den Abschnitten 15.2.3. und 15.2.4. angeführten Beispielen wird davon ausgegangen, daß möglicherweise genetisch begünstigte Korrelate für grobe emotionale Kategorien vorliegen, wie sie u. a. im vorigen Abschnitt 15.2.2 als Syndrome der Verhaltensanpassung eingeführt wurden. Ansonsten lieferte die Erforschung der „Körpersprache" im wesentlichen nur dort konsistente Ergebnisse, wo nichtsprachliche Signale im Zusammenhang mit z. B. sprachlichem Ausdruck untersucht wurden.

## *15.2.4 Soziale Interaktion und Traditionsbildung*

*Altruismus bei Tieren.* Die Steuermechanismen, die Kampf- (vor allem Verteidigungs-)verhaltensweisen koordinieren, sind bis zu einem gewissen Grad meist genetisch festgelegt (s. dazu Abschnitt 6.2.1.). Unabhängig davon ist es problematisch (und heuristisch unzweckmäßig, s. Abschnitte 15.1.2. und 15.1.3.), vom Konzept eines Aggressionstriebs auszugehen. Ähnliches gilt wohl für altruistische Verhaltensweisen. Die meisten der von Tieren bekannten altruistischen Verhaltensweisen gehören dabei in den Funktionskreis der Brutpflege und sind durch Erbkoordinationen festgelegt, die in die entsprechenden instinktiven Verhaltensweisen integriert sind. Ausnahmen davon sind Verhaltensweisen, durch die behinderte Artgenossen unterstützt werden oder durch die Nahrung innerhalb einer Gruppe verteilt wird. Diese Ausnahmen sind jedoch bei Tieren noch wenig untersucht.

Zumindest bei einem Teil der letztgenannten Phänomene kann man annehmen, daß auch sie auf Erbkoordinationen beruhen: Wenn Delphine verletzte Artgenossen, aber auch anderes Treibgut in seichtes Wasser schieben; wenn von dem in dem Bienenstock gebrachten Futter jede Biene abbekommt, die etwas verlangt. Daß auch altruistisches Verhalten biologisch sinnvoll ist, wird klar, wenn man berücksichtigt, daß die Evolutionsmechanismen nicht auf Einzelindividuen, sondern auf Populationen wirken (s. Abschnitte 1.1.2., 1.1.3. und 14.1.4.).

Unter dem Gesichtspunkt des Selektionsvorteils ist zu verstehen, wenn Verwandte einander helfen: Sie erhöhen wechselseitig die Wahrscheinlichkeit der Fortpflanzung des gemeinsamen Erbguts. Sogar zwischenartliche Warnrufe innerhalb einer Kolonie nützen, im Austausch gesehen, letztlich dem eigenen Überleben.

Scheinbar altruistische Austauschstrukturen, die letztlich dem ausgewogenen Eigennutz dienen, gibt es selbstverständlich auch beim Menschen, wobei das zu vermehrende Gut meist nicht mehr im „Leben“ sondern im „Lebensmittel“ besteht.

*Rituale und symbolische Kommunikation bei Tieren.* Intentions- oder Übersprungsbewegungen können oft die Grundlage für starre (stereotype) und besonders ausgestaltete Ausdrucksbewegungen bilden, die man als Rituale bezeichnet. Rituale haben oft eine andere Funktion als die zugrundeliegende Intentionsbewegung und besitzen jedenfalls bereits ikonischen Charakter (z. B. wenn durch Blick- oder Handbewegungen eine Richtung gewiesen wird) oder symbolischen Charakter (z. B. wenn sich Meerkatzen mit einem Lippenschmatzen begrüßen, das wohl die Bereitschaft zur sozialen Fellpflege andeuten soll).

Symbolische Kommunikation im engeren Sinn, wo Bewegungen Gegenstände und Handlungen ausdrücken, gibt es auch schon bei niederen Tieren. Man zählt dazu z. B. die Tanzsprache der Bienen. Eine sich im Schwänzeltanz bewegende Biene kann durch bestimmte Bewegungsabläufe Ort und Ergiebigkeit einer Futterquelle an andere Bienen mitteilen, die ihrer Bewegung folgen. Meerkatzen verfügen über ein Repertoire von Warnrufen, die verschiedene Arten von Feinden symbolisieren. Schimpansen besitzen eine Lautsprache, deren Laute vor allem als soziale Signale eingesetzt werden. Infolge ihrer Fähigkeit, Gesten zu imitieren, sind sie jedoch imstande, zahlreiche Symbolbewegungen aus einer Taubstummensprache zu erlernen. Sie verwenden diese Gesten auch in Abwesenheit von Menschen.

*Traditionsbildung.* Bei manchen Singvogelarten (z. B. bei der Amsel und beim Buchfink) erlernen die Männchen den Gesang, den sie zur Verteidigung ihres Revieres brauchen, größtenteils als Jungvögel vom Vater. Dabei bleibt die Art des Gesangs über viele Generationen hinweg unverändert.

Die Nachkommen europäischer Singvögel, die vor etwa 100 Jahren in Neuseeland eingebürgert worden waren, singen auch heute noch genauso wie ihre europäischen Vettern.

Ein weiteres, vielzitiertes Beispiel von Traditionsbildung bei Tieren auf Grund von Imitation hat man auf der japanischen Insel Koshima bei einer Makakenart beobachtet (diese Art ist den Rhesusaffen, Meerkatzen und auch Pavianen verwandt). Im Jahre 1953 hat ein junges Weibchen entdeckt, daß man Süßkartoffeln vor dem Verzehr ins Wasser tauchen und dadurch leicht von Erde und Sand befreien kann. Diese Sitte übernahmen ihre Jungen und sie ist bis heute bei allen Makaken der Insel verbreitet.

Auch Elemente aus der Gebärdensprache, die Schimpansen unter menschlicher Anleitung erlernen können, können teilweise in einer Traditionsbildung an deren Nachkommen weitergegeben werden.

Nichtsprachliche Signale, vor allem Gebärden, die innerhalb einer bestimmten sozialen Gruppe – abgehoben von einer symbolischen Bedeutung – zur Übermittlung von Informationen benützt werden, nennt man auch Enbleme. Als Beispiel dafür aus dem menschlichen Bereich kann das mitunter noch immer von Autofahrern verwendete „Vogelzeichen" angeführt werden, das dann weniger als Symbol für ein mentales Defizit, sondern mehr als Zeichen für ungebührliches Verhalten im Verkehr dient. Enbleme, die größere Verbreitung erlangen, bilden die Grundlage für einen von den natürlichen Grenzen des jeweiligen Informationsträgers relativ unabhängigen Informationsaustausch.

Die menschliche Sprache ist nicht nur eine Symbolsprache. Ihre Elemente, die sprachlichen Laute oder Phoneme (s. auch Abschnitt 12.1.7), dienen in großem Umfang als Zeichen, die, je nach traditioneller Vereinbarung, völlig unabhängig von ihrer Gestalt Informationen tragen (semantische Funktion). Sie können daher auch sehr abstrakte Inhalte, vor allem kognitiver Natur, übermitteln. Abgesehen von dieser semantischen Funktion besitzt die Stimme allerdings auch noch symbolische (also nichtsprachliche) Funktionen (s. u.).

Mit der Entwicklung komplizierter Kommunikationsstrukturen aufgrund einer traditionsfundierten, gesellschaftlichen Erfahrungsbildung ist auch echtes Sozialverhalten möglich. Es ist sogar sinnvoll: Menschen stehen nämlich nicht nur in bezug auf *eine* Güter-Ebene im Austausch (s. Abschnitte 2.2.8 und 2.2.9). Das eigene individuelle Wohl kann bedingungslos dem Wohle anderer hintangestellt werden, wenn das einer Idee, einer Ideologie oder einer gesellschaftlichen Grundheuristik (s. Abschnitt 10.2.6) entspricht.

*Nichtsprachliche Komponenten der menschlichen Sprechstimme.* Die Sprechstimme liefert neben der semantischen Information (d. h. Wörter und Sätze) weitere Signale mit kommunikativer Bedeutung. Diese tragen Informationen über den emotionalen Zustand des Sprechers.

Signalcharakteristika, die dafür in Frage kommen, werden meist mit

,,eng/weit", ,,angespannt/locker bzw. schlaff" und ,,voll/dünn" bezeichnet. Sie lassen sich benützen [30], um den emotionalen Gehalt zu identifizieren, mit dem die Stimme zusätzliche Informationen über eine Signalbedeutung transportiert. Danach sind diese Stimmcharakteristika in gleicher Reihenfolge repräsentativ für die Einschätzung bzw. Zuordenbarkeit von ,,Pleasentness", ,,Coping potential" und ,,Novelty" (s. auch Abschnitt 15.2.3).

Zumindest emotionale Kategorien wie „sachlich" („matter-of-fact" bzw. „indifference"), „appelativ" („challenging" bzw. „grief") und „ungehalten" („indignant" bzw. „anger") können in der Sprechstimme unterschieden werden, selbst wenn durch Ausfilterung aller Stimmfrequenzen über 300 Hz bzw. über 400 Hz der semantische Gehalt unverständlich wird [12] oder wenn sie in einer unbekannten Fremdsprache ausgedrückt werden [13]. Außerdem können auf Grund der Frequenzanteile zwischen ca. 100 und 500 Hz die Emotionen „Zufriedenheit", „Zuneigung", „Ärger", „Niedergeschlagenheit" und „Reue" unterschieden werden [14].
Bemerkenswerterweise liegt im Frequenzbereich unter etwa 500 Hz die höchste Energiedichte der Sprechstimme, d. h. hier liegen die Maxima der für Einzelfrequenzen berechneten Amplitudenquadrate des Schalldrucks.

Die Erkennbarkeit der Emotionen in der Sprechstimme hängt dabei stark von der Ausdruckskraft des Sprechers ab, und weniger von der Urteilskraft der Beurteiler [15]. Die Prozentzahlen der richtigen Erkennung einer bestimmten Emotion („Liebe") durch einen beurteilenden Personenkreis unter gleichen Versuchsbedingungen können für zwei verschiedene Sprecher zwischen 7 und 70% schwanken [13]. Die Fähigkeit, Emotionen in der Stimme eines Sprechers zu erkennen, soll mit der Leistungsfähigkeit der rechten Großhirnhemisphäre, vor allem des rechten Temporallappens zusammenhängen [31, 32] (s. a. Abschnitt 11.2.3). Unter natürlichen Bedingungen sind derartige Unterschiede nicht ganz so gravierend, da normalerweise jede Kommunikation von einer Interaktion begleitet ist, die eine Rückmeldung und damit gegebenenfalls eine Korrektur ermöglicht.

Der Fähigkeit, eine Emotion verbal gut auszudrücken, steht die Fähigkeit gegenüber, Gefühle zu identifizieren, die von anderen verbal ausgedrückt werden. Nur sind diese Fähigkeiten miteinander korreliert [16]. D. h. es gibt – innerhalb oder zwischen Personengruppen – eine Sprache, die mehr oder weniger gut beherrscht wird. Hingegen scheint es, bis auf wenige Grunddimensionen, nicht so zu sein, daß ein allen Menschen in gleicher Weise zur Verfügung stehendes, angeborenes Ausdrucksinventar existiert, das nur erlernt werden muß.

Die einzelnen Laute in der Sprechstimme werden durch charakteristische Amplitudenmaxima in bestimmten Hauptfrequenzbereichen (Formanten) determiniert. Zur Erzeugung von bestimmten Lauten (z. B. in einer synthetischen

Stimme) genügen bereits zwei charakteristische Frequenzen pro Laut (und zwar etwa in den Bereichen um 500 und um 1500 Hz).

Außerdem trägt jedes sprachliche Schallereignis Merkmale, die sprecherspezifisch sind. Diese Merkmale werden durch geringfügige Variationen der Formantenlage, aber auch durch die Existenz höherfrequenter Formanten erzeugt. Diese Kennung ermöglicht es, daß man sich auf eine Stimme konzentrieren kann, selbst wenn mehrere Personen gleichzeitig sprechen (Cocktailparty-Phänomen).

### *15.2.5 Entwicklung: Reifung und Lernen*

*Entwicklung des Kortex.* Die Gestaltbildung im Gehirn des menschlichen Keimlings wurde in Abschnitt 11.1.1 kurz skizziert. Kortexstrukturen sind bereits in der achten Schwangerschaftswoche identifizierbar. Die endgültige Zellzahl und die erste Synapsenbildung wird etwa in der 18. Woche und die typische Schichtengliederung bis spätestens zur 28. Woche erreicht. Anschließende Reifungsprozesse betreffen Größe und Proteinausstattung der Nervenzellen, das Wachstum und die Myelinisierung der Axone und das Dendritenwachstum. Die ersten reifenden Kortexstrukturen sind die prä- und postzentrale Windung sowie die primären visuellen und auditiven Rindenfelder.

Innerhalb der ersten 4 nachgeburtlichen Jahre wachsen kontinuierlich Dendriten aus, vor allem auch solche, die Kortexareale miteinander verbinden. In dieser Zeit nimmt auch die Myelinisierung noch weiter zu. Das Gehirn (mit etwa 400 g beim Neugeborenen) erreicht im Grundschulalter sein endgültiges Gewicht (♀ 1300 g–♂ 1400 g). Dabei wächst die Frontalregion und die Temporalregion von je ca. 15% der neonaten Kortexoberfläche auf je ca. 24% der Oberfläche. Faserverbindungen, die die Feinmotorik ermöglichen, und Fasern der Formatio reticularis (Wachheit und Aufmerksamkeitsprozesse) und vielleicht auch Fasern des medialen Frontalkortex (s. Abschnitte 6.1.3 bis 6.2.2) werden teilweise erst in der Pubertät myelinisiert.

Beobachtungen an frühgeborenen und hungernden Kindern zeigen, daß die zeitliche Abfolge vieler Reifungsprozesse weitgehend unabhängig von Umweltreizen ist (von toxischen oder deprivierenden Bedingungen abgesehen).

Katzen, die für eine bestimmte Zeit ihrer nachgeburtlichen Entwicklung in vertikal gestreiften Käfigen aufgezogen wurden, bilden in ihrem visuellen Kortex keine Detektoren für horizontal orientierte Reizmuster aus [17]. Diese Schädigung ist irreversibel (s. Abschnitt 12.1.5.).

Da auch Erbkoordinationen einem Reifungsprozeß unterliegen, kann im Laufe der Entwicklung eine Verhaltensanpassung eintreten, und einen Lernprozeß vortäuschen, ohne daß Erfahrungen eine Rolle spielen. Ein Beispiel dafür sind die Zielbewegungen beim Picken von Kücken. In den ersten Tagen ihres Lebens verbessert sich die Fähigkeit der Kücken, beim Picken eine bestimmte Stelle zu treffen. Diese Fähigkeit entwickelt sich auch bei Kücken, die eine Prismenbrille tragen, die das Sehfeld verschiebt. Daß die Reifung unabhängig vom Erfolg der Zielbewegungen ist, zeigt die Beobachtung, daß diese Kücken wohlkoordiniert eine Stelle anpicken, die infolge der Brillenwirkung bis zu 7° neben dem angestrebten Zielpunkt liegt.

*Vorgeburtliche Erfahrungen.* Von den Hauptsinnesorganen werden im Laufe der intrauterinen Entwicklung zuerst der Tastsinn, dann der Gehörsinn (7. Monat) und erst viel später (zur Geburtszeit) der Geschmacks-, Geruchs- und Sehsinn funktionstüchtig. Die wichtigsten Empfindungen des Fötus sind daher neben der festen Einbettung in den Uterus die Körpergeräusche der Mutter. Außerdem scheint die Bewegungsaktivität der Mutter wahrgenommen zu werden. Meist bewegt sich der Fötus, um unangenehme Berührungen mit dem mütterlichen Rückgrat zu vermeiden [33].

Wie in Abschnitt 15.2.1. erwähnt, wirken Herztöne mit einer Frequenz von etwa 70/Min auf Babies beruhigend [18]. Auf lauten Schall reagieren Föten motorisch und mit erhöhter Herzrate. Gelegenheitsbeobachtungen lassen auch darauf schließen, daß der Schlaf-Wach-Rhythmus von Neugeborenen dem der Mütter angeglichen ist (Bäcker- und Wirtskinder) [19].

Die Frage, inwieweit mütterliche Affekte vom Fötus wahrgenommen werden können, ist nicht geklärt. Abgesehen von der Herzratenänderung sind hier auch andere vegetative Prozesse und die Adrenalinwirkung zu diskutieren. Vor allem ist aber von Bedeutung, daß – wie schon lange bekannt ist – offenbar auch im unreifen Nervensystem (spätestens ab dem 8. Schwangerschaftsmonat) Lernprozesse (zumindest im Sinne des Signallernens) möglich sind [20].

Föten können auf Umweltreize sehr rasch mit der Produktion des Hormons Noradrenalin reagieren. Ihr Nebennierenmark, aber auch spezielle fötale Drüsen, die sogenannten Paraganglien, können es auch ohne nervale Erregung ausschütten.

Die hohe Reagibilität von Föten auf bestimmte Affekte zeigt z. B. der folgende Befund: Bei einer Untersuchung der Auswirkungen von Rauchen während der Schwangerschaft mußten schwangere Raucherinnen 24 Stunden mit dem Rauchen aussetzen. Wenn die Mütter danach eine Zigarette gerade nur erst in den Mund steckten, beschleunigte sich bereits die fötale Herzrate [21].

Immer wieder wird auch auf den möglichen Zusammenhang zwischen psychosomatischem oder psychiatrischem Befund und Abortrisiko hingewiesen. Allerdings sind die entsprechenden Untersuchungen methodisch kritisiert worden.

Untersuchungen an Frauen unmittelbar nach der Geburt ihres ersten Kindes (bei denen der Uterus erfahrungsgemäß wenig motorisch aktiv ist) zeigten, daß neben einem Anstieg von Herzrate und Blutdruck vermehrt Uteruskontraktionen auftreten, wenn ein Schmerzreiz erfolgt oder auch nur angedroht wird [22]. Ähnliche Reaktionen ruft auch eine Adrenalingabe hervor.

Wenn trächtige Ratten mit Adrenalin behandelt werden, so soll die motorische Aktivität ihrer Nachkommen erhöht sein, bei Noradrenalin-Behandlung hingegen vermindert [34]. Schließlich ist bekannt, daß mütterliche Streßhormone die Entwicklung von Neurotransmittern beim Fötus beeinflussen. Insbesondere soll Hydrocortison-Acetat bei Mäusen die Ausbildung noradrenerger Neuroblasten verhindern [35].

Die Einstellung zur Schwangerschaft und zum werdenden Kind soll das nachgeburtliche Verhalten der Kinder beeinflussen. In einer Untersuchung an 141 schwangeren Müttern wurde zunächst mit Fragebögen erhoben, ob die Schwangerschaft akzeptiert wird („bewußte Ablehnung") und wie groß die Angst ist, das Kind zu verletzen („unbewußte Ablehnung"). Unabhängig davon wurden am 3. bis 5. Tag nach der Geburt die Kinder von Säuglingsschwestern hinsichtlich ihrer Aktivität beurteilt. Danach würde eine „bewußte Ablehnung" durch die Mutter eher apathisches und eine „unbewußte Ablehnung" durch die Mutter eher hyperaktives Verhalten der Neugeborenen begünstigen [23].

*Geburtsstreß.* Bei jeder normalen Geburt weisen die Kinder eine sehr hohe Konzentration an Streßhormonen im Blut auf (bis 50 nmol Katecholamine/l). Das ist mehr als bei Patienten mit einem Nebennierentumor und etwa 10mal so hoch wie bei der gebärenden Mutter. Auslöser dafür dürfte der mechanische Druck auf den Kopf sein [36]. Der überaus hohe Noradrenalin-Anteil (s. Abschnitt 7.1.5) zieht das Blut von der Skelettmuskulatur ab, sichert (ähnlich wie beim Tauchreflex) die Sauerstoffversorgung der lebenswichtigen Organe und unterstützt die Umstellung auf die Lungenatmung. Außerdem soll er durch seine aufmerksamkeitsfördernde Wirkung die erste Orientierung und den Mutter-Kind-Kontakt begünstigen [37].

*Prägung.* Von Tieren kennt man das Phänomen, daß Objekt-, Verhaltens-, Geschlechts-, Rasse- oder Artmerkmale in gegebenen, oft erst viel später auftretenden, Situationen bevorzugt als Auslöser bestimmter Verhaltensweisen dienen, bzw. bevorzugt gezeigt werden, wenn sie während ganz bestimmter Lebensabschnitte im Jugendalter wahrgenommen, bzw. produziert, werden. Dieses Phänomen nennt man „Prägung". Man spricht von einer „sensiblen Phase", wenn ein Umlernen nach Abschluß des entsprechenden Lebensabschnitts nicht möglich ist.

Im ersten Monat seines Lebens lernt ein Zebrafinkenmännchen, welchen Gesang es nach Erreichung der Geschlechtsreife (im dritten Lebensmonat) zur Revierverteidigung benützen wird [24] und welche Sexualpartnermerkmale bei ihm Balzverhalten auslösen werden [25].

Biochemische Untersuchungen im Vogelgehirn ließen während eines Prägungsvorgangs erhöhte RNA-Aktivität im Hyperstriatum erkennen [26] (s. dazu auch Abschnitt 12.2.3.). Das Hyperstriatum erhält Informationen von den Hauptsinnesorganen und gibt Impulse an den Gehirnteil ab, der bei Vögeln dem limbischen System homolog ist. Möglicherweise wird in der sensiblen Phase nicht nur gelernt, sondern es werden auch die strukturellen Bedingungen für spätere Lernprozesse verändert.

Es drängt sich die Frage auf, ob es beim Menschen ähnliche Phänomene gibt. Immerhin ist bekannt, daß einige in der Jugendzeit – oft scheinbar nur in kurzer Zeit – entstandenen Gewohnheiten, z. B. im Verhalten gegenüber Bezugspersonen oder Autoritäten oder auch im Sexualverhalten, nachhaltige und kaum reversible Wirkungen im späteren Leben ausüben.

Auffallende Prägungsvorgänge der beschriebenen Art hat man allerdings bis jetzt fast ausschließlich bei Vögeln nachweisen können, die evolutionstheoretisch einen Seitenzweig der Wirbeltiere bilden und ein spezialisiertes Gehirn besitzen.

Jedenfalls muß zuerst die Frage nach verschiedenen Qualitäten der Konsolidierung von Lernerfahrungen präziser gestellt werden können. Auch den scheinbar rasch ablaufenden Lernprozessen mit überdauernder Wirkung geht meist eine längere „prägende“, jedoch oft unbeachtete Lerngeschichte voraus (latentes Lernen). Dies gilt vor allem für menschliches Lernen, ist aber auch für manche Prägungsphänomene bei Vögeln von Bedeutung, z. B. die Geräusche, denen das Ei ausgesetzt ist.

*Die Qualität früher Erfahrungen.* Unabhängig von Reifungs- oder Prägungsphänomenen muß man damit rechnen, daß frühe Erfahrungen das spätere Lernen beeinflussen können. Gerade in der Kindheitsentwicklung gibt es aber bedingt durch die biologische Unreife des Neugeborenen eine Reihe von obligatorischen Erfahrungen, die offenbar gemacht werden müssen und deren Fehlen die Entwicklung des Kindes (kaum nachholbar) beeinträchtigen können.

Zwei Faktoren, die in diesem Zusammenhang eine wichtige Rolle spielen, sollen erwähnt werden, weil sie durch Tierexperimente nahegelegt werden. Bei jungen Rhesusaffen führt die experimentelle Verhinderung von Körperkontakt oder Kontakt zu Körpersurrogaten (Stoffpuppe) zu Apathie, Nahrungsverweigerung und Bewegungsstereotypien. Hohe Neigung zu Ängstlichkeit und Aggressivität sind irreversible Dauerfolgen. Ein weiterer Befund ist, daß mangelnde Identifikationsmöglichkeiten mit geschlechtsspezifischen Verhaltensweisen bei Rhesusaffen zu einer Reihe von Auffälligkeiten im Sozialverhalten, besonders im Bereich der Sexualität und der Brutpflege führen, die Folgen bis in die nächste Generation zeigen.

## *Literatur*

[1] Hass, H.: Wir Menschen. Molden, Wien 1968

[2] Lorenz, K.: Über die Bildung des Instinktbegriffes. In: Über tierisches und menschliches Verhalten, Bd. I, S. 283–342. Piper, München 1965

[3] Heiligenberg, W.: The effect of external stimuli on the attack readiness of a cichlid fish. Z. vergl. Physiol. 49 (1965) 459–465

[4] Lorenz, K.: Vergleichende Verhaltensforschung. Springer, Wien-New York 1978

[5] Leyhausen, P.: Über die Funktion der relativen Stimmungshierarchie. In:

Antriebe tierischen und menschlichen Verhaltens (Lorenz, Leyhausen Hrsg.), S. 169–271. Piper, München 1968

[6] Hassenstein, B.: Verhalten. In: Biologie (Czihak, Langer, Ziegler Hrsg.). Springer, Berlin-Heidelberg-New York 1976

[7] Heiligenberg, W., Kramer, U.: Aggressiveness as a function of external stimulation. J. Comp. Physiol. 77 (1972) 332–340

[8] Heiligenberg, W.: A stochastic analysis of fish behavior. In: Motivational Control Systems Analysis (McFarland Ed.). Academic Press, London-New York-San Francisco 1974

[9] Hull, C. L.: A behavior system. Yale Univ. Press, New Haven 1952

[10] Seligman, M. E. P., Hager, J.: The Biological Boudaries of Learning. Appleton, New York 1972

[11] Pfungst, O.: Das Pferd des Herrn von Osten („Der kluge Hans"). J. A. Barth, Leipzig 1907

[12] Starkwheather, J. A.: The communication-value of content-free speech. Am. J. Psychol. 69 (1956) 121–123

[13] Kramer, E.: Elimination of verbal cues in judgements of emotion from voice. J. Abnorm. Soc. Psychol. 68 (1964) 390–396

[14] Soskin, W. F., Kauffman, P. E.: Judgement of emotion in word-free voice samples. J. Comm. 11 (1961) 73–80

[15] Bortz, J.: Ein multivariater Ansatz zur Erfassung der Möglichkeiten einer diagnostischen Verwertung der Sprechstimme. Z. Exp. Angew. Psychol. 18 (1971) 15–50

[16] Kempner Levy, Ph.: The ability to express and perceive vocal communications of feeling. In: The Communication of Emotional Meaning (J. R. Davitz Ed.). McGraw-Hill, New York 1964

[17] Blakemore, C., Cooper, G. F.: Development of the brain depends on the visual environment. Nature (London) 228 (1970) 477–478

[18] Salk, L.: The role of the heartbeat in the relations between mother and infant. Scient. Am. 228 (5) (1973) 24–29

[19] Stirnimann, F.: Psychologie des neugeborenen Kindes. Huber, Bern 1973

[20] Spelt, D. K.: The conditioning of the human fetus in utero. J. Exp. Psychol. 38 (1948) 338–346

[21] Rottmann, G.: Die vorgeburtliche Mutter-Kind-Beziehung. Dissertation an der Philosophischen Fakultät der Universität Salzburg 1974

[22] Kelly, G.: Effect of fear upon uterine mobility. Amer. J. Obstet. Gynec. 83 (1961)

[23] Rottmann, G.: Untersuchungen über Einstellungen zur Schwangerschaft und zur fötalen Entwicklung. In: Pränatale Psychologie (G. Graber Hrsg.), S. 68–87. Kindler, München 1974

[24] Immelmann, K.: Prägungserscheinungen in der Gesangentwicklung junger Zebrafinken. Naturwiss. 52 (1965) 169–170

[25] Immelmann, K.: Über den Einfluß frühkindlicher Erfahrungen auf die geschlechtliche Objektfixierung bei Estrildiden. Z. Tierpsychol. 26 (1969) 677–691

[26] Horn, G., McCabe, B. J., Bateson, P. P. G.: An autoradiographic study of the chick brain after imprinting. Brain Res. 168 (1979) 361–373

[27] Ekman, P., Friesen, W. V., Ellsworth, P.: What emotion categories or dimensions can observers judge from facial behavior? In: Emotion in the

Human Face (P. Ekman Ed.), pp. 39–55. Cambridge: Univ. Press (2nd rev. Ed.) 1982
[28] Schleidt, M.: Persönlicher Geruch und nichtverbale Kommunikation. In: Bericht über den 32. Kongr. DGfP in Zürich 1980 (W. Michaelis Hg.), S. 342–348. Göttingen: Hogrefe 1981
[29] Kraut, R. E., Johnston, R. E.: Social and emotional messages of smiling. An ethological approach. J. Pers. Soc. Psychol. 37 (1979) 1539–1553
[30] Scherer, K. R.: Vocal affect expression: A review and a model for future research. Psychol. Bull. 99 (1986) 143–165
[31] Heilman, K. M., Scholes, R., Watson, R. T.: Auditory affective agnosia: Distrubed comprehension of affective speech. J. Neurol. Neurosurg. Psychiatry 38 (1975) 69–72
[32] Saxby, L., Bryden, M. P.: Left-ear superiority in children for processing auditory emotional material. Dev. Psychol. 21 (1984) 72–80
[33] Liley, M., Day, B.: Moderne Mutterschaft. Bern: Phönix 1969
[34] Ader, R., Conklin, P. H.: Handling of pregnant rats: Effect of emotionality on their offspring. Science 142 (1963) 411–412
[35] Jonakait, G. M., Bohn, M. C., Black, I. B.: Maternal glucocorticoid hormones influence neurotransmitter phenotypic expression in embryos. Science 210 (1980) 551–553
[36] Faxelius, G., Lagercrantz, H., Yao, A.: Sympathoadrenal activity and peripheral blood flow after birth: Comparison in infants delivered vaginally and by cesarean section. J. Pediatrics 105 (1984) 144–148
[37] Lagercrantz, H., Slotkin, Th. A.: Der Streß der Geburt. Spektrum 6 (1986) 96–104

# Namenverzeichnis

(Die Zahlen verweisen auf Abschnitte)

# Sachwortverzeichnis

(Kursivgedruckte Seitenzahlen verweisen auf Überschriften.)